matemáticas

3

SM Ábaco

José R. Vizmanos
Máximo Anzola
Fernando Alcaide
Javier Peralta

ecundaria

Así es este libro

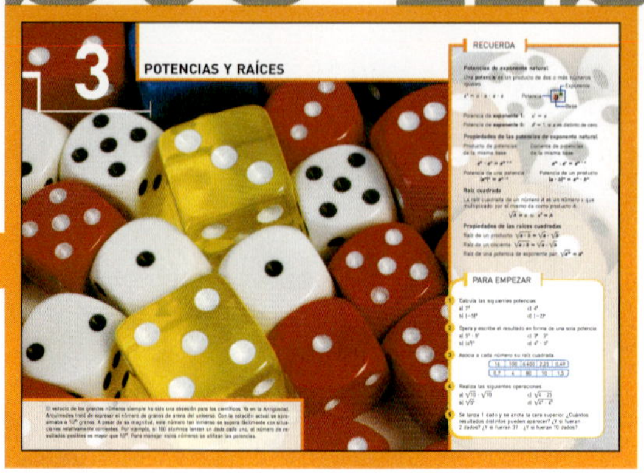

ENTRADA DE LA UNIDAD

Una fotografía a doble página y un breve texto que RELACIONAN LOS CONTENIDOS de la unidad con la VIDA COTIDIANA o con otras áreas.

Resumen de CONOCIMIENTOS PREVIOS necesarios con una propuesta de actividades PARA EMPEZAR.

DESARROLLO DE CONTENIDOS Y ACTIVIDADES

Cada epígrafe está formado por una página de DESARROLLO DE CONTENIDOS y otra de ACTIVIDADES.

MATEMÁTICAS APLICADAS

Desarrollo de un EJEMPLO DE APLICACIÓN de los contenidos a una SITUACIÓN REAL.

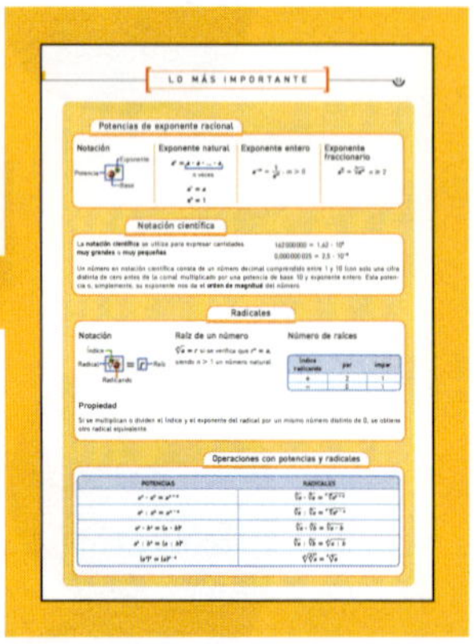

LO MÁS IMPORTANTE

RESUMEN de los contenidos esenciales de la unidad.

PARA PRACTICAR Y APLICAR: Actividades sobre TODOS los contenidos tratados en la unidad.

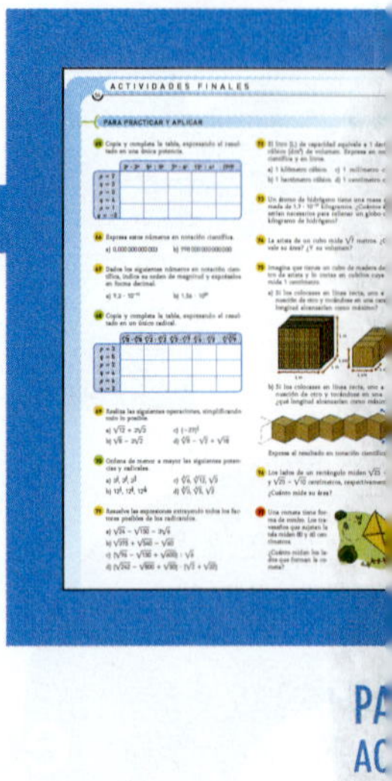

ACTIVIDADES FINALES

Amplia colección de ACTIVIDADES organizadas por finalidad, clasificadas por nivel de dificultad.

PA
AC
la

ENTRE MATEMÁTICOS

Recorrido histórico de GRANDES MATEMÁTICOS, destacando su IDEA y su ÉPOCA; JUEGOS de ingenio y PREGUNTAS curiosas.

Los CONTENIDOS se introducen a través de EJEMPLOS.

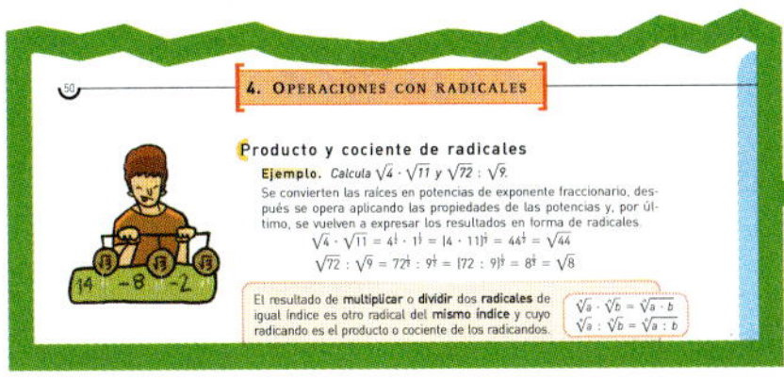

PARA PRACTICAR:
CÁLCULO Y APLICACIÓN directa de las fórmulas y algoritmos intercalando ejercicios resueltos.

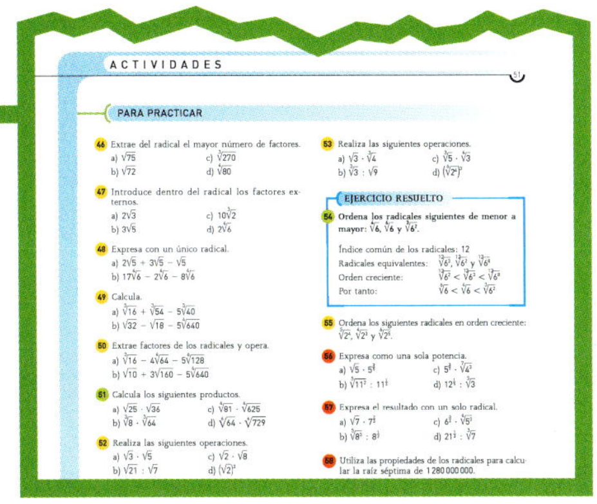

Las IDEAS PRINCIPALES se resaltan en recuadros.

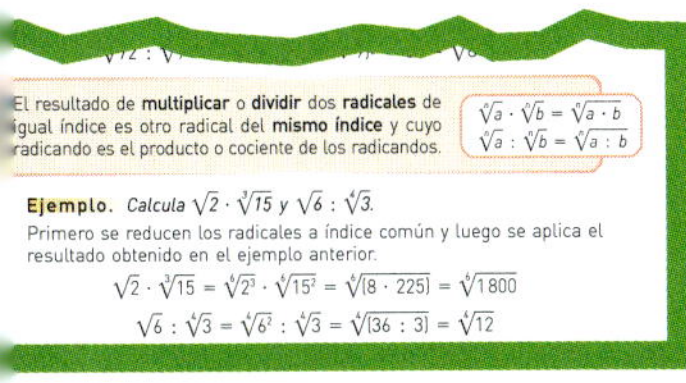

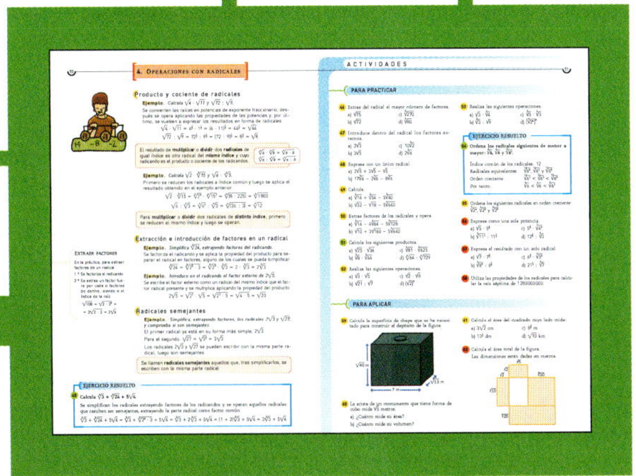

En muchos casos los contenidos se refuerzan con EJERCICIOS o PROBLEMAS RESUELTOS.

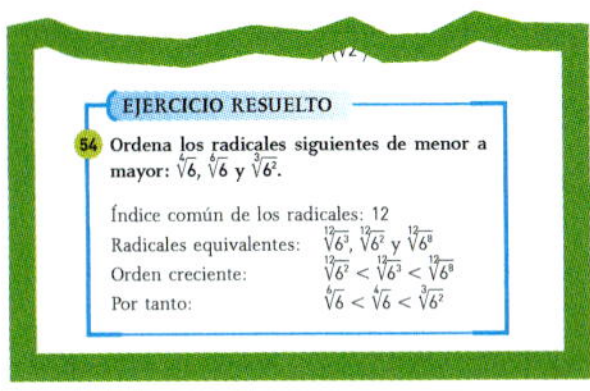

PARA APLICAR:
ACTIVIDADES planteadas dentro de un contexto sencillo. A veces se intercalan problemas resueltos.

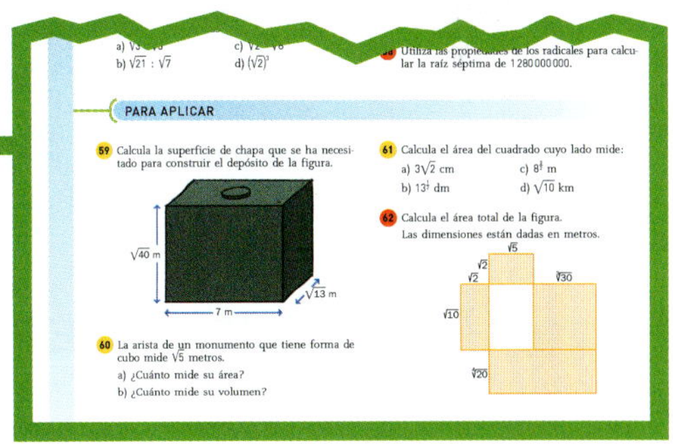

Todas las actividades propuestas están clasificadas por nivel de dificultad.

- Sencillo
- Medio
- Difícil

PARA INTERPRETAR Y RESOLVER:
ACTIVIDADES para trabajar la comprensión lectora.

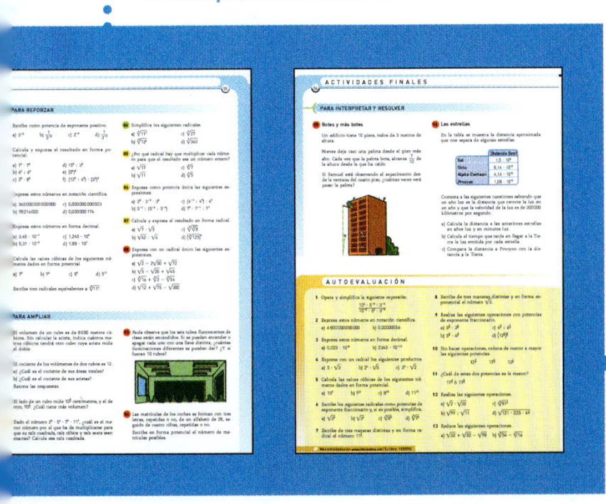

REFORZAR / AMPLIAR:
ADES para trabajar
ión a la diversidad.

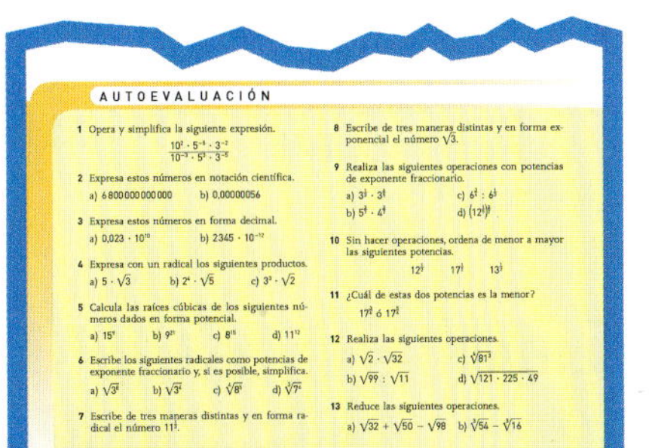

AUTOEVALUACIÓN:
Actividades para comprobar si se han aprendido los contenidos.

Introduce el código de tu libro

ESTE **proyecto** CUENTA CON:

- Una sección al final de cada bloque: matemáTICas que introduce al uso del ordenador.
- Más de 1 300 actividades de las cuales, más de 100 están resueltas.
- Las SOLUCIONES de todas las actividades de las autoevaluaciones.
- Una extensión de este libro de texto en INTERNET (www.librosvivos.net).

ÍNDICE

BLOQUE I: ARITMÉTICA Y ÁLGEBRA

BLOQUE II: GEOMETRÍA

BLOQUE III: FUNCIONES Y GRÁFICAS

BLOQUE IV: ESTADÍSTICA Y PROBABILIDAD

Contenidos de Matemáticas en Educación Secundaria Obligatoria

	1.er CURSO	2.º CURSO
NÚMEROS	**Números naturales** Sistema de numeración decimal Operaciones Divisibilidad. Criterios Múltiplos y divisores Números primos y compuestos **Potencias y raíces** Potencias de exponente natural Raíces cuadradas **Números enteros** Operaciones Valor absoluto Ordenación **Fracciones** Fracciones equivalentes Comparación de fracciones Operaciones con fracciones **Números decimales** Ordenación de decimales Operaciones con decimales Fracciones y decimales	**Números naturales** Divisibilidad Máximo común divisor y mínimo común múltiplo Descomposición en factores primos **Números enteros** Operaciones Jerarquía de las operaciones **Potencias y raíces** Potencias de números enteros Operaciones con potencias Cálculo de la raíz cuadrada **Fracciones** Operaciones combinadas con fracciones **Números decimales** Tipos de decimales Aproximación de decimales Expresiones decimales de una fracción Notación científica para números grandes
ÁLGEBRA	**Expresiones algebraicas** Valor numérico **Ecuaciones** Igualdades y ecuaciones Soluciones de una ecuación Reglas de la suma y del producto	**Lenguaje algebraico** Regularidades Expresiones algebraicas **Ecuaciones** Ecuaciones de primer y segundo grado Problemas con ecuaciones **Sistemas de ecuaciones** Solución de un sistema Resolución de sistemas
MEDIDA	**Sistemas de medida** Unidades de medida **Magnitudes proporcionales** Razón y proporción Magnitudes directamente proporcionales Porcentajes **Longitudes, áreas y volúmenes** Perímetros y áreas de figuras planas Cálculo de áreas Volumen de ortoedros	**Magnitudes proporcionales** Reducción a la unidad Aumentos y disminuciones porcentuales **Medida del tiempo y de los ángulos** Operaciones **Áreas y volúmenes de cuerpos geométricos** Prismas y pirámides Cilindros y conos Esfera
GEOMETRÍA	**Geometría del plano** Rectas y ángulos Figuras planas Rectas, circunferencias y polígonos Rectas y puntos notables de un triángulo Igualdad de triángulos **Geometría del espacio** Cuerpos geométricos	**Semejanza** Teorema de Tales Triángulos semejantes Mapas y planos. Escalas **Teorema de Pitágoras** Cálculo de distancias **Geometría del espacio** Cuerpos geométricos Desarrollos planos y elementos
FUNCIONES	**Gráficas** Coordenadas y gráficas Tablas, fórmulas y gráficas Función de proporcionalidad directa	**Funciones** Tablas y gráficas Relaciones funcionales Lectura de gráficas Funciones de proporcionalidad directa e inversa
ESTADÍSTICA Y PROBABILIDAD	**Estadística** Tablas de frecuencias Diagramas de barras y de sectores **Probabilidad** Experimentos aleatorios	**Estadística** Población y muestra Tablas y gráficos estadísticos Parámetros de centralización Rango y desviación media

3.er CURSO	4.º CURSO-OPCIÓN A	4.º CURSO-OPCIÓN B
Números racionales e irracionales Operaciones con fracciones Fracciones y decimales Números racionales e irracionales Aproximaciones y errores Intervalos y semirrectas **Potencias y raíces** Potencias de exponente entero y fraccionario Propiedades de los radicales Cálculo con potencias y radicales Notación científica **Sucesiones numéricas** Progresiones aritméticas y geométricas	**Números racionales** Operaciones **Números reales** Expresiones decimales Notación científica Representación Intervalos y semirrectas Operaciones con radicales Aproximaciones y errores	**Números reales** Expresiones decimales Representación Intervalos y semirrectas Notación científica Operaciones con radicales Logaritmo de un número real
Expresiones algebraicas Monomios y polinomios Operaciones con polinomios Identidades notables Fracciones algebraicas **Ecuaciones** Resolución algebraica de ecuaciones de primer y segundo grado Problemas con ecuaciones **Sistemas de ecuaciones** Sistemas equivalentes Métodos de resolución de sistemas	**Polinomios** Regla de Ruffini Polinomios irreducibles Descomposición factorial **Ecuaciones y sistemas** Ecuaciones de primer y segundo grado Sistemas de ecuaciones de primer grado Sistemas de ecuaciones de segundo grado **Inecuaciones** Inecuaciones de primer grado	**Polinomios** Regla de Ruffini Polinomios irreducibles Descomposición factorial Fracciones algebraicas **Ecuaciones y sistemas** Ecuaciones reducibles a ecuaciones de segundo grado Sistemas de ecuaciones de segundo grado **Inecuaciones** Soluciones de inecuaciones Resolución de inecuaciones
Magnitudes proporcionales Repartos proporcionales directos Porcentajes encadenados Proporcionalidad compuesta **Longitudes y áreas de figuras planas** Polígonos Circunferencia y círculo **Áreas y volúmenes de cuerpos geométricos** Cuerpos simples Cuerpos compuestos	**Proporcionalidad** Magnitudes proporcionales Repartos proporcionales Porcentajes y proporcionalidad Interés simple **Medidas en el plano y en el espacio** Áreas y volúmenes de cuerpos simples y compuestos	
Geometría del plano Ángulos en figuras planas Figuras semejantes. Teorema de Tales Teorema de Pitágoras **Movimientos en el plano** Simetrías Traslaciones Giros **Geometría del espacio** Poliedros y cuerpos redondos La esfera El globo terráqueo Coordenadas geográficas	**Semejanza** Criterios de semejanza de triángulos Medida de figuras semejantes **Trigonometría** Razones trigonométricas de ángulos agudos Relación entre razones trigonométricas Resolución de triángulos rectángulos **Geometría analítica** Coordenadas de puntos y vectores Ecuaciones de la recta	**Semejanza** Criterios de semejanza de triángulos Medida de figuras semejantes Teoremas basados en la semejanza **Trigonometría** Razones trigonométricas de ángulos agudos Relaciones entre razones trigonométricas Razones trigonométricas de cualquier ángulo Resolución de triángulos **Geometría analítica** Coordenadas de puntos y vectores Problemas métricos Ecuaciones de la recta y la circunferencia
Funciones Estudio gráfico de funciones Funciones constantes Funciones lineales	**Funciones y gráficas** Estudio gráfico de funciones **Funciones elementales** Funciones cuadráticas Funciones de proporcionalidad inversa Funciones exponenciales	**Funciones y gráficas** Estudio gráfico de funciones Continuidad. Idea de límite **Funciones elementales** Funciones cuadráticas Funciones exponenciales y logarítmicas Funciones de proporcionalidad inversa
Estadística Tablas y gráficos estadísticos Parámetros estadísticos **Probabilidad** Experimentos aleatorios Frecuencia y probabilidad Regla de Laplace Probabilidad experimental	**Estadística unidimensional** Interpretación de parámetros estadísticos **Cálculo de probabilidades** Probabilidad en experimentos compuestos Probabilidad condicionada	**Estadística unidimensional y bidimensional** Interpretación de parámetros estadísticos **Cálculo de probabilidades** Técnicas de recuento Probabilidad en experimentos compuestos Probabilidad condicionada Probabilidad total

1 NÚMEROS RACIONALES

El agua escasea en muchos lugares. Los $\frac{7}{10}$ de la superficie de la Tierra están cubiertos por agua, pero tan solo $\frac{3}{100}$ son de agua dulce y no toda es accesible, ya que su mayor parte la constituyen el hielo y la nieve de los glaciares y casquetes polares, quedando tan solo $\frac{1}{20}$ del total del agua dulce en los ríos y lagos de donde nos abastecemos.

RECUERDA

Operaciones con números enteros

Sumas y restas:

$$12 - 51 - 7 + 8 = -39 - 7 + 8 = -46 + 8 = -38$$

Productos y cocientes:

$$4 \cdot 5 : (-2) = \begin{bmatrix} (+) \cdot (+) : (-) = (-) \\ 4 \cdot 5 : 2 = 10 \end{bmatrix} = -10$$

Operaciones combinadas:

1.° Paréntesis — 2.° Productos y cocientes — 3.° Sumas y restas

$$4 + 5 \cdot (2 - 3) = 4 + 5 \cdot (-1) = 4 - 5 = -1$$

La **unidad fraccionaria**, $\frac{1}{n}$, es cada una de las partes que se obtienen al dividir la unidad en n partes iguales.

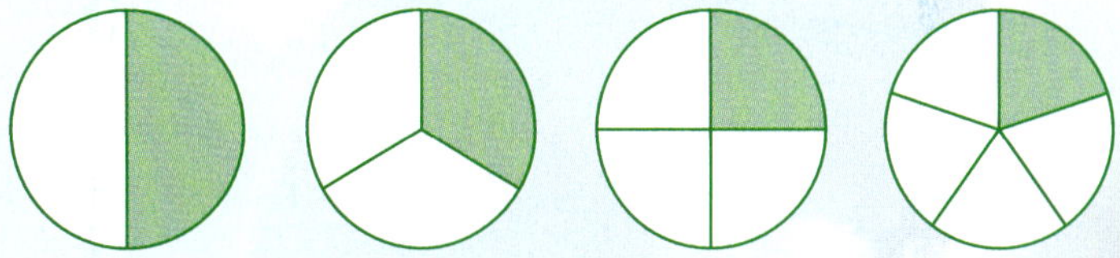

$\frac{1}{2}$ $\frac{1}{3}$ $\frac{1}{4}$ $\frac{1}{5}$

$$\frac{m}{n}$$

Denominador

Indica el número de partes en que se ha dividido la unidad (siempre es distinto de cero).

Numerador

Indica el número de unidades fraccionarias elegidas.

PARA EMPEZAR

1 Calcula.

a) $-50 + 20 - 20 - 35$

b) $47 + 12 + 13 - 1$

c) $21 - 12 - 7 + 15$

d) $-56 + 12 - 31 - 89$

2 Calcula.

a) $5 \cdot 12 : 6$

b) $(-35) \cdot (-3) : 15 \cdot$

3 Calcula.

a) $12 + [27 : (-3) + (-5)] - 7 \cdot 3 + 5$

b) $5 + 3 \cdot (-4) - (-12 + 7) \cdot 17 - 15 : (-3)$

4 La capacidad de un estadio deportivo es de 24 000 espectadores. Indica el número de espectadores cuando se llena la mitad, un tercio y un cuarto del mismo.

5 Dibuja un cuadrado de 10 centímetros de lado y colorea una zona que represente la cantidad de agua dulce en la Tierra respecto del total de agua.

Fracciones

Ejemplo. *En la conversación de la figura, José dice: "En mi casa reciclamos $\frac{1}{3}$ de la basura"; Jorge: "En la mía reciclamos $\frac{23}{4}$ kilogramos de vidrio", y Clara afirma: "Nuestra ciudad recicló 24 toneladas de basura, de las que $\frac{2}{5}$ eran de vidrio".*

Aunque las expresiones $\frac{1}{3}$, $\frac{23}{4}$ y $\frac{2}{5}$ son **fracciones**, cada uno de los tres amigos hace un uso distinto de ellas.

- Para José, la fracción $\frac{1}{3}$ equivale a tomar 1 parte de un total de 3. Usa la fracción como una **parte de una cantidad**.
- Para Jorge, la fracción $\frac{23}{4}$ equivale a dividir 23 entre 4. Emplea la fracción **como el cociente indicado de dos números**.
- Para Clara, la fracción $\frac{2}{5}$ indica que hay que multiplicar 24 por 2 y dividir el resultado entre 5. Utiliza la fracción como un **operador**.

Una fracción se puede interpretar como las partes de una cantidad, como el cociente indicado de dos números enteros o como un operador.

Fracciones equivalentes

Ejemplo. *Luis afirma que $\frac{2}{3}$ de los chicos de clase han ido al teatro, pero Juan le dice que no, que fueron $\frac{4}{6}$. Si en clase hay 24 chicos, ¿quién dice lo correcto?*

$\frac{2}{3} \cdot 24 = \frac{2 \cdot 24}{3} = \frac{48}{3} = 16$ chicos; $\frac{4}{6} \cdot 24 = \frac{4 \cdot 24}{6} = \frac{96}{6} = 16$ chicos

Ambos dicen lo correcto: $\frac{2}{3}$ y $\frac{4}{6}$ son **fracciones equivalentes**.

Dos **fracciones** son **equivalentes** si representan la misma cantidad. En la práctica, las fracciones $\frac{a}{b}$ y $\frac{c}{d}$ son equivalentes si $a \cdot d = b \cdot c$.

Para obtener fracciones equivalentes, hay que multiplicar o dividir el numerador y el denominador por un número entero distinto de cero.

Simplificamos la fracción. →

$\frac{18}{30} \overset{:3}{\underset{\cdot 3}{=}} \frac{6}{10} \overset{:2}{\underset{\cdot 2}{=}} \frac{2}{5}$ ← Cuando no se puede simplificar la fracción es **irreducible**.

← **Amplificamos** la fracción.

Todas las fracciones equivalentes entre sí determinan un mismo número, que se llama **número racional**.

COMPARACIÓN DE FRACCIONES

Primero se buscan fracciones equivalentes que tengan el mismo denominador (se reducen a común denominador) y luego se comparan los nuevos numeradores.

Compara $\frac{5}{6}$ y $\frac{7}{9}$.

$\frac{7}{9} = \frac{2 \cdot 7}{2 \cdot 9} = \frac{14}{18}$

$\frac{5}{6} = \frac{3 \cdot 5}{3 \cdot 6} = \frac{15}{18}$

$\frac{5}{6} > \frac{7}{9}$

PARA PRACTICAR

1 Indica qué uso se hace de las fracciones en cada caso.

a) Tres cuartos de kilogramo de ternera.

b) Dos quintos de 100 gramos.

c) He comprado $\frac{7}{5}$ de metro de cuerda.

2 Completa el número que falta.

a) $\frac{3}{5}$ de $50 = \square$

b) $\frac{\square}{3}$ de $30 = 20$

c) $\frac{1}{\square}$ de $10 = 5$

d) $\frac{1}{2}$ de $\square = 25$

3 Comprueba si las fracciones son equivalentes.

a) $\frac{3}{5}$ y $\frac{15}{25}$

b) $\frac{6}{9}$ y $\frac{4}{6}$

c) $\frac{10}{25}$ y $\frac{9}{20}$

d) $\frac{3}{7}$ y $\frac{6}{21}$

4 Escribe, en cada caso, tres fracciones equivalentes a la dada.

a) $\frac{12}{5}$ b) $\frac{28}{30}$ c) $\frac{1}{3}$ d) $\frac{4}{7}$

5 Halla el valor de x para que las fracciones sean equivalentes.

a) $\frac{3}{6} = \frac{x}{12}$ b) $\frac{5}{15} = \frac{7}{x}$ c) $\frac{6}{x} = \frac{10}{30}$ d) $\frac{x}{24} = \frac{3}{4}$

6 Utiliza el máximo común divisor del denominador y del numerador para simplificar las fracciones y halla su fracción irreducible.

a) $\frac{18}{45}$ b) $\frac{75}{200}$ c) $\frac{252}{273}$ d) $\frac{160}{224}$

EJERCICIO RESUELTO

7 **Escribe las fracciones, $\frac{2}{9}$, $\frac{7}{12}$ y $\frac{5}{18}$ con denominador el mínimo común múltiplo de los denominadores.**

Se calcula el m.c.m. de los denominadores:

$$\text{m.c.m.}(9, 12, 18) = 36$$

Se multiplica el numerador y el denominador de cada fracción por un número de forma que el nuevo denominador sea 36.

$$\frac{2}{9} = \frac{4 \cdot 2}{4 \cdot 9} = \frac{8}{36} \qquad \frac{7}{12} = \frac{3 \cdot 7}{3 \cdot 12} = \frac{21}{36}$$

$$\frac{5}{18} = \frac{2 \cdot 5}{2 \cdot 18} = \frac{10}{36}$$

8 Reduce a mínimo común denominador.

a) $\frac{5}{8}, -\frac{7}{10}, -\frac{11}{16}$

b) $\frac{3}{2}, \frac{7}{6}, -\frac{7}{2}$

c) $\frac{2}{3}, \frac{5}{15}, -\frac{7}{5}$

d) $-\frac{5}{4}, \frac{5}{6}, -\frac{1}{1}$

9 Comprueba si las siguientes fracciones determinan el mismo número racional.

a) $\frac{3}{4}, \frac{12}{16}, \frac{75}{100}, \frac{27}{36}$

b) $\frac{1}{3}, \frac{2}{6}, \frac{3}{9}, \frac{4}{12}$

10 Compara las siguientes fracciones.

a) $\frac{3}{5}$ y $\frac{2}{7}$

b) $-\frac{4}{7}$ y $-\frac{3}{8}$

11 Ordena de menor a mayor las fracciones $\frac{3}{5}, \frac{3}{10}$ y $\frac{1}{4}$.

PARA APLICAR

12 En una sala de estudio hay 48 estudiantes. Si 20 de ellos son chicos, calcula la fracción irreducible que determinan las chicas.

13 Un depósito de agua tiene una capacidad de 3 600 litros. Indica qué fracciones irreducibles representan las siguientes cantidades de agua.

a) 1 800 litros

b) 900 litros

c) 1 200 litros

d) 2 400 litros

14 En un test, Carlos contesta bien 24 de las 30 preguntas, y José, 18 de 24.

¿Cuál de los dos obtendrá mayor calificación?

15 ¿Se puede afirmar que en una clase de 30 alumnos $\frac{2}{6}$ son chicos y $\frac{4}{5}$ son chicas?

Razona la respuesta.

16 Un pantano con capacidad de 720 hectómetros cúbicos contiene actualmente 200 hectómetros cúbicos.

¿Qué fracción de pantano queda por llenar?

17 ¿Cuántos botellines de $\frac{1}{5}$ de litro son necesarios para envasar 8 000 litros de zumo de naranja?

2. Operaciones con fracciones

SUMA Y DIFERENCIA GEOMÉTRICA

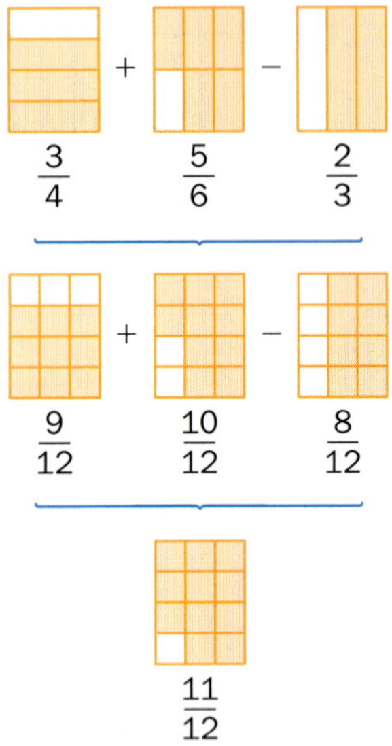

Suma y diferencia de fracciones

Ejemplo. *Calcula* $\frac{3}{4} + \frac{5}{6} - \frac{2}{3}$.

Se reducen al mismo denominador.

$$\frac{3}{4} + \frac{5}{6} - \frac{2}{3} = \frac{9}{12} + \frac{10}{12} - \frac{8}{12} = \frac{9 + 10 - 8}{12} = \frac{11}{12}$$

Se deja el denominador común y se suman o restan los numeradores.

Para **sumar** o **restar** varias fracciones, se reducen a común denominador, se deja el denominador común y se suman o restan los numeradores.

Producto y cociente de fracciones

Ejemplo. *Calcula* $\frac{3}{7} \cdot \frac{4}{5} \cdot \frac{1}{2}$.

Se multiplican los numeradores.

$$\frac{3}{7} \cdot \frac{4}{5} \cdot \frac{1}{2} = \frac{3 \cdot 4 \cdot 1}{7 \cdot 5 \cdot 2} = \frac{12}{70}$$

Se multiplican los denominadores.

Para **multiplicar** varias fracciones, se multiplican los numeradores y se multiplican los denominadores.

$$\frac{a}{b} \cdot \frac{c}{d} = \frac{a \cdot c}{b \cdot d}$$

Ejemplo. *Calcula* $\frac{3}{7} : \frac{4}{5}$.

Se convierte el cociente en producto por la fracción inversa.

$$\frac{3}{7} : \frac{4}{5} = \frac{3}{7} \cdot \frac{5}{4} = \frac{3 \cdot 5}{7 \cdot 4} = \frac{15}{28}$$

Se multiplican las fracciones.

Para **dividir** dos fracciones, se multiplica la primera por la inversa de la segunda.

$$\frac{a}{b} : \frac{c}{d} = \frac{a \cdot d}{b \cdot c}$$

Potencia de una fracción

Ejemplo. *Calcula* $\left(\frac{2}{3}\right)^5$.

Se multiplica la fracción por sí misma tantas veces como indica el exponente.

$$\left(\frac{2}{3}\right)^5 = \frac{2}{3} \cdot \frac{2}{3} \cdot \frac{2}{3} \cdot \frac{2}{3} \cdot \frac{2}{3} = \frac{2^5}{3^5} = \frac{32}{243}$$

Para **elevar a una potencia** una fracción, se elevan a dicha potencia el numerador y el denominador.

$$\left(\frac{a}{b}\right)^n = \frac{a^n}{b^n}$$

PARA PRACTICAR

18 Calcula y simplifica.

a) $\frac{2}{3} - \frac{3}{8}$

b) $\frac{5}{6} + \frac{7}{9}$

c) $\frac{1}{5} - \frac{2}{3}$

d) $-\frac{7}{12} - \frac{15}{18}$

19 Haz las siguientes operaciones.

a) $\frac{5}{5} - 5$

b) $3 + \frac{7}{3}$

c) $\frac{2}{5} + 1$

d) $2 - \frac{14}{9}$

20 Efectúa y simplifica.

a) $\frac{3}{2} - \frac{5}{8} + \frac{1}{4}$

b) $\frac{3}{7} + \frac{2}{21} - \frac{1}{3}$

c) $\frac{3}{5} - \frac{7}{25} + \frac{1}{5}$

d) $-\frac{3}{4} + \frac{6}{7} - \frac{12}{28}$

21 Haz las operaciones y simplifica.

a) $\frac{5}{3} - \frac{12}{9} + \frac{7}{6} + \frac{5}{18}$

b) $\frac{3}{5} - 1 + \frac{2}{6} - \frac{4}{15}$

c) $4 - \frac{14}{3} + \frac{7}{6} - \frac{15}{4}$

d) $-\frac{9}{12} - 3 - \frac{7}{6} + \frac{1}{18}$

22 Opera y simplifica el resultado.

a) $\frac{3}{5} \cdot \frac{7}{6}$

b) $-\frac{4}{9} \cdot \frac{4}{11}$

c) $\left(-\frac{5}{3}\right) : \left(-\frac{15}{7}\right)$

d) $\frac{6}{8} \cdot \left(-\frac{3}{2}\right)$

23 Calcula y simplifica.

a) $-3 \cdot \frac{5}{6}$

b) $\frac{3}{7} \cdot 4$

c) $\left(-\frac{3}{5}\right) : 4$

d) $\frac{12}{8} : (-3)$

24 Realiza las siguientes operaciones combinadas.

a) $\frac{3}{2} : \left(-\frac{1}{4}\right) \cdot \frac{5}{6}$

b) $\frac{2}{3} \cdot \frac{6}{5} \cdot 7$

c) $\frac{1}{5} \cdot \frac{10}{3} : \left(-\frac{2}{6}\right)$

d) $\frac{2}{3} : 4 \cdot \frac{6}{5}$

25 Calcula.

a) $\left(\frac{2}{3}\right)^3$

b) $\left(\frac{3}{5}\right)^4$

c) $\left(\frac{1}{2}\right)^5$

d) $\left(\frac{2}{7}\right)^2$

PARA APLICAR

PROBLEMA RESUELTO

26 **En una guardería, los niños representan $\frac{7}{13}$ del total. ¿Qué fracción hay de niñas?**

La fracción que corresponde a las niñas es el total menos los $\frac{7}{13}$ que corresponden a los niños.

El total es la unidad, luego:

$$\text{Fracción de niñas} = 1 - \frac{7}{13} = \frac{13}{13} - \frac{7}{13} = \frac{6}{13}$$

27 En un grupo de amigos, $\frac{4}{10}$ van al cine; $\frac{7}{15}$, al teatro, y el resto se queda en casa.

¿Qué fracción del grupo se queda en casa?

28 Te dicen que entre los grupos de tercero, $\frac{3}{4}$ han elegido inglés; $\frac{1}{5}$, francés, y $\frac{3}{20}$ alemán.

Si cada alumna ha elegido un solo idioma, ¿es posible esta situación?

29 Halla el área de un triángulo cuya base mide $\frac{36}{5}$ metros, y su altura, $\frac{30}{4}$ metros.

30 Calcula el perímetro de cada figura.

a) 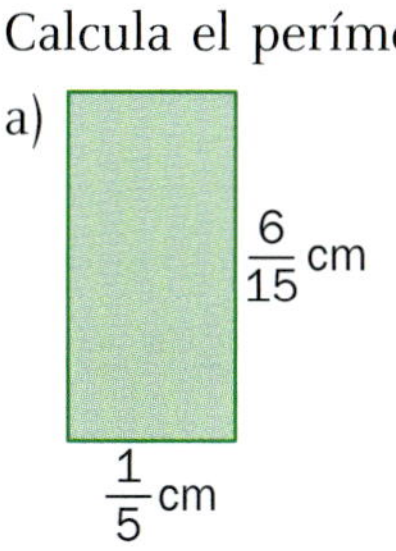

b) 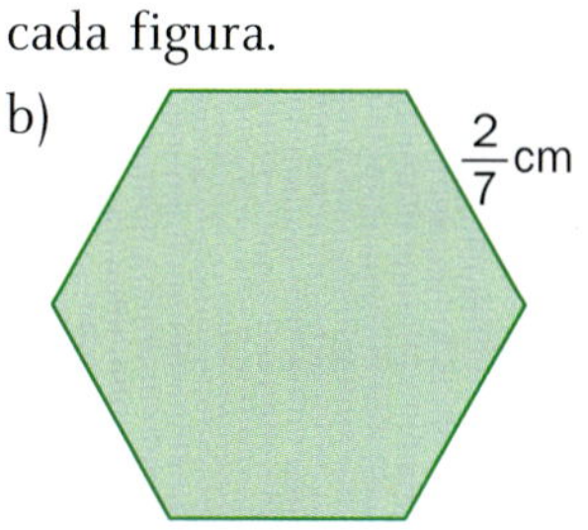

31 Calcula el volumen de cada cubo.

a) 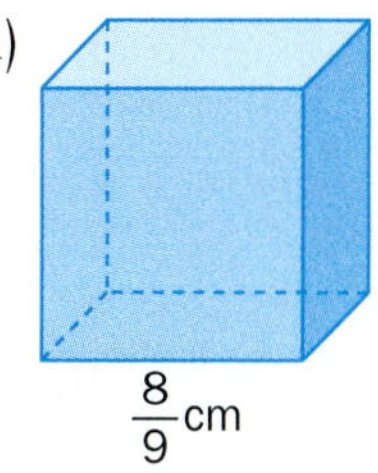

b) 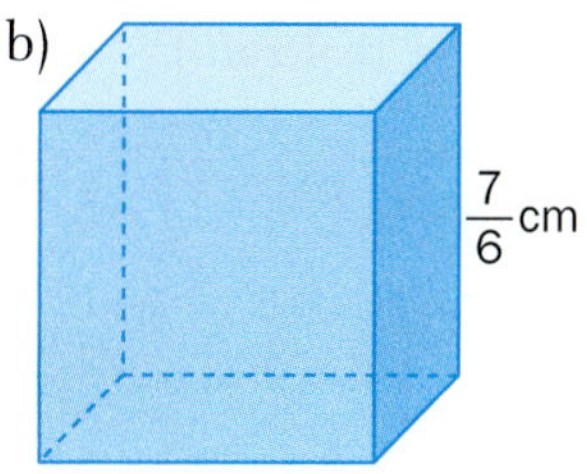

3. Jerarquía de las operaciones

Las "cuatro" principales

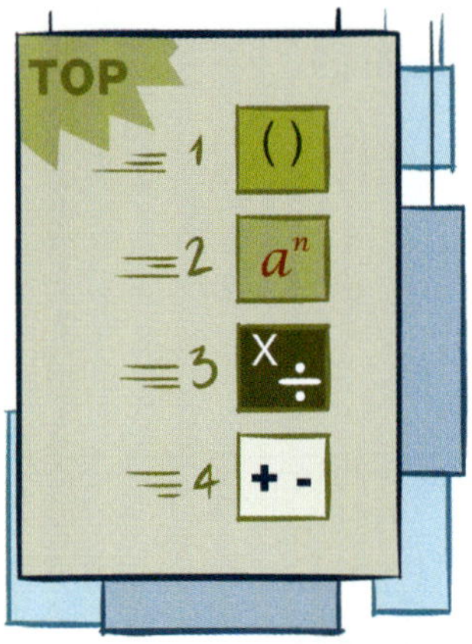

Para operar con fracciones hay que seguir el mismo orden que en las operaciones con números enteros.

Ejemplo. *Calcula* $\left(\frac{2}{3}-\frac{1}{3}\right)+\left(\frac{3}{2}\right)^3\cdot\frac{5}{3}$.

1. Se calcula el valor de los **paréntesis**.

   Si dentro hay varias operaciones, se sigue el orden de los puntos siguientes. Si hay varios paréntesis encajados, se operan antes los interiores.

   $$\left(\frac{2}{3}-\frac{1}{3}\right)+\left(\frac{3}{2}\right)^3\cdot\frac{5}{3}=\frac{1}{3}+\left(\frac{3}{2}\right)^3\cdot\frac{5}{3}$$

2. Se realizan las **potencias**.

   $$\frac{1}{3}+\left(\frac{3}{2}\right)^3\cdot\frac{5}{3}=\frac{1}{3}+\frac{27}{8}\cdot\frac{5}{3}$$

3. Se realizan las **multiplicaciones** y las **divisiones** de izquierda a derecha.

   $$\frac{1}{3}+\frac{27}{8}\cdot\frac{5}{3}=\frac{1}{3}+\frac{135}{24}$$

4. Se realizan las **sumas** y las **diferencias** de izquierda a derecha.

   $$\frac{1}{3}+\frac{135}{24}=\frac{143}{24}$$

El orden en el que se debe operar es el siguiente:

1.° Paréntesis ▶ 2.° Potencias ▶ 3.° Multiplicaciones y divisiones ▶ 4.° Sumas y restas

EJERCICIO RESUELTO

32 Calcula $\left(3+\frac{1}{2}\right)\cdot\frac{1}{5}-2:\left(\frac{2}{3}\right)^2\cdot\frac{3}{5}+1$.

Recuerda que los números enteros se pueden escribir como fracciones con denominador 1:

$$3=\frac{3}{1};\qquad 2=\frac{2}{1};\qquad 1=\frac{1}{1}$$

Se realizan las operaciones teniendo en cuenta la jerarquía de las mismas.

$$\left(3+\frac{1}{2}\right)\cdot\frac{1}{5}-2:\left(\frac{2}{3}\right)^2\cdot\frac{3}{5}+1=\frac{7}{2}\cdot\frac{1}{5}-2:\left(\frac{2}{3}\right)^2\cdot\frac{3}{5}+1=\frac{7}{2}\cdot\frac{1}{5}-2:\frac{4}{9}\cdot\frac{3}{5}+1=$$

$$=\frac{7}{10}-\frac{18}{4}\cdot\frac{3}{5}+1=\frac{7}{10}-\frac{54}{20}+1=\frac{14}{20}-\frac{54}{20}+\frac{20}{20}=\frac{-20}{20}=-1$$

PARA PRACTICAR

33 Calcula.

a) $2 - \frac{3}{4} - \left(\frac{2}{5} - \frac{1}{3}\right)$

b) $\frac{1}{3} - \left(\frac{5}{4} - \frac{9}{12}\right) - 1$

c) $\left(\frac{7}{6} + \frac{3}{4}\right) - \frac{13}{12}$

d) $\frac{5}{6} + 3 - \left(1 - \frac{10}{18}\right)$

34 Opera y simplifica.

a) $\frac{4}{5} - \frac{3}{7} \cdot \frac{2}{3}$

b) $\frac{4}{5} \cdot \frac{3}{7} - \frac{2}{3}$

c) $\frac{1}{5} \cdot \frac{3}{7} - \frac{6}{35}$

d) $\frac{1}{5} - \frac{3}{7} \cdot \frac{1}{2}$

35 Haz las operaciones siguientes.

a) $\left(\frac{3}{5} + \frac{7}{10}\right) \cdot \frac{3}{7}$

b) $-\left(\frac{1}{4} + \frac{5}{12}\right) \cdot \left(-\frac{6}{4}\right)$

c) $\frac{2}{5} : \left(\frac{4}{9} + \frac{1}{3}\right)$

d) $\frac{1}{3} \cdot \left(\frac{2}{5} - \frac{3}{10}\right) : \frac{3}{2}$

36 Efectúa las operaciones.

a) $\frac{1}{2} + \left(\frac{2}{3}\right)^2$

b) $\frac{7}{5} - \left(\frac{4}{3}\right)^4$

c) $\frac{3}{5} - \left(\frac{3}{2}\right)^3$

d) $\frac{10}{3} - \left(\frac{7}{2}\right)^5$

37 Calcula.

a) $\frac{4}{3} - \left(\frac{1}{2} + 1\right) - \frac{3}{5} : \frac{6}{4}$

b) $\frac{5}{7} \cdot \left(\frac{1}{2} + \frac{5}{6}\right) : \frac{3}{5} \cdot \left(\frac{4}{5} - \frac{7}{10}\right)$

38 Realiza las siguientes operaciones combinadas.

a) $\frac{3}{4} - \left(\frac{1}{5} - \frac{3}{2}\right) + \left(\frac{3}{2}\right)^2 : \frac{5}{7} - 1$

b) $\frac{2}{7} - \frac{1}{5} \cdot \frac{9}{2} - \left(\frac{1}{5} + \frac{4}{7} \cdot 3\right)$

c) $2 - \frac{1}{5} \cdot \frac{9}{2} + \left(\frac{3}{5}\right)^2 - \left(\frac{4}{5} - \frac{7}{4}\right)$

PARA APLICAR

39 Teniendo en cuenta la jerarquía de las operaciones, completa el siguiente laberinto fraccionario.

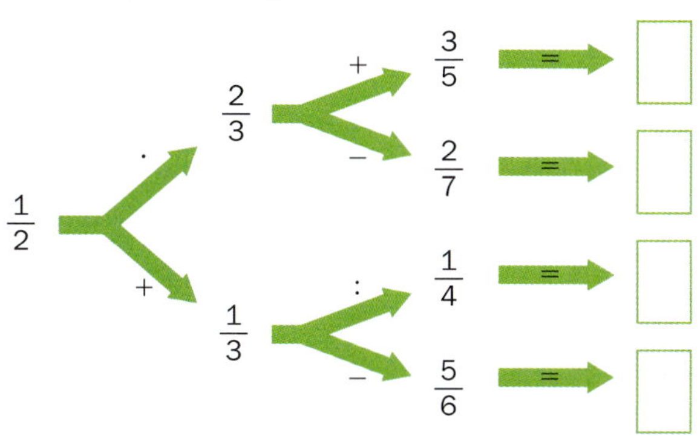

40 Javier y Pedro tienen dos calculadoras que operan fracciones, pero no saben si respetan la jerarquía de las operaciones. Para comprobarlo, cada uno realiza la operación $\frac{1}{4} + \frac{1}{3} \cdot \left(\frac{1}{2}\right)^2$.

Si Javier obtiene como resultado $\frac{1}{3}$, y Pedro, $\frac{4}{12}$, ¿respetan sus calculadoras la jerarquía de las operaciones?

41 María ha copiado de la pizarra la siguiente operación.

Cuando va a realizarla, recuerda que, en la pizarra, algunas de las operaciones tenían paréntesis.

Si el resultado de la operación es $-\frac{7}{10}$, ¿dónde estaban situados los paréntesis?

Cómo se calcula una parte de una cantidad total

Ejemplo. *Un recipiente de 20 litros está lleno de agua hasta los $\frac{3}{5}$ de su capacidad.*

¿Cuántos litros de agua le faltan al recipiente para estar lleno?

$1 - \frac{3}{5} = \frac{2}{5}$ está vacío

$\frac{3}{5}$ está lleno de agua

$\frac{2}{5}$ de 20 litros $= \frac{2}{5} \cdot 20 =$
$= 8$ litros

Cómo se calcula la cantidad total si se tiene una parte

Ejemplo. *Un recipiente tiene 12 litros que suponen los $\frac{3}{7}$ de su capacidad.*

¿Cuál es la capacidad total del recipiente?

$\frac{3}{7}$ son 12 litros $\Rightarrow$

$\Rightarrow \frac{1}{7}$ son 4 litros $\Rightarrow$

$\Rightarrow$ El total son $7 \cdot 4 = 28$ litros.

Otra forma de resolverlo es dividiendo directamente la cantidad que hay entre la fracción del total que representa.

$$12 : \frac{3}{7} = \frac{12 \cdot 7}{3} = 28 \text{ litros}$$

PROBLEMA RESUELTO

42 **En un quiosco de prensa se han vendido a lo largo de la mañana $\frac{3}{5}$ de un lote de periódicos, y por la tarde, $\frac{1}{3}$ de los que quedaban. Si al finalizar la tarde quedaban 12 periódicos sin vender, ¿cuántos periódicos había inicialmente?**

Lote inicial — Fin de la mañana — Fin de la tarde

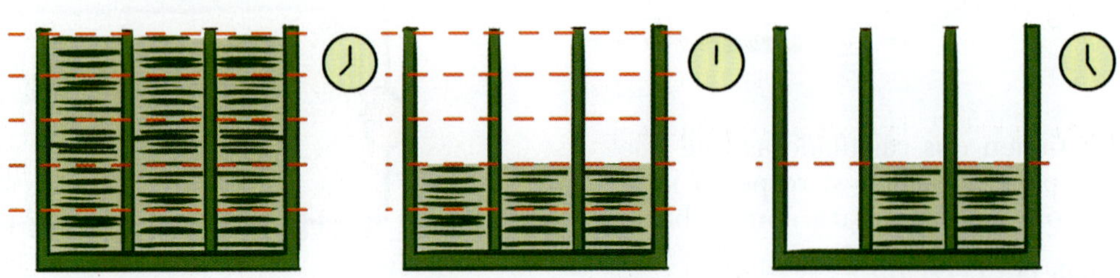

$\frac{2}{3}$ de $\frac{2}{5}$ del total son $12 \Rightarrow \frac{4}{15}$ del total son $12 \Rightarrow \frac{1}{15}$ del total son $3 \Rightarrow$ Total: $3 \cdot 15 = 45$

Al principio de la mañana había un lote con 45 periódicos.

PARA PRACTICAR

43 Calcula las siguientes cantidades.

a) $\frac{1}{5}$ de 200 euros.

b) $\frac{2}{3}$ de 10 kilogramos.

c) $\frac{5}{6}$ de 300 litros.

d) $\frac{7}{12}$ de 600 kilómetros.

44 Calcula el total de la cantidad en cada caso.

a) $\frac{3}{5}$ del total son 120 euros.

b) $\frac{1}{4}$ del total son 80 kilogramos.

c) $\frac{3}{7}$ del total son 36 litros.

d) $\frac{4}{9}$ del total son 240 kilómetros.

PARA APLICAR

45 Un grupo de amigos quedan para salir juntos, pero al final no se ponen de acuerdo en el sitio adonde ir, $\frac{4}{10}$ del grupo se van al cine, $\frac{7}{15}$ se van al teatro y el resto se vuelve a casa.

¿Qué fracción del grupo se queda en casa?

46 Si un kilo de manzanas cuesta $\frac{4}{5}$ de euro, ¿cuánto cuestan cuatro kilos y medio de manzanas?

47 Con 42 litros de gasolina, el marcador del depósito del coche está en la posición de la figura.

¿Cuántos litros tiene el depósito cuando está lleno?

48 Luis pagó como entrada de una bicicleta $\frac{1}{3}$ de los $\frac{2}{7}$ de los 420 euros que costaba.

¿Sería lo mismo si hubiera pagado los $\frac{2}{7}$ de $\frac{1}{3}$ de los 420 euros?

49 Un regante tiene un depósito de 12 000 litros. Si gasta $\frac{1}{3}$ de su capacidad y luego 600 litros, ¿es lo mismo que si gasta primero 600 litros y luego $\frac{1}{3}$ de lo que queda?

50 Los $\frac{3}{5}$ de las calculadoras que vende una tienda son científicas, y de estas, los $\frac{5}{12}$ son programables.

a) ¿Qué fracción representan las calculadoras programables?

b) De cada 100 calculadoras vendidas, ¿cuántas son programables?

51 El Ayuntamiento de una ciudad decide utilizar los 12 000 metros cuadrados de un solar de la siguiente forma: $\frac{1}{5}$ del terreno para la construcción de viviendas de protección oficial, $\frac{1}{3}$ de lo que queda para construir un centro de salud, y los metros cuadrados restantes para un parque. ¿Cuántos metros cuadrados tiene el parque?

FRACCIONES EN LA COMPRA

¿Dónde están las Matemáticas?

En el mercado se pueden escuchar frases como «póngame un cuarto de kilo de queso», «deme kilo y medio de manzanas» o «quiero la mitad de cuarto kilo de jamón».

Todas ellas describen situaciones que se pueden expresar como **fracciones**.

¿Cómo se aplican?

Supongamos que se quiere calcular el precio de la siguiente lista de compra.

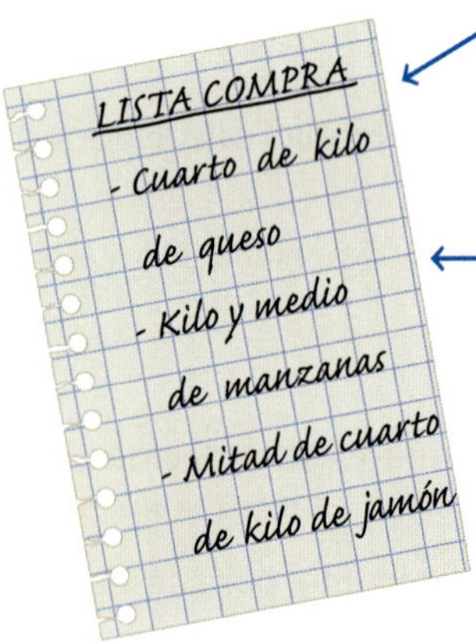

¿Cuánto cuesta cuarto kilo de queso?

Cuarto kilo		Precio de la compra
$\frac{1}{4}$ kg	$\Rightarrow$	$14 \cdot \frac{1}{4} = 3{,}50$ euros

¿Cuánto cuesta kilo y medio de manzanas?

Kilo y medio		Precio de la compra
$1 + \frac{1}{2} = \frac{3}{2}$ kg	$\Rightarrow$	$1{,}80 \cdot \frac{3}{2} = 2{,}70$ euros

¿Cuánto cuesta midad de cuarto kilo de jamón?

Mitad de cuarto		Precio de la compra
$\frac{1}{4} : 2 = \frac{1}{8}$ kg	$\Rightarrow$	$20 \cdot \frac{1}{8} = 2{,}50$ euros

Total de compra: $3{,}50 + 2{,}70 + 2{,}50 = 8{,}70$ euros

PARA APLICAR

52 Escribe como fracciones las siguientes expresiones.

a) Tres cuartos de kilo b) Cuatro kilos y medio c) Dos tercios de kilo

53 Se sabe que un kilo de naranjas cuesta 1,20 euros. ¿Cuánto cuestan dos kilos y cuarto de naranjas?

54 Las latas de refresco suelen ser de $\frac{1}{3}$ de litro. ¿Cuántas latas son necesarias para envasar 100 litros de refresco?

Fracciones

Numerador

Indica el número de unidades fraccionarias elegidas. → $\frac{m}{n}$ ← **Denominador** Indica el número de partes en que se ha dividido la unidad.

Usos de las fracciones

Como partes de una cantidad.

Como el cociente indicado de dos números.

Como un operador.

Números racionales

Dos **fracciones** son **equivalentes** si representan la misma cantidad: $\frac{a}{b} = \frac{c}{d} \Leftrightarrow a \cdot d = b \cdot c$.

Amplificación de fracciones

Amplificamos la fracción.

$$\frac{6}{10} = \frac{6 \cdot 3}{10 \cdot 3} = \frac{18}{30}$$

Simplificación de fracciones

Simplificamos la fracción.

$$\frac{6}{10} = \frac{6 : 2}{10 : 2} = \frac{3}{5}$$

← Cuando no se puede simplificar, la fracción es **irreducible**.

Todas las fracciones equivalentes entre sí determinan un mismo número que se llama **número racional**.

Operaciones con fracciones

Suma y diferencia

$$\frac{3}{4} + \frac{5}{6} - \frac{2}{3} = \frac{9 + 10 - 8}{12} = \frac{11}{12}$$

Producto y cociente

$$\frac{3}{7} \cdot \frac{4}{5} = \frac{3 \cdot 4}{7 \cdot 5} = \frac{12}{35} \qquad \frac{3}{7} : \frac{4}{5} = \frac{3 \cdot 5}{7 \cdot 4} = \frac{15}{28}$$

Potencia

$$\left(\frac{2}{3}\right)^5 = \frac{2^5}{3^5} = \frac{32}{243}$$

Jerarquía de las operaciones

1.° Paréntesis ▶ 2.° Potencias ▶ 3.° Multiplicaciones y divisiones ▶ 4.° Sumas y restas

Resolución de problemas con fracciones

Cálculo de parte de una cantidad total

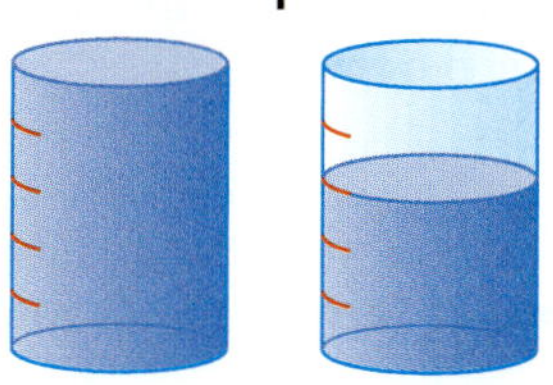

Total: 20 litros ⇒ $\frac{3}{5}$ de 20 = $\frac{3}{5} \cdot 20 = 12$ litros

Cálculo del total si se tiene una parte

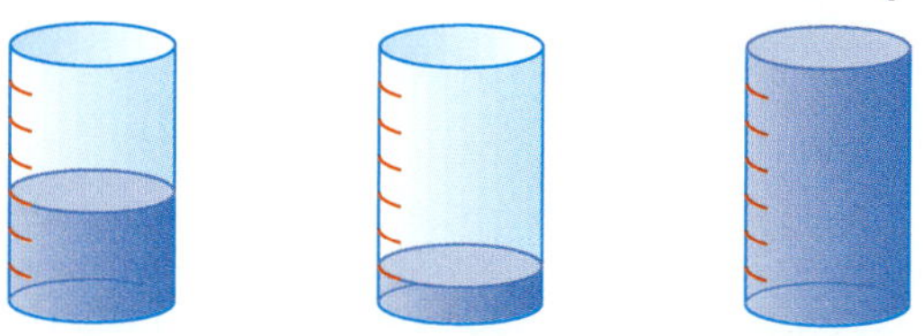

$\frac{3}{7}$ son 12 litros ⇒ $\frac{1}{7}$ son 4 ⇒ Total: 28 litros

PARA PRACTICAR Y APLICAR

55 Copia y completa los huecos que faltan para que se cumpla la igualdad.

$$\frac{3}{\square} = \frac{9}{15} = \frac{\square}{10} = \frac{27}{\square}$$

56 Una clase tiene 36 alumnos.

a) ¿Es lo mismo $\frac{1}{3}$ de los alumnos de la clase que $\frac{4}{12}$ de los alumnos de la clase?

b) ¿Hay otras fracciones que representen el mismo número de alumnos?

c) ¿Cuántas fracciones hay?

57 La producción de zumo de naranja de una empresa es de 20 000 litros.

¿Cuántas botellas de $\frac{3}{4}$ de litro pueden llenar?

58 El agua, al congelarse, aumenta $\frac{1}{10}$ de su volumen.

¿Qué volumen ocuparán 1 000 metros cúbicos de agua después de congelarse?

59 ¿Qué fracción del cuadrado representa cada figura coloreada?

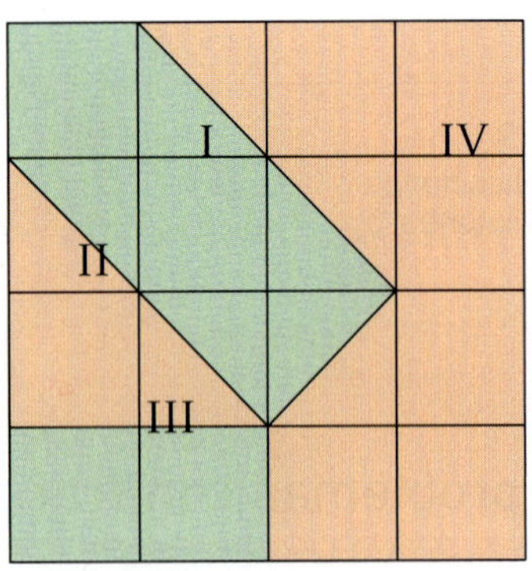

Calcula la fracción que representa la suma de las siguientes áreas.

a) II + III b) I + III c) IV + II

60 En una empresa con 1 400 empleados, un día con mucha nieve, $\frac{3}{5}$ de ellos llegan tarde al trabajo.

¿Cuántos trabajadores han llegado tarde?

61 Calcula el resultado de las siguientes expresiones.

a) $3 - 4 \cdot \left(\frac{1}{3} - \frac{1}{2} \cdot \left(\frac{1}{4} - \frac{1}{5}\right) + 3 : \left(\frac{1}{3} : \frac{1}{2}\right)\right)$

b) $(3 - 4) \cdot \left(\left(\frac{1}{3} - \frac{1}{2}\right) \cdot \left(\frac{1}{4} - \frac{1}{5}\right) + \left(3 : \frac{1}{3}\right) : \frac{1}{2}\right)$

c) $\left(\frac{1}{3} + \frac{1}{2}\right) \cdot \left(\frac{1}{2} - \frac{1}{4}\right) + 5 - 3 \cdot \left(4 : \frac{3}{5} + 1\right)$

d) $\left(\frac{1}{3} + \frac{1}{2} \cdot \left(\frac{1}{2} - \frac{1}{4}\right) + 5\right) - 3 \cdot \left(4 : \left(\frac{3}{5} + 1\right)\right)$

62 Mónica ha recorrido en coche los $\frac{5}{8}$ de un trayecto.

¿Cuál es la longitud de este si todavía le quedan 120 kilómetros por recorrer?

63 Los alumnos de 3.º de ESO han recogido 1 200 euros para una ONG durante una campaña de tres semanas. La primera semana recogieron $\frac{2}{3}$ del total; la segunda, $\frac{1}{5}$, y la tercera, el resto.

a) ¿Qué fracción recogieron en la tercera semana?

b) ¿Cuántos euros recogieron la tercera semana?

64 En una escuela de música, $\frac{1}{3}$ de sus alumnos asisten a clases de percusión; $\frac{1}{4}$, a piano, y el resto, 50 alumnos, estudian guitarra.

Si cada alumno estudia un instrumento, ¿cuántos alumnos estudian percusión?

65 Después de un incendio, la Consejería de Medio Ambiente decide repoblar $\frac{3}{5}$ del terreno con pinos y los $\frac{3}{4}$ del resto con encinas.

¿Qué parte se ha dejado sin repoblar?

PARA REFORZAR

66 Calcula.

a) $\frac{3}{5}$ de 400

b) $\frac{7}{11}$ de 121

c) $\frac{3}{5}$ de 125

d) $\frac{9}{7}$ de 210

67 Comprueba si los siguientes pares de fracciones son equivalentes.

a) $\frac{2}{5}$ y $\frac{6}{10}$

b) $\frac{4}{5}$ y $\frac{6}{15}$

c) $\frac{4}{9}$ y $\frac{8}{18}$

d) $\frac{2}{12}$ y $\frac{3}{18}$

68 Escribe en orden creciente las fracciones.

a) $\frac{3}{8}, \frac{11}{15}, \frac{7}{20}$

b) $\frac{7}{12}, \frac{1}{3}, \frac{3}{4}$

69 Calcula y simplifica.

a) $\frac{3}{5} + \frac{7}{4}$

b) $\frac{6}{7} - \frac{2}{3}$

c) $\frac{2}{6} \cdot \frac{3}{5}$

d) $\frac{7}{9} : \frac{21}{15}$

70 Opera y simplifica.

a) $\frac{4}{5} - \frac{1}{3} + \frac{2}{8} - \frac{5}{6}$

b) $1 - \left(\frac{1}{3} + \frac{2}{5}\right) + \frac{3}{4}$

71 Calcula.

a) $\frac{2}{3} + \frac{5}{2} \cdot \frac{2}{6} - \left(\frac{4}{3} - \frac{7}{12}\right)$

b) $\frac{5}{7} \cdot \left(\frac{2}{3} + \frac{5}{6}\right) : \frac{2}{5} \cdot \left(\frac{4}{5} - \frac{7}{15}\right)$

72 Al tostarse, el café pierde un quinto de su peso.

¿Cuánto pesarán 80 kilogramos de café después de tostarse?

73 Los $\frac{3}{5}$ de un listón de madera miden 27 centímetros.

¿Cuánto mide el listón?

74 Se pintan de blanco los $\frac{5}{8}$ de un poste.

¿Cuál es la longitud del poste si la parte sin pintar mide 6 metros?

PARA AMPLIAR

75 El cociente entre la medida de los lados de dos parcelas cuadradas es 5.

¿Cuál será la relación entre sus áreas?

76 Escribe tres fracciones comprendidas entre $\frac{6}{9}$ y $\frac{7}{9}$.

77 Martín recorre en su coche 60 kilómetros en tres cuartos de hora, y Ángela, 36 kilómetros en 27 minutos.

¿Cuál de los dos va más despacio?

78 Un grifo llena un depósito de agua en 2 horas y otro llena el mismo depósito en 3 horas.

¿Cuánto tiempo tardarían los dos a la vez?

79 Un tren tarda 2 horas en recorrer el trayecto *AB*, y otro, 4 horas en sentido *BA*.

Suponiendo que hay una vía doble y que ambos salen a la vez, ¿cuánto tiempo tardan en encontrarse?

80 El cubo de la figura está formado por 27 cubos pequeños.

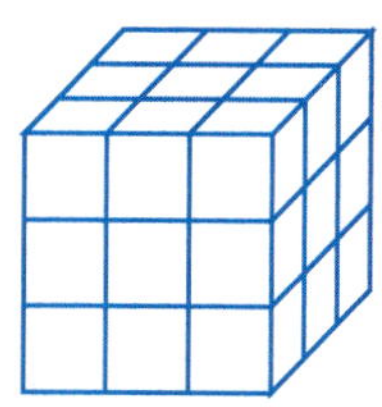

Pintamos de color cada una de las 6 caras visibles.

a) ¿Qué fracción representa los cubos pequeños que tienen una cara pintada?

b) ¿Qué fracción representa los cubos pequeños que tienen dos caras pintadas?

c) ¿Qué fracción representa los cubos pequeños que tienen tres caras pintadas?

d) ¿Qué fracción representa los cubos pequeños que tienen cuatro caras pintadas?

PARA INTERPRETAR Y RESOLVER

81 La ley D'Hont

La ley electoral determina que los escaños correspondientes a una circunscripción electoral se otorgarán según la ley D'Hont.

Los votos obtenidos por cada partido se dividen sucesivamente por 1, 2, 3, 4, etc., y los resultados se colocan en una tabla como la siguiente.

Partido	/1	/2	/3	/4	…
A	120	60	40	30	
B	60	30	20		
C	30	15			

Si hay n escaños para repartir, se adjudican a los n números mayores de la tabla.

Distribuye los 8 escaños que corresponden a una determinada circunscripción en la que el partido *A* obtuvo 185 244 votos; el partido *B*, 164 004; el partido *C*, 88 020, y el partido *D*, 30 123.

82 El Consejo Escolar

La legislación educativa de un país regula la composición de los consejos escolares de los centros docentes, en los que deberán estar representados los alumnos, los profesores, los padres, el personal no docente y la administración educativa con las proporciones indicadas en la siguiente tabla.

	Mínimo	Máximo
Alumnos	$\frac{1}{4}$ del total	$\frac{1}{3}$ del total
Profesores	$\frac{1}{3}$ del total	$\frac{1}{2}$ del total
Padres	$\frac{1}{5}$ del total	$\frac{1}{4}$ del total
Personal no docente	$\frac{1}{10}$ del total	$\frac{1}{8}$ del total
Administración	$\frac{1}{10}$ del total	$\frac{1}{8}$ del total

Indica una posible composición de un Consejo Escolar si se quiere que tenga exactamente 20 integrantes.

AUTOEVALUACIÓN

1 Halla el valor de las siguientes expresiones.

a) $\frac{3}{9}$ de 63

b) $\frac{6}{13}$ de 169

2 Copia y completa los números que faltan.

$$\frac{3}{5} = \frac{\square}{25} = \frac{18}{\square} = \frac{\square}{50}$$

3 Expresa las fracciones $\frac{2}{3}$, $\frac{5}{6}$ y $\frac{11}{12}$.

a) Con denominador 24.

b) Con denominador 48.

c) Con denominador común.

4 Calcula las siguientes cantidades.

a) $\frac{2}{5}$ de 250 kilogramos de café.

b) El total de un saco de café si $\frac{3}{7}$ son 120 kilogramos.

5 Calcula y simplifica las siguientes operaciones.

a) $\frac{4}{6} \cdot \frac{8}{12}$

b) $\frac{4}{6} : \frac{8}{24}$

c) $\frac{6}{15} \cdot 3$

d) $\frac{12}{30} : (-2)$

6 Calcula y simplifica las siguientes operaciones.

a) $\frac{2}{3} - 1$

b) $\frac{7}{12} + \frac{6}{5}$

c) $-\frac{3}{4} + \frac{11}{6}$

d) $2 + \frac{9}{5}$

7 Calcula.

a) $\frac{3}{5} - \left(\frac{3}{2} - \frac{4}{10}\right)$

b) $-\frac{2}{3} - \left(-\frac{7}{6} + \frac{5}{12}\right)$

8 Calcula y simplifica.

a) $-\left(\frac{5}{2} - \frac{1}{3}\right) - 3 \cdot \frac{5}{18} + \frac{1}{12}$

b) $\frac{1}{3} - \frac{3}{5} \cdot \frac{7}{2} - \left(\frac{3}{2}\right)^2 : \frac{6}{5} - \left(\frac{5}{4} : 3\right)$

ENTRE MATEMÁTICOS

EL MATEMÁTICO...MÚSICO

Pitágoras (Siglo VI a.C.)

Conocemos a Pitágoras sobre todo por el famoso teorema que lleva su nombre; sin embargo, él no lo descubrió. Los egipcios lo conocían muchos siglos antes.
En los viajes realizados en su juventud, el filósofo y matemático griego conoció las culturas egipcia y babilónica. A su regreso a Grecia fundó la Hermandad Pitagórica. Esta escuela fue posiblemente la primera que elaboró una demostración rigurosa del teorema de Pitágoras.

... SU IDEA...

Pitágoras encontró la música que encierran los números.
Después de verter agua hasta distintos niveles en varios vasos iguales comprobó que, al golpearlos suavemente, el sonido variaba en función del nivel de agua.
También experimentó con cuerdas tensadas de distintos tamaños y descubrió que la relación entre la longitud de las cuerdas y el sonido que producen puede expresarse mediante fracciones.
Pitágoras sentó así las bases de nuestra escala músical.

... Y SU ÉPOCA

Pitágoras vivió en un siglo que tuvo una importancia decisiva en el desarrollo tanto de las matemáticas como de la religión. Contemporáneos suyos fueron Buda, Confucio y Lao-Tse.

ENTREtenido

OBTENER LA MAYOR SUMA

1	2	3	4
6	7	8	9
11	12	13	14
16	17	18	19

Cada jugador necesita un tablero como el de la figura.

Reglas del juego

1. Toma un número cualquiera del tablero y tacha la fila y la columna que se cruzan en él. Toma otro de los números que quedan sin tachar y tacha la fila y la columna que se cruzan en él. Sigue haciendo lo mismo hasta que queden tachados todos los números del tablero.
2. Suma los números elegidos.
3. Gana el juego quien obtenga la mayor suma.

ENTRE interrogantes

¿NECESITAN LOS MÚSICOS SABER MATEMÁTICAS?

Las notas musicales indican el tono del sonido y su duración según la figura musical que las represente.

La figura de mayor duración, la redonda, se toma como unidad de tiempo para medir la duración de las restantes: blanca, negra, corchea, semicorchea... La relación entre ellas se expresa mediante fracciones:

Como puedes imaginar, los músicos deben realizar complicadas operaciones con fracciones para cuadrar sus composiciones.

2 NÚMEROS REALES

Para medir una ventana rectangular, triangular, redonda, etc., no solo hay que conocer los números, sino que también es necesario saber utilizarlos adecuadamente. Por ejemplo, en el helipuerto de la fotografía para calcular la superficie en la que puede aterrizar el helicóptero hay que utilizar el número π, el cual no puede ser expresado como una fracción, ya que no es racional.

La mayoría de las medidas del mundo físico que nos rodea no se pueden expresar mediante números racionales; por ello se usan los números irracionales.

RECUERDA

El **valor absoluto** de un número a se designa por $|a|$ y coincide con el número, si es positivo o cero, y con su opuesto si es negativo.

$$|3| = 3 \qquad |0| = 0 \qquad |-3| = 3$$

Representación de números enteros

Los números enteros se representan en la recta llevando el segmento OU hacia la izquierda si es negativo y hacia la derecha si es positivo, tantas veces como indica su valor absoluto.

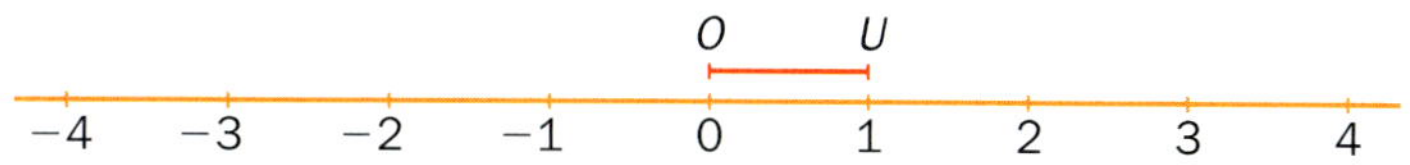

Teorema de Tales: Toda recta paralela a un lado de un triángulo ABC que corta los otros dos lados determina un triángulo $AB'C'$ semejante al triángulo original.

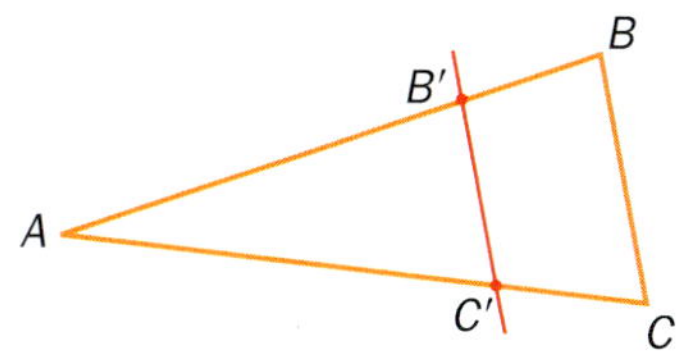

$$\frac{AB'}{AB} = \frac{AC'}{AC} = \frac{B'C'}{BC} = k$$

Para **dividir un segmento en partes iguales** se utiliza el teorema de Tales.

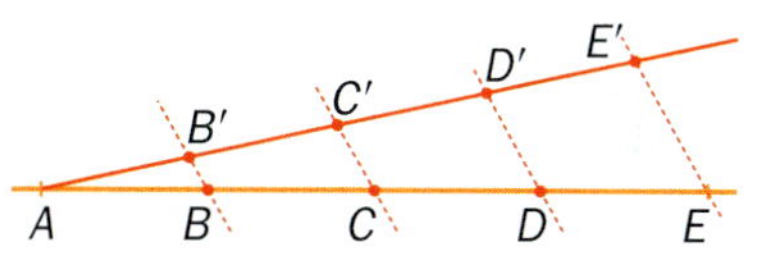

PARA EMPEZAR

1. Calcula.
   a) $|-2 - 8|$
   b) $|2| + |-3|$
   c) $6 - |-5|$
   d) $||-3| - |-2||$

2. Halla, utilizando el teorema de Tales, el valor que corresponde a las letras en las siguientes figuras.

   a)
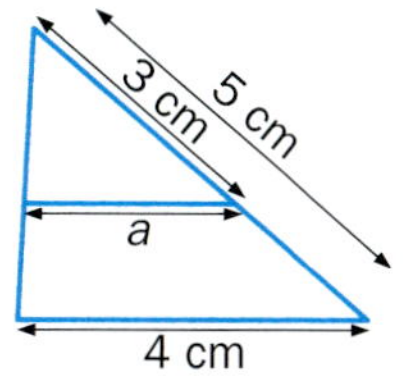

   b)
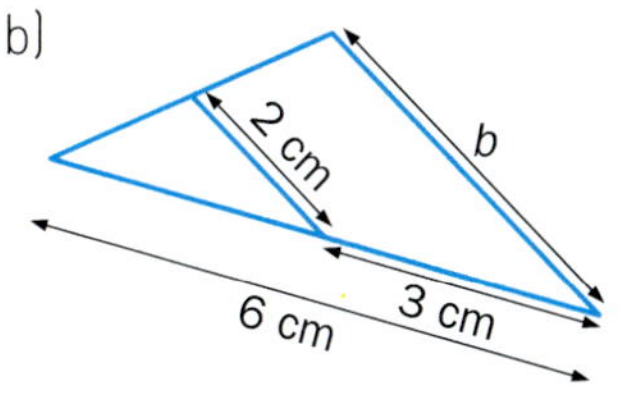

3. Dibuja un segmento de 5 centímetros y divídelo en seis partes iguales.

4. Sabiendo que la superficie de un círculo es πr^2, si el radio del helipuerto de la fotografía es de 5 metros, ¿cuál es su superficie?

Expresión decimal de números fraccionarios

Las fracciones se pueden escribir en forma decimal; para ello basta dividir el numerador por el denominador.

Ejemplo. *Escribe en forma decimal las fracciones* $\frac{33}{5}$, $\frac{14}{9}$ *y* $\frac{17}{6}$.

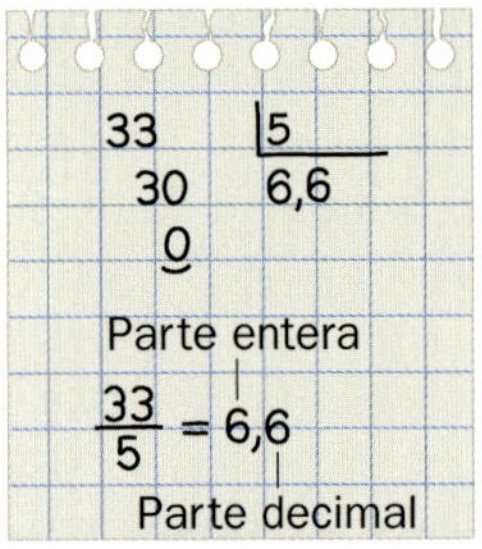

Decimal exacto

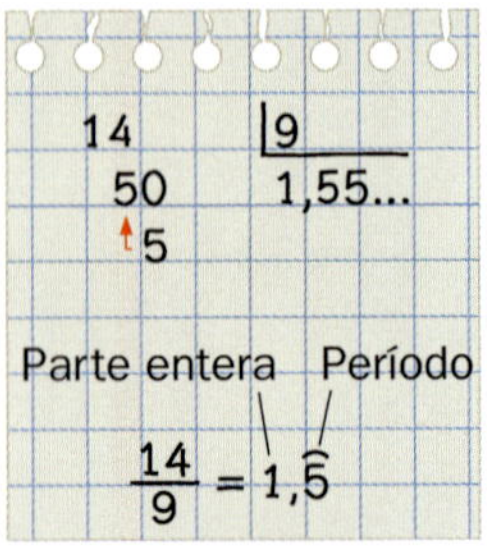

Decimal periódico puro

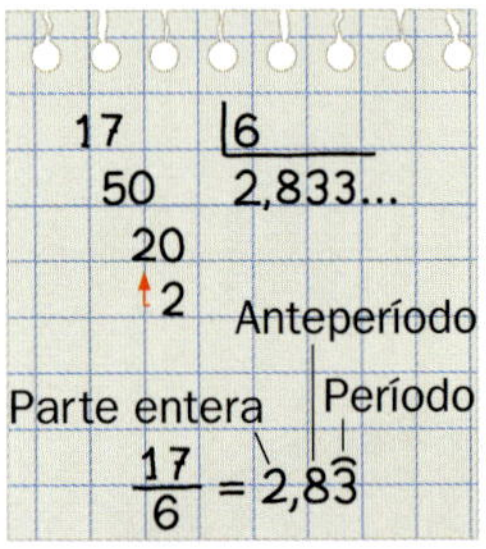

Decimal periódico mixto

> Todo número fraccionario se puede escribir en forma decimal exacta o periódica.

Expresión fraccionaria de números decimales

Ejemplo. *Expresa en forma fraccionaria el número decimal exacto 2,25.*

$$x = 2{,}25$$

Se multiplica por 100: $100x = 225$

Se despeja x y se simplifica: $x = \frac{225}{100} = \frac{9}{4}$

Ejemplo. *Expresa en forma fraccionaria el número decimal periódico puro* $3{,}\widehat{125}$.

$$x = 3{,}125125\ldots$$

Se multiplica por 1 000: $1\,000x = 3\,125{,}125125\ldots$

Se resta el número x: $x = 3{,}125125\ldots$

Diferencia: $999x = 3\,122$

Se despeja x y se simplifica: $x = \frac{3\,122}{999}$

Ejemplo. *Expresa en forma fraccionaria el número decimal periódico mixto* $3{,}40\widehat{6}$.

$$x = 3{,}40666\ldots$$

Se multiplica por 1 000: $1\,000x = 3\,406{,}666\ldots$

Se multiplica por 100: $100x = 340{,}666\ldots$

Se restan: $900x = 3\,066$

Se despeja x y se simplifica: $x = \frac{3\,066}{900} = \frac{511}{150}$

OBSERVA

Para poder eliminar el período se buscan dos números con la misma parte decimal y se restan.

> Todo número decimal exacto o periódico se puede escribir en forma fraccionaria.

PARA PRACTICAR

1 Expresa en forma decimal estas fracciones.

a) $\frac{75}{100}$ b) $\frac{2}{10}$ c) $\frac{12}{1\,000}$ d) $\frac{20}{100}$

2 Escribe las fracciones en forma decimal e indica en cada caso la parte entera, el anteperíodo y el período.

a) $\frac{4}{3}$ b) $\frac{11}{15}$ c) $\frac{22}{15}$ d) $\frac{23}{12}$ e) $\frac{11}{7}$ f) $\frac{112}{55}$

3 Amplifica cada fracción a otra que tenga por denominador una potencia de 10 y escribe su expresión decimal.

a) $\frac{7}{4}$ b) $\frac{11}{20}$ c) $\frac{27}{18}$ d) $\frac{12}{25}$

4 Expresa estos números en forma de fracción irreducible.

a) 0,175   b) 8,4   c) 0,32   d) 2,125

5 Expresa estos números en forma de fracción irreducible.

a) 3,2121...   b) 12,333...   c) 81,162162...   d) 3,0101...

6 Expresa estos números en forma de fracción irreducible.

a) 32,455...   b) 3,05353...   c) 8,9322...   d) 4,0034545...

7 Escribe la fracción irreducible de los siguientes números decimales.

a) 3,5   b) $3,\widehat{5}$ c) $3,\widehat{15}$ d) 2,17   e) $2,\widehat{17}$ f) $2,43\widehat{17}$

PARA APLICAR

PROBLEMA RESUELTO

8 **Sandra y María quieren comprar una bicicleta con sus ahorros. Sandra aporta una cantidad equivalente al 0,5222... del precio, que es de 180 euros.**

a) ¿Qué fracción del precio paga cada una?

b) ¿Cuántos euros paga cada una?

a) Fracción de Sandra:

$$x = 0{,}5222...$$
$$100x = 52{,}222...$$
$$10x = 5{,}222...$$
$$90x = 52 - 5 \Rightarrow x = \frac{47}{90}$$

Fracción de María:

$$1 - \frac{47}{90} = \frac{43}{90}$$

b) Cantidad de Sandra: $\frac{47}{90}$ de 180 = 94 euros

Cantidad de María: $\frac{43}{90}$ de 180 = 86 euros

9 En una clase de 36 estudiantes son chicas el 0,555... del total de alumnos.

¿Cuántas chicas y chicos hay?

10 Un carpintero tiene que cortar exactamente un listón de madera de $\frac{1}{3}$ de metro.

¿Es posible realizar el corte si solo dispone de una cinta métrica para medir? Justifica la respuesta.

11 Expresa el área de estas figuras de forma fraccionaria.

a)

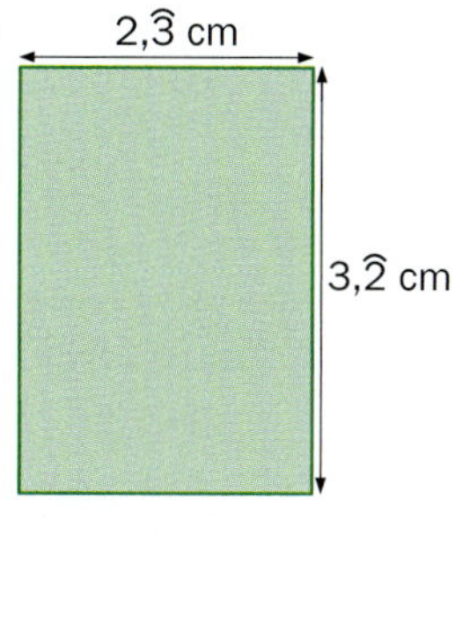

b)

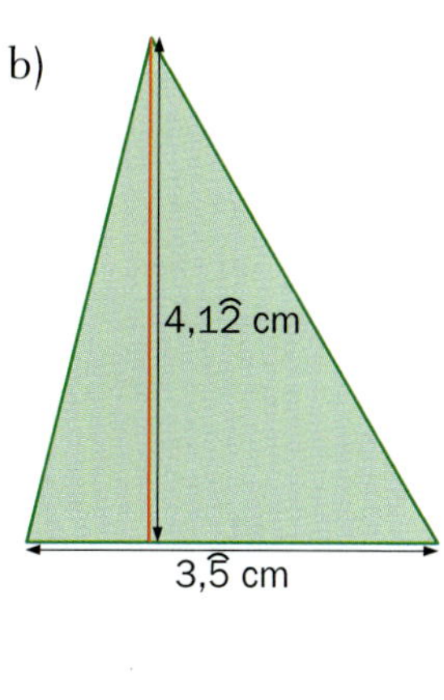

Idea de número real

Ejemplo. *Escribe el período de los siguientes números decimales.*

a) 3,222... *b) 3,0222...* *c) 3,2020020002...*

Los números decimales de los apartados a) y b) tienen período 2. El número decimal del apartado c) no tiene período, detrás de cada cifra 2 se repiten bloques de 1, 2, 3... ceros; por tanto, nunca habrá un bloque de cifras que se repita como período.

Los números decimales ilimitados no periódicos se llaman números **irracionales** y no se pueden escribir en forma de fracción.

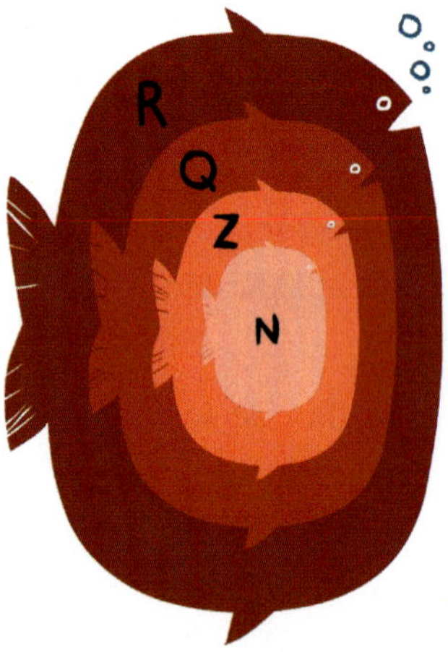

Ejemplo. *Clasifica estos números en racionales e irracionales.*

a) 3,123123123... *b) 5,123232323...* *c) 7,737737773...*

Los números de los apartados *a* y *b* son racionales por ser periódicos, el número del apartado *c* es irracional porque no hay ningún grupo decimal que se repita.

Los números racionales e irracionales forman el conjunto de los **números reales** y se designan por la letra **R**.

Operaciones con números reales

Ejemplo. *Realiza la operación* $\frac{1}{3} + 0,\widehat{5} - 0,6$.

En este caso, todos los números que aparecen son racionales, por lo que podemos escribirlos en su forma decimal o en su forma fraccionaria y hacer entonces las operaciones:

Como fracciones: $\frac{1}{3} + 0,\widehat{5} - 0,6 = \frac{1}{3} + \frac{5}{9} - \frac{3}{5} = \frac{15}{45} + \frac{25}{45} - \frac{27}{45} = \frac{13}{45}$

Como decimales: $\frac{1}{3} + 0,\widehat{5} - 0,6 = 0,33... + 0,55... - 0,6 = 0,288... = 0,2\widehat{8}$

De ambas formas llegamos al mismo resultado, ya que $\frac{13}{45} = 0,2\widehat{8}$.

ALGUNOS IRRACIONALES

- $\pi = 3,14159265...$
- Las raíces no exactas de números enteros.
  $\sqrt{2}, \sqrt{8}, \sqrt{10}, ...$
- El número de oro,

$\phi = \frac{1 + \sqrt{5}}{2} = 1,6180339...$

Ejemplo. *Calcula* $\frac{3}{4} + \sqrt{3}$.

Al tratarse de la suma de un número racional y de otro irracional, solo podemos utilizar la representación decimal.

$$\frac{3}{4} + \sqrt{3} = 0,75 + 1,7320508... = 2,4820508...$$

Al realizar operaciones con números reales debemos emplear su representación decimal.
En el caso de que los números que intervienen en la operación sean racionales podemos utilizar también la representación fraccionaria.

PARA PRACTICAR

12 Clasifica los siguientes números en racionales e irracionales.

a) $\frac{3}{5}$ c) $0{,}75$ e) $\sqrt{7}$

b) -4 d) 632 f) $0{,}1\widehat{4}$

13 Clasifica los siguientes números en racionales e irracionales.

a) 3,12112112... c) 0,12332100123....

b) 4,030030003... d) 2,19359348395....

14 Indica si son irracionales las raíces cuadradas de estos números.

a) 60 b) 625 c) 92 d) 65

15 Realiza las siguientes operaciones con números racionales utilizando su expresión fraccionaria.

a) $\frac{4}{7} + 3{,}5$

b) $2{,}4\widehat{1} - \frac{1}{8}$

c) $-\frac{3}{4} - 0{,}05$

d) $4{,}1 + \frac{2}{5} - 3{,}\widehat{4}$

e) $\frac{2}{3} - 0{,}25 + 1{,}1\widehat{6}$

f) $\frac{7}{10} - 0{,}\widehat{2} + \frac{3}{5}$

g) $\frac{2}{7} - \frac{3}{5} + 0{,}1\widehat{2}$

h) $2{,}35 - 10{,}23 + 34{,}67$

16 Calcula las siguientes expresiones utilizando la representación decimal de los números racionales.

a) $\frac{13}{9} - 1{,}32$

b) $5{,}2\widehat{3} - \frac{1}{2}$

c) $-0{,}\widehat{4} - \frac{2}{3}$

d) $\frac{3}{4} - 2{,}432$

e) $10{,}5 - \frac{2}{3} \cdot 0{,}75$

f) $3{,}0\widehat{5} + \frac{3}{4} - 0{,}68$

g) $\frac{4}{7} - \frac{5}{6} - 3{,}62$

h) $8 - \frac{3}{10} - \frac{1}{4} + 2{,}3\widehat{5}$

i) $-1{,}234 + \frac{30}{7} - \left(-\frac{20}{3}\right)$

j) $\frac{2}{9} - \frac{4}{3} : 0{,}25 + \frac{5}{7}$

17 Haz las siguientes operaciones con números reales utilizando su representación decimal.

a) $3 + \sqrt{3}$

b) $2 \cdot \sqrt{2} - \sqrt{5}$

c) $3\sqrt{2} + 0{,}25$

d) $\frac{\sqrt{6}}{2} + 0{,}12 - 3\pi$

e) $5 \cdot \sqrt{5} - 3{,}48$

f) $\frac{3}{5} + \pi - 2{,}312$

g) $\phi \cdot \pi + \frac{1}{4}$

h) $\sqrt{3} + \sqrt{2} \cdot \pi - \frac{5}{4}$

PARA APLICAR

18 Un aula de planta rectangular tiene como medidas de las aristas 6 metros de largo, 5 de ancho y 4 de alto.

Indica si las medidas de las diagonales de las paredes y del suelo son números racionales o irracionales.

19 Escribe la longitud de la diagonal de la plaza indicando si se trata de un número racional o irracional.

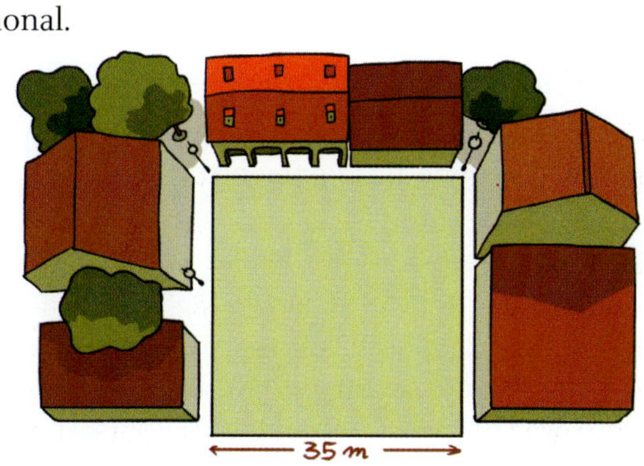

PROBLEMA RESUELTO

20 **Con la cuarta parte de un alambre de 3 metros de longitud construimos una circunferencia.**

¿Cuánto medirá su radio?

La longitud de la circunferencia será de

$\frac{1}{4} \cdot 3 + 0{,}75$ metros.

Como la longitud de la circunferencia es igual a $2\pi r$, el radio valdrá:

$$r = \frac{\text{longitud}}{2\pi} = \frac{0{,}75}{2 \cdot 3{,}141\ldots} = 0{,}119\ldots \text{ metros}$$

21 Calcula el área del círculo correspondiente a una circunferencia construida con las dos quintas partes de un hilo de 50 centímetros de longitud.

3. Aproximaciones y errores

Aproximaciones por defecto y por exceso

Ejemplo. *Encuentra aproximaciones por defecto y por exceso con una cifra decimal al número irracional $\sqrt{2} = 1{,}41421356...$*

Si se elige 1,2, 1,3 ó 1,4 como valor de $\sqrt{2}$, se tienen diferentes aproximaciones por defecto con una cifra decimal para este número.

Si se elige 1,5, 1,6 ó 1,9 como valor de $\sqrt{2}$, se tienen diferentes aproximaciones por exceso con una cifra decimal para este número.

Se llama **aproximación por defecto** de un número real a cualquier otro número real que sea menor que el primero.

Se llama **aproximación por exceso** de un número real a cualquier otro número real que sea mayor que el primero.

Errores

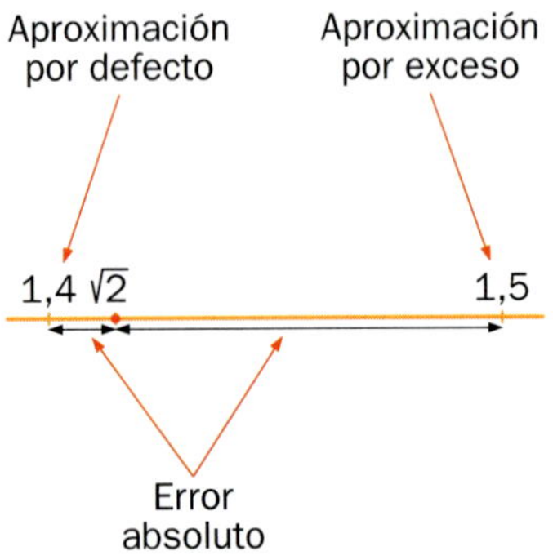

Ejemplo. *Elige las mejores aproximaciones por defecto y por exceso con una cifra decimal al número $\sqrt{2} = 1{,}41421356...$*

La mejor aproximación por defecto con una cifra decimal a $\sqrt{2}$ será aquel número de una cifra decimal que, siendo menor que $\sqrt{2}$, esté más cercano a él. Esto se cumple si se elige como aproximación 1,4, ya que es la que presenta menor diferencia con el valor exacto, es decir, menor **error absoluto**.

De igual forma, se concluye que la mejor aproximación por exceso a $\sqrt{2}$ con una cifra decimal es el número 1,5.

Si se elige 1,4, se tiene:

Error absoluto	Error relativo
$\lvert\sqrt{2} - 1{,}4\rvert = 0{,}0142...$	$\lvert\sqrt{2} - 1{,}4\rvert : \sqrt{2} = 0{,}010...$

Y si se toma 1,5:

Error absoluto	Error relativo
$\lvert\sqrt{2} - 1{,}5\rvert = 0{,}0857...$	$\lvert\sqrt{2} - 1{,}5\rvert : \sqrt{2} = 0{,}060...$

El **error absoluto** es el valor absoluto de la diferencia entre el valor exacto y el aproximado.

El **error relativo** es el cociente entre el error absoluto y el valor exacto.

Las mejores aproximaciones por exceso y por defecto, con un número determinado de cifras decimales, a un número son aquellas que determinan los menores errores absolutos.

Regla del redondeo

- Si la 1.ª cifra suprimida es menor que 5, se toma la aproximación por defecto como redondeo.

  3,1**4**15... → 3,1

- Si la 1.ª cifra suprimida es igual o mayor que 5, se toma como redondeo la aproximación por exceso.

  3,1415**9**26... → 3,1416

  7,3**5** → 7,4

Redondeo

Ejemplo. *Calcula el redondeo del número $\sqrt{2}$ con una cifra decimal.*

Se trata de escoger, de entre las mejores aproximaciones a $\sqrt{2}$ por exceso y por defecto, aquella que tiene un menor error absoluto.

$1{,}4 < \sqrt{2} < 1{,}5$ → Redondeo de $\sqrt{2}$ es 1,4

A la aproximación con menor error absoluto de entre las mejores aproximaciones por exceso y por defecto de un número real se le llama **redondeo** con un número de cifras dado de dicho número real.

PARA PRACTICAR

EJERCICIO RESUELTO

22 **Escribe las aproximaciones de $\frac{7}{13}$ por defecto y por exceso con una, dos y tres cifras decimales.**

La expresión decimal de $\frac{7}{13}$ es 0,53846...

	Por defecto	Por exceso
Una cifra decimal	0,5	0,6
Dos cifras decimales	0,53	0,54
Tres cifras decimales	0,538	0,539

23 Copia y completa la siguiente tabla utilizando dos cifras decimales en las aproximaciones.

	Por defecto	Por exceso
4,5279...		
12,9394...		
0,0023...		
7,9032...		

24 Calcula el error absoluto cuando se toman para $\frac{4}{3}$ las siguientes aproximaciones.

a) 1,3
b) 1,33
c) 1,333
d) 1,3333

25 Escribe las aproximaciones decimales por defecto de estos números con un error menor que una milésima.

a) $\frac{4}{3}$
b) $\frac{5}{12}$
c) $\frac{4}{7}$
d) $\frac{3}{10}$

26 Halla los errores absoluto y relativo cuando se toma $\frac{22}{7}$ con cuatro cifras decimales como aproximación del numero $\pi = 3,141592...$

27 Copia y completa la siguiente tabla calculando las aproximaciones y los redondeos con tres cifras decimales.

	Por defecto	Por exceso	Redondeo
$\frac{3}{7}$			
$\frac{8}{5}$			
$\sqrt{7}$			
$\sqrt{5}$			
18,8			
0,3413			
ϕ			
1,99999			
π			

PARA APLICAR

28 Redondea las siguientes medidas.

a) A metros cuadrados, el área de una clase que mide 35,7 metros cuadrados.

b) A kilómetros, la distancia entre dos pueblos, que es de 17,23 kilómetros.

c) A metros, el largo de una sala que mide 3,78 decámetros.

d) A miles de euros, la recaudación de un espectáculo benéfico, que ha sido de 34 241 euros.

29 Copia y completa la siguiente tabla redondeando la superficie de los continentes a millones de kilómetros cuadrados.

	Superficie (km^2)	Redondeo
África	30 213 059	
América	42 074 773	
Asia	44 500 779	
Europa	10 298 929	

PROBLEMA RESUELTO

30 **Una persona ha cometido un error de 10 kilómetros al medir una distancia de 200 kilómetros, y otra ha cometido un error de 20 kilómetros en una distancia de 500 kilómetros. ¿Quién de las dos personas se ha equivocado más?**

Se calculan los errores relativos:

Primera persona: $\frac{10}{200} = 0,05$

Segunda persona: $\frac{20}{500} = 0,04$

Por tanto, se ha equivocado más la primera persona.

31 Al comprobar dos modelos de medidores de líquidos obtenemos los siguientes errores:

Modelo *A*: 2 litros al medir 1 000 litros
Modelo *B*: 1,3 litros al medir 750 litros

¿Qué modelo es mejor?

4. Representación en la recta real

Representación de números racionales

Ejemplo. *Representa en la recta el número* $\frac{5}{6}$.

① 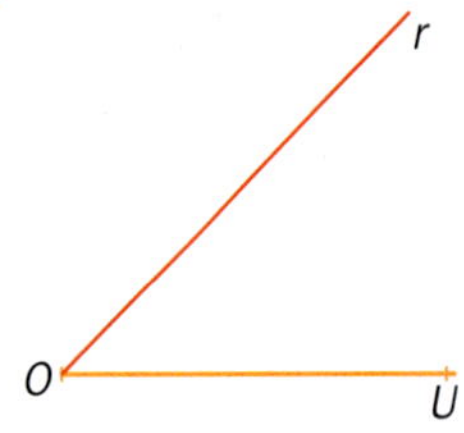

Se dibuja el segmento unidad *OU* y una recta auxiliar *r* que pasa por *O*.

② 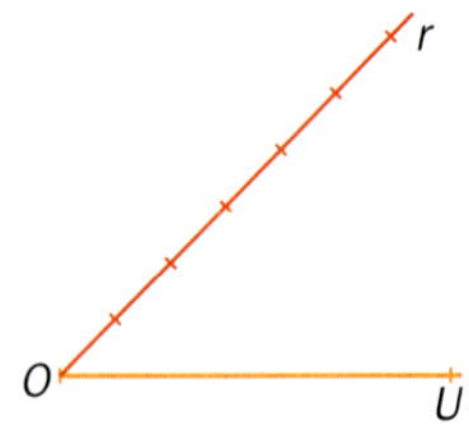

Se dibujan 6 segmentos iguales sobre *r* a partir de *O*.

③ 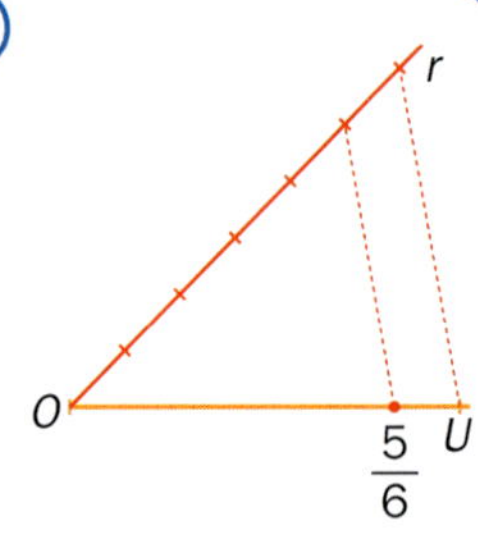

Se une el sexto punto con *U* y se traza una paralela por el quinto punto.

Representación de números irracionales

Ejemplo. *Representa el número* $\sqrt{2}$ *de forma exacta.*

① 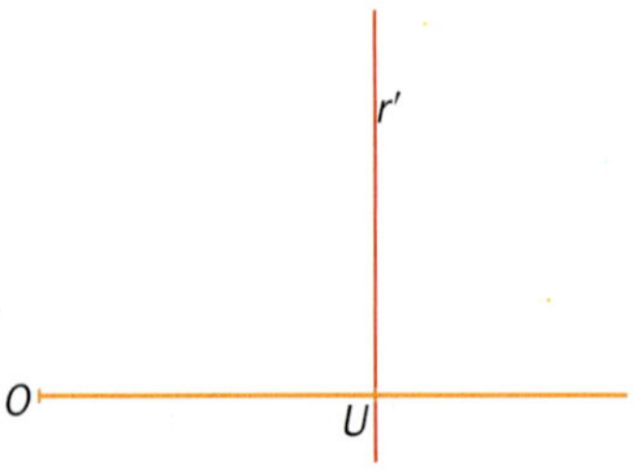

Se dibuja el segmento unidad *OU*, y se traza una semirrecta *r'* perpendicular a *OU* en el punto *U*.

② 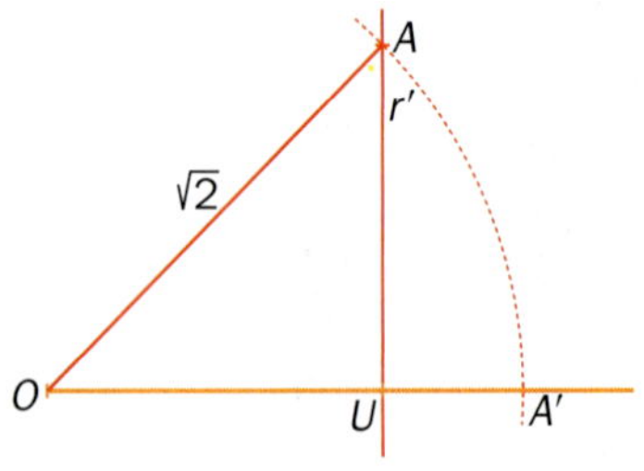

Se traza en *r'* un segmento *UA* igual a *OU*. Con centro el punto *O* y radio *OA*, se traza un arco que corte la semirrecta *OU* en *A'*.

Por el teorema de Pitágoras $OA = \sqrt{1^2 + 1^2} = \sqrt{2}$, luego $A' = \sqrt{2}$.

Ejemplo. *Representa el número* π *con aproximaciones por defecto y por exceso.*

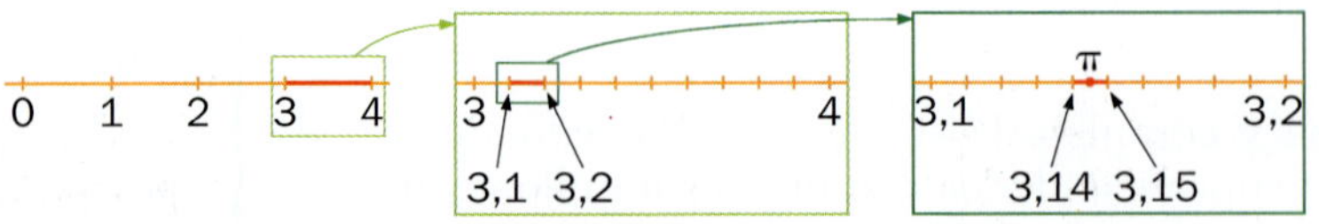

Aproximaciones a la unidad → Aproximación a la décima → Aproximación a la centésima

> Dado un origen y el segmento unidad $OU = 1$, a cada punto de la recta le corresponde un número real, y a cada número real, un punto de la recta.

Recta entera

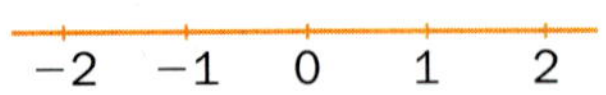

Recta racional

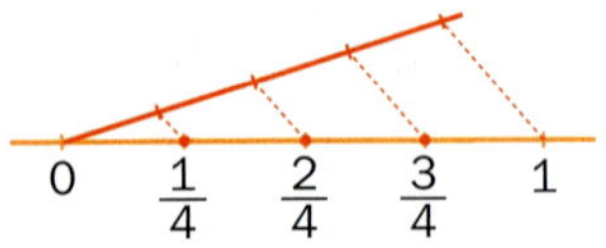

Recta real

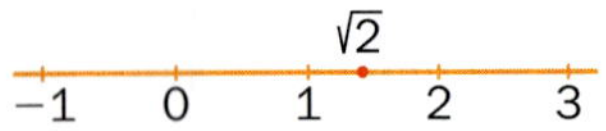

Espiral de raíces

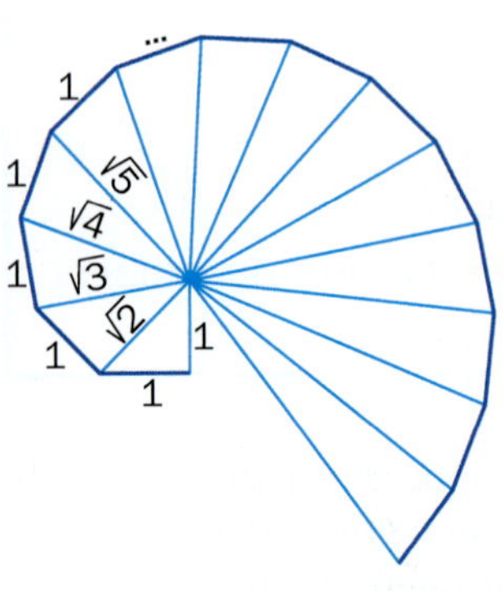

PARA PRACTICAR

32 El punto representado en la recta se corresponde con el $\frac{3}{7}$.

Copia la recta y representa estos puntos.

a) $\frac{1}{7}$

b) $-\frac{3}{7}$

c) $\frac{8}{7}$

d) $\frac{5}{7}$

33 Representa en la recta real los números fraccionarios.

a) $\frac{3}{5}$

b) $\frac{3}{11}$

c) $\frac{7}{8}$

d) $\frac{4}{7}$

34 Representa en la recta real estos números fraccionarios negativos.

a) $-\frac{1}{3}$

b) $-\frac{3}{4}$

EJERCICIO RESUELTO

35 **Representa en la recta el número racional $\frac{5}{3}$.**

El número $\frac{5}{3}$ se puede expresar como $1 + \frac{2}{3}$.

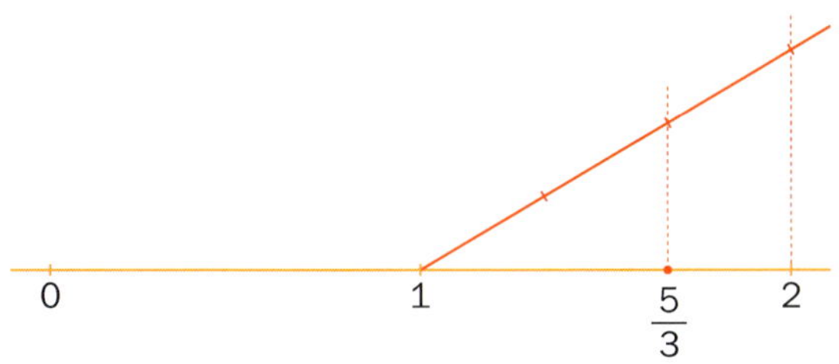

36 Representa en la recta real los siguientes números fraccionarios.

a) $\frac{7}{5}$

b) $\frac{14}{11}$

c) $\frac{19}{8}$

d) $\frac{16}{7}$

EJERCICIO RESUELTO

37 **Representa en la recta el número $\sqrt{10}$.**

El número $\sqrt{10}$ se puede expresar como $\sqrt{3^2 + 1^2}$.

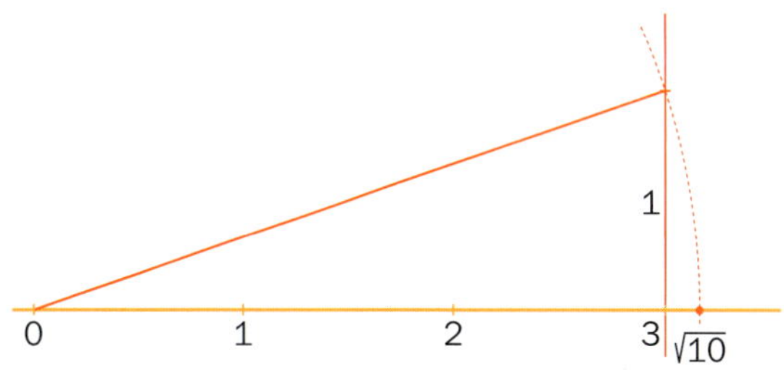

38 Representa en la recta real de forma exacta y de forma aproximada.

a) $\sqrt{5}$

b) $\sqrt{13}$

39 Representa en la recta real estos números reales negativos.

a) $-\frac{4}{7}$

b) $-\frac{12}{5}$

c) $-\sqrt{17}$

d) $-\sqrt{8}$

PARA APLICAR

40 Escribe el valor de las letras.

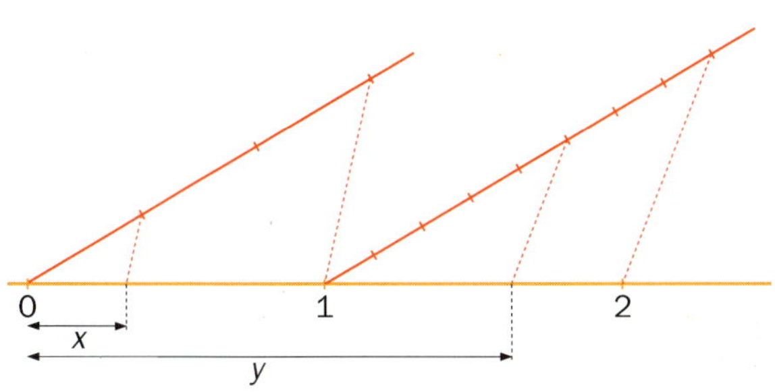

41 Escribe, en centímetros, la medida del lapicero con una aproximación de dos décimas.

5. Intervalos y semirrectas

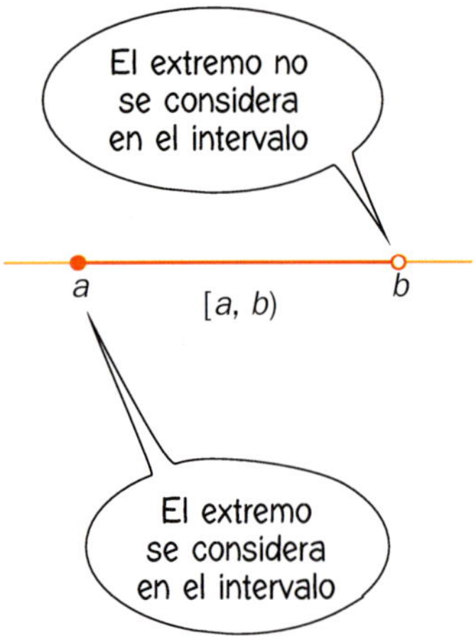

Intervalos de números reales

Ejemplo. *Representa en la recta real estos conjuntos de números reales.*

a) Mayores que 2 y menores que 4.
b) Mayores o iguales que 2 y menores que 4.
c) Mayores que 2 y menores o iguales que 4.
d) Mayores o iguales que 2 y menores o iguales que 4.

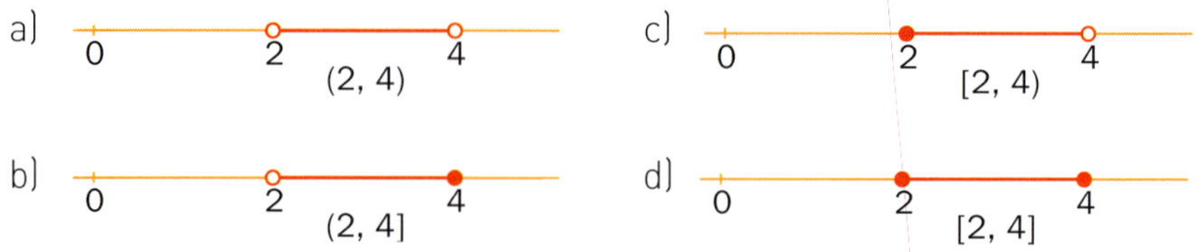

Intervalos

abierto	abierto por la izquierda	abierto por la derecha	cerrado
(a, b)	$(a, b]$	$[a, b)$	$[a, b]$

Semirrectas de números reales

Ejemplo. *Representa en la recta real estos conjuntos de números reales.*

a) Mayores que 3.
b) Mayores o iguales que 3.
c) Menores que 3.
d) Menores o iguales que 3.

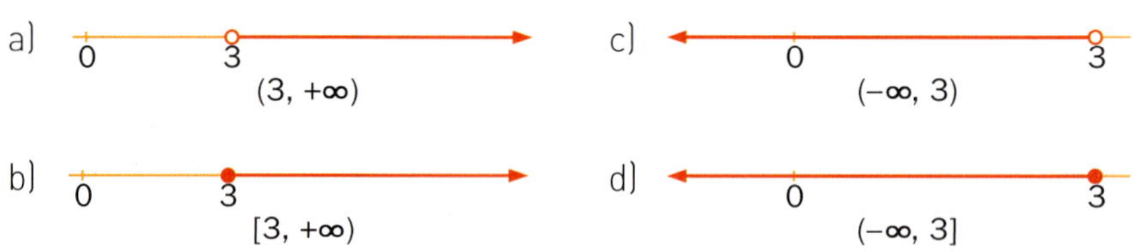

Semirrectas

abierta positiva	cerrada positiva	abierta negativa	cerrada negativa
$(a, +\infty)$	$[a, +\infty)$	$(-\infty, a)$	$(-\infty, a]$

EJERCICIO RESUELTO

42 Escribe el intervalo que representa cada dibujo.

a) $(-\infty, 3)$ b) $[-1, 3]$ c) $[2, +\infty)$ d) $(0, 4]$

PARA PRACTICAR

EJERCICIO RESUELTO

43 **Representa en la recta real los siguientes intervalos y semirrectas.**

a) $(-1, 4]$ c) $(-\infty, -1]$

b) $[-3, -1]$ d) $[-2, +\infty)$

a) Intervalo

b) Intervalo

c) Semirrecta

d) Semirrecta

44 Representa en la recta real estos intervalos.

a) $(0, 3)$ c) $[-3, 3)$

b) $[-1, 1]$ d) $(3, 5]$

45 Representa en la recta real estas semirrectas.

a) $(3, +\infty)$ c) $[2, +\infty)$

b) $(-\infty, -1)$ d) $(-\infty, 2]$

46 Escribe el intervalo que se describe en cada frase.

a) Los números reales mayores que 2 y menores o iguales que 5.

b) Los números reales menores que -4.

c) Los números reales mayores o iguales que 3.

d) Los números reales mayores o iguales que -4 y menores o iguales que -1.

47 Representa estos intervalos y escribe el número entero que está en el centro de cada uno.

a) $(4, 6)$ b) $(3, 9]$ c) $[0, 4]$ d) $(-2, 4]$

48 Indica los intervalos que representan los siguientes dibujos.

a)

b)

c)

d)

EJERCICIO RESUELTO

49 **Escribe el intervalo abierto más pequeño, de extremos números enteros en cuyo interior se encuentra el número irracional $\sqrt{2}$.**

Se representa en la recta real, de forma aproximada, el número $\sqrt{2}$.

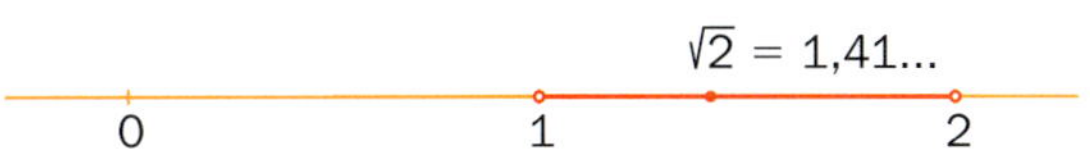

Por tanto, el intervalo buscado es $(1, 2)$.

50 Representa el intervalo cerrado más pequeño, de extremos números enteros, en cuyo interior se encuentran los siguientes números irracionales.

a) $\sqrt{35}$ c) $\sqrt{10}$

b) $\sqrt{24}$ d) $\sqrt{899}$

PARA APLICAR

51 ¿Qué intervalo determinan los puntos de la recta real que pertenecen al círculo?

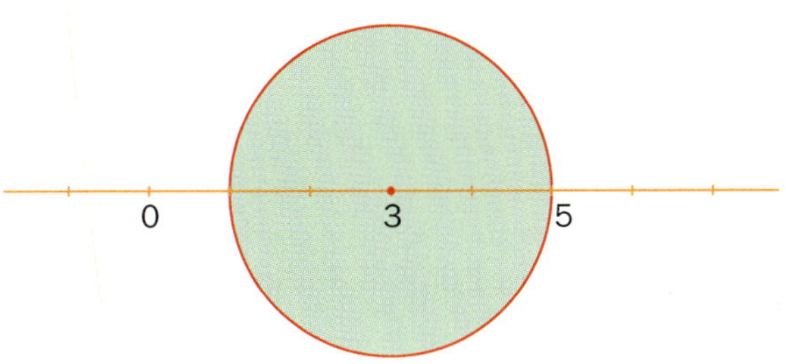

52 Escribe el intervalo que determina los puntos del cuadrado de la construcción que pertenecen a la recta real.

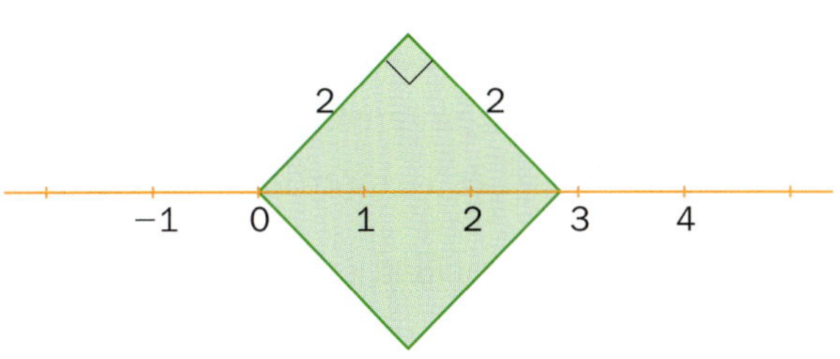

LA «INCERTIDUMBRE» DE LAS MEDIDAS

¿DÓNDE ESTÁN LAS MATEMÁTICAS?

Cuando se toma una medida, realmente no se puede saber si el aparato que se está utilizando proporciona el valor exacto de la misma. Por ello, la medida se expresa acompañando la cifra obtenida con unas cotas superior e inferior, con las cuales podemos saber el **intervalo** donde se encuentra el valor real. Estas cotas son mayores o menores en función de la calidad y precisión del aparato.

Por ejemplo, en las modernas básculas digitales se puede observar un símbolo en un lateral de la pantalla donde pone el error que comete la báscula.

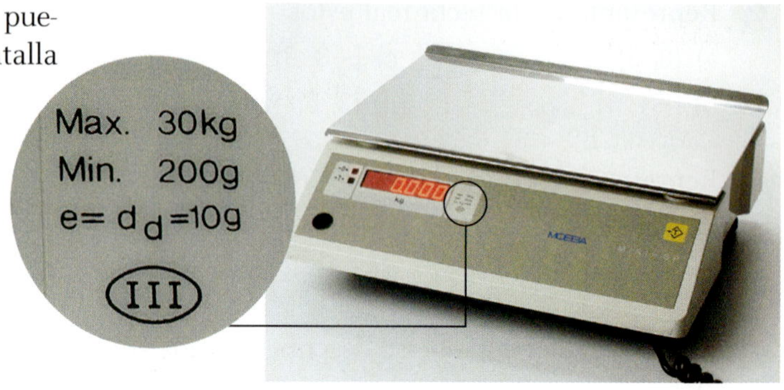

¿CÓMO SE APLICAN?

La báscula del dibujo marca en la pantalla «1,2 kg». Como su margen de error en el peso es de ±0,01 kilogramos, el auténtico peso del paquete que se quiere enviar estará comprendido entre 1,2 − 0,010 y 1,2 + + 0,01 kilogramos, es decir, en el intervalo [1,190; 1,210].

El valor máximo que alcanza el error de la medida se llama incertidumbre del aparato. Por tanto, nuestra báscula tiene una incertidumbre de 10 gramos.

PARA APLICAR

53 Hemos medido el largo de un pasillo con un aparato medidor cuya incertidumbre es de ±0,3 metros y hemos obtenido un valor de 3,4 metros.

¿Entre qué valores se encuentra la medida exacta del pasillo?

54 Le preguntamos a un amigo cuál es su peso, y nos contesta que pesa entre 56 y 58 kilogramos. ¿Cuál es la incertidumbre del peso que nos ha dicho?

55 La capacidad exacta de un recipiente está comprendida entre 2,84 y 2,96 litros.

¿Cuál es la incertidumbre de dicha capacidad?

Números decimales y fracciones

Todo número fraccionario se puede escribir en forma decimal exacta o periódica

$$\frac{11}{6} = 1{,}83333... = 1{,}8\widehat{3}$$

Todo número decimal exacto o periódico puede escribirse en forma fraccionaria

Anteperíodo

Período

Parte decimal

Parte entera

Números reales

Los **números racionales** son los que pueden expresarse como **decimales exactos o periódicos**.

Los **números irracionales** son los que, siendo ilimitados, no pueden expresarse como **decimales no periódicos**.

Los números racionales e irracionales constituyen el conjunto de los **números reales**.

Aproximaciones y errores

Si se elige 1,4 como valor de $\sqrt{2}$, se tiene una **aproximación por defecto**.

$$1{,}4 < \sqrt{2} < 1{,}5$$

Si se elige 1,5 como valor de $\sqrt{2}$, se tiene una **aproximación por exceso**.

El **error absoluto** es el valor absoluto de la diferencia entre el valor exacto y el aproximado.

El **error relativo** es el cociente que resulta de dividir el error absoluto entre el valor exacto.

La aproximación con menor error absoluto de entre las mejores aproximaciones por exceso y por defecto de un número real se llama **redondeo** de dicho número.

Intervalos y semirrectas

Intervalo abierto
(a, b)

Intervalo cerrado
$[a, b]$

Intervalo abierto a la izquierda
$(a, b]$

Intervalo abierto a la derecha
$[a, b)$

Semirrecta abierta positiva
$(a, +\infty)$

Semirrecta cerrada positiva
$[a, +\infty)$

Semirrecta abierta negativa
$(-\infty, a)$

Semirrecta cerrada negativa
$(-\infty, a]$

PARA PRACTICAR Y APLICAR

56 Escribe cada fracción de forma decimal e indica el tipo de número decimal que se obtiene.

a) $\frac{34}{32}$ b) $\frac{34}{33}$ c) $\frac{127}{40}$ d) $\frac{121}{27}$

57 En los siguientes procesos de paso de una expresión decimal a fracción se han borrado algunos números. Escribe en cada caso el proceso completo.

a)
$$x = 2{,}0\overparen{27}$$
$$\square\, x = 2027{,}\overparen{27}$$
$$10x = \square{,}\overparen{27}$$
$$990x = \square \qquad x = \frac{\square}{990} = \frac{223}{\square}$$

b)
$$x = 0{,}\overparen{51}$$
$$100x = \square$$
$$x = 0{,}\overparen{51}$$
$$\square\, x = \square \qquad x = \frac{\square}{99} = \frac{\square}{33}$$

58 Escribe la expresión fraccionaria de estos números irracionales.

a) 3,211313... c) 42,00111...
b) 0,31313... d) 9,811811...

59 Un inventor ha construido una máquina que genera números irracionales. El funcionamiento de la máquina es muy sencillo, solicita dos números naturales y nos devuelve uno irracional.

Escribe los números irracionales que nos da la máquina en estos casos.

a) 3 y 5 b) 5 y 21 c) 10 y 4 d) 12 y 32

60 ¿Cuál es la cifra que ocupa el lugar 2 500 en la parte decimal de cada uno de los siguientes números?

a) 0,456456456... b) 5,7246824682468...

61 El número π = 3,141 592 653 589... es un número irracional.

¿Es también irracional el número 100π? Justifica la respuesta.

62 El número π = 3,141 592 563... es irracional y se ha escrito con una aproximación de 9 cifras decimales correctas. Hay dos números fraccionarios que se aproximan bastante: $\frac{22}{7}$ y $\frac{355}{113}$.

¿Cuál de las dos fracciones se aproxima más?

63 Calcula los errores absoluto y relativo que se cometen cuando se toman las siguientes aproximaciones del número irracional $\sqrt{3}$ = 1,73205080...

a) Aproximación a la unidad por exceso.
b) Aproximación a la décima por defecto.

64 Dibuja en la recta real estos números.

a) $\frac{7}{3}$ b) $\sqrt{8}$ c) $-\frac{2}{7}$ d) $-\sqrt{5}$

65 Representa en la recta real los siguientes intervalos y semirrectas.

a) $(-\infty, 2]$ b) $(7, 8]$ c) $[-3, 3]$ d) $(0, +\infty)$

66 Escribe en forma de intervalo los puntos de la recta real que cumplen las siguientes condiciones.

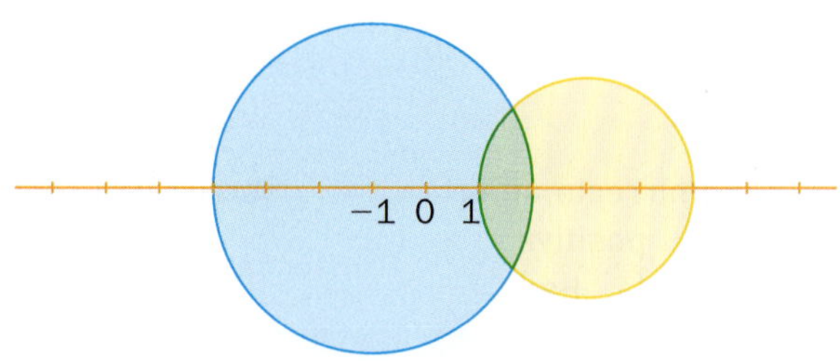

a) Pertenece al círculo azul.
b) Pertenece al círculo amarillo.
c) Pertenece a ambos círculos.

PARA REFORZAR

67 Expresa los siguientes números en forma decimal, e indica, si existen, la parte entera, el período y el anteperíodo.

a) $\frac{47}{22}$ b) $\frac{13}{9}$ c) $\frac{19}{15}$ d) $\frac{23}{6}$

68 Escribe la expresión decimal que representa la parte coloreada en cada figura.

a)

b)
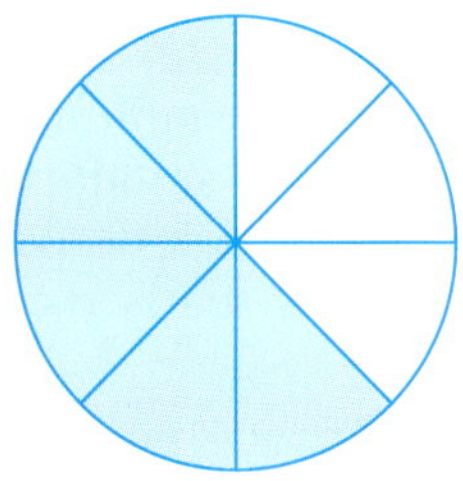

69 Escribe en forma de fracción irreducible estos números decimales.

a) 0,15 c) 3,454545...
b) 3,2555... d) 1,1222...

70 Clasifica los siguientes números en racionales e irracionales.

a) $\sqrt{121}$ c) $\sqrt{122}$
b) 2,010010001... d) 0,313131...

71 Dibuja un rectángulo cuya diagonal mida $\sqrt{13}$ centímetros.

72 Copia y completa la siguiente tabla utilizando dos cifras decimales para las aproximaciones.

Expresión decimal	Aproximación por defecto	Aproximación por exceso	Redondeo
3,0453...			
12,4104...			
0,39932...			

73 Representa en la recta real estos números.

a) -3 b) $\frac{3}{4}$ c) $\frac{6}{5}$ d) $\sqrt{7}$

74 Dibuja en la recta real los siguientes intervalos.

a) (2, 3) c) (2, 3]
b) [2, 3) d) [2, 3]

75 Dibuja en la recta real estas semirrectas.

a) $(2, +\infty)$ c) $(-\infty, 3]$
b) $[-2, +\infty)$ d) $(-\infty, -3)$

76 Escribe el intervalo representado en cada dibujo.

a)

b)

c)

d)

PARA AMPLIAR

77 Un número irracional tan conocido como π es el número áureo, que aparece como cociente entre la diagonal del pentágono regular y el lado. Su símbolo es la letra griega φ (fi), y su valor es:

$$\varphi = \frac{1 + \sqrt{5}}{2} = 1{,}618033...$$

a) ¿Cuánto vale la diagonal de un pentágono regular si el lado mide 10 centímetros?

b) Redondea su valor hasta los milímetros.

78 Todo número natural puede escribirse como suma de cuatro cuadrados (como máximo). Utiliza este resultado para construir un segmento de $\sqrt{46}$ centímetros.

79 Representa en la recta real los números que cumplan estas condiciones.

a) $|x| = 4$ c) $|x| = |-5|$
b) $|x - 3| = 3$ d) $|x - 4| = |-8|$

80 Dibuja en la recta real los siguientes números.

a) $3 + \sqrt{5}$ c) $2\sqrt{2} + \frac{1}{2}$
b) $\frac{1}{2} - \sqrt{2}$ d) $\sqrt{2} + \sqrt{5}$

81 Calcula, sin utilizar la calculadora, la suma y el producto de los siguientes números con tres decimales exactos.

a) $\sqrt{2} = 1{,}414213$ y $\sqrt{5} = 2{,}236067...$

b) $\sqrt{3} = 1{,}732050...$ y $\pi = 3{,}141592...$

PARA INTERPRETAR Y RESOLVER

82 Errores de medida

Ángel ha elaborado un croquis de un campo de fútbol, pero se ha equivocado al medir, ya que el campo mide en realidad 102 × 81 metros.

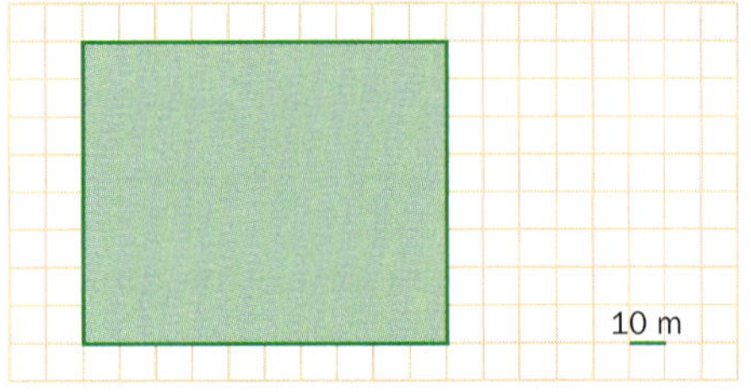

Completa la tabla siguiente.

	Error absoluto	Error relativo
Largo		
Ancho		
Perímetro		
Área		

83 La nueva impresora

El diagrama representa la ubicación de tres ordenadores *A*, *B* y *C* de una empresa.

Se quiere colocar entre *A* y *C* una impresora que dé servicio a los tres ordenadores. Para minimizar la longitud de cable necesario para las conexiones, se adopta el criterio de que la suma de distancias desde la impresora a los tres ordenadores sea la menor posible.

¿En qué punto situarías la impresora?

¿Y si hubiera cuatro ordenadores alineados?

AUTOEVALUACIÓN

1 Escribe en forma decimal el número que está representado en cada dibujo.

a) 

b) 

2 Escribe en forma de fracción irreducible los siguientes números decimales.

a) 0,75
b) 0,757575...
c) 6,111...
d) 1,3444...

3 Indica los números representados en las siguientes figuras.

a) 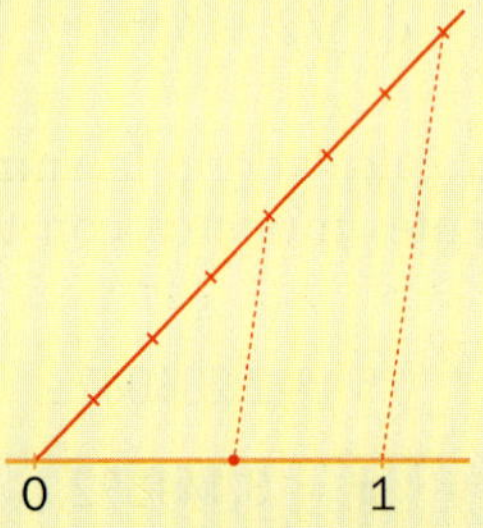

b) 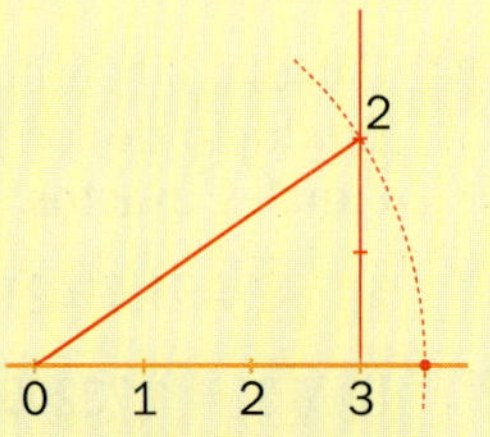

4 Halla el error absoluto que se comete cuando se toma como aproximación de $\frac{8}{9}$ el número decimal 0,88.

5 Representa los intervalos y semirrectas e indica de qué tipo son.

a) $[1, 4)$
b) $(-3, 2)$
c) $[2, +\infty)$
d) $(-\infty, -5]$

6 Representa en la recta real los números $\frac{10}{3}$ y $\sqrt{17}$.

7 Indica el intervalo que está representado en cada dibujo.

a) 

b) 

c) 

d) 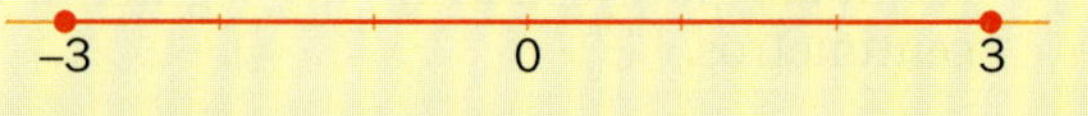

LA MATEMÁTICA ... INFORMÁTICA

Ada Byron (1815-1852)

La hija del famoso poeta romántico Lord Byron, fue en muchos aspectos una mujer adelantada más de 150 años a su tiempo: intuyó la posibilidad de crear una "inteligencia artificial" con ayuda de la fuerza de la electricidad.

Con 17 años conoció al matemático Babbage que afirmaba haber diseñado una máquina capaz de realizar cualquier cálculo matemático. Ada se quedó tan impresionada que dedicó todo su talento a mejorar y corregir éste prototipo de ordenador digital. De este modo Ada creó el primer programa informático de la historia.

... Y SU ÉPOCA

Vivió en la época de Karl Marx, político famoso por su *Manifiesto comunista* y de Louis Braille inventor del sistema de escritura para invidentes.

... SU IDEA...

En aquella época no dieron mucho crédito al ordenador en el que Ada y Babbage trabajaron, sin embargo, posteriormente fue construido siguiendo sus instrucciones al pie de la letra y funcionó.

Ada pensó que **un cálculo largo podía realizarse repitiendo la misma secuencia de instrucciones varias veces**. Así, con un conjunto sencillo de órdenes podía obtener procesos recurrentes.

De este modo describió **lo que hoy día en informática se conoce como "bucle"**, que es un **elemento importante de la moderna programación**.

ENTREtenido

¿ME LO PUEDES EXPLICAR?

"Solo hay 10 tipos de personas, las que saben lenguaje binario y las que no".

PISTA

Habitualmente nosotros utilizamos el sistema de numeración decimal, sin embargo, el lenguaje interno de los ordenadores utiliza el sistema binario que solo emplea dos dígitos: el 0 y el 1. Así, por ejemplo, el número 5 en binario se representa por 101 pues:

$$5 = 2^2 + 1$$

$$5 = (1 \times 2^2) + (0 \times 2^1) + (1 \times 2^0)$$

ENTRE interrogantes

¿QUÉ ES UN GIGA?

La unidad mínima de información es el bit (de la expresión inglesa "binary digit") que solo puede tomar el valor 0 o el valor 1.

En la práctica se emplea un conjunto de 8 bits denominado **byte**; pero se necesitan múltiplos como el gigabyte (giga).

1 kilobyte (kb) → 1024 bytes

1 megabyte (Mb) → 1024 kilobytes

1 gigabyte (Gb) → 1024 megabytes

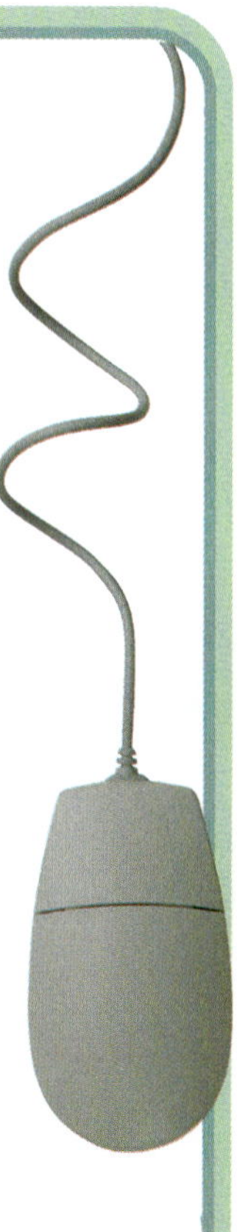

En poco más de 25 años se ha pasado de dispositivos de almacenamiento de menos de 1 kb a los discos duros de los ordenadores actuales, con más de 120 Gb de capacidad.

3 POTENCIAS Y RAÍCES

El estudio de los grandes números siempre ha sido una obsesión para los científicos. Ya en la Antigüedad, Arquímedes trató de expresar el número de granos de arena del universo. Con la notación actual se aproximaba a 10^{70} granos. A pesar de su magnitud, este número tan inmenso se supera fácilmente con situaciones relativamente corrientes. Por ejemplo, si 100 alumnos lanzan un dado cada uno, el número de resultados posibles es mayor que 10^{77}. Para manejar estos números se utilizan las potencias.

RECUERDA

Potencias de exponente natural

Una **potencia** es un producto de dos o más números iguales.

$a^4 = a \cdot a \cdot a \cdot a$

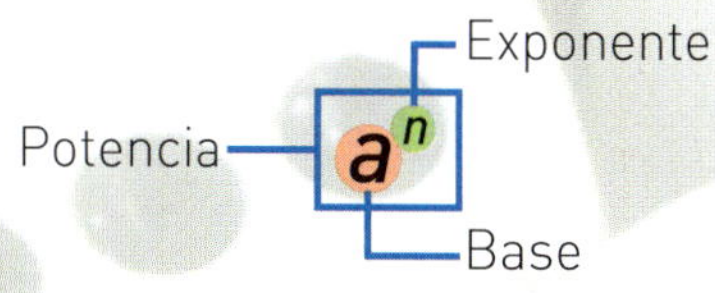

Potencia de **exponente 1:** $a^1 = a$

Potencia de **exponente 0:** $a^0 = 1$, si a es distinto de cero.

Propiedades de las potencias de exponente natural

Producto de potencias de la misma base

$$a^m \cdot a^n = a^{m+n}$$

Cociente de potencias de la misma base

$$a^m : a^n = a^{m-n}$$

Potencia de una potencia

$$(a^m)^n = a^{m \cdot n}$$

Potencia de un producto

$$(a \cdot b)^m = a^m \cdot b^m$$

Raíz cuadrada

La raíz cuadrada de un número A es un número x que multiplicado por sí mismo da como producto A.

$$\sqrt{A} = x \text{ si } x^2 = A$$

Propiedades de las raíces cuadradas

Raíz de un producto: $\sqrt{a \cdot b} = \sqrt{a} \cdot \sqrt{b}$

Raíz de un cociente: $\sqrt{a : b} = \sqrt{a} : \sqrt{b}$

Raíz de una potencia de exponente par: $\sqrt{a^{2n}} = a^n$

PARA EMPEZAR

1 Calcula las siguientes potencias.

a) 7^2

b) $(-5)^3$

c) 4^3

d) $(-2)^6$

2 Opera y escribe el resultado en forma de una sola potencia.

a) $5^2 \cdot 5^7$

b) $(6^3)^5$

c) $3^8 : 3^5$

d) $4^3 \cdot 5^3$

3 Asocia a cada número su raíz cuadrada.

16	100	6 400	2,25	0,49
0,7	4	80	10	1,5

4 Realiza las siguientes operaciones.

a) $\sqrt{10} \cdot \sqrt{10}$

b) $\sqrt{5^6}$

c) $\sqrt{4 : 25}$

d) $\sqrt{4^5 \cdot 4^3}$

5 Se lanza 1 dado y se anota la cara superior. ¿Cuántos resultados distintos pueden aparecer? ¿Y si fueran 2 dados? ¿Y si fueran 3?... ¿Y si fueran 10 dados?

1. POTENCIAS DE EXPONENTE ENTERO

Potencias de exponente negativo

Ejemplo. *Escribe $7^3 : 7^5$ como una sola potencia.*

Si se desarrollan las potencias: $\frac{7^3}{7^5} = \frac{7 \cdot 7 \cdot 7}{7 \cdot 7 \cdot 7 \cdot 7 \cdot 7} = \frac{1}{7^2}$

Si se aplica la regla del cociente de potencias de la misma base: $\frac{7^3}{7^5} = 7^{3-5} = 7^{-2}$

Como estos resultados deben ser iguales, hay que admitir que: $7^{-2} = \frac{1}{7^2}$

Las potencias de **exponente negativo** se definen así: $a^{-n} = \frac{1}{a^n}$

Propiedades de las potencias de exponente entero

Las potencias de exponente entero cumplen las mismas propiedades que las potencias de exponente natural.

$7^4 \cdot 7^{-2} = 7^{4+(-2)} = 7^2$	$a^m \cdot a^n = a^{m+n}$
$8^3 : 8^{-4} = 8^{3-(-4)} = 8^{3+4} = 8^7$	$a^m : a^n = a^{m-n}$
$6^{-3} \cdot 8^{-3} = (6 \cdot 8)^{-3} = 48^{-3}$	$a^m \cdot b^m = (a \cdot b)^m$
$12^{-2} : 3^{-2} = (12 : 3)^{-2} = 4^{-2}$	$a^m : b^m = (a : b)^m$
$(5^3)^{-2} = 5^{3 \cdot (-2)} = 5^{-6}$	$(a^m)^n = (a)^{m \cdot n}$

Inverso de un número entero

Ejemplo. *Escribe el inverso de 3 como una potencia.*

El inverso de 3 es $\frac{1}{3}$, y aplicando la definición de potencia de exponente negativo se puede escribir $\frac{1}{3} = 3^{-1}$.

El **inverso de un número entero** distinto de 0 se obtiene elevando el número a -1.

$\frac{1}{a} = a^{-1}$

EJERCICIO RESUELTO

1 **Expresa como una sola potencia.**

a) $\frac{1}{2^5}$ b) $5^6 \cdot 5^{-2}$ c) $7^4 : 7^{-3}$ d) $13^{-2} \cdot 4^{-2}$ e) $36^{-2} : 4^{-2}$ f) $(7^{-2})^4$

a) Se pasa la potencia al numerador cambiando el signo del exponente: $\frac{1}{2^5} = 2^{-5}$

b) Se deja la misma base y se suman los exponentes: $5^6 \cdot 5^{-2} = 5^{6+(-2)} = 5^4$

c) Se deja la misma base y se restan los exponentes: $7^4 : 7^{-3} = 7^{4-(-3)} = 7^7$

d) Se multiplican las bases y se deja el mismo exponente: $13^{-2} \cdot 4^{-2} = (13 \cdot 4)^{-2} = 52^{-2}$

e) Se dividen las bases y se deja el mismo exponente: $36^{-2} : 4^{-2} = (36 : 4)^{-2} = 9^{-2}$

f) Se deja la misma base y se multiplican los exponentes: $(7^{-2})^4 = 7^{-2 \cdot 4} = 7^{-8}$

PARA PRACTICAR

2 Expresa como potencia de exponente positivo.

a) $\frac{1}{2^{-1}}$ b) 3^{-5} c) 6^{-2} d) $\frac{1}{3^{-2}}$ e) 8^{-3} f) 5^{-1}

3 Expresa como potencia de exponente negativo.

a) $\frac{1}{5^4}$ b) 10^5 c) 3^7 d) $\frac{1}{9}$

4 Expresa las siguientes fracciones en forma de producto de potencias.

a) $\frac{5^3}{9^{-2}}$ b) $\frac{2}{11^8}$ c) $\frac{4^{-5}}{3^{-2}}$ d) $\frac{1}{7^6}$

5 Multiplica las potencias y luego calcula su valor.

a) $3^{-2} \cdot 3^5$ b) $5^3 \cdot 5^{-2}$ c) $(-8)^{-2} \cdot (-8)^5$ d) $4^7 \cdot 4^5$ e) $2^2 \cdot 2^{-4}$ f) $(-2)^{-1} \cdot (-2)^{-3}$

6 Divide las potencias y luego calcula su valor.

a) $5^4 : 5^2$ b) $2^{-5} : 2^{-3}$ c) $(-3)^3 : (-3)^{-1}$ d) $3^2 : 3^{-3}$ e) $7^2 : 7^{-2}$ f) $(-4)^2 : (-4)^3$

7 Expresa como un producto de potencias.

a) $\frac{2^3 \cdot 5^{-4} \cdot 7^{-8}}{5^{-6} \cdot 2^4 \cdot 7}$ b) $\frac{4 \cdot 5 \cdot 6^{-1}}{4^{-1} \cdot 5^4 \cdot 6}$

8 Expresa como potencia única y calcula el resultado.

a) $3^5 \cdot 3^{-3} \cdot 3^2$ b) $(10^{-3} : 10^{-3}) \cdot 10^6$ c) $(8^{-5} : 8^{-7}) : 8^3$ d) $(5^3 \cdot 5^3) : 5^2$

9 Expresa como potencia única y calcula el resultado.

a) $10^4 \cdot 10^{-2} \cdot 10^2$ b) $4^{-3} : (4^2 : 4^{-2})$ c) $(2^2 : 2^{-3}) \cdot 2^5$ d) $6^4 \cdot (6^{-1} : 6^3)$

10 Realiza las operaciones.

a) $6^2 \cdot 5^2 \cdot 10^{-2}$ b) $25^4 : 5^4 \cdot 4^{-4}$ c) $3^2 \cdot 10^2 : 15^{-2}$ d) $125^4 : 5^4 : 5^{-4}$

PARA APLICAR

11 En un museo, la sección dedicada a las matemáticas se instala en un pabellón cuyas dimensiones en metros son: 2^6 de largo, 2^5 de ancho y 2^3 de alto.

¿Cuál es el volumen del pabellón matemático?

12 Una sonda espacial se mueve a una velocidad de 10^4 metros por segundo, y un tren de alta velocidad viaja a 360 kilómetros por hora.

¿Cuántas veces más rápida es la sonda?

13 El radio de un átomo mide 10^{-10} metros, aproximadamente. Si pudiéramos colocar átomos uno a continuación de otro formando una recta, ¿cuántos necesitaríamos para cubrir una longitud de 1 milímetro?

14 Si un número lo elevas al cuadrado, y el resultado, al cubo, ¿obtienes el mismo resultado que si lo elevas al cubo, y el resultado, al cuadrado?

15 Escribe los diez primeros números naturales.

a) ¿En qué cifra terminan sus cuadrados?
b) ¿Y sus cubos?
c) Deduce qué número tiene por cubo el número 1 331.

16 Dos depósitos de agua tienen forma de cubo. Si la arista del mayor es el triple que la del menor, ¿cuántas veces es mayor la capacidad del depósito grande que la del pequeño?

2. Notación científica

Potencias de 10. Notación científica

Ejemplo. *La distancia media de la Tierra al Sol es aproximadamente de ciento cincuenta millones de kilómetros. Expresa esta cantidad en forma numérica.*

Se puede escribir de las dos formas siguientes.

a) En notación decimal: 150 000 000 kilómetros

b) En notación científica: $1,5 \cdot 10^8$ kilómetros

Ejemplo. *El tamaño medio de las bacterias es de una millonésima de metro. Expresa esta cantidad en forma numérica.*

Se puede escribir de las dos formas siguientes.

a) En notación decimal: 0,000 001 metros

b) En notación científica: $1,0 \cdot 10^{-6}$ metros

Notación incorrecta

Un número como $35 \cdot 10^6$ no está escrito en notación científica, ya que en dicha notación debe escribirse como $3,6 \cdot 10^7$, ¡con una sola cifra distinta de cero antes de la coma!

Un número en **notación científica** consta de un número decimal comprendido entre 1 y 10 (con solo una cifra distinta de cero antes de la coma) multiplicado por una potencia de base 10 y exponente entero.

Orden de magnitud

Ejemplo. *La velocidad de la luz en el aire es, aproximadamente, de 300 000 000 de metros por segundo. ¿Cuál será el orden de magnitud de esta constante física?*

Se escribe la cantidad en notación científica: $300\,000\,000 = 3 \cdot 10^8$ metros por segundo. El orden de magnitud viene dado por la potencia de 10, en este caso 10^8, o simplemente por el exponente, 8.

En un número escrito en notación científica, el **orden de magnitud** viene dado por el exponente de la potencia de 10.

Operaciones en notación científica

Ejemplo. *Calcula $(8 \cdot 10^7) \cdot (1,1 \cdot 10^6)$.*

Aplicando las propiedades de la multiplicación:

$$(8 \cdot 10^7) \cdot (1,1 \cdot 10^6) = (8 \cdot 1,1) \cdot (10^7 \cdot 10^6) = 8,8 \cdot 10^{13}$$

Ejemplo. *Tras consultar en una enciclopedia, Pedro cuenta a sus amigos que la masa del Sol es unas 300 000 veces mayor que la de la Tierra. Comprueba si es cierto sabiendo que la masa aproximada del Sol es de $1,98 \cdot 10^{30}$ kilogramos, y la de la Tierra, de $5,98 \cdot 10^{24}$ kilogramos.*

Si se divide la masa del Sol entre la de la Tierra, se obtiene:

$$(1,98 \cdot 10^{30} \text{ kg}) : (5,98 \cdot 10^{24}) = (19,8 : 5,98) \cdot (10^{29} : 10^{24}) =$$
$$= 3,31103 \cdot 10^5 = 331\,103$$

Luego la afirmación de Pedro está justificada; en realidad, la masa del Sol es unas 330 000 veces mayor que la terrestre.

Las **operaciones** en notación científica se reducen a operar con números entre 1 y 9 y con potencias de 10. El **resultado** debe darse en notación científica.

PARA PRACTICAR

17 Escribe en notación científica las siguientes cantidades.

a) 1 decena, 1 centena, 1 millar

b) 1 décima, 1 centésima, 1 milésima

18 Expresa en notación científica las siguientes cantidades.

a) 1 millón, 1 billón, 1 trillón

b) 1 millonésima, 1 billonésima, 1 trillonésima

19 Halla la expresión en notación científica de los siguientes números.

a) 0,00724 c) 0,000123

b) 0,0000012 d) 0,27546

20 Expresa los siguientes números en notación científica.

a) 1245000 c) 33420

b) 510000000 d) 504000

21 Escribe las siguientes cantidades utilizando notación científica.

a) $2321 \cdot 10^{2}$ d) $13500 \cdot 10^{-3}$

b) $0,00078 \cdot 10^{6}$ e) $0,0352 \cdot 10^{-2}$

c) $-471 \cdot 10^{3}$ f) $-0,15 \cdot 10^{4}$

EJERCICIO RESUELTO

22 Haz las siguientes operaciones y expresa el resultado en notación científica.

a) $2 \cdot 10^{3} + 5,1 \cdot 10^{4}$ b) $8,3 \cdot 10^{-3} - 3 \cdot 10^{-5}$

a) Se multiplican o dividen los números para que los exponentes de las potencias sean iguales al menor de ellos, se opera y se expresa el resultado en notación científica.

$$2 \cdot 10^{3} + 5,1 \cdot 10^{4} = 2 \cdot 10^{3} + 51 \cdot 10^{3} =$$
$$= (2 + 51) \cdot 10^{3} = 53 \cdot 10^{3} = 5,3 \cdot 10^{4}$$

b) Se procede igual que en a.

$$8,3 \cdot 10^{-3} - 3 \cdot 10^{-5} = 830 \cdot 10^{-5} - 3 \cdot 10^{-5} =$$
$$= (830 - 3) \cdot 10^{3} = 827 \cdot 10^{-5} = 8,27 \cdot 10^{-3}$$

23 Realiza las operaciones siguientes y da el resultado en notación científica.

a) $5 \cdot 10^{6} + 3 \cdot 10^{8}$ c) $2,7 \cdot 10^{-1} - 1,5 \cdot 10^{-2}$

b) $8,15 \cdot 10^{4} - 4,2 \cdot 10^{3}$ d) $6,5 \cdot 10^{-4} + 9 \cdot 10^{-5}$

24 Haz las siguientes operaciones.

a) $(3,74 \cdot 10^{-10}) \cdot (1,8 \cdot 10^{18})$ d) $(3,75 \cdot 10^{-10}) \cdot (2,8 \cdot 10^{18})$

b) $(5,42 \cdot 10^{8}) : (6,8 \cdot 10^{12})$ e) $(4,35 \cdot 10^{12}) : (1,25 \cdot 10^{7})$

c) $(-3,1 \cdot 10^{2}) \cdot (7,3 \cdot 10^{4})$ f) $(-8,5 \cdot 10^{-4}) : (-1,5 \cdot 10^{-2})$

PARA APLICAR

25 Indica el orden de magnitud de las siguientes medidas.

a) Año luz: $9,46 \cdot 10^{12}$ kilómetros

b) Masa de la Luna: $7,34 \cdot 10^{23}$ kilogramos

c) Tamaño de un virus: $1,2 \cdot 10^{-9}$ metros

d) Radio del universo: $1,49 \cdot 10^{23}$ kilómetros

26 Una finca rectangular tiene unas dimensiones de $4,3 \cdot 10^{3} \times 8,5 \cdot 10^{2}$ metros, respectivamente. Si en cada metro cuadrado nacen un total de $3,6 \cdot 10^{2}$ flores, ¿cuántas flores producirá en total la finca?

27 En un cultivo de laboratorio, 1 mililitro del mismo contiene alrededor de 500 millones de bacterias. Si el volumen total del cultivo es de $1,52 \cdot 10^{-3}$ litros, ¿cuántas bacterias viven en el cultivo, aproximadamente?

28 El radio del universo conocido se estima en 15000 millones de años luz. Si un año luz equivale a $9,46 \cdot 10^{12}$ kilómetros, ¿cuánto mide aproximadamente el radio del universo en kilómetros?

29 Calcula el volumen aproximado de la Tierra, tomando como radio 6500 kilómetros y suponiendo que la Tierra tiene forma esférica. Utiliza $\pi = 3,14$.

3. Raíz de un número

Ejemplo. *Un silo con forma de cubo contiene 1 000 metros cúbicos de grano cuando está lleno. ¿Cuánto mide su arista?*

Como el volumen de un cubo es igual a la arista elevada a 3, la arista del silo medirá 10 metros,

Se dice que 10 es la raíz cúbica de 1 000 y se escribe así: $\sqrt[3]{1\,000} = 10$.

> Se dice que $\sqrt[n]{A} = r$, y se lee raíz de índice n del número A, si se verifica que $r^n = A$, siendo n un número natural.

Raíz y radical

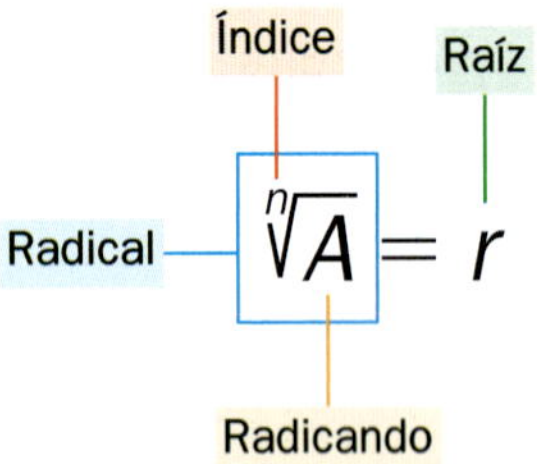

Un radical es una raíz indicada.

Número de raíces de un número

Ejemplo. *¿Cuál es la raíz cuadrada de −16?*

Se busca un número cuyo cuadrado sea −16. Sin embargo, todo número, positivo o negativo, elevado al cuadrado da positivo. Por tanto, no se puede obtener nunca −16, con lo que este número no tiene raíz cuadrada.

El **número de raíces** de un número depende del índice y del radicando:

	Índice par	Índice impar
Radicando positivo	2	1
Radicando negativo	0	1

Radicales equivalentes

Ejemplo. *Calcula las raíces $\sqrt{4}$ y $\sqrt[6]{64}$.*

$\sqrt{4} = \pm 2$ porque $(\pm 2)^2 = 4$ $\qquad$ $\sqrt[6]{64} = \pm 2$ porque $(\pm 2)^6 = 64$

Los resultados son los mismos: 2 y −2, se dice entonces que $\sqrt{4}$ y $\sqrt[6]{64}$ son radicales equivalentes.

Además, se observa que al multiplicar el índice y el exponente del primer radical por un mismo número, en este caso 3, se obtiene el segundo radical:

$$\sqrt[3\cdot 2]{4^{3\cdot 1}} = \sqrt[6]{4^3} = \sqrt[6]{64}$$

> Dos **radicales** son **equivalentes** si representan al mismo número.
> Si se multiplica o divide el índice y el exponente de un radical por un mismo número natural distinto de cero, se obtiene otro radical equivalente al primero.

Potencia fraccionaria

Ejemplo. *Calcula $\sqrt{25}$ y $25^{\frac{1}{2}}$.*

Si se aplica la definición de raíz: $\sqrt{25} = 5$, porque $5^2 = 25$.

Por las propiedades de las potencias: $25^{\frac{1}{2}} = (5^2)^{\frac{1}{2}} = 5^{2\cdot\frac{1}{2}} = 5^{\frac{2}{2}} = 5$

Como el resultado es el mismo, se puede escribir: $\sqrt{25} = 25^{\frac{1}{2}}$.

Una raíz puede escribirse en forma de potencia fraccionaria.

Equivalencias entre raíces y potencias fraccionarias

$\sqrt{a} = a^{\frac{1}{2}}$

$\sqrt[3]{a} = a^{\frac{1}{3}}$

$\sqrt[4]{a} = a^{\frac{1}{4}}$

> Una **potencia de exponente fraccionario** es igual a un radical que tiene:
> - Por **índice**, el denominador de la fracción.
> - Por **radicando**, la base elevada al numerador.
>
> $a^{\frac{p}{q}} = \sqrt[q]{a^p}$

PARA PRACTICAR

EJERCICIO RESUELTO

30 **Calcula por tanteo las posibles raíces.**

a) $\sqrt[4]{81}$ b) $\sqrt[3]{125}$ c) $\sqrt[2]{-16}$

a) Se tantea con valores sencillos: 2, 3, 4... y se calculan las potencias correspondientes. $\sqrt[4]{81}$ tiene dos raíces: 3 y -3, ya que: $3^4 = 81$ y $(-3)^4 = 81$

b) $\sqrt[3]{125}$ tiene una raíz: 5, ya que $5^3 = 125$.

c) $\sqrt[2]{-16}$ no tiene raíz, ya que ningún número al cuadrado es negativo.

EJERCICIO RESUELTO

35 **Comprueba si son equivalentes los radicales $\sqrt[3]{7^6}$ y $\sqrt{7^4}$.**

Primero se reducen a índice común. En cada caso, se multiplican el índice y el exponente del radicando por el número adecuado para obtener el mínimo común múltiplo de los antiguos índices (que va a ser el nuevo índice común).

$\sqrt[3]{7^6} = \sqrt[3\cdot 2]{7^{6\cdot 2}} = \sqrt[6]{7^{12}}$ $\sqrt{7^4} = \sqrt[2\cdot 3]{7^{4\cdot 3}} = \sqrt[6]{7^{12}}$

Como se obtiene el mismo resultado, los radicales son equivalentes.

31 Calcula a tu modo las siguientes raíces y comprueba el resultado.

a) $\sqrt[4]{16}$ b) $\sqrt[6]{-64}$ c) $\sqrt[5]{-32}$ d) $\sqrt[5]{243}$

32 Calcula directamente las siguientes raíces expresando el resultado en forma de potencia.

a) $\sqrt[3]{3^9}$ b) $\sqrt[5]{7^{10}}$ c) $\sqrt[3]{2^{12}}$ d) $\sqrt[4]{5^8}$

33 Indica cuántos resultados tiene cada raíz y calcúlalos.

a) $\sqrt[4]{625}$ b) $\sqrt{-25}$ c) $\sqrt[3]{-27}$ d) $\sqrt[5]{1\,024}$

34 Indica el número de resultados que tiene cada radical.

a) $\sqrt{123}$ c) $\sqrt[4]{-345}$

b) $\sqrt[3]{-234}$ d) $\sqrt[5]{456}$

36 Expresa los siguientes pares de radicales con el mismo índice. ¿Son equivalentes?

a) $\sqrt{7}$ y $\sqrt[3]{7^2}$ b) $\sqrt[3]{5}$ y $\sqrt[6]{25}$

37 Expresa cada base como una potencia y calcula el resultado.

a) $625^{\frac{1}{4}}$ b) $729^{\frac{1}{6}}$ c) $128^{\frac{1}{7}}$ d) $729^{\frac{1}{3}}$

38 Escribe las bases en forma de potencia y calcula el resultado.

a) $49^{\frac{1}{2}}$ b) $27^{\frac{1}{3}}$ c) $125^{\frac{2}{3}}$ d) $81^{\frac{3}{4}}$

39 Calcula las raíces pasando previamente los radicales a forma potencial.

a) $\sqrt{81}$ b) $\sqrt{1\,296}$ c) $\sqrt[3]{125}$ d) $\sqrt[4]{81}$

40 Comprueba si los siguientes radicales son iguales o equivalentes pasándolos a potencias fraccionarias.

a) $\sqrt[5]{11^2}$ y $\sqrt[10]{11^6}$ b) $\sqrt[3]{13^2}$ y $\sqrt[12]{13^8}$

PARA APLICAR

41 Un ganadero ha comprado un terreno cuadrado de 1 600 m^2.

Si quiere cercarlo con tres vueltas de alambre, ¿cuántos metros de alambre necesitará?

42 El área de la cara de un cubo es el cuadrado de la arista, y el volumen es el cubo de la arista.

Calcula el área de una cara de los cubos cuyo volumen es:

a) 8 cm^3 c) 81 cm^3

b) 125 cm^3 d) 64 cm^3

43 El lado de un cuadrado mide 10 centímetros. Calcula el área del cuadrado construido sobre la diagonal.

¿Qué relación hay entre las áreas de ambos cuadrados?

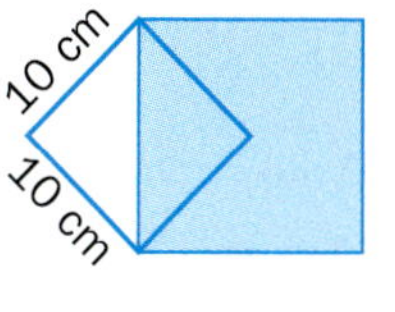

44 Los lados de dos cuadrados miden $\sqrt{5}$ y $\sqrt[3]{11}$ centímetros, respectivamente. Sin calcular el área, encuentra cuál de los dos tiene mayor superficie.

Producto y cociente de radicales

Ejemplo. *Calcula $\sqrt{4} \cdot \sqrt{11}$ y $\sqrt{72} : \sqrt{9}$.*

Se convierten las raíces en potencias de exponente fraccionario, después se opera aplicando las propiedades de las potencias y, por último, se vuelven a expresar los resultados en forma de radicales.

$$\sqrt{4} \cdot \sqrt{11} = 4^{\frac{1}{2}} \cdot 11^{\frac{1}{2}} = (4 \cdot 11)^{\frac{1}{2}} = 44^{\frac{1}{2}} = \sqrt{44}$$

$$\sqrt{72} : \sqrt{9} = 72^{\frac{1}{2}} : 9^{\frac{1}{2}} = (72 : 9)^{\frac{1}{2}} = 8^{\frac{1}{2}} = \sqrt{8}$$

El resultado de **multiplicar** o **dividir** dos **radicales** de igual índice es otro radical del **mismo índice** y cuyo radicando es el producto o cociente de los radicandos.

$$\sqrt[n]{a} \cdot \sqrt[n]{b} = \sqrt[n]{a \cdot b}$$
$$\sqrt[n]{a} : \sqrt[n]{b} = \sqrt[n]{a : b}$$

Ejemplo. *Calcula $\sqrt{2} \cdot \sqrt[3]{15}$ y $\sqrt{6} : \sqrt[4]{3}$.*

Primero se reducen los radicales a índice común y luego se aplica el resultado obtenido en el ejemplo anterior.

$$\sqrt{2} \cdot \sqrt[3]{15} = \sqrt[6]{2^3} \cdot \sqrt[6]{15^2} = \sqrt[6]{(8 \cdot 225)} = \sqrt[6]{1800}$$

$$\sqrt{6} : \sqrt[4]{3} = \sqrt[4]{6^2} : \sqrt[4]{3} = \sqrt[4]{(36 : 3)} = \sqrt[4]{12}$$

Para **multiplicar** o **dividir** dos radicales de **distinto índice**, primero se reducen al mismo índice y luego se operan.

Extracción e introducción de factores en un radical

EXTRAER FACTORES

En la práctica, para extraer factores de un radical:

1.º Se factoriza el radicando.

2.º Se extrae un factor fuera por cada *n* factores de dentro, siendo *n* el índice de la raíz.

$$\sqrt{108} = \sqrt{2 \cdot 3^3} =$$
$$= 3\sqrt{2 \cdot 3} = 3\sqrt{6}$$

Ejemplo. *Simplifica $\sqrt[3]{24}$, extrayendo factores del radicando.*

Se factoriza el radicando y se aplica la propiedad del producto para separar el radical en factores, alguno de los cuales se pueda simplificar.

$$\sqrt[3]{24} = \sqrt[3]{2^3 \cdot 3} = \sqrt[3]{2^3} \cdot \sqrt[3]{3} = 2 \cdot \sqrt[3]{3} = 2\sqrt[3]{3}$$

Ejemplo. *Introduce en el radicando el factor externo de $2\sqrt{5}$.*

Se escribe el factor externo como un radical del mismo índice que el factor radical presente y se multiplica aplicando la propiedad del producto.

$$2\sqrt{5} = \sqrt{2^2} \cdot \sqrt{5} = \sqrt{2^2 \cdot 5} = \sqrt{4 \cdot 5} = \sqrt{20}$$

Radicales semejantes

Ejemplo. *Simplifica, extrayendo factores, los radicales $2\sqrt{3}$ y $\sqrt{27}$, y comprueba si son semejantes.*

El primer radical ya está en su forma más simple, $2\sqrt{3}$.

Para el segundo, $\sqrt{27} = \sqrt{3^3} = 3\sqrt{3}$

Los radicales $2\sqrt{3}$ y $\sqrt{27}$ se pueden escribir con la misma parte radical, luego son semejantes.

Se llaman **radicales semejantes** aquellos que, tras simplificarlos, se escriben con la misma parte radical.

EJERCICIO RESUELTO

45 **Calcula $\sqrt[3]{3} + \sqrt[3]{24} + 5\sqrt{4}$.**

Se simplifican los radicales extrayendo factores de los radicandos y se operan aquellos radicales que resulten ser semejantes, extrayendo la parte radical como factor común.

$$\sqrt[3]{3} + \sqrt[3]{24} + 5\sqrt{4} = \sqrt[3]{3} + \sqrt[3]{2^3 \cdot 3} + 5\sqrt{4} = \sqrt[3]{3} + 2\sqrt[3]{3} + 5\sqrt{4} = (1 + 2)\sqrt[3]{3} + 5\sqrt{4} = 3\sqrt[3]{3} + 5\sqrt{4}$$

PARA PRACTICAR

46 Extrae del radical el mayor número de factores.

a) $\sqrt{75}$ c) $\sqrt[3]{270}$

b) $\sqrt{72}$ d) $\sqrt[4]{80}$

47 Introduce dentro del radical los factores externos.

a) $2\sqrt{3}$ c) $10\sqrt[3]{2}$

b) $3\sqrt{5}$ d) $2\sqrt[4]{6}$

48 Expresa con un único radical.

a) $2\sqrt{5} + 3\sqrt{5} - \sqrt{5}$

b) $17\sqrt[4]{6} - 2\sqrt[4]{6} - 8\sqrt[4]{6}$

49 Calcula.

a) $\sqrt[3]{16} + \sqrt[3]{54} - 5\sqrt[3]{40}$

b) $\sqrt{32} - \sqrt{18} - 5\sqrt[4]{640}$

50 Extrae factores de los radicales y opera.

a) $\sqrt[3]{16} - 4\sqrt[4]{64} - 5\sqrt[6]{128}$

b) $\sqrt{10} + 3\sqrt{160} - 5\sqrt[4]{640}$

51 Calcula los siguientes productos.

a) $\sqrt{25} \cdot \sqrt{36}$ c) $\sqrt[4]{81} \cdot \sqrt[4]{625}$

b) $\sqrt[3]{8} \cdot \sqrt[3]{64}$ d) $\sqrt[6]{64} \cdot \sqrt[6]{729}$

52 Realiza las siguientes operaciones.

a) $\sqrt{3} \cdot \sqrt{5}$ c) $\sqrt{2} \cdot \sqrt{8}$

b) $\sqrt{21} : \sqrt{7}$ d) $\left(\sqrt{2}\right)^3$

53 Realiza las siguientes operaciones.

a) $\sqrt{3} \cdot \sqrt[3]{4}$ c) $\sqrt[3]{5} \cdot \sqrt[4]{3}$

b) $\sqrt[3]{3} : \sqrt{9}$ d) $\left(\sqrt[6]{2^4}\right)^3$

EJERCICIO RESUELTO

54 **Ordena los radicales siguientes de menor a mayor: $\sqrt[4]{6}$, $\sqrt[6]{6}$ y $\sqrt[3]{6^2}$.**

Índice común de los radicales: 12

Radicales equivalentes: $\sqrt[12]{6^3}$, $\sqrt[12]{6^2}$ y $\sqrt[12]{6^8}$

Orden creciente: $\sqrt[12]{6^2} < \sqrt[12]{6^3} < \sqrt[12]{6^8}$

Por tanto: $\sqrt[6]{6} < \sqrt[4]{6} < \sqrt[3]{6^2}$

55 Ordena los siguientes radicales en orden creciente: $\sqrt[5]{2^4}$, $\sqrt[4]{2^3}$ y $\sqrt[6]{2^5}$.

56 Expresa como una sola potencia.

a) $\sqrt{5} \cdot 5^{\frac{3}{5}}$ c) $5^{\frac{3}{7}} \cdot \sqrt[7]{4^3}$

b) $\sqrt[5]{11^2} : 11^{\frac{1}{3}}$ d) $12^{\frac{1}{5}} : \sqrt[5]{3}$

57 Expresa el resultado con un solo radical.

a) $\sqrt{7} \cdot 7^{\frac{2}{3}}$ c) $6^{\frac{3}{4}} \cdot \sqrt[4]{5^3}$

b) $\sqrt[5]{8^3} : 8^{\frac{1}{2}}$ d) $21^{\frac{1}{3}} : \sqrt[3]{7}$

58 Utiliza las propiedades de los radicales para calcular la raíz séptima de 1 280 000 000.

PARA APLICAR

59 Calcula la superficie de chapa que se ha necesitado para construir el depósito de la figura.

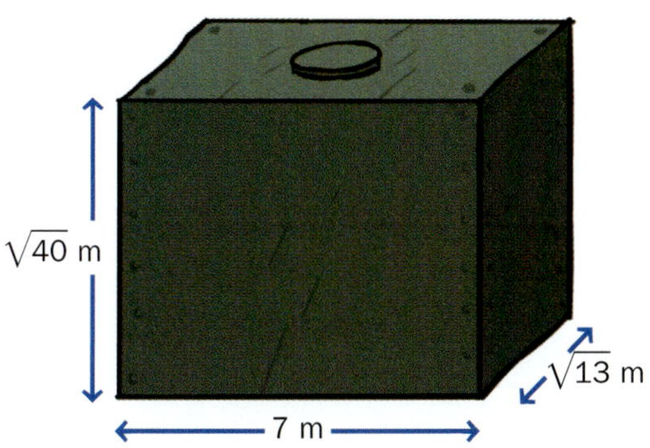

60 La arista de un monumento que tiene forma de cubo mide $\sqrt{5}$ metros.

a) ¿Cuánto mide su área?

b) ¿Cuánto mide su volumen?

61 Calcula el área del cuadrado cuyo lado mide:

a) $3\sqrt{2}$ cm c) $8^{\frac{3}{2}}$ m

b) $13^{\frac{1}{2}}$ dm d) $\sqrt{10}$ km

62 Calcula el área total de la figura.

Las dimensiones están dadas en metros.

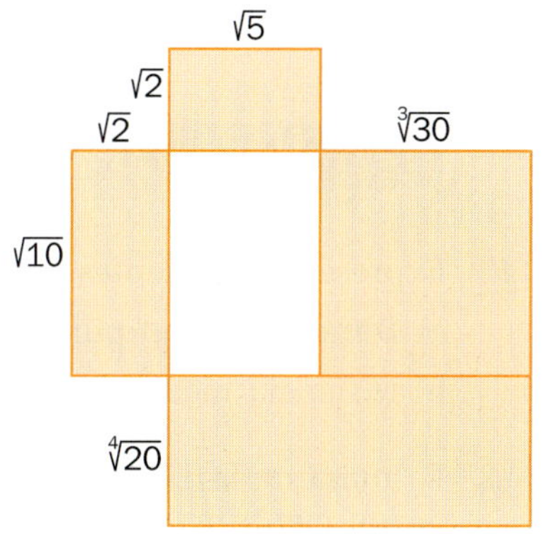

LA NOTACIÓN CIENTÍFICA EN LA CIENCIA Y LA TÉCNICA

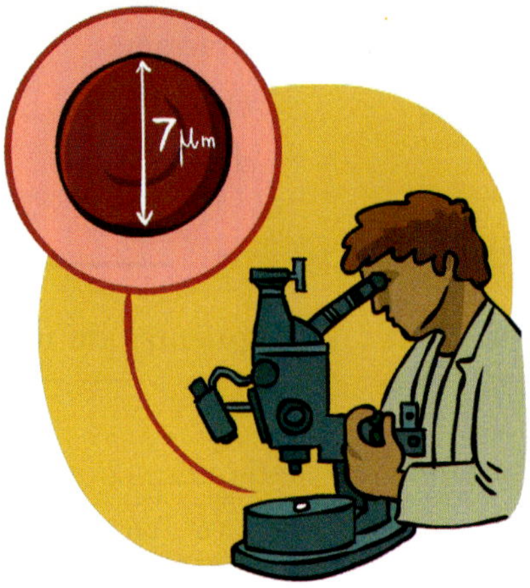

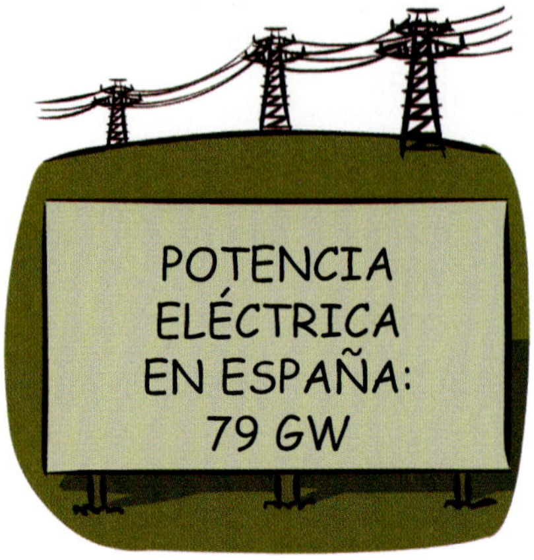

¿DÓNDE ESTÁN LAS MATEMÁTICAS?

Como indica su nombre, la notación científica se utiliza para poder expresar valores muy grandes o muy pequeños de magnitudes que aparecen normalmente en disciplinas científicas como la física, la química o la biología.

A la hora de expresar valores de magnitudes hay que recordar que en ciencia y técnica no es suficiente con dar un número; por ejemplo, si decimos que la velocidad de la luz en el vacío es de $3 \cdot 10^8$, no estamos diciendo nada, ya que, además del número, tenemos que especificar la unidad de medida que estamos utilizando, en este ejemplo, metros por segundo.

El sistema internacional de unidades (SI), además de regular las unidades que utilizan los científicos para medir magnitudes físicas y químicas, ha simplificado la escritura de la notación científica utilizando prefijos delante de las unidades que sustituyen a las potencias de 10.

En la tabla tienes los más utilizados, algunos de los cuales son muy conocidos fuera del ámbito científico (piensa en los kilómetros, los mililitros o los centigramos).

Prefijo	Símbolo	Equivale a
exa	E	10^{18}
peta	P	10^{15}
tera	T	10^{12}
giga	G	10^{9}
mega	M	10^{6}
kilo	k	10^{3}
hecto	h	10^{2}
deca	da	10^{1}
deci	d	10^{-1}
centi	c	10^{-2}
mili	m	10^{-3}
micro	μ	10^{-6}
nano	n	10^{-9}
pico	p	10^{-12}
femto	f	10^{-15}
atto	a	10^{-18}

¿CÓMO SE APLICAN?

Fíjate cómo se utilizan estos prefijos con algunos ejemplos.

Diámetro de un glóbulo rojo humano: 0,000007 metros = $7 \cdot 10^{-6}$ metros = 7 micrómetros = 7 μm

Distancia del Sol a la estrella más próxima: $4{,}125 \cdot 10^{16}$ metros = 41,25 petámetros = 41,25 Pm

Potencia eléctrica instalada en España (2006): $7{,}9 \cdot 10^{10}$ vatios = 79 gigavatios = 79 GW

PARA APLICAR

63 Expresa los siguientes valores usando los prefijos del sistema internacional.

a) Duración de un pulso láser: $2 \cdot 10^{-9}$ segundos.

b) Distancia media de Saturno al Sol: $1{,}429 \cdot 10^{12}$ metros.

64 La masa de la Tierra es de $7{,}3 \cdot 10^{22}$ kilogramos. Exprésala en teragramos utilizando además notación científica.

Potencias de exponente racional

Notación

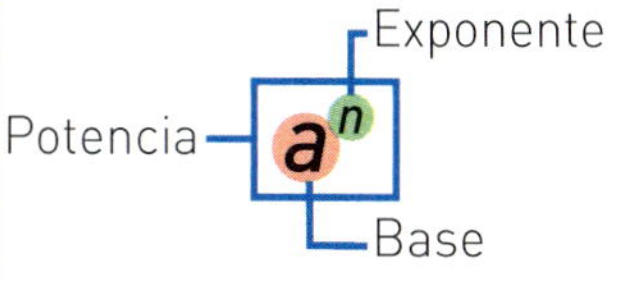

Exponente natural

$$a^n = \underbrace{a \cdot a \cdot \ldots \cdot a}_{n \text{ veces}}$$

$$a^1 = a$$

$$a^0 = 1$$

Exponente entero

$$a^{-m} = \frac{1}{a^m}, \; m > 0$$

Exponente fraccionario

$$a^{\frac{m}{n}} = \sqrt[n]{a^m} \quad n \geq 2$$

Notación científica

La **notación científica** se utiliza para expresar cantidades **muy grandes** o **muy pequeñas**.

$$162\,000\,000 = 1{,}62 \cdot 10^8$$

$$0{,}000\,000\,025 = 2{,}5 \cdot 10^{-8}$$

Un número en notación científica consta de un número decimal comprendido entre 1 y 10 (con solo una cifra distinta de cero antes de la coma) multiplicado por una potencia de base 10 y exponente entero. Esta potencia o, simplemente, su exponente nos da el **orden de magnitud** del número

Radicales

Notación

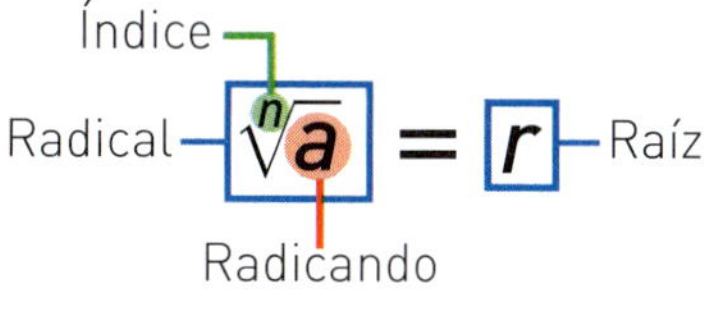

Raíz de un número

$\sqrt[n]{a} = r$ si se verifica que $r^n = a$, siendo $n > 1$ un número natural

Número de raíces

Índice / radicando	par	impar
+	2	1
−	0	1

Propiedad

Si se multiplican o dividen el índice y el exponente del radical por un mismo número distinto de 0, se obtiene otro radical equivalente.

Operaciones con potencias y radicales

POTENCIAS	RADICALES
$a^p \cdot a^q = a^{p+q}$	$\sqrt[p]{a} \cdot \sqrt[q]{a} = \sqrt[p \cdot q]{a^{p+q}}$
$a^p : a^q = a^{p-q}$	$\sqrt[p]{a} : \sqrt[q]{a} = \sqrt[p \cdot q]{a^{p-q}}$
$a^p \cdot b^p = (a \cdot b)^p$	$\sqrt[p]{a} \cdot \sqrt[p]{b} = \sqrt[p]{a \cdot b}$
$a^p : b^p = (a : b)^p$	$\sqrt[p]{a} : \sqrt[p]{b} = \sqrt[p]{a : b}$
$(a^p)^q = (a)^{p \cdot q}$	$\sqrt[p]{\sqrt[q]{a}} = \sqrt[p \cdot q]{a}$

PARA PRACTICAR Y APLICAR

65 Copia y completa la tabla, expresando el resultado en una única potencia.

	$3^p \cdot 3^q$	$5^p : 5^q$	$2^p \cdot 6^p$	$12^p : 4^p$	$(7^p)^q$
$p = 2$ $q = 3$					
$p = 0$ $q = 4$					
$p = 1$ $q = -3$					

66 Expresa estos números en notación científica.

a) 0,000 000 000 003 b) 998 000 000 000 000

67 Dados los siguientes números en notación científica, indica su orden de magnitud y exprésalos en forma decimal.

a) $9,3 \cdot 10^{-12}$ b) $1,56 \cdot 10^{30}$

68 Copia y completa la tabla, expresando el resultado en un único radical.

	$\sqrt[p]{8} \cdot \sqrt[q]{8}$	$\sqrt[p]{3} : \sqrt[q]{3}$	$\sqrt[p]{2} \cdot \sqrt[p]{7}$	$\sqrt[p]{6} : \sqrt[p]{2}$	$\sqrt[p]{\sqrt[q]{9}}$
$p = 3$ $q = 5$					
$p = 2$ $q = 4$					
$p = 6$ $q = 3$					

69 Realiza las siguientes operaciones, simplificando todo lo posible.

a) $\sqrt{12} + 3\sqrt{3}$
b) $\sqrt{8} - 3\sqrt{2}$
c) $(-27)^{\frac{1}{3}}$
d) $\sqrt[6]{8} - \sqrt{2} + \sqrt{18}$

70 Ordena de menor a mayor las siguientes potencias y radicales.

a) $3^{\frac{1}{2}}, 3^{\frac{3}{4}}, 3^{\frac{5}{6}}$
b) $12^{\frac{1}{3}}, 12^{\frac{2}{5}}, 12^{\frac{7}{10}}$
c) $\sqrt[3]{6}, \sqrt[6]{12}, \sqrt{3}$
d) $\sqrt[3]{3}, \sqrt[4]{5}, \sqrt{2}$

71 Resuelve las expresiones extrayendo todos los factores posibles de los radicandos.

a) $\sqrt{24} - \sqrt{150} - 3\sqrt{6}$
b) $\sqrt{375} + \sqrt{540} - \sqrt{60}$
c) $(\sqrt{96} - \sqrt{150} + \sqrt{600}) : \sqrt{6}$
d) $(\sqrt{242} - \sqrt{800} + \sqrt{50}) \cdot (\sqrt{2} + \sqrt{32})$

72 El litro (L) de capacidad equivale a 1 decímetro cúbico (dm^3) de volumen. Expresa en notación científica y en litros.

a) 1 kilómetro cúbico.
b) 1 hectómetro cúbico.
c) 1 milímetro cúbico.
d) 1 centímetro cúbico.

73 Un átomo de hidrógeno tiene una masa aproximada de $1,7 \cdot 10^{-27}$ kilogramos. ¿Cuántos átomos serían necesarios para rellenar un globo con un kilogramo de hidrógeno?

74 La arista de un cubo mide $\sqrt{7}$ metros. ¿Cuánto vale su área? ¿Y su volumen?

75 Imagina que tienes un cubo de madera de 1 metro de arista y lo cortas en cubitos cuya arista mida 1 centímetro.

a) Si los colocases en línea recta, uno a continuación de otro y tocándose en una cara, ¿qué longitud alcanzarían como máximo?

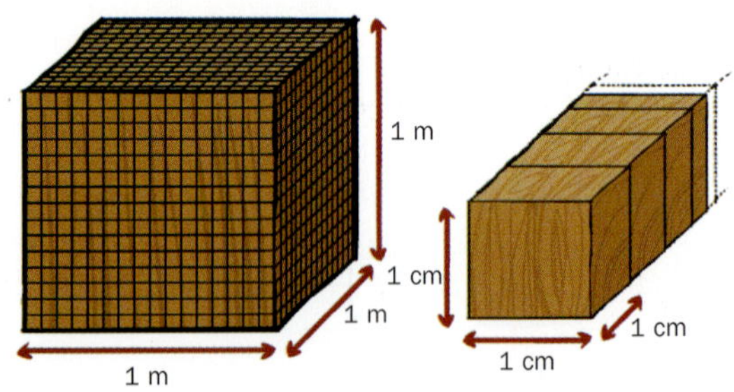

b) Si los colocases en línea recta, uno a continuación de otro y tocándose en una arista, ¿qué longitud alcanzarían como máximo?

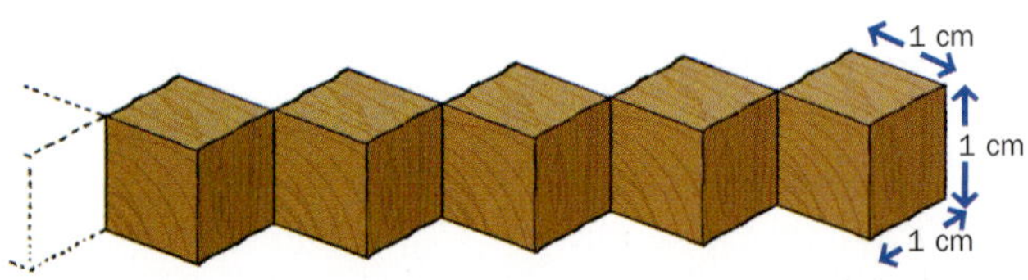

Expresa el resultado en notación científica.

76 Los lados de un rectángulo miden $\sqrt{25} + \sqrt{10}$ y $\sqrt{25} - \sqrt{10}$ centímetros, respectivamente.

¿Cuánto mide su área?

77 Una cometa tiene forma de rombo. Los travesaños que sujetan la tela miden 80 y 60 centímetros.

¿Cuánto miden los lados que forman la cometa?

PARA REFORZAR

78 Escribe como potencia de exponente positivo.

a) 3^{-3} b) $\frac{1}{5^{-6}}$ c) 2^{-9} d) $\frac{1}{3^{-2}}$

79 Calcula y expresa el resultado en forma potencial.

a) $7^2 \cdot 7^5$
b) $6^6 : 6^4$
c) $2^5 \cdot 8^5$
d) $15^5 : 3^5$
e) $(5^6)^3$
f) $(12^5 : 4^5) \cdot (3^2)^5$

80 Expresa estos números en notación científica.

a) 345 000 000 000 000
b) 78 216 000
c) 0,000 000 000 023
d) 0,000 000 174

81 Expresa estos números en forma decimal.

a) $3{,}45 \cdot 10^{-7}$
b) $5{,}31 \cdot 10^{-5}$
c) $1{,}245 \cdot 10^{9}$
d) $1{,}88 \cdot 10^{7}$

82 Calcula las raíces cúbicas de los siguientes números dados en forma potencial.

a) 7^3 b) 9^6 c) 8^9 d) 5^{12}

83 Escribe tres radicales equivalentes a $\sqrt[3]{11^2}$.

84 Simplifica los siguientes radicales.

a) $\sqrt[6]{11^2}$
b) $\sqrt[12]{13^6}$
c) $\sqrt[6]{27}$
d) $\sqrt[9]{343}$

85 ¿Por qué radical hay que multiplicar cada número para que el resultado sea un número entero?

a) $\sqrt{17}$
b) $\sqrt{11}$
c) $\sqrt[3]{7}$
d) $\sqrt[4]{5}$

86 Expresa como potencia única las siguientes expresiones.

a) $3^5 \cdot 3^{-5} \cdot 3^5$
b) $5^{-2} : (5^{-6} : 5^{-4})$
c) $(4^{-2} : 4^5) \cdot 4^5$
d) $7^3 \cdot 7^{-1} : 7^2$

87 Calcula y expresa el resultado en forma radical.

a) $\sqrt{7} \cdot \sqrt{5}$
b) $\sqrt{42} : \sqrt{6}$
c) $\sqrt[5]{\sqrt[3]{8}}$
d) $\left(\sqrt[3]{125}\right)^6$

88 Expresa con un radical único las siguientes expresiones.

a) $\sqrt{2} - 2\sqrt{50} + \sqrt{72}$
b) $\sqrt{5} - \sqrt{20} + \sqrt{45}$
c) $\sqrt[3]{16} + \sqrt[3]{2} - \sqrt[3]{54}$
d) $\sqrt{12} + \sqrt{75} - \sqrt{300}$

PARA AMPLIAR

89 El volumen de un cubo es de 8 000 metros cúbicos. Sin calcular la arista, indica cuántos metros cúbicos tendrá otro cubo cuya arista mida el doble.

90 El cociente de los volúmenes de dos cubos es 12.

a) ¿Cuál es el cociente de sus áreas totales?

b) ¿Cuál es el cociente de sus aristas?

Razona las respuestas.

91 El lado de un cubo mide $10^{\frac{2}{3}}$ centímetros, y el de otro, $90^{\frac{1}{3}}$. ¿Cuál tiene más volumen?

92 Dado el número $2^3 \cdot 5^4 \cdot 7^9 \cdot 11^7$, ¿cuál es el menor número por el que ha de multiplicarse para que su raíz cuadrada, raíz cúbica y raíz sexta sean exactas? Calcula esa raíz cuadrada.

93 Paula observa que los seis tubos fluorescentes de clase están encendidos. Si se pueden encender o apagar cada uno con una llave distinta, ¿cuántas iluminaciones diferentes se pueden dar? ¿Y si fueran 10 tubos?

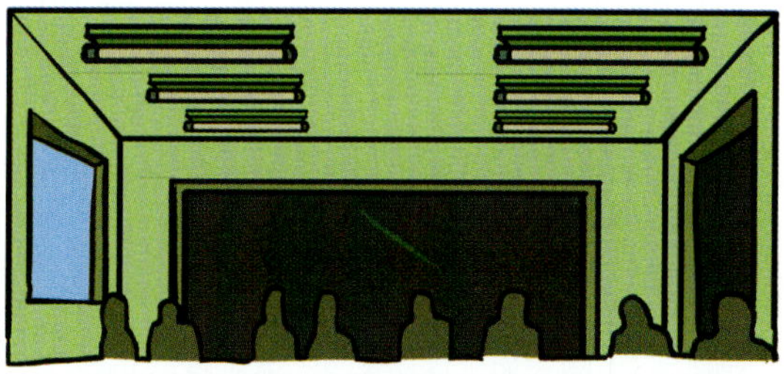

94 Las matrículas de los coches se forman con tres letras, repetidas o no, de un alfabeto de 28, seguido de cuatro cifras, repetidas o no.

Escribe en forma potencial el número de matrículas posibles.

PARA INTERPRETAR Y RESOLVER

95 Botes y más botes

Un edificio tiene 10 pisos, todos de 3 metros de altura.

Nieves deja caer una pelota desde el piso más alto. Cada vez que la pelota bota, alcanza $\frac{7}{10}$ de la altura desde la que ha caído.

Si Samuel está observando el experimento desde la ventana del cuarto piso, ¿cuántas veces verá pasar la pelota?

96 Las estrellas

En la tabla se muestra la distancia aproximada que nos separa de algunas estrellas.

	Distancia (km)
Sol	$1{,}5 \cdot 10^8$
Sirio	$8{,}14 \cdot 10^{13}$
Alpha Centauri	$4{,}16 \cdot 10^{13}$
Procyon	$1{,}08 \cdot 10^{14}$

Contesta a las siguientes cuestiones sabiendo que un año luz es la distancia que recorre la luz en un año y que la velocidad de la luz es de 300 000 kilómetros por segundo.

a) Calcula la distancia a las anteriores estrellas en años luz y en minutos luz.

b) Calcula el tiempo que tarda en llegar a la Tierra la luz emitida por cada estrella.

c) Compara la distancia a Procyon con la distancia a la Tierra.

AUTOEVALUACIÓN

1 Opera y simplifica la siguiente expresión.

$$\frac{10^2 \cdot 5^{-5} \cdot 3^{-2}}{10^{-3} \cdot 5^3 \cdot 3^{-5}}$$

2 Expresa estos números en notación científica.

a) 6 800 000 000 000 b) 0,00000056

3 Expresa estos números en forma decimal.

a) $0{,}023 \cdot 10^{10}$ b) $2345 \cdot 10^{-12}$

4 Expresa con un radical los siguientes productos.

a) $5 \cdot \sqrt{3}$ b) $2^4 \cdot \sqrt{5}$ c) $3^3 \cdot \sqrt{2}$

5 Calcula las raíces cúbicas de los siguientes números dados en forma potencial.

a) 15^9 b) 9^{21} c) 8^{15} d) 11^{12}

6 Escribe los siguientes radicales como potencias de exponente fraccionario y, si es posible, simplifica.

a) $\sqrt{3^8}$ b) $\sqrt{3^4}$ c) $\sqrt[4]{8^5}$ d) $\sqrt[3]{7^6}$

7 Escribe de tres maneras distintas y en forma radical el número $11^{\frac{1}{3}}$.

8 Escribe de tres maneras distintas y en forma exponencial el número $\sqrt{3}$.

9 Realiza las siguientes operaciones con potencias de exponente fraccionario.

a) $3^{\frac{1}{3}} \cdot 3^{\frac{4}{5}}$ c) $6^{\frac{3}{4}} : 6^{\frac{1}{3}}$

b) $5^{\frac{3}{7}} \cdot 4^{\frac{3}{7}}$ d) $\left(12^{\frac{1}{5}}\right)^{\frac{3}{2}}$

10 Sin hacer operaciones, ordena de menor a mayor las siguientes potencias.

$12^{\frac{1}{2}}$ $17^{\frac{1}{2}}$ $13^{\frac{1}{2}}$

11 ¿Cuál de estas dos potencias es la menor?

$17^{\frac{3}{4}}$ ó $17^{\frac{5}{6}}$

12 Realiza las siguientes operaciones.

a) $\sqrt{2} \cdot \sqrt{32}$ c) $\sqrt[6]{81^3}$

b) $\sqrt{99} : \sqrt{11}$ d) $\sqrt{121 \cdot 225 \cdot 49}$

13 Reduce las siguientes operaciones.

a) $\sqrt{32} + \sqrt{50} - \sqrt{98}$ b) $\sqrt[3]{54} - \sqrt[3]{16}$

EL MATEMÁTICO... JURISTA

Pierre de Fermat (1601-1665)

Pierre de Fermat tenía la manía de llenar de anotaciones los márgenes de sus libros de lectura. Seguro que no podía imaginar que por culpa de uno de esos comentarios suyos se desarrollarían, tras su muerte, gran cantidad de teorías y resultados matemáticos.
No era matemático de profesión, sino jurista, por eso conocía muy bien las lenguas clásicas y tuvo una gran afición por las matemáticas de los antiguos griegos.
Fermat fue el matemático más productivo del siglo XVII, enunció muchos teoremas interesantes y difíciles pero no los publicaba ni solía dar demostraciones de ellos: se los contaba por carta a sus amigos con una breve indicación del método.

... SU IDEA...

Tras la muerte de Fermat, los mejores matemáticos se esforzaron sin éxito en probar el que se conoce como teorema de Fermat:

> "No existen tres números enteros que cumplan $x^n + y^n = z^n$ cuando n es un entero mayor que 2."

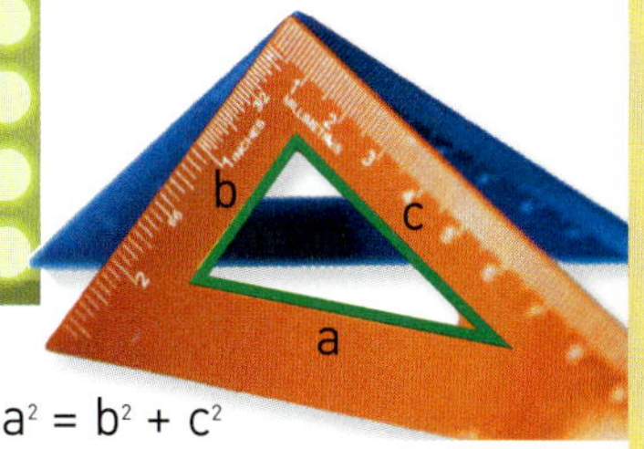

$a^2 = b^2 + c^2$

En uno de sus libros, Fermat anotó:
"He encontrado una maravillosa demostración de este resultado, pero el margen de este libro es muy pequeño para contenerla".

En **1995**, **Andrew Wiles ofreció una demostración** larga y terriblemente complicada.
¿Sería verdad lo que aseguraba Fermat?

... Y SU ÉPOCA

En Inglaterra se crea el *copyright* para proteger los derechos de autor y en España vivió el escritor Lope de Vega.

ENTREtenido

LAS TORRES DE HANOI

Este juego está formado por tres varillas y 6 discos de diferentes radios (puedes utilizar queseras de CD y numerar 6 de ellos).

El juego consiste en trasladar los discos de la posición inicial a la posición final. Puedes utilizar las tres varillas, pero está prohibido colocar un disco encima de otro de menor tamaño.

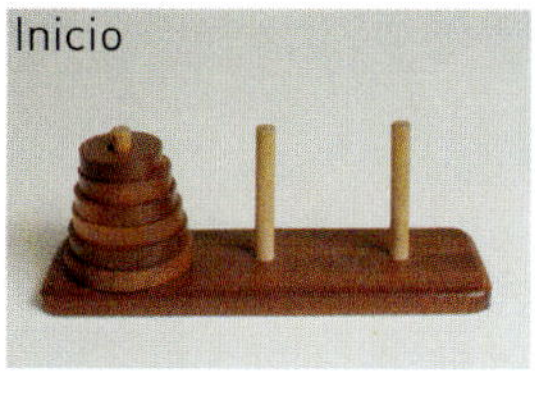

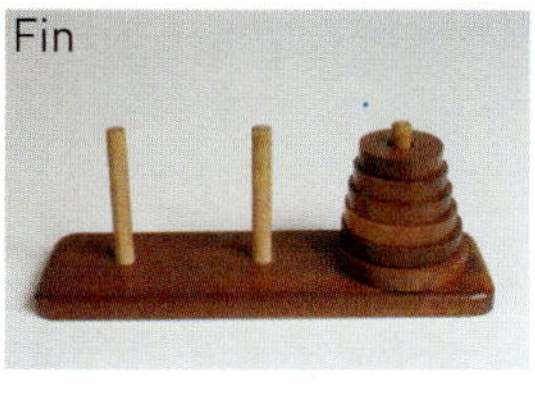

¿Cuál es el menor número de movimientos necesarios?

ENTRE interrogantes

¿QUÉ ES UN PÍXEL?

Las imágenes digitales se realizan creando una retícula rectangular. Cada celdilla de esa retícula se llama "píxel".

La cantidad de colores con que podemos visualizar una foto depende del número de bits necesarios para guardar la información de cada píxel.

Imágenes de 1 bit

1 bit por píxel:
2^1 colores

Color verdadero

32 bits por píxel:
2^{32} colores

256 colores

8 bits por píxel:
$2^8 = 256$ colores

4 POLINOMIOS

Actualmente, las expresiones algebraicas están presentes incluso en situaciones tan cotidianas como el recibo de la luz o del teléfono; sin embargo, transcurrieron varios siglos antes de establecerse la actual notación algebraica.

José Zaragoza, uno de nuestros mejores matemáticos del siglo XVII, tuvo que elaborar personalmente los caracteres tipográficos del simbolismo algebraico, hasta entonces inexistentes en las imprentas, para que pudiera editarse un texto suyo.

RECUERDA

Una **expresión algebraica** es una combinación de números y letras, unidos por los signos de las operaciones aritméticas.

Expresiones algebraicas

$2\pi r^2$ $3x^2 - y$

El **valor numérico** de una expresión algebraica es el que se obtiene al sustituir las letras por números determinados y efectuar las operaciones indicadas.

6 es el valor numérico de $\frac{b \cdot h}{2}$ cuando $b = 4$ y $h = 3$.

Propiedades de las potencias de exponente natural

Producto de potencias de igual base: $a^p \cdot a^q = a^{p+q}$

Potencia de un producto: $(a \cdot b)^p = a^p \cdot b^p$

Potencia de una potencia: $(a^p)^q = a^{p \cdot q}$

PARA EMPEZAR

1 La arista de un cubo mide x centímetros. Escribe las expresiones que indican el área de una cara, el área total y el volumen del cubo.

2 Indica la expresión algebraica del área de un triángulo.

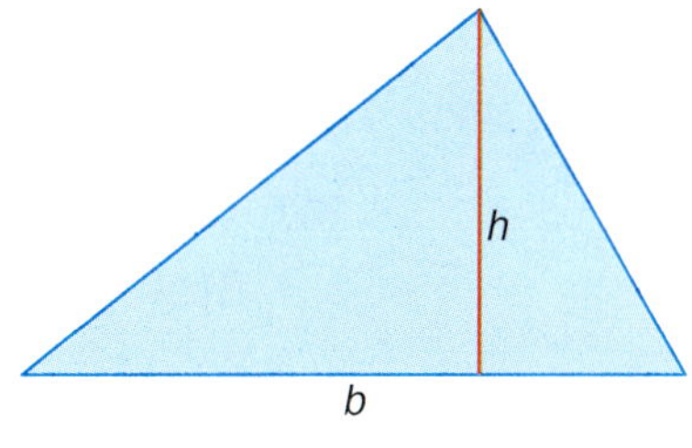

Calcula el valor numérico de esta expresión si la base mide 4 centímetros y la altura 3 centímetros.

3 Copia y completa el siguiente cuadro calculando los valores numéricos correspondientes.

	$5 + 2x^2$	$3x^2 - 2y$	$4y - x^3$
$x = 1, y = 2$			
$x = -2, y = 0$			
$x = 0, y = -1$			

4 Expresa como potencia única las siguientes operaciones.

a) $2^3 \cdot 2^5$ c) $3^4 \cdot 5^4$ e) $(2^3)^4$

b) $4^6 \cdot 4^2$ d) $7^2 \cdot 2^2$ f) $(3^6)^2$

1. Traducción al lenguaje algebraico

Ejemplo. *Las dimensiones de un campo de fútbol son 100 metros de largo por 80 metros de ancho. ¿Cuánto miden su área y su perímetro? ¿Cuáles serán las expresiones generales del área y del perímetro para un campo de dimensiones* a *y* b*?*

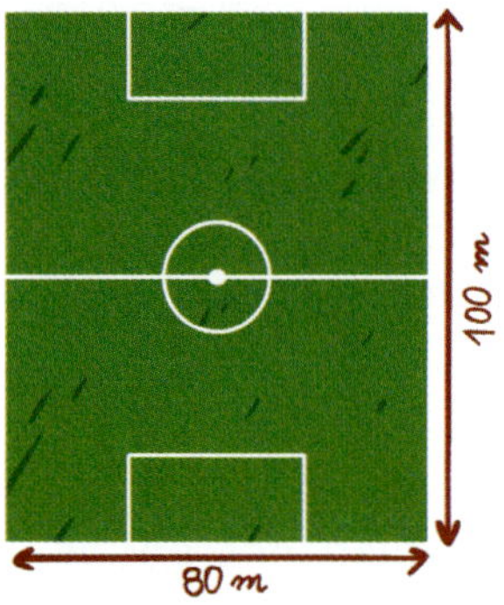

Área = Base · Altura = 100 · 80 = 8 000 m²

Perímetro = 2 · Base + 2 · Altura = 2 · 100 + 2 · 80 = 360 m

Si las dimensiones del campo miden en general a y b, su área y su perímetro pueden expresarse en lenguaje algebraico como:

Área = $a \cdot b$

Perímetro = $2a + 2b$

Ejemplo. *Las dimensiones de una habitación de planta rectangular son* a, b *y* c *metros. Escribe las expresiones algebraicas correspondientes a la longitud total de sus aristas, su área total y su volumen. Calcula estas medidas para el caso en que* a = *5,* b = *4 y* c = *3 metros, respectivamente.*

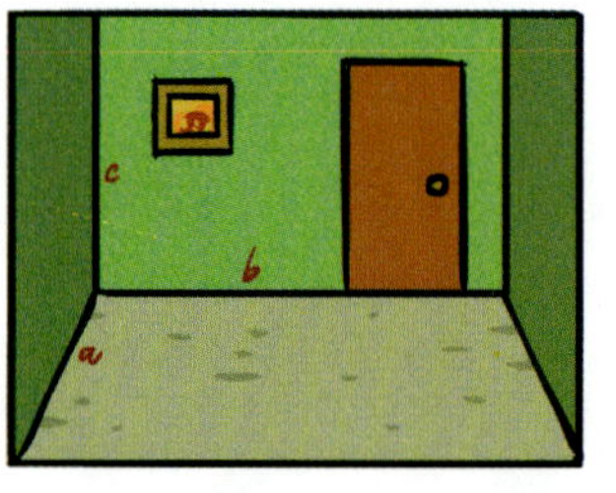

Longitud = $4 \cdot (a + b + c)$

Área = $2 \cdot (a \cdot b + a \cdot c + b \cdot c)$

Volumen = $a \cdot b \cdot c$

Los valores concretos de las dimensiones se sustituyen en las expresiones anteriores para obtener la longitud, el área y el volumen correspondientes.

Longitud = $4 \cdot (5 + 4 + 3) = 4 \cdot 12 = 48$ m

Área = $2 \cdot (5 \cdot 4 + 5 \cdot 3 + 4 \cdot 3) = 2 \cdot (20 + 15 + 12) = 2 \cdot 47 = 94$ m²

Volumen = $5 \cdot 4 \cdot 3 = 60$ m³

Ejemplo. *Si* r *designa el radio de una esfera, escribe las expresiones algebraicas correspondientes a su superficie y volumen. Calcula estas medidas para una esfera de radio igual a 6 centímetros.*

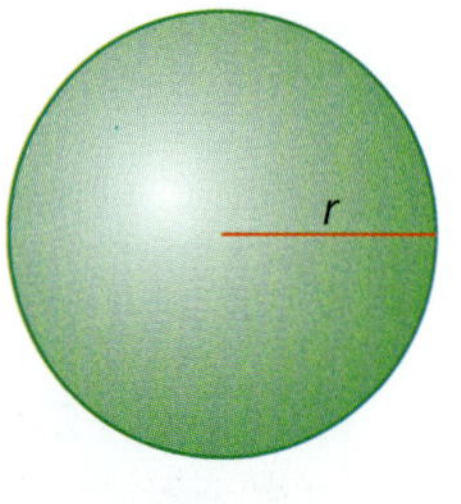

Área de la superficie esférica = $4\pi r^2$

Volumen de la esfera = $\frac{4}{3}\pi r^3$

Si $r = 6$ cm, tenemos:

Área = $4 \cdot \pi \cdot 6^2 = 144 \cdot \pi = 452{,}16$ cm²

Volumen = $\frac{4}{3} \cdot \pi \cdot 6^3 = 288 \cdot \pi = 904{,}32$ cm³

Una **expresión algebraica** es toda combinación de números y letras unidos por los signos de las operaciones aritméticas.

Con las expresiones algebraicas podemos expresar multitud de relaciones entre magnitudes de nuestro entorno cotidiano, la ciencia, la tecnología...

PARA PRACTICAR

1 Expresa en lenguaje algebraico los siguientes enunciados.

a) El triple de un número, más 11.

b) La mitad de un número más 13.

c) El triple de un número más 15.

d) El cuádruple de un número, más 17.

2 Escribe en función de un número natural, *n*, la expresión para los siguientes números.

a) Un número par.

b) Un número impar.

c) Dos números pares consecutivos.

d) Dos números impares consecutivos.

3 Si mi edad es *x*, escribe las expresiones correspondientes a las edades de mis familiares en función de la mía, sabiendo que:

a) Mi padre tiene el doble de mi edad más 8 años.

b) Mi madre tiene la edad de mi padre menos 1 año.

c) Mi hermana Inés tiene la mitad de mi edad más 3 años.

d) Mi hermano Juan tiene tantos años como la diferencia entre mi edad y la de Inés.

4 A partir de los datos representados en las figuras, copia y completa la tabla dando las expresiones algebraicas correspondientes.

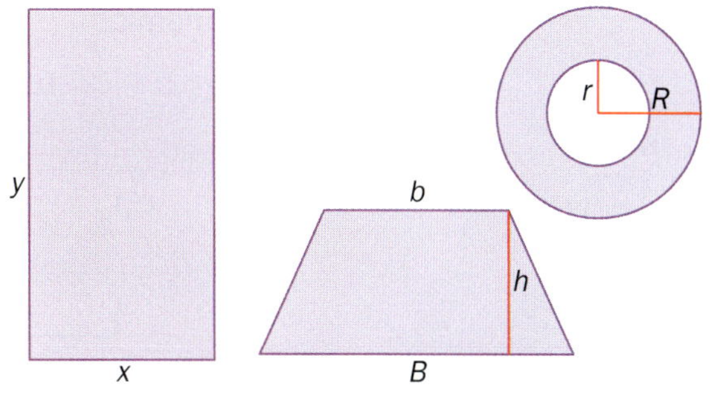

Figura	Área
Rectángulo	
Trapecio	
Corona circular	

5 Razona si son verdaderas o no las siguientes igualdades.

a) $x \cdot x = 2x$

b) $x^2 + x^3 = x^5$

c) $x^2 \cdot x^3 = x^5$

d) $x^3 = 3x$

6 Sin hacer operaciones, ¿para qué valor de *x* la expresión algebraica $12x^2 - 23x + 17$ toma el valor numérico 17?

PARA APLICAR

7 La planta de una casa cuadrada tiene como medida de uno de los lados *x* metros.

Si se añaden 5 metros en cada lado, ¿cuánto aumenta el área de la planta?

8 Una rotonda de circulación tiene 10 metros de radio. Debido al aumento del tráfico se decide ampliar el radio 1 metro.

a) ¿Cuánto aumenta la longitud de la circunferencia?

b) ¿Y si el radio tuviera *r* metros?

9 Las dimensiones de un depósito en metros son de *x* de largo, *y* de ancho y *z* de alto, respectivamente.

a) Escribe la expresión algebraica correspondiente a la capacidad del depósito.

b) Si cada una de las dimensiones se multiplica por 3, 4 y 5, respectivamente, ¿cuál será la nueva capacidad del depósito?

10 Alrededor de una piscina cuadrada de 10 metros de lado se quiere construir una acera. ¿Cuál será la superficie de dicha acera si se quiere que tenga una anchura de *x* metros?

11 Una empresa quiere premiar a sus empleados con días de vacaciones extra de la siguiente forma: dos días para todos y un día más por cada trienio de antigüedad. Si se llama *t* el número de trienios de un empleado, ¿cuál será la expresión que dará los días de vacaciones extra en función del número de trienios?

2. Monomios y polinomios

Monomios

Observa las siguientes expresiones algebraicas:

$$3x^2 \qquad 12ab \qquad -3x^2yz^3$$

En todas, las únicas operaciones que aparecen son la multiplicación y la potenciación de exponente natural. Estas expresiones se llaman **monomios**.

Los **coeficientes** son los números que aparecen multiplicando.

La **parte literal** la forman las letras y sus exponentes

$3x^2$	$12ab$	$-3x^2y$
grado = 2	grado = 1 + 1 = 2	grado = 2 + 1 = 3

El **grado del monomio** es la suma de los exponentes de las letras.

Los monomios con la misma parte literal se llaman **semejantes.**

Un **monomio** es una expresión algebraica en la que las únicas operaciones que afectan a las letras son la multiplicación y la potenciación de exponente natural.

Polinomios

Las expresiones $3x^2 + 2x^4$, $12ab - b$, o $-3x^2 + 12xy^5$ están formadas por la suma o diferencia indicada de dos o más monomios. Estas expresiones se llaman **polinomios**.

$3x^2 + 2x^4$	$12ab - b$	$-3x^2y + 12xy^5$
grado = 4	grado = 2	grado = 6

El **grado del polinomio** es el grado mayor de sus monomios.

Un **polinomio** es una expresión algebraica formada por la suma o diferencia indicada de dos o más monomios.

Notación

Los polinomios se suelen denotar por una letra mayúscula seguida, entre paréntesis y en minúscula, de las letras que contiene.

$A(x)$, $Q(t)$, $P(y, z)$

Ejemplo. *¿Qué valor toman estos polinomios para los valores que se indican en cada caso?*

a) $P(x) = 2x^2 - 3x + 1$, *para* $x = -1$

b) $Q(x, y) = 2x^2y^2 - 3x^2y + 2y^2$, *para* $x = 1$ *e* $y = -1$

a) Se sustituye x por -1 en el polinomio y se opera.

$P(-1) = 2 \cdot (-1)^2 - 3 \cdot (-1) + 1 = 2 + 3 + 1 = 6$

b) Se sustituye la x por 1 y la y por -1 en el polinomio y se opera.

$Q(1, -1) = 2 \cdot 1^2 \cdot (-1)^2 - 3 \cdot 1^2 \cdot (-1) + 2 \cdot (-1)^2 =$
$= 2 + 3 + 2 = 7$

El **valor numérico de un polinomio** es el número que se obtiene al sustituir cada letra por su valor y efectuar luego las operaciones.

PARA PRACTICAR

12 Indica el coeficiente y la parte literal de cada monomio.

a) $7x^2yz$
b) $6xy^4z^2$
c) $-23x^5y^4$
d) $-9x^2yz^3$

13 ¿Cuál es el grado de los siguientes monomios?

a) $3xyz$
b) $-7x^2y^5$
c) $11x^2y^3$
d) $3xyz^4$

14 Indica cuáles de los siguientes monomios son semejantes al monomio $3x^2y$.

a) $12xy$
b) $3xy^2$
c) x^2y^2
d) $4yx^2$

15 Determina el grado de estos polinomios.

a) $12x^4 + 6x^3 + x + 1$
b) $3x^2y + 2xy$
c) $3x + 8xz + 2$
d) $-4x^3 + 2y^4 + 3x^2y^3$

16 Calcula el valor numérico de estos polinomios para $x = 2$.

a) $x^2 + 2$
b) $7x^4 + 3x^3 + x + 1$
c) $5x^3 - 4x^2 + 1$
d) $9x^6 - 11x^5$

17 Halla el valor numérico de estos polinomios para el valor de x que se indica en cada caso.

a) $2x^3 + 3x^2 + x$, para $x = 1$
b) $3x + 2$, para $x = 3$
c) $2x^2 + 5x - 6$, para $x = 2$
d) $12x^2 - x - 2$, para $x = 0$

18 ¿Cuáles de las siguientes expresiones algebraicas son monomios y cuáles polinomios?

a) $12xy^2$
b) $3abc + 4ab - a$
c) $\sqrt[3]{xy}$
d) $\dfrac{3x}{y}$
e) $-5xy^2$
f) $2x^5 - 3x^2 + 2x - 1$

PARA APLICAR

PROBLEMA RESUELTO

19 Utiliza un monomio para expresar mediante lenguaje algebraico las siguientes frases.

a) El coste de 6 novelas a x euros cada una.

b) El área de un patio cuadrado.

a) Como una novela cuesta x euros, entonces las 6 novelas cuestan $6x$.

b) Si el lado del patio mide x metros, su área mide x^2 metros cuadrados.

20 Escribe los monomios que expresan el área de las siguientes figuras.

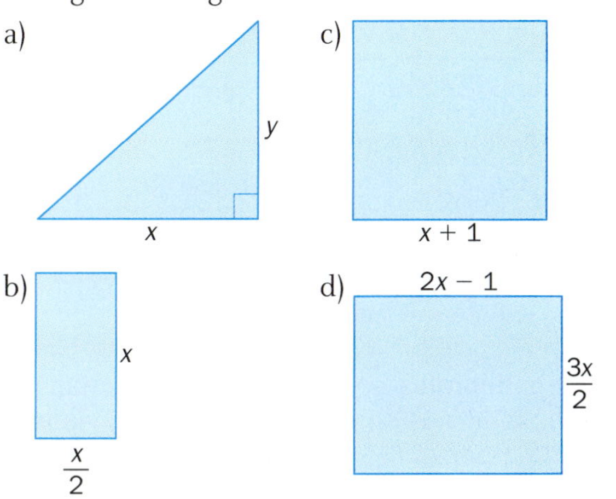

21 Expresa estas frases mediante lenguaje algebraico utilizando un polinomio.

a) La suma de un número más su cuadrado.
b) El doble de la suma de dos números.
c) La suma de dos números consecutivos.
d) El triple de la suma de dos números, menos 5.

22 Laura compra habitualmente la fruta en la frutería algebraica.

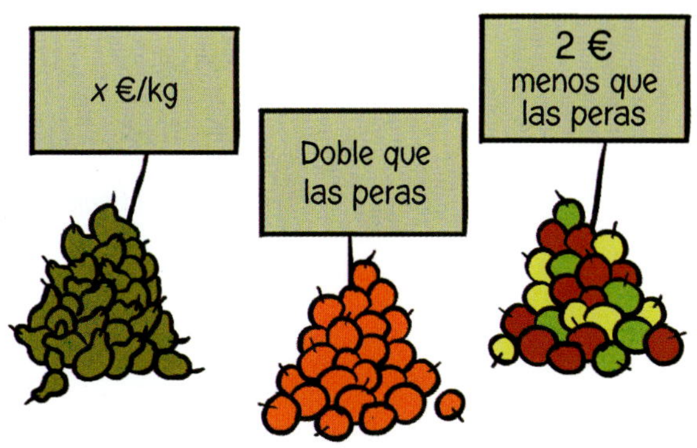

Indica el polinomio que expresa el precio de la siguiente compra.

2 kilos de peras
3 kilos de manzanas
5 kilos de naranjas

3. Suma y diferencia de polinomios

Suma y diferencia de monomios

Ejemplo. *Realiza las siguientes operaciones con monomios.*

a) $(13x^4y^3) - (7x^4y^3) + (5x^4y^3)$ b) $(3x^2) + (7x^5) - (3x)$

a) La parte literal de los monomios es la misma; en este caso se operan los coeficientes y se deja dicha parte literal.

$$13x^4y^3 - 7x^4y^3 + 5x^4y^3 = (13 - 7 + 5)x^4y^3 = 11x^4y^3$$

b) La parte literal de todos los monomios no es la misma, en este caso no se puede expresar como un monomio único y las operaciones que no se pueden efectuar se dejan indicadas.

$$3x^2 + 7x^5 - 3x$$

La **suma** o **diferencia de monomios semejantes** es otro monomio semejante, cuyo coeficiente es la suma o diferencia de los coeficientes.

La **suma** o **diferencia de monomios no semejantes** es un polinomio formado por la suma o diferencia indicada de dichos monomios.

Suma y diferencia de polinomios

Ejemplo. *Calcula la suma y la diferencia de los polinomios* P(x) *y* Q(x).

$$P(x) = 5x^3 + 3x^2 - 5x + 1 \qquad Q(x) = x^3 - 7x - 3$$

Se suman o restan los términos semejantes y se añaden los términos no semejantes.

$$P(x) + Q(x) = (5x^3 + 3x^2 - 5x + 1) + (x^3 - 7x - 3) =$$
$$= 5x^3 + x^3 + 3x^2 - 5x - 7x + 1 - 3 =$$
$$= 6x^3 + 3x^2 - 12x - 2$$

$$P(x) - Q(x) = (5x^3 + 3x^2 - 5x + 1) - (x^3 - 7x - 3) =$$
$$= 5x^3 - x^3 + 3x^2 - 5x + 7x + 1 + 3 =$$
$$= 4x^3 + 3x^2 + 2x + 4$$

En la **práctica**, el proceso de suma o diferencia de polinomios es similar a la suma o diferencia de números.

Suma

Si falta algún término, se deja un hueco.

$$\begin{array}{rrrr} 5x^3 & +\,3x^2 & -\,5x & +\,1 \\ x^3 & & -\,7x & -\,3 \\ \hline 6x^3 & +\,3x^2 & -\,12x & -\,2 \end{array}$$

Se colocan los términos semejantes uno debajo del otro y se suman los coeficientes.

Diferencia

$$\begin{array}{rrrr} 5x^3 & +\,3x^2 & -\,5x & +\,1 \\ -x^3 & & +\,7x & +\,3 \\ \hline 4x^3 & +\,3x^2 & +\,2x & +\,4 \end{array}$$

Se cambia el signo de todos los términos y se suman.

La **suma** o **diferencia de dos polinomios** es otro polinomio formado por la suma o diferencia de los términos semejantes de ambos y por los términos no semejantes de ambos.

PARA PRACTICAR

23 Reduce estas expresiones.

a) $7x + 11x - 25x$ c) $8x^3 - 7x^3 + 4x^3$

b) $4x^2 - 5x^2 - 6x^2$ d) $5x^4 - 4x^4 - 7x^4$

24 Simplifica las siguientes expresiones.

a) $7ab^3 - 8ab^3 + 3ab^3 - 4ab^3$

b) $2x^3y + 4x^3y - 9x^3y$

25 Realiza estas sumas y restas de monomios.

a) $10x - 12y - 5x + 6y$

b) $14xy^2 - 4xy^2 - 9x^2y + 3x^2y$

c) $2a^2b - 3ab^2 + 5a^2b^2 - 4ab^2 + 7a^2b$

d) $2xy + 5x - 3yx + 12xy$

26 Calcula $A(x) + B(x)$ y $A(x) - B(x)$.

$$A(x) = 3x^4 - 7x^3 + 2x^2 - x - 17$$
$$B(x) = 4x^4 + 5x^3 - 8x^2 + x + 11$$

27 Efectúa estas operaciones.

a) $(3x^4 - 7x^3 + 2x^2 - 11) + (4x^4 + 5x^3 - 8x^2 + 7)$

b) $(5x^4 - 4x^3 + 7x^2 - 13) - (x^4 + 6x^3 - 3x^2 + 9)$

c) $(7x^4 - 3x^3 + 8x^2 - 3x) - (8x^3 - 2x^2 + 10)$

28 Copia y completa los huecos que faltan en las siguientes sumas de polinomios.

a)
$$\begin{array}{r} 4x^5 - 3x^4 + 2x^3 + \square - x + 1 \\ \square - 2x^4 - x^3 + 3x^2 + x - \square \\ \hline 5x^5 - \square + \square + 4x^2 + \square - 1 \end{array}$$

b)
$$\begin{array}{r} x^4 + 3x^3 + \square + 2x - 7 \\ \square + 2x^3 - 3x^2 + \square - 11 \\ \hline x^4 + \square - 3x^2 + 7x - \square \end{array}$$

29 Con estos polinomios

$$P(x) = 3x^2 + 2x - 1$$
$$Q(x) = 5x^4 - 3x^2 + 7$$
$$R(x) = 4x^3 + 7x^2 - 2x$$

realiza las siguientes operaciones.

a) $P(x) + Q(x)$ c) $R(x) - P(x)$

b) $P(x) - R(x)$ d) $Q(x) - R(x)$

EJERCICIO RESUELTO

30 **Dados los polinomios**

$$P(x) = 4x^3 - 9x^2 + 9x - 2$$
$$Q(x) = 7x^2 - 3x - 5$$
$$R(x) = 7x^3 - 2x^2 - 1$$

halla $P(x) + Q(x) - R(x)$.

$$\begin{array}{rcl} P(x) & = & 4x^3 - 9x^2 + 9x - 2 \\ Q(x) & = & 7x^2 - 3x - 5 \\ \hline P(x) + Q(x) & = & 4x^3 - 2x^2 + 6x - 7 \\ -R(x) & = & -7x^3 + 2x^2 \qquad + 1 \\ \hline P(x) + Q(x) - R(x) & = & -3x^3 \qquad + 6x - 6 \end{array}$$

31 Con los polinomios

$$A(x) = 3x^3 - x^2 + 5x - 1$$
$$B(x) = 4x^3 - 2x^2 + 3$$
$$C(x) = 5x^4 - 7x^2 + 3x$$

realiza las operaciones indicadas.

a) $A(x) + B(x) + C(x)$

b) $A(x) - B(x) + C(x)$

c) $A(x) - (B(x) + C(x))$

d) $A(x) - (B(x) - C(x))$

PARA APLICAR

32 Un agricultor compra un terreno como el de la figura.

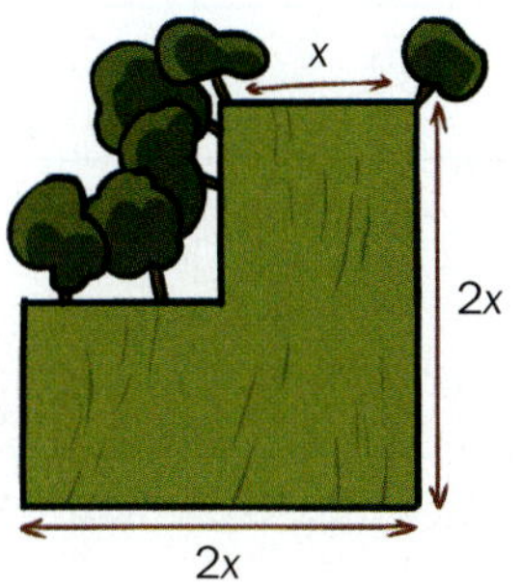

a) ¿Cuántos metros de alambre necesita para vallarlo?

b) ¿Cuál es el área del terreno?

33 El precio de un artículo ha bajado un 20 %. Expresa el dinero total que he gastado si compré 1 antes de las rebajas y 2 con ella.

34 Comprueba si la longitud de una circunferencia multiplicada por su radio y dividida por 2 es igual al área del círculo. Utiliza para ello las fórmulas que ya conoces.

¿De qué fórmula geométrica es generalización?

4. Producto de polinomios

Producto de monomios

Ejemplo. *Calcula el producto de monomios $4x^3 \cdot 5x^4$.*

Por un lado, se multiplican los coeficientes y, por otro, las partes literales.

$$4x^3 \cdot 5x^4 = 20x^7 \qquad (4 \cdot 5;\ x^3 \cdot x^4)$$

El **producto de dos monomios** es otro monomio que tiene como coeficiente el producto de los coeficientes, y como parte literal el producto de las potencias de las variables correspondientes.

Producto de un monomio por un polinomio

Ejemplo. *Halla el producto del monomio $P(x) = 3x^2$ por el polinomio $Q(x) = 2x - 3y$.*

Se aplica la propiedad distributiva.

$$P(x) \cdot Q(x) = 3x^2 \cdot (2x - 3y) = 3x^2 \cdot 2x - 3x^2 \cdot 3y = 6x^3 - 9x^2y$$

El **producto de un monomio por un polinomio** es otro polinomio que se obtiene multiplicando el monomio por cada término del polinomio.

El proceso contrario a la propiedad distributiva se llama **sacar factor común**.

$$9x^4 + 3x^2 + 5x = 9x^3 \cdot x + 3x \cdot x + 5 \cdot x = x \cdot (9x^3 + 3x + 5)$$

Producto de polinomios

Ejemplo. *Efectúa el producto de polinomios*

$(3x - 5) \cdot (3x^2 - 2x + 7)$.

Se multiplica cada término del primer factor por cada término del segundo factor y se reducen los términos semejantes.

$$(3x - 5) \cdot (3x^2 - 2x + 7) = 3x \cdot (3x^2 - 2x + 7) - 5 \cdot (3x^2 - 2x + 7) =$$
$$= 9x^3 - 6x^2 + 21x - 15x^2 + 10x - 35 =$$
$$= 9x^3 - 21x^2 + 31x - 35$$

En la práctica, para multiplicar polinomios se utiliza el mismo esquema que para multiplicar números.

$$\begin{array}{r} 3x^2 - 2x + 7 \\ 3x - 5 \\ \hline -15x^2 + 10x - 35 \\ 9x^3 - 6x^2 + 21x \quad \\ \hline 9x^3 - 21x^2 + 31x - 35 \end{array}$$

Resultado de multiplicar -5 por $3x^2 - 2x + 7$. (fila $-15x^2 + 10x - 35$)

Resultado de multiplicar $3x$ por $3x^2 - 2x + 7$. (fila $9x^3 - 6x^2 + 21x$)

Se reducen los términos semejantes. (fila $9x^3 - 21x^2 + 31x - 35$)

El **producto de dos polinomios** es otro polinomio cuyos términos se obtienen multiplicando cada término del primero por cada término del segundo; si hay términos semejantes, se reducen.

PARA PRACTICAR

35 Calcula los siguientes productos de monomios.

a) $(7x^2yz) \cdot (5xyz^2)$ c) $(3ab) \cdot (-2a^2b)$

b) $(5x^3y) \cdot (xy^2)$ d) $(3a^2) \cdot (-2a^3) \cdot (-5a)$

36 Calcula estos productos de monomios por polinomios.

a) $x^3 \cdot (5x^2 - 4x + 2)$ c) $3a^2 \cdot (2a^2 - 2a + a)$

b) $x^4 \cdot (-x^3 - x + 3)$ d) $3xy \cdot (2x^2 - 2xy)$

EJERCICIO RESUELTO

37 **Saca factor común en estas expresiones.**

a) $2x^3 + 5x^2 + 3x^4$

b) $3a^2b - 7ab + 5ab^3$

a) $2x^3 + 5x^2 + 3x^4 = x^2 \cdot 2x + x^2 \cdot 5 + x^2 \cdot 3x^2 =$
$= x^2 \cdot (2x + 5 + 3x^2)$

b) $3a^2b - 7ab + 5ab^3 = ab \cdot 3a - ab \cdot 7 +$
$+ ab \cdot 5b^2 = ab \cdot (3a - 7 + 5b^2)$

38 Saca factor común en las expresiones que se indican.

a) $2x^3 - 3x + 7x^4 - 2x^2$

b) $3a^2 - 2a^3 - 5a^4 + a^6$

39 Saca factor común en estas expresiones.

a) $3x^2y - 4x^2y^2 + 7x^3y^4$

b) $\dfrac{x^2y}{3} - \dfrac{2xy^2}{5} + \dfrac{3x^3y}{2}$

40 Multiplica estos polinomios.

a) $(2 - 3x) \cdot (3x + 2)$

b) $(x^2 + 6) \cdot (1 + 4x + 5x^3)$

c) $(3x^2 + 6x - 10) \cdot (5x + 4)$

41 Desarrolla el siguiente producto.

$$(a + b + c) \cdot (m + n)$$

42 Efectúa estos productos de polinomios.

a) $(x^2 + 7) \cdot (x^2 - 7)$

b) $(x^3 - y^3) \cdot (5x + 3y)$

43 Copia y completa los huecos que faltan en esta multiplicación de polinomios.

$$\begin{array}{r} \square - x + 5 \\ -\ 2x^2 + \square \\ \hline 6x^4 - 3x^2 + 15x \\ \square + \square + 2x^3 - 10x^2 \\ \hline -4x^5 + \square + 2x^3 - \square + 15x \end{array}$$

44 Realiza las operaciones indicadas con estos polinomios.

$P(x) = 2x^4 - 3x^3 + 4x^2 - 5$

$Q(x) = 3x^2 - 2x + 1$

$R(x) = -3x^2 + 2$

a) $P(x) \cdot Q(x)$ c) $P(x) \cdot R(x)$

b) $Q(x) \cdot R(x)$ d) $R(x) \cdot R(x)$

PARA APLICAR

45 Utiliza valores numéricos para comprobar si las siguientes operaciones son correctas.
Puedes emplear los valores 1, 2, 3 ...

a) $x \cdot x \cdot x = 3x$ c) $x^2 \cdot x^4 = x^6$

b) $(x^2)^3 = x^5$ d) $x^2 + x^3 = x^5$

46 El jardín rectangular del dibujo tiene un paseo a su alrededor de x metros de ancho.

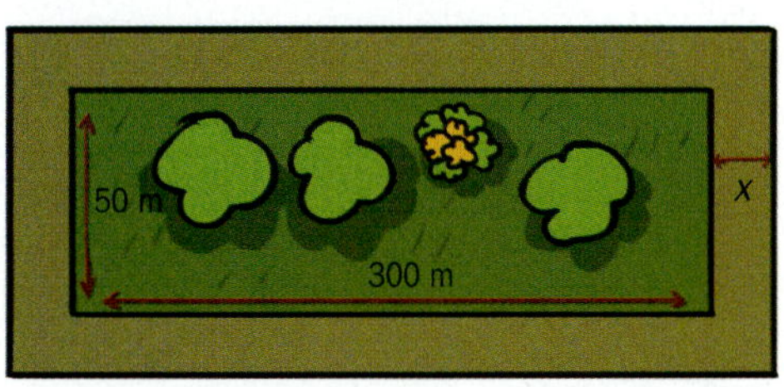

Calcula la expresión que indica el área del paseo en función de la anchura.

47 En un cuadrado de lado x se aumenta la base en 3 unidades y se reduce la altura a la tercera parte.

Halla la expresión algebraica del área del rectángulo resultante.

48 Una finca cuadrada de 200 metros de lado linda con dos caminos perpendiculares.

El Ayuntamiento decide ampliar x metros la anchura de estos caminos, tomando el terreno necesario de la finca.

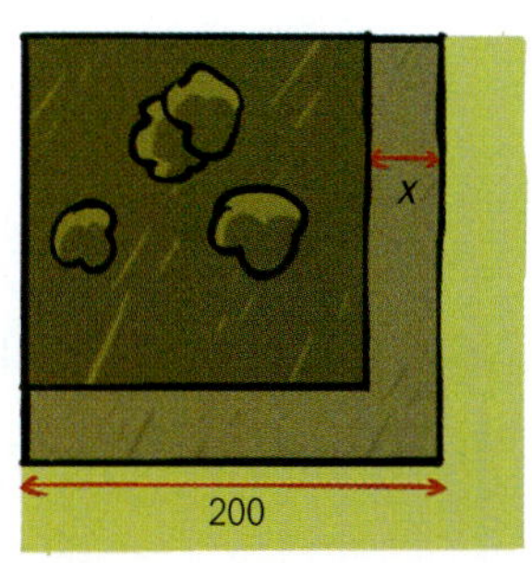

Escribe la expresión algebraica del área que disminuye la finca.

5. IDENTIDADES NOTABLES

GRÁFICAMENTE

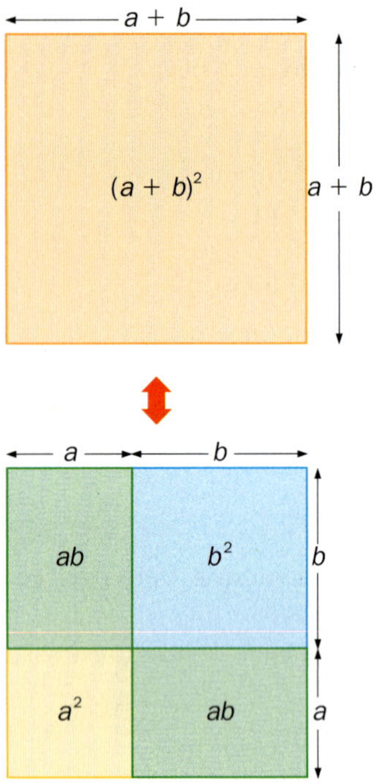

Ejemplo. *Desarrolla las siguientes potencias de binomios.*

a) $(a + b)^2$ *b)* $(a - b)^2$

a) $(a + b)^2 = (a + b) \cdot (a + b) = a^2 + 2ab + b^2$

$$\begin{array}{r} a + b \\ a + b \\ \hline ab + b^2 \\ a^2 + ab \\ \hline a^2 + 2ab + b^2 \end{array}$$

b) $(a - b)^2 = (a - b) \cdot (a - b) = a^2 - 2ab + b^2$

$$\begin{array}{r} a - b \\ a - b \\ \hline -ab + b^2 \\ a^2 - ab \\ \hline a^2 - 2ab + b^2 \end{array}$$

Ejemplo. *Desarrolla el producto de binomios* $(a + b) \cdot (a - b)$.

$(a + b) \cdot (a - b) = a^2 - b^2$

$$\begin{array}{r} a + b \\ a - b \\ \hline -ab - b^2 \\ a^2 + ab \\ \hline a^2 \qquad - b^2 \end{array}$$

Si *a* y *b* son dos expresiones algebraicas, entonces se cumplen las siguientes igualdades:

$$\mathbf{(a + b)^2 = a^2 + 2ab + b^2}$$
$$\mathbf{(a - b)^2 = a^2 - 2ab + b^2}$$
$$\mathbf{(a + b)(a - b) = a^2 - b^2}$$

Ejemplo. *Desarrolla las potencias* $(a + b)^3$ *y* $(a - b)^3$.

$(a + b)^3 = (a + b) \cdot (a + b)^2 = (a + b)(a^2 + 2ab + b^2) = a^3 + 3a^2b + 3ab^2 + b^3$

$$\begin{array}{r} a^2 + 2ab + b^2 \\ a + b \\ \hline a^2b + 2ab^2 + b^3 \\ a^3 + 2a^2b + ab^2 \\ \hline a^3 + 3a^2b + 3ab^2 + b^3 \end{array}$$

$(a - b)^3 = (a - b) \cdot (a - b)^2 = (a - b)(a^2 - 2ab + b^2) = a^3 - 3a^2b + 3ab^2 - b^3$

Si *a* y *b* son dos expresiones algebraicas, entonces se cumplen las siguientes igualdades:

$$\mathbf{(a + b)^3 = a^3 + 3a^2b + 3ab^2 + b^3}$$
$$\mathbf{(a - b)^3 = a^3 - 3a^2b + 3ab^2 - b^3}$$

49 EJERCICIO RESUELTO

Desarrolla $(3x - y)^3$.

$$(3x - y)^3 = (3x)^3 - 3(3x)^2y + 3(3x)y^2 - y^3 =$$
$$= 27x^3 - 3 \cdot 9x^2 \cdot y + 3 \cdot 3x \cdot y^2 - y^3 = 27x^3 - 27x^2y + 9xy^2 - y^3$$

PARA PRACTICAR

EJERCICIO RESUELTO

50 **Desarrolla estos productos.**

a) $(2x + 3y)^2$

b) $(2x - 3y)^2$

c) $(2x + 3y) \cdot (2x - 3y)$

a) $(2x + 3y)^2 = (2x)^2 + 2 \cdot 2x \cdot 3y + (3y)^2 =$
$= 4x^2 + 12xy + 9y^2$

b) $(2x - 3y)^2 = (2x)^2 - 2 \cdot 2x \cdot 3y + (3y)^2 =$
$= 4x^2 - 12xy + 9y^2$

c) $(2x + 3y) \cdot (2x - 3y) = (2x)^2 - (3y)^2 = 4x^2 - 9y^2$

51 Desarrolla estos cuadrados de binomios.

a) $(x + 1)^2$
b) $(x - 1)^2$
c) $(2x - 1)^2$
d) $(1 + 3y^2)^2$
e) $(1 - 3y^2)^2$
f) $(x - 3y^2)^2$

52 Efectúa las siguientes sumas por diferencias de binomios.

a) $(x + 1) \cdot (x - 1)$
b) $(2x - 1) \cdot (2x + 1)$
c) $(1 + 3y^2) \cdot (1 - 3y^2)$
d) $(2x - 3y^2) \cdot (2x + 3y^2)$

53 Desarrolla los siguientes productos y potencias.

a) $(x^2 - 5y)^2$
b) $(4a^2 + 1)^2$
c) $(6 - 5y^3) \cdot (6 + 5y^3)$
d) $(2a^3 - 3)^2$
e) $(2x + 3y^3)^2$
f) $(2x + 3y^2) \cdot (2x - y^2)$

54 Copia y completa estas expresiones, sabiendo que son desarrollos de un binomio al cuadrado.

a) $(3x + \square)^2 = \square + 6xy + y^2$
b) $(x^2 - \square) \cdot (x^2 + \square) = \square - 25$
c) $(\square - 2)^2 = 4x^4 - \square + \square$
d) $(a - \square)^2 = \square - 4a + \square$

55 Utiliza las identidades notables para realizar estas operaciones sin elevar al cuadrado.

a) $21^2 - 20^2$
b) $70^2 - 30^2$
c) $99^2 - 1$
d) $850^2 - 150^2$

56 Calcula el valor numérico de estas expresiones, utilizando los productos notables.

a) $x^2 + y^2 + 2xy$, para $x = 39$, $y = 11$
b) $x^2 + b^2 - 2xy$, para $x = 129$, $y = 29$

EJERCICIO RESUELTO

57 **Expresa cada suma en forma de producto.**

a) $x^2 - 6x + 9$

b) $4x^2 + 4x + 1$

c) $9x^2 - 4$

a) $x^2 - 6x + 9 =$
$= x^2 - 3 \cdot 2 \cdot x + 3^2 = (x - 3)^2$

b) $4x^2 + 4x + 1 =$
$= (2x)^2 + 2 \cdot 2 \cdot x + 1^2 = (2x + 1)^2$

c) $9x^2 - 4 = (3x)^2 - 2^2 =$
$= (3x - 2) \cdot (3x + 2)$

58 Escribe en forma de potencia estos polinomios.

a) $9x^2 + y^2 + 6xy$
b) $25y^2 + 100 + 100y$
c) $x^2 + 36 - 12x$
d) $x^6 + 121x^2 + 22x^4$

59 Desarrolla los siguientes binomios al cubo.

a) $(3x - 1)^3$
b) $(1 - 2y)^3$

PARA APLICAR

60 Las dimensiones de los dos cuadrados del dibujo son números naturales consecutivos.

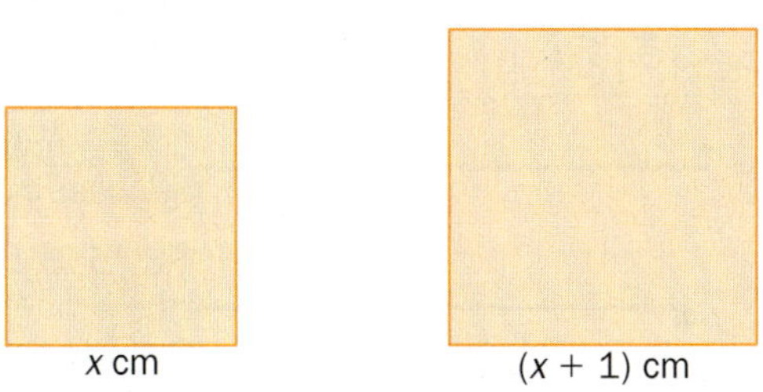

Comprueba si la diferencia de sus áreas es par o impar.

61 Escribe la expresión polinómica del incremento del área.

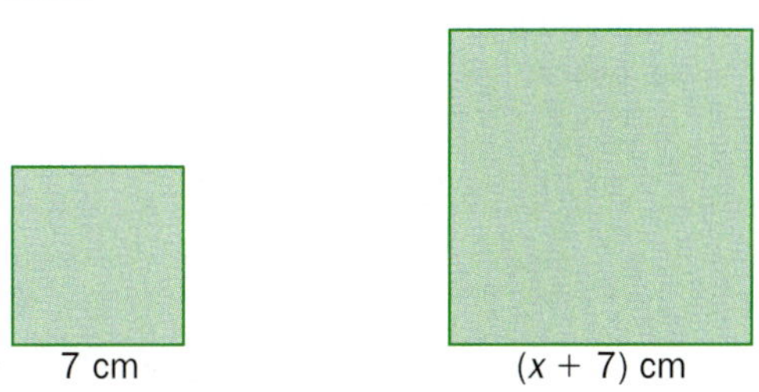

Aplica este resultado para calcular el área, si x es igual a 10 centímetros.

6. Fracciones algebraicas. Operaciones

Fracciones algebraicas sin valor numérico

La fracción algebraica $\frac{1}{x}$ no tiene valor numérico para $x = 0$, ya que $\frac{1}{0}$ no es un número real.

Ejemplo. *Calcula el valor numérico de la expresión algebraica* $\frac{3x - 1}{2x^2 + x - 2}$ *para* $x = 1$.

$$\frac{3x - 1}{2x^2 + x - 2} \xrightarrow{x = 1} \frac{3 \cdot 1 - 1}{2 \cdot 1^2 + 1 - 2} = \frac{2}{1} = 2$$

Una **fracción algebraica** es el cociente de dos polinomios $\frac{P(x)}{Q(x)}$ con $Q(x) \neq 0$.

Fracciones equivalentes

Igual que sucede con las fracciones numéricas, la expresión de una fracción algebraica no es única.

Ejemplo. *Comprueba si las fracciones* $\frac{3x - 3}{x^2 - x}$ *y* $\frac{3}{x}$ *son equivalentes.*

Se realizan los productos cruzados.

$$(3x - 3) \cdot x = 3x^2 - 3x = (x^2 - x) \cdot 3 \Rightarrow \frac{3x - 3}{x^2 - x} = \frac{3}{x}$$

Por tanto, las fracciones son equivalentes.

Dos fracciones algebraicas son **equivalentes** cuando los productos cruzados de sus términos son iguales.

$$\frac{P(x)}{Q(x)} = \frac{R(x)}{S(x)} \quad \text{si} \quad P(x) \cdot S(x) = Q(x) \cdot R(x)$$

Operaciones con fracciones algebraicas

Ejemplo. *Realiza las siguientes operaciones con fracciones algebraicas.*

a) $\frac{5x}{x^2 + 1} + \frac{3x + 1}{x^2 + 1}$ *b)* $\frac{x - 2}{3x} - \frac{2x}{x - 1}$ *c)* $\frac{x + 1}{x^3} \cdot \frac{x - 1}{6x + 2}$ *d)* $\frac{x + 2}{x^2} : \frac{x + 3}{x + 1}$

a) $\frac{5x}{x^2 + 1} + \frac{3x + 1}{x^2 + 1} = \frac{5x + (3x + 1)}{x^2 + 1} = \frac{8x + 1}{x^2 + 1}$

Se operan los numeradores.

Se deja el mismo denominador.

b) $\frac{x - 2}{3x} - \frac{2x}{x - 1} = \frac{(x - 2) \cdot (x - 1) - 3x \cdot 2x}{3x \cdot (x - 1)} =$

$= \frac{x^2 - 2x - x + 2 - 6x^2}{3x^2 - 3x} = \frac{-5x^2 - 3x + 2}{3x^2 - 3x}$

Se operan los productos cruzados.

Se multiplican los denominadores.

c) $\frac{x + 1}{x^3} \cdot \frac{x - 1}{6x + 2} = \frac{(x + 1) \cdot (x - 1)}{x^3 \cdot (6x + 2)} = \frac{x^2 - 1}{6x^4 + 2x^3}$

Se multiplican los numeradores.

Se multiplican los denominadores.

d) $\frac{x + 2}{x^2} : \frac{x + 3}{x + 1} = \frac{(x + 2) \cdot (x + 1)}{x^2 \cdot (x + 3)} = \frac{x^2 + 3x + 2}{x^3 + 3x^2}$

Se multiplica numerador por denominador.

Se multiplica denominador por numerador.

Jerarquía

En las operaciones con fracciones algebraicas se aplican las mismas normas que en las operaciones con fracciones numéricas, incluyendo las reglas de jerarquía entre las operaciones.

PARA PRACTICAR

62 Copia y completa la tabla con los valores numéricos para cada valor de x.

	$x=-2$	$x=0$	$x=3$	$x=5$
$\dfrac{x}{x-2}$				
$\dfrac{x^2-x}{x^2-3x+2}$				

¿Son equivalentes las dos fracciones algebraicas?

63 Halla dos fracciones equivalentes a cada una de las siguientes.

a) $\dfrac{1}{x}$ b) $\dfrac{x-1}{x}$ c) $\dfrac{x-2}{x+3}$ d) $\dfrac{x^2-2x+1}{x^2-4}$

64 Determina los polinomios que faltan en las siguientes cadenas de igualdades de fracciones algebraicas.

a) $\dfrac{1}{x}=\dfrac{x+1}{\square}=\dfrac{\square}{x^3-x}$

b) $\dfrac{x-1}{x}=\dfrac{\square}{x^2}=\dfrac{\square}{x^3-x^2}$

65 Comprueba si son equivalentes estos pares de fracciones algebraicas.

a) $\dfrac{4x}{5x+2}$ y $\dfrac{4x^3}{5x^3+2x^2}$ b) $\dfrac{x^2}{x+1}$ y $\dfrac{x^3}{x^2+1}$

66 Simplifica las siguientes fracciones algebraicas.

a) $\dfrac{x^2-4x+4}{x^2-4}$ b) $\dfrac{x^2}{3x^2-x}$ c) $\dfrac{x^2+1}{x^4-1}$

67 Realiza las siguientes sumas y restas de fracciones algebraicas.

a) $\dfrac{7x}{x^3+5}+\dfrac{6x+1}{x^3+5}$ c) $\dfrac{2x-1}{x}-\dfrac{4x^2-3x+1}{x}$

b) $\dfrac{2x-3}{3x-1}+\dfrac{5x-2}{x-1}$ d) $\dfrac{2x+4}{5x}-\dfrac{3x-1}{x-1}$

68 Halla los siguientes productos y cocientes de fracciones algebraicas.

a) $\dfrac{x+2}{x^2-3}\cdot\dfrac{x-2}{x^2+3}$ c) $\dfrac{x+4}{2x-1}\cdot\dfrac{x^2-2x+1}{3x-2}$

b) $\dfrac{x}{x^2-4}:\dfrac{5}{x+2}$ d) $\dfrac{4x+7}{x^2}:\dfrac{3x}{x+5}$

EJERCICIO RESUELTO

69 **Realiza y simplifica la siguiente operación.**

$$\frac{x-1}{x+3}:\frac{2x-3}{x+1}\cdot\frac{x+3}{x+1}$$

$$\frac{x-1}{x+3}:\frac{2x-3}{x+1}\cdot\frac{x+3}{x+1}=\frac{(x-1)(x+1)}{(x+3)(2x-3)}\cdot\frac{x+3}{x+1}=$$

$$=\frac{(x-1)\cdot(x+1)\cdot(x+3)}{(x+3)\cdot(2x-3)\cdot(x+1)}=\frac{x-1}{2x-3}$$

70 Realiza y simplifica estas operaciones con fracciones algebraicas.

a) $\dfrac{x-2}{x+1}\cdot\dfrac{x+2}{2x-3}:\dfrac{x^2-4}{x+1}$

b) $\dfrac{1}{x^2+x}+\dfrac{x-1}{x+1}\cdot\dfrac{x-3}{x}$

c) $\left(\dfrac{1}{x-1}-\dfrac{x-1}{x+1}\right)\cdot\dfrac{x-3}{x}+\dfrac{1-2x}{x^3-x}$

PARA APLICAR

71 Coloca las tarjetas de forma que se obtengan dos fracciones algebraicas con el mismo valor numérico para $x=1$.

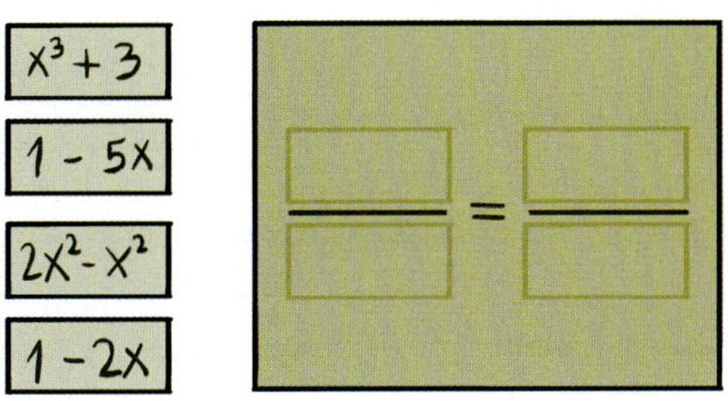

72 Completa los huecos con las fracciones algebraicas que resultan al hacer las operaciones que se indican.

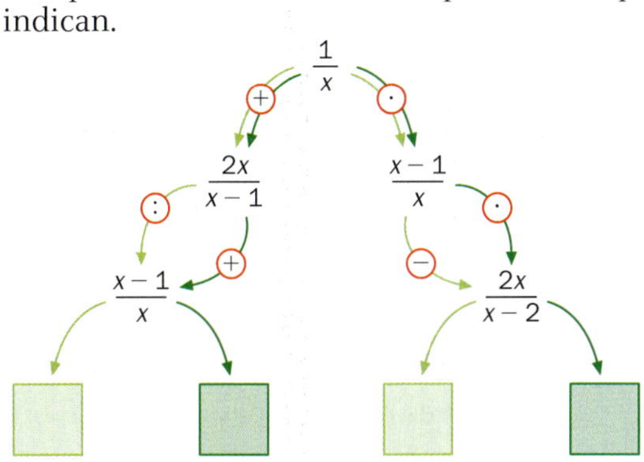

LA PRESIÓN SANGUÍNEA

¿DÓNDE ESTÁN LAS MATEMÁTICAS?

La presión de la sangre en el sistema sanguíneo se llama presión arterial y se establece a partir de dos valores, la "alta" o sistólica y la "baja" o diastólica.

La presión arterial no es constante a lo largo de la vida. Depende, entre otros factores, del estado del corazón y del de las paredes de las arterias. Por ello, valores que son normales para un niño pequeño, no lo son para un anciano.

Para calcular la presión arterial ideal de una persona sana, se pueden usar dos **polinomios** de **segundo grado**.

$A(x) = 80 + \frac{230x - x^2}{150}$ para la presión sistólica, $B(x) = 60 + \frac{230x - x^2}{300}$ para la diastólica,

donde x representa la edad de la persona.

¿CÓMO SE APLICAN?

Utilizando los polinomios, se obtienen los valores normales para una persona de 30 años.

$$A(30) = 80 + \frac{230 \cdot 30 - 30^2}{150} = 120 \qquad B(30) = 60 + \frac{230 \cdot 30 - 30^2}{300} = 80$$

Como tiene una tensión de $\frac{120}{80}$, esta persona tiene su tensión arterial dentro de unos parámetros normales.

PARA APLICAR

73 Calcula cuál sería tu presión arterial sistólica y diastólica normal.

74 ¿Podemos decir que una persona de 60 años, cuya presión arterial es $\frac{170}{130}$, es hipertensa?

75 ¿Crees que una persona de 20 años, cuya presión arterial es $\frac{110}{90}$, es hipotensa?

Monomios y polinomios

Una **expresión algebraica** es toda combinación de números y letras unidos por los signos de las operaciones aritméticas.

Monomio

$7x^2y^3$

- Coeficiente: 7
- Parte literal: x^2y^3
- Grado del monomio: $2 + 3 = 5$

Polinomio

$5x^3 - 3x + 4$

- Términos: $5x^3$, $-3x$, 4
- Grado del polinomio: grado del mayor monomio $= 3$

El **valor numérico** de un polinomio, es el número que se obtiene al sustituir las letras por números y efectuar luego las operaciones indicadas en la expresión.

Operaciones con polinomios

Suma

$$\begin{array}{r} 5x^3 + 3x^2 - 5x + 1 \\ x^3 - 7x - 3 \\ \hline 6x^3 + 3x^2 - 12x - 2 \end{array}$$

Diferencia

$$\begin{array}{r} 5x^3 + 3x^2 - 5x + 1 \\ -x^3 + 7x + 3 \\ \hline 4x^3 + 3x^2 + 2x + 4 \end{array}$$

Producto

$$\begin{array}{r} 3x^2 - 2x + 7 \\ 3x - 5 \\ \hline -15x^2 + 10x - 35 \\ 9x^3 - 6x^2 + 21x \\ \hline 9x^3 - 21x^2 + 31x - 35 \end{array}$$

Identidades notables

$(a + b)^2 = a^2 + 2ab + b^2$

$(a - b)^2 = a^2 - 2ab + b^2$

$(a + b) \cdot (a - b) = a^2 - b^2$

Fracciones algebraicas

Una **fracción algebraica** es el cociente de dos polinomios con $\frac{P(x)}{Q(x)}$ con $Q(x) \neq 0$.

Fracciones equivalentes

Dos fracciones algebraicas son equivalentes cuando los productos cruzados de sus términos son iguales.

$$\frac{P(x)}{Q(x)} = \frac{R(x)}{S(x)} \text{ si } P(x) \cdot S(x) = Q(x) \cdot R(x)$$

Operaciones con fracciones algebraicas

Se opera como con las fracciones numéricas.

Suma y diferencia: se reducen a denominador común y se operan los numeradores.

Producto: se multiplican los numeradores y se multiplican los denominadores.

Cociente: se multiplica numerador por denominador y denominador por numerador.

PARA PRACTICAR Y APLICAR

76 Expresa algebraicamente las siguientes frases.

a) El número entero siguiente al número entero x.

b) Tres números consecutivos.

c) El inverso de un número.

d) Un número par.

77 Identifica el coeficiente y la parte literal de los siguientes monomios.

a) $-\frac{5x}{2}$ b) πr^2 c) x d) $\frac{3xy}{4}$

78 Indica cuáles de las siguientes expresiones algebraicas son polinomios y cuáles monomios.

a) $2xy^3$ b) $(1 + \sqrt{3})x$ c) $4x^2y - 5x^2y$

79 Un alumno afirma que los valores numéricos de la expresión $x^2 + x + 41$ para $x = 0, 1, 2, 3, ..., 40$ son números primos.

Trata de comprobarlo para algunos valores.

80 Dados los polinomios

$$P(x) = x^3 - 2x^2 + 1 \qquad Q(x) = 2x^2 - x + 3$$

Comprueba que coincide el valor numérico del polinomio $R(x) = P(x) + Q(x)$ para $x = -1$, con la suma de los valores numéricos de $P(x)$ y $Q(x)$ para el mismo valor.

81 En un garaje hay 80 vehículos, entre motos y coches; escribe el polinomio que indica el número de ruedas en función de un número x de coches.

82 Un cuadrado tiene de lado 3 centímetros y se aumenta cada lado en x centímetros.

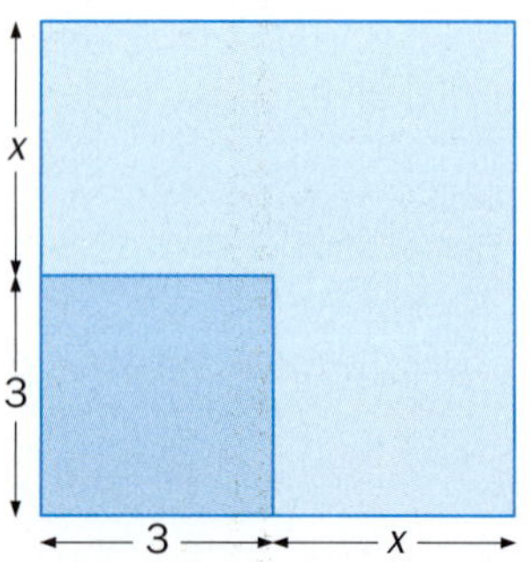

a) Escribe la expresión del perímetro del cuadrado obtenido.

b) Determina la expresión del área del nuevo cuadrado.

c) Halla los valores del perímetro y del área del nuevo cuadrado si x es igual a 2 centímetros.

83 Copia y completa la tabla.

$P(x)$	$Q(x)$	$P(x) + Q(x)$
$x^3 - 2x^2 + 1$	$2x^2 - x - 1$	
$x^4 + x^2 - 2$		$3x^4 - x^2 + 1$
	$2x^3 - 3x + 1$	$5x^3 - x + 2$

84 Realiza las siguientes operaciones con polinomios.

a) $(2x + 1) \cdot (x - 3) + (x + 2) \cdot (x - 1)$

b) $(x - 1) \cdot (x - 3) + (x + 5) \cdot (x + 1) - (x^2 + 3x - 5)$

85 Completa los huecos que faltan en cada expresión algebraica.

a)

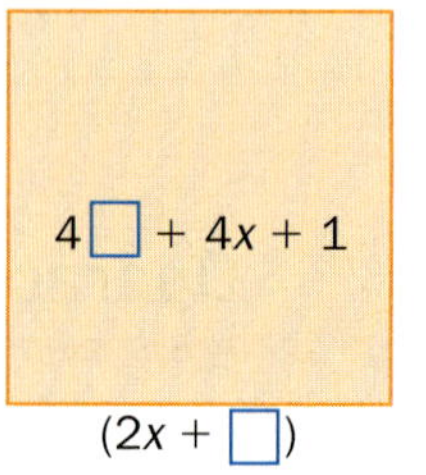

b)

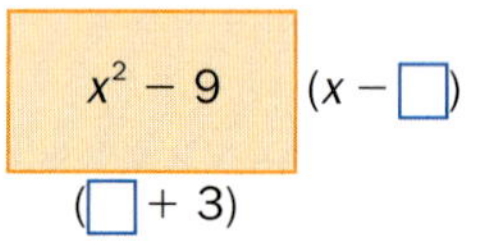

86 Desarrolla las siguientes potencias de binomios.

a) $(3xy - 2x)^2$

b) $(4x^2 - x^3)^2$

c) $(2x + x^2)^3$

d) $(2x^2y + y)^2$

e) $\left(\frac{x}{3} + \frac{2y}{5}\right)^2$

f) $(3x^2 - 2y)^3$

87 Completa los polinomios que faltan para que sean equivalentes las siguientes fracciones algebraicas.

a) $\frac{x - 1}{\square} = \frac{x^2 - 1}{x^2 + x}$ b) $\frac{x}{x + 4} = \frac{x^2 - 3x}{\square}$

88 Simplifica las siguientes expresiones algebraicas.

a) $\frac{x^2 - 9}{x^2 + 6x + 9}$ b) $\frac{x^4 + x^2}{x^4 - 1}$

89 Utiliza las identidades notables para calcular estas operaciones.

a) $101^2 - 100^2$ b) $51 \cdot 49$ c) $60^2 - 40^2$

90 Realiza las siguientes operaciones con fracciones algebraicas.

a) $\frac{1}{x} + \frac{1}{x + 1} + \frac{1}{x^2 + 1}$

b) $\left(\frac{x}{x - 2} - \frac{2x - 3}{3x}\right) \cdot \frac{x}{x - 2}$

c) $\frac{2x}{x - 3} \cdot \frac{x + 5}{3x^2} : \frac{3x^2}{3x - 1}$

PARA REFORZAR

91 Expresa en lenguaje algebraico los siguientes enunciados.

a) El doble de un número menos 5.

b) La cuarta parte de un número más su mitad.

c) El cuadrado de un número menos su triple.

92 Si Carlos tiene x años y Elena y, escribe las expresiones correspondientes a las siguientes situaciones sabiendo que Carlos es mayor que Elena.

a) La diferencia de edades entre ambos.

b) El doble de la suma de sus edades.

c) La mitad de la edad de Carlos menos la tercera parte de la de Elena.

d) La suma de sus edades por la diferencia entre las mismas.

93 Indica el grado de los siguientes monomios y polinomios.

a) $\frac{3}{2}x^2$ c) $x - y$

b) $a^3b^2c^7$ d) $7x^3y^3 + x^4y^4$

94 Calcula cada polinomio para el valor que se indica.

a) $3x^3 + 2x^2 - x - 5$, para $x = 2$

b) $-x^4 + 3x^2 - 2x - 1$, para $x = -1$

95 Dados los polinomios

$$P(x) = x^6 - 5x^4 + 3x^2 - 2$$

$$Q(x) = -x^5 + 5x^4 + 3x^2 + 2$$

Halla las siguientes sumas y diferencias.

a) $P(x) + Q(x)$ b) $P(x) - Q(x)$

96 Realiza los siguientes productos de polinomios.

a) $(3x^2 - 5x + 4) \cdot (2x - 3)$

b) $(7x^4 - 3x^2 + x - 3) \cdot (x^2 - 1)$

97 Desarrolla los siguientes productos.

a) $(3x - y)^2$ c) $(2x + 3y)^2$

b) $(x^2 + y)^2$ d) $(x + 5y) \cdot (x - 5y)$

98 Comprueba si son equivalentes estos pares de fracciones algebraicas.

a) $\frac{1}{x}$ y $\frac{2x - 1}{2x^2 - x}$

b) $\frac{x - 5}{x}$ y $\frac{x^2 - 4x - 5}{x + 1}$

99 Realiza las operaciones con fracciones algebraicas.

a) $\frac{1}{x - 1} + \frac{1}{x - 2}$ c) $\frac{5x - 1}{x} \cdot \frac{x - 1}{x^2 - 2x + 3}$

b) $\frac{3}{x - 7} - \frac{4}{2x + 1}$ d) $\frac{3x - 1}{2x} : \frac{5x - 6}{x + 3}$

PARA AMPLIAR

100 Expresa estos polinomios como productos.

a) $9x^4 + 36x^3$ c) $15x^5 + 20x^4 - 25x^3$

b) $36x^6 - 48x^5$ d) $3x^7 - 15x^6 + 21x^5$

101 Completa las siguientes expresiones para que correspondan al desarrollo del cuadrado de un binomio.

a) $25x^2 + 30x + \square$

b) $36x^2 - \square + 4y^2$

c) $\square - 56zt + 16t^2$

d) $25y^2 + 40yz + \square$

102 Expresa con el mismo denominador estas fracciones algebraicas.

a) $\frac{1}{x + 3}$ y $\frac{1}{x - 3}$

b) $\frac{7}{x + 1}, \frac{3x}{x - 1}$ y $\frac{x^2}{x - 1}$

103 Escribe la fórmula que da la suma de los n primeros números impares consecutivos. Comienza con casos particulares y generaliza.

104 Determina la expresión que indica el número de apretones de manos que se pueden dar un grupo de n amigos, que se ven después de las vacaciones.

PARA INTERPRETAR Y RESOLVER

105 Edades

Juan tiene tres hijos: Alberto, que es el mayor; Juan José, que tiene cinco años menos que Alberto, y Rocío, que tiene diez años menos que Juan José.

Actualmente, la edad de Juan es igual a la suma de las edades de sus hijos.

Expresa mediante lenguaje algebraico estos enunciados.

a) La edad que tiene cada uno actualmente.

b) La edad que tendrán dentro de cinco años.

c) La edad que tenían hace cuatro años.

d) Hace cuatro años, la suma de las edades de los dos hijos menores era la tercera parte de la edad del padre.

e) Dentro de cinco años, la edad de Juan será igual a la suma de las edades de los dos hijos mayores.

f) Dentro de 10 años, la edad de Alberto será igual al doble de la edad de Rocío.

106 Álgebra para representar

Completa las frases siguientes con una expresión algebraica.

1. El precio de un bolígrafo es de 75 céntimos, y el de un cuaderno, de 1,25 euros. El precio de n bolígrafos y m cuadernos es de...
2. En el precio de un pantalón me rebajan el 75 %, y en el de un abrigo me suben el 1,25 %. Si el precio inicial del pantalón es de n euros y el del abrigo de m euros, por las dos prendas pagaré...
3. Una mosca tarda 75 horas en recorrer 1 kilómetro andando y 1,25 horas en recorrerlo volando. En recorrer n kilómetros andando y m volando tardará en total...
4. En la nota de clase de Matemáticas, el profesor da 2 puntos fijos por asistencia y medio punto cada vez que el alumno sale a la pizarra. Si en esta evaluación Sonia no ha faltado a clase y ha salido m veces a corregir, su nota de clase es...

AUTOEVALUACIÓN

1 Expresa algebraicamente cada frase.

a) El triple de x menos 5 unidades.

b) Un número entero que no sea múltiplo de 2.

c) Un número entero divisible por 3 y por 5.

2 Indica el grado de cada polinomio.

a) $x^6 - 7x + 1$

b) $1 - x^4$

c) $1 + x + x^2$

d) $x^5 - x^3 - 3x$

3 La suma de dos monomios es $8x^5$. ¿Cuál de estos pares de monomios puede ser?

a) $8x^3$ y $8x^2$

b) $3x^4$ y $5x$

c) $3x^5$ y $5x^5$

d) $8x^5$ y $8x^5$

4 Escribe un monomio semejante a cada uno de los siguientes.

a) $3xyz$

b) $-9x^4y^2$

c) $3x^4y^3$

d) $13x^7z^3$

5 Calcula, para x igual a 10, el valor numérico de cada polinomio.

a) $x^3 + x^2 + 1$

b) $-x^4 - x^2$

c) $2x^4 - x^2 - 1$

d) $x^6 - x^3$

6 Realiza estas operaciones.

a) $(3x^3 - 2x^2 + 6x - 1) - (x^3 + 3x^2 - 5x)$

b) $(5x^4 - 3x^3 + 7x^2 - x - 2) + (3x^3 + x^2 + x - 2)$

7 Efectúa los siguientes productos de polinomios.

a) $(3x^2 - x + 2) \cdot (2x^2 - 3)$

b) $(5x^4 - 2x^2 - x + 3) \cdot (3x - 2)$

8 Comprueba si son equivalentes estas fracciones algebraicas.

$$\frac{x^2 + 2x - 3}{x - 1} \quad \text{y} \quad \frac{x^2 + x - 5}{x - 2}$$

9 Desarrolla las siguientes potencias.

a) $(3x - 2)^2$

b) $(x^2 + 2)^2$

10 Escribe los polinomios como el producto de dos binomios.

a) $x^2 - 49$

b) $4x^2 - 25$

11 Realiza estas operaciones.

a) $\dfrac{2x - 5}{x - 3} + \dfrac{3x - 1}{2x + 5}$

b) $\dfrac{2x}{3x - 1} \cdot \dfrac{3x - 2}{x - 5}$

EL MATEMÁTICO... FÍSICO

Isaac Newton (1642-1727)

Isaac Newton, considerado como la mayor inteligencia que haya existido, estuvo a punto de trabajar en la granja de su madre... pero resultó ser un desastre como granjero. Sin embargo fue en esa misma granja años más tarde, mientras que reposaba la comida a la sombra de un manzano, donde Newton tuvo la genial idea de gravitación.

¿Por qué caía siempre la manzana en dirección perpendicular al suelo? ¿Por qué no iba hacia un lado?, ¿o hacia arriba? Con certeza, la razón debía estar en que la Tierra atrae a la manzana.

... SU IDEA...

En el campo de las matemáticas, Newton encontró la manera de elevar un binomio a cualquier potencia, es decir, proporcionó una fórmula para desarrollar $(a + b)^n$, donde n es cualquier número entero positivo; por eso la fórmula ha recibido el nombre de **binomio de Newton**.

Para $n = 2$
$(a + b)^2 = a^2 + 2a^1b + b^2$
Para $n = 3$
$(a + b)^3 = a^3 + 3a^2b + 3ab^2 + b^3$
Para $n = 4$
$(a + b)^4 = a^4 + 4a^3b + 6a^2b^2 + 4ab^3 + b^4$

... Y SU ÉPOCA

Se funda la Real Academia Española de la Lengua, que pretende depurar y conservar la lengua castellana.

ENTREtenido

¿DÓNDE SE ESCONDE EL ERROR?

Utiliza este truco para intentar convencer a un amigo de que 1 = 2.

	$y = x$
Multiplicamos por x:	$x \cdot y = x^2$
Restamos y^2:	$x \cdot y - y^2 = x^2 - y^2$
Factorizamos:	$y(x - y) = (x + y)(x - y)$
Dividimos entre $(x - y)$:	$\frac{y(x-y)}{(x-y)} = \frac{(x+y)(x-y)}{(x-y)}$
Simplificamos:	$y = x + y$
Utilizamos que $x = y$:	$y = y + y$
Dividimos entre y:	$\frac{y}{y} = \frac{2y}{y}$
	$1 = 2$

ENTRE interrogantes

EN LA VIDA DIARIA, ¿PARA QUÉ SIRVE SABER MANEJAR EXPRESIONES ALGEBRAICAS?

Por ejemplo, para encontrar trabajo. La empresa Google, cansada de recibir miles de currículos, organizó una *"gymkana* matemática".

La primera prueba consistió en resolver una ecuación formada por fracciones algebraicas. La solución llevaba a una dirección de Internet donde se planteaba otro problema matemático... Y así, pista tras pista, los que superaron todas las pruebas llegaron a la página web del departamento de Google donde entregar su currículum.

5 ECUACIONES DE PRIMER Y SEGUNDO GRADO

En el Museo Británico de Londres se encuentra el papiro de Rhind o papiro de Ahmes. Henry Rhind (s. XIX) fue el escocés que lo donó al museo, mientras que Ahmes (*hijo de la Luna*) fue el escriba egipcio autor de su realización en el siglo XVII antes de nuestra era.

El papiro contiene 87 problemas matemáticos resueltos, algunos de ellos de ecuaciones, lo que indica que en el año 1650 a.C., o incluso antes, ya se sabían resolver ecuaciones de primer grado.

RECUERDA

En una **igualdad** intervienen dos expresiones unidas por el signo igual.

Una **identidad** es una igualdad que se cumple siempre.

Una **ecuación** es una igualdad con letras y números que se cumple solo para ciertos valores de las letras.

$$\text{Igualdad}\begin{cases} 2\cdot 3 = 5 + 1 \longrightarrow \text{Identidad numérica} \\ x + y = y + x \longrightarrow \text{Identidad algebraica} \\ x - 2 = 3 \longrightarrow \text{Ecuación} \end{cases}$$

Supresión de paréntesis: se aplican la regla de los signos y la propiedad distributiva.

$$-(x-4) = -x + 4 \qquad -\frac{x-1}{7} = \frac{-(x-1)}{7} = \frac{-x+1}{7}$$

El número de raíces cuadradas reales de un número es:

- Dos si es positivo. $\longrightarrow \sqrt{9} = 3$ y $\sqrt{9} = -3$
- Una si es cero. $\longrightarrow \sqrt{0} = 0$
- Ninguna si es negativo. $\longrightarrow \sqrt{-4}$ no existe

Identidades notables

$$(a+b)(a-b) = a^2 - b^2$$
$$(a+b)^2 = a^2 + 2ab + b^2$$
$$(a-b)^2 = a^2 - 2ab + b^2$$

PARA EMPEZAR

1. ¿Son ciertas las siguientes igualdades numéricas?
   a) $4(7-2) = 4\cdot 7 - 2$ b) $4(7-2) = 4\cdot 7 - 4\cdot 2$
2. ¿Es lo mismo escribir $x - 2 = 5$ que $5 = x - 2$?
3. Expresa como producto:
   a) $3\cdot 5 + 3\cdot 6$ b) $7x - 7y$
4. Calcula.
   a) $\sqrt{16}$ b) $\sqrt{-9}$ c) $\sqrt{0}$
5. Desarrolla los siguientes cuadrados de binomios.
   a) $(x-2)^2$ b) $(x+1)^2$
6. Resuelve el siguiente problema que aparece en el papiro de Ahmes.
   "Una cantidad y la mitad de la cantidad es igual a 16. Halla la cantidad".

1. Ecuaciones de primer grado con una incógnita

Definición

Una **ecuación** es de **primer grado** cuando el exponente de la incógnita es 1.

Coeficiente — Término independiente

$$ax + b = 0$$

Incógnita

Observa que el exponente 1 de la incógnita no aparece.

Ejemplo. *Halla el valor de* x *para que cada balanza esté en equilibrio.*

a) $x + 1 = 4$ La solución es $x = 3$, porque $3 + 1 = 4$.

b) $x - 3 = x - 3$ La solución es cualquier número, tiene infinitas soluciones.

c) $x + 2 = x - 1$ No tiene solución, no hay ningún número que al sumarle 2 y restarle 1 dé lo mismo.

> Las **soluciones** de una ecuación son los valores que tiene que tomar la incógnita para que se verifique la igualdad.
> Las ecuaciones que tienen solución se llaman **compatibles**, y las que no la tienen, **incompatibles**.

Ecuaciones equivalentes

Dos o más ecuaciones son **equivalentes** si tienen las mismas soluciones.

$$x + 1 = 5 \longrightarrow x = 4 \qquad 3x = 12 \longrightarrow x = 4$$

Para obtener ecuaciones equivalentes se utiliza la regla de la suma y la regla del producto.

Regla de la suma: Si se suma o resta un mismo número o letras a los dos miembros de la ecuación, se obtiene una ecuación equivalente.

$$x + 1 = 5 \Rightarrow x + 1 - 1 = 5 - 1 \Rightarrow x = 4$$

Regla del producto: Si a los dos miembros de una ecuación se les multiplica o divide por un mismo número distinto de cero, se obtiene una ecuación equivalente.

$$3x = 12 \Rightarrow \frac{3x}{3} = \frac{12}{3} \Rightarrow x = 4$$

> Para resolver una ecuación, hay que transformarla en otras equivalentes hasta dejar la incógnita sola en un lado de la ecuación.

PARA PRACTICAR

1 Averigua cuáles de estas igualdades son identidades numéricas.

a) $3 \cdot (4 - 5) = 3 \cdot 4 - 3 \cdot 5$

b) $(8 + 6) : 2 = 8 : 2 + 6$

c) $(5 - 3)^2 = 5^2 - 3^2$

d) $2 \cdot (-3) = 3 \cdot (-2)$

EJERCICIO RESUELTO

2 **Indica si las siguientes igualdades son identidades numéricas, identidades algebraicas o ecuaciones.**

a) $xy = yx$ **b)** $2x = 0{,}5$

a) Es una identidad algebraica que expresa la propiedad conmutativa de la multiplicación. Se verifica cualesquiera que sean x e y.

b) Es una ecuación, solo se cumple la igualdad si $x = 0{,}25$.

3 Indica si estas igualdades son identidades numéricas, identidades algebraicas o ecuaciones:

a) $-x(-y - z) = xy + xz$ c) $3x = 0$

b) $-3(5 - 7) = 24 : (1 + 3)$ d) $x - 2 = x + 2$

4 Comprueba si $x = -2$ o $x = 0{,}5$ son solución de las ecuaciones.

a) $3x + 4 = x$ c) $5x - 4 = 3x$

b) $8x + 2 = 3(2x + 1)$ d) $6x - 4 = x - (4 - 5x)$

5 Averigua si las siguientes ecuaciones son compatibles o incompatibles.

¿Cuántas soluciones tienen?

a) $-x + 1 = 3$ c) $x - (x - 1) = -1$

b) $(1 + 2)x = x + 2x$ d) $4x = 1$

6 Escribe una ecuación equivalente a cada una.

a) $3x = 5$ c) $3x - 10 = 4x - 12$

b) $2x - 6 = 8$ d) $2x + 37 = x + 42$

7 Comprueba si los siguientes pares de ecuaciones son equivalentes.

a) $3x + 1 = 2x - 1$ y $5x = 0$

b) $-2x = 16$ y $x = 8$

c) $3x - 1 = 2x + 2$ y $6x - 2 = 4x + 4$

d) $12x - 2 + x = 6x + 5 + x$ y $2 - 2 = 6x + 5$

8 Encuentra la solución de estas ecuaciones.

a) $x - 2x = 10 - 3x$ c) $5x + 1 = 61 - x$

b) $7 - x = 4x - 8$ d) $5x + 50 = 3x + 56$

PARA APLICAR

9 El primer miembro de una ecuación es $x + 3$. Escribe el segundo miembro para que la ecuación:

a) Tenga una solución.

b) Tenga infinitas soluciones.

c) Sea incompatible.

10 Halla un número sabiendo que si se multiplica por 2 y se le suma 30, se obtiene 104.

11 En el cuadrado de la figura, los números están dispuestos de forma que la suma de los elementos de cada fila, de los elementos de cada columna y de los elementos de las dos diagonales es 15.

4	*a*	8
b	5	*c*
d	*e*	*f*

Halla *a*, *b*, *c*, *d*, *e* y *f* planteando las ecuaciones correspondientes.

12 La diferencia entre los cuadrados de dos números consecutivos es 505.

¿Cuáles son dichos números?

13 La profesora de Matemáticas le ha dicho a Víctor: *"Si se restara 4 puntos a la nota que has sacado en el control y luego se duplicara este resultado, se obtendría un 10".*

¿Qué nota ha sacado Víctor?

14 El perímetro de cada rectángulo es de 24 centímetros.

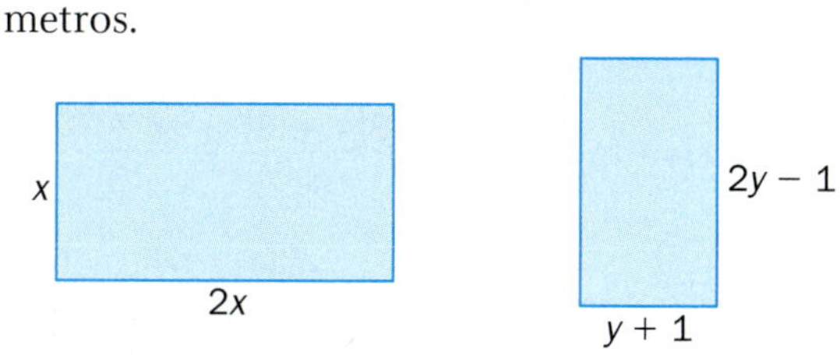

¿Cuál es la medida de los lados en cada caso?

2. Resolución de ecuaciones de primer grado

Ejemplo. *Resuelve la ecuación $8 - 3(x - 1) = 2 + 6x$.*

1. Se quitan paréntesis.
$$8 - 3x + 3 = 2 + 6x$$
2. Se pasan los términos con x a un miembro de la ecuación, y los números al otro.
$$-3x - 6x = 2 - 8 - 3$$
3. Se simplifica cada miembro.
$$-9x = -9$$
4. Se despeja x.
$$x = \frac{-9}{-9} = 1$$

Ejemplo. *Resuelve la ecuación $\frac{x}{3} - \frac{5x - 7}{9} = -\frac{x}{6}$.*

1. Se multiplica por el m.c.m. de los denominadores.
$$\text{m.c.m.}(3, 9, 6) = 18$$
$$\frac{18x}{3} - \frac{18(5x - 7)}{9} = -\frac{18x}{6}$$
2. Se simplifica.
$$6x - 2(5x - 7) = -3x$$
3. Se quitan paréntesis.
$$6x - 10x + 14 = -3x$$
4. Se pasan los términos con x a un miembro de la ecuación, y los números al otro.
$$6x - 10x + 3x = -14$$
5. Se simplifica cada miembro.
$$-x = -14$$
6. Se despeja x.
$$x = \frac{-14}{-1} = 14$$

Cómo se resuelve una ecuación

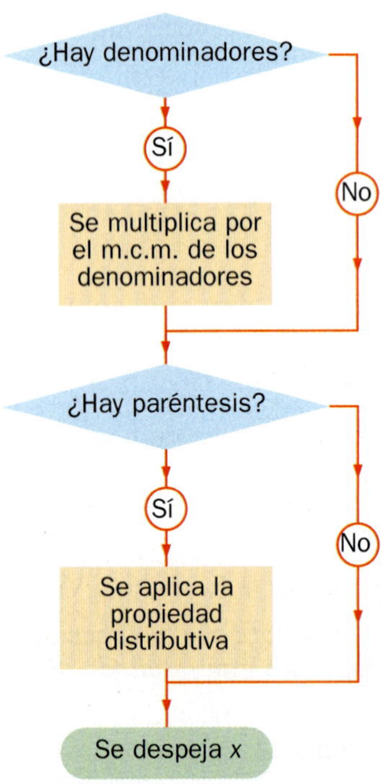

Para resolver ecuaciones:

1.° Si hay **denominadores**, se halla el mínimo común múltiplo de los denominadores y se multiplica cada miembro por ese número.

2.° Si hay **paréntesis**, se suprimen aplicando la propiedad distributiva y cambiando el signo de los términos de dentro si delante hay un signo menos.

3.° Se aplican la **regla de la suma** y la **regla del producto** para despejar la incógnita.

EJERCICIO RESUELTO

15 **Resuelve la ecuación $\frac{2(x + 3)}{5} - \frac{x + 3}{2} = 1$.**

$$\frac{2(x + 3)}{5} - \frac{x + 3}{2} = 1 \Rightarrow \frac{20(x + 3)}{5} - \frac{10(x + 3)}{2} = 10 \Rightarrow 4(x + 3) - 5(x + 3) = 10 \Rightarrow$$
$$\Rightarrow 4x + 12 - 5x - 15 = 10 \Rightarrow 4x - 5x = 10 - 12 + 15 \Rightarrow -x = 13 \Rightarrow x = -13$$

PARA PRACTICAR

16 Resuelve las ecuaciones.

a) $4(x - 3) - 7(x - 4) = 6 - x$

b) $2 - 3(x - 7) - 7x = 4(x - 2) + 8$

c) $3(2 - x) - 7(x + 1) = 4(2x + 3)$

17 Resuelve las ecuaciones.

a) $4x - (2x - (3x - 1)) = 4 - 2x$

b) $-(3x - (4x - 1)) + 4 = x - (3 + 5x)$

c) $5 - 3(x + (2x - 3)) + 1 = 5 - 2(3x - 5)$

EJERCICIO RESUELTO

18 **Resuelve la siguiente ecuación.**

$$x - (x + 1)(x - 3) = 4x - 8 - x^2$$

$x - (x + 1)(x - 3) = 4x - 8 - x^2 \Rightarrow$

$\Rightarrow x - (x^2 - 3x + x - 3) = 4x - 8 - x^2 \Rightarrow$

$\Rightarrow x - x^2 + 3x - x + 3 = 4x - 8 - x^2 \Rightarrow$

$\Rightarrow x - x^2 + 3x - x - 4x + x^2 = -8 - 3 \Rightarrow$

$\Rightarrow -x = -11 \Rightarrow x = 11$

19 Resuelve las ecuaciones.

a) $(x + 1)^2 = (x + 1)(x - 1) + 16$

b) $(x - 3)^2 + 1 = (2 - x)^2$

20 Resuelve las ecuaciones.

a) $\frac{7x}{2} + \frac{3x}{4} - \frac{5x}{6} = 15$

b) $x - 1 - \frac{x - 2}{2} + \frac{x - 3}{3} = 0$

c) $\frac{x - 2}{2} + \frac{3x + 2}{2} = 6$

21 Resuelve las ecuaciones.

a) $3(2 + x) + 1 = \frac{5x}{2} - \frac{x + 1}{3}$

b) $1 - (2x - (x - 1)) = \frac{x - 2}{3}$

c) $\frac{2x - 3}{4} - \frac{3(x - 1)}{2} = 1 + \frac{2(4x + 5)}{3}$

d) $\frac{3(2x - 4x)}{4} - \frac{5(1 + x)}{3} = \frac{3 - 4x}{6}$

22 Resuelve las ecuaciones.

a) $1 = \frac{4}{9x - 6}$

b) $\frac{3}{x - 4} = \frac{2}{x - 5}$

PARA APLICAR

23 Halla el valor de x para que las áreas de las figuras cumplan la igualdad.

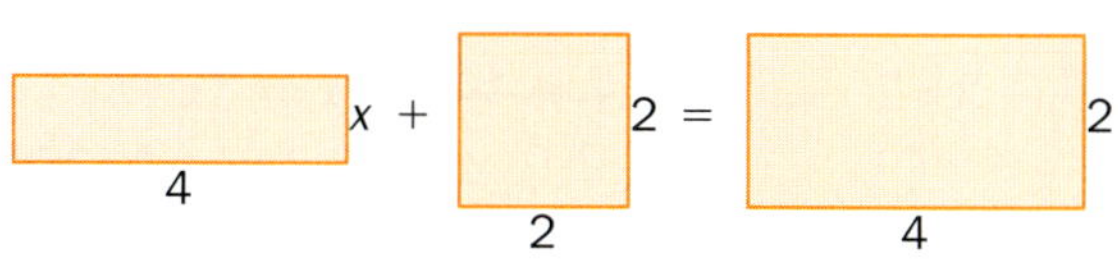

24 Halla la masa de la bola de madera si la balanza está en equilibrio.

25 Para hacer un uso razonable del agua, en casa de Javi han decidido que el consumo diario se distribuya de la siguiente manera.

¿A cuántos litros de agua limitan el consumo?

26 Un recorrido por un parque natural se ha realizado de la siguiente forma.

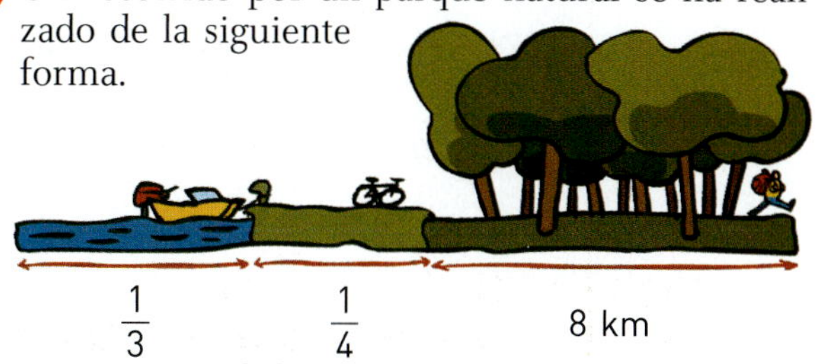

¿De cuántos kilómetros constaba el recorrido?

3. Ecuaciones de segundo grado

Definición

Una **ecuación de segundo grado** es una ecuación que puede expresarse de la forma general:

$ax^2 + bx + c = 0$ a, b, c son números $a \neq 0$

Ejemplo. *¿Cuáles de las siguientes ecuaciones son de segundo grado?*

a) $x^2 - 1 = x + 3 + x^2$ *b)* $x + x(x - 1) = 3$ *c)* $3x - 2 = 5x^2 - 2$

a) $x^2 - 1 = x + 3 + x^2 \Rightarrow x^2 - x^2 - x - 1 - 3 = 0 \Rightarrow -x - 4 = 0$
No es de segundo grado: $a = 0$, $b = -1$, $c = -4$

b) $x + x(x - 1) = 3 \Rightarrow x + x^2 - x - 3 = 0 \Rightarrow x^2 - 3 = 0$
Sí es ecuación de segundo grado: $a = 1$, $b = 0$, $c = -3$

c) $3x - 2 = 5x^2 - 2 \Rightarrow -5x^2 + 3x - 2 + 2 = 0 \Rightarrow -5x^2 + 3x = 0$
Sí es ecuación de segundo grado: $a = -5$, $b = 3$, $c = 0$

Ejemplo. *Comprueba si los siguientes valores verifican la ecuación de segundo grado* $x^2 + 2x - 15 = 0$.

a) $x = 2$ *b)* $x = 3$ *c)* $x = 5$ *d)* $x = -5$

a) $x = 2 \Rightarrow 2^2 + 2 \cdot 2 - 15 = -7 \neq 0$. No es solución.
b) $x = 3 \Rightarrow 3^2 + 2 \cdot 3 - 15 = 0$. Sí es solución.
c) $x = 5 \Rightarrow 5^2 + 2 \cdot 5 - 15 = 20 \neq 0$. No es solución.
d) $x = -5 \Rightarrow (-5)^2 + 2 \cdot (-5) - 15 = 0$. Sí es solución.

Las **soluciones** de una ecuación de segundo grado son los valores de x que al ser sustituidos verifican la ecuación.

Ecuaciones equivalentes

Ejemplo. *La ecuación* $x^2 + 2x - 15 = 0$ *tiene como soluciones* $x = 3$ *y* $x = -5$. *Averigua si las siguientes ecuaciones tienen esas mismas soluciones.*

a) $x^2 - 3x + 4 = 0$ *b)* $x^2 - x - 6 = 0$ *c)* $2x^2 + 4x - 30 = 0$

a) $x^2 - 3x + 4 = 0$
- $3^2 - 3 \cdot 3 + 4 \neq 0 \rightarrow$ $x = 3$ no es solución
- $(-5)^2 - 3(-5) + 4 \neq 0 \rightarrow$ $x = -5$ no es solución

b) $x^2 - x - 6 = 0$
- $3^2 - 3 - 6 = 0 \rightarrow$ $x = 3$ sí es solución
- $(-5)^2 - (-5) - 6 \neq 0 \rightarrow$ $x = -5$ no es solución

c) $2x^2 + 4x - 30 = 0$
- $2 \cdot 3^2 + 4 \cdot 3 - 30 = 0 \rightarrow$ $x = 3$ sí es solución
- $2 \cdot (-5)^2 + 4 \cdot (-5) - 30 = 0 \rightarrow$ $x = -5$ sí es solución

Dos ecuaciones de segundo grado son **equivalentes** si tienen exactamente las mismas soluciones.

PARA PRACTICAR

27 Indica si las siguientes ecuaciones son de segundo grado.

a) $5 - x^2 + x = 0$

b) $x^2 + 2x^3 = \sqrt{2} + 2x^3$

c) $(x + 1)(x - 1) = 8$

d) $\dfrac{x - 1}{3} = \dfrac{1}{x^2 + 3}$

28 Expresa cada ecuación de segundo grado en su forma general e indica los valores de a, b y c.

a) $5x^2 - 3x + 4 = 2x^2 + x - 2$

b) $(2x - 3)^2 = 5$

c) $(3x + 4)(x - 1) = x^2 + x - 4$

d) $\dfrac{x + 2}{x - 3} = \dfrac{x + 1}{2x}$

29 Comprueba si los valores 1, $\frac{1}{2}$, -5 y -3 son soluciones de la ecuación de segundo grado $2x^2 + + 5x - 3 = 0$.

30 Copia y completa la siguiente tabla, comprobando si los valores de la fila superior son soluciones o no de las ecuaciones.

	−2	−1	1	2
$2x^2 - 2 = 0$	sí	no		
$x^2 + x - 2 = 0$				
$3x^2 + 9x + 6 = 0$				
$2x^2 + 2x - 4 = 0$				

31 Los valores 3 y -2 son las soluciones de la ecuación $x^2 - x - 6 = 0$.

¿Alguna de las siguientes ecuaciones es equivalente?

a) $x^2 + x - 2 = 0$

b) $x^2 - 5x = 0$

c) $x^2 + 2x - 15 = 0$

d) $12 - x(2x - 2) = 0$

32 Una solución de la ecuación $x^2 - bx + 6 = 0$ es $x = 1$. ¿Cuánto vale b?

33 Una solución de la ecuación de segundo grado $ax^2 + bx + c = 0$ es $x = 0$. ¿Cuánto vale c?

34 Observa la ecuación de segundo grado y las dos ecuaciones de primer grado que se obtienen al hallar las raíces cuadradas de sus dos miembros.

$$(x + 2)^2 = 16 \;\rightarrow\; \begin{cases} x + 2 = 4 \\ x + 2 = -4 \end{cases}$$

Averigua si las soluciones de estas dos últimas ecuaciones son las soluciones de la ecuación de segundo grado.

35 Halla una solución entera positiva de cada ecuación dando valores a la incógnita x.

a) $x^2 - x - 2 = 0$

b) $x^2 - 3x = 0$

c) $x^2 - 4x - 5 = 0$

d) $x^2 - 5x - 14 = 0$

PARA APLICAR

PROBLEMA RESUELTO

36 **El perímetro de un rectángulo es de 10 metros, y su área, de 6 metros cuadrados.**

Plantea la ecuación para hallar sus dimensiones, y resuélvela mediante una tabla.

Si el perímetro es de 10 m, la base y la altura suman 5 m.

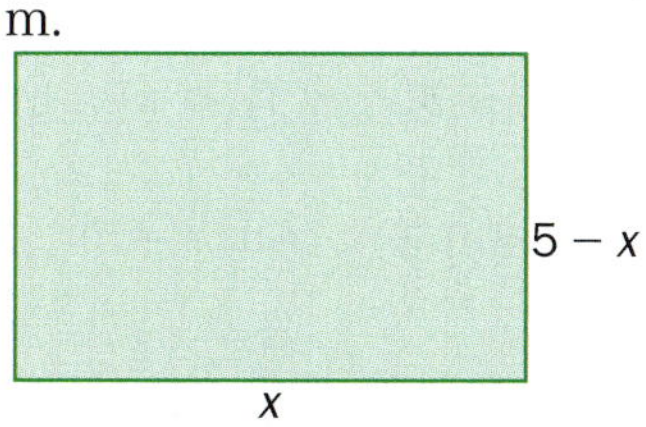

Si x y $5 - x$ son la base y la altura, entonces el área es: $x(5 - x) = 6$.

x	1	2
$5 - x$	4	3
$x(5 - x)$	4	6

Las dimensiones son 2 m y 3 m.

37 El producto de dos números naturales es 15, y su diferencia, 2.

Halla los números planteando una ecuación y resolviéndola mediante una tabla.

38 La suma de los cuadrados de dos números enteros positivos consecutivos es 41.

Plantea la ecuación correspondiente y resuélvela por tanteo.

39 En la tabla, x e y son, en cada caso, las longitudes de los catetos de un triángulo rectángulo, y z, la longitud de su hipotenusa, expresadas en metros. Completa la tabla planteando y resolviendo previamente la ecuación correspondiente.

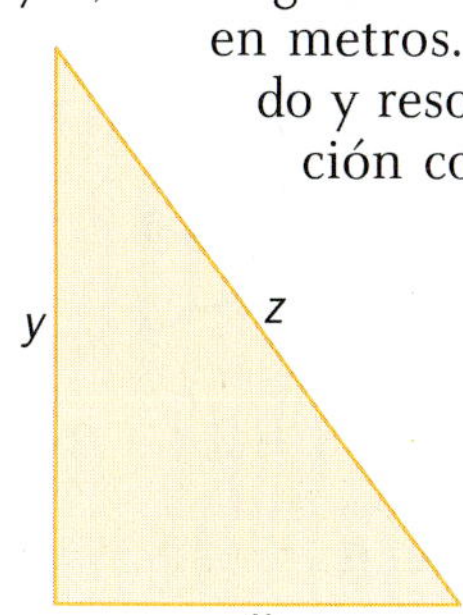

x	y	z
3	4	
12		13
	8	10

4. Ecuaciones incompletas de segundo grado

Clasificación de ecuaciones

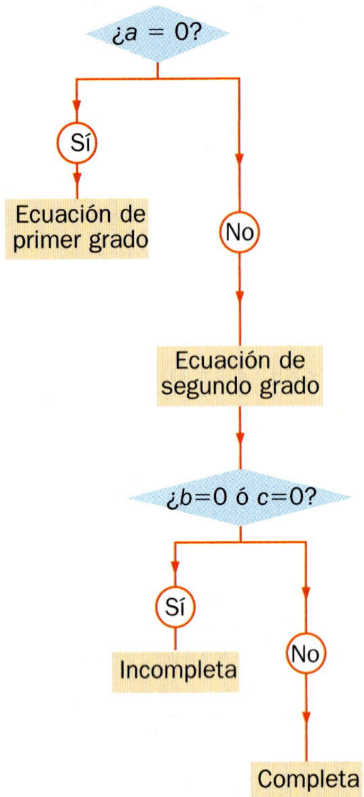

En una ecuación de segundo grado $ax^2 + bx + c = 0$, alguno de los coeficientes b o c puede ser nulo.

Por ejemplo:

$3x^2 = 0$	$2x^2 - 8 = 0$	$5x^2 - 4x = 0$
↓	↓	↓
$b = c = 0$	$b = 0$	$c = 0$

> Una ecuación de segundo grado es **incompleta** cuando al menos uno de los coeficientes b o c es nulo.

Resolución de ecuaciones incompletas

Ejemplo. *Resuelve las ecuaciones incompletas.*

a) $3x^2 = 0$ *b)* $2x^2 - 8 = 0$ *c)* $5x^2 - 4 = 0$

a) En esta ecuación, $\mathbf{b = 0}$ y $\mathbf{c = 0}$.

$3x^2 = 0 \Rightarrow x^2 = 0 \Rightarrow x = 0$

b) En esta ecuación, $\mathbf{b = 0}$ y $\mathbf{c \neq 0}$.

$2x^2 - 8 = 0 \Rightarrow 2x^2 = 8 \Rightarrow x^2 = 4 \Rightarrow x = 2$ y $x = -2$

c) En esta ecuación, $\mathbf{c = 0}$ y $\mathbf{b \neq 0}$.

$5x^2 - 4x = 0 \Rightarrow x(5x - 4) = 0 \Rightarrow x = 0$ y $5x - 4 = 0 \Rightarrow x = \frac{4}{5}$

> Las ecuaciones incompletas se resuelven dependiendo del coeficiente que falta de la siguiente forma:
>
> Si $b = 0$ $\left[\begin{array}{l} ax^2 = 0 \\ ax^2 + c = 0 \end{array}\right.$ ⟶ Se despeja x^2 y se extrae la raíz cuadrada.
>
> Si $c = 0$ $ax^2 + bx = 0$ ⟶ Se extrae factor común x y se igualan a 0 los factores obtenidos.

EJERCICIO RESUELTO

40 **Resuelve las siguientes ecuaciones.**

a) $3(x - 2) = x^2 + 3x$ b) $\frac{x^2 + 6}{2} = x + 3$ c) $4x^2 + 3(x - 1) = x(x + 3) - 3$

a) $3(x - 2) = x^2 + 3x \Rightarrow 3x - 6 = x^2 + 3x \Rightarrow x^2 + 6 = 0$ ⟶ Incompleta con $b = 0$

$x^2 + 6 = 0 \Rightarrow x^2 = -6$ No tiene solución, no existe $\sqrt{-6}$.

b) $\frac{x^2 + 6}{2} = x + 3 \Rightarrow x^2 + 6 = 2x + 6 \Rightarrow x^2 - 2x = 0$ ⟶ Incompleta con $c = 0$

$x^2 - 2x = 0 \Rightarrow x(x - 2) = 0$ ⟶ $x = 0$; ⟶ $x - 2 = 0 \Rightarrow x = 2$

c) $4x^2 + 3(x - 1) = x(x + 3) - 3 \Rightarrow 4x^2 + 3x - 3 = x^2 + 3x - 3 \Rightarrow 3x^2 = 0$ ⟶ Incompleta con $b = 0$ y $c = 0$

$3x^2 = 0 \Rightarrow x^2 = 0 \Rightarrow x = 0$

PARA PRACTICAR

41 Indica los coeficientes a, b, y c en las siguientes ecuaciones.

a) $17x^2 - 6 = 0$
b) $8x^2 = 0$
c) $4x^2 + 3x = 0$
d) $x^2 = 4$

42 Resuelve las ecuaciones.

a) $x^2 - 36 = 0$
b) $3x^2 - 75 = 0$
c) $4x^2 = 0$
d) $x^2 + 2 = 0$

43 Resuelve las ecuaciones.

a) $x^2 - 4x = 0$
b) $8x^2 + 16x = 0$
c) $3x^2 - 6x = 0$
d) $18x^2 + 2x = 0$

EJERCICIO RESUELTO

44 **Resuelve la ecuación $(2x - 3)(x + 5) = 0$ sin efectuar el producto.**

Se tiene el producto de dos factores igual a cero, entonces al menos uno de ellos es cero.

$$(2x - 3)(x + 5) = 0 \Rightarrow \begin{cases} 2x - 3 = 0 \Rightarrow \\ \Rightarrow 2x = 3 \Rightarrow x = \dfrac{3}{2} \\ x + 5 = 0 \Rightarrow x = -5 \end{cases}$$

Las soluciones son $x = \dfrac{3}{2}$ y $x = -5$.

45 Resuelve las siguientes ecuaciones sin efectuar el producto.

a) $(x + 2)(x - 1) = 0$
b) $(x + 1)(3x + 12) = 0$
c) $(x - 2)^2 = 0$
d) $\left(\dfrac{x - 1}{2}\right)(x + 5) = 0$

46 Resuelve las ecuaciones.

a) $0{,}2x^2 + 0{,}39x = x$
b) $(x + 1)^2 = -(x - 1)^2$
c) $2x^2 - 3x = 4x - x^2$
d) $3x^2 - 4 = 28 + x^2$

47 Resuelve estas ecuaciones.

a) $x^2 + 4 - \dfrac{3(x + 2)}{2} = \dfrac{5x + 3}{3}$

b) $\dfrac{x^2 - 9}{2} - \dfrac{x(x - 1)}{3} = \dfrac{x^2}{3} - \dfrac{-21 - 2x}{6}$

c) $x - x(x - 2) + 3x - 3 = 2(5 - x) + 3$

d) $(x - 1)(x + 3) = \dfrac{(x - 5)(x + 3)}{5}$

48 Una de las soluciones de la ecuación $ax^2 + bx = 0$ es $x = 1$.

a) ¿Cuál es la otra solución?
b) ¿Qué relación hay entre a y b?

PARA APLICAR

49 Halla la longitud del lado de estos cuadrados.

a)
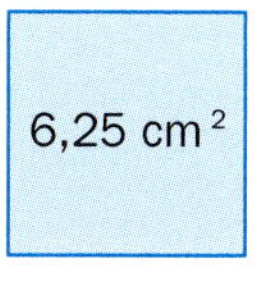

b)
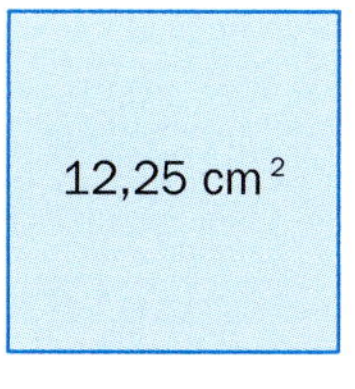

50 Si al cuadrado de un número x se le quita el doble del número, se obtiene el quíntuplo del número. Calcula el valor de x.

51 Halla la medida de los lados del triángulo rectángulo.

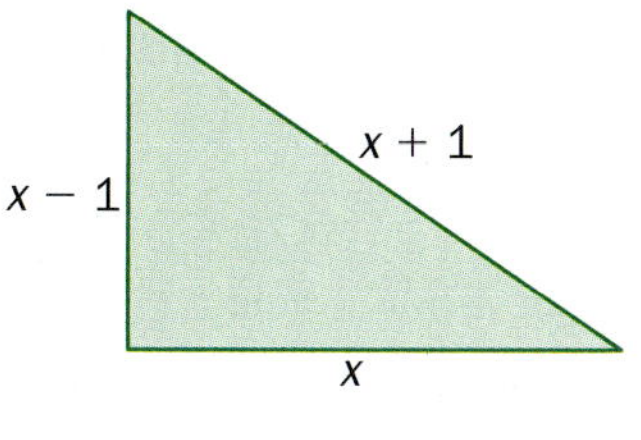

52 Esta pecera de base cuadrada tiene una capacidad de 320 decímetros cúbicos.

¿Cuánto mide el lado de la base?

53 El marco de un cuadro cubre una superficie en la pared de 1,62 metros cuadrados.

Halla las dimensiones de la lámina del cuadro.

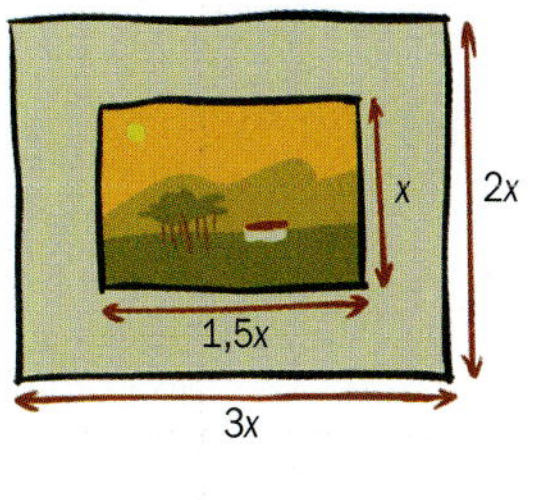

5. Ecuación completa de segundo grado

Resolución de la ecuación completa

Una ecuación de segundo grado con todos los coeficientes distintos de 0 se llama **completa**. Para obtener sus soluciones se utiliza la fórmula:

$$ax^2 + bx + c = 0 \quad \Rightarrow \quad x = \frac{-b \pm \sqrt{b^2 - 4ac}}{2a}$$

Ejemplo. *Resuelve la ecuación de segundo grado $x^2 - 6x + 8 = 0$.*

Se identifican los valores de a, b y c de la ecuación general de segundo grado.

$$\left.\begin{array}{l} ax^2 + bx + c = 0 \\ 1x^2 - 6x + 8 = 0 \end{array}\right\} \longrightarrow a = 1 \quad b = -6 \quad c = 8$$

Se sustituyen los valores en la fórmula.

$$x = \frac{-b \pm \sqrt{b^2 - 4ac}}{2a} = \frac{-(-6) \pm \sqrt{(-6)^2 - 4 \cdot 1 \cdot 8}}{2 \cdot 1} =$$

$$= \frac{6 \pm \sqrt{36 - 32}}{2} = \frac{6 \pm 2}{2} = \left\langle \begin{array}{l} \dfrac{6+2}{2} = 4 \\ \dfrac{6-2}{2} = 2 \end{array} \right.$$

Las **soluciones** de una ecuación de segundo grado son

$$x = \frac{-b \pm \sqrt{b^2 - 4ac}}{2a}$$

Número de soluciones

Ejemplo. *Indica el número de soluciones de cada ecuación.*

a) $2x^2 - 7x - 4 = 0$ *b)* $x^2 - 4x + 4 = 0$ *c)* $x^2 + x + 3 = 0$

a) $2x^2 - 7x - 4 = 0 \Rightarrow x = \dfrac{-(-7) \pm \sqrt{(7)^2 - 4 \cdot 2 \cdot (-4)}}{4}$

$a = 2 \quad b = -7 \quad c = -4$

81 tiene dos raíces
la ecuación tiene dos soluciones

b) $x^2 - 4x + 4 = 0 \Rightarrow x = \dfrac{4 \pm \sqrt{4^2 - 4 \cdot 1 \cdot 4}}{2 \cdot 1}$

$a = 1 \quad b = -4 \quad c = 4$

0 tiene una raíz
la ecuación tiene una solución

c) $x^2 + x + 3 = 0 \Rightarrow x = \dfrac{-1 \pm \sqrt{1^2 - 4 \cdot 1 \cdot 3}}{2 \cdot 1}$

$a = 1 \quad b = 1 \quad c = 3$

−11 no tiene raíces
la ecuación no tiene solución

La expresión $D = b^2 - 4ac$ se llama **discriminante**.
El número de soluciones de una ecuación de segundo grado depende del signo del discriminante.

$D > 0$	$D = 0$	$D < 0$
2 soluciones distintas	1 solución doble	Ninguna solución

PARA PRACTICAR

54 Copia y completa la tabla.

	$ax^2 + bx + c = 0$		
	a	b	c
$2x - 3x^2 + 1 = 0$			
$5x^2 - x = 1$			
$-x^2 + 2 - 3x = 2x$			
$2(x^2 - 1) + 3x = 0$			

55 Resuelve las siguientes ecuaciones.

a) $x^2 + x - 2 = 0$
b) $x^2 - 7x - 18 = 0$
c) $x^2 + 8x + 15 = 0$
d) $x^2 + 3x - 28 = 0$

56 Resuelve estas ecuaciones.

a) $x^2 - 3x + 6 = 2x$
b) $x^2 - x = 2x^2 - 3x - 8$

EJERCICIO RESUELTO

57 **Resuelve, simplificando antes, la ecuación $3x^2 - 9x + 6 = 0$.**

Se simplifica la ecuación dividiendo ambos miembros entre 3.

$$3x^2 - 9x + 6 = 0 \Rightarrow x^2 - 3x + 2 = 0$$

Se aplica la fórmula.

$$x = \frac{-(-3) \pm \sqrt{(-3)^2 - 4 \cdot 1 \cdot 2}}{2 \cdot 1} =$$

$$= \frac{3 \pm \sqrt{9 - 8}}{2} = \frac{3 \pm \sqrt{1}}{2} =$$

$$= \frac{3 \pm 1}{2} \Rightarrow \begin{cases} x = \dfrac{4}{2} = 2 \\ x = \dfrac{2}{2} = 1 \end{cases}$$

58 Resuelve, simplificando antes, estas ecuaciones.

a) $2x^2 - 26x + 84 = 0$
b) $3x^2 + 30x + 27 = 0$
c) $2x^2 + 7x - 4 = 0$
d) $18x^2 + 12x + 2 = 0$

59 Resuelve las siguientes ecuaciones:

a) $4(x^2 + 3x) + 1 = -10$
b) $\dfrac{x^2}{2} + \dfrac{x - 1}{3} = 3$

60 Escribe el discriminante de estas ecuaciones.

a) $7x^2 - 3x = 2$
b) $1 - x^2 - 3x = 0$
c) $2x^2 - x + 1 = 3x - 1$
d) $3x - 1 = 2x^2 + 2$

61 Indica, sin resolverlas, cuántas soluciones tiene cada ecuación.

a) $x^2 - 4x + 3 = 0$
b) $x^2 - 2x + 1 = 0$
c) $x^2 - 4x + 5 = 0$
d) $x^2 - 9 = 0$

EJERCICIO RESUELTO

62 **Halla m para que la ecuación $x^2 - mx + 1 = 0$ tenga las dos soluciones iguales.**

Los coeficientes de la ecuación son:

$$a = 1 \qquad b = -m \qquad c = 1$$

Para que las dos soluciones sean iguales, el discriminante debe ser 0:

$$D = b^2 - 4ac = (-m)^2 - 4 \cdot 1 \cdot 1 = m^2 - 4$$

$$m^2 - 4 = 0 \Rightarrow m^2 = 4 \Rightarrow m = 2 \text{ o } m = -2$$

63 Halla m para que la ecuación

$$x^2 - 2mx + (3 + 2m) = 0$$

tenga las dos soluciones iguales.

PARA APLICAR

PROBLEMA RESUELTO

64 **Halla dos números que sumen 20 y la suma de sus cuadrados sea 250.**

Si un número es x, el otro es $20 - x$.

Por tanto, se tiene que: $x^2 + (20 - x)^2 = 250$

$$x^2 + (20 - x)^2 = 250 \Rightarrow x^2 + 400 - 40x + x^2 = 250 \Rightarrow$$

$$\Rightarrow 2x^2 - 40x + 150 = 0 \Rightarrow x^2 - 20x + 75 = 0 \Rightarrow$$

$$\Rightarrow x = \frac{-(-20) \pm \sqrt{(-20)^2 - 4 \cdot 1 \cdot 75}}{2 \cdot 1} =$$

$$= \frac{20 \pm \sqrt{400 - 300}}{2} = \frac{20 \pm 10}{2} \Rightarrow \begin{cases} x = \dfrac{30}{2} = 15 \\ x = \dfrac{10}{2} = 5 \end{cases}$$

Los números son 15 y 5.

65 Un número más el doble de su cuadrado es igual a 45 más el doble del número.

¿De qué número se trata?

66 Halla un número x sabiendo que sumándole su inverso se obtiene 4,25.

67 Calcula la longitud de los lados de estos triángulos rectángulos.

a)

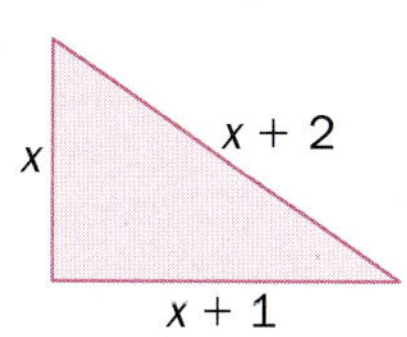

b)

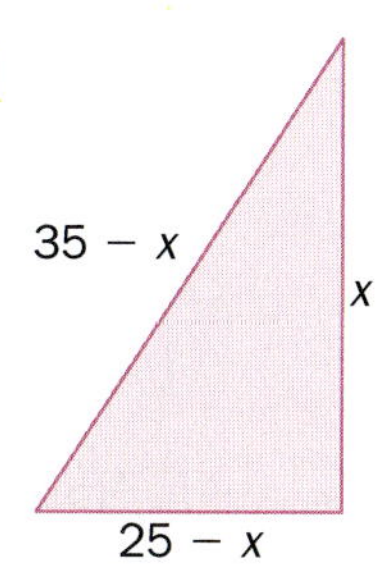

6. Resolución de problemas mediante ecuaciones

Ejemplo. *A una fiesta de final de curso asisten 156 personas. El número de madres es el doble que el de padres, y el número de niños es el triple que el de madres y padres juntos.*

¿Cuántas personas hay de cada clase en la fiesta?

① Se identifican los datos y las relaciones entre ellos.	Datos: 156 personas. Relaciones: madres = doble que de padres niños = triple que de madres y padres
② Se elige la incógnita.	x: N.º de padres
③ Se plantea la ecuación.	N.º de madres: $2x$ N.º de niños: $3(x + 2x) = 9x$ Ecuación: $x + 2x + 9x = 156$
④ Se resuelve la ecuación.	$x + 2x + 9x = 156$ $12x = 156$ $x = 13$
⑤ Se interpreta y se comprueba la solución.	N.º de padres: $x = 13$ N.º de madres: $2x = 2 \cdot 13 = 26$ N.º de niños: $9x = 9 \cdot 13 = 117$ $13 + 26 + 117 = 156$

Para resolver un problema es conveniente seguir estos pasos:

Identificar los datos y las relaciones ▶ Elegir una incógnita ▶ Plantear la ecuación ▶ Resolver la ecuación ▶ Interpretar y comprobar las soluciones

PROBLEMA RESUELTO

68 **Entre varios amigos van a apadrinar a un niño aportando, en total, 20 euros al mes. Se suma otro amigo más, y entonces cada uno tiene que pagar 1 euro menos.**

¿Cuántos le apadrinan y cuánto tienen que pagar finalmente?

1.º Coste mensual: 20 € Coste inicial por persona − 1 = coste final por persona

2.º x = número inicial de amigos

3.º Con x amigos tocan a $\frac{20}{x}$; con $x + 1$ amigos tocan a $\frac{20}{x+1}$ $\Rightarrow$ $\frac{20}{x} - 1 = \frac{20}{x+1}$

4.º $\frac{20}{x} - 1 = \frac{20}{x+1} \Rightarrow \frac{20 - x}{x} = \frac{20}{x+1} \Rightarrow 20x = (x+1)(20-x) \Rightarrow 20x = 20x - x^2 + 20 - x \Rightarrow$

$\Rightarrow x^2 + x - 20 = 0 \Rightarrow x = \frac{-1 \pm \sqrt{1 + 80}}{2} = \frac{-1 \pm 9}{2}$ $\begin{cases} x = 4 \\ x = -5 \end{cases}$

5.º $x = 4$ $\begin{cases} \text{Lo apadrinan } x + 1 = 5 \text{ amigos y tocan a } \frac{20}{x+1} = \frac{20}{4+1} = 4 \text{ € cada uno.} \\ \text{Comprobación: } \frac{20}{4} - 1 = \frac{20}{4+1} \end{cases}$

$x = -5$. No es solución del problema.

PARA PRACTICAR

69 En un centro hay 72 alumnos en 3.º de ESO, distribuidos en tres grupos de la siguiente forma.

En 3.º A hay 4 alumnos más que en 3.º B

En 3.º C hay 1 alumno menos que en 3.º B.

Plantea una ecuación que te permita hallar el número de alumnos de cada grupo en estos casos.

a) Tomando x como el número de alumnos de 3.º A

b) Tomando x como el número de alumnos de 3.º B

c) Tomando x como el número de alumnos de 3.º C

70 Las medidas de los lados de un triángulo rectángulo son múltiplos consecutivos de 3.

Escribe la ecuación correspondiente en cada caso.

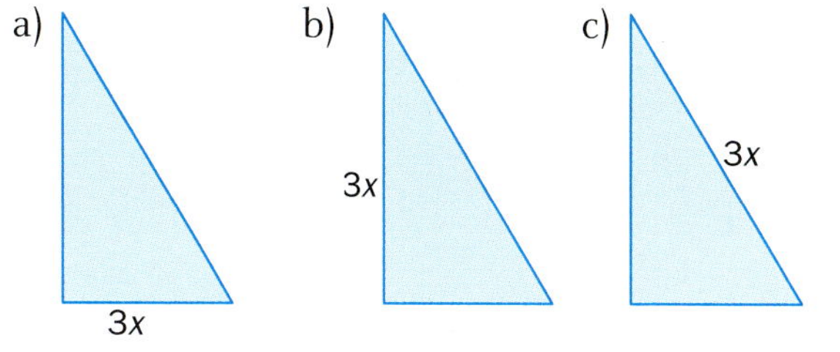

PARA APLICAR

71 Si se aumenta 6 centímetros el ancho de un cuadrado y en 4 centímetros el alto, se obtiene un rectángulo que duplica el área del cuadrado original.

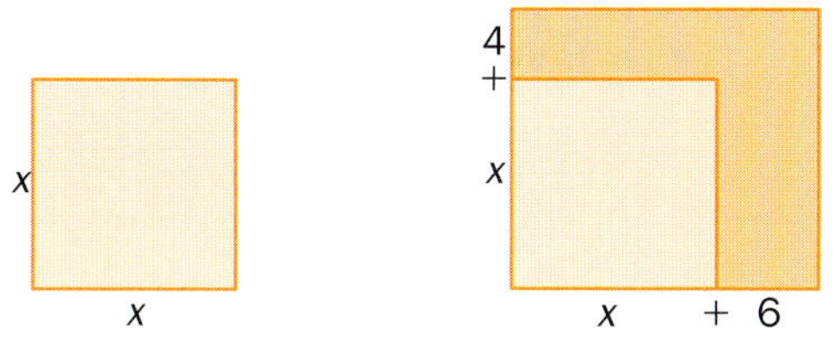

a) ¿Cuánto mide el lado del cuadrado?

b) ¿Y los lados del rectángulo?

72 Miguel tiene 50 monedas de 1 y 2 euros. Si en total tiene 87 euros, ¿cuántas monedas tiene de cada tipo?

73 ¡Qué casualidad!, Elena y su hija cumplen años el mismo día.

¿Dentro de cuántos años la edad de la madre será triple que la de la hija?

74 Dentro de 6 años, la edad de María será igual al cuadrado de la edad que tenía hace 6 años.

¿Qué edad tiene María ahora?

PROBLEMA RESUELTO

75 **Un automovilista comienza un viaje con el depósito de su coche lleno. En la primera parada observa que ha consumido un tercio de la gasolina que tenía, en la segunda parada ha consumido la mitad de lo que le quedaba, y aun así tiene todavía 15 litros de gasolina.**

Calcula la capacidad del depósito

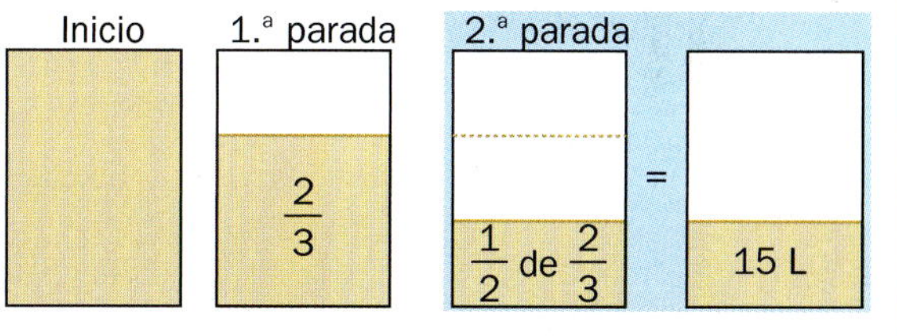

Como quedan 15 litros, se tiene que

$$\frac{1}{2}\cdot\frac{2}{3}x = 15 \Rightarrow \frac{2}{6}x = 15 \Rightarrow x = 45$$

El depósito tenía inicialmente 45 L de gasolina.

76 El Ayuntamiento de una ciudad decide repartir una dotación económica entre cuatro asociaciones culturales. La primera recibe la cuarta parte de la dotación; la segunda, la tercera parte de lo que queda, y la tercera y la cuarta, 1 000 euros cada una.

a) ¿Cuánto dinero se ha repartido?

b) ¿Cuánto dinero ha recibido cada una?

77 Se quiere seleccionar a tres cantantes para formar un grupo musical. Para ello se realiza una prueba que consta de tres partes. En la primera fase se elimina a 8 personas; en la segunda, a la mitad de las que quedaban, y en la tercera se prescinde de 14 personas.

¿Cuántos aspirantes se presentaron a la prueba?

TRÁFICO FERROVIARIO

Ayer estuvo a punto de colisionar el mercancías procedente de Villablanca con un tren de pasajeros que salió una hora más tarde. En el último momento, los técnicos lograron desviar a una vía muerta el mercancías, que circulaba a 80 kilómetros por hora, para que le adelantara el de pasajeros, que venía con una velocidad de 120 kilómetros por hora.

¿DÓNDE ESTÁN LAS MATEMÁTICAS?

Por una misma vía de ferrocarril circulan cada día varios trenes a distintas velocidades. Para evitar incidentes es preciso planificar que sus paradas se produzcan en el lugar y tiempo apropiados.

Para conocer el lugar donde los técnicos deben desviar el tren de mercancías se tienen que **resolver ecuaciones** y utilizar la fórmula del movimiento uniforme $\boldsymbol{e = v \cdot t}$ (espacio = velocidad · tiempo).

¿CÓMO SE APLICAN?

Vamos a averiguar a qué distancia de Villablanca desviaron el tren los técnicos.

Se llama x al tiempo transcurrido desde que salió el tren de mercancías hasta que el de pasajeros lo alcanzó.

	MERCANCÍAS	PASAJEROS
Tiempo transcurrido hasta que se alcanzan	x horas	$(x - 1)$ horas
Espacio recorrido hasta que se alcanzan	$80x$ kilómetros	$120(x - 1)$ kilómetros
Los dos recorren el mismo espacio	$80x = 120(x - 1)$	
Se resuelve la ecuación	$80x = 120(x - 1) \Rightarrow 80x = 120x - 120 \Rightarrow -40x = -120 \Rightarrow x = 3$	

Lo alcanza al cabo de 3 horas de la salida del mercancías, después de haber recorrido $80 \cdot 3 = 240$ kilómetros. Por tanto, desviaron el mercancías antes de ese punto kilométrico para permitir que el tren de pasajeros lo adelantase.

PARA APLICAR

78 Carmen sale de la ciudad A con su coche y se dirige a la ciudad B por la autovía que une ambas ciudades a 120 kilómetros por hora. Juan ha salido de A dos horas antes y recorre el mismo trayecto, circulando a 90 kilómetros por hora.

a) ¿Cuándo adelantará Carmen a Juan?

b) Si la distancia entre A y B es de 600 kilómetros, ¿cuál de los dos llega antes a su destino?

79 Un tren sale de la ciudad Z hacia la ciudad Y a 140 kilómetros por hora. En el mismo momento, otro tren sale de Y hacia Z a una velocidad de 100 kilómetros por hora.

Sabiendo que la distancia entre ambas ciudades es de 540 kilómetros, ¿en qué punto del camino se cruzarán ambos trenes?

Ecuaciones de primer grado

Identidad

$2 \cdot 3 = 5 + 1 \qquad x + y = y + x$

Expresión con una igualdad que se cumple siempre.

Ecuación

$x - 2 = 3$

Igualdad con letras y números que se cumple para ciertos valores de las letras.

Ecuaciones equivalentes

Dos ecuaciones son equivalentes si tienen las mismas soluciones.

Regla de la suma

Si se suma o resta un mismo número o letra a los dos miembros de una ecuación, se obtiene otra equivalente.

$3x - 7 = x + 1 \Rightarrow 3x - 7 - x = x - x + 1$

Regla del producto

Si se multiplican o dividen los dos miembros de una ecuación por un mismo número distinto de 0, se obtiene otra equivalente.

$2x = 8 \Rightarrow \frac{2x}{2} = \frac{8}{2}$

Resolución de ecuaciones de primer grado

Se quitan denominadores ▶ Se suprimen paréntesis ▶ Se aplican las reglas de la suma y del producto

Ecuaciones de segundo grado

Una ecuación de segundo grado es de la forma $ax^2 + bx + c = 0$, siendo $a \neq 0$.

Ecuación	Resolución
$ax^2 = 0$	$x = 0$
$ax^2 + c = 0$	Se despeja x
$ax^2 + bx = 0$	Se saca factor común x
$ax^2 + bx + c = 0$	$x = \frac{-b \pm \sqrt{b^2 - 4ac}}{2a}$

Signo del discriminante	Número de soluciones
$b^2 - 4ac > 0$	Dos soluciones
$b^2 - 4ac = 0$	Una solución
$b^2 - 4ac < 0$	Ninguna solución

Resolución de problemas con ecuaciones

Identificar los datos y las relaciones ▶ Elegir una incógnita ▶ Plantear la ecuación ▶ Resolver la ecuación ▶ Interpretar y comprobar las soluciones

PARA PRACTICAR Y APLICAR

80 Resuelve las ecuaciones.

a) $4(x - 3) - 7(x - 4) = 6 - x$
b) $2 - 3(x - 7) - 7x = 4(x - 2) + 8$
c) $4x - (2x - (3x - 1)) = 4 - 2x$
d) $-(2x - 1) - (x - 4) = 3(2x + 7)$

81 Resuelve las ecuaciones.

a) $\frac{3x}{2} + \frac{8 - 4x}{7} = 3$

b) $\frac{5x - 3}{6} - 3(x - 1) = \frac{5 - x}{2}$

c) $\left(3 - \frac{x}{2}\right) - \left(1 - \frac{x}{3}\right) = 7 - \frac{x}{2}$

d) $2x - \frac{x + 2}{9} = 2x - \frac{3x - 1}{8} - \frac{1}{4}$

82 Resuelve la siguiente ecuación.

$(x - 3)(x - 3) = \frac{16x + 25}{20} - \frac{12x - 3}{4} + x^2$

83 Plantea ecuaciones para estos enunciados y resuélvelas.

a) Un número más su doble es 12.
b) La diferencia entre la quinta parte de un número y el propio número es −8.
c) La suma de dos números impares consecutivos es 32.

84 Tres amigos se reparten 2 000 euros de un premio de la lotería de la siguiente forma.

¿Cuánto recibe cada amigo?

85 Cinco amigos deciden compartir un piso, pero a última hora uno no puede, con lo que a los cuatro restantes les toca pagar 40 euros más de alquiler mensual a cada uno.

¿Cuánto cuesta el alquiler mensual del piso?

86 Pablo tiene 30 años menos que su madre, y esta, cuatro veces la edad del hijo.

Halla la edad de cada uno.

87 En un centro escolar hay 724 alumnos. Si aumentara en 59 chicos y disminuyera en 45 chicas, el número de chicos sería el doble que el de chicas. Halla el número de chicos y de chicas.

88 El encargado de una cafetería compra una mezcla de café que le cuesta 10 euros el kilogramo.

Si un café cuesta 12 euros el kilogramo, y el otro 9 euros el kilogramo, ¿qué cantidad de café entra de cada tipo en 21 kilogramos de la mezcla?

89 Resuelve las siguientes ecuaciones.

a) $-2x^2 + 3x + 1 = x - 3x^2$
b) $2x^2 - 3x = 5x^2 + 2x$
c) $3x(1 + x) - 2(x^2 - 1) = 3$
d) $3x(1 - 2x) - (4x^2 - 1) = 0$

90 Resuelve las ecuaciones.

a) $\frac{x(x - 3)}{6} + 1 = \frac{x}{3}$

b) $\frac{(x + 1) + (x + 2)(x + 3)}{4} - (x + 1) = \frac{11x + 2}{6}$

c) $\frac{7x + 4}{4} - \frac{2x^2 + 5x + 3}{10} = 1$

91 Plantea las ecuaciones y resuélvelas.

a) El cuadrado de un número es 9.
b) El cuadrado del número siguiente a x es 144.

92 Una tarjeta tiene 30 centímetros de perímetro y 54 centímetros cuadrados de área.

¿Cuáles son sus dimensiones?

93 En la ecuación $8x^2 - (k - 1)x + k - 7 = 0$, ¿qué valores debe tomar k para que sus soluciones sean iguales?

94 Divide un segmento de 60 centímetros en dos partes de forma que la suma de los cuadrados construidos sobre ellos sea de 2 000 centímetros cuadrados.

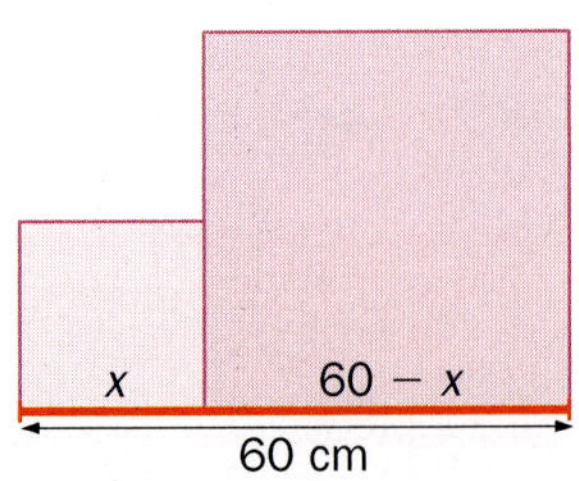

95 En Navidades, una ONG reparte 108 kilogramos de alimentos, a partes iguales, entre varias familias. Nueve familias renuncian a ello porque piensan que hay otras más necesitadas, y entonces las familias restantes reciben cada una 1 kilogramo más.

¿Entre cuántas familias se han repartido los alimentos?

PARA REFORZAR

96 Escribe los siguientes enunciados en forma de ecuación.

a) Un número más su doble es 15.

b) El triple de un número menos el cuadrado del número es 16.

c) Un número menos su raíz cuadrada es 72.

97 Resuelve las ecuaciones con paréntesis.

a) $3(x-1)-2(5x+4)=3$

b) $4(x-3)-7(x-4)=6-x$

c) $2(x+1)-3(x-2)=x+6$

98 Resuelve las siguientes ecuaciones con denominadores.

a) $\frac{2x-2}{3}=x-4$

b) $\frac{2x+1}{3}-\frac{x+1}{2}=\frac{x+7}{6}$

c) $\frac{x}{12}-\frac{2x-2}{3}+\frac{3x+1}{9}=0$

99 Resuelve las siguientes ecuaciones de segundo grado.

a) $x^2+4x-21=0$

b) $x^2-11x+10=0$

c) $x^2-9=0$

d) $x^2+4x=0$

100 El perímetro del rectángulo de la figura es de 80 centímetros.

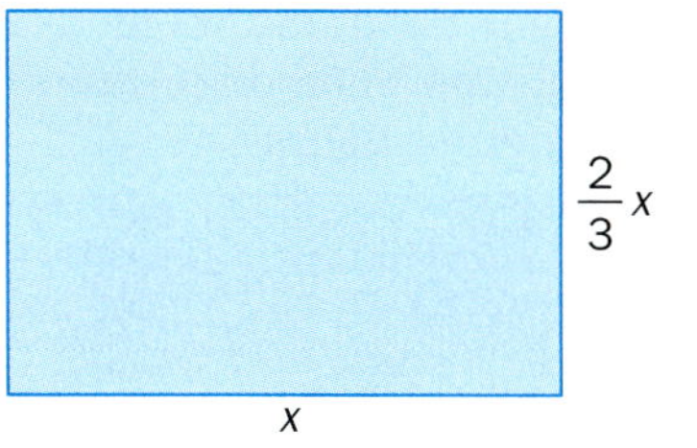

¿Cuánto mide cada lado?

101 Los ahorros de Mar han aumentado en 36 euros después de visitar a sus abuelos.

¿Qué cantidad llevaba si la que trae es cuatro veces mayor?

102 Si los lados de un cuadrado se alargan 3 centímetros, su superficie aumenta 81 centímetros cuadrados.

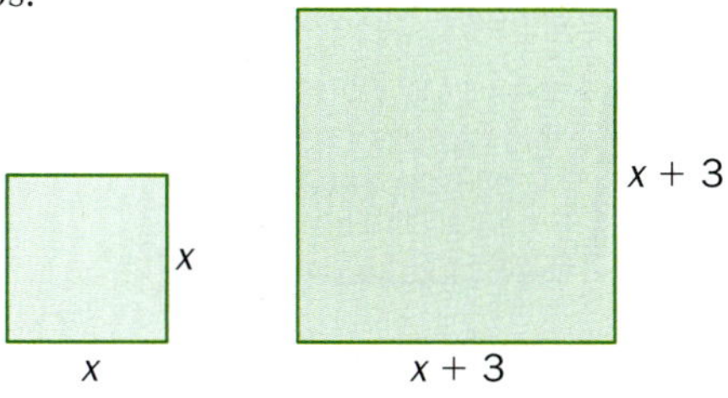

Halla el lado del cuadrado original.

PARA AMPLIAR

103 En la ecuación $ax^2+c=0$, ¿qué relación tiene que existir entre los signos de a y c para que la ecuación tenga dos soluciones distintas?

104 Deduce la fórmula que expresa cuáles son las soluciones de la ecuación general de segundo grado $ax^2+bx+c=0$. Para ello haz lo siguiente:

1.° Resta c a los dos miembros.

2.° Multiplica los dos miembros por $4a$.

3.° Suma b^2 a los dos miembros.

4.° Expresa el primer miembro como el cuadrado de un binomio.

5.° Extrae la raíz cuadrada de los dos miembros.

6.° Despeja x.

Realiza los mismos pasos para resolver las ecuaciones.

a) $x^2+2x-3=0$

b) $x^2+2x-8=0$

105 Resuelve las siguientes ecuaciones.

a) $(x+1)^2+(x-1)^2=0$

b) $(x^2+1)^2-(x^2-1)^2=16$

c) $(x+1)^3-(x-1)^3=56$

d) $(x^2+1)(x^2-1)=x^4-4x^2$

106 Las soluciones de la ecuación general de segundo grado $ax^2+bx+c=0$ son:

$$x_1=\frac{-b+\sqrt{b^2-4ac}}{2a} \qquad x_2=\frac{-b-\sqrt{b^2-4ac}}{2a}$$

a) Comprueba que $x_1+x_2=-\frac{b}{a}$ y $x_1\cdot x_2=\frac{c}{a}$.

b) Aplica ese resultado para hallar la suma y el producto de las soluciones de las siguientes ecuaciones de segundo grado.

I) $x^2+5x-14=0$

II) $x^2-6x+5=0$

107 Dos grifos A y B llenan juntos un estanque en 2 horas. Abriendo solo el grifo A, tarda en llenarse 3 horas menos que si se abre solo el grifo B.

¿Cuántas horas tarda cada grifo separadamente en llenar el estanque?

108 En una liga escolar al finalizar la temporada se han celebrado 28 partidos.

¿Cuántos equipos estaban inscritos?

PARA INTERPRETAR Y RESOLVER

109 Un tramo recto de carretera

Se debe pintar un tramo recto de una carretera regional con una línea discontinua de la forma que aparece en la figura.

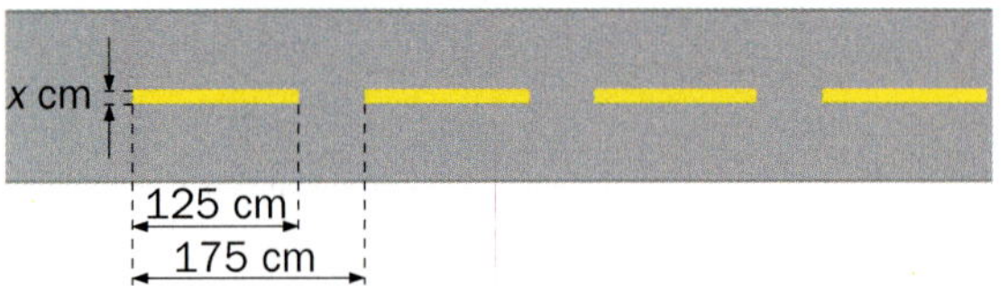

Para ello se utiliza una máquina cuyo depósito se llena con 5 botes de pintura amarilla.

Calcula la anchura x de los tramos de la franja sabiendo que la máquina ha recorrido 525 metros antes de que se le acabara totalmente la pintura. ¿Cuántas franjas se han pintado?

110 El viñedo cuadrado

Santiago posee un viñedo en el que tiene plantadas 144 cepas dispuestas en filas y columnas. El viñedo es cuadrado, por lo que el número de filas es igual al de columnas.

El propietario quiere agrandar la plantación y colocar unas cuantas cepas más, pero con la condición de que el número de filas siga siendo igual al de columnas.

Para la mencionada expansión dispone de dinero para comprar 125 viñas nuevas.

a) ¿Podrá utilizarlas todas o le sobrará alguna?

b) ¿Cuál será el nuevo número de filas y de columnas de la viña?

AUTOEVALUACIÓN

1 Resuelve las ecuaciones.

a) $4(x-1)-2(x-7)=-2x+5$

b) $x-\dfrac{2-3x}{4}=10$

2 Resuelve la siguiente ecuación.

$$\frac{7-x}{3}+\frac{8-5x}{10}-\frac{x-1}{4}+\frac{1}{5}=\frac{1}{3}$$

3 Resuelve estas ecuaciones.

a) $5x^2=0$

b) $4x^2-8x=0$

c) $3x^2-12x=0$

d) $x^2+x-30=0$

4 Resuelve la siguiente ecuación.

$$6(x-1)^2-(3x+4)(x-1)=12+9(x-1)$$

5 Los valores -1 y 0,5 son soluciones de la ecuación $2x^2+x-1=0$.

¿Alguna de las siguientes ecuaciones es equivalente?

a) $4x^2-4x+1=0$

b) $4x^2+x=0$

c) $4x^2-1=0$

d) $-x^2-0{,}5x+0{,}5=0$

6 Halla para qué valores de m la ecuación

$$x^2-3x+m=0$$

tiene una sola solución.

Indica, sin resolverla, cuántas soluciones tiene si m vale -2, 1 y 3.

7 La altura de un rectángulo mide el doble que su base. Halla sus dimensiones sabiendo que el área es de 98 metros cuadrados.

8 Cristina tiene 40 años, y sus hijas, 10, 7 y 3. ¿Cuántos años deben transcurrir para que la edad de Cristina sea igual a la suma de las edades de las tres hijas?

9 La suma de las longitudes de los catetos de un triángulo rectángulo es de 34 centímetros y la hipotenusa mide 26 centímetros.

¿Cuánto mide cada cateto?

10 De un saco de patatas se ha vendido la mitad, la quinta parte y la décima parte del mismo. Si quedan 10 kilogramos, ¿cuántos kilogramos de patatas tenía inicialmente el saco?

EL MATEMÁTICO... INGENIERO

Jean Baptiste Fourier (1768-1830)

A Jean Baptiste Fourier se le conoce también como el «egiptólogo» pues formó parte de la comitiva de 165 sabios que en 1798 acompañó a Napoleón Bonaparte en su expedición a Egipto para realizar ambiciosos estudios científicos.

El barco en el que regresaba a Francia fue capturado por los ingleses para apoderarse de su cargamento de documentos y antigüedades egipcias.

Gracias a que Fourier logró salir sano y salvo de este secuestro pudo desarrollar en matemáticas el llamado Análisis Armónico, que constituye hoy día un instrumento indispensable para tratar muchas cuestiones de la ciencia moderna: la doble hélice del ADN, el ciclo de las manchas solares.

... SU IDEA...

Fourier estaba obsesionado por el calor: la temperatura de su casa era tan elevada que resultaba incómoda a las visitas, mientras él iba forrado de gruesos abrigos.

Quizá fue esta manía la que le llevó a deducir **una ecuación que describía la conducción del calor en los cuerpos sólidos**. Más tarde inventó el método actualmente conocido como la transformación de Fourier para resolver dicha ecuación.

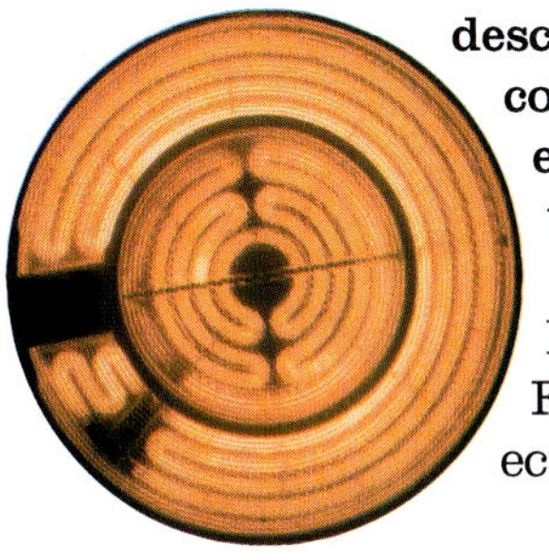

... Y SU ÉPOCA

Gran Bretaña vivía la Revolución Industrial, Francia, la Revolución francesa y, en América, tenía lugar el nacimiento de los Estados Unidos.

ENTREtenido

JUEGA A SER UN MAGO

No es por arte de magia. Es por arte de... *resolver ecuaciones*.

Sorprende a algún conocido tuyo con estos juegos de *magia*. Luego, invéntate tú algún otro.

Piensa un número.
Multiplícalo por 2.
Súmale 13.
Réstale 5.
Divídelo entre 2.
Réstale el número que pensaste.
¡Has obtenido 4!

ENTRE interrogantes

¿QUÉ ES UN MP3?

MP3 es una forma de comprimir información sonora para almacenarla y escucharla en pequeños aparatos de audio.

Por ejemplo, mientras que en un CD se pueden almacenar alrededor de 15 canciones en formato tradicional, con formato MP3 caben aproximadamente 150.

El secreto está en que detrás de todo este proceso se esconde... la transformada de Fourier.

6 SISTEMAS DE ECUACIONES CON DOS INCÓGNITAS

Cuando se estudia en qué condiciones se produce un equilibrio entre los recursos que se tienen y los que se gastan, aparecen sistemas de ecuaciones. Por ello resultan útiles para analizar la situación de una familia, de un país o de todo el planeta.

Los sistemas de ecuaciones son una herramienta sencilla y a la vez potente para resolver problemas en los que es necesario averiguar varios valores desconocidos que están sometidos a algunas condiciones.

RECUERDA

Regla de la suma y regla del producto

$A = B$

Regla de la suma
Sumo o resto el mismo número o letra.

$$A + k = B + k$$
$$A - k = B - k$$

Regla del producto
Multiplico o divido por el mismo número, distinto de 0.

$$A \cdot k = B \cdot k$$
$$\frac{A}{k} = \frac{B}{k}$$

$A + 5 = B + 5$ ← $A = B$ → $2A = 2B$

Si se **suman y restan dos igualdades**, se obtiene otra igualdad.

$$\begin{array}{r} A = B \\ A' = B' \\ \hline A + A' = B + B' \end{array} \qquad \begin{array}{r} A = B \\ A' = B' \\ \hline A - A' = B - B' \end{array}$$

PARA EMPEZAR

1 

¿Cuánto pesan?

a) 2 sandías y 4 melones.

b) 1 sandía y 1 melón.

c) 4 sandías y 5 melones.

d) 2 sandías y 1 melón.

2 Llama x al peso en kilogramos de una sandía e y al peso en kilogramos de un melón, y expresa lo que indican las balanzas del ejercicio anterior en forma de un sistema de ecuaciones.

3 El lucio, uno de los peces de agua dulce más insaciables, ayuda a preservar el equilibrio del sistema junto a otros depredadores. Un lucio, entre salmones y truchas, se ha comido 5 peces. Además se sabe que el número de salmones más el doble del número de truchas es 8.

a) Expresa esos datos en forma de ecuaciones.

b) ¿Cuántos salmones y cuántas truchas ha ingerido?

1. Sistemas de ecuaciones

Ecuaciones con dos incógnitas

Ejemplo. *Juan tiene en el monedero monedas de 1 y 2 euros. Si en total tiene 10 euros, ¿cuántas tiene de cada tipo?*

N.º de monedas de 1 euro: x ⇒ Tiene x euros
N.º de monedas de 2 euros: y ⇒ Tiene $2y$ euros
} $x + 2y = 10$

Algunas soluciones de la ecuación son:

$x = 2,\ y = 4$ ya que $2 + 2 \cdot 4 = 10$
2 monedas de 1 euro y 4 de 2 euros

$x = 4,\ y = 3$ ya que $4 + 2 \cdot 3 = 10$
4 monedas de 1 euro y 3 de 2 euros

Una **ecuación de primer grado con dos incógnitas** es de la forma:

$$ax + by = c$$

a, b y c son números; a y b se llaman **coeficientes** de las incógnitas, y c, **término independiente**.

Sistemas de ecuaciones

Ejemplo. *Berta y David han reciclado entre los dos 8 pilas usadas. Se sabe además que Berta ha reciclado 2 pilas más que David. ¿Cuántas pilas ha reciclado cada uno?*

Se llama x al número de pilas que recicla Berta e y a las que recicla David.

Entre los dos reciclan 8

$x + y = 8$

x	1	2	3	4	5	6
y	7	6	5	4	3	2

Berta recicla 2 más que David

$x - y = 2$

x	3	4	5	6	7	8
y	1	2	3	4	5	6

La solución común a las dos ecuaciones es $x = 5$ e $y = 3$. Luego Berta recicla 5 pilas y David 3.

Un **sistema de dos ecuaciones** de primer grado **con dos incógnitas** son dos ecuaciones en donde las incógnitas representan lo mismo.
Una **solución de un sistema** es un par de números que verifica las dos ecuaciones simultáneamente.

$$\begin{cases} ax + by = c \\ a'x + b'y = c' \end{cases}$$

Ejemplo. *Resuelve con una tabla los siguientes sistemas.*

a) $\begin{cases} 3x + y = 2 \\ 2x - y = 3 \end{cases}$ *b)* $\begin{cases} x - y = 1 \\ x - y = 2 \end{cases}$

a) $3x + y = 2$

x	...	−1	0	1	2	...
y	...	5	2	−1	−4	...

$2x - y = 3$

x	...	−1	0	1	2	...
y	...	−5	−3	−1	1	...

La solución del sistema es $x = 1$ e $y = -1$.

b) $x - y = 1$

x	...	−1	0	1	2	...
y	...	−2	−1	0	1	...

$x - y = 2$

x	...	−1	0	1	2	...
y	...	−3	−2	−1	0	...

El sistema no tiene solución.

Un sistema es **compatible** si tiene solución, e **incompatible** si no la tiene.

PARA PRACTICAR

1 Reduce a la forma $ax + by = c$ cada una de las siguientes ecuaciones.

a) $y = 2x - 5$

b) $y = \dfrac{x-2}{7}$

c) $3(x + y) = 4x - 5$

d) $\dfrac{x}{2} = \dfrac{y}{3}$

2 Indica cuáles de las ecuaciones son de primer grado con dos incógnitas.

a) $3x - 1 = y$

b) $2x - 3(x + 1) = 2$

c) $x - 2y = 4 - z$

d) $\dfrac{1}{x} = \dfrac{2}{y}$

3 Comprueba cuáles de estos pares de números son solución de la ecuación $2x - 3y = 10$.

a) $x = 1,\ \ y = 1$

b) $x = 5,\ \ y = 0$

c) $x = 8,\ \ y = 2$

d) $x = 6,\ \ y = 1$

4 Encuentra una solución de la ecuación

$$3x - 4y = 30$$

para cada una de las siguientes condiciones.

a) Que el valor de x sea 15.

b) Que el valor de y sea 3.

5 Halla cuatro soluciones de la ecuación

$$5x + 2y = 20$$

6 Razona si es compatible el sistema.

$$\begin{cases} x + 2y = 4 \\ 2x + 4y = 4 \end{cases}$$

7 Halla los valores de a y b para que $x = -1$ e $y = -2$ sean la solución del sistema.

$$\begin{cases} ax + y = 1 \\ 2x - y = b \end{cases}$$

8 Comprueba si los valores que se dan son soluciones del sistema indicado.

a) $x = 3,\ \ y = -2$ $\quad \begin{cases} 3x + 5y = -2 \\ 2x - y = 8 \end{cases}$

b) $x = 10,\ \ y = 8$ $\quad \begin{cases} 5x - 6y = 2 \\ -7x + 8y = 6 \end{cases}$

9 Resuelve los sistemas mediante una tabla.

a) $\begin{cases} 2x - 3y = 5 \\ x + 2y = 6 \end{cases}$

b) $\begin{cases} 3x + y = 9 \\ -x + 4y = 10 \end{cases}$

10 Completa los siguientes sistemas de ecuaciones para que sean incompatibles.

a) $\begin{cases} 3x + 5y = 6 \\ 6x + 10y = \square \end{cases}$

b) $\begin{cases} x - 4y = 4 \\ 3x - \square y = 12 \end{cases}$

PARA APLICAR

PROBLEMA RESUELTO

11 **En un museo han entrado unas personas y han salido otras. Se sabe que quedan 28 dentro y que el número de personas que entraron es cinco veces el número de personas que salieron.**
Expresa este enunciado en forma de sistema de ecuaciones con dos incógnitas.

N.º de personas que entraron: x

N.º de personas que salieron: y

El sistema es: $\begin{cases} x - y = 28 \\ x = 5y \end{cases}$

12 En un centro de especies protegidas hay varios ejemplares de aves rapaces y de lince ibérico. Expresa en forma de sistema de ecuaciones con dos incógnitas el siguiente enunciado:
"El número de rapaces y de linces suma 19, y el número de sus patas es 52".

13

Averigua cuánto cuestan:

a) 9 botellas de agua y 8 de refresco.

b) 1 botella de agua y 2 de refresco.

c) 1 botella de agua y 1 de refresco.

d) 1 botella de refresco.

e) 1 botella de agua.

14 Se quiere construir un rectángulo doblando una varilla que mide 160 centímetros. Escribe la ecuación que relaciona las dimensiones del rectángulo y da cuatro soluciones posibles.

2. Resolución de sistemas. Método de sustitución

Para resolver un sistema de ecuaciones hay que pasar a otro equivalente más sencillo.

El **método de sustitución** consiste en despejar en una ecuación una incógnita y sustituir en la otra.

Ejemplo. *Resuelve por el método de sustitución el sistema*

$$\begin{cases} 2x + y = 7 \\ 3x + 2y = 11 \end{cases}$$

(1) Se despeja y en la primera ecuación.

$$\begin{cases} 2x + y = 7 \\ 3x + 2y = 11 \end{cases} \Rightarrow \begin{cases} y = 7 - 2x \\ 3x + 2y = 11 \end{cases}$$

(2) Se sustituye el valor de y en la segunda ecuación.

$$3x + 2y = 11 \Rightarrow 3x + 2(7 - 2x) = 11$$

$$y = 7 - 2x$$

(3) Se resuelve la ecuación resultante.

$$3x + 2(7 - 2x) = 11 \Rightarrow 3x + 14 - 4x = 11 \Rightarrow -x = -3 \Rightarrow x = 3$$

(4) Se sustituye el valor de la incógnita en la ecuación despejada.

$$y = 7 - 2x \Rightarrow y = 7 - 2 \cdot 3 = 7 - 6 = 1$$

$$x = 3$$

La solución del sistema es $x = 3$, $y = 1$.

Para resolver un sistema de ecuaciones por el **método de sustitución**:

Despejar una incógnita ▶ Sustituir en la otra ecuación ▶ Resolver la ecuación ▶ Calcular la otra incógnita

EJERCICIO RESUELTO

15 **Resuelve por el método de sustitución el sistema** $\begin{cases} 2x + 5y = -1 \\ 3x - 2y = 8 \end{cases}$

Se despeja x en la primera ecuación: $\begin{cases} 2x + 5y = -1 \\ 3x - 2y = 8 \end{cases} \Rightarrow \begin{cases} x = \dfrac{-1 - 5y}{2} \\ 3x - 2y = 8 \end{cases}$

Se sustituye x en la segunda ecuación: $3\left(\dfrac{-1 - 5y}{2}\right) - 2y = 8 \Rightarrow 3(-1 - 5y) - 4y = 16 \Rightarrow$

$\Rightarrow -3 - 15y - 4y = 16 \Rightarrow -19y = 19 \Rightarrow y = -1$

Se sustituye el valor de y en la ecuación despejada: $x = \dfrac{-1 - 5y}{2} = \dfrac{-1 + 5}{2} = 2$

La solución del sistema es $x = 2$, $y = -1$.

PARA PRACTICAR

16 Despeja x en cada una de estas ecuaciones.

a) $3x - 5y = 2x + 1$

b) $5(x - 1) - 3y = 1 + x + y$

c) $\frac{x-3}{2} + y = 3$

d) $\frac{2x-1}{3} = \frac{y+2}{2}$

17 Sustituye el valor de y por $2 - 3x$ y simplifica la ecuación resultante.

a) $3(x - 1) + y = 3 - x$

b) $2x - 3(y + 1) = 5 - x$

c) $5x - 3(y - 2) = y + 1$

18 Resuelve los siguientes sistemas.

a) $\begin{cases} x - y = 4 \\ x + y = 8 \end{cases}$

b) $\begin{cases} 4x + y = -3 \\ y - 3x = 11 \end{cases}$

c) $\begin{cases} 2x - 3y = -1 \\ 5x + y = 6 \end{cases}$

d) $\begin{cases} 3x + 5y = 3 \\ x - 4y = 0 \end{cases}$

19 Resuelve los siguientes sistemas.

a) $\begin{cases} 2x - 7y = 9 \\ -4x + 3y = -7 \end{cases}$

b) $\begin{cases} 4x - 3y = -17 \\ -5x + 2y = 22 \end{cases}$

20 Resuelve estos sistemas.

a) $\begin{cases} 3x + 2y = x + 14 \\ x + 7y = 13 \end{cases}$

b) $\begin{cases} 2x - 2 + 7y = 22 \\ x = 35 + 8y \end{cases}$

c) $\begin{cases} 3x + 5y = 4 + y \\ -x + 6y = -16 \end{cases}$

d) $\begin{cases} 2x + 2 + 7 = 3y \\ 3x - 3 - 2y = 2x - 7 \end{cases}$

EJERCICIO RESUELTO

21 **Resuelve el sistema** $\begin{cases} \frac{x}{6} + \frac{2y}{3} = -1 \\ 2(x - 1) - (3 - y) = 4 \end{cases}$

Se eliminan los denominadores y los paréntesis de cada ecuación.

$$\begin{cases} \frac{x}{6} + \frac{2y}{3} = -1 \\ 2(x - 1) - (3 - y) = 4 \end{cases} \Rightarrow \begin{cases} x + 4y = -6 \\ 2x - 2 - 3 + y = 4 \end{cases} \Rightarrow$$

Se resuelve el sistema despejando x en la primera ecuación.

$$\Rightarrow \begin{cases} x + 4y = -6 \\ 2x + y = 9 \end{cases} \Rightarrow \begin{cases} x = -6 - 4y \\ 2x + y = 9 \end{cases}$$

$2(-6 - 4y) + y = 9 \Rightarrow -12 - 8y + y = 9 \Rightarrow$
$\Rightarrow -7y = 21 \Rightarrow y = -3$

Se sustituye el valor de y en la expresión de x despejada.

$$x = -6 - 4(-3) = -6 + 12 = 6$$

La solución del sistema es $x = 6$, $y = -3$.

22 Resuelve los siguientes sistemas.

a) $\begin{cases} 3(x - 2) = 3 - (y + 5) \\ 4 + 3(6 - 2x) = 7(x + y) \end{cases}$

b) $\begin{cases} \frac{x}{2} = \frac{y}{3} \\ 3(x + y - 1) = x - y + 1 \end{cases}$

c) $\begin{cases} 3 - \frac{x-y}{4} = x \\ x - \frac{y-3}{2} = 5 \end{cases}$

d) $\begin{cases} \frac{5x}{3} + \frac{y}{2} = 8 \\ \frac{x}{2} + \frac{y}{4} = 12 \end{cases}$

PARA APLICAR

23 Las dos balanzas están en equilibrio.

¿Cuál es la masa de cada esfera y de cada cubo?

24 Halla dos números x e y que verifiquen cada una de estas condiciones.

a) La suma de uno y el doble del otro es 28, y la mitad de la diferencia entre ambos es 1.

b) La suma del primero dividido por 3 y el segundo dividido por 4 es 15, y la suma del primero por 2 y el segundo por 5 es 174.

c) La suma de los dos números es 150, y la diferencia es el cuádruplo del menor.

25 La suma de las edades de dos hermanos es 20, y la diferencia, 6.

¿Cuáles son sus edades?

3. Resolución de sistemas. Método de reducción

El **método de reducción** consiste en sumar o restar las ecuaciones del sistema para obtener una sola ecuación con una incógnita.

Ejemplo. *Resuelve por el método de reducción el sistema*

$$\begin{cases} 3x + 4y = -5 \\ 5x + 4y = -3 \end{cases}$$

Se restan las dos ecuaciones y se resuelve la ecuación obtenida.

$$\begin{array}{l} 3x + 4y = -5 \\ \underline{5x + 4y = -3} \\ -2x \qquad = -2 \Rightarrow x = 1 \end{array}$$

Se sustituye el valor obtenido en la segunda ecuación.

$$5x + 4y = -3 \Rightarrow 5 \cdot 1 + 4y = -3 \Rightarrow 4y = -8 \Rightarrow y = -2$$

La solución del sistema es $x = 1$, $y = -2$.

Si ninguna de las incógnitas tiene coeficientes iguales u opuestos en las dos ecuaciones, se multiplica cada ecuación por el número adecuado para conseguirlo.

Ejemplo. *Resuelve por el método de reducción el sistema*

$$\begin{cases} 3x - 2y = 7 \\ 9x + 5y = 32 \end{cases}$$

1. Se multiplica cada ecuación por un número para igualar los coeficientes de la incógnita y, salvo el signo.

$$\begin{cases} 3x - 2y = 7 \\ 9x + 5y = 32 \end{cases} \begin{array}{c} \xrightarrow{\cdot 5} \\ \xrightarrow[\cdot 2]{} \end{array} \begin{cases} 15x - 10y = 35 \\ 18x + 10y = 64 \end{cases}$$

2. Se suman las dos ecuaciones.

$$\begin{array}{l} 15x - 10y = 35 \\ \underline{18x + 10y = 64} \\ 33x \qquad\quad = 99 \end{array}$$

3. Se resuelve la ecuación obtenida.

$$33x = 99 \Rightarrow x = 3$$

4. Se sustituye el valor de la incógnita en la primera ecuación.

$$3x - 2y = 7 \Rightarrow 3 \cdot 3 - 2y = 7 \Rightarrow -2y = -2 \Rightarrow y = 1$$

La solución del sistema es $x = 3$, $y = 1$.

Para resolver un sistema de ecuaciones por el **método de reducción**:

Igualar coeficientes de una incógnita ▶ Sumar o restar ecuaciones ▶ Resolver la ecuación ▶ Calcular la otra incógnita

PARA PRACTICAR

26 Resuelve estos sistemas.

a) $\begin{cases} x + y = 5 \\ x - y = 1 \end{cases}$

b) $\begin{cases} 2x + y = 7 \\ -2x - 3y = 12 \end{cases}$

c) $\begin{cases} 4x + 7y = -10 \\ 4x - y = 6 \end{cases}$

d) $\begin{cases} 2x - 3y = 13 \\ -4x - 3y = 1 \end{cases}$

EJERCICIO RESUELTO

27 **Resuelve el sistema** $\begin{cases} 6x + 5y = 27 \\ 8x - 2y = 10 \end{cases}$

Se multiplica la primera ecuación por 4, la segunda por 3, y se restan.

$$\begin{cases} 6x + 5y = 27 \xrightarrow{\cdot 4} 24x + 20y = 108 \\ 8x - 2y = 10 \xrightarrow{\cdot 3} 24x - 6y = 30 \end{cases}$$
$$26y = 78$$

Se resuelve la ecuación obtenida.

$$26y = 78 \Rightarrow y = 3$$

Se sustituye $y = 3$ en la primera ecuación.

$6x + 5y = 27 \Rightarrow 6x + 5 \cdot 3 = 27 \Rightarrow 6x = 12 \Rightarrow$
$\Rightarrow x = 2$

La solución es $x = 2$, $y = 3$.

28 Resuelve los siguientes sistemas.

a) $\begin{cases} 2x + 3y = 4 \\ 3x - 5y = 6 \end{cases}$

b) $\begin{cases} 2x - 5y = 4 \\ 4x + 3y = 3 \end{cases}$

c) $\begin{cases} 3x - 6y = 7 \\ 5x + 2y = 3 \end{cases}$

d) $\begin{cases} 6x + 7y = 0 \\ 5x + 2y = 1 \end{cases}$

EJERCICIO RESUELTO

29 **Resuelve el siguiente sistema.**

$$\begin{cases} 7x - 6y = 8 \\ 2x + 9y = 5 \end{cases}$$

Se despeja x por reducción

$$\begin{aligned} 21x - 18y &= 24 \\ 4x + 18y &= 10 \\ \hline 25x \qquad &= 34 \end{aligned}$$

$$x = \frac{34}{25}$$

Se despeja y por reducción

$$\begin{aligned} 14x - 12y &= 16 \\ -14x - 63y &= -35 \\ \hline -75y &= -19 \end{aligned}$$

$$y = \frac{19}{75}$$

La solución del sistema es $x = \frac{34}{25}$, $y = \frac{19}{75}$.

30 Resuelve estos sistemas.

a) $\begin{cases} 3x - 2y = 8 \\ 5x + 3y = 1 \end{cases}$

b) $\begin{cases} 6x + 5y = 27 \\ 4x - 3y = 10 \end{cases}$

c) $\begin{cases} 4x + 5y = 2 \\ 7x - 6y = 10 \end{cases}$

d) $\begin{cases} 3x + 2y = 5 \\ 4x - 7y = 1 \end{cases}$

31 Resuelve los siguientes sistemas.

a) $\begin{cases} \dfrac{x}{3} + \dfrac{y}{4} = 2 \\ -\dfrac{x}{6} + \dfrac{3y}{4} = \dfrac{5}{2} \end{cases}$

b) $\begin{cases} \dfrac{1}{x - (2 - x)} = \dfrac{-1}{y - (3 - y)} \\ 2(x + y + 1) = -3x \end{cases}$

PARA APLICAR

32 En una papelería han colocado este cartel en el escaparate.

¿Cuánto cuesta cada cuaderno y cada bolígrafo?

33 Calcula las edades de las dos chicas en cada caso.

a) La suma de sus edades es 30 años, y la diferencia es de 2.

b) La diferencia de sus edades es de 6 años, y una es el doble que la otra.

34 La razón de dos números es $\frac{5}{8}$. Si al primero le sumamos 12 y al segundo le restamos 12, la razón de los números obtenidos es ahora $\frac{11}{2}$.

¿Cuáles son los números iniciales?

4. Resolución de sistemas. Método gráfico

Ejemplo. *Resuelve gráficamente el sistema de ecuaciones* $\begin{cases} 4x + y = 5 \\ x - 2y = 8 \end{cases}$

En un sistema de dos ecuaciones lineales, cada ecuación se puede representar por una recta. Para resolver gráficamente el sistema se empieza dibujando las dos rectas de acuerdo con el siguiente esquema.

1 Se despeja una incógnita, normalmente la y, de las dos ecuaciones:

$$y = 5 - 4x \qquad y = \frac{x}{2} - 4$$

2 Se elabora una tabla de valores para cada ecuación:

x	$y = 5 - 4x$
0	5
1	1
2	−3

x	$y = \frac{x}{2} - 4$
0	−4
2	−3
4	−2

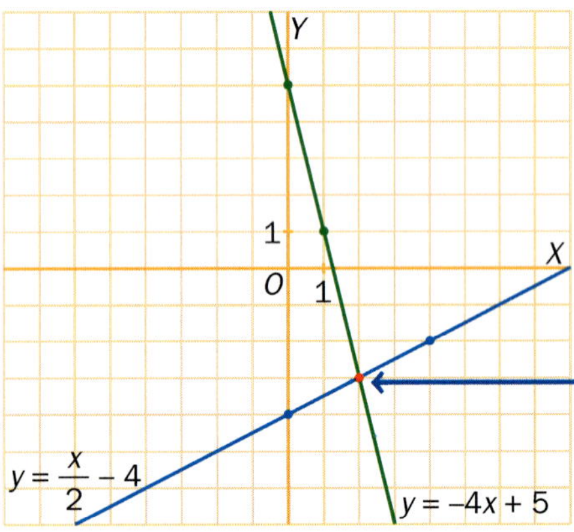

3 Se representan en los mismos ejes de coordenadas los datos de las tablas y las rectas correspondientes.

El punto de corte de las dos rectas representa la solución del sistema.

$x = 2,\ y = -3$

4 Se comprueba la solución obtenida sustituyendo los valores en el sistema original.

$$\begin{cases} 4 \cdot 2 + (-3) = 5 \\ 2 - 2 \cdot (-3) = 8 \end{cases}$$

Para resolver un sistema de ecuaciones lineales **gráficamente**:

Despejar en las dos ecuaciones una incógnita, normalmente la y ► Elaborar una tabla de valores para cada ecuación ► Representar en los mismos ejes los datos de las tablas y las rectas ► Comprobar la solución obtenida en el sistema original

EJERCICIO RESUELTO

35 Resuelve gráficamente el sistema $\begin{cases} 3x + y = 7 \\ 2x + y = 5 \end{cases}$

Despejamos y

$$\left.\begin{aligned} y &= 7 - 3x \\ y &= 5 - 2x \end{aligned}\right\}$$

Tablas de valores

x	$y = 7 - 3x$
0	7
1	4
2	1

x	$y = 5 - 2x$
0	5
1	3
2	1

Representación gráfica

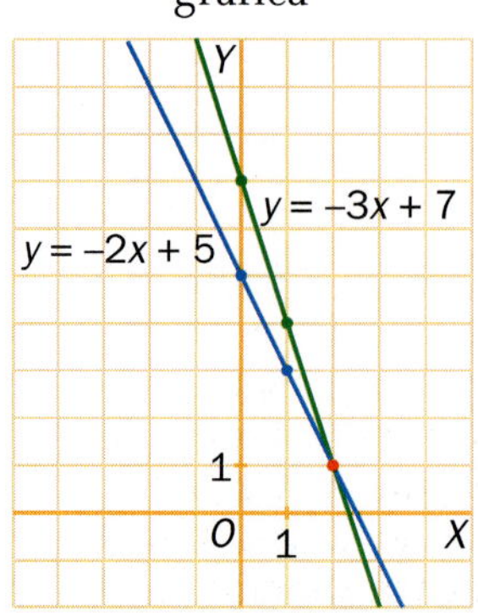

Solución

$x = 2,\ y = 1$

Comprobación

$$\begin{cases} 3 \cdot 2 + 1 = 7 \\ 2 \cdot 2 + 1 = 5 \end{cases}$$

PARA PRACTICAR

36 Resuelve gráficamente el siguiente sistema de ecuaciones lineales.

$$\begin{cases} 2x - 3y = -1 \\ 5x + \ \ y = 6 \end{cases}$$

EJERCICIO RESUELTO

37 **Resuelve gráficamente el sistema de ecuaciones.**

$$\begin{cases} 2x + y = 5 \\ x = 2 \end{cases}$$

Se despeja y: $y = 5 - 2x$

La segunda ecuación no tiene y porque es una recta vertical formada por todos los puntos de abscisa $x = 2$.

Tabla de valores

x	$y = 5 - 2x$
0	5
1	3
2	1

Representación gráfica

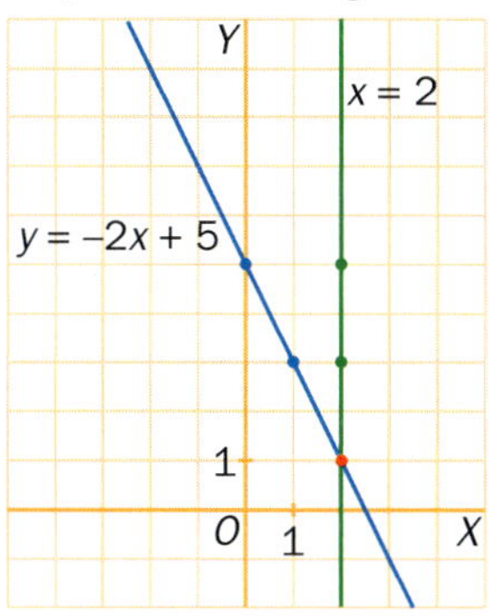

Solución: $\begin{matrix} x = 2 \\ y = 1 \end{matrix}$ Comprobación: $\begin{cases} 2 \cdot 2 + 1 = 5 \\ 2 = 2 \end{cases}$

38 Resuelve gráficamente los sistemas:

a) $\begin{cases} 3x - 2y - 8 = 0 \\ y + 1 = 0 \end{cases}$ b) $\begin{cases} 3x + 2y = 0 \\ 6x + \ \ y = 0 \end{cases}$

39 La figura corresponde a la resolución gráfica de un sistema de ecuaciones lineales.

a) ¿Cuál es la solución?

b) Escribe las dos ecuaciones del sistema.

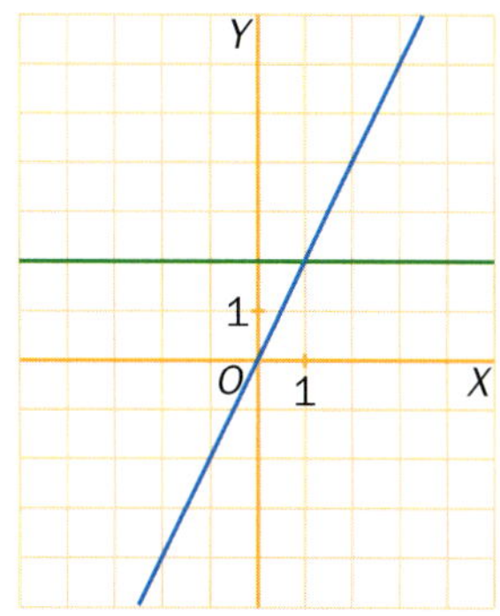

40 Resuelve gráficamente el siguiente sistema.

$$\begin{cases} \dfrac{x}{4} + \dfrac{y}{2} = 2 \\ \dfrac{3x}{2} + \dfrac{y}{2} = 7 \end{cases}$$

41 Trata de resolver gráficamente el siguiente sistema.

$$\begin{cases} 3x - \ \ y = 1 \\ 6x - 2y = 8 \end{cases}$$

¿Tiene solución? ¿Por qué?

PARA APLICAR

42 Observa el siguiente dibujo, plantea el correspondiente sistema y resuélvelo gráficamente.

43 Unos amigos han recogido perros y gatos abandonados. El número de perros excede en 3 unidades al número de gatos, y el número de perros más 2 unidades coincide con el doble del número de gatos. Plantea el sistema correspondiente y resuélvelo gráficamente.

44 Hace 5 años, la edad de Luis era el cuádruple de la edad de Ana, y el año próximo será tan solo el doble.

Plantea y resuelve gráficamente el sistema de ecuaciones correspondiente a este enunciado.

45 En navidades, un grupo de amigos ha regalado libros y artículos deportivos a niños sin recursos. Los libros y artículos deportivos son en total 17, y la mitad de los libros más la tercera parte de los artículos deportivos suman 7.

a) Plantea el sistema de ecuaciones correspondiente.

b) Resuélvelo gráficamente.

c) Resuélvelo analíticamente por reducción o sustitución.

5. Resolución de problemas mediante sistemas

Ejemplo. *Ante el desastre producido por una catástrofe natural, 61 médicos y bomberos se han ofrecido para ayudar en el salvamento de heridos. Todos los voluntarios se han distribuido en equipos de búsqueda de supervivientes, compuestos por 3 bomberos, o en equipos médicos, compuestos por 2 sanitarios.*

Si se han constituido 23 equipos, ¿cuántos equipos hay de cada clase?

1. Se lee atentamente el enunciado y se eligen las incógnitas.

   x: n.º de equipos de búsqueda $\quad$ y: n.º de equipos médicos

2. Se identifican las relaciones y se plantean las correspondientes ecuaciones.

   Hay 23 equipos: $x + y = 23$ $\quad$ Son 61 personas: $3x + 2y = 61$

3. Se elige un método y se resuelve el sistema de ecuaciones obtenido.

   Se resuelve por sustitución el sistema $\begin{cases} x + y = 23 \\ 3x + 2y = 61 \end{cases}$

   $$\begin{cases} x + y = 23 \\ 3x + 2y = 61 \end{cases} \Rightarrow \begin{cases} x = 23 - y \\ 3x + 2y = 61 \end{cases}$$

   $3(23 - y) + 2y = 61 \Rightarrow 69 - 3y + 2y = 61 \Rightarrow -y = -8 \Rightarrow y = 8$

   $x = 23 - y \Rightarrow x = 23 - 8 = 15$

   La solución del sistema es $x = 15$, $y = 8$

4. Se interpreta la solución y se comprueba.

   Se mandan 15 equipos de búsqueda y 8 equipos médicos.

   $15 + 8 = 23$ equipos $\quad$ $3 \cdot 15 + 2 \cdot 8 = 45 + 16 = 61$ personas

Para resolver un problema es conveniente seguir estos pasos:

Leer el enunciado y elegir las incógnitas ▶ Identificar las relaciones y plantear las ecuaciones ▶ Resolver el sistema ▶ Interpretar y comprobar la solución

PROBLEMA RESUELTO

46

¿Cuántos CD tiene cada uno?

N.º de CD de la chica: x $\quad$ N.º de CD del chico: y

	N.º de CD de la chica	N.º de CD del chico	Ecuación
El chico da 2 CD a la chica	$x + 2$	$y - 2$	$x + 2 = y - 2$
La chica da 3 CD al chico	$x - 3$	$y + 3$	$2(x - 3) = y + 3$

Tenemos el sistema

$$\begin{cases} x + 2 = y - 2 \\ 2(x - 3) = y + 3 \end{cases} \Rightarrow \begin{cases} x - y = -4 \\ 2x - y = 9 \end{cases}$$

Por reducción, restando las dos ecuaciones queda:

$$-x = -13 \Rightarrow x = 13$$

Se sustituye en la primera ecuación.

$$13 - y = -4 \Rightarrow y = 17$$

La chica tiene 13 discos, y el chico, 17.

PARA PRACTICAR

47 En tres sistemas de ecuaciones con dos incógnitas se han obtenido estas soluciones.

I) $x = 2{,}30;\ y = 0{,}50$
II) $x = 7,\ y = -4$
III) $x = 2,\ y = 9$

Indica si pueden ser la solución de un problema cuyas incógnitas sean las siguientes.

a) Números enteros.
b) Longitudes.
c) Edades.
d) Dinero a repartir.

48 El perímetro de un rectángulo es de 48 centímetros. Expresa esta condición mediante una ecuación con dos incógnitas.

49 En dos cajas hay en total 51 CD. Si se pasan 2 CD de la primera a la segunda, esta última tiene el doble de CD que la primera.

a) Copia y completa la tabla.

	Antes	Después
1.ª caja	x	
2.ª caja	y	
Relación	$x + y = ?$	

b) A partir de la tabla, plantea el sistema que permita hallar el número de CD que había al principio en cada caja.

PARA APLICAR

PROBLEMA RESUELTO

50 **Un ciclista sale a las 10 de la mañana de su ciudad hacia un pueblo a una velocidad de 20 kilómetros por hora. Al llegar al pueblo, tras descansar una hora, regresa al punto de partida a una velocidad de 15 kilómetros por hora, y llega a las 6 de la tarde.**

a) ¿A qué distancia de la ciudad está el pueblo?
b) ¿Cuánto tarda en ir y cuánto en volver?

De 10 de la mañana a 6 de la tarde son 8 horas, pero como descansa 1 hora, el ciclista está circulando 7 horas.

Si x es la distancia de la ciudad al pueblo y t es el tiempo de ida, el tiempo de vuelta será $7 - t$.

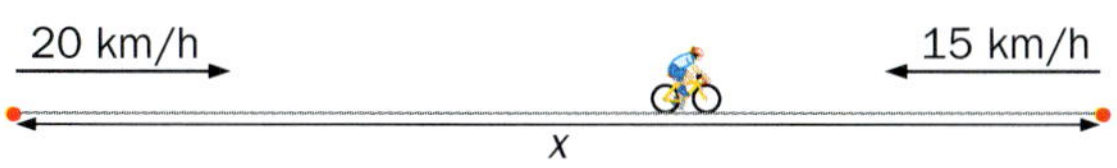

Por tanto, como espacio = velocidad · tiempo, se tiene que el sistema:

$$\begin{array}{r} \text{Ida:} \\ \text{Vuelta:} \end{array} \begin{cases} x = 20t \\ x = 15(7 - t) \end{cases}$$

Se resuelve el sistema por sustitución:

$20t = 105 - 15t \Rightarrow 35t = 105 \Rightarrow t = 3$
$x = 20 \cdot 3 = 60$

El pueblo está a 60 kilómetros de la ciudad y tarda 3 horas en la ida y 4 en la vuelta.

51 Laura y Miguel viven en dos ciudades que distan 62 kilómetros, y parten en bici a su encuentro. Laura va a una velocidad de 15 kilómetros por hora, y Miguel, a 17 kilómetros por hora.

Si Laura sale a las 9 de la mañana y Miguel a las 11, ¿a qué hora se encontrarán?

52 En un test de resolución de problemas se suman 2 puntos por cada problema bien resuelto. Si el problema está mal, se resta 1 punto. Después de realizar 60 problemas, un alumno obtuvo 30 puntos.

¿Cuántos problemas resolvió bien?

53 Una ONG va a repartir libros entre un grupo de niños sin recursos económicos. Si la ONG tuviera el doble de libros, cada niño recibiría 5 libros. Sin embargo, si tuviera el triple de libros y el grupo de niños fuese de uno menos, cada niño recibiría 8 libros.

¿Cuántos libros se van a repartir y cuántos niños forman el grupo?

54 Las superficies de los parques nacionales de Timanfaya y de Garajonay suman 91 kilómetros cuadrados.

Si la superficie del primero es un 27,5 % mayor que la del segundo, ¿qué superficie ocupa cada uno?

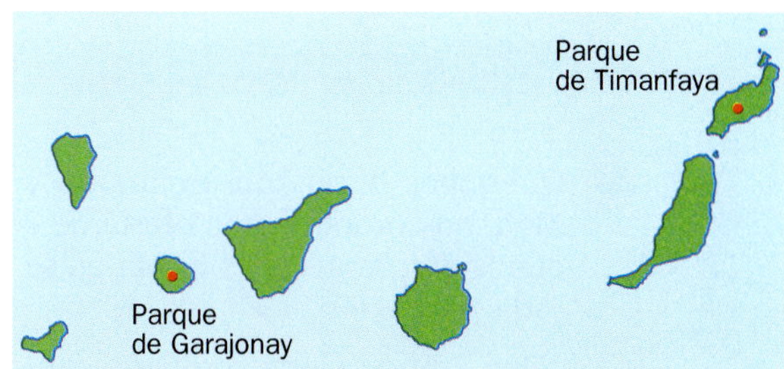

55 Un comerciante mezcla café de calidad superior a 14 euros cada kilo y otro café de menor calidad de 9 euros cada kilo.

¿Cuánto hay que elegir de cada clase para obtener 10 kilos a 12 euros cada uno?

EL MEJOR PRECIO

¿Dónde están las Matemáticas?

Al alquilar un coche es importante comparar las tarifas de varias agencias y elegir la que ofrezca mejor precio. Pero ¿cuál es la agencia que ofrece mejor precio?

La respuesta es evidente, ¡depende del viaje que pensemos hacer!

No obstante, existe un método para saber a partir de qué número de kilómetros interesa alquilar el coche en un sitio o en otro. Todo lo que hay que hacer es **plantear** un **sistema de ecuaciones** y razonar sobre el resultado obtenido para tomar la decisión más ventajosa.

¿Cómo se aplican?

Supongamos que se quiere alquilar un coche durante una semana en una de las dos agencias del anuncio.

Se llama x al número de kilómetros recorridos e y al precio que vamos a pagar.

Para la agencia A: $y = 200 + 0{,}10x$ Para la agencia B: $y = 150 + 0{,}15x$

Si se resuelve el sistema formado por las dos ecuaciones, se encuentran los valores de x e y, para los cuales el precio sería el mismo en ambas agencias.

$$\begin{cases} y = 200 + 0{,}10x \\ y = 150 + 0{,}15x \end{cases} \Rightarrow 0 = 50 - 0{,}05x \Rightarrow 0{,}05x = 50 \Rightarrow x = 1\,000$$

$$y = 200 + 0{,}10x \Rightarrow y = 200 + 0{,}10 \cdot 1\,000 = 300$$

Esto significa que si se recorren 1 000 kilómetros, el precio será de 300 euros en las dos agencias.

En resumen:
- Si se recorren menos de 1 000 km. ⟶ El mejor precio es el de la agencia *B*.
- Si se recorren 1 000 km. ⟶ Las dos agencias tienen el mismo precio.
- Si se recorren más de 1 000 km. ⟶ El mejor precio es el de la agencia *A*.

PARA APLICAR

56 Queremos hacer una excursión y para ello necesitamos alquilar un autobús. La empresa Viajes Mola nos propone una oferta de 300 euros por el autobús más 5 euros por cada pasajero, mientras que la empresa Viajes El Mareo se compromete a cobrarnos 275 euros por el autobús y 6 euros por cada pasajero.

¿Qué empresa nos conviene contratar dependiendo del número de compañeros que se apunten a la excursión?

57 En una tienda de fotografía no cobran la manipulación de la tarjeta de memoria, pero por cada copia cobran 0,30 euros. En otra tienda cobran 3 euros por manipular la tarjeta de memoria y cada copia sale a 0,20 euros.

¿Cuál de las dos tiendas es la mejor para sacar copias en papel de nuestras fotos digitales?

Ecuaciones de primer grado con dos incógnitas

Una **ecuación de primer grado con dos incógnitas** es de la forma:

$$ax + by = c$$

Incógnitas: x, y. Coeficientes: a, b. Término independiente: c.

Sistemas de ecuaciones de primer grado

Un **sistema de dos ecuaciones** de primer grado **con dos incógnitas** son dos ecuaciones en donde las incógnitas representan los mismos valores.

Se escribe: $\begin{cases} ax + by = c \\ a'x + b'y = c' \end{cases}$

Una **solución de un sistema** es un par de números que verifica las dos ecuaciones simultáneamente.

Un sistema es
- **compatible** si tiene sol
- **incompatible** si no tiene solución.

Resolución de sistemas

Método de sustitución:

1.º Se despeja una de las incógnitas en una de las ecuaciones.

2.º Se sustituye la expresión obtenida en la otra ecuación.

3.º Se resuelve la ecuación resultante.

4.º Se calcula la otra incógnita en la ecuación despejada, sustituyendo el valor obtenido.

Método de reducción:

1.º Se igualan los coeficientes de una incógnita, salvo el signo, multiplicando una ecuación o ambas por números adecuados.

2.º Se suman o restan, según convenga, las ecuaciones.

3.º Se resuelve la ecuación resultante.

4.º Se calcula la otra incógnita sustituyendo el valor obtenido en una de las ecuaciones del sistema o aplicando de nuevo el método de reducción para la segunda incógnita.

Método gráfico

Despejar en las dos ecuaciones una incógnita, normalmente la *y* ▶ Elaborar una tabla de valores para cada ecuación ▶ Representar en la misma gráfica los datos de las tablas y las rectas ▶ El punto de corte de las rectas nos da la solución del sistema ▶ Comprobar la solución obtenida en el sistema original

Resolución de problemas mediante sistemas

Leer el enunciado y elegir las incógnitas ▶▶▶ Identificar las relaciones y plantear las ecuaciones ▶▶▶ Resolver el sistema ▶▶▶ Interpretar y comprobar la solución

PARA PRACTICAR Y APLICAR

58 El perímetro de un salón rectangular mide 18 metros.

a) Plantea la ecuación de primer grado con dos incógnitas que exprese esa condición.

b) Calcula tres soluciones enteras y una decimal de la ecuación.

59 Resuelve los siguientes sistemas por el método de sustitución.

a) $\begin{cases} \dfrac{x}{5} + \dfrac{y}{10} = 5 \\ 3x - 5y = 10 \end{cases}$ b) $\begin{cases} 2(8 - 3x) = y + 5 \\ 7x - 1 = 2(y - 2) \end{cases}$

60 Resuelve estos sistemas por el método de reducción.

a) $\begin{cases} \dfrac{x - 1}{3} - \dfrac{y}{6} = 1 \\ \dfrac{x}{7} + 4y = 25 \end{cases}$ b) $\begin{cases} 5(2 - x) + 8y = 3 \\ 3x + 3(2y - 2) = 9 \end{cases}$

61 Resuelve gráficamente los siguientes sistemas.

a) $\begin{cases} 2x + 3y = -1 \\ 7y = 21 \end{cases}$ b) $\begin{cases} x = 2y - 1 \\ x + y = \dfrac{7}{2} \end{cases}$

62 La edad de un padre es cuatro veces la edad de su hijo, y dentro de 20 años será el doble.

¿Qué edad tiene actualmente cada uno?

63 María quiere realizar un viaje de vacaciones que cuesta 370 euros. A la hora de pagar entrega sus ahorros en billetes de 5 y 10 euros.

Si en total entrega 50 billetes, ¿cuál es el número de billetes de cada clase?

64 En una clase hay 23 alumnos entre chicos y chicas. En una excursión, a la que faltan 3 chicos y 2 chicas, el número de chicas es el doble que el de chicos.

¿Cuántos chicos y cuántas chicas hay?

65 Una caravana en el desierto está formada por camellos y dromedarios. Se han contabilizado 16 cabezas y 26 jorobas.

¿Cuántos animales de cada clase hay en la caravana?

66 El perímetro de un triángulo isósceles es de 24 metros y el lado desigual mide 3 metros menos que cada uno de los lados iguales.

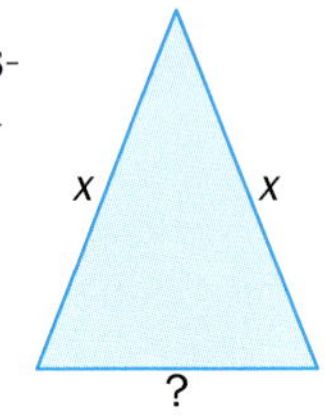

¿Cuánto mide cada lado?

67 Kiko y Mikel tienen cada uno un montón de monedas de euro. Si Kiko da 9 monedas a Mikel, los dos tendrán el mismo número de monedas, y si Mikel da 6 monedas a Kiko, este tendrá el cuádruplo de monedas que Mikel.

¿Cuántas monedas tiene cada uno?

68 El perímetro de un pentágono regular es el doble que el perímetro de un cuadrado.

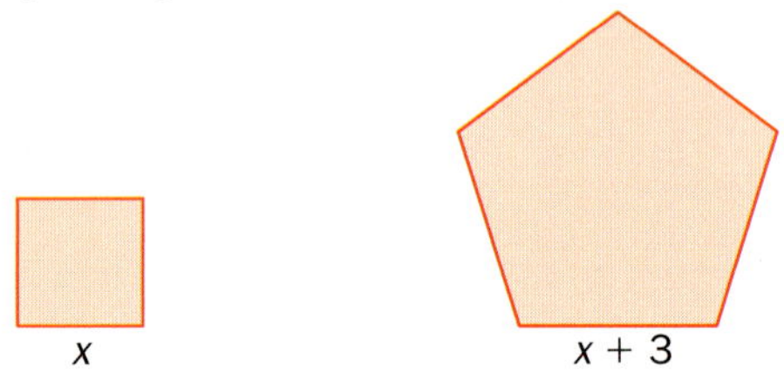

Si el lado del pentágono mide 3 centímetros más que el lado del cuadrado, ¿cuánto mide el lado de cada polígono?

69 Elisa se ha encontrado con Maite cuando el tiempo transcurrido en ese día era igual a las dos terceras partes del tiempo que quedaba por transcurrir.

¿Qué hora del día era?

70 Rubén corre a una velocidad de 4 metros por segundo, y Mario, a 4,5 metros por segundo. Echan una carrera en la que Mario da una ventaja a Rubén de 10 metros.

a) ¿Cuánto tiempo tardarán en encontrarse?

b) ¿Cuántos metros habrá recorrido cada uno hasta ese momento?

71 La altura de Mario es $\frac{9}{8}$ la altura de Rebeca y $\frac{6}{5}$ la altura de Blanca.

Si Rebeca mide 10 centímetros más que Blanca, ¿cuál es la altura de cada uno de los tres?

72 El cociente de una división es 3, y el resto, 5. Si el divisor disminuye en dos unidades, el cociente aumenta en una, y el resto es entonces 1.

Halla el dividendo y el divisor.

73 Un mismo número, al dividirlo entre 4, da de resto 1, y al dividirlo entre 6 da de resto 3. Si la suma de los cocientes obtenidos en esas divisiones es 18, ¿de qué número se trata?

PARA REFORZAR

74 Halla los valores a y b para que $x = -1$ e $y = 2$ sean la solución del sistema.

$$\begin{cases} ax + y = 1 \\ 2x - y = b \end{cases}$$

75 Resuelve gráficamente los siguientes sistemas.

a) $\begin{cases} -2x + y = 8 \\ 2x + y = 8 \end{cases}$ b) $\begin{cases} 2x + y = 11 \\ 5x + 3y = 30 \end{cases}$

76 Resuelve estos sistemas por el método de sustitución.

a) $\begin{cases} 2x + y = 8 \\ x + 3y = -1 \end{cases}$ b) $\begin{cases} -4x + y = 1 \\ 3x + 2y = -9 \end{cases}$

77 Resuelve estos sistemas por el método de reducción.

a) $\begin{cases} 5x + 7y = 15 \\ 6x - 7y = 18 \end{cases}$ b) $\begin{cases} 4x - 3y = -11 \\ 6x + 9y = 21 \end{cases}$

78 Resuelve los siguientes sistemas.

a) $\begin{cases} \dfrac{3x}{2} - 2y = 2 \\ 3x - \dfrac{5y}{2} = 7 \end{cases}$ b) $\begin{cases} 2(x-1) + \dfrac{y}{3} = 5 \\ \dfrac{x+2}{3} - (y - 1) = 1 \end{cases}$

79 En dos cajas hay un total de 52 bolígrafos. Si se pasan dos bolígrafos de una caja a otra, las dos tienen el mismo número.

¿Cuántos bolígrafos tenían al principio cada una de ellas? Antes de escribir las ecuaciones, completa la tabla.

	Antes de pasar los dos bolígrafos	Después de pasar los dos bolígrafos
Caja *A*	x	
Caja *B*		
Total	52	

80 Carlos compra 6 kilogramos de azúcar y 4 de café y paga 26,90 euros. Una amiga suya compra 4 kilogramos de azúcar y 6 de café y paga 36 euros. ¿Cuánto vale el kilogramo de azúcar y el kilogramo de café?

PARA AMPLIAR

81 Resuelve el sistema.

$$\begin{cases} \dfrac{1}{x} + \dfrac{2}{y} = -1 \\ \dfrac{3}{x} + \dfrac{4}{y} = 17 \end{cases}$$

(Sugerencia: transforma este sistema en otro cuyas incógnitas sean las inversas de x e y.)

82 Resuelve el siguiente sistema.

$$\begin{cases} (x + 1)(y + 1) = 0 \\ \dfrac{3}{x} + \dfrac{2}{y - 1} = -1 \end{cases}$$

83 Halla un número de dos cifras sabiendo que su suma es 10 y que al invertir el orden de las mismas se obtiene otro número 18 unidades mayor.

84 En un laboratorio disponen de dos líquidos, uno contiene un 15 % de agua, y el otro, un 45 %. Se quiere obtener 18 litros de mezcla.

¿Cuántos litros de cada clase hay que añadir para que contenga un 25 % de agua?

85 La razón entre los ahorros de María y de Borja es $\dfrac{5}{4}$. Si el capital de María disminuye en 2 euros y el de Borja aumenta en un 5 % de su valor, entonces la razón es $\dfrac{8}{7}$.

¿Cuáles son esos ahorros?

86 Dos poblaciones, Villazurda y Villadiestra, distan 130 kilómetros por carretera. Un automóvil sale de Villazurda a Villadiestra con una velocidad de subida de 60 kilómetros por hora y una velocidad de bajada de 80 kilómetros por hora.

Si tarda 2 horas en llegar.

a) ¿Cuánto tarda en la subida y cuánto en la bajada?

b) ¿Cuántos kilómetros hay de subida y cuántos de bajada?

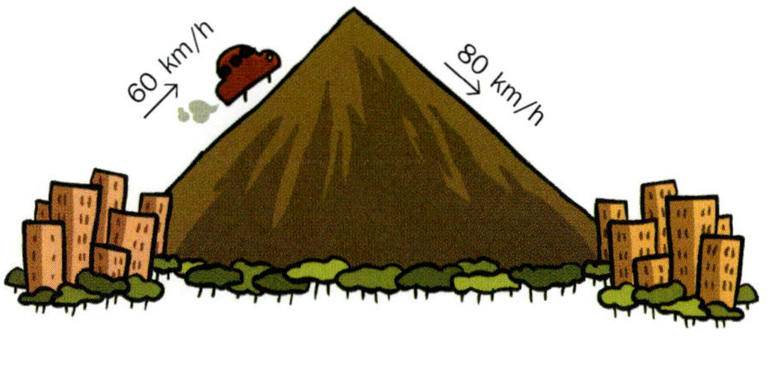

PARA INTERPRETAR Y RESOLVER

87 Los trozos de oro

Tenemos tres trozos de oro A, B y C cuya masa oscila entre 100 y 200 gramos.

Se quiere averiguar la masa de cada uno de ellos, pero solo se dispone de una balanza que, aunque consigue apreciar hasta el gramo, no permite medir cantidades inferiores a 100 gramos.

Debido a la anterior circunstancia, se decide pesar dos trozos cada vez, obteniéndose las siguientes masas en gramos: A y B, 235; A y C, 256, y B y C, 267.

Calcula la masa de cada trozo.

88 El cumpleaños

Dos hermanos van a celebrar juntos su fiesta de cumpleaños, repartiendo a sus invitados bolsas de golosinas de dos tipos: unas más grandes para los amigos del hermano mayor, y otras más pequeñas para los del menor.

Sus padres han hecho las cuentas y han comprado 96 caramelos y 60 chicles, pero se les ha olvidado indicarles cuántas bolsas deben formar de cada tipo. Ayúdales, sabiendo que no sobra ni falta ninguna golosina.

AUTOEVALUACIÓN

1 Encuentra una solución de la ecuación

$$5x - 7y = 1$$

para cada una de las siguientes condiciones:

a) Que x sea igual a 3.

b) Que y sea igual a -3.

2 Razona, sin resolverlos, cuántas soluciones tienen los siguientes sistemas de ecuaciones:

a) $\begin{cases} x + 2y = 5 \\ 3x + 6y = 15 \end{cases}$ b) $\begin{cases} 2x - 3y = 1 \\ 4x - 6y = 3 \end{cases}$

3 Resuelve los sistemas por el método de sustitución.

a) $\begin{cases} x + 2y = 5 \\ 2x + y = 7 \end{cases}$ b) $\begin{cases} 2(-1 - x) = 2y + 5 \\ 3x - 1 = 2(y - 2) \end{cases}$

4 Halla la solución de cada sistema por el método de reducción.

a) $\begin{cases} x + y = 9 \\ 20x - 3y = -4 \end{cases}$ b) $\begin{cases} 5(2 - x) + 8y = 3 \\ 3x + 3(2y - 2) = 9 \end{cases}$

5 Resuelve gráficamente el sistema $\begin{cases} 2y + 3x = 5 \\ 5x - 4y = 1 \end{cases}$

6 Resuelve los siguientes sistemas.

a) $\begin{cases} x + 2y = \dfrac{x - 1}{3} \\ \dfrac{y - 1}{3} = 2x - y \end{cases}$ b) $\begin{cases} \dfrac{x}{3} + \dfrac{y}{2} = 4 \\ \dfrac{y}{3} - 1 + x = 0 \end{cases}$

7 Carlos dice a su hijo:

"Hace 7 años, mi edad era cinco veces la tuya, pero ahora solo es el triple".

¿Qué edad tiene cada uno?

8 En un restaurante hay 30 mesas, unas de tres plazas y otras de cuatro. El pasado domingo tuvieron todas las plazas ocupadas.

Si el número de comidas que sirvieron fue de 114, ¿cuántas mesas tienen de cada tamaño?

9 En la semana cultural del centro se organiza un concurso. Por cada pregunta acertada se dan 20 puntos, y por cada fallada se restan 15.

Si después de 28 preguntas un concursante tiene 0 puntos, ¿cuántas preguntas ha acertado y cuántas ha fallado?

LA MATEMÁTICA... DIDACTA

Emma Castelnuovo (1914 -)

Las ideas pedagógicas, enfocadas principalmente a jóvenes de secundaria, han sido siempre muy innovadoras, pero sobre todo, Emma Castelnuovo ha estado preocupada por los alumnos como personas: no se trata de enseñar, sino de descubrir juntos; no se trata de transmitir conocimientos, sino de construirlos juntos. Ha recorrido el mundo dando cursos y conferencias cargadas de humanidad. Además participa en casi todos los congresos y comisiones sobre educación matemática difundiendo sus ideas, que pueden resumirse en el título de uno de sus libros: *La matemática de la realidad*.

... SU IDEA...

En sus trabajos, Castelnuovo cuenta cómo lograr que los jóvenes aprendan la matemática ante problemas reales. Muchas de sus **ideas y experiencias las genera a partir de la realidad**: estudia las formas de los nidos de las abejas, la geometría en las construcciones arquitectónicas de las grandes ciudades... Para ella es muy importante que los alumnos se den cuenta de que **estamos rodeados de multitud de manifestaciones de las leyes y principios matemáticos**.

Cine IMAX, la Defense, París.

... Y SU ÉPOCA

El hombre puso por primera vez el pie en la Luna y Elvis Presley fue el rey del rock.

ENTREtenido

EL SUDOKU

El verano de 2005 se puso de moda un juego matemático que seguro que también hubiera enganchado a Carroll: el SUDOKU. Tenemos un tablero de 81 casillas dispuestas en 9 filas y 9 columnas, formado por 9 cuadrados independientes.

		6						1
	7			6			5	
8			1		3	2		
		5		4		8		
	4		7		2		9	
		8		1		7		
		1	2		5			3
	6			7			8	
2						4		

Se trata de completar las casillas vacías con los números del 1 al 9, de modo que no se repita ninguna cifra en cada fila, ni en cada columna, ni en cada cuadrado. ¿Te atreves con este?

ENTRE interrogantes

¿QUÉ ES UNA PARADOJA?

Las paradojas son razonamientos que contradicen el sentido común o los principios elementales de la lógica, y, como tales, sorprenden y divierten.

La paradoja del cartero

El cartero Rubén tiene una duda: su obligación es llevarles las cartas solo a aquellos que no van a la oficina de correos a recogerlas. Así que no sabe qué hacer con las cartas que van dirigidas a sí mismo.

¿Puede o no puede Rubén entregarse el correo?

Resulta que el razonamiento se convierte en un círculo vicioso y parece no existir vía de salida.

Lo mires por donde lo mires, llegas a que: ¡Si SÍ, entonces NO; si NO, entonces SÍ!

7 PROPORCIONALIDAD

Cada vez que se introduce papel en el contenedor de reciclado estamos colaborando con el medio ambiente, ya que impedimos la deforestación de nuestros bosques.

La relación entre la cantidad de papel reciclado y los árboles que se evitan talar es proporcional, de forma que por cada tonelada de papel que se recicla, impedimos que se talen 14 árboles, además de conseguir un considerable ahorro de 50 000 litros de agua y más de 300 kilogramos de petróleo.

RECUERDA

Razones y proporciones

- Una **razón** es el cociente entre dos números: $\frac{a}{b}$.

  Dos razones $\frac{a}{b}$ y $\frac{c}{d}$ son equivalentes si $ad = bc$.

- Una **proporción** es la igualdad de dos razones: $\frac{a}{b} = \frac{c}{d}$.

Porcentajes

- Un **porcentaje** (%) es una cantidad elegida entre 100 unidades: 7% es 7 unidades de cada 100.

  Para calcular el porcentaje de una cantidad, multiplicamos esta por la fracción decimal equivalente al porcentaje. Por ejemplo:

  5% de $30 = \frac{5}{100} \cdot 30 = 0{,}05 \cdot 30 = 1{,}5$

- La expresión decimal de esta fracción se denomina **tanto por uno**: 5% es equivalente a 0,05 por uno.

PARA EMPEZAR

1 ¿Es lo mismo comerse los $\frac{3}{5}$ de una tarta que comerse los $\frac{9}{14}$ de la misma? ¿Y comerse los $\frac{12}{20}$ de la misma?

2 Un motorista recorre 160 kilómetros en 2 horas. Si sigue con la misma velocidad, ¿cuánto tardará en recorrer 240 kilómetros?

3 La etiqueta de una consola de videojuegos marca 120 euros más el 16% de IVA (impuesto sobre el valor añadido).

¿Cuánto hay que pagar de impuesto?

4 Nieves quiere saber cuántos árboles se evitan talar con las toneladas de papel que se reciclan en su ciudad.

Si se han reciclado 5000 toneladas, ¿cuántos árboles se han salvado?

1. Magnitudes directamente proporcionales

Razón de proporcionalidad

Ejemplo. *Los alumnos de tercero venden papeletas de una rifa con la intención de recoger fondos para una ONG.*

a) ¿Cuánto dinero recogen si venden 200 papeletas?

b) ¿Y si venden 400?

c) ¿Y si fueran 800?

La cantidad de dinero recogido depende del número de papeletas vendidas:

a) Si se venden 200 papeletas, los fondos recogidos son 600 euros.

b) Si se venden 400 papeletas, los fondos son 1 200 euros.

c) Si se venden 800 papeletas, se recogerán 2 400 euros.

A medida que aumenta el número de papeletas vendidas, aumenta en la misma proporción el dinero obtenido. La razón entre el dinero recaudado y el número de papeletas es constante:

$$\frac{600}{200} = \frac{1\,200}{400} = \frac{2\,400}{800} = \ldots = 3$$

Las parejas de magnitudes que cumplen estas condiciones se dice que son **directamente proporcionales**.

Dos magnitudes son **directamente proporcionales** si el cociente de las cantidades correspondientes es constante. Este cociente constante se llama **razón de proporcionalidad**.

Repartos proporcionales directos

Ejemplo. *La AMPA de un centro escolar decide repartir 2 100 euros entre sus equipos de baloncesto, voleibol y fútbol, proporcionalmente al número de componentes de cada equipo: 12, 14 y 16, respectivamente.*

¿Cuánto recibe cada equipo?

Llamamos x, y, z a las cantidades desconocidas que corresponden a cada equipo.

Baloncesto, x; voleibol, y; fútbol, z

Suma de las cantidades: $x + y + z = 2\,100$

Suma de los componentes: $12 + 14 + 16 = 42$

Por ser proporcionales a los componentes:

$$\frac{x}{12} = \frac{y}{14} = \frac{z}{16} = \frac{2\,100}{42} = 50$$

que es la razón de proporcionalidad.

Dinero que le corresponde al equipo de baloncesto: $x = 12 \cdot 50 = 600$ €

Dinero que le corresponde al equipo de voleibol: $y = 14 \cdot 50 = 700$ €

Dinero que le corresponde al equipo de fútbol: $z = 16 \cdot 50 = 800$ €

PARA PRACTICAR

1 Calcula los números desconocidos si las razones $\frac{15}{x}, \frac{y}{6}, \frac{z}{60}, \frac{18}{t}$ tienen como valor 3.

2 Calcula los valores desconocidos para que las siguientes expresiones sean proporciones:

a) $\frac{2}{5} = \frac{x}{100}$

b) $\frac{x}{100} = \frac{12}{25}$

c) $\frac{5}{x} = \frac{x}{125}$

d) $\frac{x}{2} = \frac{20}{125}$

EJERCICIO RESUELTO

3 **El conjunto de valores 2, 4, 6, 8 corresponde a una magnitud, y el conjunto de valores 10, 20, 30, 40, otra relacionada.**

a) Indica si ambas magnitudes son proporcionales.

b) ¿Cuál es su razón de proporcionalidad?

a) Dos magnitudes son directamente proporcionales si el cociente de las cantidades correspondientes es constante. En este caso:

$$\frac{10}{2} = 5;\ \frac{20}{4} = 5;\ \frac{30}{6} = 5;\ \frac{40}{8} = 5$$

Por tanto, las dos magnitudes son directamente proporcionales.

b) La razón de proporcionalidad es 5.

4 Indica si los elementos de los conjuntos {1, 4, 7, 10} y {5, 20, 33, 50} son proporcionales y, en caso afirmativo, calcula la razón de proporcionalidad.

5 Sin hacer el desarrollo, razona cuál es la división correcta de 360 alumnos en tres cantidades proporcionales a 2, 4 y 6.

a) 30, 120, 240

b) 30, 60, 270

c) 60, 120, 180

6 Las medidas expresadas en centímetros de los lados de un triángulo son 6, 7 y 8. Escribe las medidas de tres triángulos cuyos lados sean proporcionales al dado con razones de proporcionalidad 2, 2,5 y 3.

7 Reparte la cantidad 2 500 en cuatro partes:

a) Que sean iguales.

b) Que sean directamente proporcionales a los números 1, 2, 3 y 4.

c) Que sean directamente proporcionales a los números 2, 5, 6 y 7.

8 ¿Es posible dividir el número 13 en partes enteras proporcionales a 2, 3 y 4?

PARA APLICAR

9 En una tienda se venden bolsas de patatas; las de 5 kilos por 6 euros y las de 8 kilos por 10 euros.

a) ¿Son proporcionales el peso y el coste de las patatas?

b) En caso afirmativo, calcula la razón de proporcionalidad.

10 Carlos observa que el coche de su padre gasta 24 litros de gasolina en un trayecto de 300 kilómetros.

¿Cuánto gastará en un viaje de 700 kilómetros realizado en las mismas condiciones?

11 Se reparten proporcionalmente 12 horas de riego entre tres regantes cuyos campos miden 4, 6 y 10 hectáreas, respectivamente.

¿Cuánto tiempo corresponde a cada uno?

12 Dos clases de ESO de 20 y 25 alumnos han recogido un total de 360 euros para la fiesta de Navidad.

¿Cuánto ha recogido cada clase si se sabe que las cantidades recogidas son proporcionales al número de alumnos de cada una?

13 Un premio de 390 euros para libros se reparte entre los tres primeros alumnos proporcionalmente a $\frac{1}{2}, \frac{1}{3}, \frac{1}{4}$. Indica a cuánto toca cada alumno.

14 Se reparte una cantidad de papeletas a dos grupos de alumnos para hacer una colecta a favor de los damnificados de una inundación según las relaciones $\frac{15}{10}$ y $\frac{6}{4}$.

¿Quién puede vender más papeletas?

Disminuciones y aumentos porcentuales

Ejemplo. *Una bicicleta expuesta en una tienda tiene una etiqueta con un precio de 180 euros y junto al precio se indica que tiene un 25% de descuento. ¿Cuánto cuesta la bicicleta?*

El 25% de descuento significa que por cada 100 euros se rebajan 25, es decir, el precio real por cada 100 euros será de 75 euros.

El precio de la bicicleta es:

$$180 \cdot 75\% = 180 \cdot \frac{75}{100} = 180 \cdot 0{,}75 = 135 \text{ €}$$

Ejemplo. *Un equipo musical está marcado con 250 euros. ¿Cuál es su costo final si hay que añadirle el 16% de IVA?*

El impuesto sobre el valor añadido (IVA) incrementa en 16 euros cada 100 euros del importe; es decir, se paga 116 euros por cada 100.

El precio del equipo musical es:

$$250 \cdot \frac{116}{100} = 250 \cdot 1{,}16 = 290 \text{ €}$$

El precio final de un artículo con un descuento o incremento porcentual es el producto del precio inicial por el porcentaje, expresado en forma decimal.

Interés simple

En el estudio del beneficio o interés simple que proporciona una cierta cantidad de dinero depositada en un banco se utilizan los siguientes conceptos:

- **Capital (C):** dinero que se deposita en el banco
- **Rédito (r):** dinero que el banco paga al año por cada 100 euros.
- **Tiempo (t):** días, meses o años que permanece el capital en el banco.

Ejemplo. *Mercedes deposita en un banco 9000 euros al 6% de interés simple. ¿Cuánto le pagará el banco al cabo de un año? ¿Y de 5 años? ¿Y en 200 días?*

El capital es de 9000 euros, y el rédito, el 6%.

Intereses en 1 año: $9000 \cdot \frac{6}{100} \cdot 1 = 540 \text{ €}$

Intereses en 5 años: $9000 \cdot \frac{6}{100} \cdot 5 = 2700 \text{ €}$

Intereses en 200 días: $9000 \cdot \frac{6}{100} \cdot \frac{200}{360} = 300 \text{ €}$

En el **interés simple**, los intereses o beneficios se retiran del banco al final de cada período de forma que el capital que produce intereses permanece constante.

Los **intereses** son proporcionales al rédito y al tiempo:

$$\textbf{Interés} = C \cdot r \cdot t$$

PARA PRACTICAR

15 Se denomina tanto por uno a la expresión decimal del tanto por ciento.

Indica el tanto por uno que corresponde a cada porcentaje.

a) 5 % b) 7 % c) 11 % d) 8,5 %

EJERCICIO RESUELTO

16 **Calcula y compara los dos resultados.**

a) 15 % del 60 % de 200 euros.

b) 60 % del 15 % de 200 euros.

a) El 60 % de 200 euros es:

$$200 \cdot \frac{60}{100} = 200 \cdot 0{,}60 = 120\ €$$

El 15 % de 120 es:

$$120 \cdot \frac{15}{100} = 120 \cdot 0{,}15 = 18\ €$$

b) El 15 % de 200 euros es:

$$200 \cdot \frac{15}{100} = 200 \cdot 0{,}15 = 30\ €$$

El 60 % de 30 es:

$$30 \cdot \frac{60}{100} = 30 \cdot 0{,}60 = 18\ €$$

Los resultados son idénticos.

17 Calcula y compara los dos resultados.

a) 20 % del 10 % de 500 personas.

b) 10 % del 20 % de 500 personas.

18 Calcula el valor final de las siguientes cantidades rebajadas en el porcentaje indicado.

a) 340 menos su 10 % c) 244 menos su 20 %

b) 120 menos su 15 % d) 888 menos su 25 %

19 Una mercancía sale de fábrica marcada con 300 euros. Calcula la subida en cada caso cuando el aumento viene dado por los siguientes porcentajes.

a) 10 % c) 20 %

b) 15 % d) 5 %

20 ¿Qué tanto por ciento hay que añadir o quitar al primer número para pasar al segundo?

a) De 20 a 30 euros.

b) De 200 a 250 alumnos.

c) De 1 250 a 1 000 metros.

d) De 200 a 180 kilos.

21 Indica el tanto por ciento de interés en cada caso si 1 euro colocado en un banco durante un año se transforma en:

a) 1,06 c) 1,09

b) 1,05 d) 1,04

22 Determina el capital final al cabo de 5 años al ingresar en un banco 6 000 euros al 3 % anual.

PARA APLICAR

23 En unos almacenes, cierto artículo se rebaja primero el 20 % y luego el 30 %.

a) ¿Es lo mismo que rebajar el 50 %?

b) ¿A quién favorece cada situación?

24 Un producto que cuesta 300 euros se ha incrementado la primera semana un 10 %, y la segunda, un 20 %.

¿Es equivalente a subir de una vez el 30 %?

25 Un capital de 1 500 euros, depositado en un banco durante cinco años a un cierto tipo de interés simple ha producido un beneficio de 225 euros.

¿A qué interés estuvo impuesto?

26 Luis recibe 6 000 euros de sus abuelos para poder ir a la universidad, si todo va bien, dentro de 10 años.

¿Cuánto dinero tendrá en ese momento si deposita el dinero a un interés del 8 %?

27 Una sociedad mercantil deposita en un banco 100 000 euros al 10 % y al cabo de cierto tiempo retira el dinero con los intereses, que son 4 000 euros. Calcula, en días, el tiempo que ha estado dicho capital en el banco.

3. Magnitudes inversamente proporcionales

Constante de proporcionalidad

Ejemplo. *Un centro escolar con 360 alumnos quiere recaudar 360 euros para una campaña contra el hambre de forma que, en el caso óptimo, cada alumno contribuya con un euro.*

¿Cómo se relaciona el número de contribuyentes con la cuota a pagar por cada uno?

Si contribuye 1 alumno, su cuota sería de 360 euros ($1 \cdot 360 = 360$ euros)

Si contribuyen 2 alumnos, su cuota sería de 180 euros ($2 \cdot 180 = 360$ euros)

Si contribuyen 3 alumnos, su cuota sería de 120 euros ($3 \cdot 120 = 360$ euros)

Si contribuyen 60 alumnos, su cuota sería de 6 euros ($60 \cdot 6 = 360$ euros)

Si contribuyen 360 alumnos, su cuota sería de 1 euro ($360 \cdot 1 = 360$ euros)

Se observa que:

- Si aumenta el número de alumnos, disminuyen sus cuotas.
- El producto del número de contribuyentes por su cuota es constante.

Las magnitudes «número de contribuyentes» y «cuota» son **inversamente proporcionales**.

> Dos magnitudes son **inversamente proporcionales** si al aumentar el doble, triple... una de ellas, las cantidades correspondientes de la otra disminuyen en la mitad, la tercera parte...
>
> El producto de dos cantidades correspondientes es constante y se llama **constante de proporcionalidad**.

Repartos proporcionales inversos

Ejemplo. *Se reparten 930 euros entre tres ciclistas del mismo equipo que participan en una carrera, de forma inversamente proporcional al orden de llegada a la meta: Javier, 2.º; Enrique, 3.º y Pablo, 5.º*

¿Cuánto recibe cada uno?

Repartir de forma inversamente proporcional a 2, 3 y 5 equivale a repartir proporcionalmente a sus inversos $\frac{1}{2}$, $\frac{1}{3}$ y $\frac{1}{5}$, que son fracciones equivalentes a $\frac{15}{30}$, $\frac{10}{30}$ y $\frac{6}{30}$, con denominador común.

Como los denominadores son iguales, el reparto se hace proporcionalmente a los numeradores 15, 10 y 6.

Número de euros que entra en cada reparto: $15 + 10 + 6 = 31$

Número de repartos iguales: $\frac{930}{31} = 30$

Cantidad que corresponde a Javier: $30 \cdot 15 = 450$ €

Cantidad que corresponde a Enrique: $30 \cdot 10 = 300$ €

Cantidad que corresponde a Pablo: $30 \cdot 6 = 180$ €

> **Repartir una cantidad** de forma **inversamente proporcional** a los números *a*, *b*, *c*... equivale a repartirla de forma directamente proporcional a sus inversos $\frac{1}{a}$, $\frac{1}{b}$, $\frac{1}{c}$...

PARA PRACTICAR

28 La constante de proporcionalidad de dos magnitudes inversamente proporcionales es 72.

Escribe cuatro parejas de valores que verifican esa condición.

29 Las parejas de cantidades 72 y *a*, 9 y *b*, 4 y 90, 3 y *d*, 2 y *e* son cantidades de magnitudes inversamente proporcionales.

Calcula la constante de proporcionalidad y los valores desconocidos.

30 Una de las parejas de números no debe pertenecer a este conjunto, ¿por qué?

4 y 90	5 y 72	6 y 60
2 y 180	3 y 120	6 y 50

31 La gráfica de la figura relaciona valores de la abscisa y la ordenada.

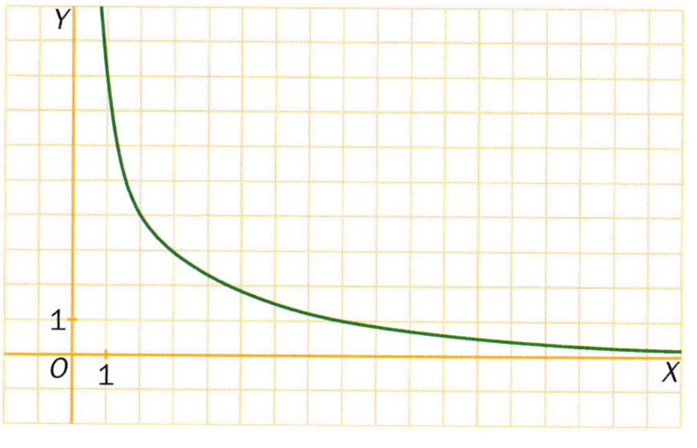

a) Escribe tres parejas de valores relacionados.

b) ¿Qué le sucede a la ordenada cuando aumenta el valor de la abscisa? Indica el tipo de relación que existe entre ellas.

EJERCICIO RESUELTO

32 **Reparte el número 210 en partes inversamente proporcionales a los números 3, 5 y 6.**

Se calculan los inversos de los números dados.

$$\frac{1}{3}, \frac{1}{5}, \frac{1}{6}$$

Se reducen a denominador común estas fracciones.

$$\frac{10}{30}, \frac{6}{30}, \frac{5}{30}$$

Se realiza un reparto directamente proporcional a los numeradores 10, 6 y 5.

En cada reparto entran $10 + 6 + 5 = 21$ unidades.

El número de repartos iguales que hay que hacer es: $\frac{210}{21} = 10$

La parte inversamente proporcional a 3 es $10 \cdot 10 = 100$.

La parte inversamente proporcional a 5 es $6 \cdot 10 = 60$.

La parte inversamente proporcional a 6 es $5 \cdot 10 = 50$.

33 Divide el número 360 en tres sumandos inversamente proporcionales a los números $\frac{1}{3}$, $\frac{1}{4}$ y $\frac{1}{5}$.

34 Reparte 52 000 de forma inversamente proporcional a 20, 30 y 40. ¿Es lo mismo que hacerlo a 2, 3 y 4? Razona la respuesta.

PARA APLICAR

35 Una cuadrilla de 8 obreros tarda 9 días en construir una cerca. ¿Cuántos días tardaría en hacer la misma cerca otra cuadrilla de 6 obreros trabajando en las mismas condiciones?

36 Un motorista tarda 4 horas en recorrer un trayecto si va a 60 kilómetros por hora. En las mismas condiciones, ¿cuánto tiempo tardaría si duplicase su velocidad?

37 Un constructor tiene trabajo para 10 albañiles durante 60 días laborables. Si no se presentan dos albañiles, ¿para cuánto tiempo tendrán trabajo los restantes?

38 Para construir la cerca de una casa, una cuadrilla de 6 canteros trabaja 12 horas diarias durante 5 días. En otra casa similar a la anterior trabaja al mismo ritmo otra cuadrilla de 6 canteros 6 horas diarias. ¿Cuántos días tardarán en hacer la cerca?

39 Un abuelo deja 4 725 euros en herencia a sus nietos. Si en el testamento está dispuesto que se ha de repartir de forma inversamente proporcional a los años de estos, que son 9, 15 y 18, ¿cuánto le corresponderá a cada uno?

40 Se reparten 3 300 euros entre los tres finalistas de un concurso de novelas, de forma inversamente proporcional al orden de clasificación.

¿Qué cantidad le corresponderá a cada uno?

CAMBIO DE DIVISAS

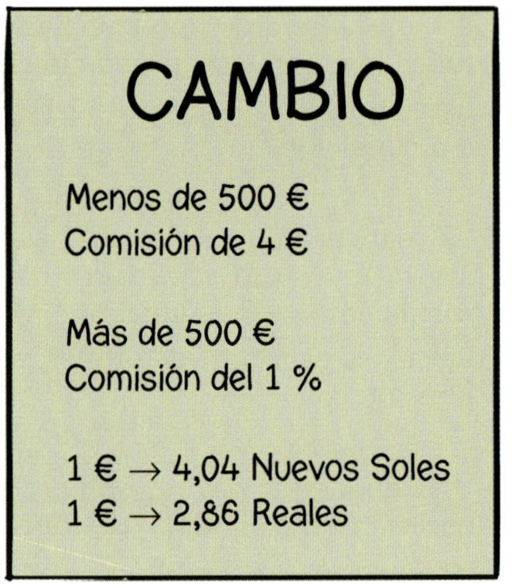

¿Dónde están las Matemáticas?

Cuando cambiamos euros a otra divisa, o viceversa, el banco suele cobrar una comisión proporcional a la cantidad cambiada. Lo más frecuente es que establezca una comisión fija para importes inferiores a una cantidad mínima y a partir de ahí cobre un **porcentaje** de la suma cambiada.

¿Cómo se aplican?

Supongamos que vamos la oficina de cambio del dibujo y queremos cambiar 300 euros a nuevos soles peruanos y 4000 euros a reales brasileños.

Euros ⟶ Nuevos soles

Comisión: 4 euros

Dinero a cambiar: 296 euros

$$\frac{1}{4,04} = \frac{296}{x}$$

$x = 296 \cdot 4,04 = 1212$ Nuevos soles

Total de la operación:

300 euros ⟶ 1195,84 Nuevos soles

Euros ⟶ Reales

Comisión del 1%: 40 euros

Dinero a cambiar: 3960 euros

$$\frac{1}{2,86} = \frac{3960}{x}$$

$x = 2,86 \cdot 3960 = 11325,6$ Reales

Total de la operación:

3960 euros ⟶ 11325,6 Reales

PARA APLICAR

41 Calcula la cantidad en nuevos soles que recibirías en el banco por cambiar 100 euros. ¿Cuánto recibirías por cambiar 600 euros?

42 Calcula la cantidad en reales que recibirías al cambiar 200 euros. ¿Cuánto recibirías por cambiar 750 euros?

Proporcionalidad directa

Magnitudes directamente proporcionales

Al duplicar, triplicar... las cantidades de una magnitud, las cantidades correspondientes de la otra magnitud también se duplican, triplican...

Razón de proporcionalidad:

$$k = \frac{a}{a'} = \frac{b}{b'} = \frac{c}{c'} = \ldots$$

Repartos directamente proporcionales

Las fracciones en las que se divide una cantidad total son proporcionales a los valores señalados.

Valores: $a, b, c\ldots \longrightarrow$ Suma: $a + b + c + \ldots = S$

Fracciones: $\frac{a}{S}, \frac{b}{S}, \frac{c}{S}\ldots \longrightarrow$ Suma: $\frac{a}{S} + \frac{b}{S} + \frac{c}{S} + \ldots = 1$

Aplicaciones de la proporcionalidad directa

Disminuciones y aumentos porcentuales

El precio final de un artículo con un descuento o incremento porcentual es el producto del precio inicial por el porcentaje, expresado en forma decimal.

Interés simple

En el interés simple, los intereses se retiran del banco al final de cada período, de forma que el capital que produce intereses permanece constante. Los intereses son proporcionales al rédito y al tiempo.

Interés = $C \cdot r \cdot t$ **Capital final = C + interés**

Proporcionalidad inversa

Magnitudes inversamente proporcionales

Al duplicar, triplicar... una de ellas, las cantidades correspondientes de la otra disminuyen a la mitad, a la tercera parte...

Constante de proporcionalidad:

$$k = a \cdot a' = b \cdot b' = c \cdot c' = \ldots$$

Repartos inversamente proporcionales

Repartir una cantidad de forma inversamente proporcional a los números $a, b, c\ldots$ equivale a repartirla de forma directamente proporcional a sus inversos $\frac{1}{a}, \frac{1}{b}, \frac{1}{c}\ldots$

PARA PRACTICAR Y APLICAR

43 En un centro escolar colaboran en actividades asistenciales 4 chicos por cada 5 chicas. Si en el centro hay 125 chicas.

a) ¿Cuántos chicos colaboran?

b) ¿Cuál es la razón de proporcionalidad?

44 Un grupo de apoyo a la integración está formado por 63 alumnos de los cuales 21 son chicos. ¿Qué porcentaje aproximado son chicas?

45 En una ciudad se recicla el 60 % del vidrio gastado.

¿Cuánto vidrio se ha gastado?

46 Pablo, Verónica y Javier han ido de compras. En una tienda de libros de bolsillo, Pablo compra 2 libros; Verónica, 3, y Javier, 5, todos del mismo precio.

¿Cuánto debe pagar cada uno si los libros han costado 60 euros?

47 Un coche tiene un precio inicial de 12 500 euros antes de impuestos. Sabiendo que el impuesto de matriculación incrementa el precio en el 5 % y que el IVA es el 16 % del resultado.

a) ¿Cuál es el coste antes del IVA?

b) ¿Cuál es el coste final del vehículo para el comprador?

48 En unos almacenes hay rebajas y ofrecen el 30 % de descuento en todos los artículos. Si hago varias compras y pago 210 euros, ¿cuánto me he ahorrado?

49 Se deposita en el banco un capital de 1 000 euros al 6 % de interés simple.

¿Cuántos años tiene que permanecer para que los intereses sumen 800 euros?

50 En un establo hay 12 vacas que tienen alimento para 24 días. Si hubiese 2 vacas más, ¿para cuántos días tendrían alimento?

51 Un aula de música tiene forma rectangular. Si las medidas son números enteros, ¿cómo son entre sí las posibles dimensiones?

52 Dos grifos con el mismo caudal llenan un depósito en 9 horas.

¿Cuánto tardarían en llenarlo 3 grifos con el mismo caudal?

53 Cuatro pintores tardan 20 días en pintar un colegio.

a) ¿Cuánto tardarían cinco pintores trabajando al mismo ritmo?

b) ¿Y tres pintores?

54 Una empresa desea repartir 7 200 euros entre sus tres empleados como premio a la productividad, de forma inversamente proporcional a los días de absentismo laboral.

Si los empleados han faltado al trabajo 15, 20 y 30 días en un año, ¿cuánto le corresponde a cada uno?

55 La Unesco decide repartir 100 millones de euros en ayudas para comprar libros entre tres pequeños países en vías de desarrollo: *A*, *B* y *C*.

El reparto se hace de forma inversamente proporcional al producto interior bruto (PIB) de dichos países, que en miles de millones de euros ha sido de 10, 15 y 20. Calcula la cantidad que le corresponde a cada país.

56 Un ganadero tiene 100 vacas y dispone de forraje para alimentarlas durante 5 meses.

Si al cabo de 1 mes vende 20 vacas, ¿para cuánto tiempo tendrán forraje las vacas que quedan?

PARA REFORZAR

57 Averigua si con las siguientes razones se puede formar una proporción.

a) $\frac{2}{5}$ y $\frac{6}{15}$

b) $\frac{8}{20}$ y $\frac{2}{5}$

c) $\frac{15}{10}$ y $\frac{3}{2}$

d) $\frac{8}{3}$ y $\frac{12}{3}$

58 Un ciclista tarda 20 minutos en recorrer 8 kilómetros. Si mantiene la misma velocidad, ¿cuánto tardará en recorrer 24 kilómetros?

59 Marta gana en una empresa 8 euros por hora trabajada. ¿Cuántas horas tendrá que trabajar para ganar 360 euros?

60 Una obra de pavimentación la realizan 6 albañiles en 120 días.

¿En cuánto tiempo la realizarían 10 albañiles?

61 Expresa como tanto por uno los siguientes porcentajes y calcula el precio final de un artículo de 30 euros con esas rebajas.

a) 5 % b) 0,5 % c) 50 % d) 100 %

62 En una tienda rebajan 120 euros un artículo que vale 800. En otra, un artículo que cuesta 1 200 euros tiene una rebaja de 192.

¿En qué tienda hacen más descuento?

63 Un contratista hace una reparación en una casa por valor de 8 500 euros y decide descontar al dueño 425 euros de esta cantidad.

¿Qué tanto por ciento de descuento le hace?

64 Una empresa ingresa en el banco 20 000 euros y al cabo de un año retira 21 600.

¿Cuál ha sido el rédito al que ha estado el dinero?

65 Determina el interés al que se ha depositado el dinero en un banco si en 5 meses ha permitido pasar:

a) De 3 000 a 3 500 euros.

b) De 5 000 a 5 500 euros.

PARA AMPLIAR

66 Un comerciante dispone de dos clases de aceite, uno más ácido, de 3 euros el litro, y otro menos ácido, de 2,50 euros el litro. Para rebajar su acidez, desea obtener 200 litros de aceite mezclando los existentes de forma que pueda vender el aceite resultante a 2,80 euros el litro. ¿Cuánto aceite debe emplear de cada clase para hacer la mezcla?

67 ¿Cuántos años tardará en duplicarse el coste de la vida si cada año aumenta un 3 %?

68 Algunas veces, la razón de proporcionalidad entre dos magnitudes se da en tanto por mil (‰), que son las unidades elegidas de cada 1 000. Expresa en tanto por mil un porcentaje del 60 %.

69 Se ha descompuesto un número en tres sumandos proporcionalmente a 2, 4 y 6.

a) Si el segundo sumando es 180, ¿cuáles son los otros dos?

b) ¿Cuál es el número?

70 A temperatura constante, la relación entre la presión de una cantidad constante de gas y el volumen que ocupa está dada por la gráfica:

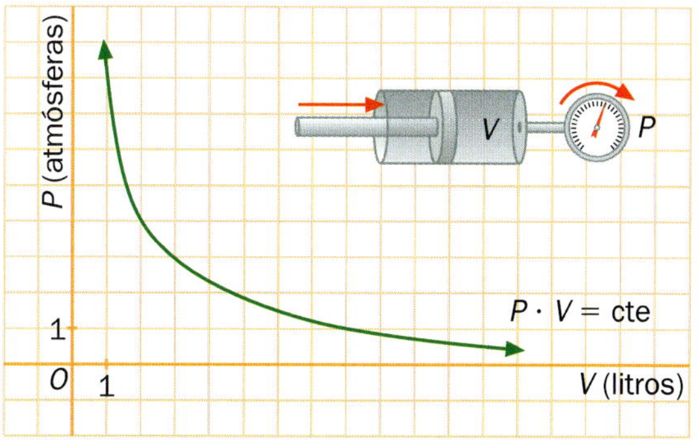

a) ¿Qué tipo de relación existe entre la presión y el volumen?

b) ¿Existe una razón de proporcionalidad o una constante de proporcionalidad? ¿Cuánto vale?

PARA INTERPRETAR Y RESOLVER

71 Más salas de cine

Una gran sala de cine ocupa un local rectangular de 40 × 50 metros.

Según un estudio de mercado, las preferencias en porcentaje del tipo de películas son las que aparecen en el siguiente diagrama de barras.

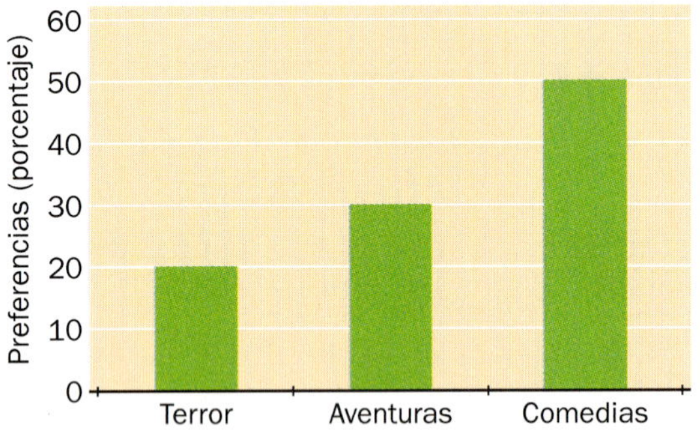

La empresa decide dividir el espacio en tres nuevas salas con superficies proporcionales a los resultados del mencionado estudio, pero las tres con el mismo largo, tal y como muestra la figura de la derecha.

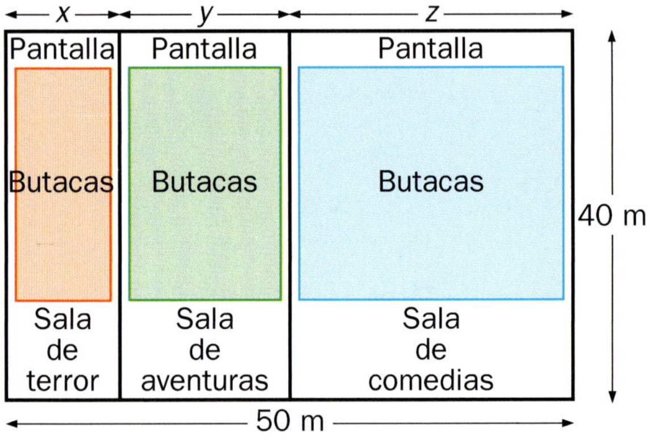

a) Calcula los anchos x, y, z de las salas.

b) Se supone que la capacidad, es decir, el número de butacas, de cada una de las salas debe ser también proporcional a la superficie. Si todas las salas tienen 25 filas, ¿cuántas butacas tendrá cada fila en cada una de las salas? Se sabe que la capacidad total del cine es de 750 butacas.

AUTOEVALUACIÓN

1 Encuentra el término que falta en las siguientes proporciones.

a) $\frac{20}{30} = \frac{x}{12}$

b) $\frac{12}{y} = \frac{6}{6}$

2 El quilate se usa en joyería para indicar el porcentaje de oro puro de una joya. Su valor se da sobre 24; por ejemplo, $\frac{20}{24}$.

Calcula el oro que tiene una joya de 20 quilates que pesa 60 gramos.

3 En un colegio, 1 de cada 7 alumnos usa gafas. Si el colegio tiene 644 alumnos, ¿cuántos hay con gafas?

4 La factura de 5 metros de tela es de 30 euros.

a) ¿Cuánto costarán 10 metros de la misma tela?

b) ¿Y 20 metros?

5 Los ángulos de un cuadrilátero son proporcionales a 2, 4, 6 y 8.

¿De cuántos grados es cada uno?

6 Una cena de fin de curso cuesta 240 euros. Si quieren darle al camarero una propina del 6 %, ¿por cuánto sale la cena con la propina incluida?

7 Seis fontaneros tienen previsto tardar 18 días en instalar el agua en una urbanización nueva. Si en el momento de empezar fallan dos fontaneros, ¿cuánto tiempo tardarán en hacer la instalación?

8 La razón de proporcionalidad entre dos magnitudes es 0,75.

Si la mayor de las cantidades es 120, ¿cuál es la menor?

9 Ana ingresa en el banco los 2 000 euros que ha recibido como gratificación en Navidad. Los coloca en la Cuenta Joven al 5 %.

a) ¿Qué intereses le producirán en el próximo año?

b) ¿Qué capital tendrá al final?

10 Reparte 38 libros de forma inversamente proporcional a los números 2, 4 y 5.

ENTRE MATEMÁTICOS

EL MATEMÁTICO... SABIO

Tales de Mileto (siglo VI a. C.)

Tales, el más ilustre de los siete sabios de Grecia, soportó durante años las burlas de quienes pensaban que sus investigaciones eran inútiles. Pero un día decidió sacar rendimiento a sus conocimientos: gracias a sus observaciones meteorológicas supo que la cosecha de aceitunas sería magnífica y compró todas las prensas que había en Mileto. La cosecha fue extraordinaria y todos los agricultores tuvieron que pagarle por usarlas. Tales pasó cierto tiempo en Egipto estudiando astronomía y matemáticas; le pareció una experiencia tan enriquecedora que cuando en su vejez fue maestro de Pitágoras, le animó a repetirla. ...

... SU IDEA...

El faraón de Egipto pidió a Tales que calculara la altura exacta de la Gran Pirámide de Kéops, porque corría el rumor de que sabía **determinar la altura de construcciones elevadas** sin tener que subirse a ellas. Tales consiguió realizar la medición porque había ideado un método, conocido como **teorema de Tales**, que utilizaba **segmentos proporcionales para medir alturas a partir de sus sombras**.

... Y SU ÉPOCA

El griego Esopo narraba sus fábulas con animales como protagonistas; como la de la tortuga y la liebre.

ENTREtenido

UNA PIRÁMIDE CON MUCHAS VISTAS

Cada uno de los miembros de este grupo ha hecho una foto de la Gran Pirámide mientras que un gato trepaba por una de sus aristas. Observa la posición de cada uno y señala cuál es el autor de cada fotografía.

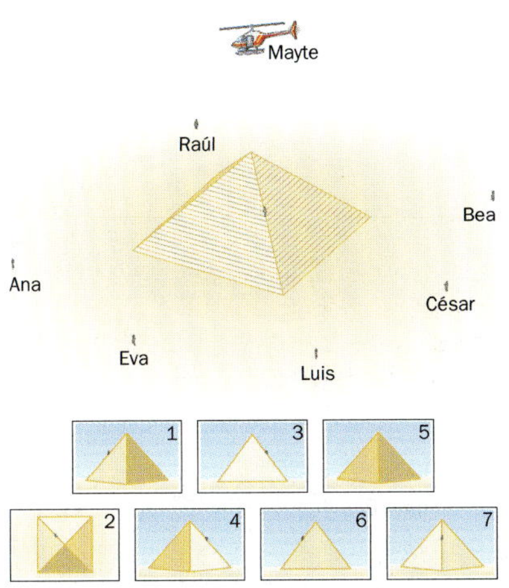

ENTRE interrogantes

¿CÓMO SE DETERMINA EN LA ACTUALIDAD LA ALTURA EXACTA DE UNA CONSTRUCCIÓN?

Actualmente podemos conocer la altura exacta de cualquier construcción, montaña e incluso la profundidad de una fosa marina gracias a la tecnología de los satélites artificiales.

En 2005, por ejemplo, se utilizaron las más avanzadas tecnologías para medir con precisión la montaña más alta de la Tierra. Así comprobaron que el Everest mide 8 844,43 metros, 3,7 metros menos de lo que se pensaba.

8 SUCESIONES NUMÉRICAS. PROGRESIONES

La pirámide del Sol en Teotihuacán (México), con sus 248 escalones llega a una altura de 63 metros. Si subes a un lugar como este, puedes entretenerte contando los escalones que llevas hasta el momento y preguntarte a qué altura te encuentras en cada uno de ellos.

Por ejemplo, si la altura de cada escalón es de 30 centímetros, puedes conocer, aproximadamente, la altura a la que están con solo sustituir n por el número de escalones que has subido en la expresión $30n$.

RECUERDA

Múltiplos de números

Múltiplos de 3: 3, 6, 9, 12, 15..., $3n$

Múltiplos de 5: 5, 10, 15, 20, 25..., $5n$

Potencias de números

Potencias de 2: 2, 4, 8, 16..., $2n$

Potencias de $\frac{1}{2}$: $\frac{1}{2}, \frac{1}{4}, \frac{1}{8}, \frac{1}{16}..., \left(\frac{1}{2}\right)^n$

Potencias de 3: 3, 9, 27, 81..., $3n$

Potencias de $\frac{1}{3}$: $\frac{1}{3}, \frac{1}{9}, \frac{1}{27}, \frac{1}{81}..., \left(\frac{1}{3}\right)^n$

Valor numérico de una expresión algebraica

Expresión: $2n + 5$

- Para $n = 1$: $2 + 5 = 7$
- Para $n = 2$: $4 + 5 = 9$
- Para $n = 3$: $6 + 5 = 11$

PARA EMPEZAR

1 Escribe el siguiente número de la serie en cada caso.

a)

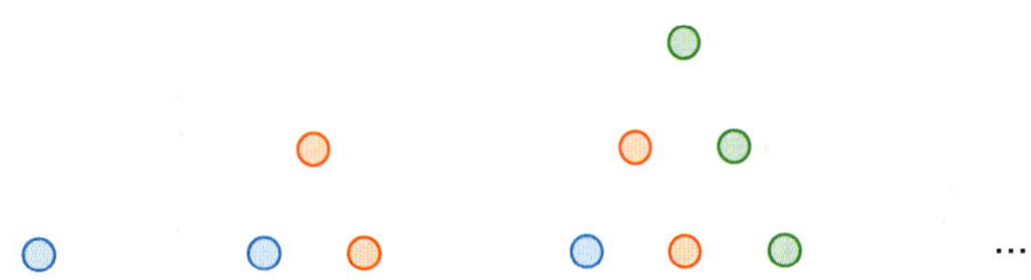

b)

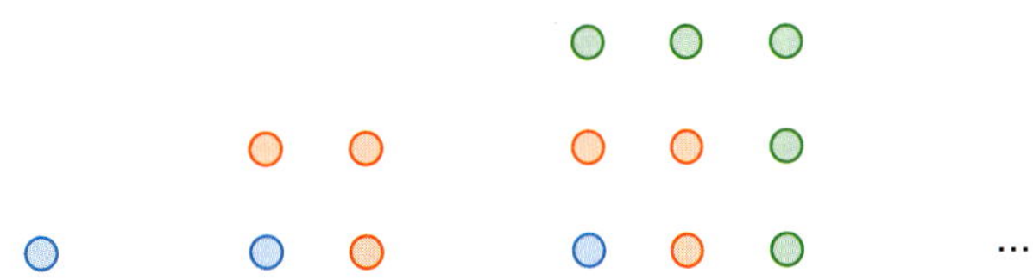

2 Con tres segmentos iguales se puede construir un triángulo equilátero.

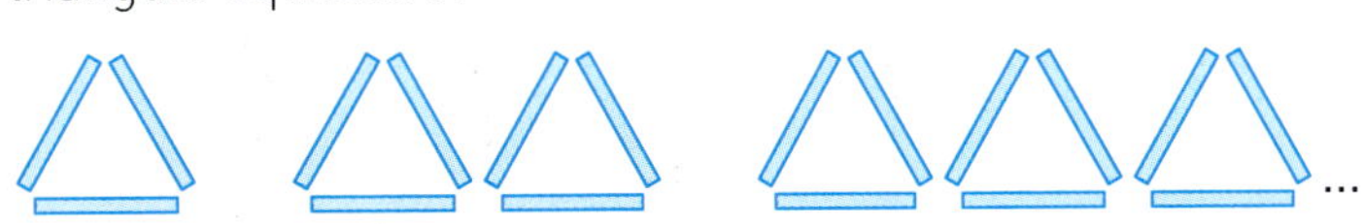

a) ¿Cuántos segmentos son necesarios para construir dos triángulos iguales?

b) ¿Y tres iguales?

c) Continúa la serie de números.

3 ¿Cuál es la altura de la escalera del dibujo? Si la escalera tuviera n escalones, ¿cuál sería su altura?

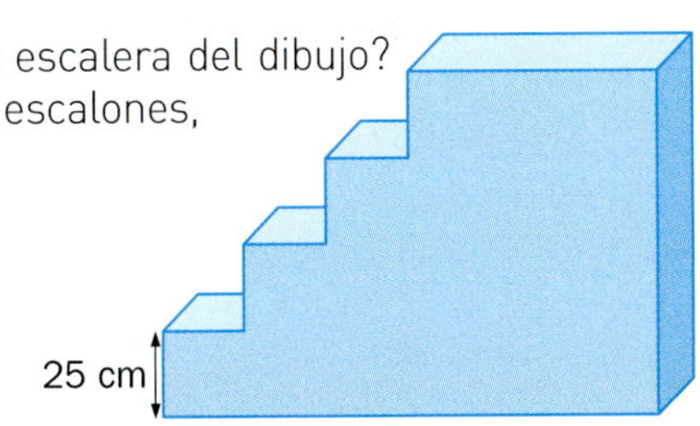

1. Sucesiones de números

Ejemplo. *Escribe el número de barritas necesarias para construir cada serie de figuras.*

A)

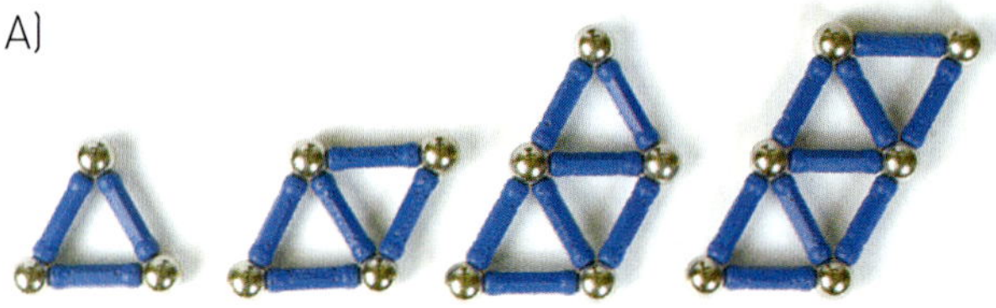

3 5 7 9...

B)

3 6 4 7

	1.ª	2.ª	3.ª	...
A)	3	5	7	...

	1.ª	2.ª	3.ª	...
B)	3	6	4	...

En ambos casos se pueden seguir construyendo figuras e ir anotando el número de piezas indefinidamente. Estas filas de números se llaman **sucesiones** y a los números que las forman se les llama **términos**.

Para la sucesión correspondiente a la figura A) sería

Términos	3	5	7	...	n
Se designa	a_1	a_2	a_3	...	a_n
Se lee	*a* sub-uno	*a* sub-dos	*a* sub-tres	...	*a* sub-*ene*

Observa

Si se cambia de orden un elemento de la sucesión, se obtiene otra sucesión distinta. Por ejemplo, la sucesión 1, 2, 3, 4..., es distinta de la sucesión 1, 3, 2, 4...

Una **sucesión de números reales** es un conjunto de números dados en un cierto orden.

Cada número de la sucesión se llama **término** y se designa por una letra minúscula y un número llamado **índice** que indica el lugar que ocupa el término en la sucesión.

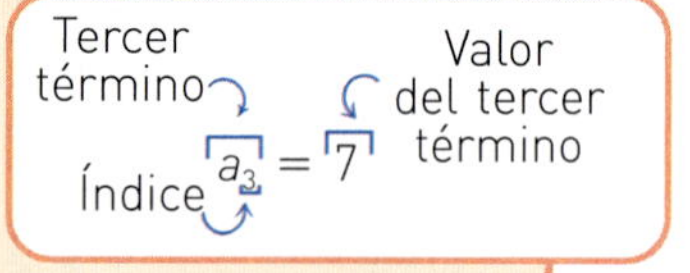

Término general

Ejemplo. *Los términos de una sucesión cumplen que* $a_n = 3n - 2$, *donde* n *representa el índice de cada término. Calcula sus cuatro primeros términos.*

Dando valores a n: $a_1 = 3 \cdot 1 - 2 = 1$; $a_2 = 3 \cdot 2 - 2 = 4$;
$a_3 = 3 \cdot 3 - 2 = 7$; $a_4 = 3 \cdot 4 - 2 = 10$

Se llama **término general** de una sucesión a_n, a una expresión que nos permite calcular cualquier término de la misma en función del índice.

Sucesiones recurrentes

Ejemplo. *Los términos de una sucesión cumplen que* $a_n = 2a_{n-1} + 3$ $(n > 1)$. *Escribe los cuatro primeros términos sabiendo que* $a_1 = 1$.

Aplicando la relación se obtiene: $a_1 = 1$; $a_2 = 2a_1 + 3 = 2 \cdot 1 + 3 = 5$;
$a_3 = 2 \cdot a_2 + 3 = 2 \cdot 5 + 3 = 13$; $a_4 = 2a_3 + 3 = 2 \cdot 13 + 3 = 29$.

Una sucesión se llama **recurrente** cuando todos sus términos, a partir de uno dado, se pueden calcular en función de los términos anteriores de la sucesión de acuerdo a una expresión conocida.

PARA PRACTICAR

1 Escribe los cinco primeros términos de cada sucesión.

a) $a_n = 5n + 9$

b) $b_n = 2n \cdot 3$

c) $c_n = n^2 + 1$

d) $d_n = n^3 - 1$

2 Escribe los siguientes términos de cada sucesión.

a) El término 7 de $a_n = -3$.

b) El término 18 de $b_n = -4(n + 1)$.

c) El término 20 de $c_n = n^2 + n + 1$.

d) El término 100 de $d_n = 5n + 1$.

3 Escribe los términos a_{12}, a_{20} y a_{50} de las siguientes sucesiones.

a) $a_n = \dfrac{2n}{3}$

b) $a_n = 2n - 3$

c) $a_n = \dfrac{1 - n}{2}$

d) $a_n = -1$

4 Dada la sucesión $a_n = (-1)^n$.

a) Escribe los cinco primeros términos de la sucesión.

b) Escribe los términos 34 y 35 de la sucesión.

5 Escribe los cinco primeros términos de la sucesión $a_n = 3^n$.

EJERCICIO RESUELTO

6 **Escribe el término general de cada sucesión.**

a) 2, 4, 6, 8...

b) 0, 3, 8, 15...

a) n : 1, 2, 3, 4...
$a_n = 2n$: 2, 4, 6, 8...

b) n : 1, 2, 3, 4...
n^2: 1, 4, 9, 16...
$b_n = n^2 - 1$: 0, 3, 8, 15...

7 Escribe el término general de estas sucesiones.

a) 1, 7, 17, 31, 49...

b) 3, 12, 27, 48...

c) 2, 5, 10, 17...

d) 2, 10, 30, 68...

8 Escribe el término general de las siguientes sucesiones.

a) 2, 4, 8, 16, 32...

b) 3, 6, 11, 18, 27...

9 Escribe los cinco primeros términos de las siguientes sucesiones dadas por expresiones recurrentes.

a) $a_1 = 3$, $a_n = 5a_{n-1} - 3$ $(n>1)$

b) $a_1 = -1$, $a_n = (2 - a_{n-1})^2$ $(n>1)$

c) $a_1 = 1$, $a_2 = 1$, $a_n = a_{n-2} + a_{n-1}$ $(n>2)$

d) $a_1 = -1$, $a_2 = 2$, $a_n = a_{n-1} \cdot a_{n-2} + 2$ $(n>2)$

PARA APLICAR

10 Cada *tetra brik* de leche cuesta 0,80 euros.

a) Escribe la sucesión del coste de 1, 2, 3, 4... *tetra briks.*

b) ¿Cuál sería el coste de 12 *tetra briks*?

c) ¿Cuál es el coste de *n tetra briks*?

11 En el triángulo equilátero de la figura se unen los puntos medios y se forma otro triángulo equilátero cuyo lado es la mitad.

Si el proceso se repite, se obtiene una sucesión de triángulos.

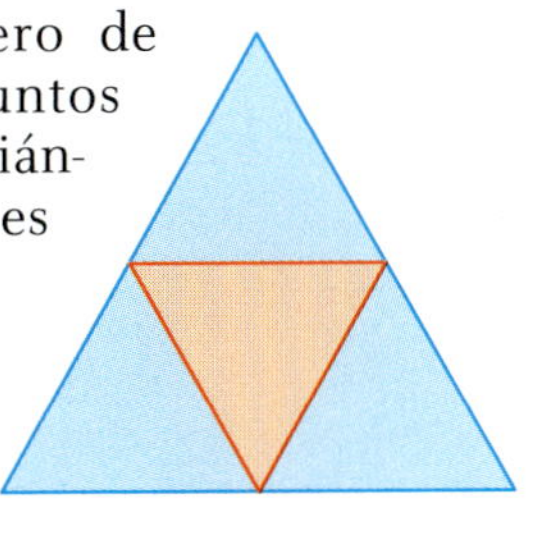

Escribe los cuatro primeros términos de la sucesión de las medidas de los lados y de los perímetros de los triángulos.

12 Escribe los primeros términos de la sucesión formada por la suma de los sucesivos términos de la sucesión de números:

1, 3, 5, 7, 9, 11, 13...

¿Cuál es la suma de los 12 primeros términos?

13 Calcula la sucesión de los lados de los cuadrados inscritos en cada circunferencia.

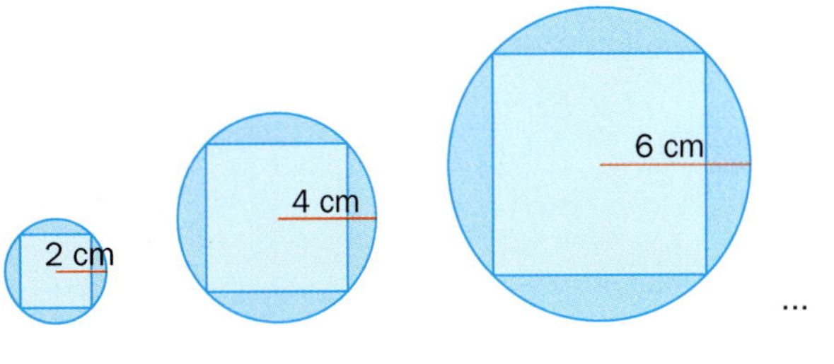

2. Progresiones aritméticas

Ejemplo. *En las siguientes sucesiones, ¿hay alguna regla que permita pasar de un término al siguiente?*

$(a_n) = (2, 4, 6, 8\ldots)$ $(b_n) = (20, 17, 14, 11\ldots)$

En las dos sucesiones, cada término se obtiene sumando un mismo número al término anterior.

a_n: 2, (+2) 4, (+2) 6, (+2) 8, (+2) ... b_n: 20, (+(−3)) 17, (+(−3)) 14, (+(−3)) 11, (+(−3)) ...

Una **progresión aritmética** es una sucesión en la cual cada término, excepto el primero, se obtiene sumando al anterior un mismo número que se llama **diferencia** de la progresión.

Recurrencia

Una progresión aritmética se puede también escribir a partir del primer término, a_1, y de la expresión recurrente:

$$a_n = a_{n-1} + d$$

siendo d la diferencia de la progresión.

En una progresión aritmética se puede conocer el valor de cualquier término si se conoce el primero, $\boldsymbol{a_1}$, y la diferencia, $\boldsymbol{d}$.

$$a_5 = a_4 + d = a_3 + d + d = a_2 + d + d + d = a_1 + d + d + d + d = a_1 + 4d$$

El **término general a_n de una progresión aritmética** viene dado por la fórmula:

$\boldsymbol{a_n = a_1 + (n - 1) \cdot d}$ donde n toma los valores 1, 2, 3...

Suma de términos

Ejemplo. *Halla la suma de los cien primeros términos de la sucesión de los números naturales: 1, 2, 3, ..., 98, 99 y 100.*

Los cien primeros términos: $S_{100} = 1 + 2 + 3 + \ldots + 98 + 99 + 100$

Escritos en orden inverso: $S_{100} = 100 + 99 + 98 + \ldots + 3 + 2 + 1$

Esta doble suma es: $2 \cdot S_{100} = 101 + 101 + 101 + \ldots + 101 + 101 + 101$

Observa que la suma siempre es 101, es decir, la suma del primero y último término. Como cada término se ha sumado dos veces, la suma de los 100 primeros términos, S_{100}, será:

$$S_{100} = \frac{100 \cdot 101}{2} = 5\,050$$

En general, la suma de los n primeros términos de una sucesión (a_n) es:

$$\left.\begin{aligned} S_n &= a_1 + a_1 + d + a_1 + 2d + \ldots + a_1 + (n-2) \cdot d + a_1 + (n-1) \cdot d \\ S_n &= a_n + a_n - d + a_n - 2d + \ldots + a_n - (n-2) \cdot d + a_n - (n-1) \cdot d \end{aligned}\right\} \Rightarrow$$

$$\Rightarrow 2S_n = (a_1 + a_n) \cdot n \Rightarrow S_n = \frac{(a_1 + a_n) \cdot n}{2}$$

La **suma** de los n primeros términos de una **progresión aritmética** es

$$\boldsymbol{S_n = \frac{(a_1 + a_n)}{2} \cdot n}$$

PARA PRACTICAR

14 Comprueba si las siguientes sucesiones son aritméticas. En caso afirmativo, indica la diferencia y el término siguiente.

a) 7, 14, 21, 28...
b) 53, 43, 33, 23...
c) 1, 4, 7, 10...
d) 3, 6, 12, 24...

15 Escribe el término general de las siguientes sucesiones aritméticas.

a) 3, 10, 17, 24...
b) 20, 16, 12, 8...

EJERCICIO RESUELTO

16 En una progresión aritmética se conocen los términos $a_3 = 9$ y $a_9 = 21$. Calcula d y a_{23}.

Se resuelve el sistema formado por las ecuaciones:

$$\left.\begin{array}{l} a_3 = a_1 + (3-1)d \\ a_9 = a_1 + (9-1)d \end{array}\right\} \left.\begin{array}{l} 9 = a_1 + 2d \\ 21 = a_1 + 8d \end{array}\right\} \Rightarrow 12 = 6d \Rightarrow d = 2$$

$9 = a_1 + 2d \Rightarrow 9 = a_1 + 2 \cdot 2 \Rightarrow a_1 = 5$

El término que ocupa la posición 23 se calcula utilizando la fórmula del término general.

$a_{23} = a_1 + (23 - 1) \cdot d = 5 + 22 \cdot 2 = 49$

17 Escribe la diferencia y el término general de las progresiones aritméticas de las que se conocen los siguientes datos.

a) $a_1 = 3$, y $a_{20} = 60$
b) $a_2 = 40$, y $a_8 = 64$

18 En una progresión aritmética $a_1 = 7$, $a_n = 40$ y $d = 3$, ¿cuál es el valor de n?

19 Calcula los seis números que hay que intercalar entre el 20 y el 69 de manera que los ocho formen una progresión aritmética.

EJERCICIO RESUELTO

20 En una progresión aritmética $a_1 = 12$ y $d = 2$, calcula la suma de los 15 primeros términos de la progresión.

Primero se calcula el término a_{15}.

$a_{15} = a_1 + (15 - 1) \cdot d = 12 + 28 = 40$

Se utiliza la fórmula para la suma de los 15 primeros términos de la progresión.

$$S_{15} = \frac{a_1 + a_{15}}{2} \cdot 15 = \frac{12 + 40}{2} \cdot 15 = 390$$

21 Halla la suma de los 20 primeros términos de estas sucesiones.

a) 2, 5, 8, 11...
b) 10, 8, 6, 4...

22 Halla la suma de los 50 primeros números múltiplos de 3.

23 La suma de n términos de una progresión aritmética es 1 550. Si $a_1 = 2$, y $d = 5$, ¿cuántos términos se han sumado?

PARA APLICAR

24 Un vendedor de ordenadores cobra cada mes 750 euros, más una comisión de 30 euros por cada ordenador que vende.

a) ¿Cuánto cobra un mes que ha vendido 7 ordenadores?
b) ¿Cuántos ordenadores ha vendido en un mes si ha ganado 1 110 euros?

25 Una madre ha repartido 72 euros entre sus tres hijos para ayudar a una ONG. Si las cantidades forman una progresión aritmética de diferencia 4 euros, ¿cuánto ha dado a cada uno?

26 Manolo se está preparando para correr una carrera popular contra la droga; para ello, el primer día empieza corriendo 5 kilómetros, y cada día decide correr 1 kilómetro más que el día anterior.

¿Cuántos kilómetros lleva recorridos después de 10 días?

27 Un jardinero tiene que echar un cubo de agua a 20 árboles dispuestos como los de la figura.

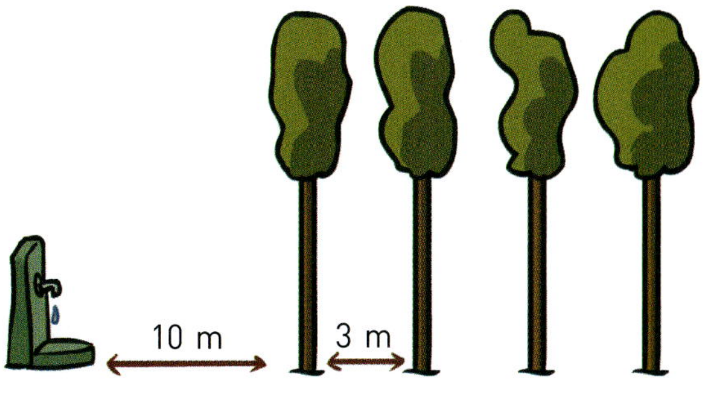

El jardinero llena el cubo de agua en la fuente, recorre el camino al primer árbol, le echa el agua y vuelve a llenar el cubo para repetir el proceso con el siguiente árbol.

¿Cuántos metros habrá recorrido el jardinero después de regar los 20 árboles?

3. Progresiones geométricas

Ejemplo. *En las siguientes sucesiones, ¿hay alguna regla que permita pasar de un término al siguiente?*

$(a_n) = (1, 2, 4, 8, 16...)$ $(b_n) = (27, 9, 3, 1, \frac{1}{3}...)$

En las dos sucesiones, cada término se ha obtenido multiplicando el término anterior por un mismo número.

a_n: 1, 2, 4, 8, ... (cada término $\cdot 2$) b_n: 27, 9, 3, 1, ... (cada término $\cdot \frac{1}{3}$)

Este tipo de sucesión se llama **progresión geométrica**, y el número que multiplica cada término, **razón**.

Una **progresión geométrica** es una sucesión en la cual cada término, menos el primero, se obtiene multiplicando el anterior por un mismo número que se llama **razón**, ***r***, de la progresión.

Recurrencia

Una progresión geométrica se puede también escribir a partir del primer término, a_1, y de la expresión recurrente:

$$a_n = a_{n-1} \cdot r$$

siendo r la razón de la progresión.

En una progresión geométrica se puede conocer el valor de cualquier término si se conoce el primer término, $\mathbf{a_1}$, y la razón, $\mathbf{r}$.

$$a_5 = a_4 \cdot r = a_3 \cdot r \cdot r = a_2 \cdot r \cdot r \cdot r = a_1 \cdot r \cdot r \cdot r \cdot r = a_1 \cdot r^4$$

El **término general a_n de una progresión geométrica** viene dado por la fórmula:

$\mathbf{a_n = a_1 \cdot r^{n-1}}$ donde n toma los valores 1, 2, 3...

Suma de términos

Ejemplo. *Halla la suma de los primeros 7 términos de la progresión geométrica: 1, 3, 9, 27...*

Los números forman una progresión geométrica de razón 3.

Los siete términos suman: $S = 1 + 3 + 9 + 27 + 81 + 243 + 729$

Si se multiplican por la razón: $3 \cdot S = 3 + 9 + 27 + 81 + 243 + 729 + 2187$

Se restan ambas expresiones: $3 \cdot S - S = 2187 - 1$

Se obtiene: $S = \frac{2186}{2} = 1093$

En general, como $r \cdot a_1 = a_2$; $r \cdot a_2 = a_3$..., la suma de los n primeros términos de una progresión geométrica (a_n) es la siguiente.

$$r \cdot S = a_2 + a_3 + a_4 + ... + a_n - 1 + a_n + r \cdot a_n$$

$$S = a_1 + a_2 + a_3 + a_4 + ... + a_n - 1 + a_n$$

Por tanto: $r \cdot S - S = ra_n - a_1 \Rightarrow S(r-1) = ra_n - a_1 \Rightarrow \mathbf{S = \frac{r \cdot a_n - a_1}{r - 1}}$

La **suma** de los ***n*** primeros términos de una **progresión geométrica** es:

$$\mathbf{S_n = \frac{r \cdot a_n - a_1}{r - 1}}$$

Fórmula equivalente

Otra fórmula para la suma es la siguiente.

$$S_n = \frac{r \cdot a_n - a_1}{r - 1} = \frac{r \cdot a_1 \cdot r^{n-1} - a_1}{r - 1} = \frac{a_1 \cdot r^n - a_1}{r - 1} = \frac{a_1(r^n - 1)}{r - 1}$$

PARA PRACTICAR

28 Comprueba si las siguientes sucesiones son geométricas. En caso afirmativo, indica la razón y el término siguiente.

a) 3, 9, 27, 81...

b) 64, 32, 16, 4...

c) 5, −5, 5, −5...

d) 81, 27, 9, 3...

29 El término general de una sucesión es $a_n = 5 \cdot 2^n$.

a) Halla los cinco primeros términos.

b) ¿Es una progresión geométrica? En caso afirmativo, indica la razón.

EJERCICIO RESUELTO

30 **Dada la progresión geométrica 6, 18, 54...**

a) Calcula la razón de la progresión.

b) Calcula el término general.

c) Halla el sexto término.

a) 6 $\xrightarrow{\cdot 3}$ 18 $\xrightarrow{\cdot 3}$ 54 ... La razón es 3.

b) $a_n = a_1 \cdot r^{n-1} \Rightarrow a_n = 6 \cdot 3^{n-1}$

c) Se aplica la fórmula del término general.

$$a_6 = a_1 \cdot r^{6-1} = 6 \cdot 3^5 = 1\,458$$

31 En una progresión geométrica, el primer término es 5, y la razón, 2.

a) Escribe el término general.

b) Escribe los cinco primeros términos.

32 Escribe los cinco primeros términos de una progresión geométrica cuyo término $a_3 = 36$, y $r = 3$.

33 En una progresión geométrica, el primer término vale 6, y la razón, 2.

¿Qué lugar ocupa el término que vale 6 144?

34 ¿Cuánto vale el término que ocupa el lugar 32 en una progresión geométrica en la que $a_3 = 2$, y $a_4 = 2$?

35 Calcula los términos que faltan en la progresión geométrica 10, a, b, c, 6 250.

36 Dada la progresión geométrica 3, 6, 12, 24..., calcula la suma de los 10 primeros términos.

37 Calcula la suma de los 15 primeros términos de la progresión geométrica de primer término 4 y razón $\frac{1}{2}$.

38 Halla la suma de los 9 primeros términos de una progresión geométrica en la que $a_9 = 2\,187$, y $r = 3$.

PARA APLICAR

39 Un pastor tiene un rebaño con 1 024 ovejas. El primer año vende la mitad del rebaño; el segundo, la mitad de las que le quedaban, y así sucesivamente.

¿Cuántos años tardará en quedarse con una oveja solamente?

40 El área de un cuadrado es de 128 centímetros cuadrados. Se unen los puntos medios de cada lado y se forma otro cuadrado cuya área es la mitad. Si se repite este proceso, se obtiene una sucesión con las áreas de los cuadrados que se forman.

a) Escribe los cinco primeros valores de la sucesión.

b) ¿Se trata de una progresión geométrica? En caso afirmativo, escribe la razón.

41 El volumen de un aula es de 216 metros cúbicos. Halla las dimensiones del aula, sabiendo que están en progresión geométrica y que la longitud de la clase es la menor posible.

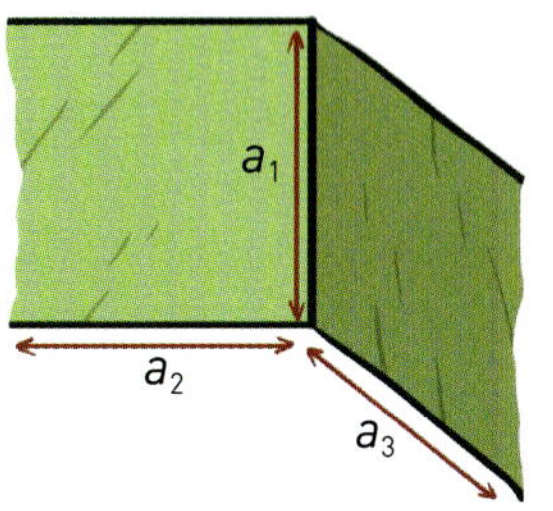

42 Una asociación juvenil organiza un concierto para descubrir nuevos talentos en la ciudad. Para promocionar el concierto organizan esta campaña.

> *"CINCO MINUTOS, CINCO AMIGOS. Manda cinco mensajes a cinco amigos en cinco minutos. Todos al concierto"*

Si a las doce de la mañana se manda el primer mensaje desde la asociación, ¿cuántas personas se enterarán en una hora?

LA TASA ANUAL EQUIVALENTE (TAE) EN LOS CRÉDITOS BANCARIOS

¿DÓNDE ESTÁN LAS MATEMÁTICAS?

Es frecuente encontrar en los periódicos anuncios como este en los que nos hablan de tipos de interés y de TAE.

El interés es lo que el banco nos paga por depositar en él nuestro dinero o, también, lo que nos cobra por prestarnos dinero, por ejemplo, en las hipotecas. El interés compuesto es el más habitual, y en su cálculo intervienen expresiones matemáticas que tienen que ver con las sucesiones, en particular con las progresiones geométricas.

La TAE, tasa anual equivalente, es el interés compuesto que nos aplicaría el banco al cobrarnos un crédito o al pagarnos los intereses por un depósito si las amortizaciones o capitalizaciones fuesen anuales, en vez de ser mensuales:

$$\text{TAE} = 100 \cdot \left[\left(1 + \frac{r}{n}\right)^n - 1\right]$$

donde n son los períodos en los que se amortiza el crédito (n es 12 si el pago es mensual; 4, si es trimestral, etc.), y r es el interés expresado en tantos por uno.

¿CÓMO SE APLICAN?

Por ejemplo, para calcular la TAE de un interés del 4 % si los períodos de amortización son mensuales, aplicaríamos así la formula:

$$\text{TAE} = 100 \cdot \left[\left(1 + \frac{0{,}04}{12}\right)^{12} - 1\right] = 4{,}07\ \%$$

Pero si los pagos fuesen trimestrales, la TAE sería:

$$\text{TAE} = 100 \cdot \left[\left(1 + \frac{0{,}04}{12}\right)^{4} - 1\right] = 4{,}06\ \%$$

Observa que la diferencia de una centésima en el interés, cuando hablamos de cantidades importantes, supone mucho dinero.

PARA APLICAR

43 Calcula la tasa anual equivalente en un crédito cuyo interés es del 6 % y las cuotas se pagan cada cuatrimestre.

44 ¿Cuál es la tasa anual equivalente en un crédito cuyo interés es del 3,5 % y las cuotas se pagan semestralmente?

45 Calcula la tasa anual equivalente en un crédito cuyo interés es del 4,25 % y las cuotas se pagan mensualmente.

46 ¿Cuál sería la tasa anual equivalente en un crédito cuyo interés fuese del 5 % y las cuotas se pagasen diariamente?

Sucesiones numéricas

Una **sucesión de números reales** es un conjunto de números dados en un cierto orden.

Los números a_1, a_2, a_3..., a_n... que forman una sucesión se llaman **términos**.

Tercer término

$$(a_n) = a_1\ ,\ a_2\ ,\ a_3\ .\ .\ .\ ,\ a_n\ .\ .\ .$$

Sucesión — Índice

Se llama **término general** de una sucesión a_n, a una expresión que nos permite calcular cualquier término de la misma en función del índice.

$$a_n = 3n - 2 \Rightarrow a_1 = 3 \cdot 1 - 2 = 1;\quad a_2 = 3 \cdot 2 - 2 = 4;\quad a_3 = 3 \cdot 3 - 2 = 7;\quad a_4 = 3 \cdot 4 - 2 = 10;\ ...$$

Una sucesión se llama **recurrente** cuando todos sus términos, a partir de uno dado, se pueden calcular en función de los términos anteriores de la sucesión de acuerdo con una expresión conocida.

$$a_1 = 1,\ a_n = 2a_{n-1} + 3\ (n > 1) \Rightarrow a_1 = 1;\ a_2 = 2a_1 + 3 = 2 \cdot 1 + 3 = 5;\quad a_3 = 2 \cdot a_2 + 3 = 2 \cdot 5 + 3 = 13;\ ...$$

Progresiones aritméticas

Una **progresión aritmética** es una sucesión en la cual cada término, excepto el primero, se obtiene sumando al anterior un mismo número que se llama **diferencia** de la progresión.

$$a_5 = a_4 + d = a_3 + d + d = a_2 + d + d + d = a_1 + d + d + d + d = a_1 + 4d$$

Término general

$$a_n = a_1 + d(n - 1) \qquad n = 1, 2, 3$$

Suma de los *n* primeros términos

$$S_n = \frac{a_1 + a_n}{2} \cdot n$$

Progresiones geométricas

Una **progresión geométrica** es una sucesión en la cual cada término, excepto el primero, se obtiene multiplicando al anterior un mismo número que se llama **razón** de la progresión.

$$a_5 = a_4 \cdot r = a_3 \cdot r \cdot r = a_2 \cdot r \cdot r \cdot r = a_1 \cdot r \cdot r \cdot r \cdot r = a_1 \cdot r^4$$

Término general

$$a_n = a_1 \cdot r^{n-1} \qquad n = 1, 2, 3$$

Suma de los *n* primeros términos

$$S_n = \frac{r \cdot a_n - a_1}{r - 1} = \frac{a_1(r^n - 1)}{r - 1}$$

PARA PRACTICAR Y APLICAR

47 Escribe los cinco primeros términos de las siguientes sucesiones.

a) $a_n = 3n - 5$
b) $b_n = -4n + 12$
c) $c_n = n^2 - n$
d) $d_n = 3n^3 + 2$

48 Halla el témino general de estas sucesiones.

a) 9, 10, 11, 12, 13...
b) 0, 3, 6, 9, 12...
c) −3, −1, 1, 3, 5...
d) 4, 7, 12, 19, 28...

49 Escribe los cinco primeros términos de las siguientes sucesiones recurrentes.

a) $a_1 = -1$, $a_n = a_{n-1}^2 - a_{n-1}$ $(n>1)$
b) $a_1 = 0$, $a_2 = 5$, $a_n = 3a_{n-1} + a_{n-2} - 1$ $(n>2)$

50 De las siguientes sucesiones, indica cuáles son aritméticas y cuáles son geométricas. Escribe en cada caso la diferencia o la razón.

a) 3, 6, 9, 12...
b) 10, 5, $\frac{5}{2}$, $\frac{5}{4}$...
c) 15, 9, 3, −3...
d) $\frac{1}{3}$, 1, 3, 9, 27...

51 Escribe la diferencia y el término general de las progresiones aritméticas de las que se conocen los siguientes datos.

a) $a_1 = 5$ y $a_7 = 26$
b) $a_3 = 18$ y $a_4 = 20$

52 El alquiler de una pista de tenis cuesta 12 euros la primera hora y 6 euros más cada nueva hora. ¿Cuál es el coste durante *n* horas?

53 El primer piso de un rascacielos tiene una altura de 5 metros, y cada uno de los siguientes pisos tiene 3 metros de altura.

a) Halla la altura a la que está una persona que se asoma por la planta 23.
b) Si una persona se encuentra a 107 metros de altura del suelo, ¿en qué planta está?
c) Si el rascacielos tiene 58 plantas, ¿cuál es su altura total?

54 Calcula la suma de los 20 primeros términos de cada una de las progresiones aritméticas de las que se conocen los siguientes datos.

a) $a_1 = 12$, y $d = 3$
b) $a_1 = 7$, y $a_{20} = 121$
c) $a_{20} = 45$, y $d = -5$

55 Las medidas de los lados de un cuadrilátero forman una progresión aritmética de razón 12.

Si su perímetro mide 152 centímetros, ¿cuáles son sus medidas?

56 Halla los ángulos de un cuadrilátero, sabiendo que están en progresión aritmética y que el menor mide 60°.

57 Un corredor se entrena en una pista de 250 metros. Su entrenador, para cuantificar su cansancio, le cronometra los tiempos que tarda en hacer 3, 6, 10 y 20 vueltas.

¿Cuántos metros habrá recorrido en cada cronometraje?

58 La suma de los cinco primeros términos de una progresión aritmética es 540.

Si la diferencia de la progresión es 10, ¿cuál es el valor de cada término?

59 El quinto término de una progresión geométrica vale 160, y el segundo término, 20.

¿Cuánto vale la razón?

60 El término duodécimo de una progresión geométrica es 72, y la razón, $\frac{1}{2}$.

¿Cuánto vale el término octavo?

61 Un tipo de bacteria se reproduce por bipartición cada 5 minutos.

Si pasada media hora hay 1 920 bacterias.

a) ¿Cuál era la población inicial?
b) ¿Cuántas habrá pasada una hora?

62 Se deja caer una pelota de goma desde una cierta altura, y después de cada rebote alcanza una altura que es las dos terceras partes de la altura del bote anterior.

Si el quinto bote es de 48 centímetros, ¿desde qué altura se tiró la pelota?

63 En la final de la fase de un concurso, un concursante acierta la superpregunta. El presentador le ofrece dos posibles premios, y el concursante, en tan solo 10 segundos, tiene que elegir uno de ellos.

¿Cuál es el mejor premio?

PARA REFORZAR

64 Copia y completa los términos intermedios que faltan en las siguientes sucesiones.

a) 3, 7, □, 15, □, 23... c) 1, −1, □, −1, 1, □...
b) □, −4, −6, □, −10... d) 1, 4, □, 16, □, 36...

65 Halla el término décimo y el término general de las progresiones aritméticas en las que se conocen los siguientes datos.

a) $a_1 = 20$ y $d = 5$ c) $a_1 = 12$ y $a_6 = 18$
b) $a_3 = 15$ y $d = 10$ d) $a_5 = 25$ y $a_6 = 28$

66 Se ha observado el crecimiento del tallo de una planta y se ha visto que es de 2 milímetros al día.

a) Si a los 15 días mide 14 centímetros, ¿cuál era su altura cuando se plantó?
b) ¿Cuánto mide a los 30 días?

67 Calcula la suma de los 20 primeros términos de una progresión aritmética en la que $a_1 = 7$, y $d = 3$.

68 En una progresión geométrica, el primer término es 6, y la razón, 2.

a) Escribe la fórmula del término general.
b) Calcula el término 10.

69 Halla la suma de los 30 primeros términos de una progresión geométrica en la que $a_2 = 9$, y $r = 3$.

70 El término general de una sucesión es $a_n = 3n + 2$.

a) Escribe los 7 primeros términos.
b) Indica el tipo de progresión y la diferencia o razón.
c) Suma los 10 primeros términos.

71 Un nuevo circuito de *karts* está promocionando su oferta por inauguración.

a) Escribe la sucesión que forma el precio del alquiler de un *kart* durante 1, 2, 3, 4, 5... horas.
b) ¿Cuál es el coste durante 10 horas?

PARA AMPLIAR

72 En una progresión aritmética, el término tercero más el quinto suman 30.

¿Cuánto vale el término cuarto?

73 En una progresión geométrica, el producto del término cuarto por el sexto es 64.

¿Cuánto vale el término quinto?

74 En una sucesión aritmética de un número impar de términos, el término central vale 25.

¿Cuánto vale la suma del primero y el último término?

75 Las cinco cifras que forman el número premiado en una lotería están en progresión aritmética. La primera cifra es el doble de la tercera, y la suma de todas ellas es 20.

¿Cuál es el número premiado?

76 Dada la sucesión

1, 1, 2, 3, 5, 8, 13, 21...

Si esta relación se mantiene, ¿cuáles son los tres términos siguientes?

77 Dada la sucesión

$$\frac{1}{2}, \frac{3}{5}, \frac{5}{8}, \frac{7}{11}, \frac{9}{14}...$$

a) Escribe el término general de la sucesión.
b) ¿Se trata de una progresión aritmética? Justifica la respuesta.

78 Tres números cuya suma es 36 forman una progresión aritmética. Si se les suma 1, 6 y 35, respectivamente, los resultados forman una progresión geométrica.

¿Cuáles son estos números?

79 En un cuadrado de 1 metro de lado se unen los puntos medios de los lados contiguos, formándose un nuevo cuadrado.

Si se repite indefinidamente esta construcción.

a) Calcula el área del vigésimo cuadrado que se forma.
b) Calcula la suma del área de los 20 primeros cuadrados que se forman.

PARA INTERPRETAR Y RESOLVER

80 Sucesión de cuadrados

Aquí tienes los tres primeros términos de una sucesión de dibujos.

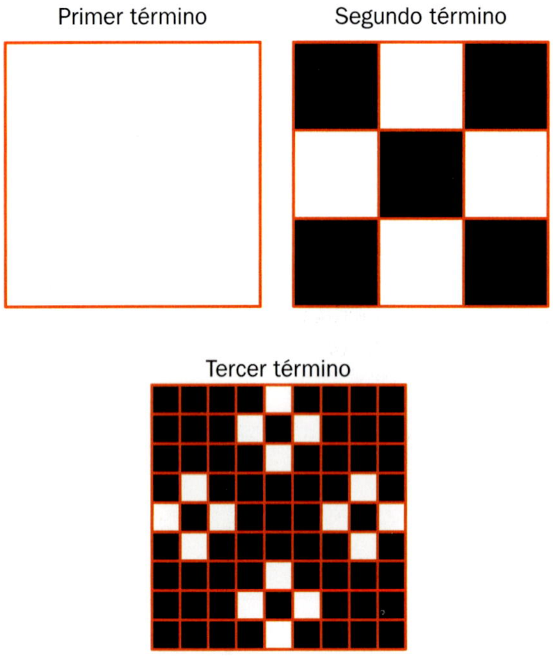

Dibuja el cuarto término de la sucesión y explica cómo lo has obtenido.

81 El paseo con la perra

Lola sale a pasear por el campo con su perra *Lúa*. Un tramo del paseo está limitado por el pino y el manantial, tal y como se aprecia en el dibujo. Cuando llegan al pino, Lola decide soltar a *Lúa* y dejar que vaya a su ritmo.

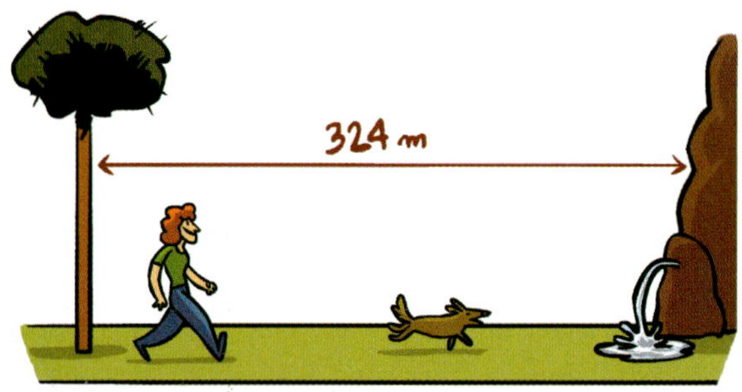

Lúa siempre lleva el doble de velocidad que su ama. Cuando llega al manantial da la vuelta y se dirige en busca de Lola. Cuando la encuentra, da la vuelta y vuelve a correr hacia el manantial para, después, volver hacia su ama. La perra llega hasta el manantial cuatro veces y, en la última, decide esperar a su ama.

¿Al final, la perra habrá recorrido más, igual o menos del doble que Lola?

AUTOEVALUACIÓN

1 Encuentra el término que falta y explica el proceso de formación que siguen las sucesiones.

a) 1, 2, 3, 1, □, 3, 1...

b) 3, 9, □, 81, 243...

c) 1, 2, □, 8, 16, 32...

d) 2, 5, □, 11, 14...

2 Escribe el término 200 de la sucesión

8, 11, 14, 17, 20...

3 El término general de una progresión aritmética es $a_n = 4n + 1$.

a) Escribe los primeros 5 términos.

b) Indica la diferencia.

c) Calcula el término a_{25}.

d) Halla la su suma de los 25 primeros términos.

4 Escribe los 4 primeros términos de la sucesión recurrente dada por

$$a_1 = -3, \qquad a_n = 3a_{n-1}^2 + 5a_{n-1} - 4$$

5 Dada la sucesión constante

5, 5, 5, 5...

a) Indica si es una progresión aritmética. En caso afirmativo, ¿cuál es su diferencia?

b) Indica si es una progresión geométrica. En caso afirmativo, ¿cuál es su razón?

6 Escribe los seis primeros términos de una progresión geométrica en la que $a_3 = 12$, y $r = 5$.

7 En una progresión geométrica, el quinto término es 18, y la razón es 3.

a) Calcula el valor de a_1.

b) Escribe el término general.

c) Halla la suma de los 8 primeros términos.

8 Las medidas de los ángulos de un triángulo rectángulo forman una progresión aritmética.

¿Cuánto miden los ángulos?

EL MATEMÁTICO... COMERCIANTE

Fibonacci (1170-1250)

Leonardo de Pisa, el matemático occidental más destacado de toda la Edad Media, se hacía llamar a sí mismo *Bigollo*, que quiere decir "bueno para nada".

Por fortuna ha pasado a la historia conocido como Fibonacci (contracción de filius Bonacci, hijo de Bonacci).

Su padre, un comerciante que tenía negocios en el norte de África, le proporcionó la oportunidad de conocer las matemáticas árabes y en especial su sistema de notación (que provenía de la India).

Leonardo se dio cuenta de las enormes ventajas que este sistema tenía frente al ábaco y los números romanos, y se propuso introducirlo en Europa.

... SU IDEA...

Entre los problemas que Fibonacci planteó hay uno que dice:

"Una pareja de conejos tarda un mes en alcanzar la edad fértil. A partir de ese momento cada vez engendra una pareja de conejos, que a su vez, tras ser fértiles engendrarán cada mes una pareja de conejos. ¿Cuántos conejos habrá al cabo de un determinado nº de meses?"

La solución de este problema dio origen a una sucesión que tiene propiedades matemáticas muy curiosas e interesantes; la **sucesión de Fibonacci una serie recurrente en la que cada término es la suma de los dos que lo preceden**:

1, 1, 2, 3, 5, 8, 13, 21, 34, 55, ...

... Y SU ÉPOCA

Tuvieron lugar cinco de las Cruzadas, y en España se llevaba a cabo la fase de la Reconquista en la que se unificaron los reinos de Castilla y León.

ENTREtenido

UNA CALCULADORA ESTROPEADA

Imagina que tu calculadora tiene estropeada la tecla del "cero". El juego consiste en conseguir que aparezcan en la pantalla estos números:

250   205   2 050   0,025

¿Y cómo podrías efectuar los siguientes cálculos?

0,025 x 205 =

2 050 : 250 =

Recuerda que la tecla del "cero" sigue estropeada.

ENTRE interrogantes

¿SIENTE LA NATURALEZA PREDILECCIÓN POR ALGÚN NÚMERO?

La naturaleza tiene unos números preferidos. Le gustan tanto que los repite una y otra vez:

- Cualquier variedad de piña presenta siempre **8** espirales en un sentido y **13** en el otro, o bien **5** y **8**.
- La mayoría de las flores eligen el **8**, el **13** o el **21** para dar número a sus pétalos.

¿Te das cuenta? ¡Los números favoritos de la naturaleza son los de... la sucesión de Fibonacci!

ARITMÉTICA CON LA HOJA DE CÁLCULO

HOJAS DE CÁLCULO

Una hoja de cálculo es una herramienta informática sencilla y potente, para resolver problemas en general y encontrar las soluciones con datos particulares.

Básicamente, consiste en una hoja cuadriculada en la que se pueden introducir datos y fórmulas y luego trabajar con ellos directamente sin necesidad de utilizar una calculadora.

La hoja de cálculo Excel

En Excel, cada hoja aparece cuadriculada, formando filas y columnas. La intersección de una fila y una columna se llama **celda**. Cada celda se identifica con la letra de su columna seguida del número de la fila. Por ejemplo, la celda B9 corresponde a la columna B y a la fila 9.

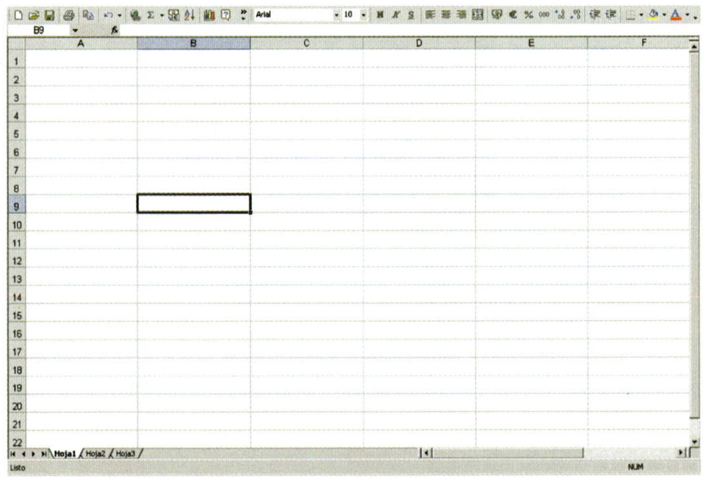

Los datos que se introducen en las celdas pueden ser:

1. **Datos de texto**, que son pequeños mensajes, que informan del proceso.
2. **Datos numéricos**, que son los valores conocidos del problema.
3. **Fórmulas matemáticas**, que son relaciones entre los datos numéricos, que permiten obtener otros valores intermedios o los resultados finales.

   Las operaciones usuales que aparecen en las fórmulas son:

Suma: +	División: /
Resta: −	Potencia: ^
Multiplicación: ×	Raíz: RAIZ( )

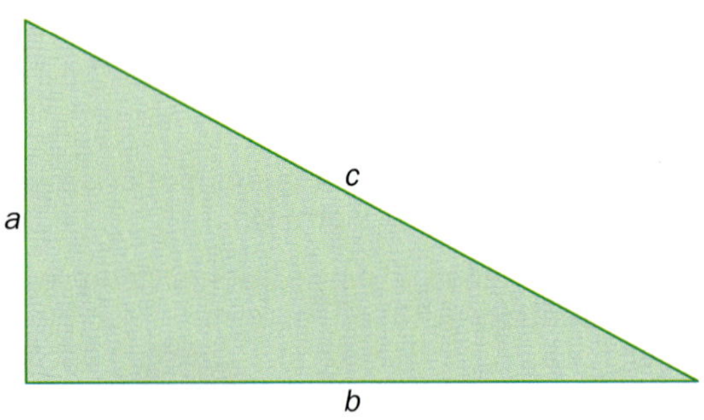

Búsqueda de ternas pitagóricas con Excel

Cada terna de números (*a*, *b*, *c*) que cumple el teorema de Pitágoras, $a^2 + b^2 = c^2$, se denomina **terna pitagórica**.

Ejemplos de ternas pitagóricas son (3, 4, 5), (5, 12, 13) y (736, 273, 785).

Los antiguos griegos se plantearon encontrar todas las ternas formadas por números naturales.

Con la hoja de cálculo Excel vamos a elaborar un programa para hallar ternas pitagóricas.

1. Fundamento del programa

En la antigua Grecia encontraron que las ternas pitagóricas tienen la forma:

$$(2XY, X^2 - Y^2, X^2 + Y^2)$$

donde X e Y son números naturales, siendo $X > Y$.

Por ejemplo, si $X = 3$ e $Y = 2$, se obtiene la terna pitagórica (12, 5, 13).

Tenemos que elaborar un programa tal que para cada par de valores que introduzcamos, X e Y, genere la terna pitagórica correspondiente, (*a*, *b*, *c*).

2. Elabora el programa en la hoja de cálculo

- Introduce los datos de texto en las columnas A y B (celdas con fondo blanco).
- Introduce los datos numéricos en las celdas C1 y C2 (celdas con fondo amarillo).
- Introduce las fórmulas matemáticas en las columnas C, D y E (celdas con fondo verde).

La pantalla muestra qué debes escribir en cada celda.

	A	B	C	D	E	F
1	Valores	X =	3			
2		Y =	2			
3						
4	Catetos	2XY =	=2*C1*C2			
5		$X^2 - Y^2$ =	=C1^2-C2^2			
6	Hipotenusa	$X^2 + Y^2$ =	=C1^2+C2^2			
7						
8	Terna	(a, b, c) = (	=C4	=C5	=C6	)
9						
10						
11						
12	Prueba	$a^2 + b^2$ =	=C4^2+C5^2			
13		c^2 =	=C6^2			
14						
15						

Esta otra pantalla muestra cómo queda visible el programa definitivo.

Para cada par de datos que se introduzcan en las celdas C1 y C2, el ordenador recalcula automáticamente la nueva terna y comprueba que verifica el teorema de Pitágoras.

	A	B	C	D	E	F
1	Valores	X =	3			
2		Y =	2			
3						
4	Catetos	2XY =	12			
5		$X^2 - Y^2$ =	5			
6	Hipotenusa	$X^2 + Y^2$ =	13			
7						
8	Terna	(a, b, c) = (	12	5	13	)
9						
10						
11						
12	Prueba	$a^2 + b^2$ =	169			
13		c^2 =	169			
14						
15						

ACTIVIDADES

1. Encuentra con el programa del ordenador las ternas pitagóricas correspondientes a estos pares de valores.

a) $X = 11$, $Y = 8$ b) $X = 27$, $Y = 5$ c) $X = 110$, $Y = 89$

2. Comprueba si son pitagóricas las siguientes ternas.

a) (24, 32, 40) b) (140, 45, 148) c) (1 406, 1 008, 1 730)

ÁLGEBRA CON LA HOJA DE CÁLCULO

HOJAS DE CÁLCULO

Mediante un pequeño programa, las hojas de cálculo pueden resolver cualquier sistema de ecuaciones lineales con dos incógnitas solo modificando los coeficientes de las incógnitas y los términos independientes.

Resolución de sistemas de ecuaciones con dos incógnitas con Excel

Por medio de un ejemplo vamos a programar con la hoja de cálculo Excel la resolución de un sistema de ecuaciones lineales por el método de sustitución.

1. Fundamento del programa

Hay que elaborar un programa que encuentre las soluciones de un sistema en función de los coeficientes de las incógnitas y de los términos independientes.

Resolvemos un sistema, por ejemplo $\begin{cases} 2x - 4y = -18 \\ 5x + 2y = 39 \end{cases}$, y nos fijamos en los elementos necesarios para hallar la solución.

Observa el proceso:

- Se despeja una de las incógnitas en una de las ecuaciones: $x = \dfrac{-18 + 4y}{2}$
- Se sustituye el valor obtenido en la otra ecuación: $5\left(\dfrac{-18 + 4y}{2}\right) + 2y = 39$
- Se resuelve la ecuación que resulta: $y = 7$
- Se sustituye el valor de la incógnita hallada en la primera ecuación: $x = 5$

La solución del sistema es el par de valores encontrados (5, 7).

2. Introduce los datos

- Escribe el sistema de ecuaciones en la hoja de cálculo, utilizando celdas independientes para los coeficientes, las incógnitas, los términos independientes y los signos aritméticos.
- Escribe los coeficientes de *x* en las celdas B2 y B3; los de *y* en E2 y E3, y los términos independientes en H2 y H3.

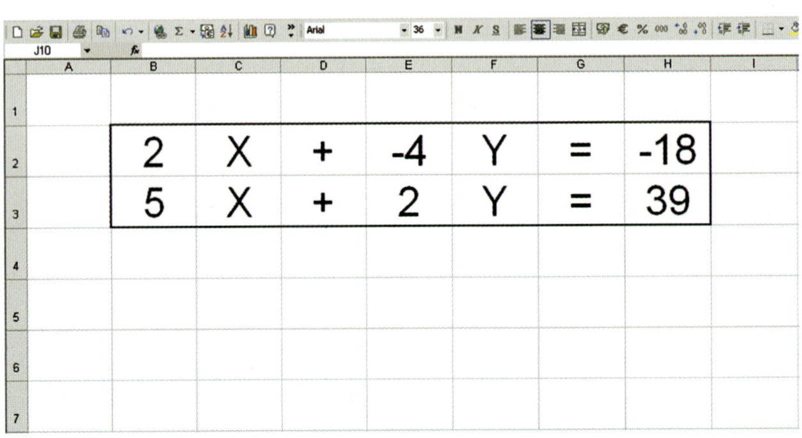

3. Introduce las fórmulas

- Escribe la ecuación $x = \dfrac{-18 - (-4y)}{2}$ en la fila 6, aunque en vez de -18, -4 y 2, debes escribir =H2, =E2 y =B2; es decir, el signo = y el nombre de las celdas donde se encuentran esos coeficientes.
- Escribe el resto de las ecuaciones como se ve en la pantalla.

	B	C	D	E	F	G	H	I	J	K	L	M	N	O	P	Q
6		X	=	(	=H2	-	=E2	Y	)	:	=B2					
7																
8																
9	=B3	(	=H2	-	=E2	Y	)	:	=B2	+	=E3	Y	=	=H3		
10																
11			=B9*D9	+	=-B9*F9	Y	+	=J9*L9	Y	=	=J9*O9					
12																
13								=F11+I11	Y	=	=L11-D11					
14																
15									Y	=	=L13	:	=I13	=	=L15/N15	
16																
17		X	=	(	=H2	-	=E2	*	=P15	)	:	=B2	=	=(F17-H17*J17)/M17		
18																
19		X = =O17														
20		Y = =P15														
21																

La pantalla, finalmente, tendrá este aspecto:

	A	B	C	D	E	F	G	H	I	J	K	L	M	N	O	P	Q
1																	
2		2	X	+	-4	Y	=	-18									
3		5	X	+	2	Y	=	39									
4																	
5																	
6			X	=	(	-18	-	-4	Y	)	:	2					
7																	
8																	
9		5	(	-18	-	-4	Y	)	:	2	+	2	Y	=	39		
10																	
11				-90	+	20	Y	+	4	Y	=	78					
12																	
13									24	Y	=	168					
14																	
15										Y	=	168	:	24	=	7	
16																	
17			X	=	(	-18	-	-4	*	7	)	:	2	=	5		
18																	
19			X =	5													
20			Y =	7													
21																	

Los valores que se obtienen en D19 y D20 corresponden a la solución del sistema original.

Este programa sirve para resolver cualquier sistema de ecuaciones lineales con dos incógnitas cuyos coeficientes sean distintos de cero. Para ello basta cambiar solamente los coeficientes de las ecuaciones, es decir, los valores de las celdas B2, B3, E2, E3, H2 y H3 por los correspondientes del nuevo sistema.

ACTIVIDADES

1. Resuelve con el ordenador estos sistemas de ecuaciones.

a) $\begin{cases} 2x + 3y = 16 \\ x + 9y = 23 \end{cases}$

b) $\begin{cases} x + y = 10 \\ 6x + 7y = 34 \end{cases}$

c) $\begin{cases} 3x + y = 17 \\ 3x - 2y = 7 \end{cases}$

d) $\begin{cases} \dfrac{2x}{3} + \dfrac{3y}{4} = 5 \\ \dfrac{5x}{3} - \dfrac{y}{2} = 3 \end{cases}$

9 FIGURAS PLANAS. PROPIEDADES MÉTRICAS

En la foto puedes ver la fortaleza de Nuevo Breisach, diseñada por el arquitecto Vauban a finales del siglo XVII para el rey Luis XIV de Francia a orillas del Rin.
La fortaleza tiene forma de estrella de 8 picos y un diámetro de 800 metros. El diseño obedece a una estructura de fortificación que el propio Vauban ideó y al que se conoce como *tercer sistema de Vauban*. Las calles fueron diseñadas sobre un plano cuadriculado, con una gran plaza en el centro alrededor de la cual fueron construidos los principales edificios administrativos.

RECUERDA

Ángulos y triángulos

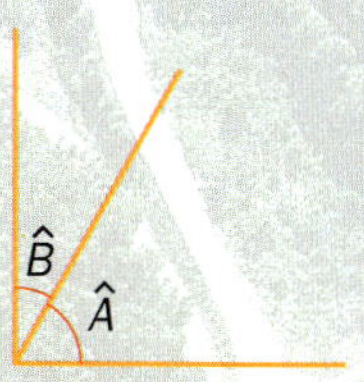

$\hat{A} + \hat{B} = 90°$

Ángulos complementarios.

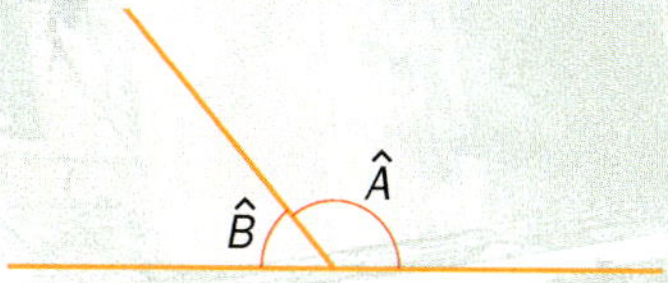

$\hat{A} + \hat{B} = 180°$

Ángulos suplementarios.

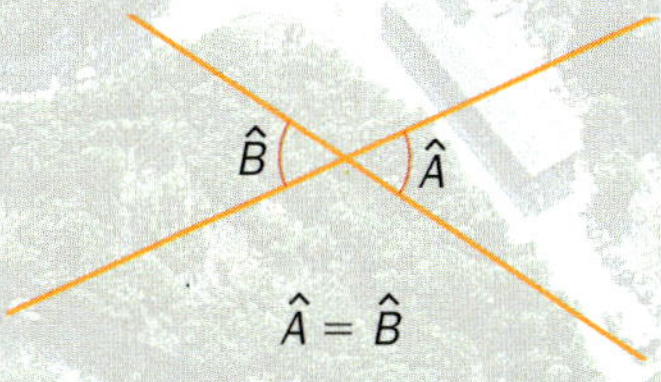

$\hat{A} = \hat{B}$

Ángulos opuestos por el vértice.

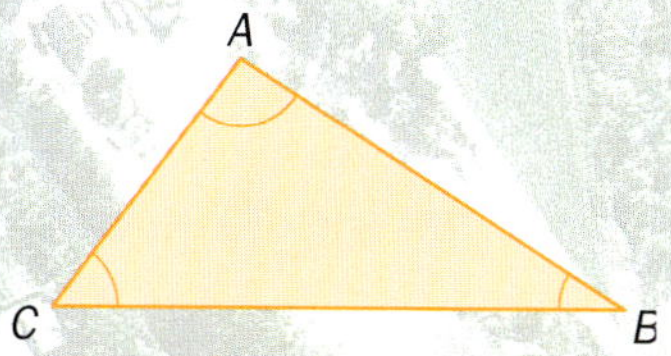

$\hat{A} + \hat{B} + \hat{C} = 180°$

Teorema de Pitágoras

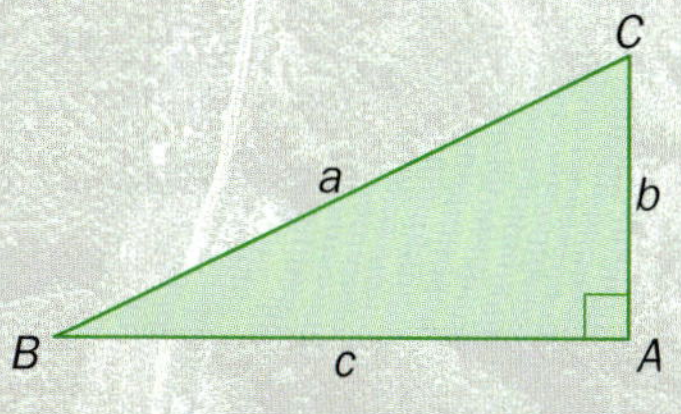

$a^2 = b^2 + c^2$

Teorema de Tales

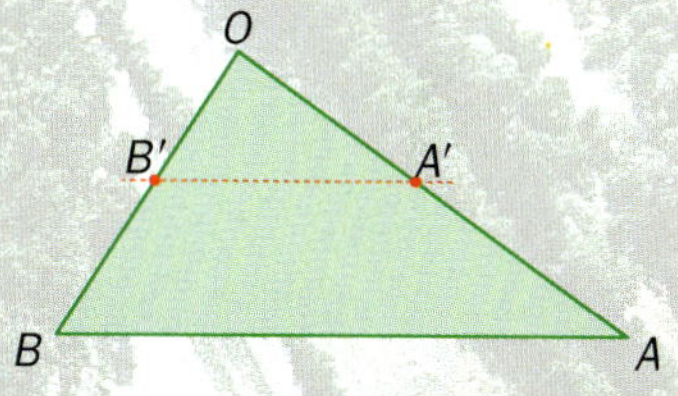

$\frac{OA}{OA'} = \frac{OB}{OB'} = \frac{AB}{A'B'}$

PARA EMPEZAR

1 Calcula la medida del ángulo $\hat{x}$ que falta.

a)

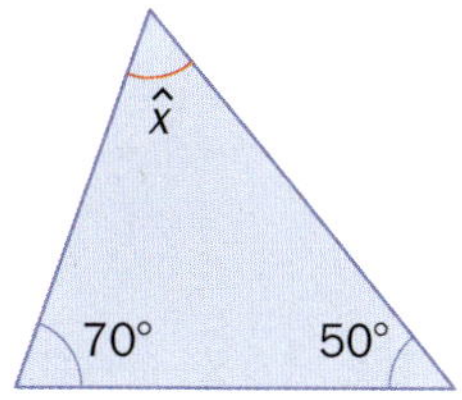

b)

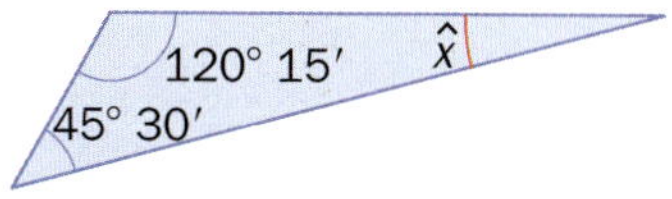

2 Calcula la medida del lado que falta.

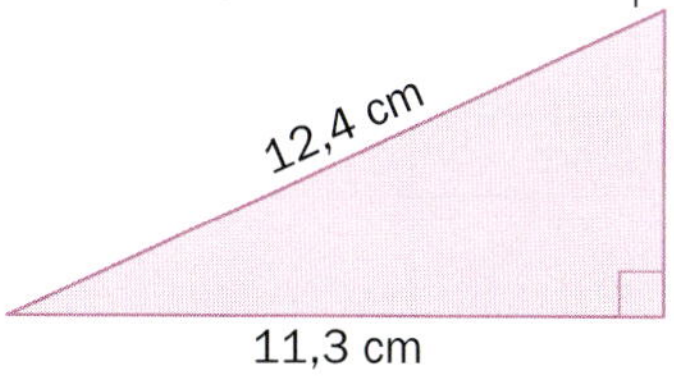

3 Halla AC y $B'C'$ en el triángulo de la figura.

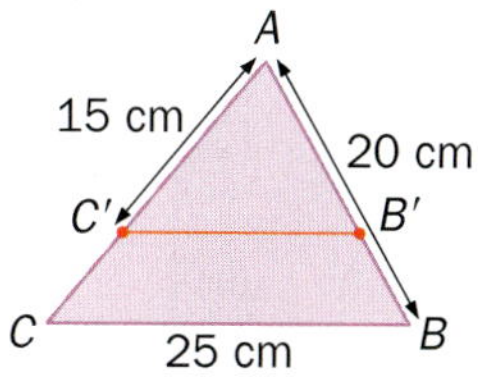

4 Las edificaciones de Nuevo Breisach forman un octógono regular. ¿Qué ángulo forman las rectas que unen dos vértices consecutivos con el centro del octógono?

1. Ángulos en figuras planas

Ángulos de lados paralelos

Ejemplo. *¿Cómo son entre sí los ángulos $\widehat{A}$ y $\widehat{A'}$ y los ángulos $\widehat{A}$ y $\widehat{B'}$ de la figura cuyos lados son paralelos?*

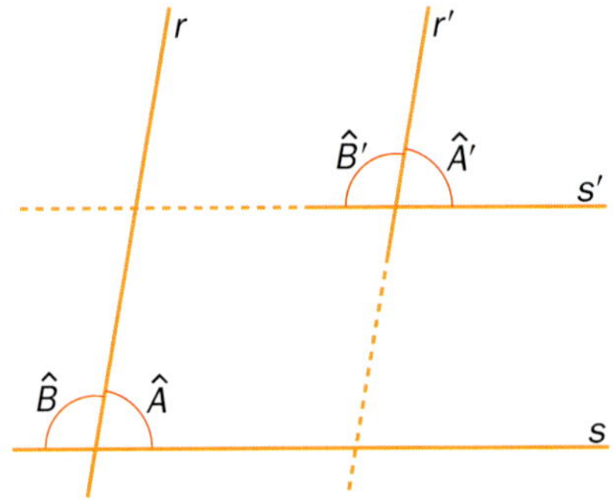

Los lados de ángulos $\widehat{A}$ y $\widehat{A'}$ pertenecen a rectas paralelas, r paralela a r', y s, paralela a s'.

Si se desplazan r y s paralelamente a sí mismas, se llega a r' y s'. Como el ángulo formado por las rectas se mantiene constante, los ángulos $\widehat{A}$ y $\widehat{A'}$ tienen que ser iguales. Observa también que $\widehat{A} + \widehat{B'} = 180°$.

Dos **ángulos** con los **lados paralelos** son **iguales** si ambos son agudos u obtusos, y **suplementarios** si uno es agudo y otro obtuso.

Ángulos de lados perpendiculares

Ejemplo. *Compara los ángulos $\widehat{A}$ y $\widehat{A'}$ y también los ángulos $\widehat{A}$ y $\widehat{C'}$ de la figura, cuyos lados son perpendiculares.*

Los ángulos $\widehat{A}$ y $\widehat{A'}$ tienen los lados perpendiculares. Los ángulos $\widehat{B}$ y $\widehat{B'}$ son iguales por ser opuestos por el vértice.

Por tanto, los ángulos $\widehat{A}$ y $\widehat{A'}$ son iguales por ser complementarios de $\widehat{B}$ y $\widehat{B'}$. Los ángulos $\widehat{A}$ y $\widehat{C'}$ son suplementarios.

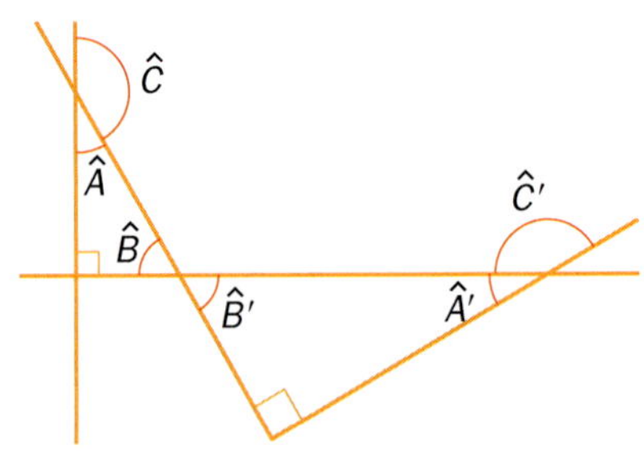

Dos **ángulos** de **lados perpendiculares** son iguales si ambos son agudos u obtusos, y **suplementarios** si uno es agudo y otro obtuso.

Suma de los ángulos interiores de un polígono

Para su cálculo, se descomponen los siguientes polígonos en triángulos, trazando las diagonales desde un mismo vértice.

Polígono	Cuadrilátero	Pentágono	Hexágono	Heptágono
	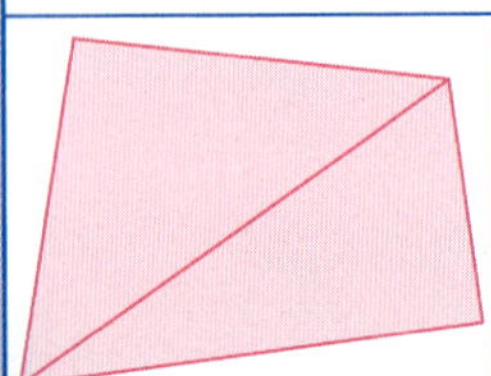	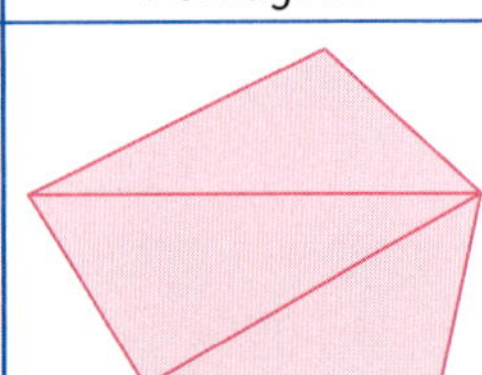	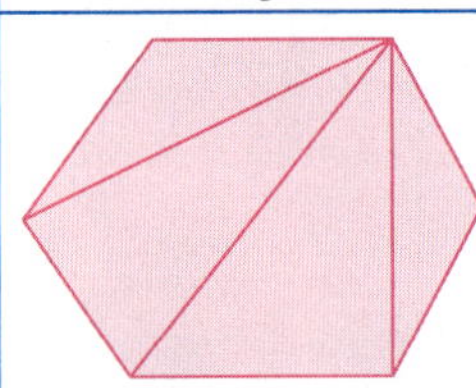	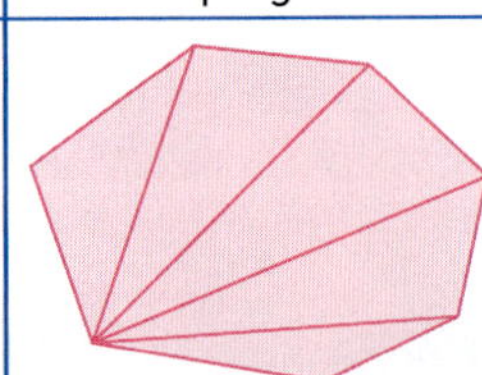
Lados	4	5	6	7
Número de triángulos	2 = 4 − 2	3 = 5 − 2	4 = 6 − 2	5 = 7 − 2
Suma de los ángulos	2 · 180° = 360°	3 · 180° = 540°	4 · 180° = 720°	5 · 180° = 900°

La suma, S, de los ángulos interiores de un polígono de n lados es:

$$S = (n - 2) \cdot 180°$$

PARA PRACTICAR

1 Halla el valor de los ángulos indicados por una letra.

a)

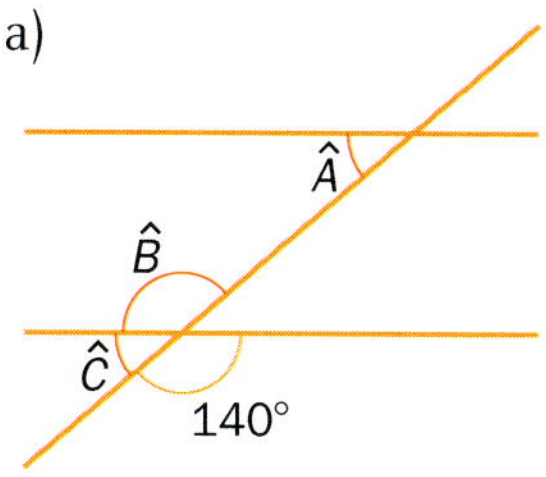

b)

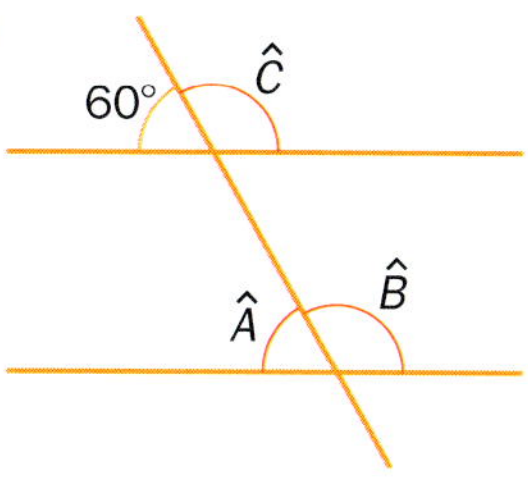

2 Halla el valor de los ángulos indicados por letras.

a)

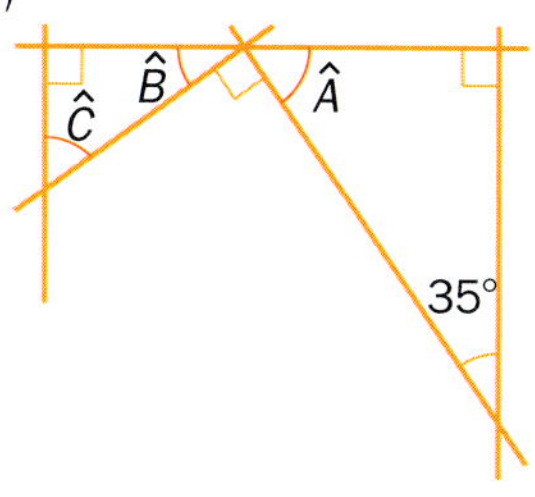

b)

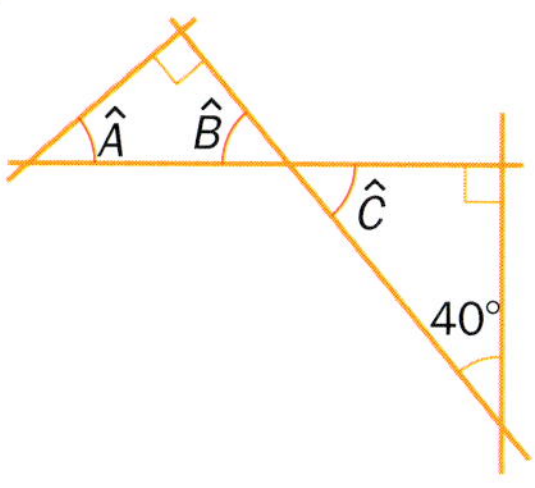

3 Halla la suma de los ángulos interiores de estos polígonos.

a)

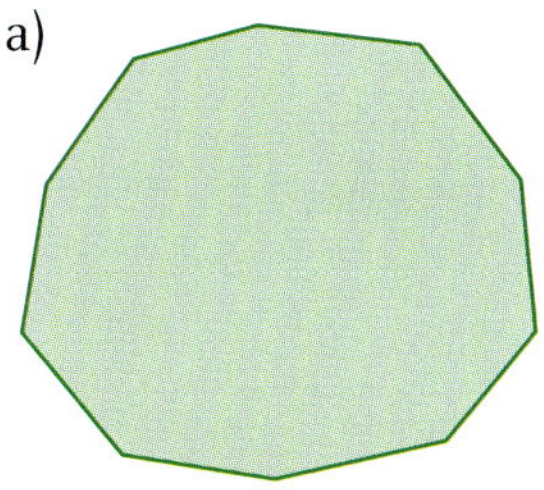

b)

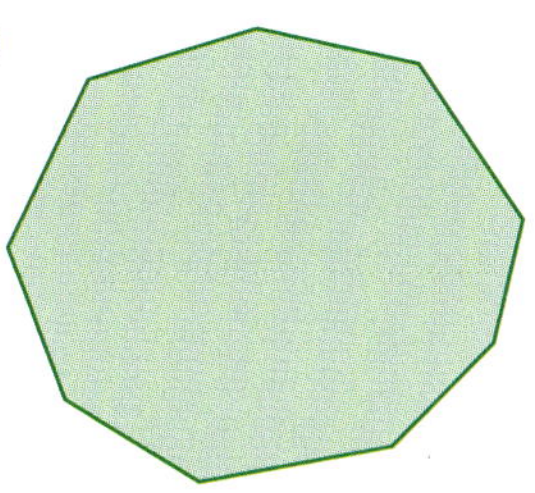

EJERCICIO RESUELTO

4 **Calcula la suma de los ángulos exteriores del pentágono.**

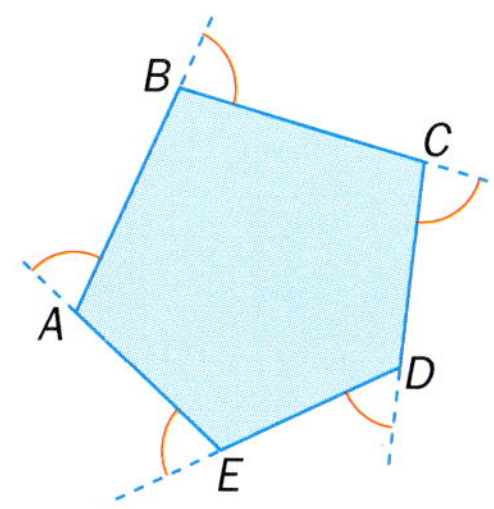

Un ángulo exterior está formado por un lado del pentágono y la prolongación del contiguo.

Cada ángulo interior y su correspondiente exterior suman 180°, y si el polígono tiene n lados, la suma de todos los ángulos interiores y exteriores es de $n \cdot 180°$. Los ángulos interiores suman $(n - 2) \cdot 180°$; por tanto, los exteriores suman:

$$n \cdot 180° - (n - 2) \cdot 180° = 2 \cdot 180° = 360°$$

Este resultado no depende del número de lados n y se puede extender a cualquier polígono convexo.

5 Halla la suma de los ángulos interiores y exteriores de estos polígonos.

a)

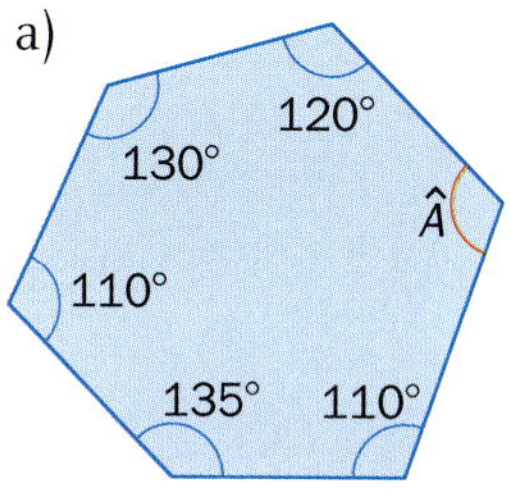

b)

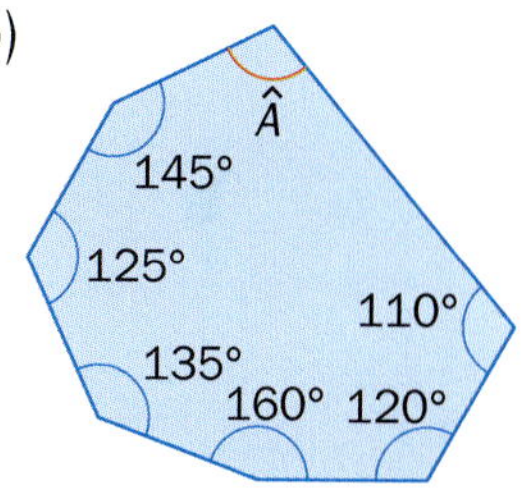

PARA APLICAR

6 Un jardín tiene forma de triángulo isósceles y el ángulo desigual mide 22° 33'.
Halla el valor de los otros dos ángulos.

7 ¿Cuántos lados tiene un estanque poligonal si la suma de los ángulos interiores es igual a la suma de los ángulos exteriores?

8 Un parque infantil triangular tiene sus tres ángulos diferentes. La medida del mediano es 10° mayor que el ángulo pequeño, pero 10° menor que el ángulo grande.
Halla el valor de los tres ángulos.

9 Una señal de tráfico triangular tiene dos ángulos iguales. El tercer ángulo es 30° mayor que cualquiera de los otros dos.
Halla la medida de cada ángulo.

10 Tres ángulos de la planta de un edificio hexagonal miden 105°, 145° y 155°. Los otros tres son iguales entre sí.
¿Cuánto mide cada uno de ellos?

11 Una vidriera cubista tiene forma de octógono con dos ángulos de 95°, dos de 170° y otros dos de 175°. Si los otros dos ángulos que quedan son iguales, ¿cuánto mide cada uno de ellos?

12 La planta de una casa es un pentágono. Tres ángulos miden 110° cada uno, y el cuarto ángulo mide 50° más que el quinto.
Halla el valor de los ángulos desconocidos.

13 La cara de una pirámide es un triángulo isósceles. Halla los ángulos sabiendo que la mitad del ángulo opuesto a la base (lado desigual) es igual a un séptimo del ángulo exterior en la base.

Ejemplo. *Un laboratorio fotográfico realiza una ampliación de una fotografía de forma que los tamaños inicial y final son los indicados en la figura. Indica la relación que existe entre sus lados y entre sus áreas.*

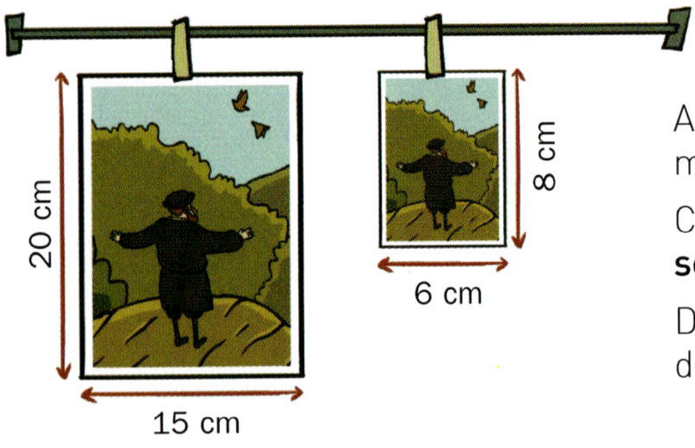

Se dice que la fotografía mayor es una **ampliación** de la pequeña. Veamos qué relación existe entre sus dimensiones.

$$\frac{20}{8} = \frac{15}{6} = 2{,}5$$

Así pues, para obtener las medidas de la mayor, se multiplican las medidas de la pequeña por la constante 2,5.

Como las medidas son proporcionales, decimos que las figuras son **semejantes**, siendo 2,5 la **razón de semejanza**.

De forma análoga, se dice que la fotografía pequeña es una **reducción** de la mayor, con una relación entre sus dimensiones:

$$\frac{8}{20} = \frac{6}{15} = 0{,}4$$

Es decir, para obtener las medidas de la fotografía pequeña, se multiplican las medidas de la mayor por la constante 0,4. Las figuras también son semejantes, pero ahora la razón de semejanza es 0,4.

Las áreas de los dos rectángulos son:

$$S = 6 \cdot 8 = 48 \text{ cm}^2 \qquad S' = 20 \cdot 15 = 300 \text{ cm}^2$$

La razón de las áreas es: $\frac{S'}{S} = \frac{300}{48} = 6{,}25 = 2{,}5^2$

Dos figuras **son semejantes** si sus dimensiones son **proporcionales**.

- La constante que transforma las dimensiones de una figura en las dimensiones de la semejante se llama **razón de semejanza** y puede ser mayor que 1 (ampliación) o menor que 1 (reducción).
- Si la razón de semejanza es K, la razón de las áreas de las figuras semejantes es K^2.

Teorema de Tales

Ejemplo. *En el triángulo* ABC *de la figura trazamos una paralela a uno de los lados y obtenemos otro triángulo más pequeño* AB'C'. *¿Qué relación existe entre las dimensiones de los dos triángulos?*

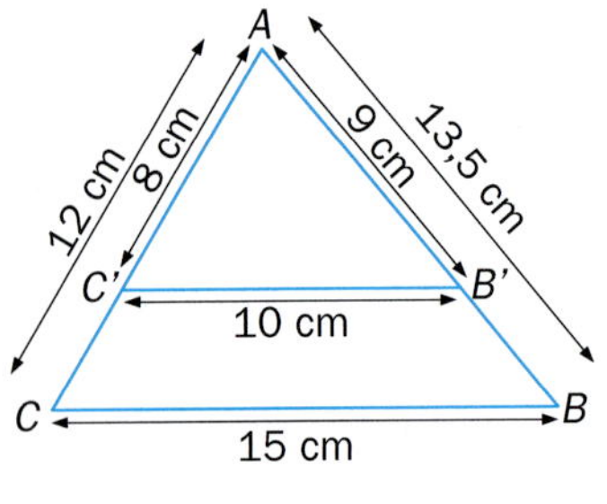

Se observa que las longitudes de los lados cumplen:

$$\frac{AB}{AB'} = \frac{13{,}5}{9} = 1{,}5 \quad \frac{BC}{B'C'} = \frac{15}{10} = 1{,}5 \quad \frac{AC}{AC'} = \frac{12}{8} = 1{,}5$$

Por tanto, los lados son proporcionales y, en consecuencia, los triángulos son semejantes, siendo 1,5 la constante de proporcionalidad que permite pasar del triángulo menor al mayor.

Este resultado que hemos obtenido para este triángulo se cumple para todos los triángulos.

Teorema de Tales: Toda recta paralela a un lado de un triángulo ABC que corta los otros dos lados determina un triángulo $AB'C'$ semejante al triángulo inicial.

$\frac{AB}{AB'} = \frac{BC}{B'C'} = \frac{AC}{AC'} = k$. La constante k es la **razón de semejanza**.

PARA PRACTICAR

EJERCICIO RESUELTO

14 **¿Cuáles de las siguientes parejas de triángulos son semejantes y cuáles no? En caso afirmativo, determina la razón de semejanza.**

a) 7, 6, 8 y 21, 18, 24.

b) 3, 5, 6 y 4, 6, 7.

a) Los triángulos son semejantes porque tienen los tres lados proporcionales.

$$\frac{21}{7} = 3 \qquad \frac{18}{6} = 3 \qquad \frac{24}{8} = 3$$

La razón de semejanza es 3.

b) Los triángulos no son semejantes porque no tienen los tres lados proporcionales.

$$\frac{4}{3} = 1,\widehat{3} \qquad \frac{6}{5} = 1,2 \qquad \frac{7}{6} = 1,1\widehat{6}$$

Las razones de los lados correspondientes no son iguales.

15 Indica cuáles de las siguientes parejas de triángulos son semejantes y cuáles no. En caso afirmativo, determina la razón de semejanza.

a) 3, 4, 5 y 9, 12, 15.

b) 8, 9, 10 y 20, 22,5, 37,5.

c) 6, 7, 8 y 21, 24,5, 27.

16 Aplicando el teorema de Tales, copia el triángulo *ABC* dado en la figura y construye tres triángulos semejantes con razones de semejanza iguales a:

a) 0,5 b) 0,3 c) 1,5

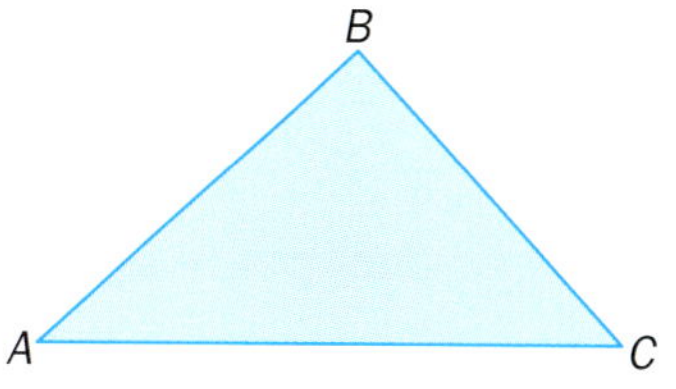

17 ¿Dos trapecios isósceles son siempre semejantes? Justifica tu respuesta construyendo dos trapecios isósceles dando las medidas de sus lados.

18 Un rectángulo tiene 3 centímetros de base y 5 centímetros de altura. Halla la medida de la base y la altura de otro rectángulo semejante al anterior que tiene por perímetro 72 centímetros.

19 Dibuja en tu cuaderno un rectángulo de dimensiones 4 y 5 centímetros.

a) ¿Qué dimensiones tendrá un rectángulo semejante al anterior de forma que la razón de semejanza sea 3?

b) Halla las diagonales de los dos rectángulos. ¿Existe alguna relación entre ellas?

PARA APLICAR

20 Una fotografía tiene dimensiones de 8 × 6 centímetros. ¿Cuáles serán las dimensiones de una ampliación de 20 centímetros de lado mayor?

21 El plano de una casa está a escala 1 : 1 000 (razón de semejanza 0,001).

a) Si el salón mide 3 × 5 centímetros en el plano, ¿cuánto mide en la realidad?

b) ¿Cuánto medirá el área en el plano si en la realidad mide 100 metros cuadrados?

22 Los mapas son representaciones semejantes de la realidad. Un mapa está construido a escala 1 : 10 000 (razón de semejanza).

a) ¿Cuál será la distancia real entre dos poblaciones, sabiendo que en el mapa distan 3,5 centímetros?

b) ¿Cuál será la distancia en el mapa de dos poblaciones que en la realidad distan 700 kilómetros?

23 Un cochecito de colección mide 3,4 centímetros de largo. Si se sabe que es semejante al modelo real en una semejanza de razón 130, halla la longitud del coche de tamaño real.

24 El área de un triángulo equilátero es 9 veces mayor que el de otro triángulo equilátero cuyo perímetro mide 15 centímetros.

a) ¿Cuál es la razón de semejanza entre los dos triángulos?

b) ¿Cuánto mide el lado del triángulo mayor?

c) ¿Cuánto mide el perímetro del triángulo mayor?

25 Dos pistas de aterrizaje de helicópteros tienen forma hexagonal El perímetro de un hexágono regular mide 72 metros. Halla el lado del otro hexágono regular sabiendo que la razón entre el área del primer hexágono y la del segundo es $\frac{4}{9}$.

3. Teorema de Pitágoras

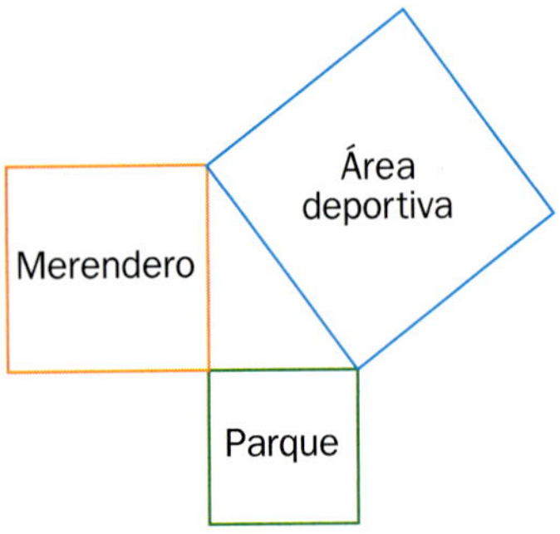

Ejemplo. *Las dimensiones de un jardín con forma de triángulo rectángulo son de 10 metros para la hipotenusa y de 6 y 8 metros para los dos catetos, respectivamente. Se construye un parque infantil, un área deportiva y un merendero en zonas cuadradas sobre los lados. ¿Qué área tiene cada zona? ¿Existe alguna relación entre ellas?*

Se calculan las áreas de los tres cuadrados

Área deportiva	Merendero	Parque infantil
$S_1 = 10^2 = 100\ m^2$	$S_2 = 8^2 = 64\ m^2$	$S_3 = 6^2 = 36\ m^2$

Se observa que: $100 = 64 + 36 \quad \Rightarrow \quad 10^2 = 8^2 + 6^2$

Esta relación entre las medidas de los lados se cumple para cualquier triángulo rectángulo.

Teorema de Pitágoras: En un triángulo rectángulo, la suma de los cuadrados de los catetos es igual al cuadrado de la hipotenusa.

$$a^2 = b^2 + c^2$$

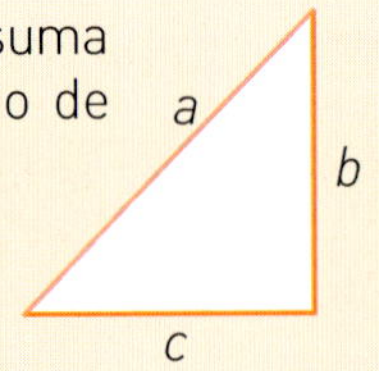

Recíprocamente, si las medidas de los lados de un triángulo verifican la relación anterior, entonces el triángulo es rectángulo.

Aplicación al cálculo de distancias en polígonos

Ejemplo. *Los lados de un rombo miden 6,25 metros. Si una de sus diagonales mide 5,68 metros, halla la medida de la otra diagonal.*

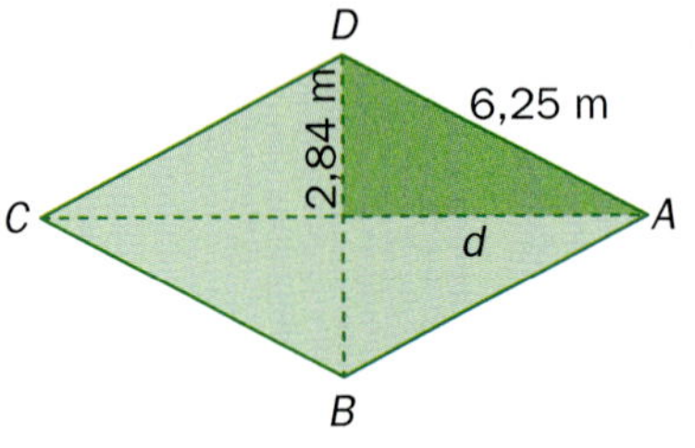

Se aplica el teorema de Pitágoras.

$d^2 + 2{,}84^2 = 6{,}25^2$

$d^2 = 39{,}06 - 8{,}07 = 30{,}99$

$d = \sqrt{30{,}99} = 5{,}57$ m

Si $d = 5{,}57$ m, la diagonal AC mide $2 \cdot 5{,}57 = 11{,}14$ m.

Ejemplo. *Halla la apotema de un hexágono inscrito en una circunferencia de 10 centímetros de radio.*

Como la longitud del radio de la circunferencia coincide con la longitud del lado del hexágono, se puede formar el triángulo rectángulo OAB de la figura.

Aplicando el teorema de Pitágoras al triángulo OAB se tiene:

$10^2 = 5^2 + a^2$; $100 = 25 + a^2$; $a^2 = 75$

$a = \sqrt{75} = 8{,}66$ cm

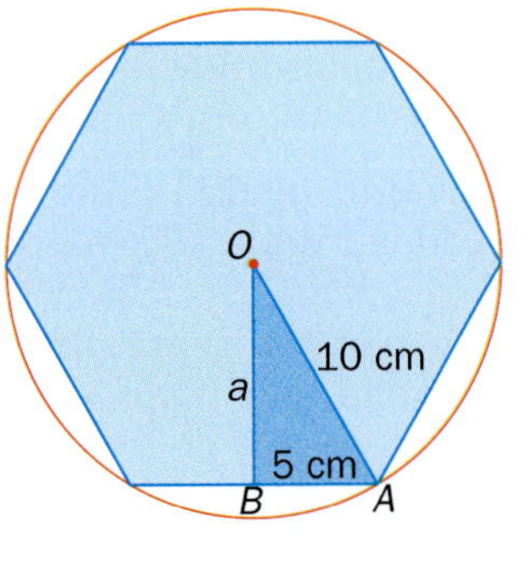

Para hallar **distancias entre puntos de un polígono**, se construyen triángulos rectángulos con dos lados conocidos y la distancia buscada como lado desconocido y se aplica el teorema de Pitágoras.

PARA PRACTICAR

26 A partir de las medidas, en centímetros, de los lados de los siguientes triángulos, comprueba si son o no rectángulos

a) 36, 48 y 60 b) 50, 68 y 85

27 Calcula la altura de un triángulo equilátero de 15 centímetros de perímetro.

EJERCICIO RESUELTO

28 **Calcula el perímetro de un triángulo isósceles cuya base (lado desigual) mide 30 centímetros y la altura es igual a los $\frac{3}{5}$ de la base.**

La medida de la altura es: $\frac{3}{5} \cdot 30 = 18$ cm

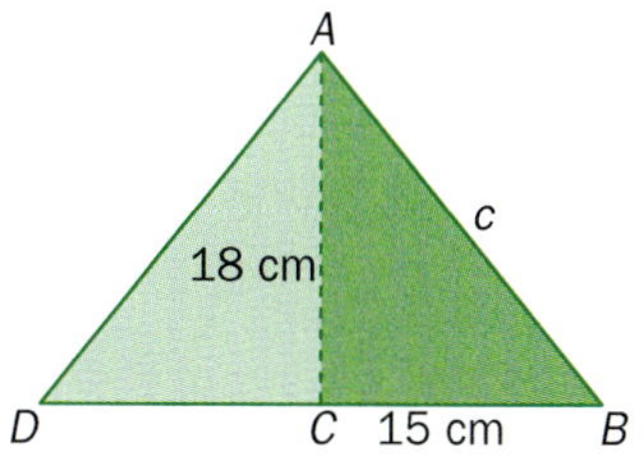

Aplicando el teorema de Pitágoras al triángulo *ABC*:

$c^2 = 18^2 + 15^2 = 324 + 225 = 549 \Rightarrow a = 23{,}43$ cm

Por tanto, el perímetro del triángulo *ABD* será:

$P = 23{,}43 + 23{,}43 + 30 = 76{,}86$ cm

29 Halla la diagonal de un rectángulo sabiendo que el perímetro mide 36 centímetros y que la diferencia entre su base y su altura es igual a 8 centímetros.

30 La diferencia entre las diagonales de un rombo es de 16 decímetros, y una de ellas es el doble que la otra.

Calcula el perímetro del rombo.

31 La base mayor de un trapecio isósceles mide el triple que la menor, y la suma de ambas es de 20 centímetros. La altura mide 4 centímetros.

a) Halla la medida de las bases.

b) Halla la medida de las diagonales.

32 Se tiene un cuadrado de 6 centímetros de lado. Dividimos su lado en tres partes iguales y se obtiene un octógono.

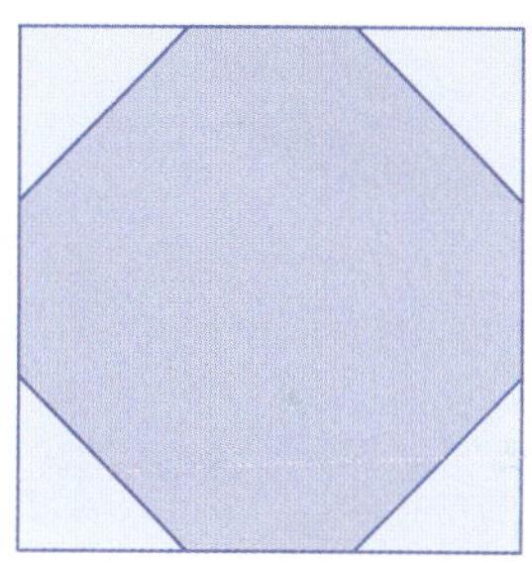

a) Demuestra que el octógono no es regular.

b) Halla su perímetro.

PARA APLICAR

33 Un velero sale del puerto y, cuando está a 7,5 kilómetros del mismo, se estropean los motores y un viento del este lo empuja perpendicularmente 1,5 kilómetros.

¿Qué distancia tendrán que recorrer para auxiliarlo?

34 Un chico está situado a 30 metros de la base de la iglesia de su pueblo y ve el extremo superior con un ángulo de 30° respecto al suelo.

¿Qué altura tiene la iglesia?

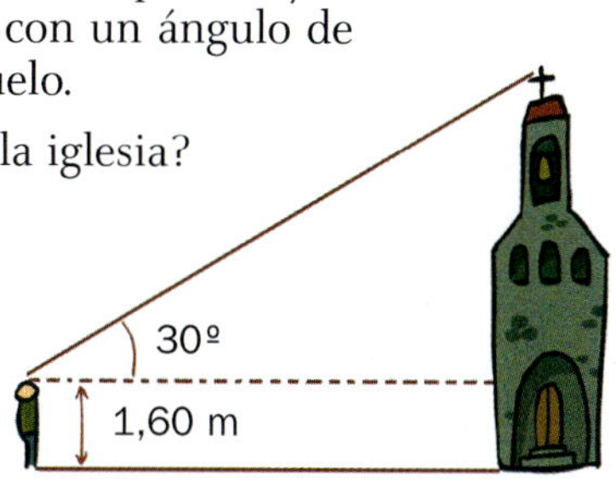

35 Con 360 metros de malla de alambre se quiere construir un cercado triangular para proteger una determinada especie animal en vías de extinción.

¿Cuál de los siguientes triángulos tendrá mayor área?

a) Un triángulo equilátero.

b) Un triángulo rectángulo, tal que un cateto sea igual a las $\frac{3}{4}$ partes del otro.

c) Un triángulo isósceles cuya base (lado desigual) sea igual a los $\frac{2}{5}$ del otro lado.

36 Una ONG ha montado en una aldea de la selva amazónica un telar para fabricar alfombras. Las alfombras tienen forma de rombo de 1,5 metros de lado y sus diagonales son una doble que la otra.

Calcula las medidas de estas.

4. Lugar geométrico en el plano

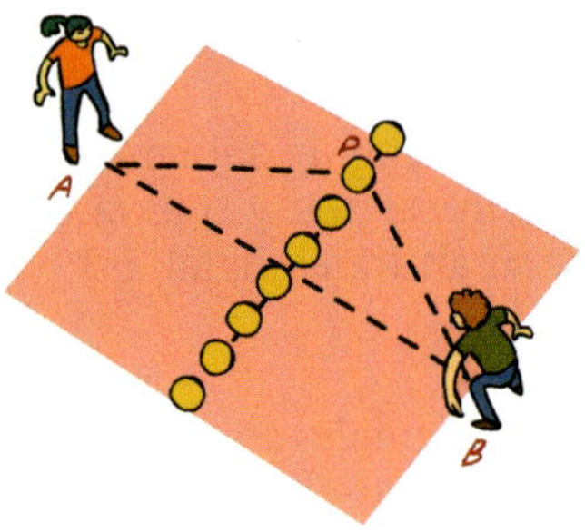

Mediatriz de un segmento

Ejemplo. *Ana y Luis van a jugar a ver quién coge antes un balón. Si llamamos* A *y* B *a los puntos en donde se encuentran, ¿dónde deben poner el balón para que esté a la misma distancia de ambos?*

Si se traza la mediatriz del segmento que une las posiciones de Ana y de Luis, se observa que cualquier punto de ella, por ejemplo, el punto P está a la misma distancia, es decir equidista, de los extremos A y B, de forma que $\overline{PA} = \overline{PB}$.

Por tanto, deben colocar el balón sobre cualquier punto de la mediatriz.

> Se puede definir la **mediatriz** de un segmento como el conjunto de todos los puntos del plano que **equidistan de los extremos del segmento**, o bien como el **lugar geométrico** de los puntos del plano que equidistan de los extremos.

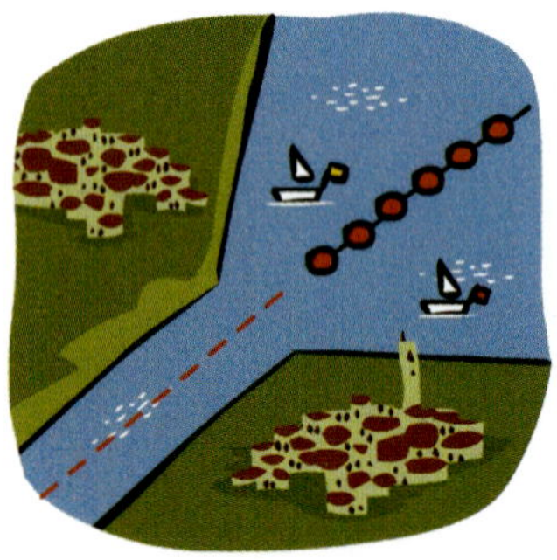

Bisectriz de un ángulo

Ejemplo. *El estuario de un río tiene la forma de la figura. Si el río sirve de frontera entre dos provincias, ¿dónde deben situarse las boyas que señalan dicha frontera?*

Para que cada provincia tenga la misma superficie de aguas jurisdiccionales sobre el río, se puede aproximar su forma a la de un ángulo. Entonces la frontera fluvial estará justamente sobre la bisectriz de dicho ángulo, ya que se observa que cualquier punto de esta recta equidista de los dos lados del ángulo, es decir, de las dos orillas del río.

> Se puede definir la **bisectriz de un ángulo** como el **lugar geométrico** de los puntos del plano que equidistan de los lados de dicho ángulo.

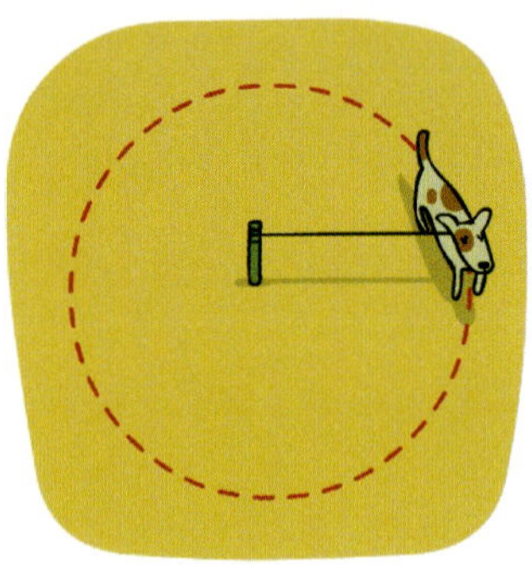

Circunferencia

Ejemplo. *Pedro entra a comprar al supermercado y deja a su perro atado con la correa a un poste. Si la correa mide un metro, ¿cuál será el espacio por el que se puede mover la mascota?*

En la figura se ha trazado una circunferencia de centro el punto donde se encuentra el poste y radio 1 metro. Se observa que el perro se podrá mover por todo el círculo que encierra esta circunferencia y que el lugar más lejano al poste al que puede ir está determinado por los puntos de la circunferencia ya que todos se encuentran a la misma distancia, un metro, del poste.

> Se puede definir la **circunferencia** como el **lugar geométrico** de los puntos del plano que equidistan de un punto interior que se llama centro.
>
> En general, se llama **lugar geométrico en el plano** al conjunto de todos los puntos del plano que cumplen una determinada condición.

EJERCICIO RESUELTO

37

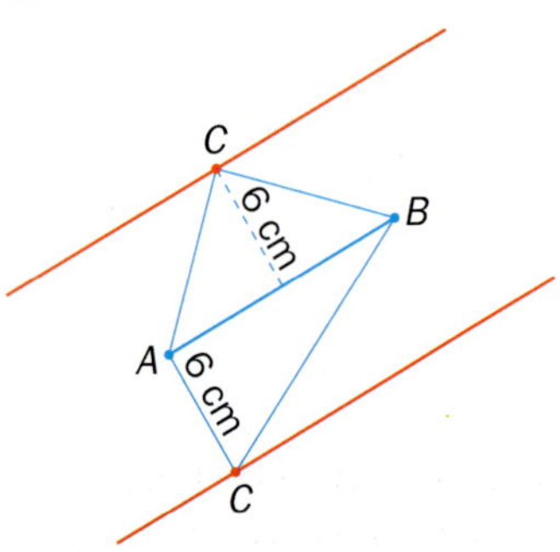

Tenemos un triángulo de base el segmento AB que mide 8 cm. Halla el lugar geométrico del vértice C para que el área del triángulo sea 24 cm².

El área del triángulo es: $S = \dfrac{base \cdot altura}{2}$.

Con los datos resulta: $24 = \dfrac{1}{2} 8 \cdot altura \Rightarrow altura = \dfrac{48}{8} = 6$ cm

Entonces el vértice C tiene que estar situado a 6 centímetros de la base. Por tanto, el lugar geométrico pedido son dos rectas situadas a una distancia de 6 cm del segmento AB.

PARA PRACTICAR

38 Dibuja en tu cuaderno un segmento de 5 centímetros de longitud y nombra sus extremos *A* y *B*.

a) Traza el lugar geométrico de los puntos del plano que equidistan de los extremos *A* y *B*.

b) ¿Cómo se llama el conjunto de puntos obtenidos?

39 Dibuja en tu cuaderno un ángulo de 60°.

a) Dibuja el lugar geométrico de los puntos del plano que equidistan de los lados del ángulo.

b) ¿Cómo se llama el conjunto de puntos obtenidos?

40 Dibuja en tu cuaderno la recta *r* de la figura y traza el lugar geométrico de los puntos del plano que están a 1 centímetro de distancia de ella.

41 Traza una circunferencia de centro un punto *O* y radio de 5 centímetros.

a) ¿Qué figura obtienes al trazar el lugar geométrico de los puntos del plano que se encuentran a 2 centímetros del punto *O*?

b) ¿Qué relación tiene la figura del apartado a) con la circunferencia inicial?

EJERCICIO RESUELTO

42 **Halla el circuncentro y el incentro del triángulo de la figura.**

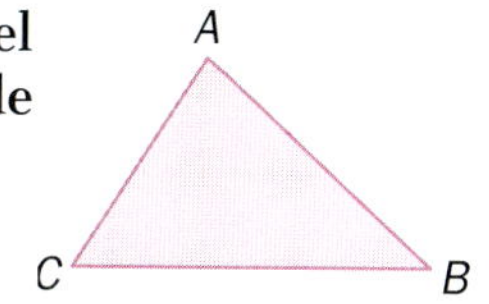

a) Al trazar las mediatrices de los lados, vemos que se cortan en el punto *O*, que es el centro de la circunferencia circunscrita al triángulo, es decir, el circuncentro.

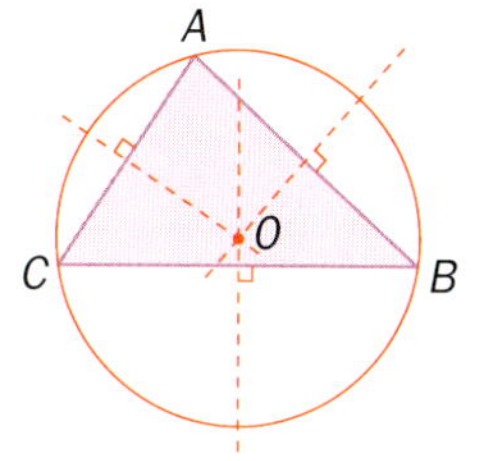

b) Al trazar las bisectrices de los ángulos del triángulo, observamos que se cortan en el punto *I*, que es el centro de la circunferencia inscrita al triángulo, es decir, el incentro.

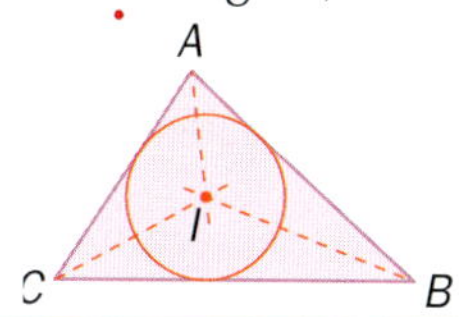

43 Dibuja en tu cuaderno un triángulo obtusángulo y halla gráficamente el incentro y el circuncentro. Traza las circunferencias inscritas y circunscritas al triángulo.

PARA APLICAR

44 Tres pueblos están comunicados por carretera como muestra la figura.

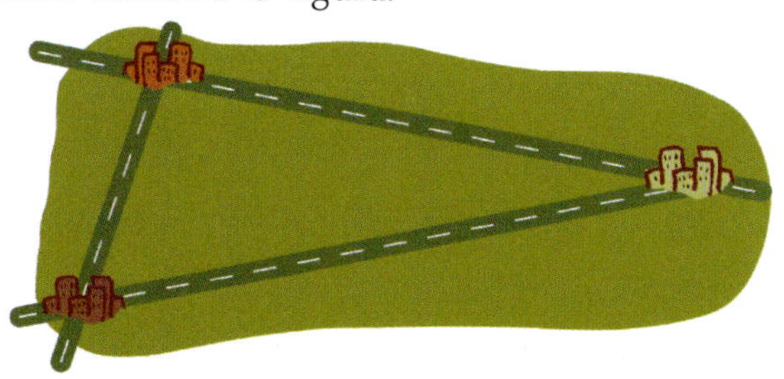

Se quiere construir una gasolinera de forma que se encuentre a igual distancia de los tres pueblos. ¿Dónde se debería ubicar?

45 Tres personas que visitan un museo se encuentran en los puntos no alineados *A*, *B* y *C*.

¿Dónde deberá situarse el guía que explica las obras de arte para que le oigan los tres por igual?

46 Juan quiere hacer volar el aeromodelo que ha construido. El terreno en el que lo puede hacer está limitado por tres postes de telefonía unidos con cables, que forman un triángulo.

¿Dónde se deberá situar para no chocar con ninguno de los tres cables y tener el mayor radio posible?

LA IMPORTANCIA DE LOS MAPAS

¿Dónde están las Matemáticas?

Casi nadie viaja hoy sin llevar un mapa. El mapa es una representación simbólica de la realidad a **escala**.

La relación entre un mapa y el territorio representado es de **semejanza**. El territorio es una **ampliación** a escala del mapa, y las medidas sobre el territorio y sobre el mapa son proporcionales. Así mismo, el mapa es una **reducción** a escala del territorio.

Cuando se dice que un mapa está realizado a escala 1 : 100, se está indicando que una unidad de medida corresponde a 100 unidades en la realidad.

Se denomina **razón de semejanza**, ***r***, a la razón que existe entre dos distancias del mapa y el territorio representado. Para una escala de 1 : 100, la razón de semejanza es $r = \frac{1}{100}$.

Entre el área del territorio representado, A', y el área del propio mapa, A, se cumple la relación: $\frac{A}{A'} = r^2$

¿Cómo se aplican?

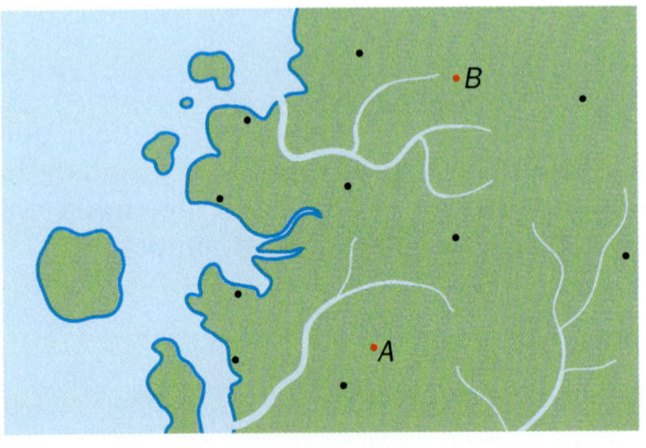

La escala de este mapa es 1 : 25 000, luego una distancia de 1 centímetro sobre el mapa corresponde a 25 000 centímetros (es decir, 250 metros en la realidad).

La razón de semejanza entre el mapa y el territorio representado es $\frac{1}{25\,000}$.

A la vista del mapa, la distancia real entre la ciudad A y la ciudad B es $3 \cdot 25\,000 = 75\,000$ cm $= 750$ m

PARA APLICAR

47 Calcula la distancia real entre los puntos A y B representados en el mapa.

48 ¿Cuál es el área del territorio representado en el mapa si el área del propio mapa es 30 centímetros cuadrados?

Ángulos

Ángulos de lados paralelos

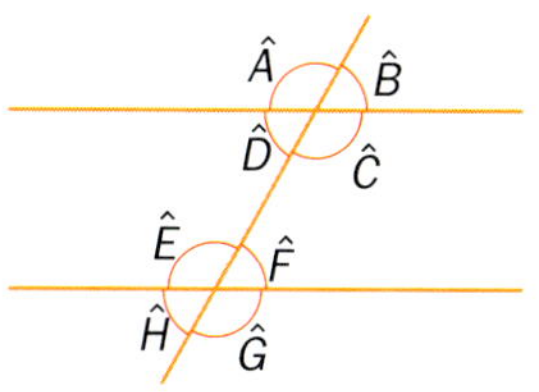

$\widehat{A} = \widehat{C} = \widehat{E} = \widehat{G}$

$\widehat{B} = \widehat{D} = \widehat{F} = \widehat{H}$

Ángulos de lados perpendiculares

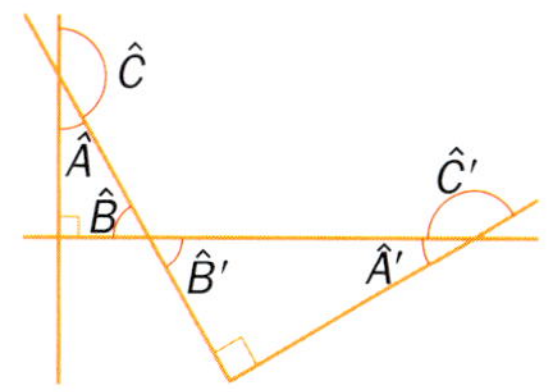

$\widehat{A} = \widehat{A'}$; $\widehat{B} = \widehat{B'}$

$\widehat{A}$ y $\widehat{C'}$ suplementarios.

Suma de los ángulos interiores de un polígono

Si tiene n lados

$S = (n - 2)\ 180°$

Semejanza y teorema de Tales

Dos figuras son **semejantes** si sus **dimensiones** son **proporcionales**.

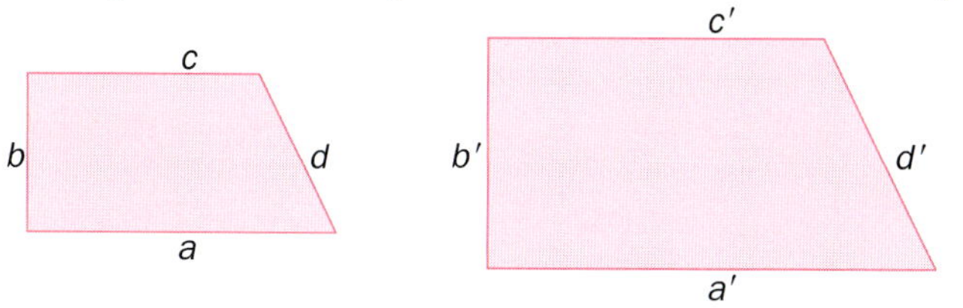

$\frac{a'}{a} = \frac{b'}{b} = \frac{c'}{c} = \frac{d'}{d} = k$ (**razón de semejanza**)

Si $k > 1$, se amplía   Si $k < 1$, se reduce

Si la razón de semejanza es k, la **razón de las áreas** de las figuras semejantes es $\boldsymbol{k^2}$.

Teorema de Tales: Toda recta paralela a un lado de un triángulo *ABC* que corta los otros dos lados determina un triángulo *AB′C′* semejante al triángulo inicial.

Teorema de Pitágoras

Teorema de Pitágoras: En un triángulo rectángulo, la suma de los cuadrados de las longitudes de los catetos es igual al cuadrado de la longitud de la hipotenusa.

$$a^2 = b^2 + c^2$$

Recíprocamente, si las medidas de los lados de un triángulo verifican la relación anterior, entonces el triángulo es rectángulo.

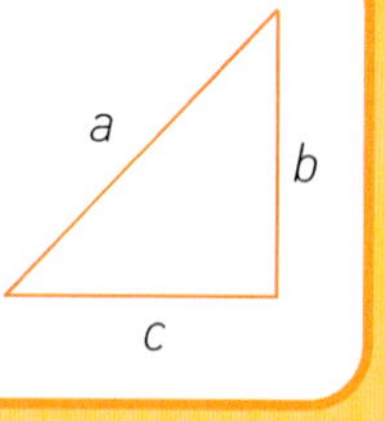

Lugar geométrico

Se llama **lugar geométrico en el plano** al conjunto de todos los puntos del plano que cumplen una determinada condición.

Mediatriz de un segmento

Lugar geométrico de los puntos del plano que equidistan de los extremos.

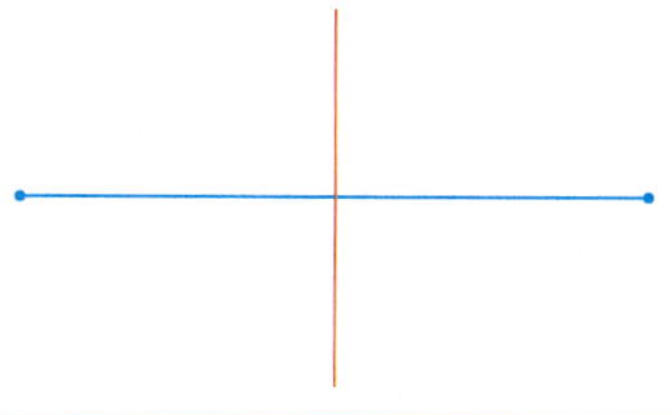

Bisectriz de un ángulo

Lugar geométrico de los puntos del plano que equidistan de los lados de dicho ángulo.

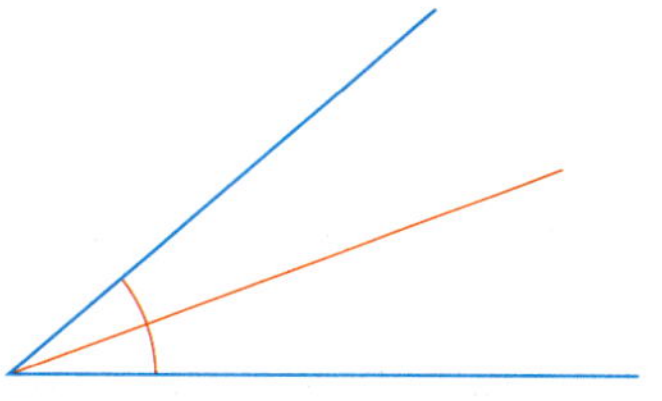

Circunferencia

Lugar geométrico de los puntos del plano que equidistan de un punto interior que llamamos centro.

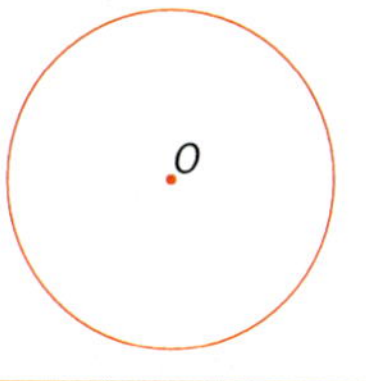

PARA PRACTICAR Y APLICAR

49 Halla el valor de los ángulos que faltan en las siguientes figuras.

a)

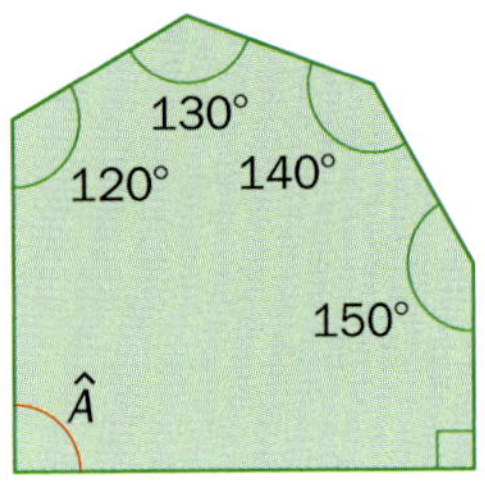

b)

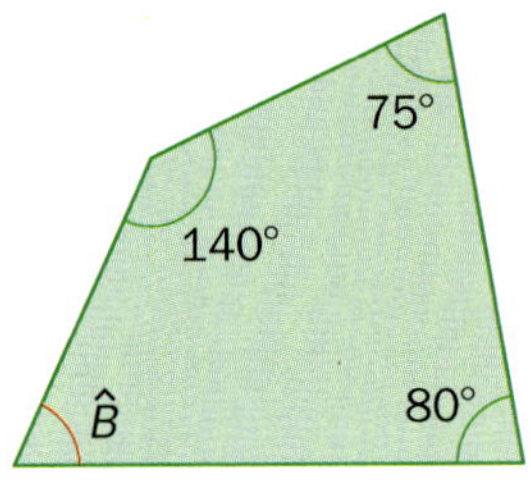

50 Halla el valor de los ángulos designados por letras.

a)

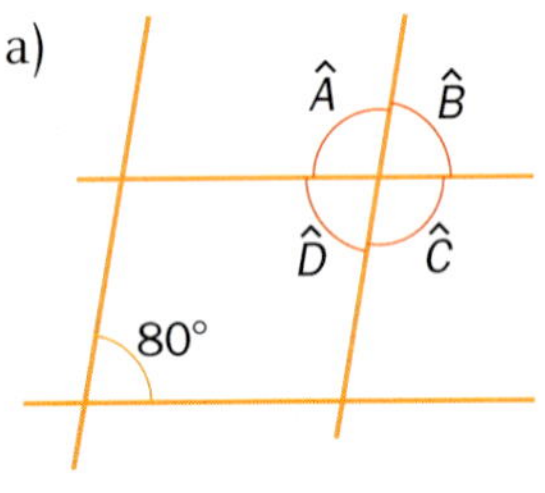

b)

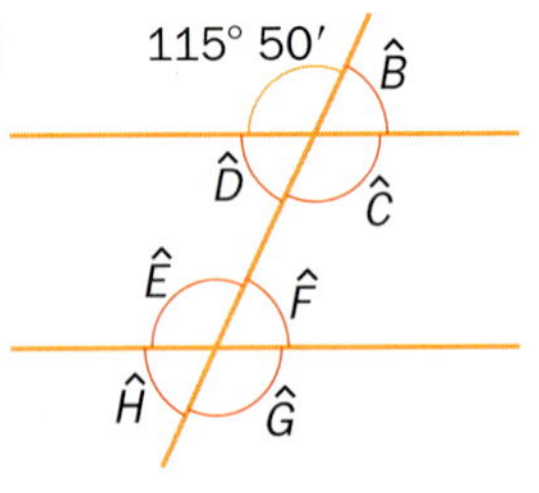

51 Indica el valor de los ángulos que faltan en este mapa de carreteras.

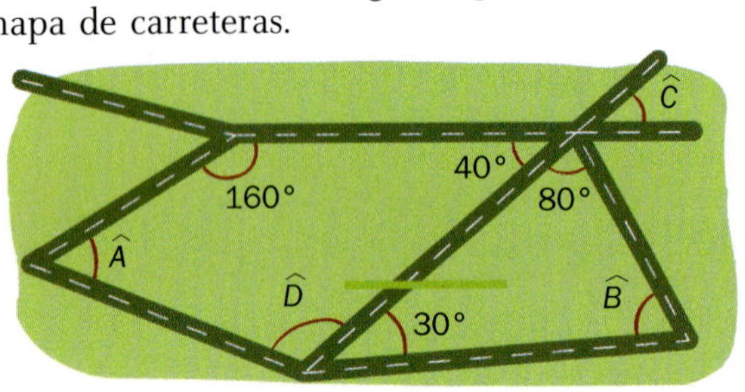

52 Los lados de un triángulo miden 4, 5 y 7 centímetros. Otro triángulo semejante tiene por lado homólogo del menor uno que mide 17,5 centímetros.

a) ¿Cuál es la razón de semejanza o escala?

b) Halla los restantes lados.

53 Un padre deja a sus dos hijos una parcela triangular en la que el lado *AB* está junto a la playa.

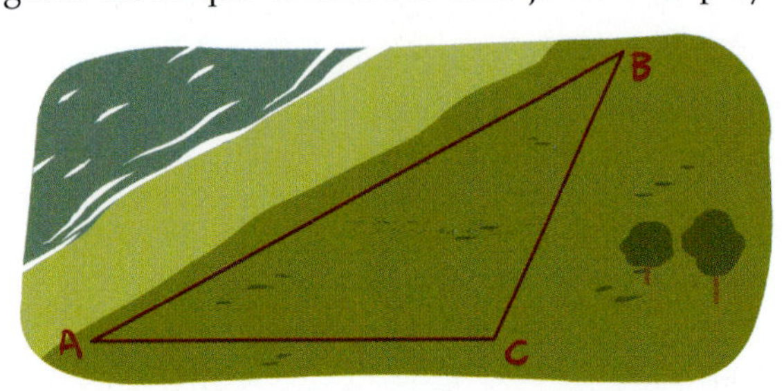

¿Cómo deberán repartir la parcela en dos triángulos de forma que tengan igual área y la parte con playa tenga también igual medida?

54 Aplicando el teorema de Tales construye un triángulo semejante al triángulo *ABC* de la figura, en los siguientes casos:

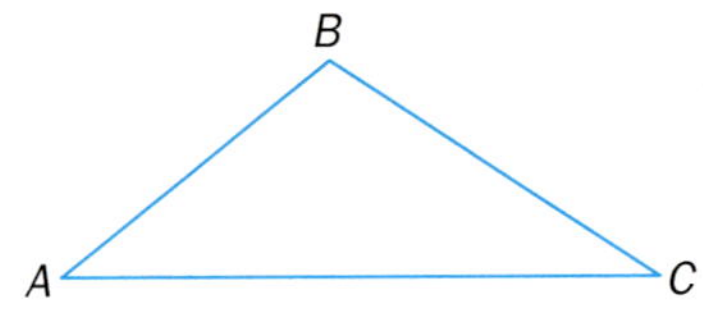

a) Con razón de semejanza 0,2.

b) Con razón de semejanza 2.

55 La base mayor de un trapecio rectángulo mide 16 centímetros, y la base menor, 10. El lado oblicuo es igual a la base menor. Calcula:

a) La altura del trapecio.

b) El perímetro del trapecio.

c) Las diagonales del trapecio.

56 Los lados de un triángulo miden 21, 28 y 35 centímetros.

a) Comprueba si es rectángulo.

b) Halla el diámetro de la circunferencia que pasa por los tres vértices.

c) Halla el área del triángulo.

57 Dos triángulos rectángulos son semejantes y los catetos del primero miden 51 y 68 centímetros. Si la hipotenusa del segundo triángulo mide 30 centímetros, calcula:

a) Los catetos del segundo.

b) La razón entre las áreas de los dos triángulos.

c) La razón entre sus perímetros.

58 Dos trapecios rectángulos son semejantes en una semejanza de razón 0,75. Las bases del trapecio mayor miden 12 y 6 centímetros, y la altura, 8. Calcula:

a) La medida del lado oblicuo del trapecio mayor.

b) Los lados del trapecio menor.

c) La razón de las áreas de los dos trapecios.

59 Halla el lugar geométrico de los puntos del plano que se encuentran a una distancia de 4 centímetros de una circunferencia de centro *O* y radio 7 centímetros.

60 Dos carreteras forman un ángulo de 90°. Traza el lugar geométrico de los puntos del plano que se encuentran a igual distancia de las dos carreteras.

PARA REFORZAR

61 Halla la medida de los ángulos designados con letras.

a) 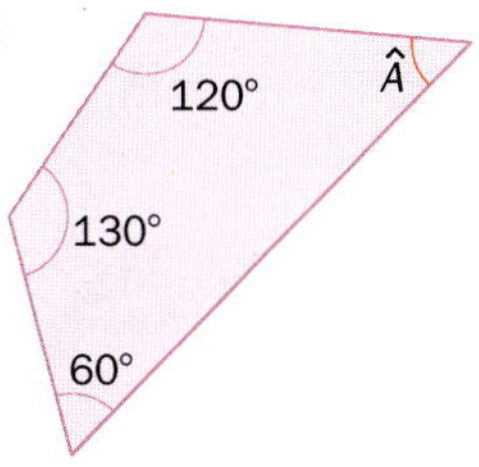

b) 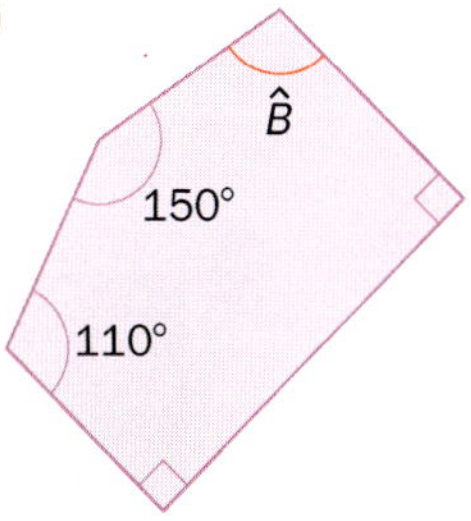

62 Halla el valor de los ángulos designados con letras.

a) 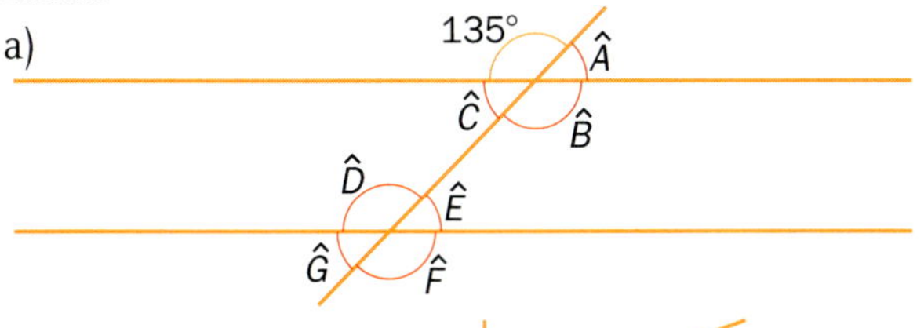

b) 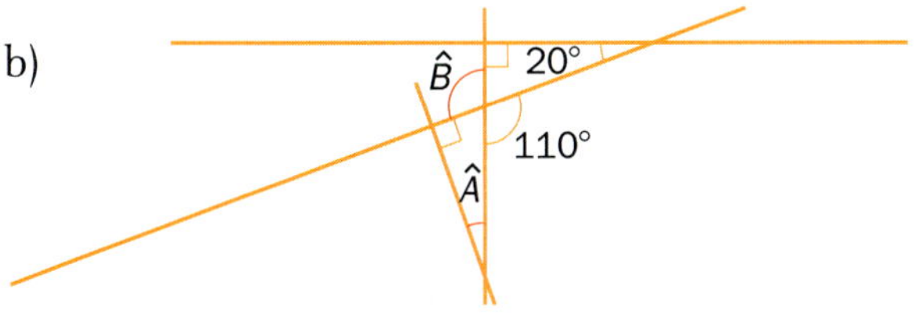

63 Calcula la altura de un triángulo equilátero de 18 centímetros de perímetro.

64 La diagonal de un rectángulo mide 7,5 centímetros, y su base, 5. Halla la altura.

65 Los lados de un rectángulo miden 5 y 12 centímetros.

¿Cuáles serán las medidas de otro rectángulo semejante si la razón de semejanza es 3,5?

66 Contesta verdadero o falso.

a) Dos polígonos son semejantes si los lados correspondientes son proporcionales.

b) Si dos polígonos son semejantes en una semejanza de razón 2, la razón de sus perímetros es 3.

c) Si dos polígonos son semejantes en una semejanza de razón 2, la razón de sus áreas es 4.

67 Un triángulo equilátero y un cuadrado tienen 24 centímetros de perímetro.

Halla el área de las dos figuras.

68 Dibuja el lugar geométrico de los puntos del plano que se encuentran a distancia 5 centímetros de un punto *O* fijo.

PARA AMPLIAR

69 Sobre cada uno de los lados de un hexágono regular se ha construido externamente un cuadrado. Uniendo los vértices consecutivos de estos cuadrados se obtiene un dodecágono regular. Si el lado del hexágono regular mide 6 centímetros, halla el área del dodecágono.

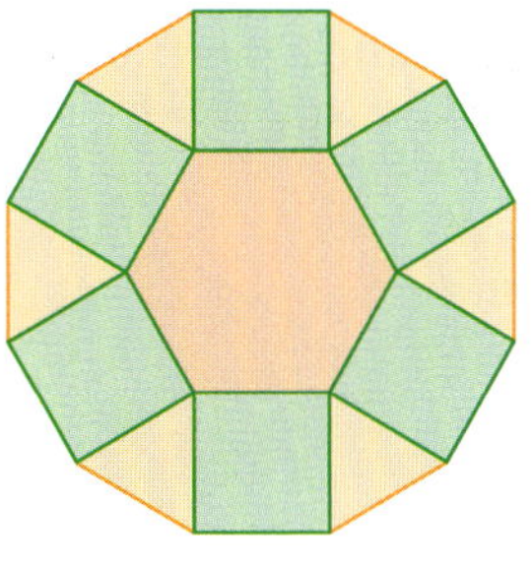

70 Un rombo y un cuadrado tienen ambos 40 centímetros de perímetro.

Halla la diferencia entre sus áreas sabiendo que una diagonal del rombo mide 16 centímetros.

71 Las bases de un trapecio rectángulo miden 10 y 4 centímetros, respectivamente, y su altura 7 centímetros. Halla la medida de las diagonales.

72 Una escalera de bomberos de 10 metros de longitud se ha fijado en un punto de la calzada. Si se apoya sobre una de las fachadas, forma un ángulo con el suelo de 45°, y si se apoya sobre otra de las fachadas, forma un ángulo de 30°.

a) Halla la anchura de la calle.

b) ¿Qué altura se alcanza con dicha escalera sobre cada una de las fachadas?

73 Para probar la inteligencia de Thales le pidieron que midiera la altura de la pirámide de Keops. Para ello, Thales midió la base de la pirámide, que es un cuadrado de 230 metros de lado. En el momento en que la sombra de la pirámide salía 24 metros fuera de la pirámide, colocó un bastón de 1 metro perpendicular al suelo y vio que arrojaba una sombra de 0,95 metros.

¿Cuál fue la altura que obtuvo Thales?

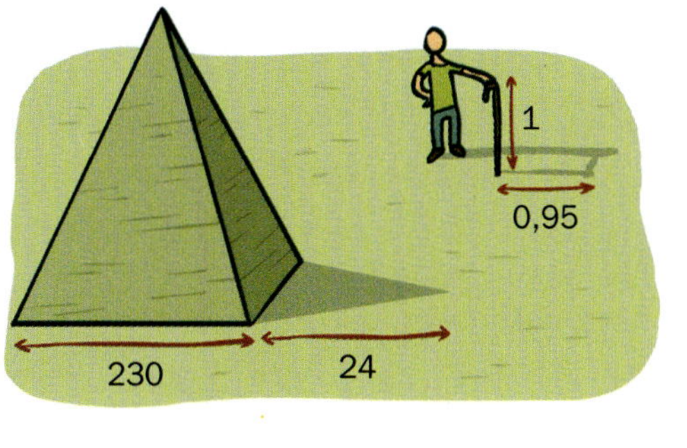

PARA INTERPRETAR Y RESOLVER

74 El túnel

Una empresa de mudanzas tiene tres tipos de camiones para su servicio, cuyas dimensiones se especifican en la tabla siguiente.

	Altura (m)	Anchura (m)
Estrecho	4,75	2,5
Mediano	4,75	3
Ancho	4,75	3,25

En la mudanza encargada por un cliente, el camión debe atravesar el túnel semicircular que muestra la figura.

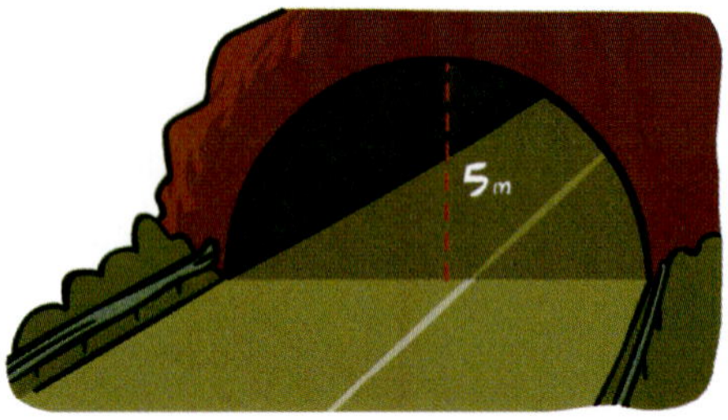

Realiza los cálculos que consideres necesarios para determinar qué tipo de camión puede realizar el servicio mencionado.

75 Buscando el sitio adecuado

El parque municipal de una localidad tiene forma cuadrada y en sus vértices hay situadas dos bocas de riego, una fuente y un montículo de terreno arcilloso tal y como muestra el dibujo.

El Ayuntamiento de la localidad quiere dedicar una zona para plantar rosales. Estos deben tener al menos una de las bocas de riego más cerca que el montículo y, además, su distancia a la fuente debe ser menor que la medida del lado del cuadrado.

Señala la zona donde se pueden colocar los rosales.

AUTOEVALUACIÓN

1 Un rectángulo tiene 12 centímetros de base y 7 de altura. Halla la medida de la base y la altura de otro rectángulo semejante al anterior que tenga por perímetro 9,5 centímetros.

2 Dibuja tres puntos *A*, *B* y *C* no alineados y construye la circunferencia que pasa por los tres.

3 Dibuja en tu cuaderno un triángulo cualquiera *ABC*.

Construye el punto que equidista de los lados.

4 Halla el perímetro de un triángulo equilátero cuya altura mide 30 centímetros.

5 Los ángulos agudos de un rombo miden 60°, y la diagonal mayor, 36 centímetros.

Calcula el perímetro del rombo.

6 Un triángulo isósceles tiene 36 centímetros de base y 10 de altura. Se traza el segmento *DE*, paralelo a la base, que mide 24 centímetros. Halla la distancia *AH*.

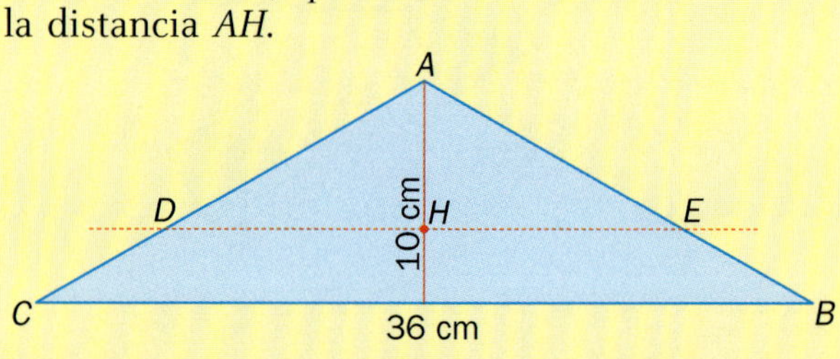

7 En un rectángulo de 40 centímetros de perímetro, la base es la tercera parte de la altura. Halla el perímetro de un rectángulo semejante y mayor, sabiendo que la razón entre las áreas es $\frac{25}{64}$.

8 En una llanura, dos carreteras tienen trazados paralelos separados por 6 kilómetros. Describe cómo será el lugar geométrico de los puntos que equidistan de ambas carreteras. ¿A qué distancia de ellas se encuentran?

ENTRE MATEMÁTICOS

EL MATEMÁTICO... ASTRÓNOMO

Carl Fiedrich Gauss (1777 – 1855)

Gauss tenía tres años, nadie le había enseñado los números, y mucho menos a sumar, pero él corrigió una de las cuentas que su padre realizaba para pagar a los obreros a su cargo.

Este niño prodigio fue conocido como "el príncipe de las matemáticas", y a lo largo de su vida realizó descubrimientos en todas las ramas de la matemática.

En 1801 se descubrió el asteroide Ceres, pero era tan pequeño que los astrónomos no conseguían volver a verlo. Gauss utilizó un método matemático suyo para calcular la trayectoria de Ceres. Desde entonces, para encontrarlo, basta con mirar al punto exacto que en cada momento indicaba el cálculo de Gauss.

... Y SU ÉPOCA

Vivieron otros grandes genios como el compositor alemán Beethoven y el pintor español Goya.

... SU IDEA...

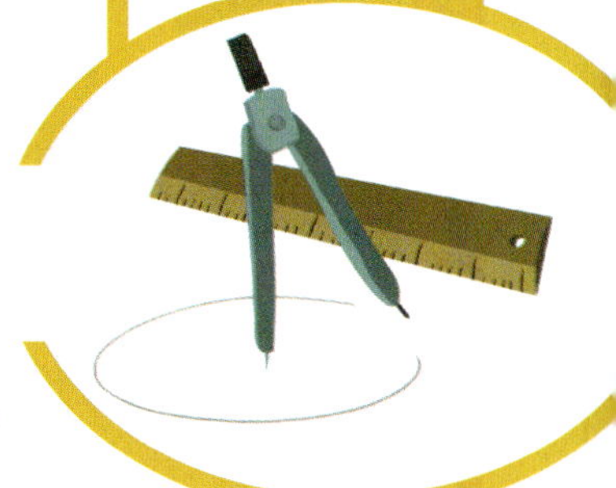

Gauss resolvió un problema pendiente desde hacía 2 000 años: conocer cuáles son los **polígonos regulares que se pueden construir usando solo la regla y el compás**.

La genial idea de Gauss consistió en **traducir este problema geométrico a una ecuación**.

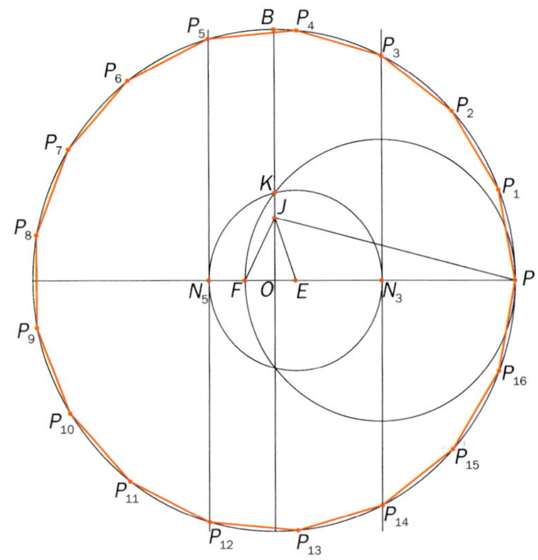

ENTREtenido

SIN LEVANTAR EL LÁPIZ DEL PAPEL

Para trazar estas figuras no necesitas regla y compás, pero has de tener en cuenta las siguientes reglas.

1. No puedes levantar el lápiz del papel.
2. No puedes repetir dos veces la misma línea.
3. Debes llegar al punto de partida.

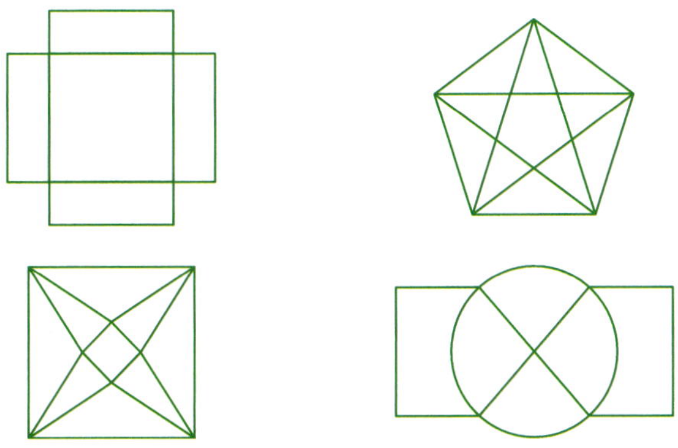

ENTRE interrogantes

¿QUIÉN INVENTO EL TELÉGRAFO?

Si buscamos en una enciclopedia o consultamos en Internet, encontramos que Samuel Morse figura como inventor del telégrafo, pero en realidad Gauss y su colaborador Weber se adelantaron siete años en el diseño y construcción de un telégrafo electromagnético. Con él conseguían transmitir hasta nueve letras por minuto y se comunicaban entre ellos a una distancia de 150 metros, la que separaba el Observatorio Astronómico de la Facultad de Física.

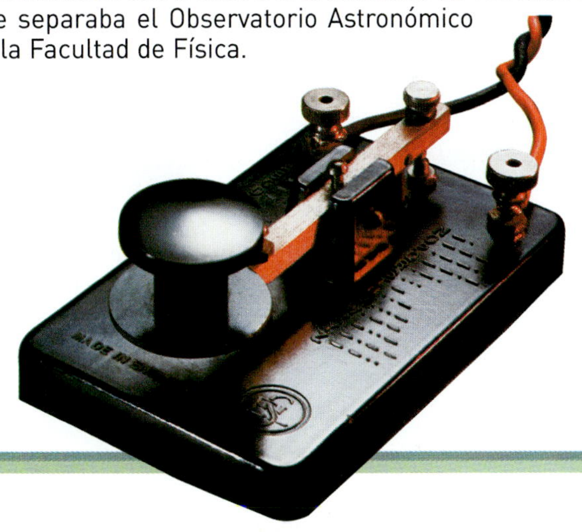

10 TRANSFORMACIONES GEOMÉTRICAS

La simetría está presente en muchos aspectos de la naturaleza. Por ejemplo, las flores se pueden clasificar según tengan uno o más planos de simetría, los cristales también se clasifican según sus elementos de simetría (planos o ejes), las órbitas de los planetas o la forma de las galaxias son simétricas, etc. La simetría, por tanto, parece existir al margen de las construcciones matemáticas del entendimiento humano.

RECUERDA

Coordenadas cartesianas y puntos en el plano

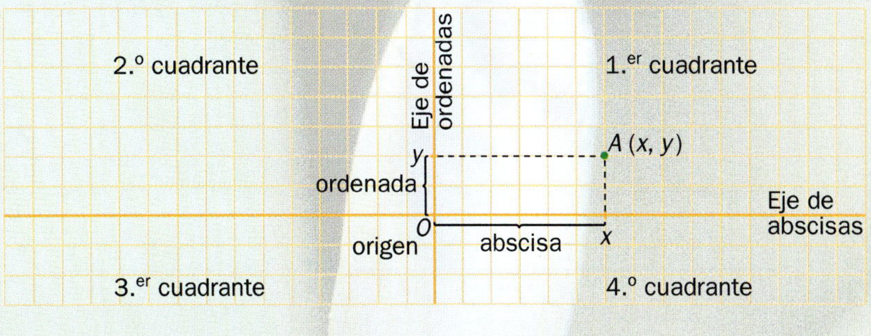

Sentido de giro de los ángulos

Los ángulos **positivos** tienen el sentido de giro contrario al de las agujas del reloj.

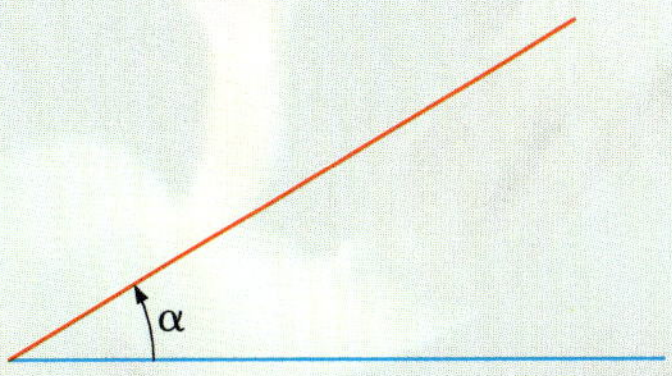

Los ángulos **negativos** tienen el mismo sentido de giro que las agujas del reloj.

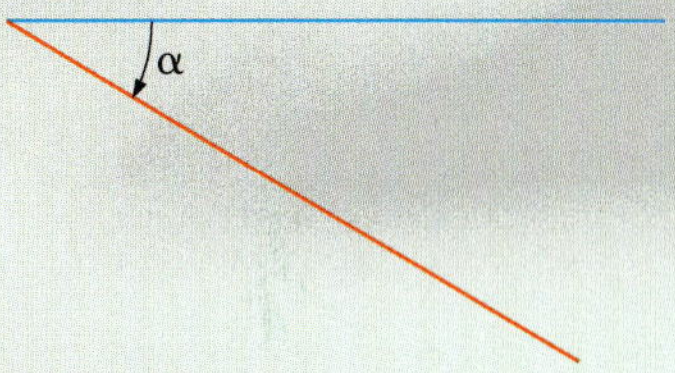

PARA EMPEZAR

1 En el plano de una ciudad se ha trazado una cuadrícula para localizar sus edificios más emblemáticos. Observa que el centro de mayores está en el punto (3, 6). Halla las coordenadas de los restantes edificios.

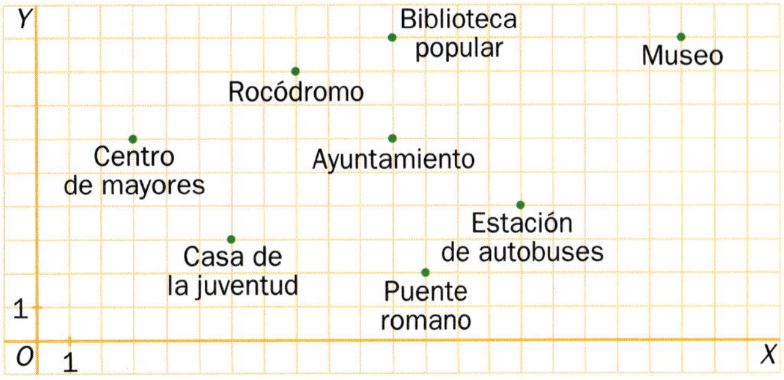

2 Sobre unos ejes de coordenadas, sitúa los siguientes puntos.

$A(5, 2)$ $B(-3, 4)$ $C(6, -2)$ $D(-5, -1)$ $E(-8, 3)$

3 Con un transportador de ángulos dibuja los siguientes ángulos.

$-30°$ $60°$ $45°$ $-120°$ $-270°$ $90°$ $135°$ $-215°$

4 Nuestro gusto por lo simétrico se refleja en los objetos que diseñamos, o fabricamos: ropa, gafas, edificios, etc. Cita tres objetos artificiales que sean simétricos.

1. Simetría axial en el plano

Ejemplo. *¿Qué relación existe entre los triángulos* ABC *y* A'B'C' *de la figura?*

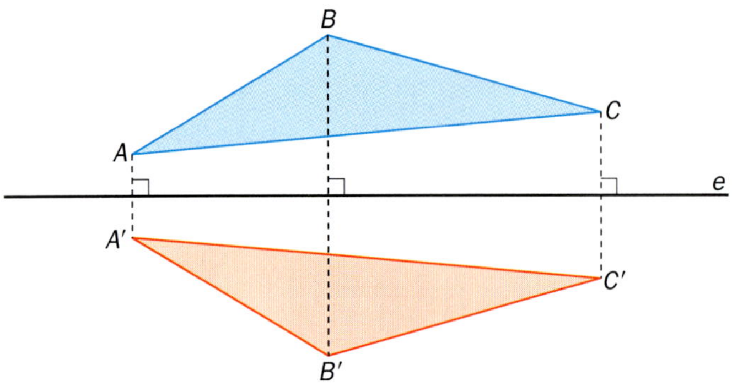

Al doblar el papel por la recta *e*, los triángulos *ABC* y *A'B'C'* se superponen. El triángulo *A'B'C'* se llama simétrico del *ABC* en una **simetría de eje *e***.

- Los pares de puntos *A* y *A'*, *B* y *B'* y *C* y *C'* se llaman **puntos simétricos** u homólogos.
- Todas las rectas que unen puntos simétricos son perpendiculares al eje *e*.
- Los puntos simétricos están situados a la misma distancia del eje.

Una simetría de eje *e* o **simetría axial** transforma un punto *P* del plano en otro punto *P'* denominado simétrico de *P* tal que:

- El segmento *PP'* es perpendicular al eje *e*.
- Las distancias de *P* y *P'* al eje *e* son iguales.

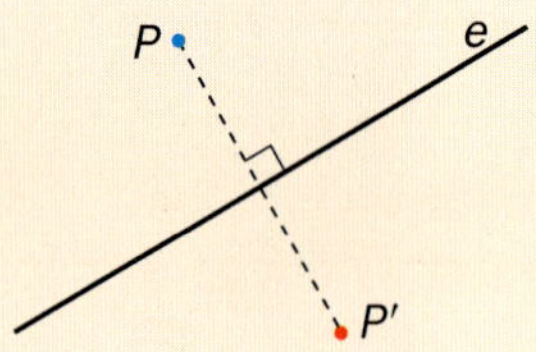

Elementos invariantes

- Los puntos del eje de simetría axial son los únicos **invariantes** bajo dicha simetría. Esto significa que cada punto del eje coincide con su simétrico.
- Las rectas perpendiculares al eje de simetría son también invariantes bajo una simetría axial.

Simetría respecto de los ejes de coordenadas

Ejemplo. *Los triángulos de la figura son simétricos respecto del eje de ordenadas. ¿Qué relación existe entre las abscisas y ordenadas de los puntos simétricos?*

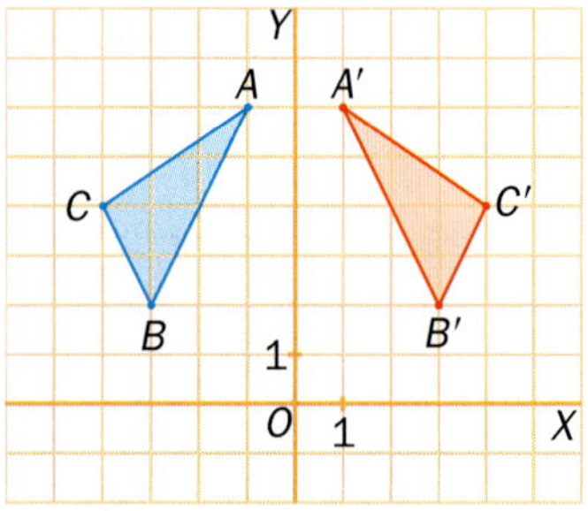

Observa las coordenadas cartesianas de los puntos simétricos:

$A(-1, 6)$ y $A'(1, 6)$

$B(-3, 2)$ y $B'(3, 2)$

$C(-4, 4)$ y $C'(4, 4)$

Dos puntos $P(x, y)$ y $P'(x', y')$ **simétricos respecto del eje *OY*** tienen sus abscisas opuestas y sus ordenadas iguales.

$$x' = -x$$
$$y' = y$$

Ejemplo. *Los triángulos de la figura son simétricos respecto del eje de abscisas. ¿Qué relación existe entre las abscisas y ordenadas de los puntos simétricos?*

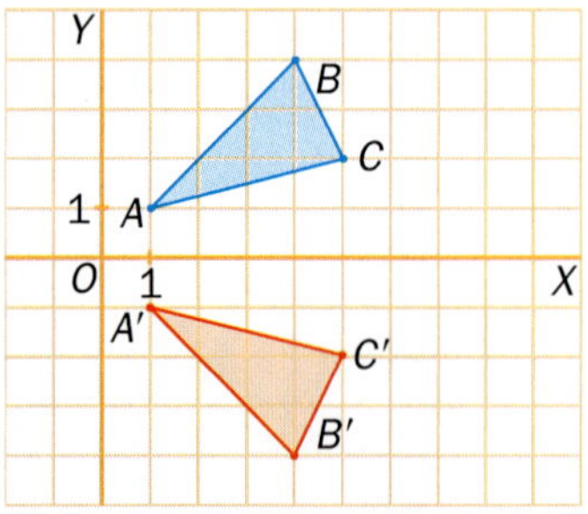

Observa las coordenadas cartesianas de los puntos simétricos:

$A(1, 1)$ y $A'(1, -1)$

$B(4, 4)$ y $B'(4, -4)$

$C(5, 2)$ y $C'(5, -2)$

Dos puntos $P(x, y)$ y $P'(x', y')$ **simétricos respecto del eje *OX*** tienen sus abscisas iguales y sus ordenadas opuestas.

$$x' = x$$
$$y' = -y$$

PARA PRACTICAR

EJERCICIO RESUELTO

1 **Dibuja la simétrica respecto del eje *e* de las siguientes figuras.**

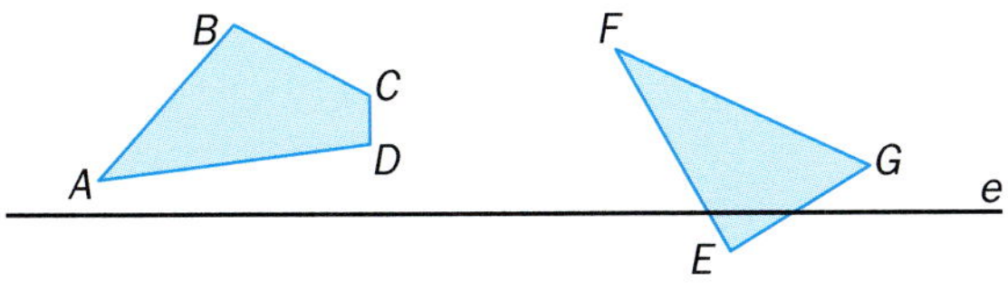

La figura simétrica del cuadrilátero *ABCD* es el cuadrilátero *A′B′C′D′*. La figura simétrica del triángulo *EFG* es el triángulo *E′F′G′*.

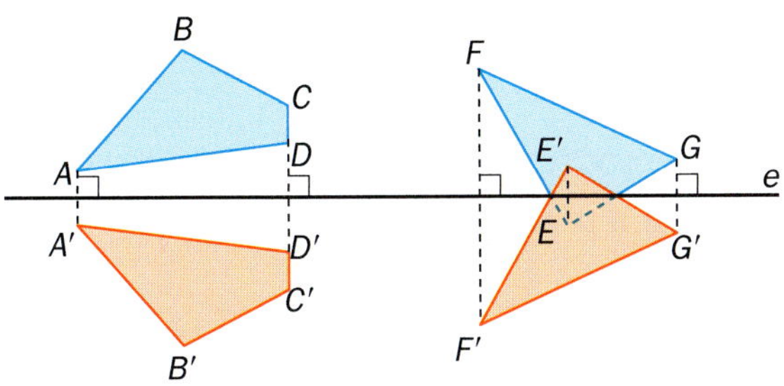

2 Dibuja en tu cuaderno la figura simétrica de cada una de las siguientes respecto del eje *e*.

a)

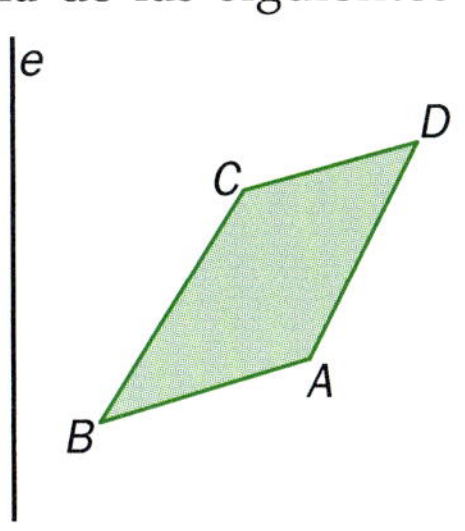

b)

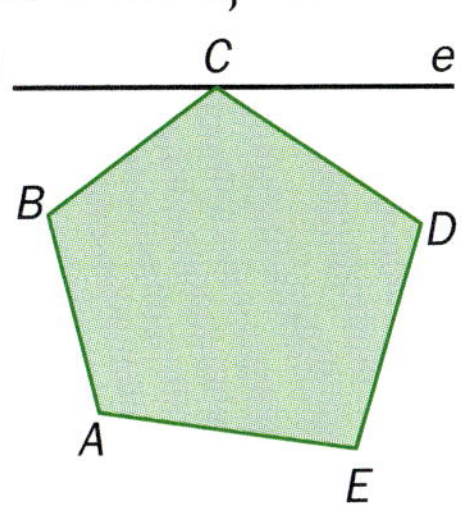

3 Dibuja en tu cuaderno el eje respecto del cual las siguientes figuras son simétricas.

a)

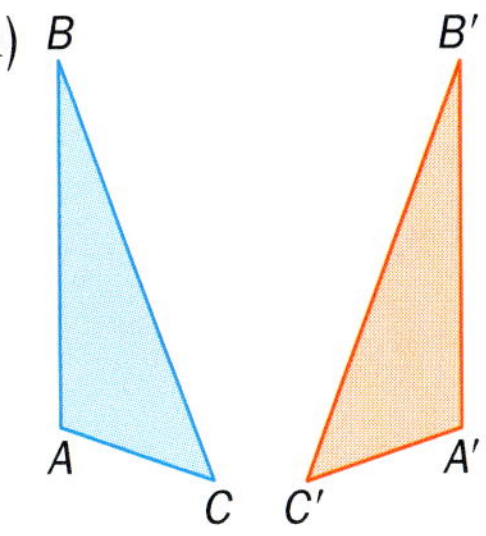

b)

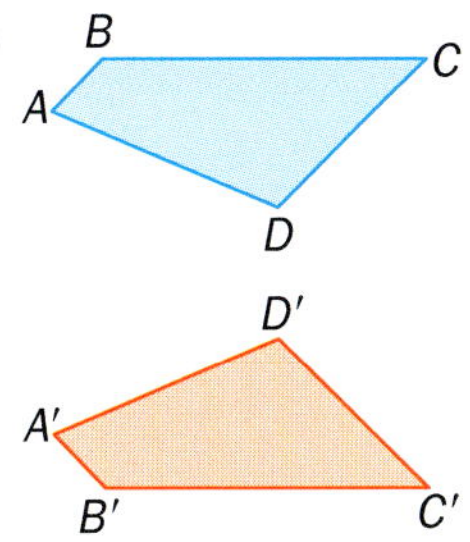

4 Copia las siguientes figuras en tu cuaderno y dibuja el eje respecto del cual se transforman en sí mismas.

a)

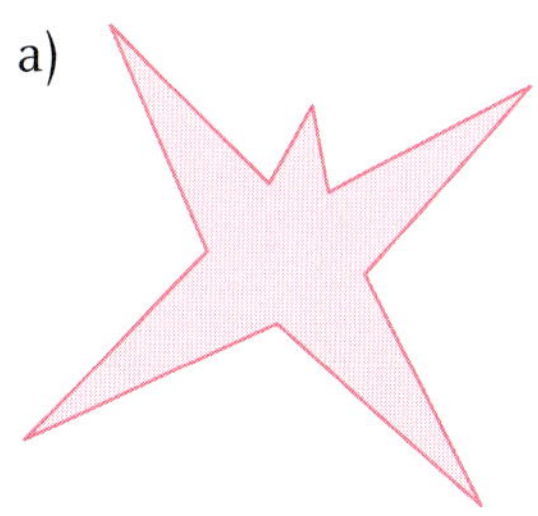

b)

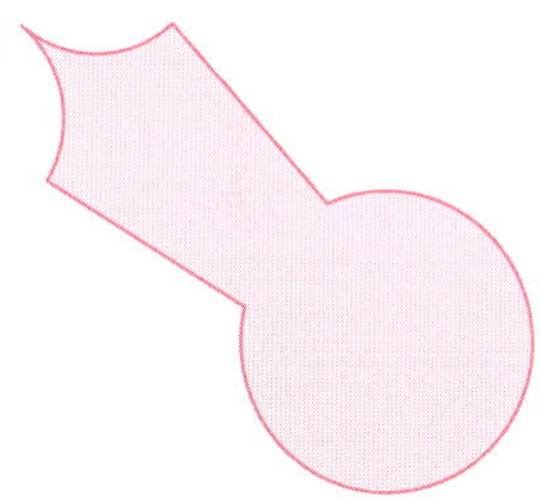

5 Halla las coordenadas del transformado del segmento de extremos $A(2, 5)$ y $B(3, 8)$:

a) En una simetría respecto del eje *OX*.

b) En una simetría respecto del eje *OY*.

6 Calcula las coordenadas del transformado del triángulo de vértices $A(1, 2)$, $B(2, -5)$ y $C(4, 1)$ en una simetría respecto del eje de abscisas.

PARA APLICAR

PROBLEMA RESUELTO

7 **Jorge tiene que ir del pueblo *A* hasta otro *B*, pero su perro está sediento y piensa llevarlo al arroyo para que beba. ¿Cuál es el camino más corto que deben recorrer?**

El camino toca el río en el punto de corte con el segmento que une el simétrico de *A* con *B*.

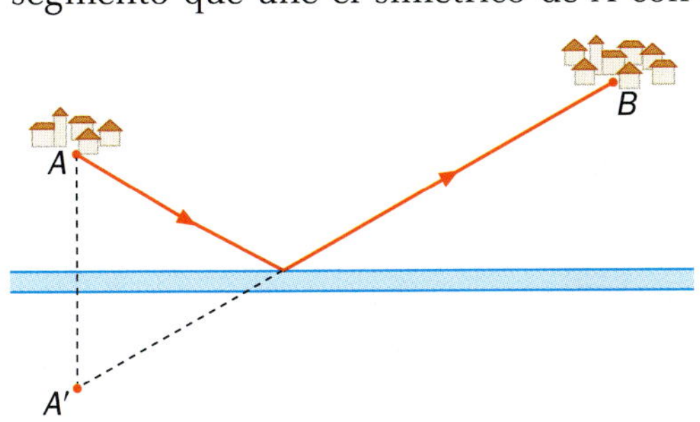

8 Se desea impulsar la bola *A* del billar para que llegue hasta *B* después de rebotar en las dos bandas de mayor longitud de la mesa.

Utilizando las leyes de la simetría, calcula en qué dirección se debe mover la bola *A*.

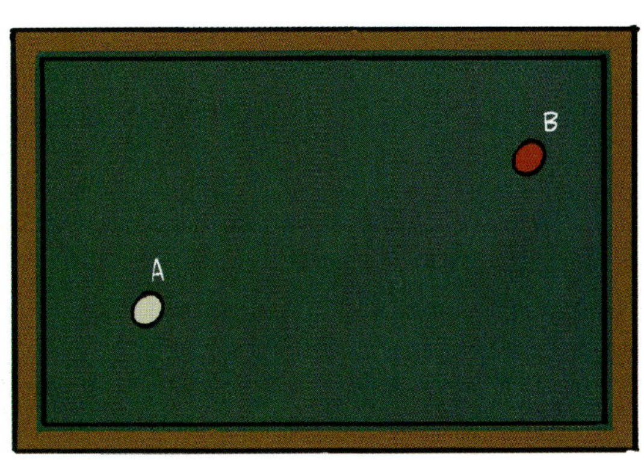

Ejemplo. *¿Qué relación existe entre los triángulos* ABC *y* A′B′C′ *de la figura?*

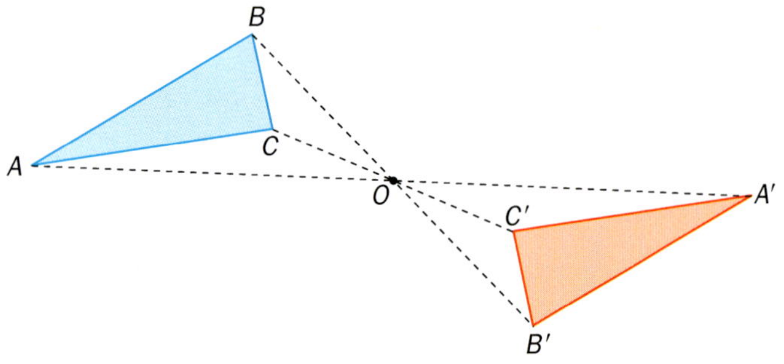

La figura representa un triángulo *ABC* y su simétrico *A′B′C′* en una **simetría respecto del punto *O*.**

- Los pares de puntos *A* y *A′*, *B* y *B′* y *C* y *C′* se llaman **puntos simétricos** u homólogos.
- Todas las rectas que unen puntos simétricos pasan por el punto *O*.
- Los puntos simétricos están situados a la misma distancia del punto *O*.

Una simetría respecto a un punto *O*, llamada **simetría central**, transforma un punto *P* del plano en otro punto *P′*:

- Los puntos *P*, *P′* y *O* están alineados.
- Las distancias de *P* y *P′* a *O* son iguales.
- Los puntos *P* y *P′* se llaman simétricos.

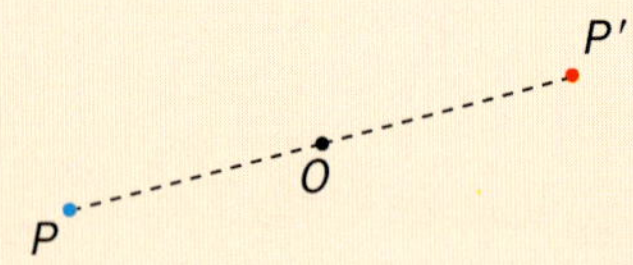

Al punto *O* se le llama **centro de simetría**.

ELEMENTOS INVARIANTES

- En una simetría central, el único punto **invariante** es el centro de simetría. Esto significa que su simétrico coincide con él mismo.
- Las rectas que pasan por el centro de simetría también son invariantes bajo simetría central.

Simetría respecto del origen

Ejemplo. *Los triángulos de la figura son simétricos respecto del origen de coordenadas* O. *¿Qué relación existe entre las abscisas y ordenadas de los puntos simétricos?*

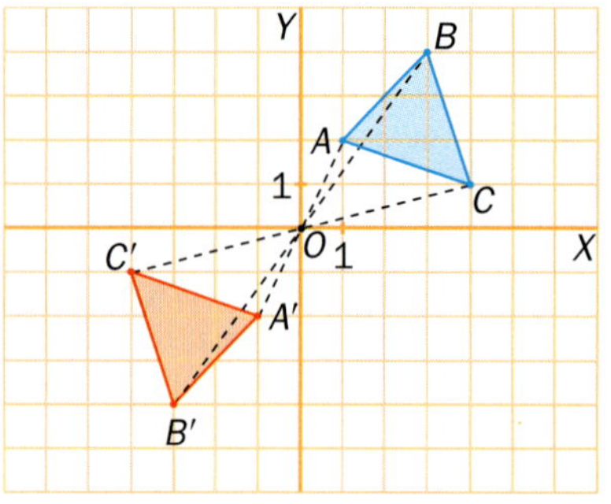

Observa que las coordenadas de los puntos simétricos son opuestas:

A(1, 2) y *A′*(−1, −2)

B(3, 4) y *B′*(−3, −4)

C(4, 1) y *C′*(−4, −1)

Si dos puntos *P*(*x*, *y*) y *P′*(*x′*, *y′*) son **simétricos respecto del origen**, *O*, sus abscisas y ordenadas son opuestas.

$$x' = -x$$
$$y' = -y$$

EJERCICIO RESUELTO

9 **Dado el cuadrilátero de vértices *A*(1, 2), *B*(2, 4), *C*(4, 5) y *D*(5, 3), halla las coordenadas de los vértices del cuadrilátero simétrico en una simetría respecto del origen de coordenadas.**

El simétrico de *A*(1, 2) es *A′*(−1, −2).
El simétrico de *B*(2, 4) es *B′*(−2, −4).
El simétrico de *C*(4, 5) es *C′*(−4, −5).
El simétrico de *D*(5, 3) es *D′*(−5, −3).

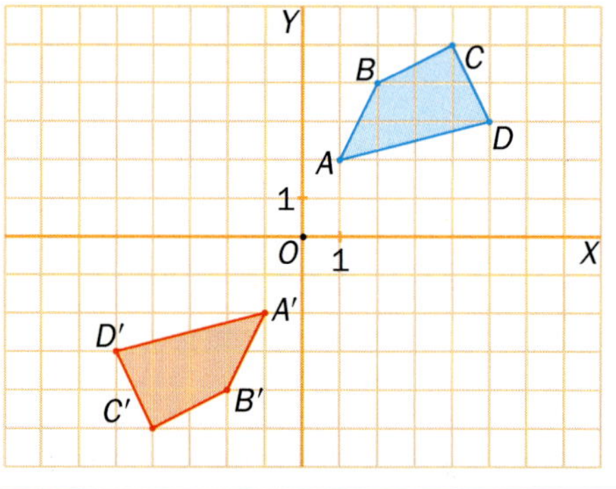

PARA PRACTICAR

10 Los dos puntos A y A' son homólogos en una simetría respecto de un punto. Copia el dibujo en tu cuaderno y halla, con regla y compás, el centro de simetría.

11 Dibuja en tu cuaderno la figura simétrica de la dada respecto del punto O.

12 Los segmentos AB y $A'B'$ se corresponden en una simetría de centro C.

¿Cómo se puede hallar el centro de simetría?

EJERCICIO RESUELTO

13 **Dado el segmento de extremos $A(2, 4)$ y $B(3, -2)$, halla las coordenadas de los extremos del segmento transformado en una simetría respecto del origen de coordenadas.**

El simétrico de $A(2, 4)$ es $A'(-2, -4)$.

El simétrico de $B(3, -2)$ es $B'(-3, 2)$.

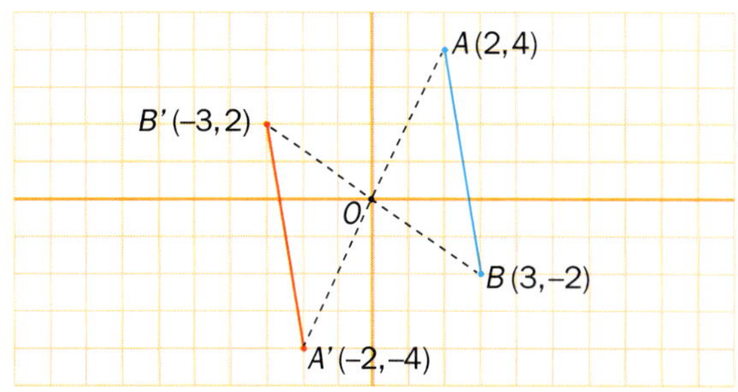

El simétrico del segmento AB es el segmento $A'B'$.

14 Halla la figura simétrica respecto al origen O del pentágono de vértices $A(4, 0)$, $B(2, 3)$, $C(-1, 2)$, $D(-2, 0)$ y $E(0, -2)$.

15 Halla los puntos simétricos respecto a O de los vértices del hexágono y representa en tu cuaderno el hexágono y su simétrico.

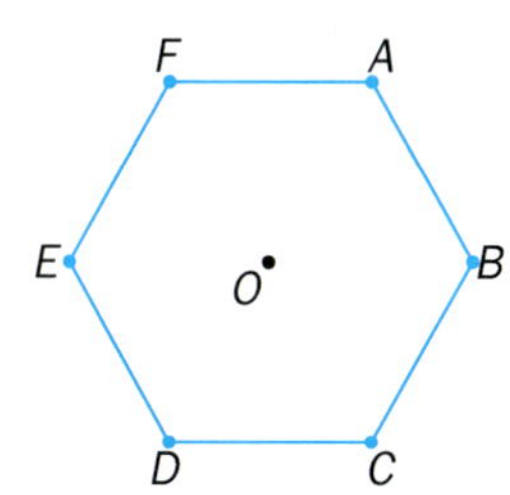

PARA APLICAR

16 Dibuja un triángulo cualquiera. Distorsiona cada lado de forma que sea siempre simétrico respecto de su punto medio. La figura que obtienes de este modo se llama *tríside*. Haz tus propios diseños, recorta *trísides* iguales y comprueba que recubren el plano como un puzle.

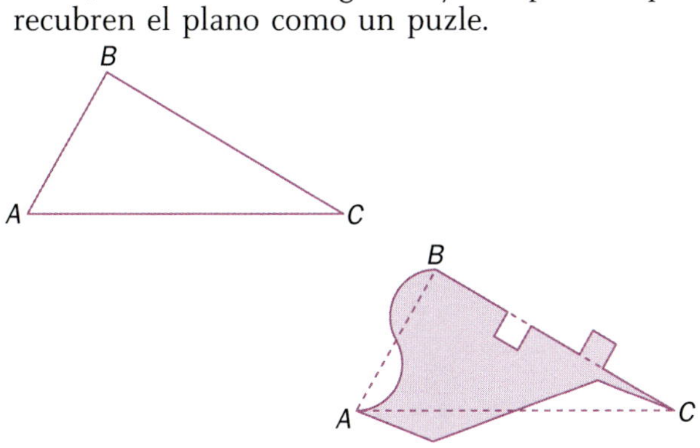

17 Dibuja un cuadrilátero cualquiera. Distorsiona cada lado igual que en el ejercicio anterior. La figura que obtienes de este modo se llama *cuadríside*. Haz tus propios diseños, recorta *cuadrísides* iguales y comprueba que recubren el plano como un puzle.

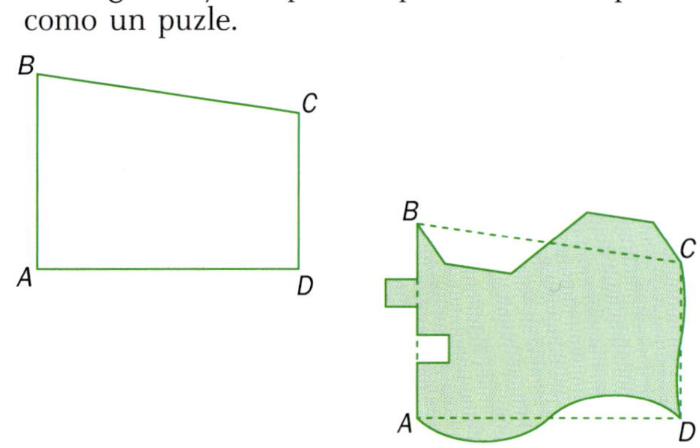

3. Vectores en el plano

Vectores fijos y libres

Los vectores son segmentos orientados que quedan determinados de dos formas:

a) Conociendo su punto origen, A, y su punto extremo, B.

b) Conociendo su punto origen, su módulo, su dirección y su sentido:

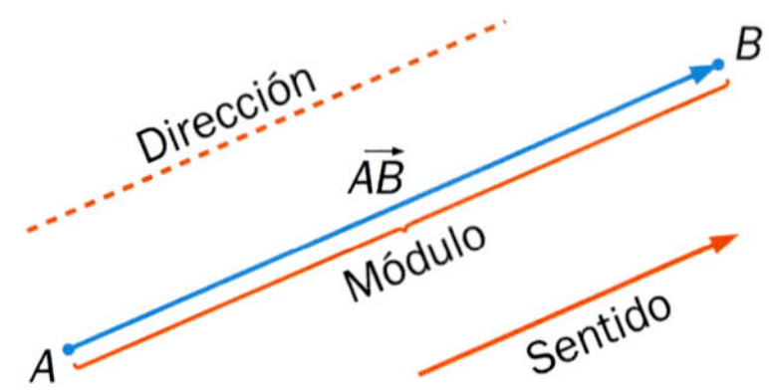

Un **vector fijo** $\overrightarrow{AB}$ del plano es un segmento orientado que tiene su origen en el punto A y su extremo en el punto B.

Observa ahora el vehículo en movimiento. Todos sus puntos tienen la misma velocidad, que se representa mediante un vector.

Los vectores como los de la figura con la misma longitud, la misma dirección y el mismo sentido se llaman **equipolentes**.

Todos los **vectores equipolentes** entre sí representan el mismo **vector libre**.

Coordenadas de un vector

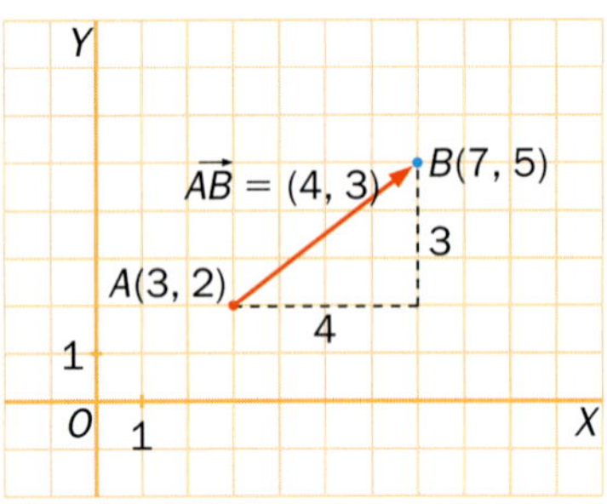

Ejemplo. *¿Qué transformaciones hay que realizar sobre el punto A de la figura para llevarlo hasta B?*

Para pasar de A a B hay que desplazarse cuatro unidades hacia la derecha (positivas) en la dirección del eje OX y tres hacia arriba (positivas) en la dirección del eje OY: las coordenadas de $\overrightarrow{AB}$ son (4, 3).

También podemos obtener las coordenadas del vector $\overrightarrow{AB}$ restando a las coordenadas del extremo $B(7, 5)$ las coordenadas del origen $A(3, 2)$:

$$\overrightarrow{AB} = (7, 5) - (3, 2) = (7 - 3, 5 - 2) = (4, 3)$$

Las coordenadas de un vector $\overrightarrow{AB}$ de origen $A(a_1, a_2)$ y extremo $B(b_1, b_2)$ son un par de números:

$$\overrightarrow{AB} = (b_1 - a_1, b_2 - a_2)$$

Suma de vectores en coordenadas cartesianas

Suma geométrica

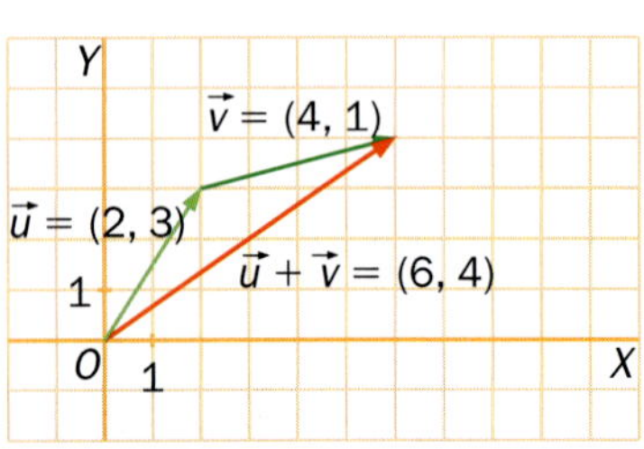

Ejemplo. *Dados $\vec{u} = (2, 3)$ y $\vec{v} = (4, 1)$, calcula el vector $\vec{u} + \vec{v}$.*

El vector suma se obtiene sumando las componentes correspondientes:

$$\vec{u} + \vec{v} = (2, 3) + (4, 1) = (6, 4)$$

La suma de dos vectores $\vec{u} = (x, y)$ y $\vec{v} = (x', y')$ es otro vector de componentes:

$$\vec{u} + \vec{v} = (x + x', y + y')$$

PARA PRACTICAR

EJERCICIO RESUELTO

18 **Halla las coordenadas de los vectores $\vec{u}$, $\vec{v}$ y $\vec{w}$.**

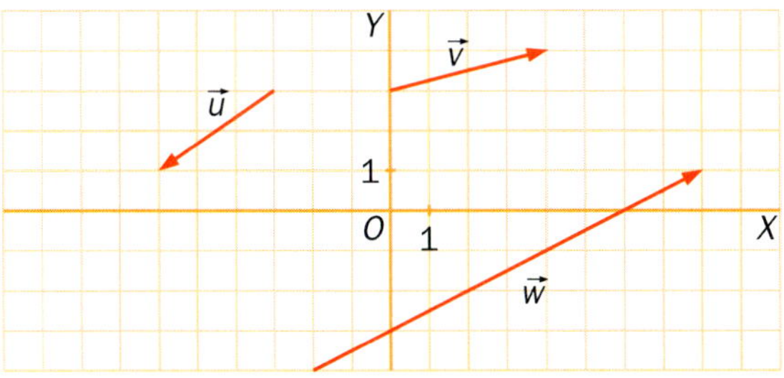

El vector $\vec{u}$ desplaza su origen 3 unidades hacia la izquierda (negativas) en la dirección del eje *OX* y dos unidades hacia abajo (negativas) en la dirección del eje *OY*. Por tanto, sus coordenadas son: $\vec{u} = (-3, -2)$.

También podemos restar de su extremo, $B(-6, 1)$, su origen, $A(-3, 3)$:

$$\vec{u} = (-6, 1) - (-3, 3) =$$
$$= (-6 + 3, 1 - 3) = (-3, -2)$$

Análogamente, para los vectores $\vec{v}$ y $\vec{w}$ se obtiene:

$$\vec{v} = (4, 1) \qquad \vec{w} = (10, 5)$$

19 Halla las coordenadas de los vectores $\vec{u}$ y $\vec{v}$.

a)

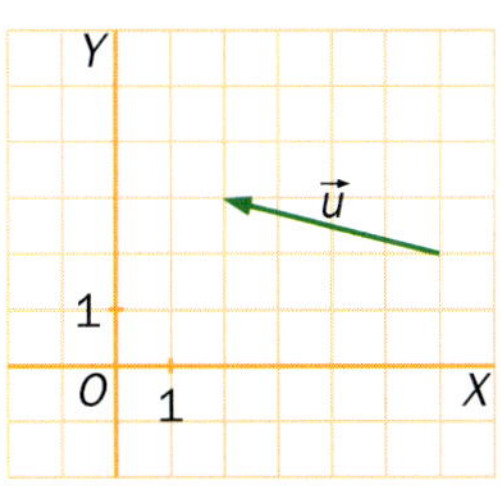

b)

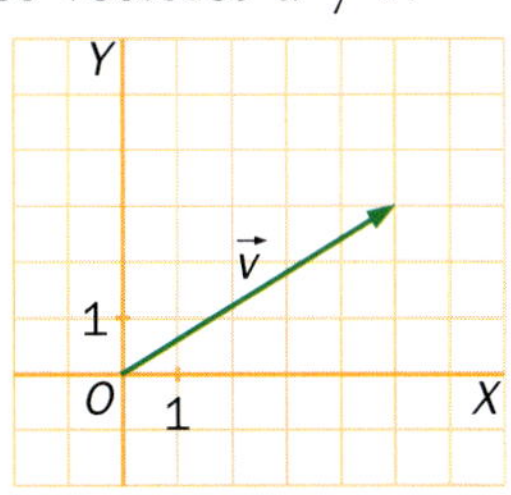

20 Halla las coordenadas de los vectores, $\vec{u}$, $\vec{v}$, $\vec{w}$, y $\vec{g}$ de la figura.

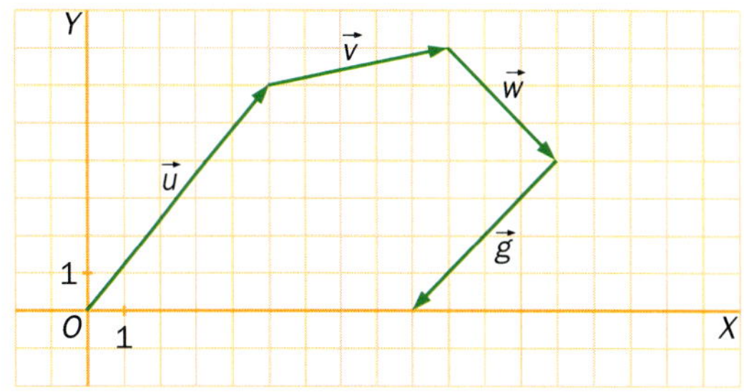

21 Representa los siguientes vectores.

a) $\vec{u} = (2, 4)$
b) $\vec{u} = (-1, -3)$
c) $\vec{u} = (-3, 0)$
d) $\vec{u} = (2, -4)$

22 Representa y halla las coordenadas del vector $\overrightarrow{AB}$ siendo $A(-1, 0)$ y $B(-2, -4)$.

23 Las coordenadas del punto *A* son (3, 1), y las del vector $\overrightarrow{AB}(1, 4)$. Halla las coordenadas del punto *B*.

24 Halla las coordenadas y representa el vector que tiene su origen en el punto $A(2, 1)$ y su extremo en el punto $B(7, 3)$.

25 Las coordenadas de los vértices de un triángulo son $A(1, 3)$, $B(5, -1)$ y $C(2, 8)$. Representa los vectores $\overrightarrow{AB}$, $\overrightarrow{AC}$ y $\overrightarrow{BC}$ y halla sus coordenadas.

26 Dados los vectores $\vec{u} = (2, 1)$ y $\vec{v} = (-5, 4)$, calcula las coordenadas del vector $\vec{u} + \vec{v}$.

PARA APLICAR

27 Un barco ha avistado la isla Bucanera en el punto *A* y la bordea según la trayectoria descrita por los vectores. Escribe las coordenadas de cada vector.

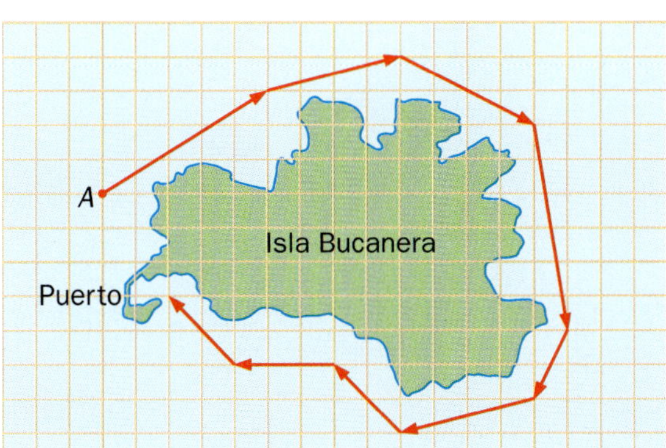

28 Un avión va de Madrid a Roma y, después, de Roma a Bruselas. ¿Qué relación existe entre los vectores de estos trayectos y el vector que da directamente el trayecto de Madrid a Bruselas?

4. Traslaciones en el plano

Definición de traslación

Ejemplo. *¿Qué relación hay entre los triángulos ABC y A'B'C' de la figura?*

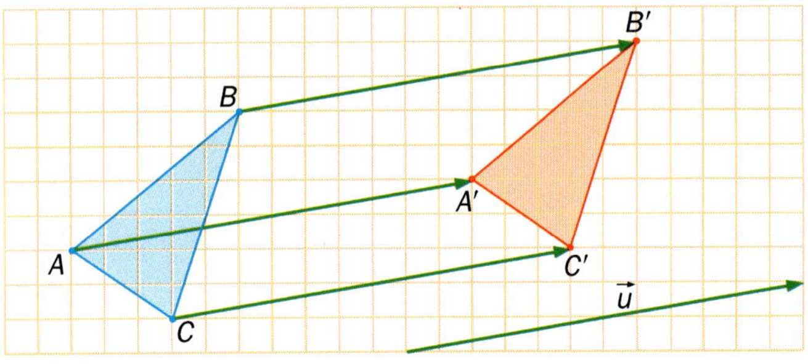

El triángulo $A'B'C'$ se obtiene desplazando cada vértice del triángulo ABC según el vector, denominado **vector guía** de la traslación.

La transformación geométrica que permite pasar de ABC a $A'B'C'$ se llama **traslación**.

Una **traslación** de vector guía $\vec{u}$ transforma un punto del plano, P, en otro P', tal que los vectores $\vec{u}$ y $\overrightarrow{PP'}$ son iguales. Los puntos P y P' se llaman trasladados u homólogos.

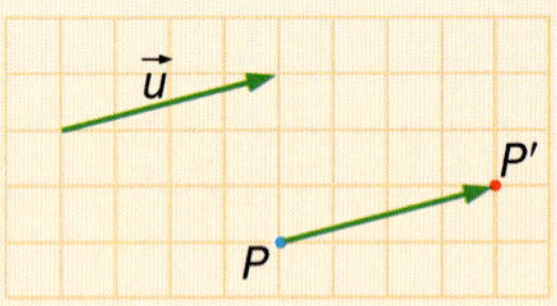

Elementos invariantes

- En el plano no existe ningún punto que sea **invariante** bajo una traslación de vector guía no nulo.

  Esto significa que el punto trasladado nunca coincide con el punto original.
- Las rectas paralelas a la dirección del vector guía de una traslación son invariantes bajo dicha traslación.

Traslación y coordenadas

Ejemplo. *Dado el vector guía $\vec{u}$ (4, 1) y los puntos A(2, 4), B(4, 6) y C(5, 3), obtén los vértices del triángulo trasladado.*

Cada vértice del triángulo se traslada mediante el vector guía $\vec{u} = (4, 1)$:

$A'(6, 5) = A(2, 4) + \vec{u}\ (4, 1)$

$B'(8, 7) = B(4, 6) + \vec{u}\ (4, 1)$

$C'(9, 4) = C(5, 3) + \vec{u}\ (4, 1)$

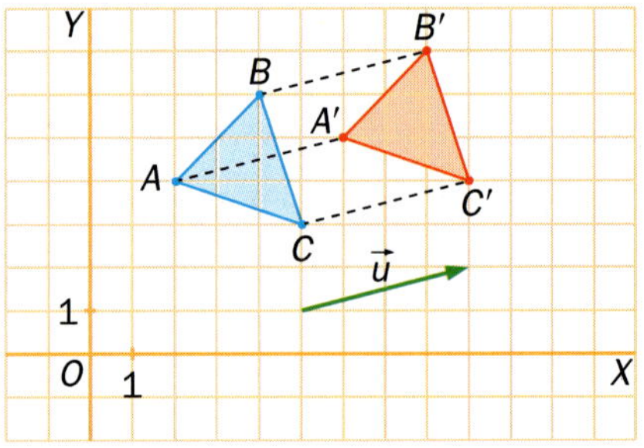

Si $P(x, y)$ y $P'(x', y')$ son dos puntos homólogos en una traslación de vector guía $\vec{u} = (a, b)$, entonces se verifica:

$$x' = x + a$$
$$y' = y + b$$

EJERCICIO RESUELTO

29 **En una traslación de vector guía $\vec{u}$, el punto $A(7, 2)$ se transforma en el punto $A'(4, 6)$. Halla las coordenadas del vector guía.**

Sea $\vec{u} = (a, b)$ el vector guía. Se verifica que

$4 = 7 + a \quad \Rightarrow \quad a = 4 - 7 = -3$

$6 = 2 + b \quad \Rightarrow \quad b = 6 - 2 = 4$

Por tanto, el vector guía es $\vec{u} = (-3, 4)$.

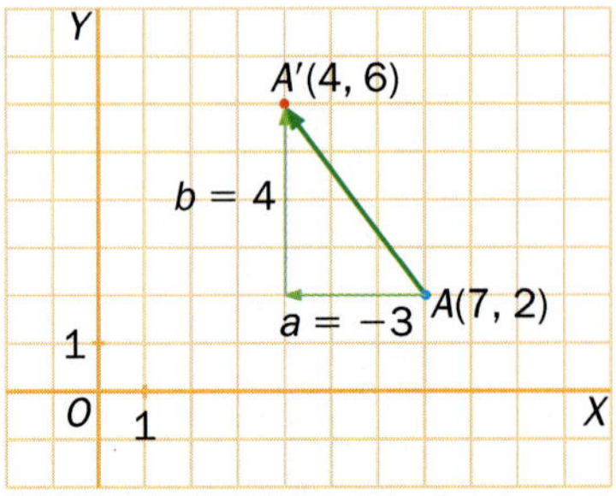

PARA PRACTICAR

EJERCICIO RESUELTO

30 **Dibuja la figura trasladada del polígono de vértices *ABCDE* en una traslación de vector guía $\vec{u}$.**

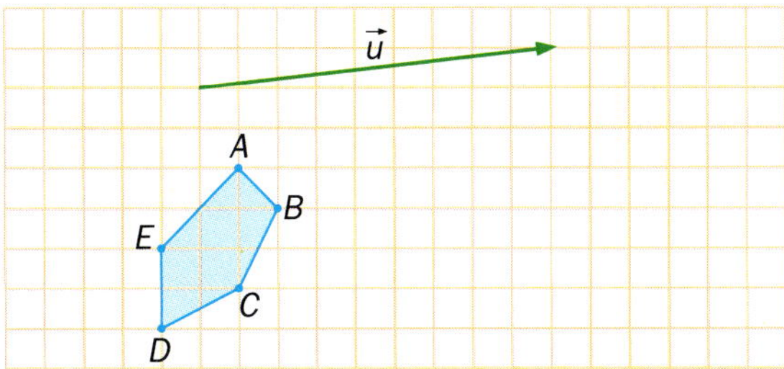

Cada vértice se desplaza conforme al vector guía $\vec{u}$:

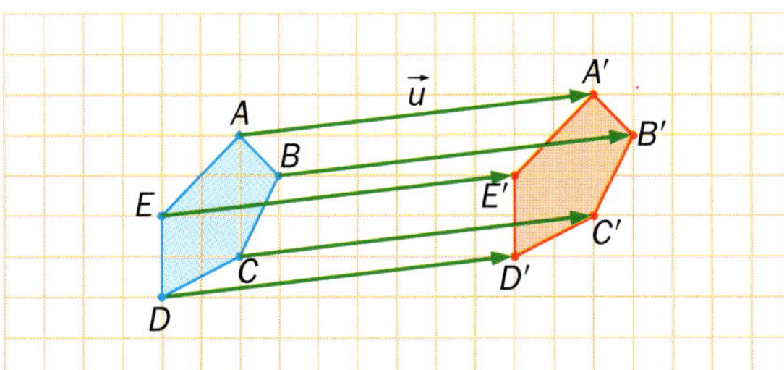

31 Dibuja en tu cuaderno las figuras trasladadas de las siguientes en traslaciones de vector guía $\vec{u}$.

a) 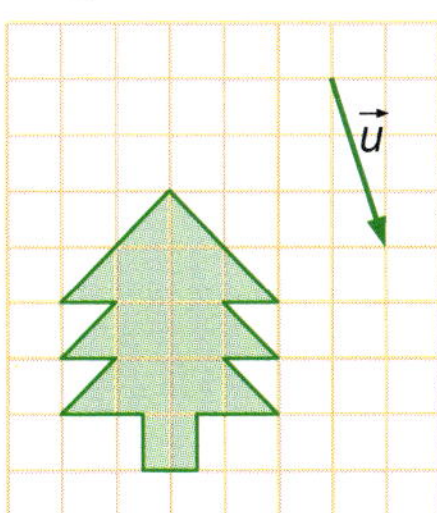

b) 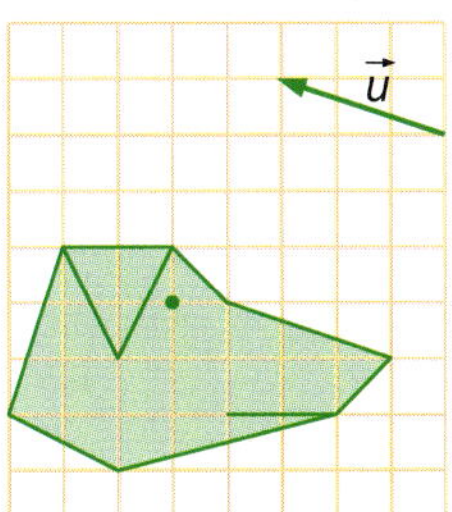

32 En la siguiente figura aparece un polígono y su trasladado. Halla el vector guía de la traslación.

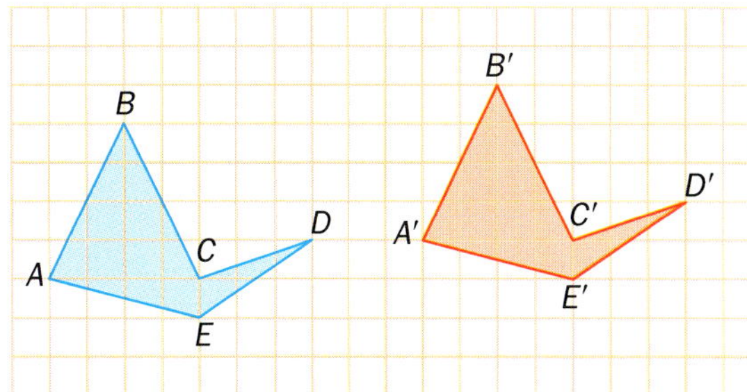

33 Dado el segmento de extremos $A(2, 5)$ y $B(-2, 6)$, halla su segmento transformado:

a) En una traslación de vector guía $\vec{u} = (3, -2)$

b) En una traslación de vector guía $\vec{u} = (0, -2)$

34 En una traslación de vector guía $\vec{u}$, el punto $A(7, 2)$ se transforma en el punto $A'(4, 9)$. Halla las coordenadas del vector guía.

35 El punto P se transforma en el punto $P'(5, 2)$ mediante una traslación de vector guía $\vec{u} = (2, 3)$. Halla las coordenadas del punto P.

36 Dado el triángulo de vértices $A(2, 1)$, $B(-3, 2)$ y $C(5, 7)$, halla las coordenadas de los vértices A', B' y C' del triángulo transformado del ABC:

a) En una traslación del vector guía $\vec{u} = (-1, 3)$

b) En una traslación del vector guía $\vec{u} = (2, 0)$

PARA APLICAR

37 Un jardinero desea marcar una zona circular similar a la mostrada en el dibujo, pero trasladada una distancia dada por el vector representado. ¿Dónde estará el centro del nuevo círculo?

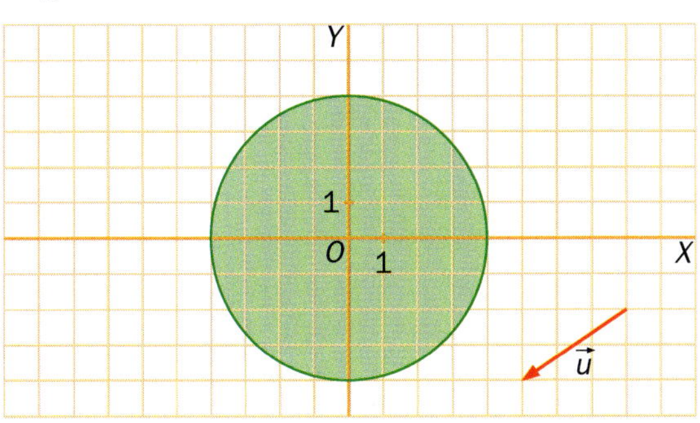

38 Dibuja la transformada de la carretera de la figura según una traslación de vector guía $\vec{u}$.

¿Cómo son ambas carreteras?

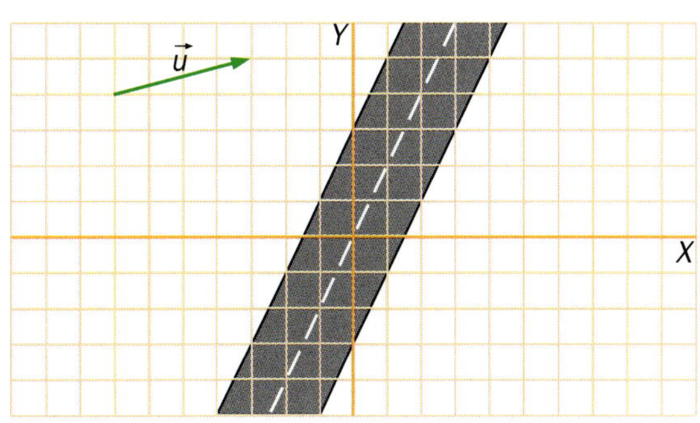

5. Giros en el plano

Definición

Ejemplo. *Marta pinta el triángulo* ABC *sobre una plataforma giratoria y, al cabo de un tiempo, ocupa la posición* A'B'C'.

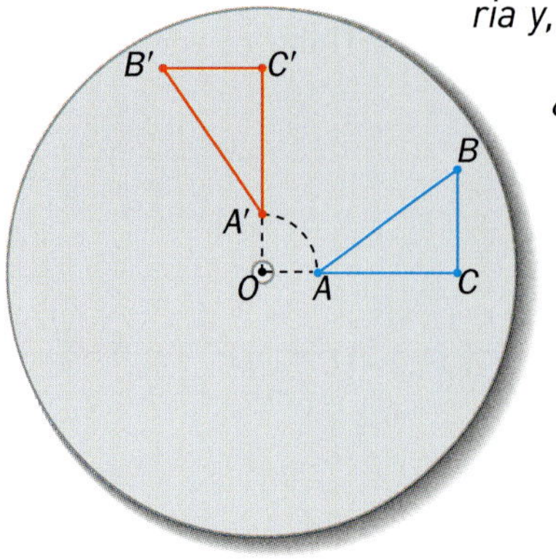

¿Qué relación hay entre los triángulos ABC *y* A'B'C'*?*

La plataforma ha girado con centro O un ángulo de 90°. En la figura se observa que:

- $OA = OA'$, $OB = OB'$ y $OC = OC'$
- $\widehat{AOA'} = 90°$, $\widehat{BOB'} = 90°$ y $\widehat{COC'} = 90°$

El punto A' se llama **homólogo** o transformado del punto A en un giro de centro O y amplitud 90°.

Un **giro** de centro O y ángulo α transforma un punto P del plano en otro punto P' tal que $OP = OP'$ y $\widehat{POP'} = \alpha$.

Elementos invariantes

- En el plano, el único punto **invariante** bajo un giro de centro O y ángulo α ($\alpha < 360°$), es el propio punto O, el centro de giro.

Construcciones gráficas

Homólogo de un punto. El transformado de un punto P en un giro de centro O y ángulo α se puede obtener siguiendo estos pasos.

1

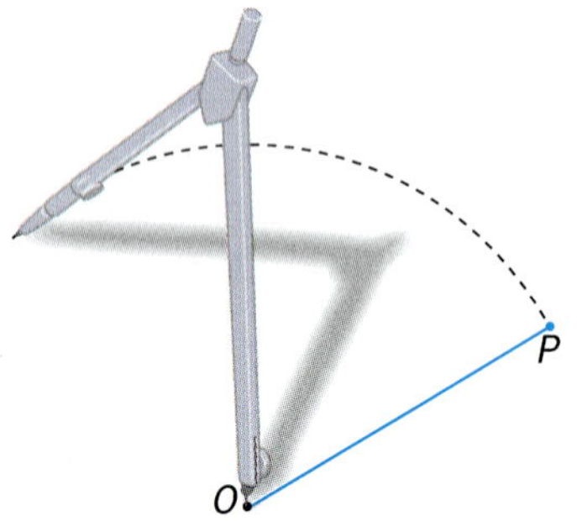

Con centro O y radio OP se traza un arco.

2

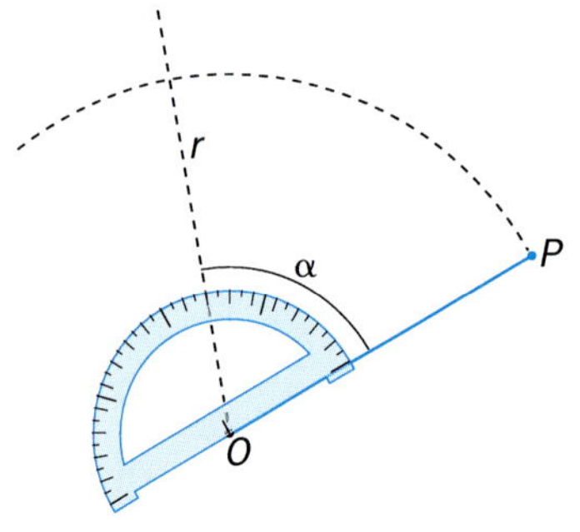

Con un transportador se dibuja una recta r que forma con OP un ángulo α.

3

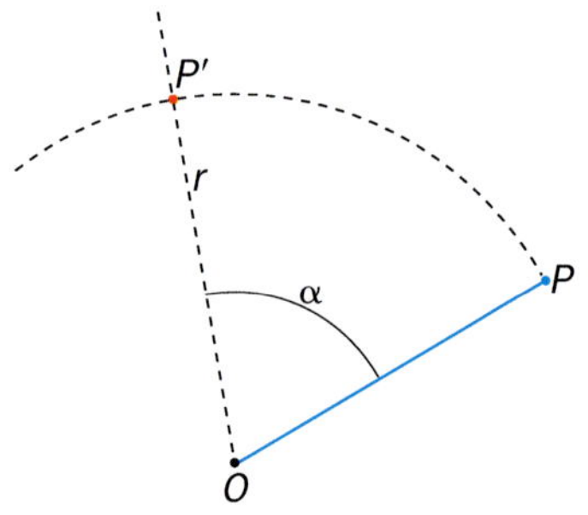

La recta r corta el arco en el punto P', que es el homólogo de P.

Figura girada. Para hallar la figura girada en un giro de centro O y ángulo α, se toman los puntos significativos de la figura y se construyen sus homólogos en el giro de centro O y ángulo α.

EJERCICIO RESUELTO

39 **Construye la figura girada del barco en un giro de centro *O* y ángulo de 60°.**

Se hallan los homólogos de los puntos significativos A, B, C, D, E, F y G, y se obtienen A', B', C', D', E', F' y G'.

Uniendo estos puntos se obtiene la figura pedida.

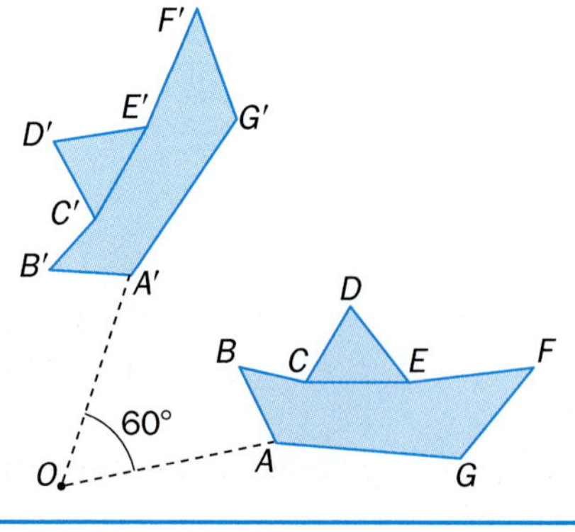

PARA PRACTICAR

EJERCICIO RESUELTO

40 **Gira el cartabón de vértices *OAB* en un giro de centro *O* y amplitudes:**

a) 30° b) −180°

Los giros de ángulo positivo se realizan en sentido contrario al de las agujas del reloj, y los de ángulo negativo, en el sentido de las agujas del reloj.

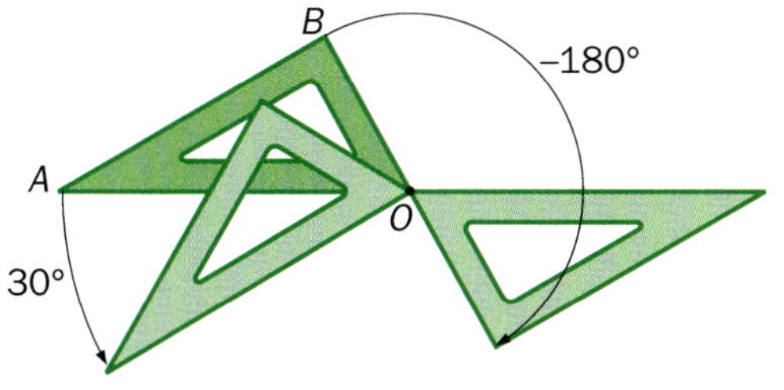

41 Realiza el giro que se indica en los siguientes casos.

a)

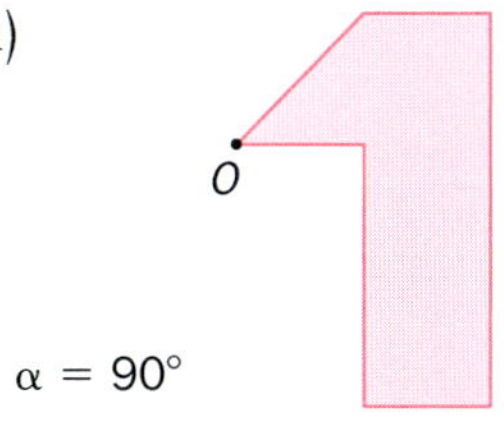

b) α = −180°

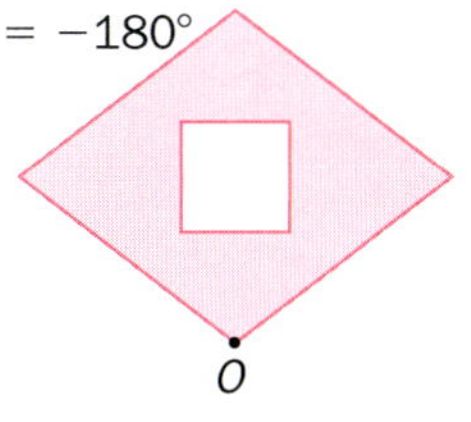

42 Gira una escuadra de vértices *ABC* en un giro de centro *O* y amplitudes:

a) 30° b) −45° c) 90° d) 180°

43 Razona si cada figura se obtiene mediante un giro a partir de la primera.

a)

b)

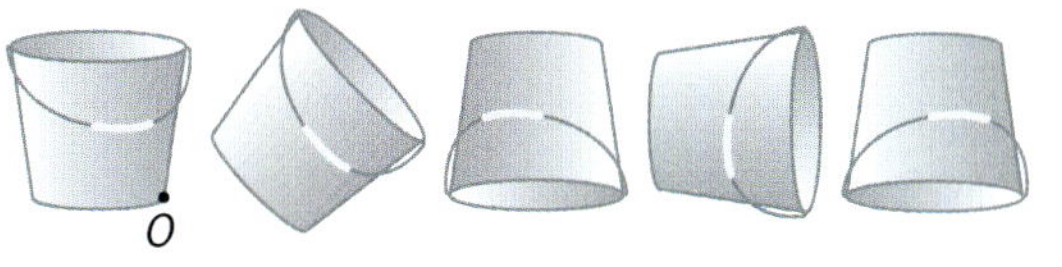

44 Los puntos *P* y *P′* son homólogos en un giro de centro *O* y ángulo de 120°. ¿Cómo se puede hallar gráficamente el centro de giro *O*?

45 Dados dos segmentos *PQ* y *P′Q′* homólogos en un giro, ¿cómo se halla gráficamente el centro de giro que transforma un segmento en el otro?

PARA APLICAR

46 Cada uno de los pétalos de esta figura se ha obtenido girando el patrón *A* un número de grados. ¿Podrías indicar cuántos grados?

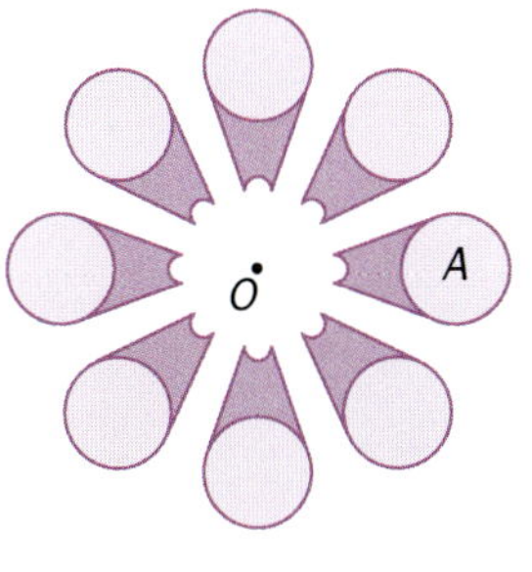

47 En una rotonda de circulación convergen cinco calles de doble sentido que determinan ángulos iguales.

¿Qué ángulo de giro puede dar un coche que entra en ella?

48 Dibuja en tu cuaderno un hexágono regular y nombra sus vértices como *ABCDEF*. A continuación, halla la figura homóloga en un giro con centro en el centro del hexágono y una amplitud de 60°.

Si no hubiese letras en los vértices, ¿podrías distinguir entre el primer hexágono y su homólogo?

49 La noria de un parque de atracciones tiene 24 cestillas.

a) Dos grupos de amigos están en dos cestillas sucesivas. ¿Qué ángulo tiene que girar la noria para que la segunda cestilla se coloque en el lugar que ocupa la que la precede?

b) Si una cestilla está en la parte superior, ¿qué ángulo tiene que girar la noria para que se coloque a media altura? ¿Y a ras del suelo?

6. Transformaciones sucesivas

Al resultado F' de una transformación aplicada a una figura F se le puede aplicar otra transformación y se obtiene una figura F''. Este proceso se llama **transformaciones sucesivas**. Veamos algunos casos.

Dos simetrías axiales

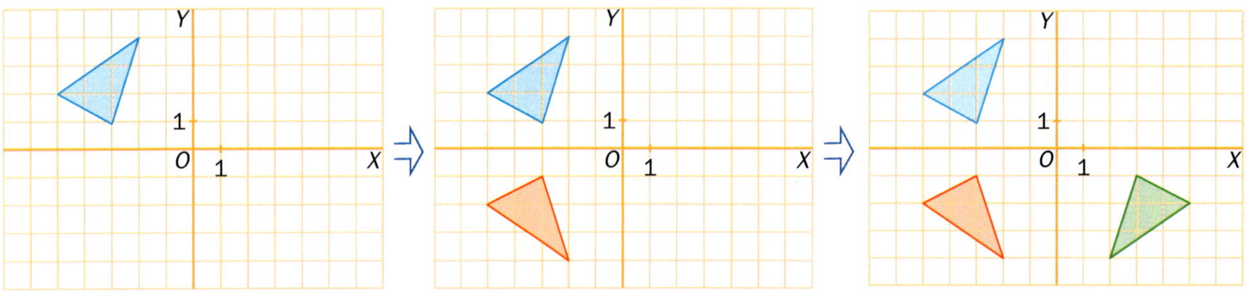

Figura inicial — Simetría respecto del eje *OX* — Simetría respecto del eje *OY*

Dos simetrías centrales

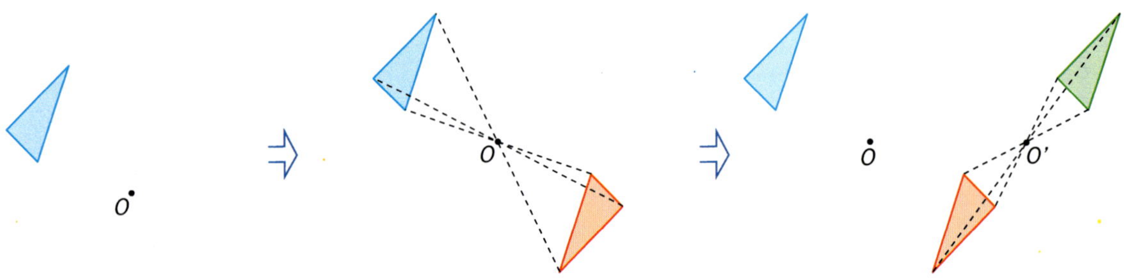

Figura inicial — Simetría respecto del punto *O* — Simetría respecto del punto *O'*

Dos traslaciones

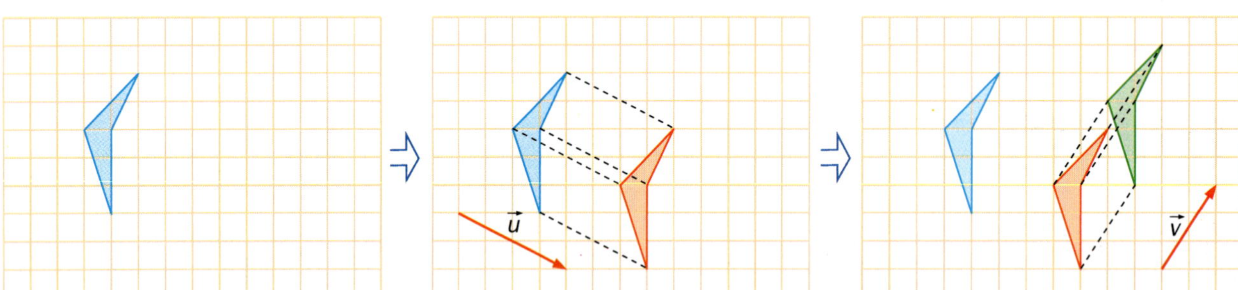

Figura inicial — Traslación de vector guía $\vec{u} = (4, -2)$ — Traslación de vector guía $\vec{v} = (2, 3)$

Dos giros con el mismo centro

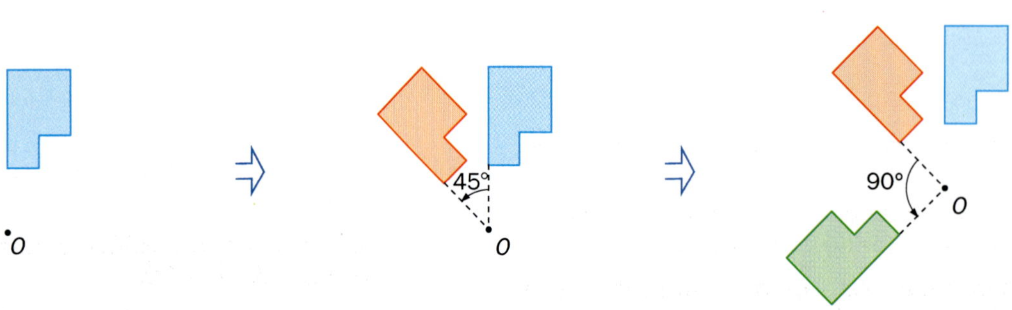

Figura inicial — Giro de amplitud 45° — Giro de amplitud 90°

PARA PRACTICAR

EJERCICIO RESUELTO

50 **¿Qué figura resulta al aplicar al segmento de extremos $A(2, 1)$ y $B(5, 4)$ una simetría respecto del eje OY y después una simetría central respecto del origen?**

Aplicando la simetría respecto del eje OY:

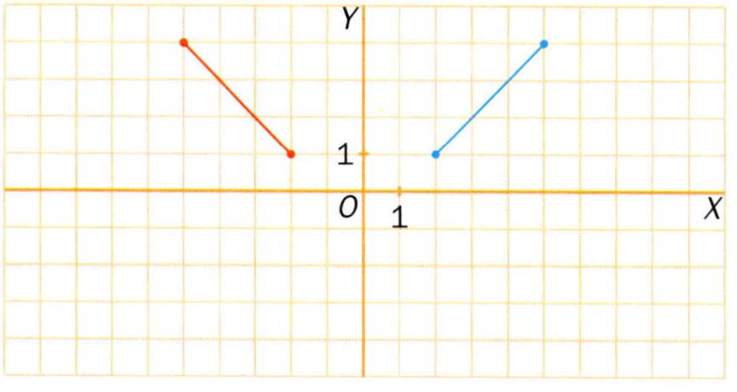

$A(2, 1) \rightarrow A'(-2, 1)$ $B(5, 4) \rightarrow B'(-5, 4)$

Aplicando la simetría respecto del origen:

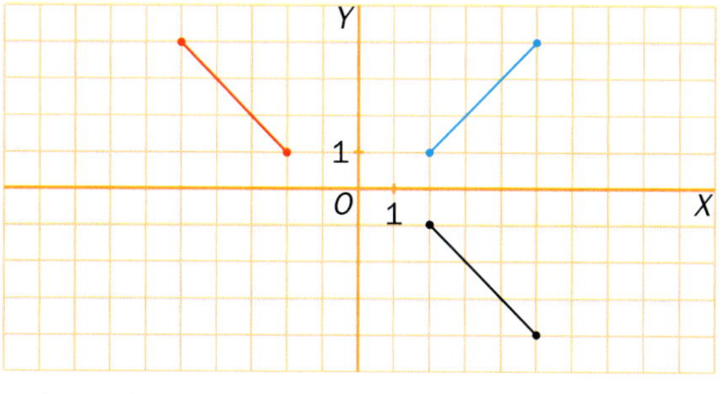

$A'(-2, 1) \rightarrow A''(2, -1)$ $B'(-5, 4) \rightarrow B''(5, -4)$

51 Al punto $A(1, 2)$ se le aplica una traslación de vector guía $\vec{u} = (3, -5)$ y se transforma en el punto A', al que se aplica una traslación de vector guía $\vec{v} = (7, 4)$ y se transforma en el punto A''. Halla las coordenadas de A''.

52 Al segmento de extremos $A(1, 5)$ y $B(2, 3)$ se le aplica primero una simetría respecto del eje de abscisas y después una simetría respecto del origen, halla las coordenadas de los extremos del segmento transformado.

53 Dado el triángulo de vértices $A(1, 2)$, $B(4, 1)$ y $C(3, 4)$. Halla el triángulo transformado al aplicar una traslación del vector guía $\vec{u} = (1, 2)$ y después una simetría respecto del origen.

54 Al segmento de extremos $A(3, 1)$ y $B(4, 2)$ se le aplica primero una simetría respecto del eje de abscisas, y al segmento obtenido se le aplica una traslación de vector guía $\vec{u} = (2, -3)$.

a) Halla las coordenadas de los extremos del segmento obtenido.

b) Si se invierte el orden, es decir, primero se aplica la traslación de vector guía $\vec{u} = (2, -3)$ y luego la simetría respecto del eje de abscisas, ¿cuáles son las coordenadas de los extremos del segmento obtenido?

c) Compara los resultados obtenidos en los apartados a y b.

PARA APLICAR

55 A la figura adjunta se le aplica primero una simetría de eje e y luego una simetría de eje e' al resultado.

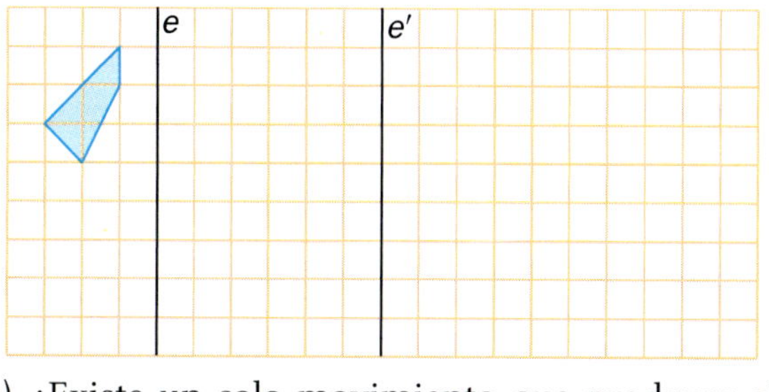

a) ¿Existe un solo movimiento que produzca el mismo efecto?

b) ¿Qué relación tiene el vector guía con la distancia entre los ejes paralelos?

c) Trata de establecer una conjetura sobre el resultado de aplicación sucesiva de dos simetrías axiales de ejes paralelos.

56 Aplica primero la simetría de centro O y luego la simetría de centro O' a la siguiente figura.

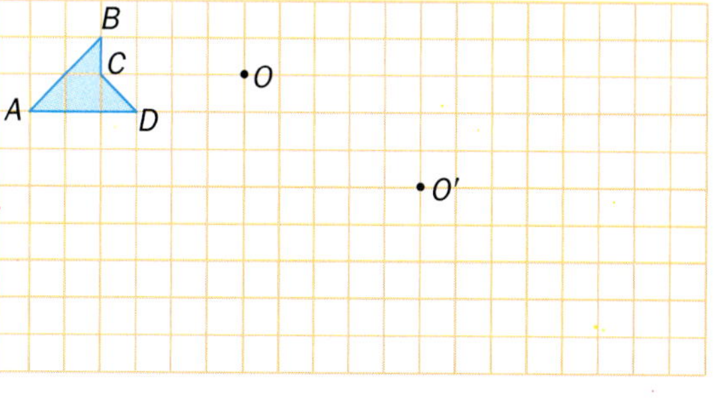

a) ¿Existe un solo movimiento que produzca el mismo efecto?

b) Traslada la figura $ABCD$ en una traslación de vector guía $\vec{u} = 2\overrightarrow{OO'}$.

c) ¿Qué relación tienen los resultados de los apartados a) y b)?

LOS LOGOTIPOS

¿DÓNDE ESTÁN LAS MATEMÁTICAS?

Paseando por la calle u hojeando una revista se pueden observar los logotipos de muchas empresas, marcas de coches, bancos, organismos públicos, etc. Un logotipo suele ser una sencilla composición que sirve para que los ciudadanos asocien a simple vista esa figura con una determinada marca.

En la mayoría de los casos, los logotipos están basados en **formas geométricas simples**, **polígonos**, **círculos**... que son sometidas a diversas **transformaciones**: **simetrías**, **giros**, etc., hasta conseguir un resultado visual impactante.

¿CÓMO SE APLICAN?

Observa cómo se utilizan las transformaciones geométricas para conseguir los logotipos de estas marcas de coches.

Un aro se traslada horizontalmente cuatro veces según un vector guía $\vec{u} = (a, 0)$.	Un ángulo se traslada verticalmente según un vector guía $\vec{u} = (0, b)$.	Una *R* se traslada según un vector guía $\vec{u} = (a, b)$.
Las letras V y W se sitúan en una simetría de eje vertical.	El logotipo posee simetría central.	Un rombo gira según un giro de centro un vértice y ángulo 120°. El logotipo tiene simetría de eje vertical.

PARA APLICAR

57 Busca en tu entorno logotipos de marcas comerciales o empresas e identifica los elementos y transformaciones geométricas que observas en ellos.

58 Basándote en formas y transformaciones geométricas, diseña un logotipo para identificar tu centro escolar.

Simetría axial

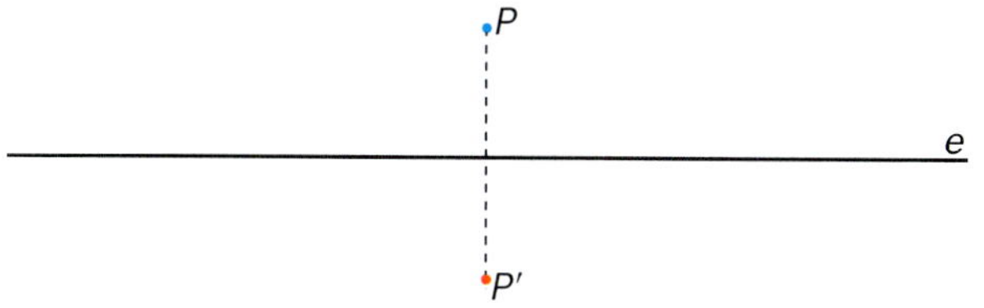

$PP' \perp e$ $\qquad d(P, e) = d(P', e)$

Simetría central

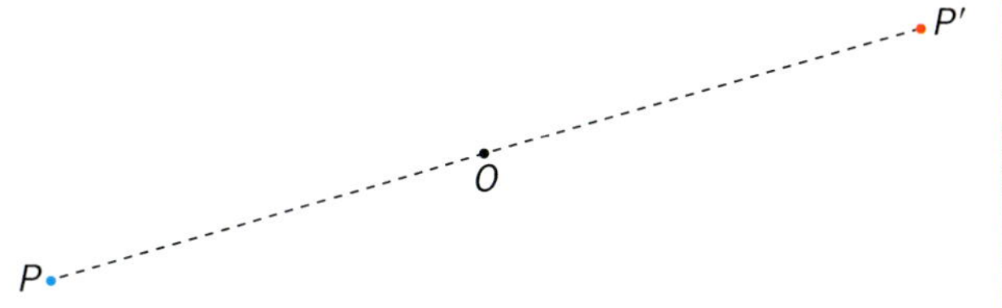

P, P', O alineados $\qquad d(P, O) = d(P', O)$

Simetrías y coordenadas

Respecto del eje OY

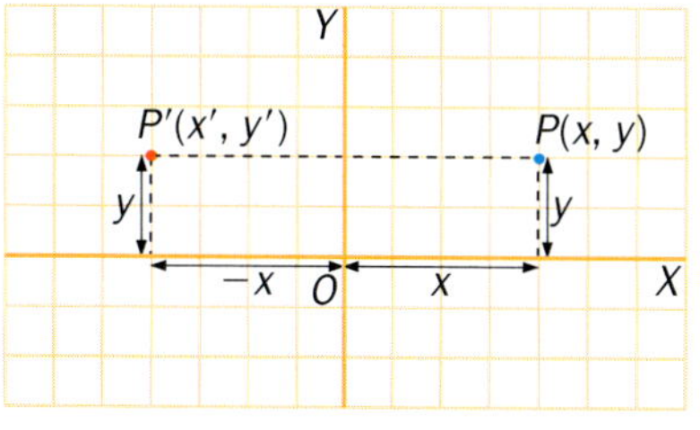

$$\left.\begin{array}{l} x' = -x \\ y' = y \end{array}\right\}$$

Respecto del eje OX

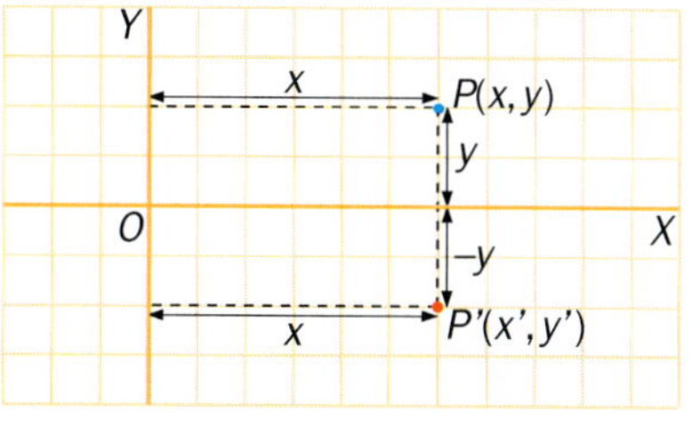

$$\left.\begin{array}{l} x' = x \\ y' = -y \end{array}\right\}$$

Respecto del origen

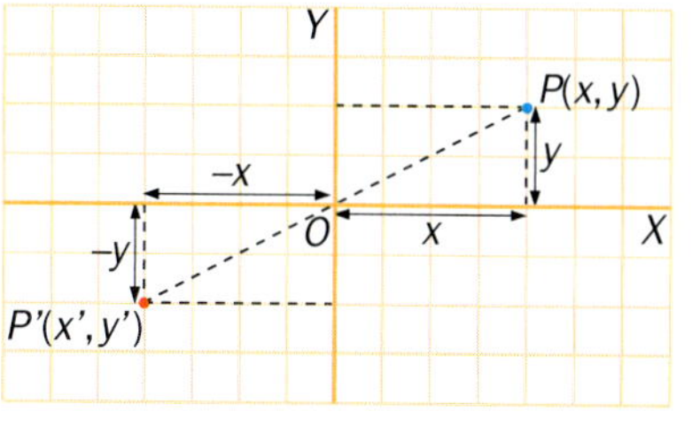

$$\left.\begin{array}{l} x' = -x \\ y' = -y \end{array}\right\}$$

Vectores en el plano

Definición de vector

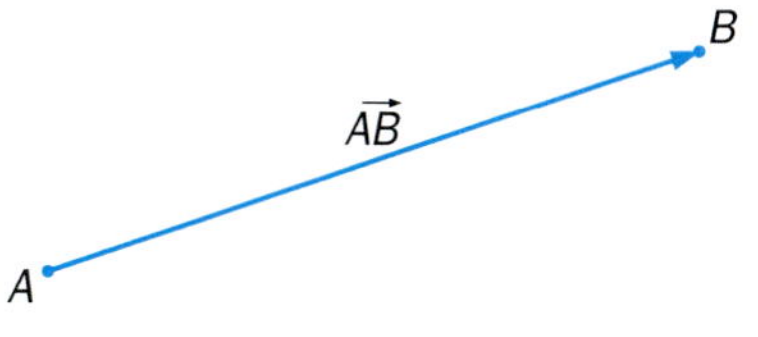

Un vector $\overrightarrow{AB}$ es un segmento orientado que tiene su origen en A y su extremo en B.

Coordenadas de un vector

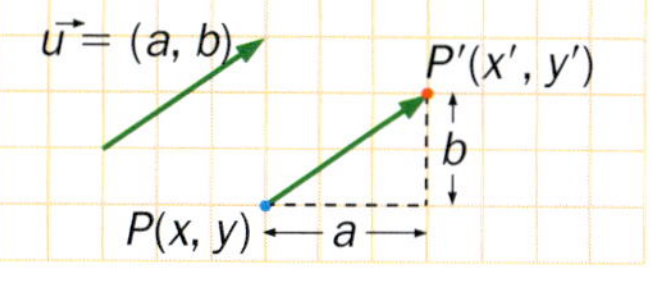

$\overrightarrow{PP'} = (x', y') - (x, y) = (a, b)$

Suma de vectores

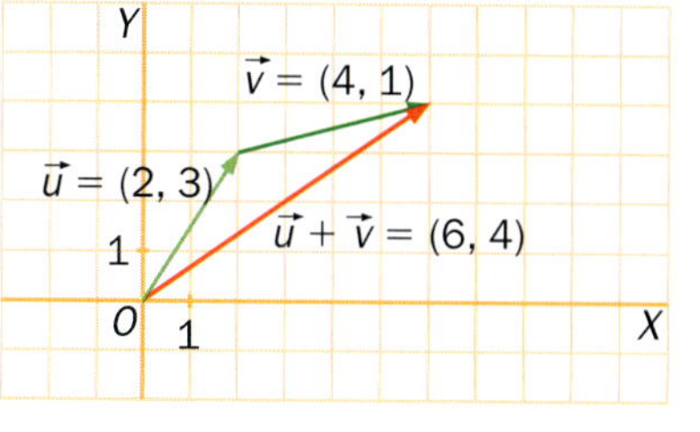

$\vec{u} + \vec{v} = (2, 3) + (4, 1) = (6, 4)$

Traslación en el plano

Definición

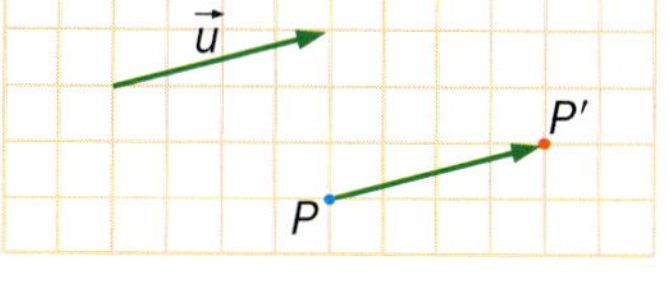

$\vec{u}$ y $\overrightarrow{PP'}$

son equipolentes

Coordenadas

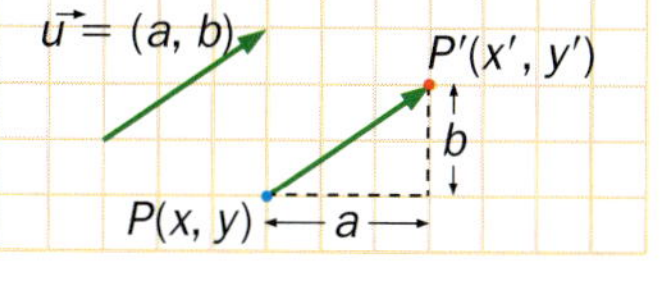

$$\left\{\begin{array}{l} x' = x + a \\ y' = y + b \end{array}\right.$$

Giro en el plano

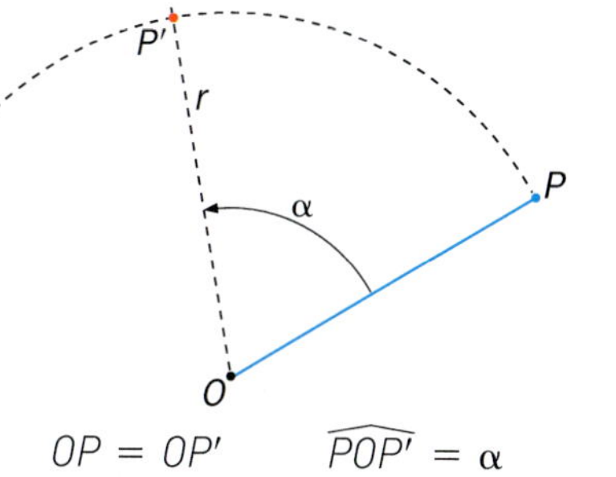

$OP = OP'$ $\qquad \widehat{POP'} = \alpha$

PARA PRACTICAR Y APLICAR

59 Copia este diagrama en tu cuaderno y construye la figura simétrica respecto del eje *e* de cada una de estas figuras.

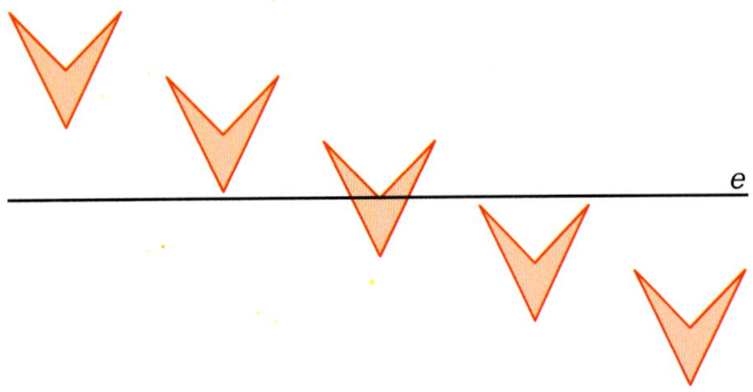

60 Copia este diagrama en tu cuaderno y construye la figura simétrica respecto del punto *O* de cada una de estas figuras.

a)

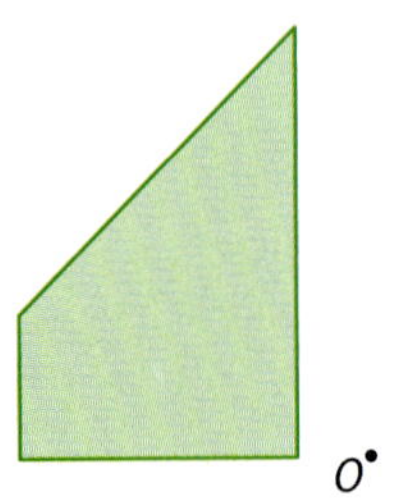

b)

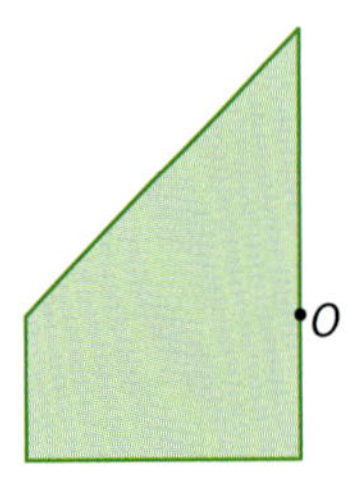

61 Esta figura aparece con su simétrica en una simetría central. Dibuja el centro de simetría.

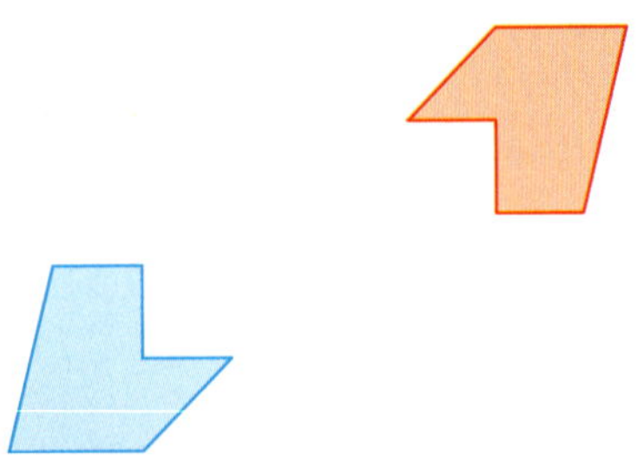

62 Dados los puntos $A(2, -1)$ y $B(3, 4)$, halla las coordenadas del segmento trasladado del segmento AB:

a) Con la traslación de vector guía $\vec{v} = (1, 2)$.

b) Con una traslación de vector guía $\vec{v} = (0, -1)$.

63 En una traslación de vector guía $\vec{u}$, el punto $A(-1, 2)$ se transforma en el punto $A'(6, 3)$. Halla las coordenadas del vector guía $\vec{u}$.

64 Halla las coordenadas del simétrico del segmento de extremos $A(2, 3)$ y $B(9, -1)$:

a) En una simetría respecto del eje de ordenadas.

b) En una simetría respecto del eje de abscisas.

c) En una simetría respecto del origen.

65 Dibuja en tu cuaderno las figuras trasladadas de las siguientes en una traslación del vector guía $\vec{u}$.

a)

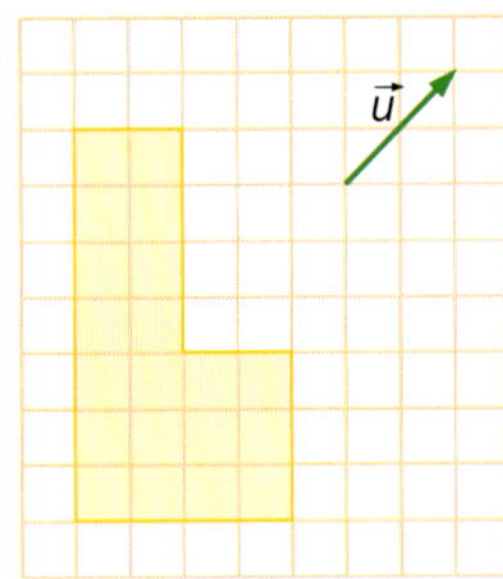

b)

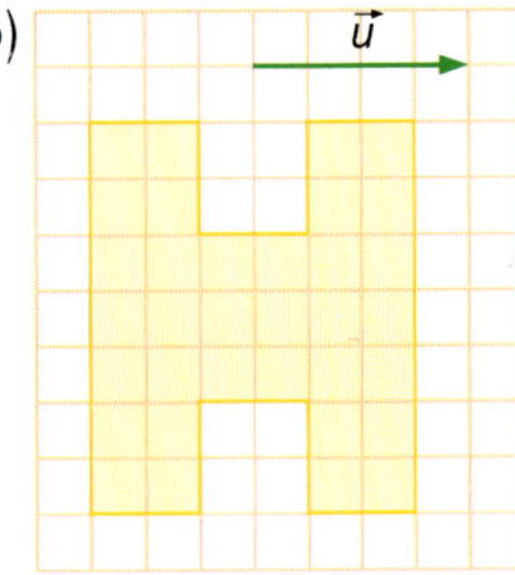

66 En la siguiente figura aparece el triángulo *ABC* y su trasladado *A'B'C'*. Dibuja su vector guía.

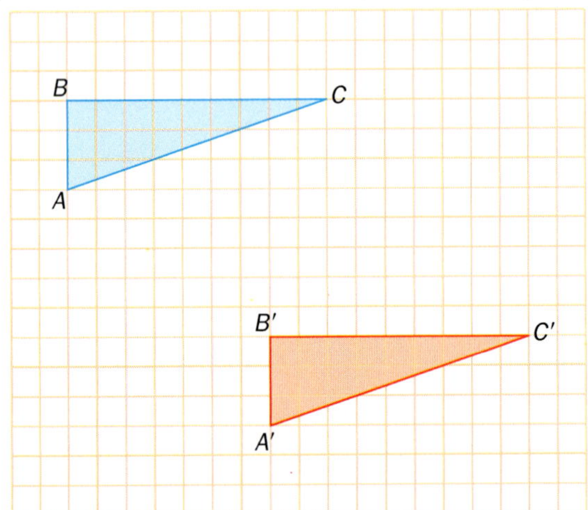

67 Dibuja en tu cuaderno la figura girada en cada uno de los siguientes casos.

a)

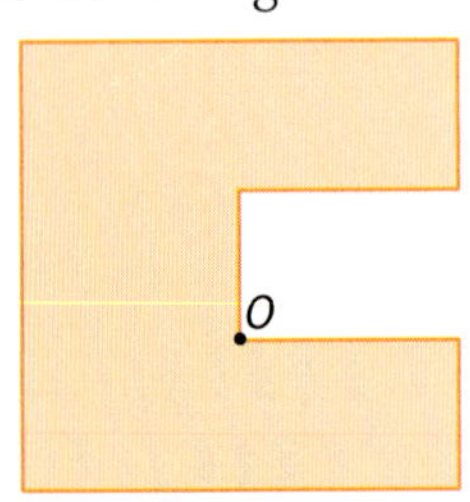

$\alpha = 90°$

b)

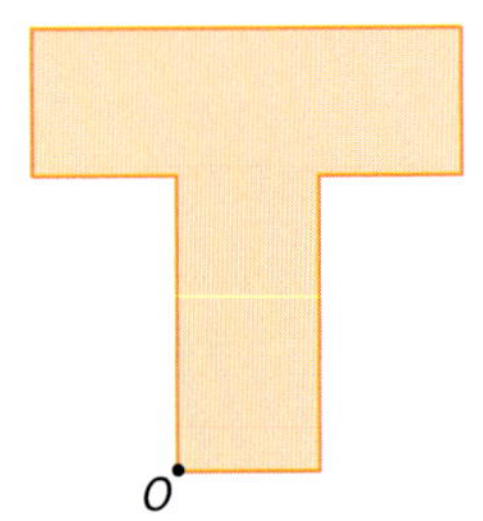

$\alpha = -45°$

68 Dibuja el segmento girado de *AB* siendo $A(1, 1)$ y $B(3, 3)$ en los siguientes casos:

a) Un giro de centro en el origen y amplitud 45°.

b) Un giro de centro en el origen y amplitud −45°.

69 Al punto $A(1, 2)$ se le aplica una traslación de vector guía $\vec{u} = (3, -5)$ y se transforma en el punto A'. A continuación, al punto A' se le aplica una traslación de vector guía $\vec{v} = (7, 4)$ y se transforma en el punto A''. Halla las coordenadas de A''.

70 Al segmento de extremos $A(1, 5)$ y $B(2, 3)$ se le aplica primero una simetría respecto del eje de abscisas y después una simetría respecto del origen. Halla las coordenadas de los extremos del segmento transformado.

PARA REFORZAR

71 Dibuja en tu cuaderno la figura simétrica de las siguientes en una simetría respecto del eje *e*.

a)

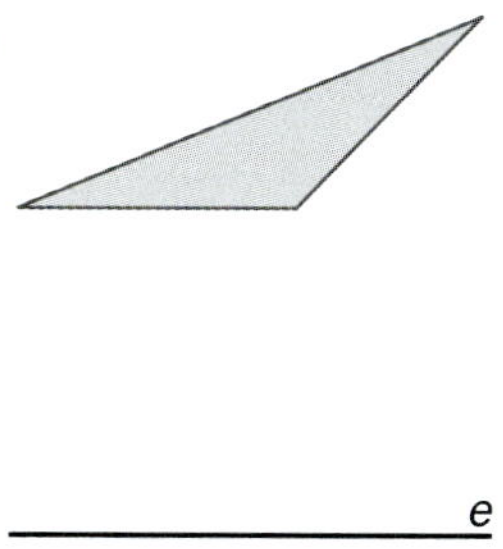

b)

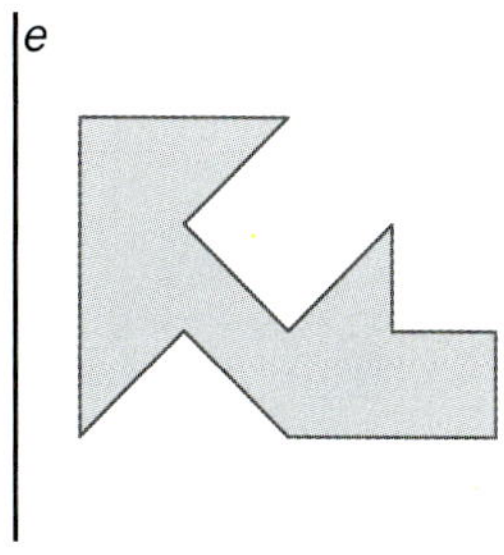

72 Dibuja en tu cuaderno la figura simétrica de las siguientes en una simetría respecto del punto *O*.

a)

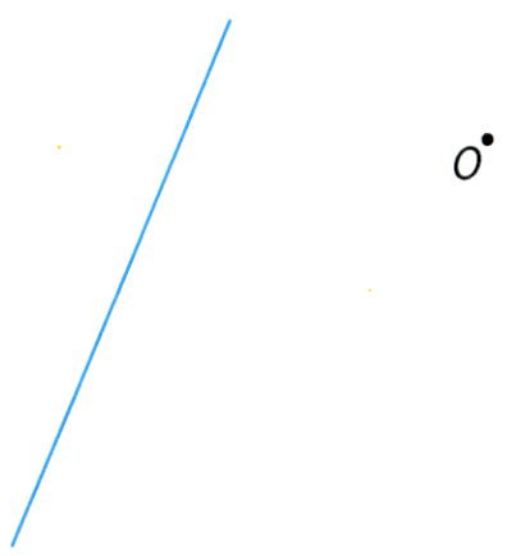

b)

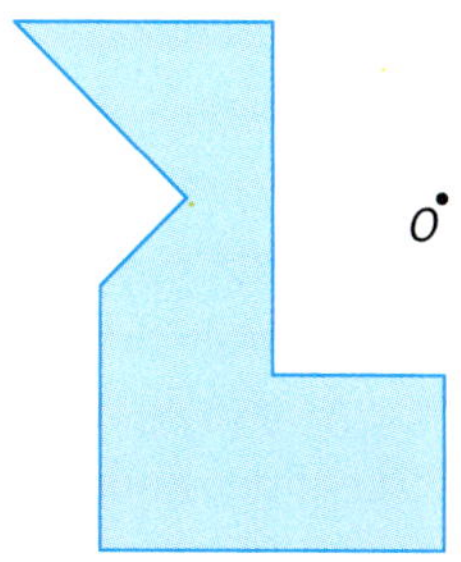

73 Dado el segmento de extremos $A(7, 1)$ y $B(3, 4)$, halla su transformado en los siguientes casos.

a) En una simetría de eje *OX*.

b) En una simetría de eje *OY*.

c) En una traslación de vector guía $\vec{u} = (3, 1)$.

d) En una simetría respecto del origen.

74 Dado el punto $A(2, 3)$, halla su transformado en los siguientes casos.

a) Aplicando primero una traslación de vector guía $\vec{u} = (-5, 1)$ y después una traslación de vector guía $\vec{v} = (4, 5)$.

b) Aplicando primero una simetría respecto del origen y luego una simetría respecto del eje *OX*.

c) Aplicando primero una simetría respecto del eje *OY*, y luego una traslación de vector guía $\vec{u} = (-6, 9)$.

75 Indica qué tipo de transformación hay que aplicar a un pentágono regular para que se transforme en otro pentágono indistinguible del primero.

PARA AMPLIAR

76 Dos amigos están en el pueblo *A* de la figura.

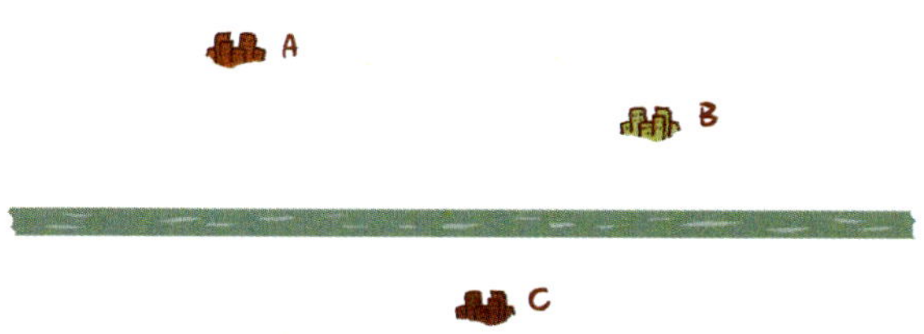

a) ¿Cuál es el camino más corto para ir de *A* a *B* pasando por el río para bañarse?

b) ¿Cuál es el camino más corto para ir de *A* a *C* atravesando el río a nado perpendicularmente?

77 Traza un segmento de extremos *A* y *B* tal que los vectores $\overrightarrow{AB}$ y $\vec{u}$ sean equipolentes, siendo *A* y *B* puntos de la circunferencia dada.

78 Dado el triángulo de vértices *ABC*, construye un cuadrado que tenga un lado sobre el lado *AB*, un vértice sobre el lado *AC* y otro vértice sobre el lado *CB*.

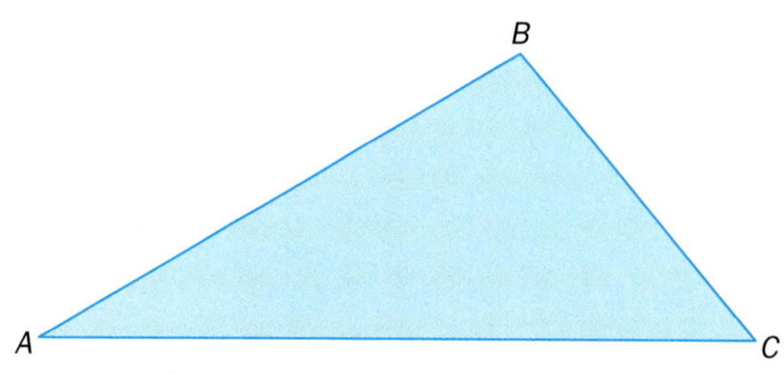

79 ¿Cuál será la trayectoria que deberá seguir la bola *A* de manera que, rebotando en las bandas *SP* y *PQ*, golpee a la bola *B*?

PARA INTERPRETAR Y RESOLVER

80 Movimientos

A la figura *A* le corresponde la *B*. ¿Cuál de las figuras *P*, *Q*, *R* o *S* corresponde a la figura *C*?

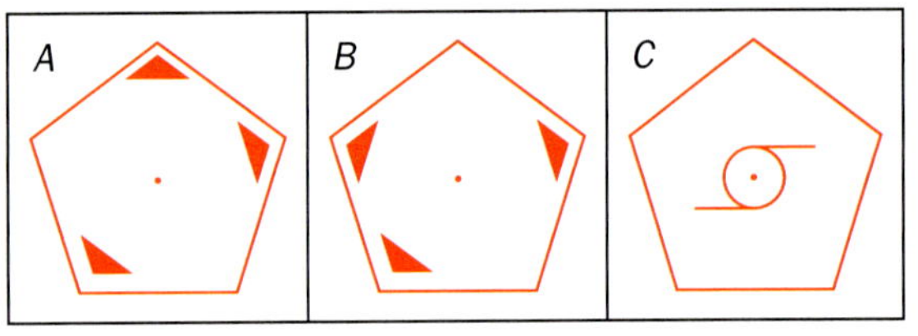

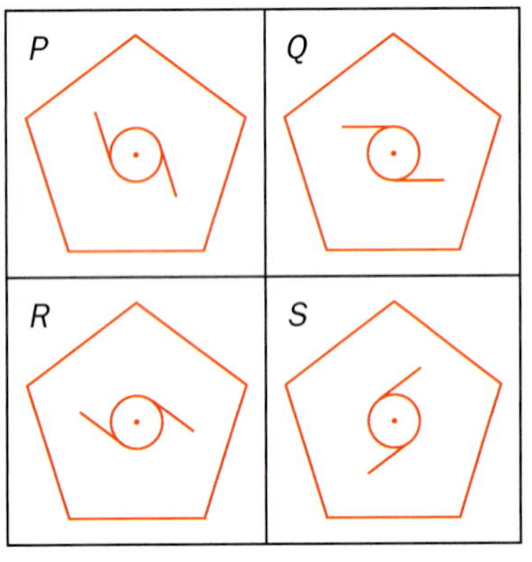

81 Losas más baratas

Se quiere enlosar un cuarto de baño con el siguiente motivo geométrico.

Pero la construcción de losas irregulares es mucho más cara que la de losas cuadradas.

Diseña una losa cuadrada y pinta dentro de ella las líneas adecuadas para que, colocadas unas junto a otras, den como resultado el motivo geométrico deseado.

AUTOEVALUACIÓN

1 Dado el triángulo de vértices *ABC*, dibuja su transformado en los siguientes casos.

a) En una simetría respecto del eje *OX*.

b) En una simetría respecto del eje *OY*.

c) En una simetría respecto del origen.

d) En una traslación de vector guía $\vec{u} = (3, 2)$.

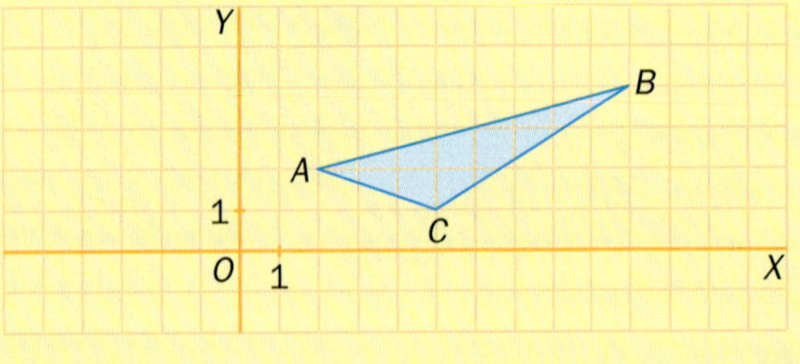

2 Halla la figura girada del triángulo *OAB* en un giro de centro *O* y ángulo:

a) 45°　　b) 90°　　c) −135°

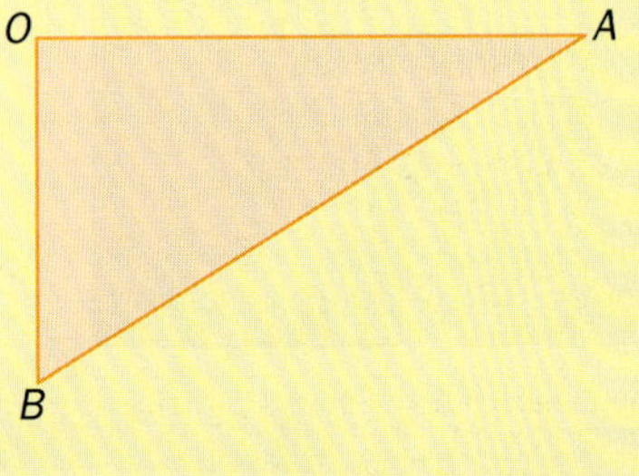

3 Halla el transformado del segmento de extremos $A(2, 1)$ y $B(5, 4)$ al aplicarle una simetría respecto del eje de ordenadas y a continuación una simetría respecto del eje de abscisas.

4 Halla el transformado del triángulo de vértices $A(1, 2)$, $B(4, 1)$ y $C(3, 4)$ al aplicarle una traslación de vector guía $\vec{u} = (1, -2)$ y después una simetría respecto del origen.

5 Dos amigos están situados en los puntos *P* y *Q*. ¿Cuál es el camino más corto que han de recorrer para encontrarse, teniendo en cuenta que el que se halla en *P* tiene que ir antes a beber agua al río *r* y el que se encuentra en *Q* ha de asomarse previamente a la carretera *c* y desde allí hacer unas señales?

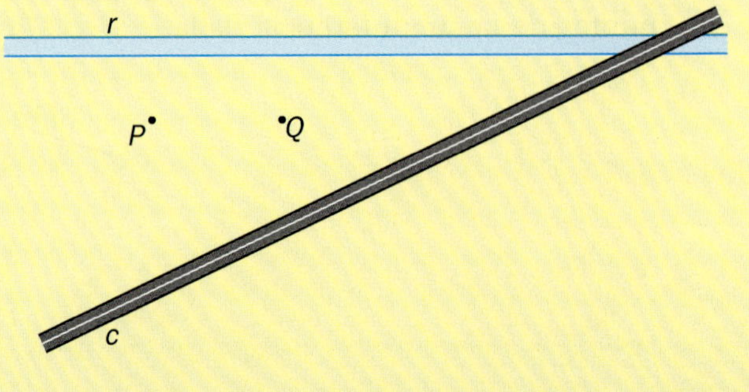

EL MATEMÁTICO... ARTISTA

Maurits Cornelius Escher (1898 – 1972)

En 1912 se hundió el *Titanic*. Gracias a que Maurits Cornelius Escher no iba a bordo no naufragó uno de los artistas más originales y sorprendentes de la historia. A este holandés le gustaba tanto inspirarse en el mar que, cuando no tenía dinero, pagaba con sus obras sus cruceros marítimos.

En uno de sus viajes visitó la Alhambra de Granada; quedó fascinado por los alicatados geométricos y encontró allí una de sus mayores fuentes de inspiración. Desde entonces dejó de representar paisajes para trabajar en los dibujos matemáticos que le han dado su fama.

Sala de las dos hermanas. Alhambra de Granada (detalle).

... SU IDEA...

Escher explotó al máximo las posibilidades de las transformaciones geométricas como la simetría, la traslación y el giro.

En muchas de sus obras se observa que hay **una o dos figuras principales que, mediante composición de movimientos, se encajan perfectamente para cubrir todo el plano**.

Estas figuras, lejos de ser motivos geométricos, representan seres vivos o fantásticos.

... Y SU ÉPOCA

Circularon los primeros automóviles. En España tuvo lugar la guerra civil, y en Hiroshima estalló la primera bomba atómica.

ENTREtenido

¿CÓMO TE MUEVES?

El objetivo del juego es intercambiar la posición de las fichas, es decir, llevar las lisas al lugar de las cruzadas, y viceversa. Solo se puede mover una ficha a una casilla contigua que esté vacía.

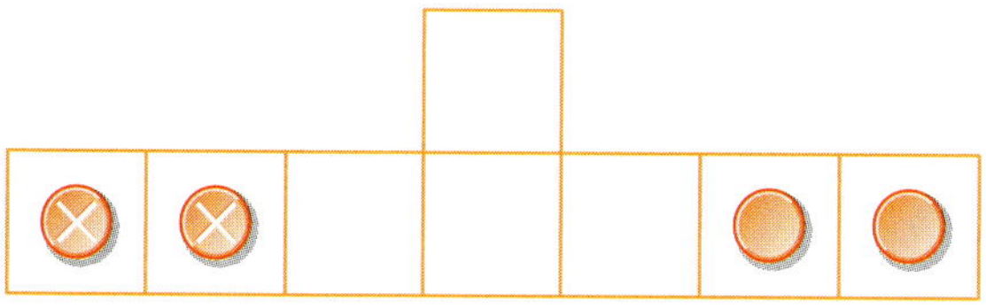

¿Con cuántos movimientos puedes lograr el objetivo?

¿Lo conseguirías con menos?

ENTRE interrogantes

¿ES POSIBLE CONSTRUIR UNA HOJA DE PAPEL CON UNA SOLA CARA?

El anillo de Möbius (en honor al matemático que lo descubrió) tiene precisamente esta extraordinaria característica.

Si tomamos una tira de papel y pegamos ambos bordes para formar un anillo, este tendrá dos caras, que podemos pintar de diferente color para distinguirlas; pero si antes de unir los bordes se da a uno de ellos medio giro, se obtiene un anillo con una sola cara. Si no te lo crees, ¡intenta colorearlo!

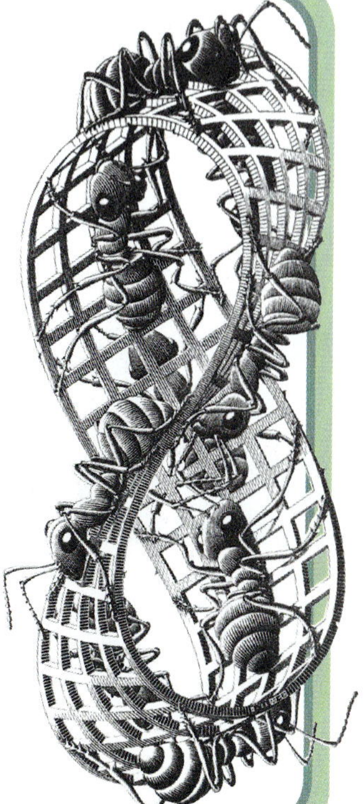

11 CUERPOS GEOMÉTRICOS. PROPIEDADES MÉTRICAS

El gran desarrollo de la arquitectura ha dado lugar a edificaciones cada vez más espectaculares. El conocimiento de los cuerpos geométricos y de sus propiedades ha permitido desarrollar estructuras más complejas. En la fotografía se puede observar esta magnífica obra del arquitecto valenciano Santiago Calatrava, se trata de las bodegas Ysios en Laguardia (Álava).

RECUERDA

Los poliedros y sus elementos

- Un **poliedro** es la región del espacio limitada por cuatro o más polígonos que se llaman **caras**.
- Una **arista** de un poliedro es la intersección de dos caras contiguas.
- Un **vértice** es el punto de intersección de tres o más caras.

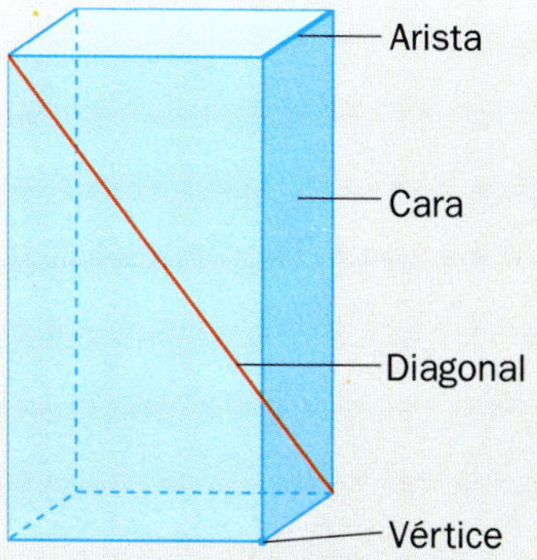

Áreas de figuras plana

Romboide

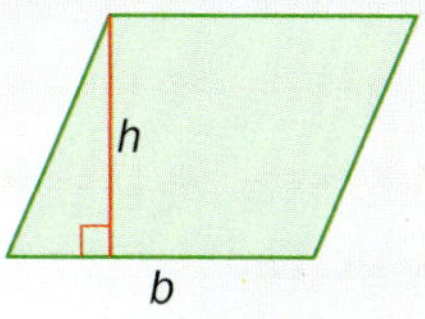

$A = b \cdot h$

Triángulo

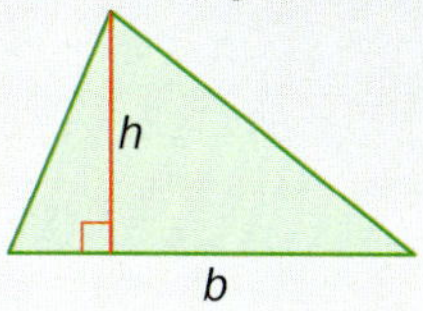

$A = \frac{b \cdot h}{2}$

Trapecio

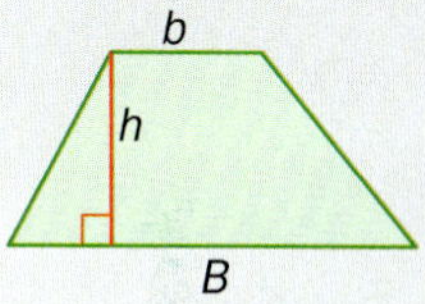

$A = \frac{B + b}{2} \cdot h$

Polígono regular

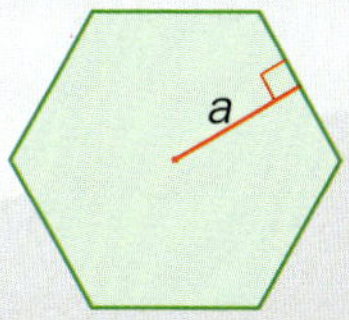

$A = \frac{p \cdot a}{2}$

Rombo

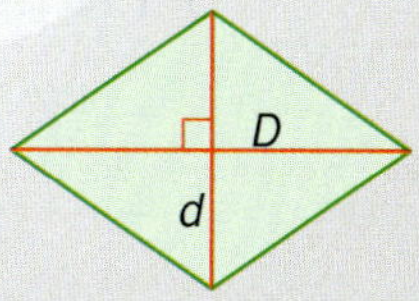

$A = \frac{D \cdot d}{2}$

Círculo

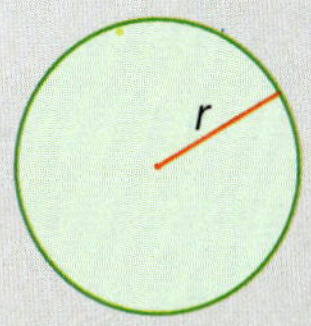

$A = \pi \cdot r^2$

PARA EMPEZAR

1 En un triángulo rectángulo la hipotenusa mide 5 centímetros y uno de los catetos mide 4 centímetros

a) Halla la longitud del otro cateto.

b) Calcula su perímetro.

c) Determina su área.

2 Halla el área y el perímetro de estas figuras planas.

a) Trapecio isósceles de bases 10 y 7 centímetros y altura 4 centímetros.

b) Hexágono regular de lado 6 centímetros y apotema 5,2 centímetros.

3 Observa el detalle de la cubierta del edificio de la página anterior, en la que, utilizando prismas rectos de base rectangular, se ha simulado el oleaje del mar. Aprende a observar los edificios que te rodean buscando las formas geométricas que estudiarás en esta unidad.

1. Poliedros y cuerpos redondos

Poliedros regulares

Ejemplo. *Observa y describe las características que tienen en común estas figuras.*

Tetraedro | Cubo | Octaedro | Dodecaedro | Icosaedro

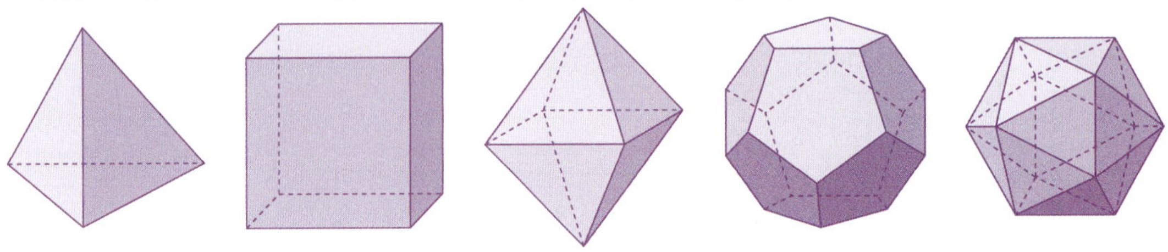

Las caras son polígonos regulares y en cualquier vértice, coinciden el mismo número de aristas.

Un poliedro es **regular** cuando sus caras son polígonos regulares iguales y en cada vértice concurre el mismo número de caras.

Prismas, paralelepípedos y pirámides

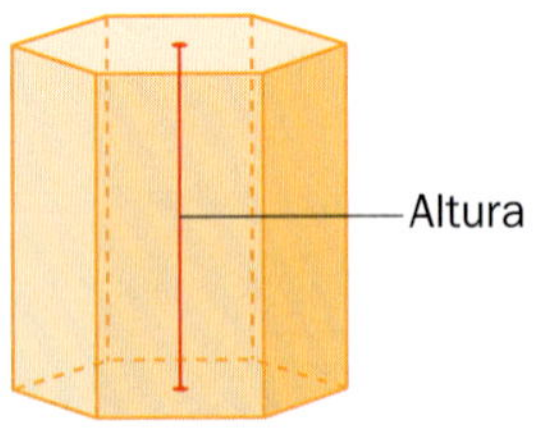

Un **prisma** es un poliedro con dos bases paralelas e iguales y paralelogramos por caras laterales.

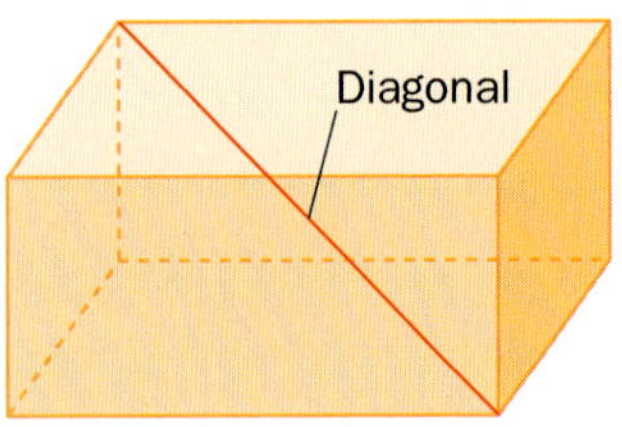

Un **paralelepípedo** es un prisma cuyas caras son paralelogramos paralelos e iguales dos a dos.

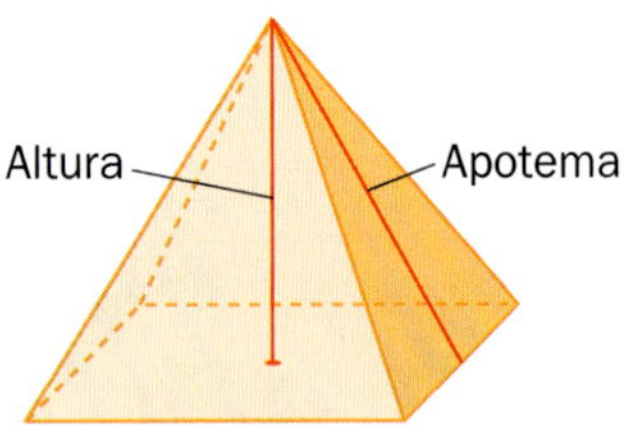

Una **pirámide** es un poliedro con una sola base y con caras laterales triangulares.

Cuerpos redondos

Ejemplo. *Construye y describe las figuras que se obtienen al hacer girar un rectángulo, un semicírculo y un triángulo rectángulo respecto a los ejes indicados.*

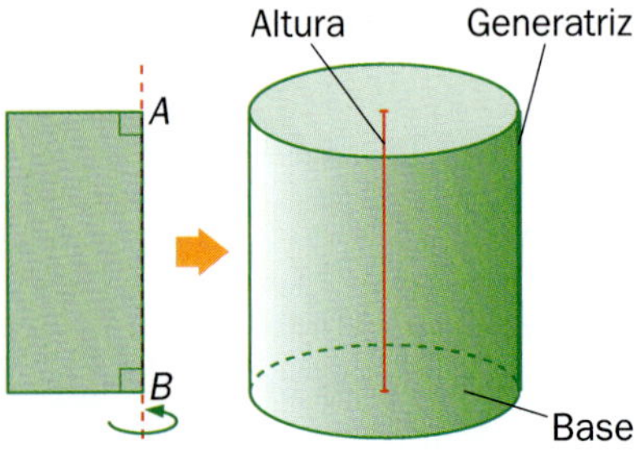

El **cilindro** se obtiene al girar un rectángulo alrededor de un eje que contiene a un lado.

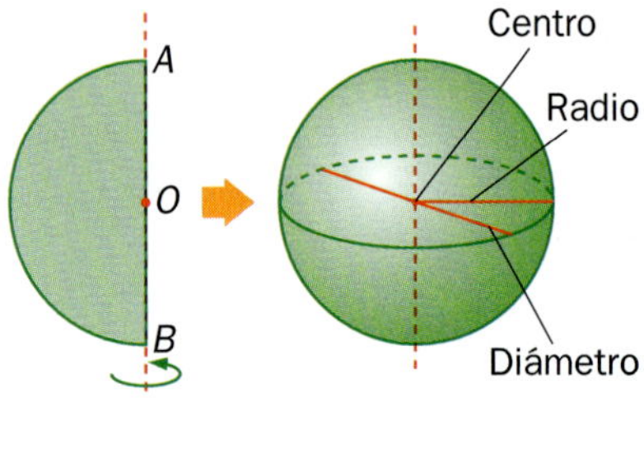

La **esfera** se obtiene al girar un semicírculo alrededor de un eje que contiene a su diámetro.

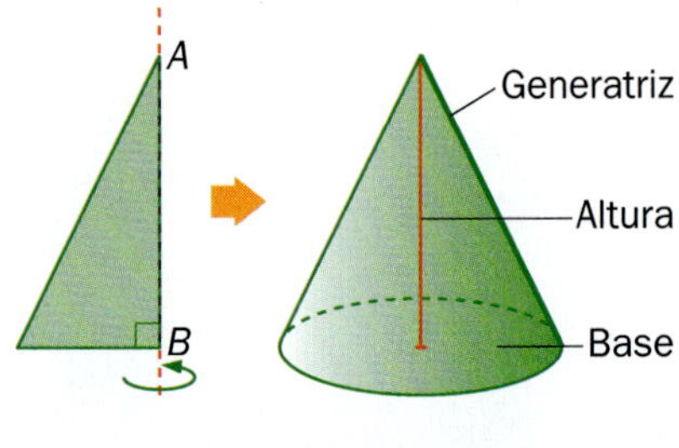

El **cono** se obtiene al girar un triángulo rectángulo alrededor de un eje que contiene a un cateto.

PARA PRACTICAR

1 Completa la tabla.

	Caras	Vértices	Aristas
Tetraedro			
Cubo			
Octaedro			
Dodecaedro			
Icosaedro			

Comprueba si se verifica la igualdad:

Número de caras + número de vértices =
= número de aristas + 2

2 Calcula el elemento que falta en los siguientes cuerpos cuyas medidas están en centímetros.

a)

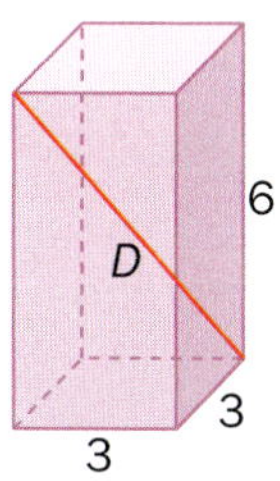

b)

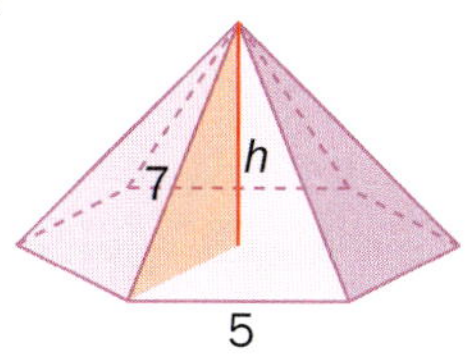

3 Dibuja la figura que se obtiene al girar los siguientes recintos.

a) Un cuadrado al girar sobre su lado.

b) Un triángulo rectángulo isósceles al girar sobre la hipotenusa.

c) Un trapecio rectángulo al girar sobre la base mayor.

4 Dibuja un cono recto, sabiendo que el diámetro de la base es de 14 centímetros, y la altura, de 8. Calcula la generatriz del cono.

EJERCICIO RESUELTO

5 **¿Qué figuras resultan al cortar un cono y una pirámide con un plano paralelo a la base de cada figura?**

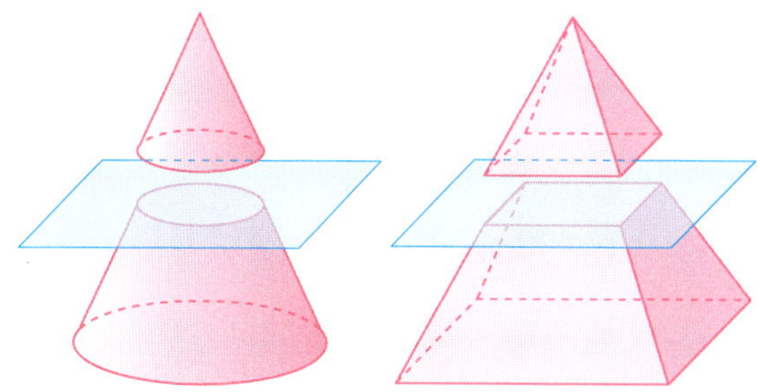

Se forman un tronco de cono y un cono, y un tronco de pirámide y una pirámide.

6 Halla el elemento que falta en los siguientes cuerpos, cuyas medidas están dadas en centímetros.

a)

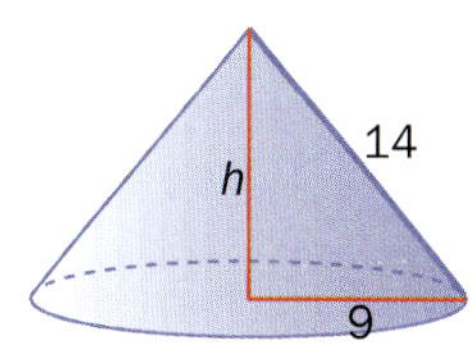

b)

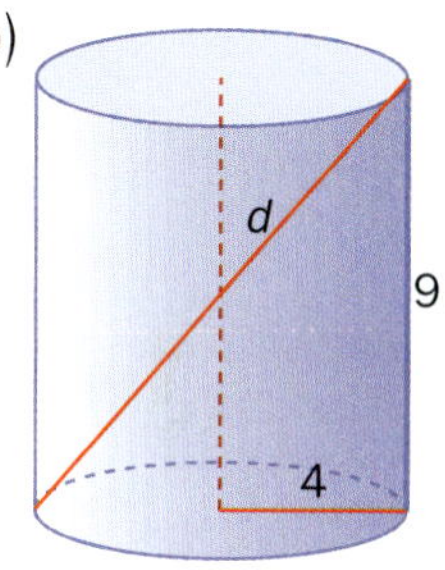

7 El diámetro de la base de un cono mide 15 centímetros, al igual que la altura.
Halla la medida de la generatriz.

PARA APLICAR

8 La funda de un DVD tiene forma de ortoedro con las siguientes medidas:

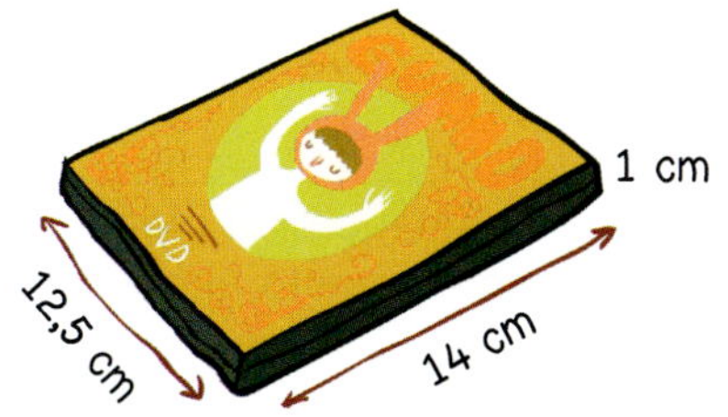

a) Halla la diagonal de la base.

b) Halla la diagonal del ortoedro.

9 Un barreño tiene forma de tronco de cono. Sus medidas, en centímetros, aparecen en la figura.

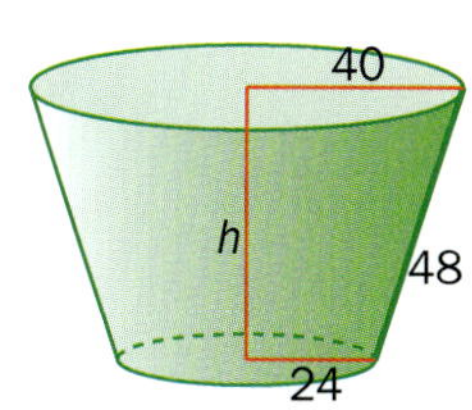

a) Halla la altura del barreño.

b) Halla la diferencia entre las áreas de las dos bases.

2. Ejes y planos de simetría en poliedros y cuerpos redondos

Ejes de simetría en poliedros y cuerpos redondos

Ejemplo. *En los cuerpos de la figura, ¿qué sucede si los giramos alrededor de las rectas dibujadas en ellos?*

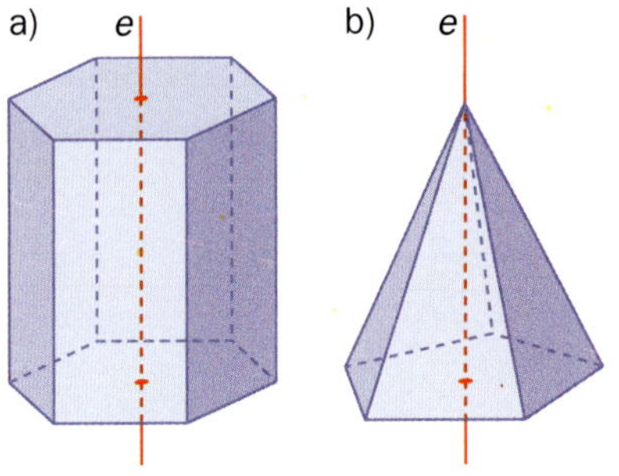

En todos ellos hemos dibujado una recta tal que, si realizamos un giro de un cierto ángulo, el cuerpo se superpone consigo mismo. Esta recta se denomina **eje de simetría**.

a) En el prisma hexagonal, cualquier giro de ángulo 60° o sus múltiplos produce otro prisma hexagonal que se superpone con el inicial.

b) En la pirámide pentagonal, cualquier giro de ángulo 72° o sus múltiplos produce otra pirámide pentagonal que se superpone con la inicial.

c), d) En los cuerpos redondos, un giro de cualquier ángulo produce otro cuerpo redondo que se superpone con el inicial.

Eje de simetría de un cuerpo es una recta tal que, si giramos el cuerpo un cierto ángulo alrededor de ella, el cuerpo se superpone consigo mismo.

Planos de simetría en poliedros y cuerpos redondos

Ejemplo. *En los cuerpos representados en la siguiente figura, ¿qué sucedería si pusiéramos un espejo en el lugar de los planos dibujados en ellos?*

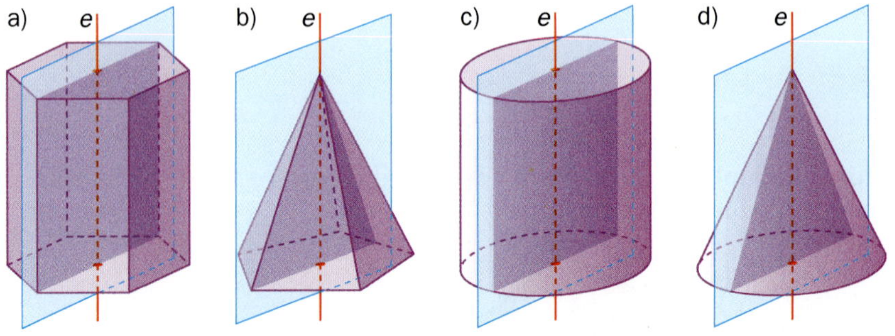

En todos los casos, el plano dibujado se denomina **plano de simetría**. Si fuera un espejo, reflejaría el cuerpo completo al aplicárselo a una de las dos partes en que lo divide.

Plano de simetría de un cuerpo es un plano que divide el cuerpo en dos mitades que son imagen especular la una de la otra.

PARA PRACTICAR

10 Representa los ejes de simetría de las siguientes figuras.

a)

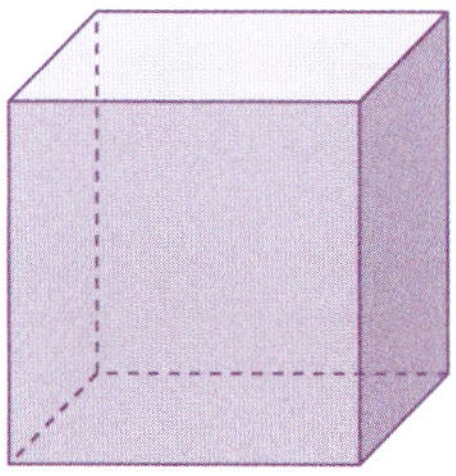

b)

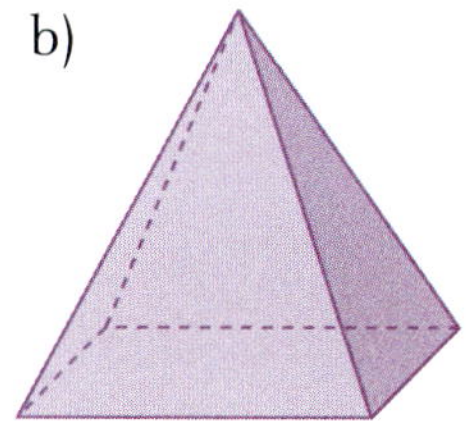

11 Representa un eje de simetría sobre el cilindro de la figura. ¿Puedes encontrar algún otro?

12 ¿Cuántos ejes y planos de simetría puedes encontrar sobre los siguientes cuerpos redondos?

a)

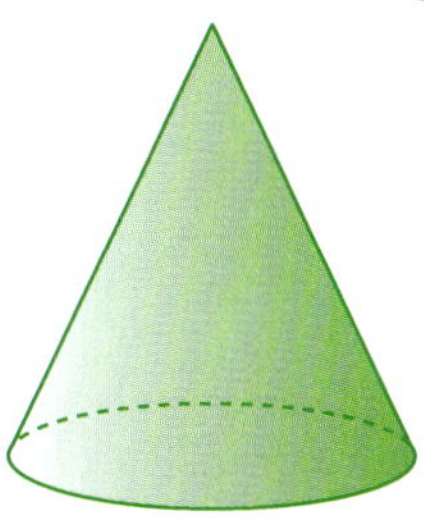

b)

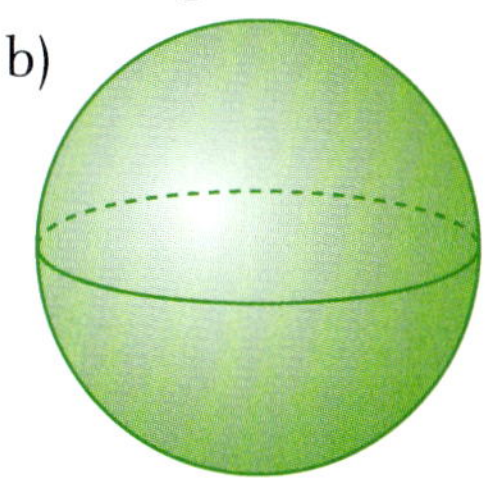

EJERCICIO RESUELTO

13 **Encuentra todos los ejes y planos de simetría que puedas ver en la siguiente figura.**

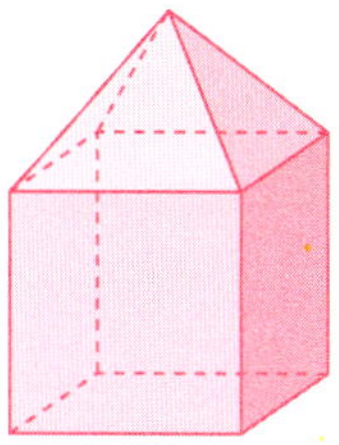

Hay un eje de simetría y cuatro planos de simetría:

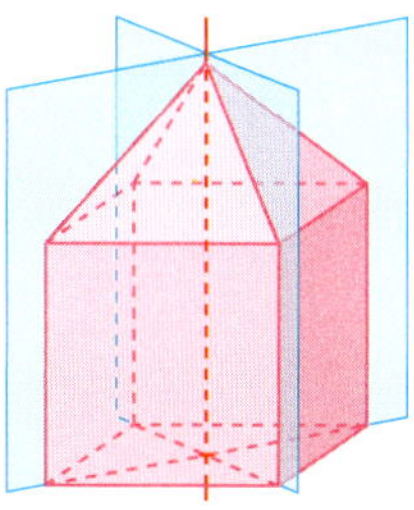

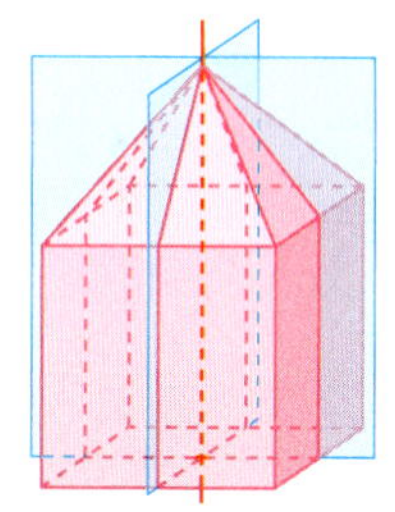

14 ¿Cuántos planos de simetría se pueden encontrar en las siguientes figuras? Dibújalos.

a)

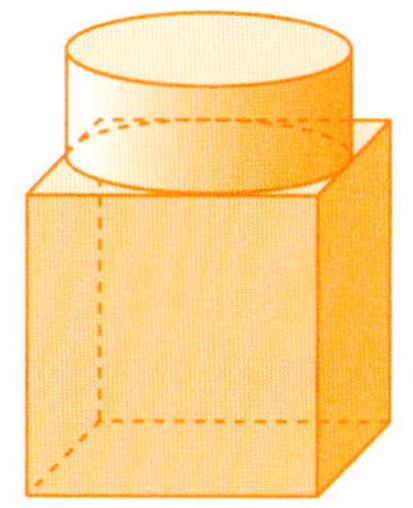

b)

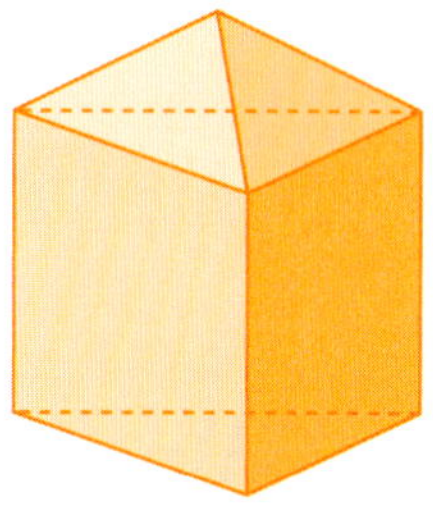

PARA APLICAR

15 La puerta giratoria de un hotel es cilíndrica. ¿Cuántos ejes y planos de simetría tiene?

16 ¿Por dónde se deberá cortar una naranja totalmente esférica para obtener un plano de simetría? ¿Cuántos planos de simetría se pueden encontrar?

17 Una escultura de madera tiene forma de pirámide hexagonal como muestra la figura.

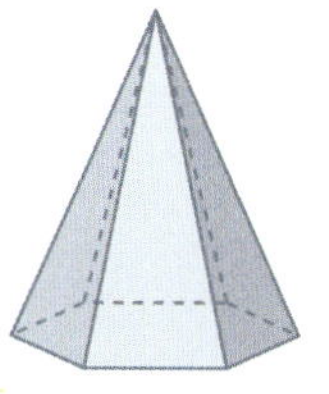

a) Dibuja un eje de simetría. ¿Cuántos ejes de simetría tiene?

b) ¿De cuántas formas podemos cortar el tarugo para obtener un plano de simetría?

c) ¿Qué condiciones tienen que cumplir los cortes para que sea un plano de simetría?

Figuras compuestas

Ejemplo. *Un Ayuntamiento decide eliminar todas las barreras arquitectónicas de su ciudad. Para evitar la escalera de entrada al centro cultural diseña una rampa como la del plano.*

¿Cuántos metros cuadrados de baldosas necesita para construirla?

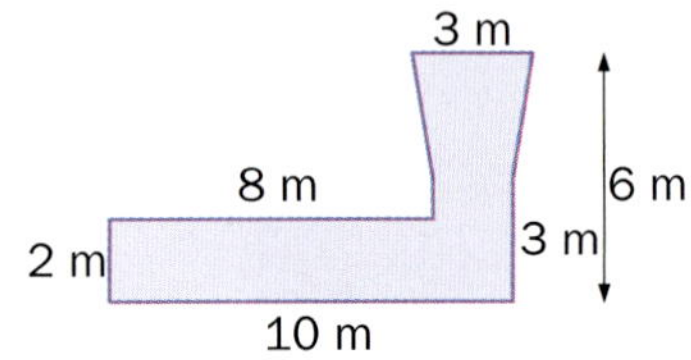

Se descompone la figura en varias figuras simples y se calcula el área de cada una de ellas.

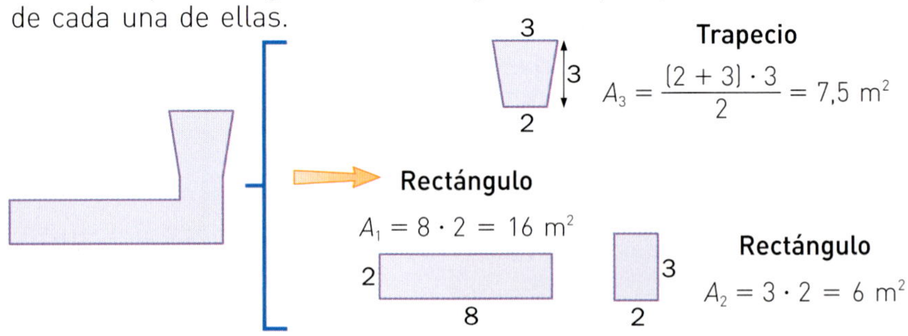

Trapecio: $A_3 = \frac{(2+3)\cdot 3}{2} = 7{,}5\ m^2$

Rectángulo: $A_1 = 8 \cdot 2 = 16\ m^2$

Rectángulo: $A_2 = 3 \cdot 2 = 6\ m^2$

REGIONES EN EL CÍRCULO

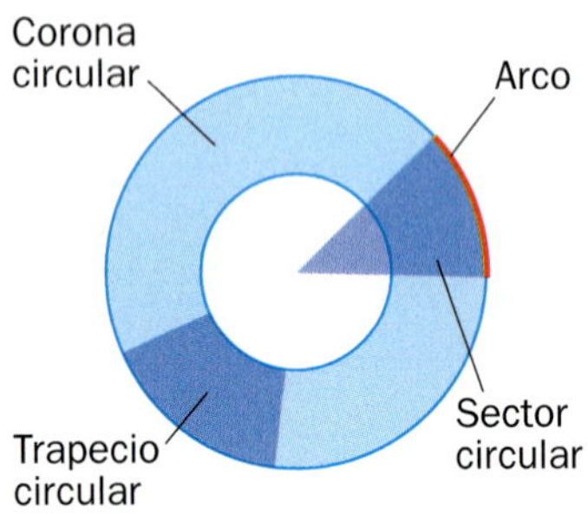

El área de la rampa es la suma de las áreas de cada figura.

$$A = A_1 + A_2 + A_3 = 16 + 6 + 7{,}5 = 29{,}5\ m^2$$

> Para calcular el área de una figura compuesta, se halla el área de cada una de las figuras simples en las que se descompone y se suman.

Figuras circulares

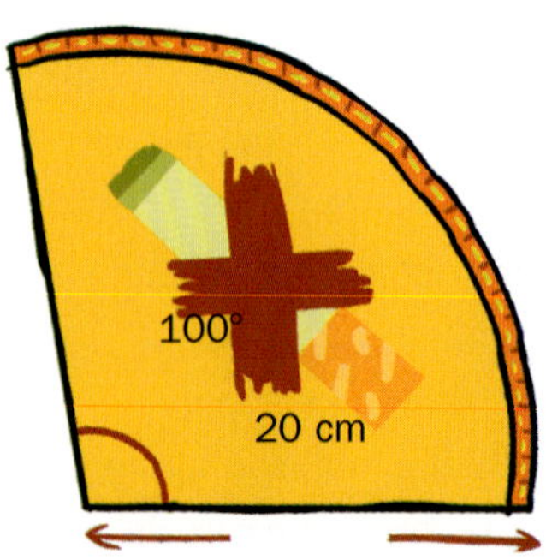

Ejemplo. *La Consejería de Salud va a realizar una campaña con el lema: "DALE AIRE A TUS PULMONES, DEJA DE FUMAR". Para que el público la conozca, realiza abanicos de cartón rematados con una cenefa.*

¿Cuántos metros cuadrados de cartón y cuántos metros de cenefa se necesita para cada abanico?

La cenefa que se necesita es la longitud de un arco de radio 20 centímetros y ángulo 100°.

$$\frac{L_{Circunferencia}}{360°} = \frac{L_{Arco}}{n°} \Rightarrow L_{Arco} = \frac{2\pi r n°}{360°} = \frac{2\pi \cdot 20 \cdot 100°}{360°} = 34{,}91\ cm$$

El cartón que se necesita es el área de un sector circular de radio 20 centímetros y ángulo 100°.

$$\frac{A_{Círculo}}{360°} = \frac{A_{Sector}}{n°} \Rightarrow A_{Sector} = \frac{\pi r^2 n°}{360°} = \frac{\pi \cdot 20^2 \cdot 100°}{360°} = 349{,}07\ cm^2$$

Se necesitan 34,91 centímetros de cenefa y 349,07 centímetros cuadrados de cartón.

> Para calcular la **longitud de un arco** y el **área de un sector circular** se utilizan las siguientes fórmulas:
>
> Longitud del arco $= \frac{2\pi r n°}{360°}$ Área del sector $= \frac{\pi r^2 n°}{360°}$

PARA PRACTICAR

18 Calcula el área de estas letras cuyas medidas están dadas en centímetros.

a)

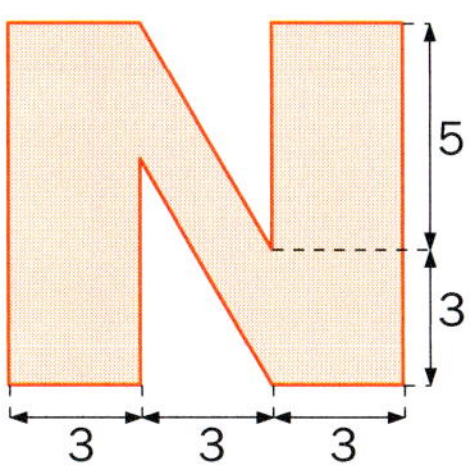

b)

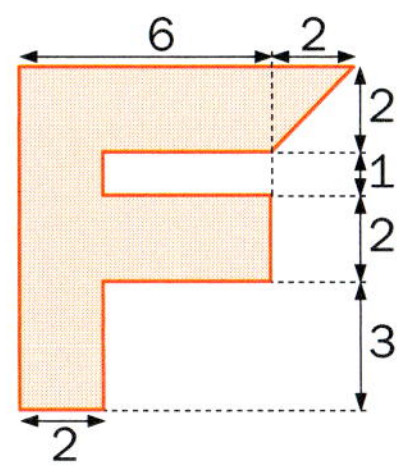

19 Halla el área de cada figura.

a)

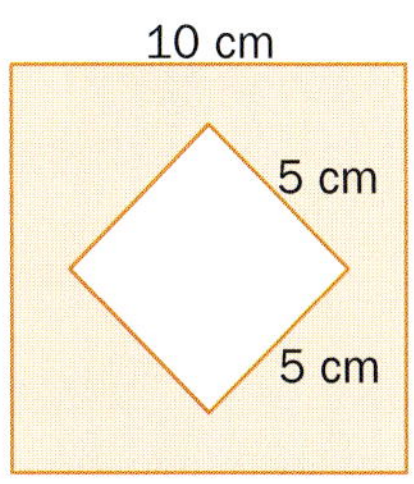

b)

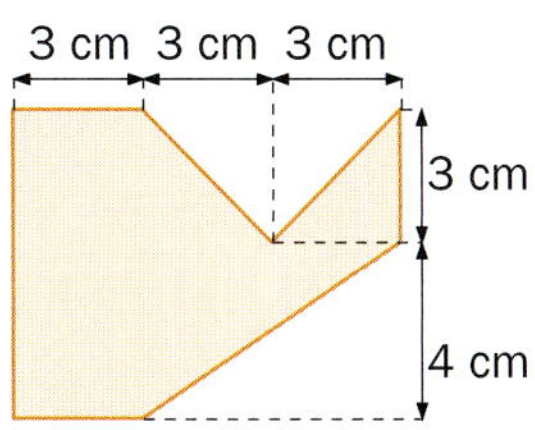

20 ¿Cuál es la longitud del arco y el área de los siguientes sectores circulares?

a) radio = 5 cm; ángulo = 90°

b) radio = 7 dm; ángulo = 120°

21 Determina las siguientes áreas.

a) El área del círculo mayor.

b) El área del círculo menor

c) El área coloreada.

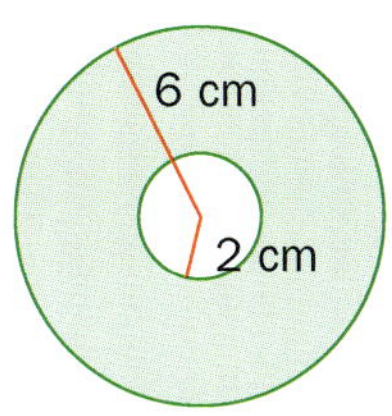

EJERCICIO RESUELTO

22 **Calcula el perímetro y el área del trapecio circular de la figura.**

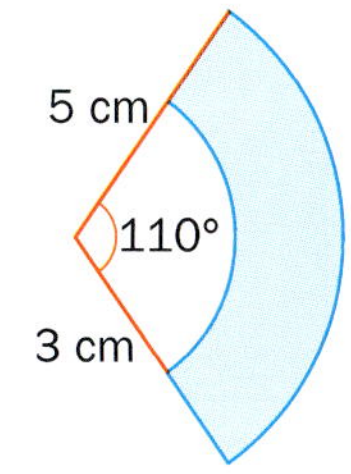

El perímetro es la suma de dos arcos de radio 3 y 5 centímetros, más dos veces la diferencia de sus radios.

$$p = \frac{2\pi \cdot 5 \cdot 110°}{360°} + \frac{2\pi \cdot 3 \cdot 110°}{360°} + 2(5 - 3) =$$
$$= 19{,}36 \text{ cm}$$

El área del trapecio se halla por diferencia de las áreas de los sectores de radio 5 y 3 centímetros.

$$A = \frac{\pi \cdot 5^2 \cdot 110°}{360°} - \frac{\pi \cdot 3^2 \cdot 110°}{360°} = \frac{\pi \cdot 110°(5^2 - 3^2)}{360°} =$$
$$= 15{,}36 \text{ cm}^2$$

23 Halla el área de la región coloreada en cada figura.

a)

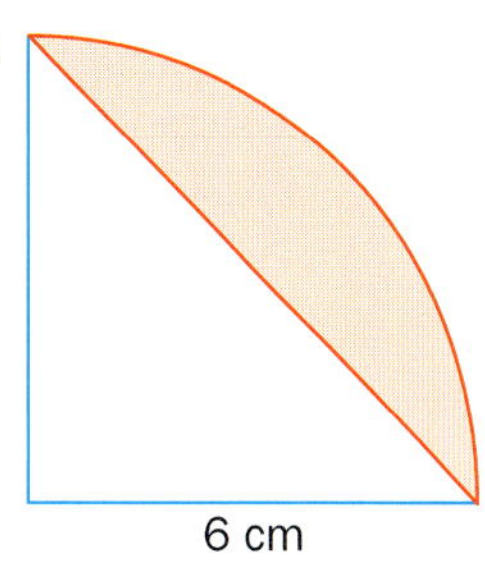

b)

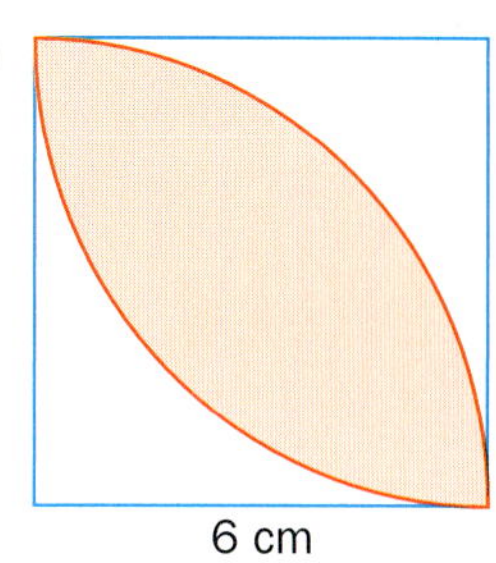

PARA APLICAR

24 Hay una plaga de hongos en el césped del estadio de un equipo de fútbol.

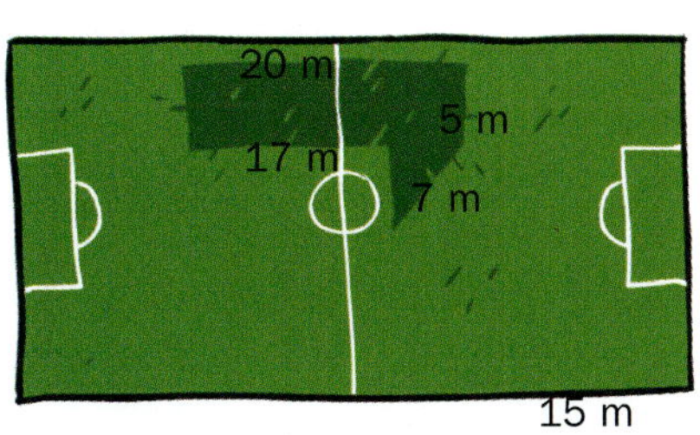

¿Qué superficie de césped necesita repoblar?

25 Una cerrajería construye rejas uniendo sucesivamente un patrón. ¿Cuántos metros de varilla de acero se necesitan para construir la reja de la figura?

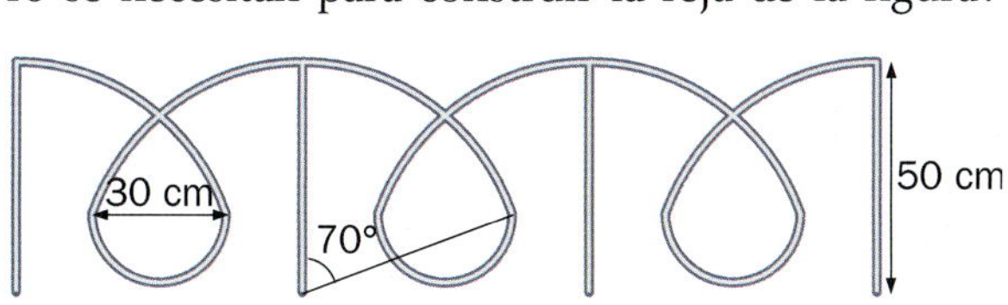

26 ¿Qué superficie limpia el limpiaparabrisas trasero del coche?

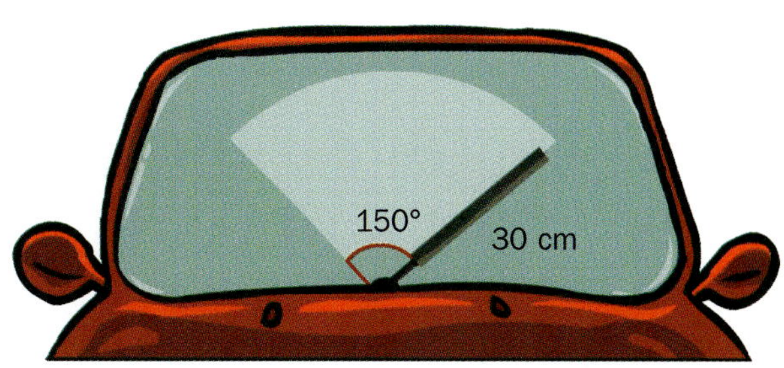

27 Si el diámetro de una moneda de 2 euros es de 25,75 milímetros, ¿cuál es la superficie que queda entre las tres monedas?

Ejemplo. *Para favorecer el reciclado, nuestro centro nos subvenciona el viaje de fin de curso comprándonos metros cuadrados de* tetra brik *para reciclarlo.*

¿Qué superficie tiene cada tetra brik*?*

Para calcular el área, desplegamos el *tetra brik*.

$A_L = 2(9 + 5,5) \cdot 19,5 = 565,5 \text{ cm}^2$

$A_T = 565,5 + 2(9 \cdot 5,5) = 664,5 \text{ cm}^2$

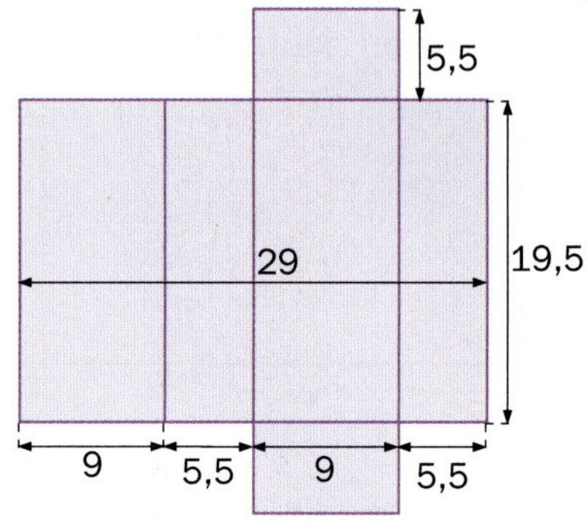

Para hallar el área de un cuerpo, se desarrolla el mismo, se calculan las diferentes áreas y se suman.

$A_{Total} = A_{Lateral} + A_{Bases}$

Prisma recto

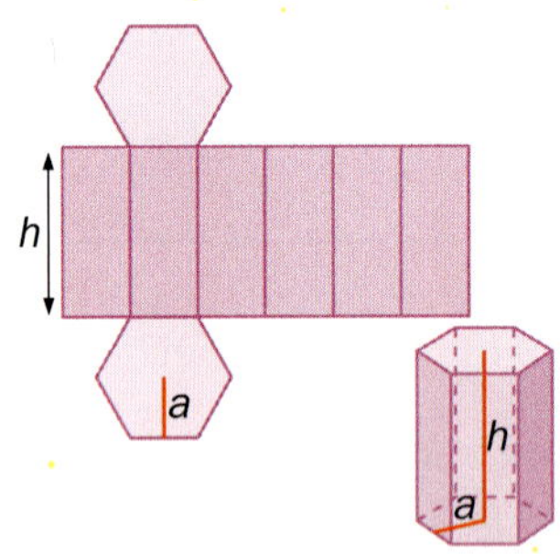

$A_L = p \cdot h$

$A_T = p \cdot h + p \cdot a$

p = perímetro de la base

Cilindro recto

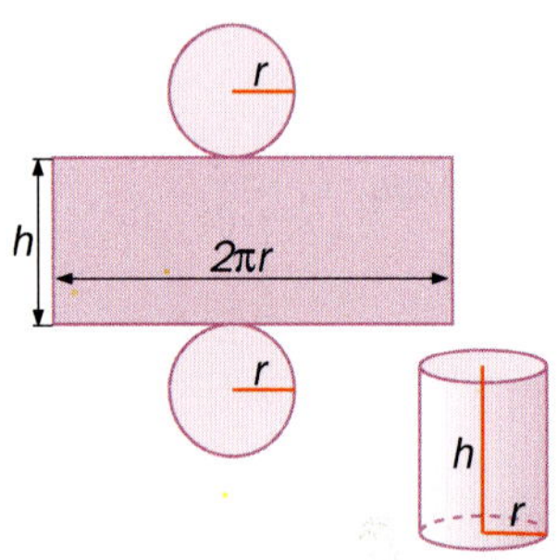

$A_L = 2\pi r \cdot h$

$A_T = 2\pi r \cdot h + 2\pi r^2$

Pirámide regular recta

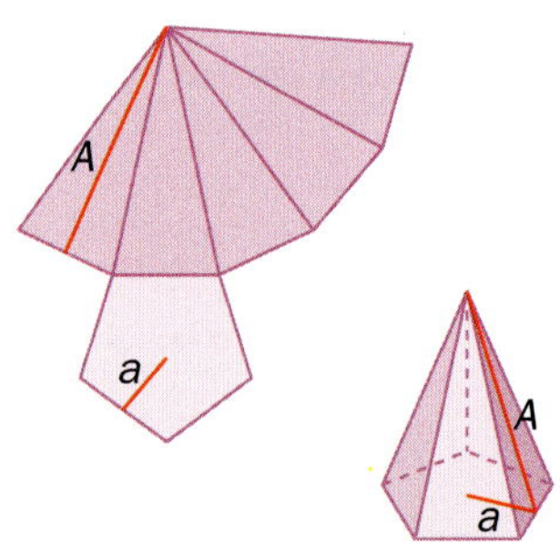

$A_L = \dfrac{p \cdot A}{2}$

$A_T = \dfrac{p \cdot A}{2} + \dfrac{p \cdot a}{2}$

Cono recto

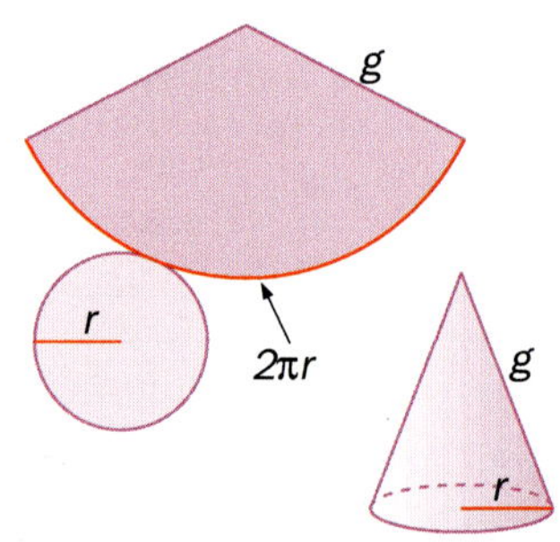

$A_L = \pi r \cdot g$

$A_T = \pi r \cdot g + \pi r^2$

Área de la superficie esférica

La superficie de una esfera no se puede desarrollar en el plano. Para calcular su área, observa el siguiente experimento.

1. Se enrolla una cuerda hasta cubrir media esfera.

2. Se retira la cuerda de la semiesfera y se enrolla sobre el círculo máximo.

El trozo de cuerda que recubre la semiesfera es exactamente el doble que el que recubre el círculo máximo.

$A_{\text{Círculo máximo}} = \pi \cdot r^2 \Rightarrow A_{\text{Semiesfera}} = 2 \cdot \pi \cdot r^2 \Rightarrow A_{\text{Esfera}} = 4 \cdot \pi \cdot r^2$

El área de una superficie esférica de radio r es $A = 4 \cdot \pi \cdot r^2$

PARA PRACTICAR

28 Halla el área lateral y al área total de los siguientes cuerpos geométricos.

a)

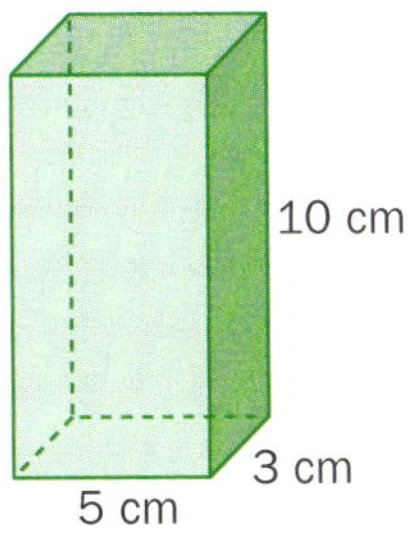

b)

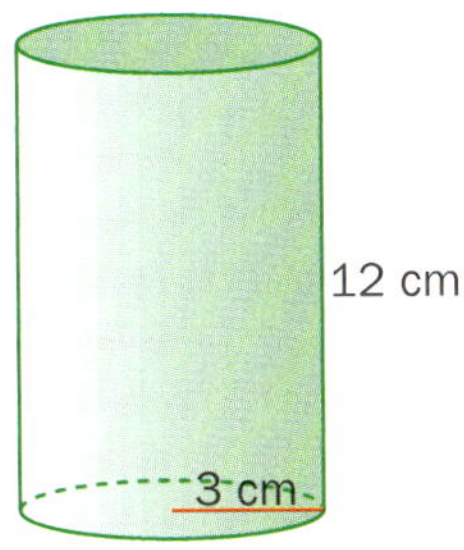

EJERCICIO RESUELTO

29 **Calcula el área lateral y total de la pirámide.**

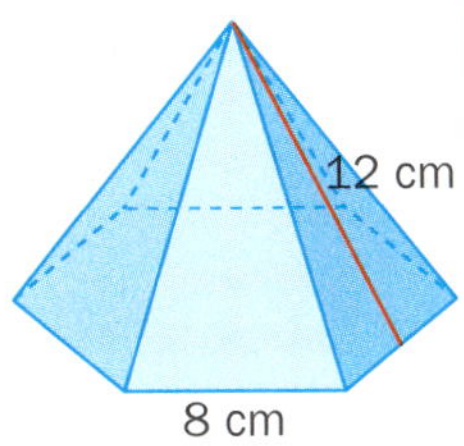

$$A_L = 6 \cdot \left(\frac{8 \cdot 12}{2}\right) = 288 \text{ cm}^2$$

Para calcular el área de la base necesitamos conocer su apotema.

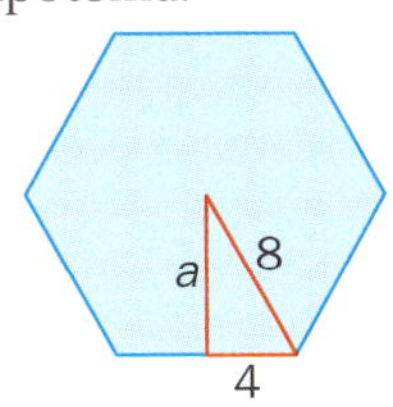

$$a = \sqrt{8^2 - 4^2} = 6{,}93 \text{ cm}$$

$$A_T = 288 + \frac{(6 \cdot 8) \cdot 6{,}93 \text{ cm}}{2} = 454{,}32 \text{ cm}^2$$

30 Determina el área lateral y total de un cono recto de radio de la base 3 centímetros y altura 4 centímetros.

31 Halla el área lateral y el área total de una pirámide regular de base triangular de lado 6 centímetros y apotema 12 centímetros.

32 ¿Cuál es el área lateral y total de estos cuerpos geométricos?

a)

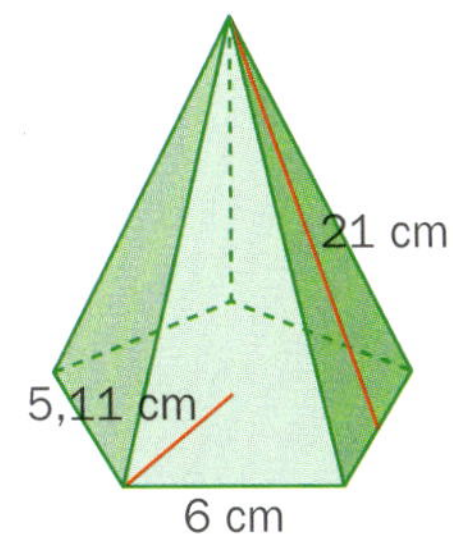

b)

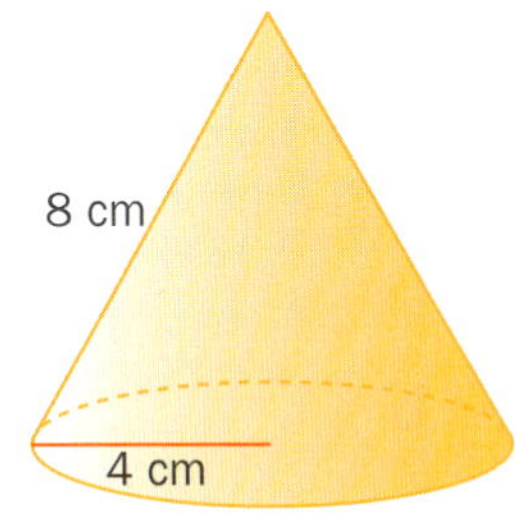

33 ¿Cuál es el área de estas esferas?

a) Radio: 7 metros. b) Diámetro: 19 metros.

34 Calcula el área de estos cuerpos geométricos.

a)

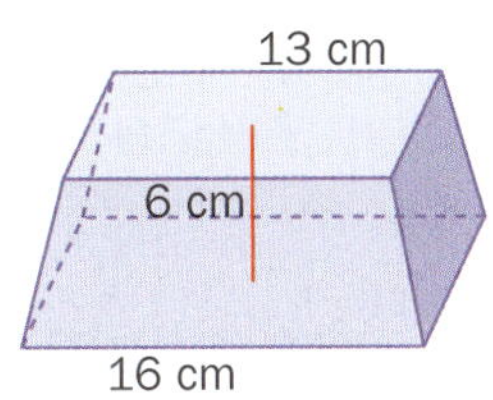

b)

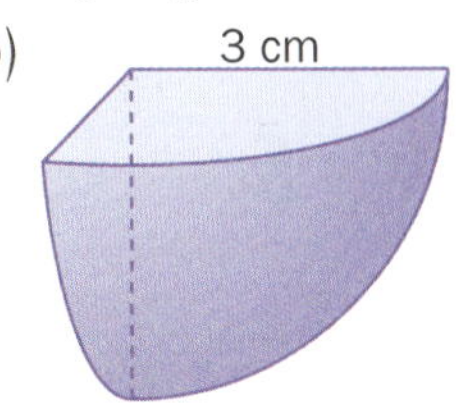

PARA APLICAR

35 El Ministerio de Agricultura está instalando en algunas ciudades una carpa para informar de los beneficios de la dieta mediterránea.

¿Cuántos metros cuadrados de lona tiene la carpa?

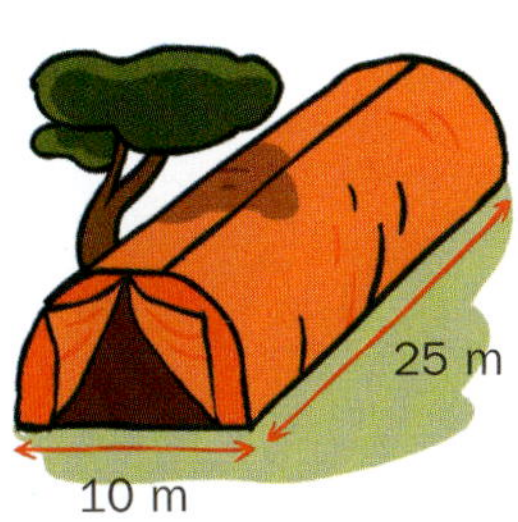

36 Una ONG se encarga de pintar los pisos de familias sin recursos económicos. Después de visitar un piso, elaboran un croquis con las medidas en metros.

Si la altura del techo es 2,5 metros, ¿qué superficie tienen que pintar?

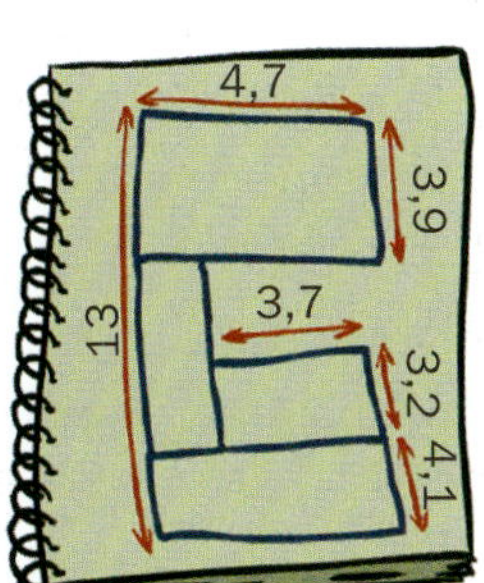

37 La entrada del museo del Louvre de París es conocida por su forma de pirámide. Si su base es un cuadrado de lado 35 metros y de altura mide 21,65 metros, ¿qué superficie de cristal se necesitó para su construcción?

38 ¿Qué superficie de papel necesitamos para cada caja si se pierde un 10 % del papel al envolverla?

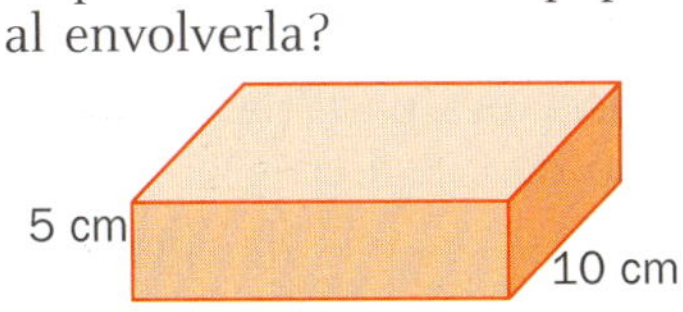

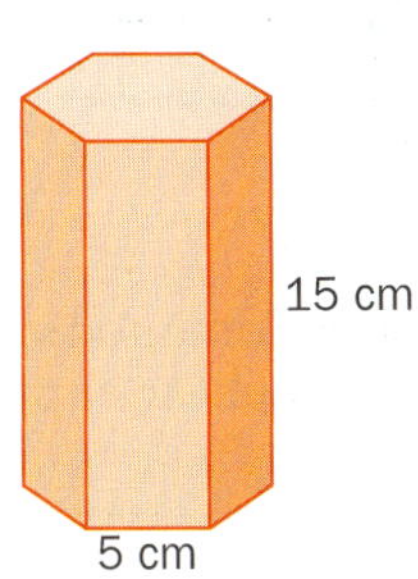

Principio de Cavalieri

Los dos montones tienen el mismo número de hojas; aunque adoptan distinta forma, tienen el mismo volumen.

Si dos cuerpos geométricos con la misma altura se cortan por planos paralelos a la base, y las secciones obtenidas tienen la misma área, entonces los cuerpos tienen el mismo volumen. Este es el **principio de Cavalieri**.

Volumen de prismas y cilindros

Ejemplo. *Los prismas y cilindros de la figura tienen bases de área 4 centímetros cuadrados y altura 3 centímetros.*

Calcula el volumen de cada uno.

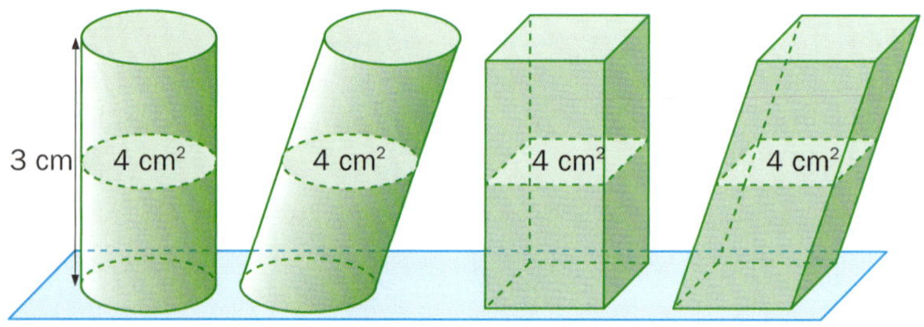

Tanto en los prismas como en los cilindros todas las secciones paralelas a la base tienen igual área. Aplicando este resultado y el principio de Cavalieri, se obtiene que todos los prismas y cilindros tienen el mismo volumen.

$$V = A_{base} \cdot h = 4 \cdot 3 = 12 \text{ cm}^3$$

El volumen de los primas y los cilindros es el área de la base por la altura. $V_{Prismas} = V_{Cilindros} = A_{Base} \cdot h$

Volumen de pirámides, conos y esferas

Pirámide

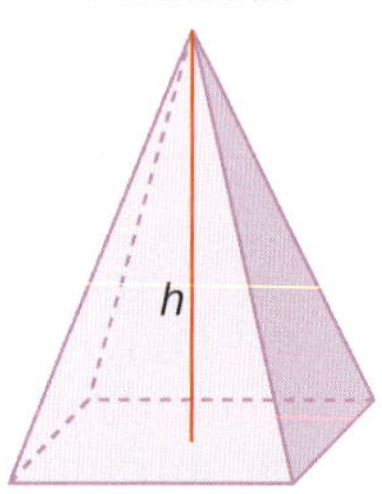

$$V_{Pirámide} = \frac{A_{Base} \cdot h}{3}$$

Cono

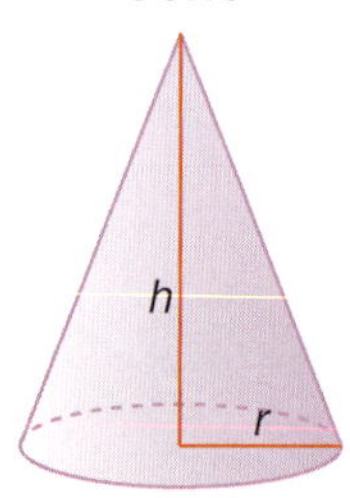

$$V_{Cono} = \frac{A_{Base} \cdot h}{3} = \frac{\pi r^2 \cdot h}{3}$$

Esfera

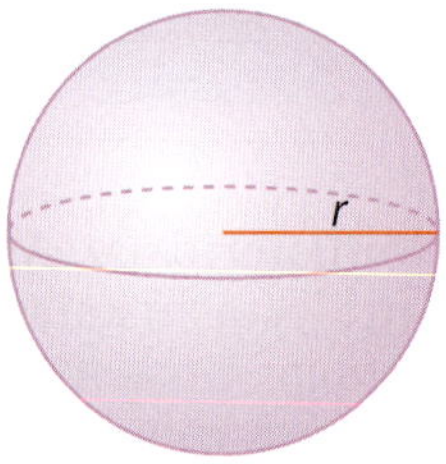

$$V_{Esfera} = \frac{4}{3}\pi r^3$$

EJERCICIO RESUELTO

39 **Halla el volumen de este cuerpo geométrico.**

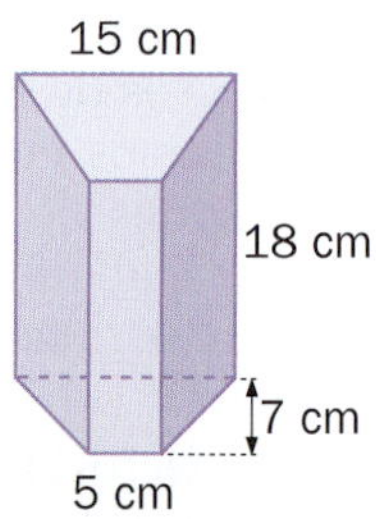

La base es un trapecio de bases 15 y 5 centímetros y altura 7 centímetros.

$$A_{Base} = \frac{(15 + 5) \cdot 7}{2} = 70 \text{ cm}^2$$

Como todas las secciones paralelas a la base tienen la misma área, se puede aplicar el principio de Cavalieri y el volumen del cuerpo es $A_{Base} \cdot h$.

$$V = 70 \cdot 18 = 1\,260 \text{ cm}^3$$

PARA PRACTICAR

40 Calcula el volumen de cada cuerpo geométrico.

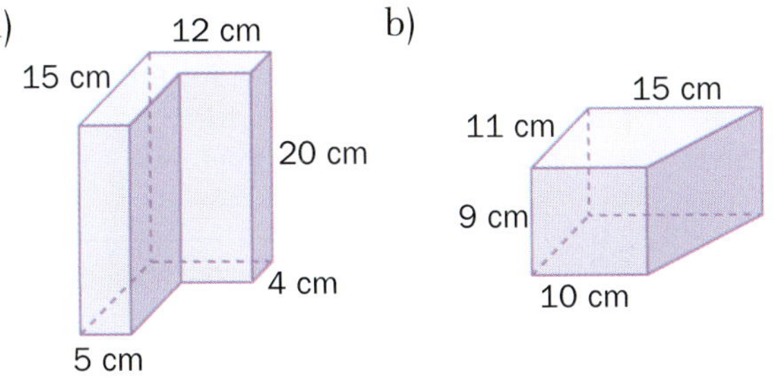

41 Halla el volumen de los siguientes prismas y cilindros.

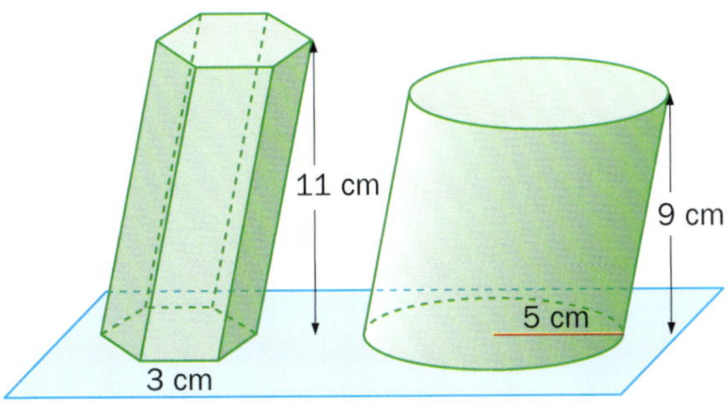

42 Determina el volumen de la pirámide y el cono de la figura.

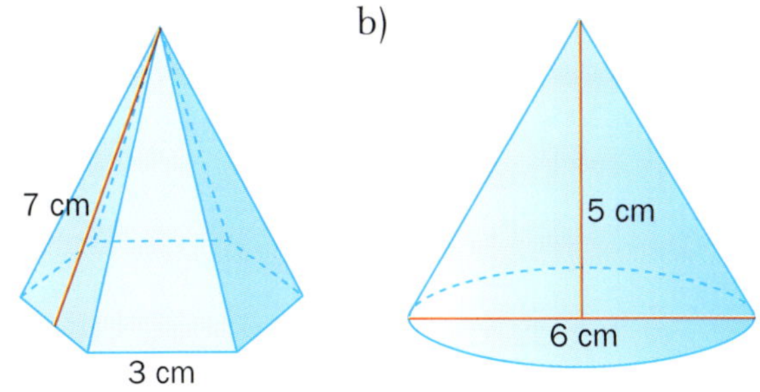

43 Di cuál es el volumen de cada esfera.

a) Radio: 5 centímetros.

b) Diámetro: 15 centímetros.

44 Averigua el volumen de estos cuerpos geométricos.

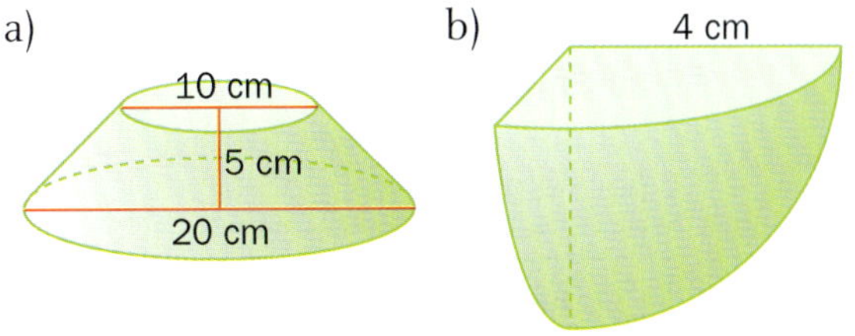

PARA APLICAR

45 Debido a una tormenta, el aparcamiento de un edificio se ha inundado. Si el agua ha alcanzado 1,20 metros de altura, ¿cuántos metros cúbicos de agua hay en el aparcamiento?

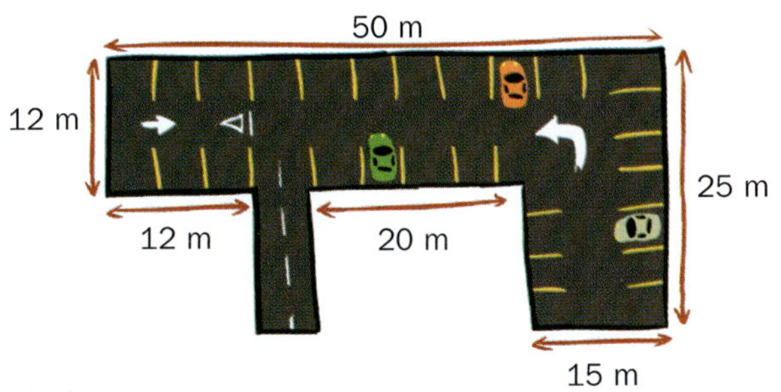

46 ¿Si la mina del lápiz del dibujo tiene un diámetro de 2 milímetros, qué volumen de madera tiene el lápiz?

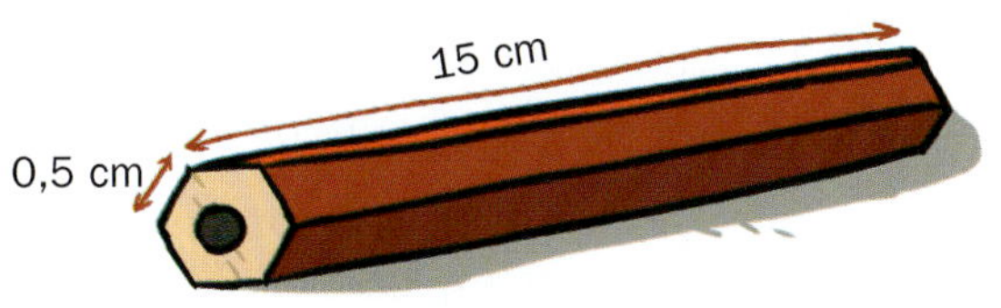

47 Un taller tiene un depósito donde almacenan el aceite usado. Después de pasar la empresa que lo recicla, el nivel del depósito ha bajado 30 centímetros.

¿Cuánto aceite se han llevado del depósito?

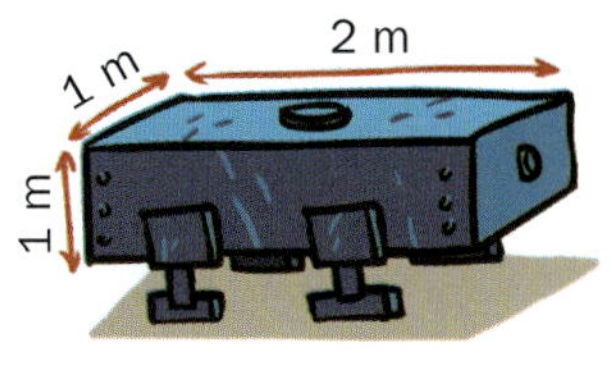

48 Una empresa especializada en pintar depósitos de gas cobra 6 euros por cada metro cuadrado. Si por el depósito de la figura nos cobran 3 141,60 euros, ¿cuál es el volumen del depósito?

Puntos y líneas imaginarias de esfera terrestre

El **eje terrestre** es la recta alrededor de la cual gira la Tierra en su movimiento de rotación.

Los **paralelos** son circunferencias perpendicular es al eje de la Tierra.

El **ecuador** es la circunferencia máxima.

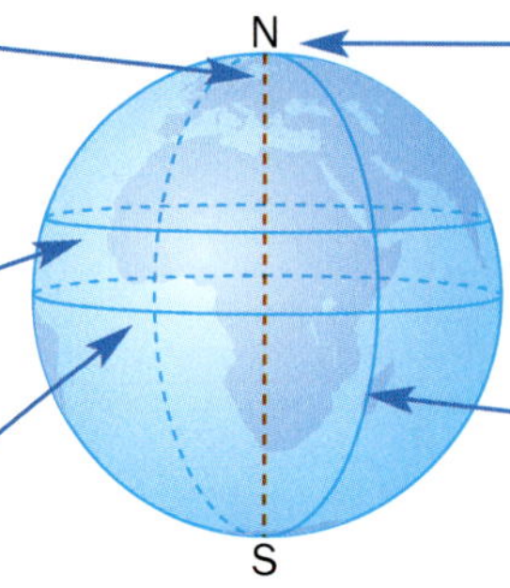

Los **polos**, **Norte** y **Sur**, son los puntos de intersección del eje terrestre con la superficie de la Tierra.

Los **meridianos** son semicircunferencias cuyos extremos coinciden con los polos de la Tierra.

Regiones de la superficie terrestre

Una **zona** es la parte de la superficie terrestre comprendida entre dos paralelos.

Los **hemisferios, Norte** y **Sur,** son las partes en que el ecuador divide la Tierra.

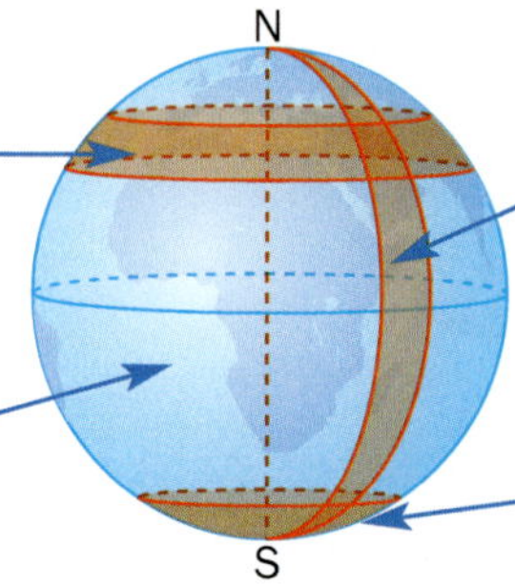

Un **huso** es la superficie limitada por dos meridianos.

Un **casquete** es la superficie terrestre determinada por un paralelo y el polo más próximo.

Longitud y latitud geográficas

Dado un punto cualquiera, P, de la superficie terrestre, por él pasa un meridiano que se llama **meridiano del lugar**, que corta el ecuador en el punto B. El meridiano de Greenwich corta el ecuador en el punto A.

Asimismo, por P pasa un paralelo, llamado **paralelo del lugar**.

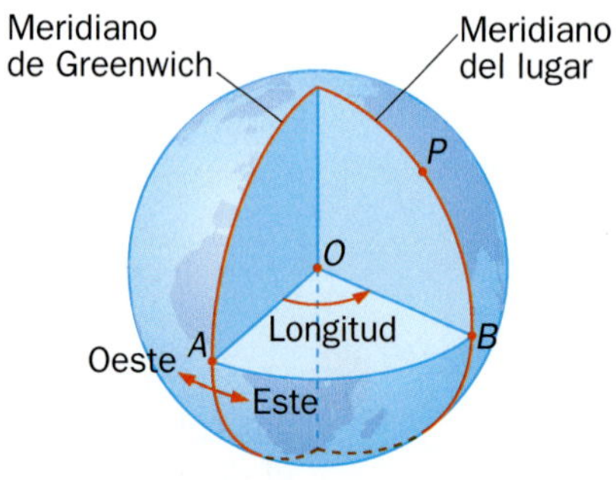

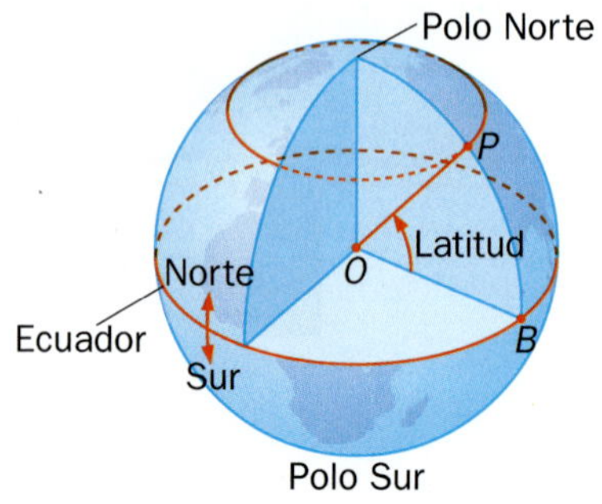

Longitud de un punto P es la medida, en grados, del ángulo $\widehat{AOB}$.
Latitud de un punto P es la medida, en grados, del ángulo $\widehat{BOP}$.

La longitud se mide de 0° a 180° en dirección este y de 0° a 180° en dirección oeste.

La latitud se mide de 0° a 90° en dirección norte y de 0° a 90° en dirección sur.

PARA PRACTICAR

49 Contesta verdadero o falso.

a) Todos los meridianos tienen el mismo radio.
b) Todos los paralelos tienen el mismo radio.
c) Si dos ciudades son diferentes, no pueden estar en el mismo paralelo.
d) Si dos ciudades son diferentes, no pueden estar en el mismo meridiano.

50 Las latitudes de algunas ciudades son las siguientes.

Nueva York	42° N
Sydney	33,5° S
Pekín	40° N
Toronto	43° N

Contesta a las siguientes cuestiones.

a) ¿Qué ciudad está más cerca del Polo Norte?
b) ¿Qué ciudad está más cerca del Polo Sur?
c) ¿Qué ciudad está más cerca del ecuador?

51 Halla el dato que falta en las siguientes figuras, sabiendo que el radio medio de la Tierra mide 6 371 kilómetros.

a)

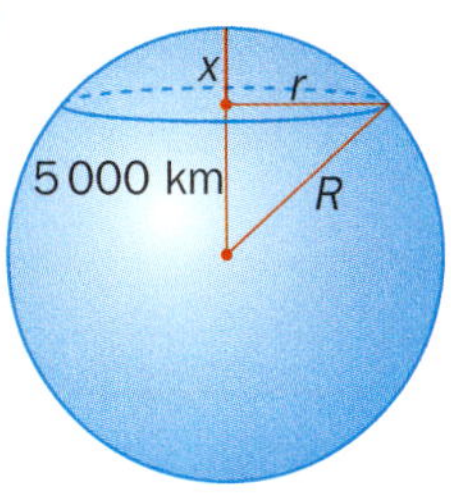

b)

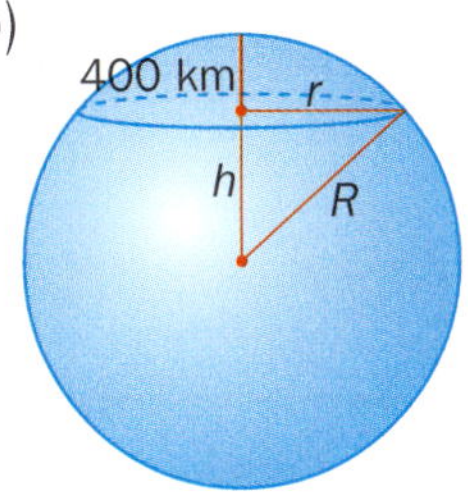

EJERCICIO RESUELTO

52 **El diagrama adjunto muestra algunos paralelos y meridianos del hemisferio norte. Halla la longitud y la latitud de los lugares *A*, *B* y *C*.**

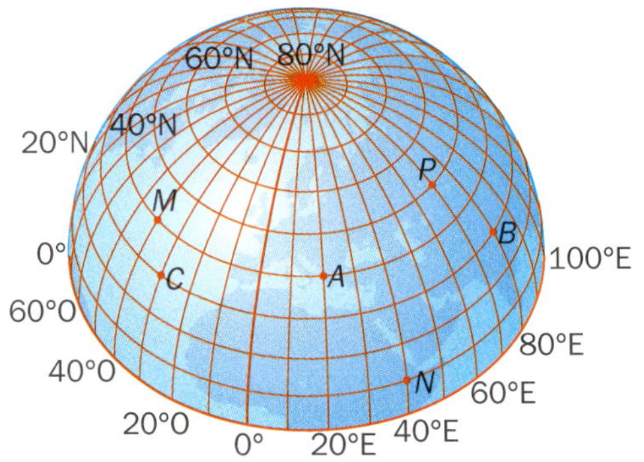

A: longitud 20° E, latitud 40° N

B: longitud 80° E, latitud 30° N

C: longitud 30° O, latitud 30° N

53 Para el diagrama del ejercicio anterior, halla las coordenadas geográficas de los puntos *M*, *N* y *P*.

54 Reykjavik es la capital de Islandia, un país que está cerca del círculo polar Ártico. Busca en un atlas sus coordenadas geográficas.

55 Halla la mayor distancia que puede haber entre dos puntos de la superficie terrestre

PARA APLICAR

56 Dos ciudades están sobre el mismo paralelo de radio 4 500 kilómetros. El ángulo formado por sus respectivos meridianos es de 8°.
Halla la distancia entre ambas ciudades.

57 Un barco se desplaza desde el punto *A* al punto *B*, situados ambos sobre el mismo meridiano.

Halla la distancia recorrida, sabiendo que el ángulo $\widehat{AOB}$ mide 12°.

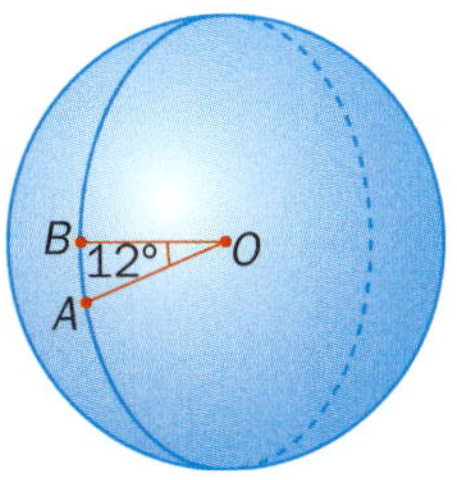

58 Un paralelo corta perpendicularmente el eje de la Tierra a 1 500 kilómetros del Polo Sur.

a) Halla el área del círculo paralelo.
b) Calcula la longitud del círculo paralelo.

59 Busca las coordenadas geográficas de París y Nueva York en un atlas.

60 Las coordenadas geográficas de Santiago de Chile son 70° 42′ O, 33° 25′ S.

a) Halla la distancia de Santiago al Polo Sur medida sobre el meridiano.
b) Halla la distancia de Santiago al ecuador medida sobre el meridiano.

61 La ciudad de Luisiana, en los EE. UU., tiene coordenadas geográficas 90° O, 30° N, y la ciudad de El Cairo, en Egipto, 30° E, 30° N.

a) ¿Están las dos ciudades en el mismo paralelo?
b) Halla la distancia entre ambas ciudades recorriendo el paralelo.

HUSOS HORARIOS

¿DÓNDE ESTÁN LAS MATEMÁTICAS?

Dos ciudades situadas en meridianos alejados suelen tener horas diferentes por estar en distintos **husos horarios**.

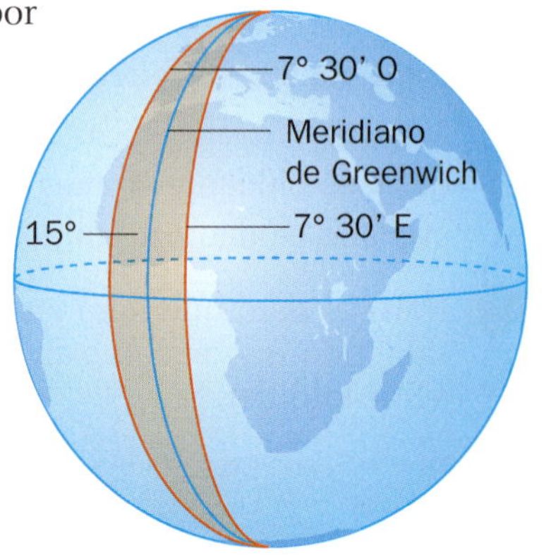

Partiendo del **meridiano** de Greenwich, se forman 24 **husos esféricos** de 15° de amplitud cada uno, numerados del 0 al 23, de forma que la hora en ese huso coincide en todos los países que comprende. Sin embargo, hay países en los que esto no ocurre. Por ejemplo, en España, por donde pasa el meridiano de Greenwich, se adopta, salvo en Canarias, el horario de países como Francia, Bélgica o Dinamarca, que añaden una hora a la de este meridiano.

Además, los países con gran extensión este-oeste, como Rusia, Canadá o Estados Unidos, se dividen en más de una zona horaria.

¿CÓMO SE APLICAN?

Al viajar de Segovia a Hawai cruzamos 10 husos horarios hacia el oeste, por lo que se tiene que restar 11 horas a la hora actual de España.

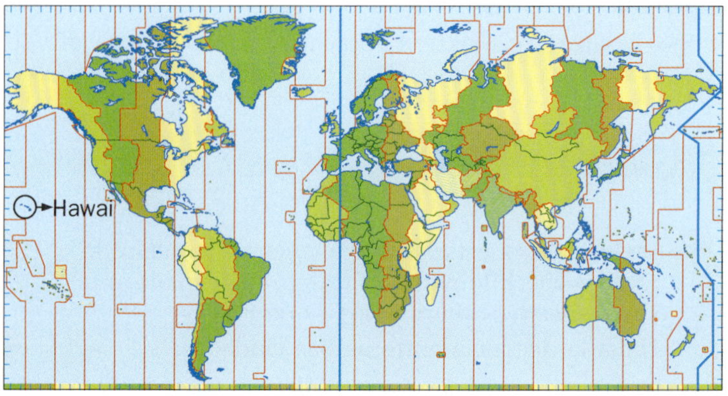

PARA APLICAR

62 Si en nuestra ciudad son las 12 de la mañana, ¿qué hora será en estos países?

a) Ecuador b) Chile c) Rumanía d) Marruecos

63 Indica el huso horario de los siguientes puntos de la superficie terrestre de los cuales se conoce su longitud geográfica.

a) 125° E b) 95° O c) 119° 30′ E d) 105° 13′ O

Poliedros y cuerpos redondos

- Un **poliedro** es la región del espacio limitada por cuatro o más polígonos que se llaman **caras**.
- Un **cuerpo redondo** es un cuerpo geométrico que se obtiene al girar una superficie plana alrededor de un eje, dando una vuelta completa.

Prisma

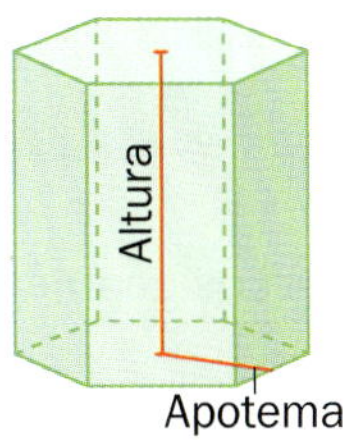

Pirámide

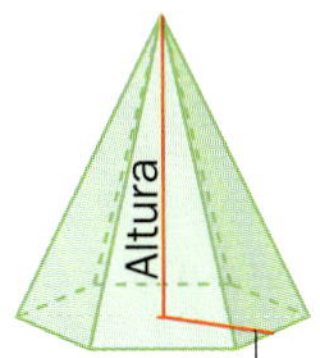

Cilindro

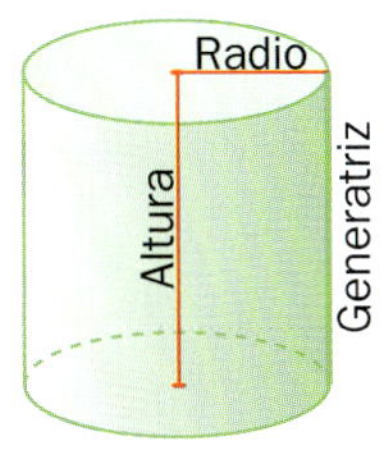

Cono

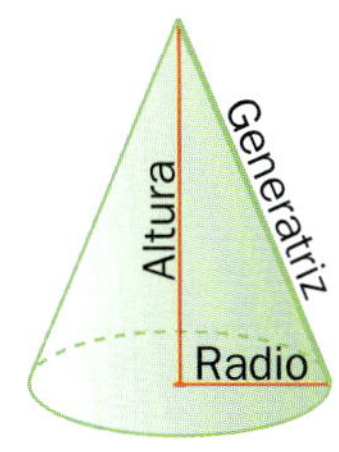

Esfera

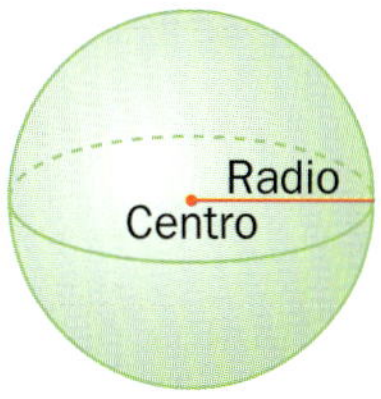

- **Eje de simetría** de un cuerpo es una recta tal que, si giramos el cuerpo un cierto ángulo alrededor de ella, el cuerpo se superpone consigo mismo.
- **Plano de simetría** de un cuerpo es un plano que divide el cuerpo en dos mitades que son imagen especular la una de la otra.

Longitudes y áreas de cuerpos simples

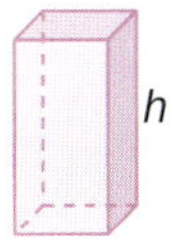

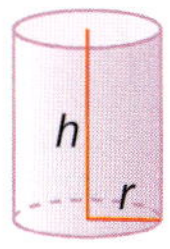

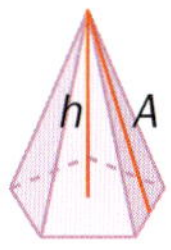

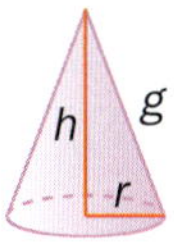

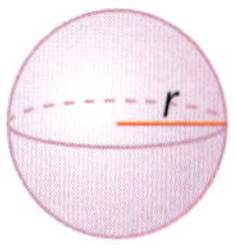

	Prisma	Cilindro	Pirámide	Cono	Esfera
Área lateral	$A_L = p \cdot h$ p = perímetro de la base	$A_L = 2\pi r \cdot h$	$A_L = \frac{p \cdot A}{2}$ p = perímetro de la base	$A_L = \pi r \cdot g$	$A = 4\pi r^2$
Área total	$A_T = A_L + 2A_{Base}$	$A_T = A_L + 2\pi r^2$	$A_T = A_L + A_{Base}$	$A_T = A_L + \pi r^2$	
Volumen	$V = A_{Base} \cdot h$	$V = \pi r^2 \cdot h$	$V = \frac{1}{3} A_{Base} \cdot h$	$V = \frac{1}{3} A_{Base} \cdot h$	$V = \frac{4}{3}\pi r^3$

La Tierra. Coordenadas geográficas

Longitud

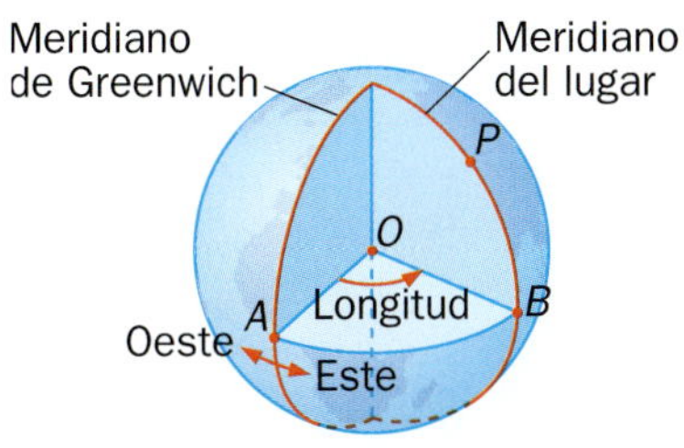

Latitud

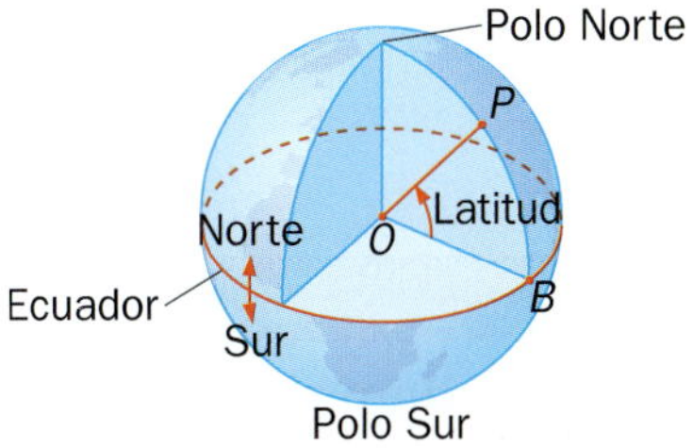

PARA PRACTICAR Y APLICAR

64 Los siguientes cuerpos se han obtenido girando una figura plana sobre un eje de giro *e*.
Determina en cada caso cuál es la figura girada y el eje de giro.

a) 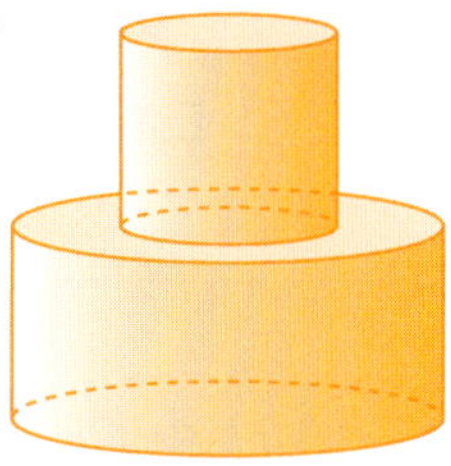

b) 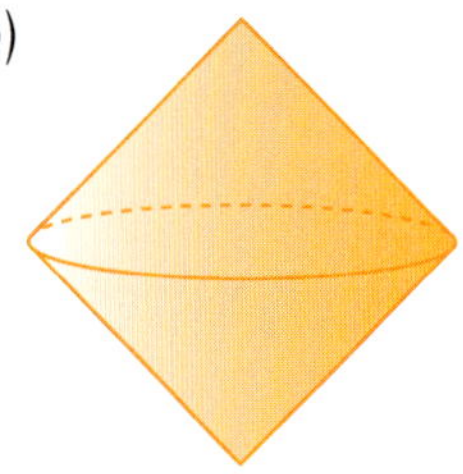

65 ¿Cuántos planos de simetría se pueden encontrar en las siguientes figuras? Dibújalos.

a) 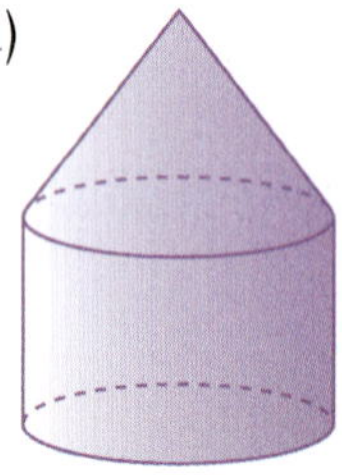

b) 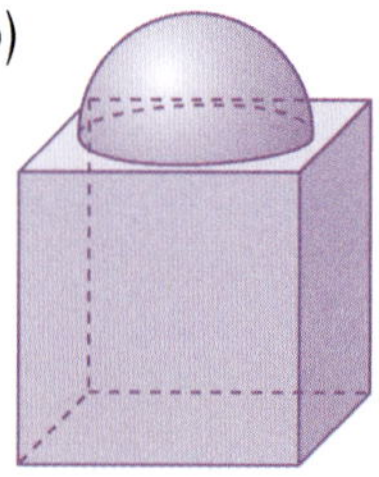

66 Calcula el radio del paralelo cuya latitud es 30° sabiendo que $BO = 6\,371$ km $= 2AO$.

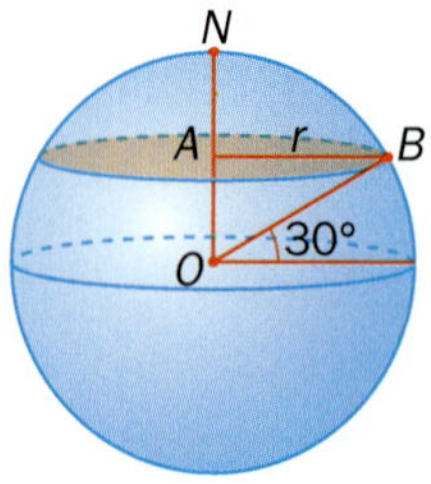

67 Las dimensiones de la base rectangular de una pirámide son 10 y 7 centímetros. Las aristas de las caras laterales miden 8,5 centímetros.

a) Calcula la altura de la pirámide.
b) Halla la diagonal de la base.

68 En un centro escolar, con motivo de la semana cultural, se organiza una competición de *escaléxtric* sobre un circuito como el de la figura.

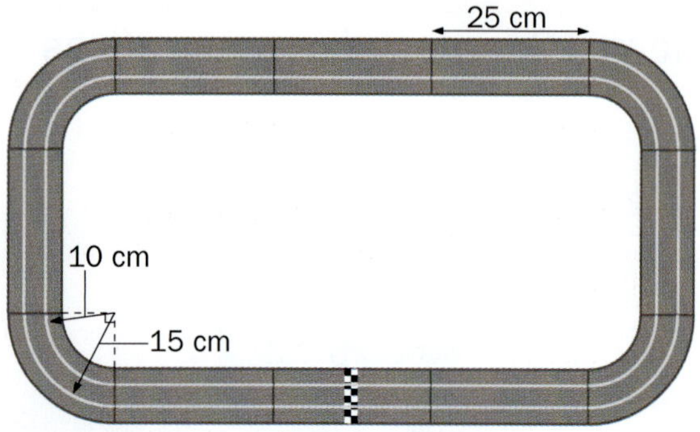

a) ¿Qué longitud recorre el coche que va por el carril exterior?
b) ¿Cuál es la longitud que recorre el coche que va por el carril interior?

69 Determina la superficie de las etiquetas de los siguientes botes de conservas.

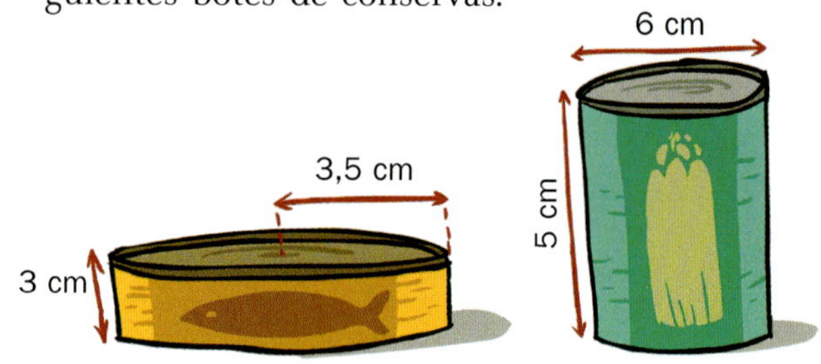

70 Calcula el volumen de estos cuerpos geométricos.

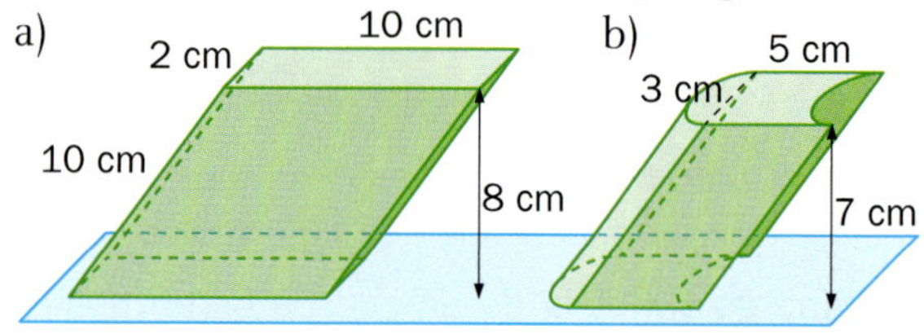

71 Halla el área y el volumen de estos objetos.

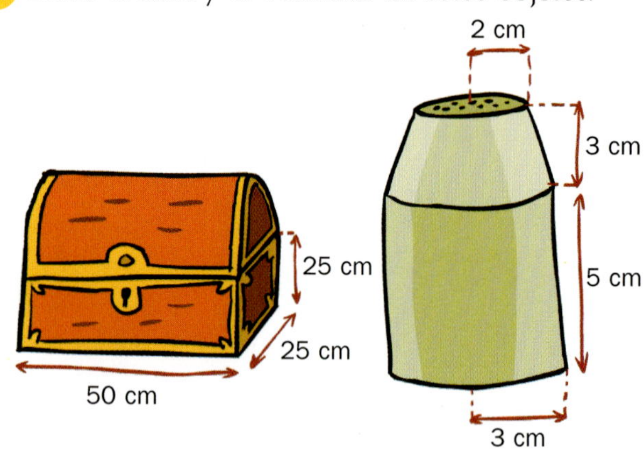

72 La superficie lateral de una pirámide recta de base cuadrada es 640 centímetros cuadrados. Sabiendo que el área de la base es 256 centímetros cuadrados, calcula su volumen.

73 Calcula el volumen y el área total del cuerpo geométrico que se genera al hacer girar la figura plana sobre el eje.

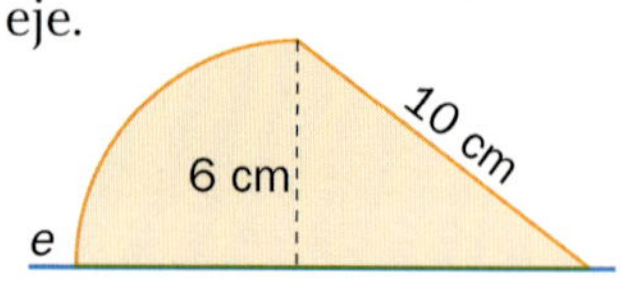

74 Un tornero construye una pieza a partir de un cilindro de madera.

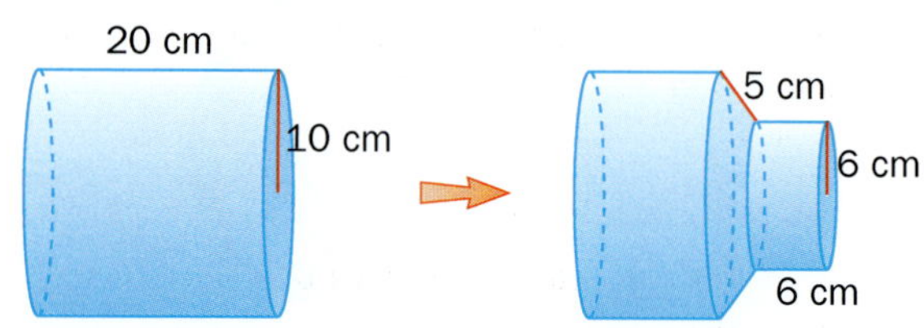

¿Cuántos centímetros cúbicos de madera se pierde en su construcción?

PARA REFORZAR

75 Los siguientes cuerpos se han obtenido haciendo girar un polígono sobre un eje.

Determina el polígono y el eje de giro.

a)

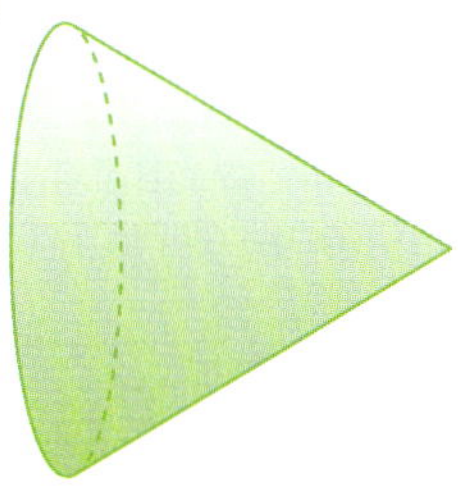

b)

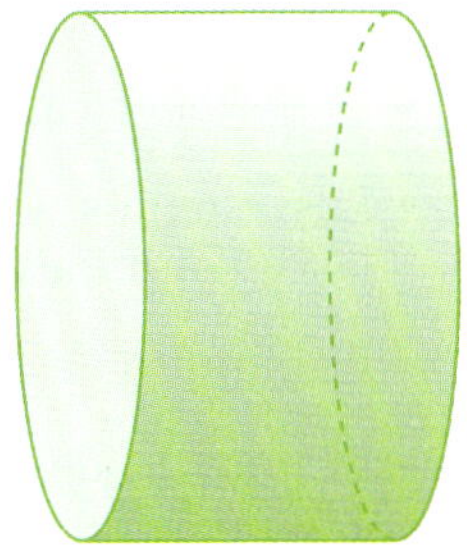

76 Dibuja en tu cuaderno un rectángulo de lados 4 y 2 centímetros.

¿Qué figura se obtiene al hacerlo girar sobre el lado mayor?

77 Indica la latitud y la longitud del punto señalado en la esfera terrestre.

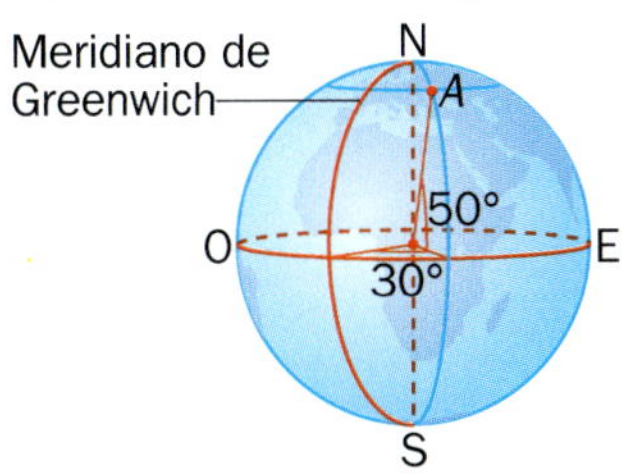

78 Halla el área de las siguientes figuras.

a)

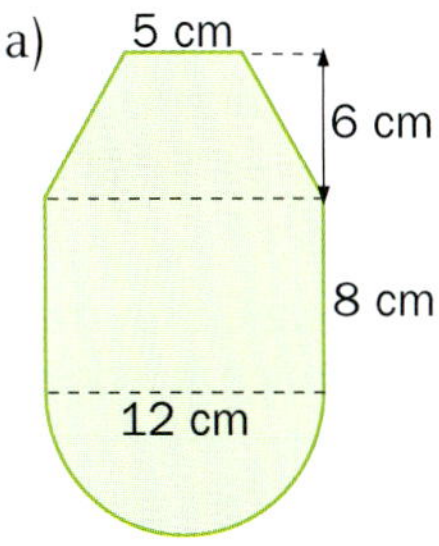

b)

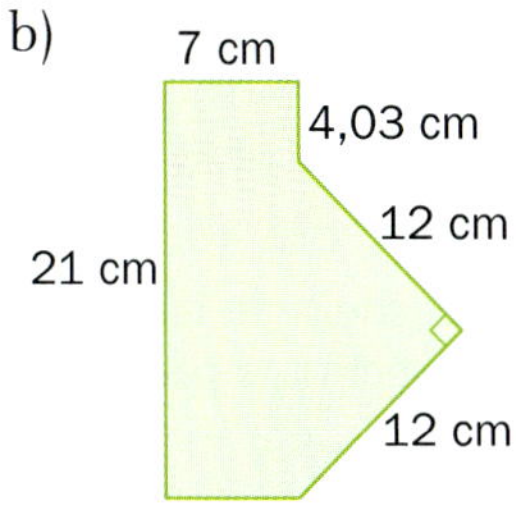

79 Di cuál es el volumen de cada cuerpo geométrico.

a)

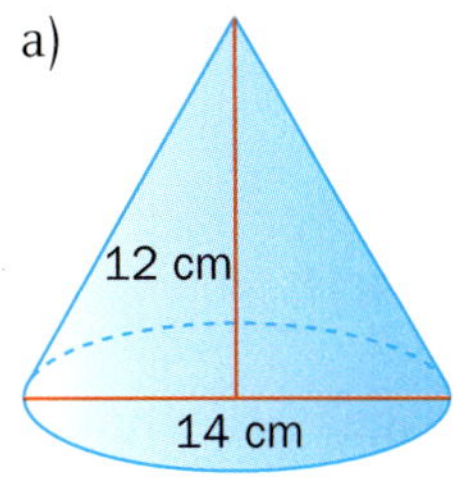

c)

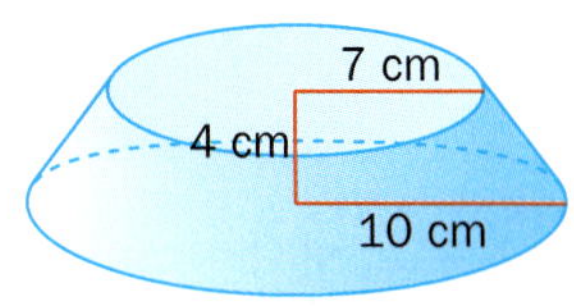

b)

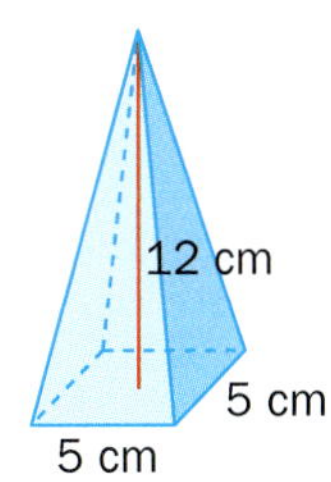

d)

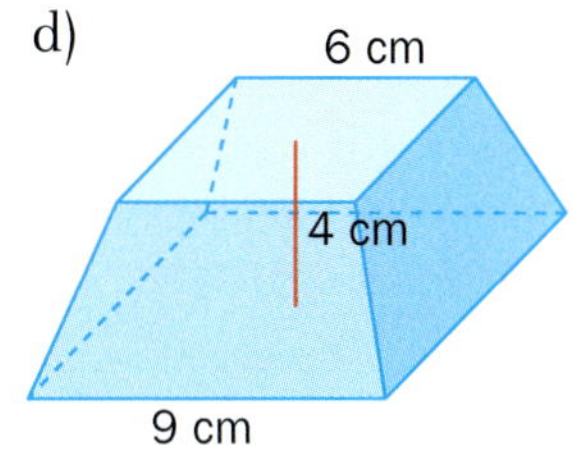

PARA AMPLIAR

80 Dos linternas proyectan en la pared dos círculos de radio 1 metro, uno de color amarillo y otro de color azul, respectivamente.

Calcula el área de la región de color verde.

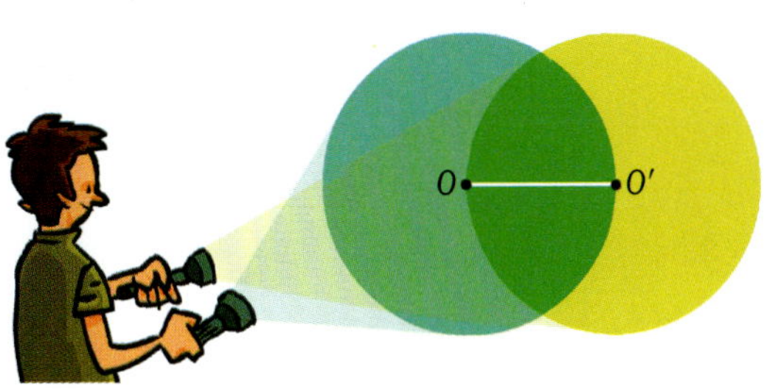

81 Dibuja un tronco de pirámide de base cuadrada. Los lados de las bases miden 8 y 15 centímetros, y la altura, 7.

a) Halla la apotema de la pirámide.

b) Halla el área de cada una de las bases.

c) Halla el área de una cara.

d) Halla el volumen de la pirámide.

82 Una empresa empaqueta pelotas de tenis con los siguientes envases.

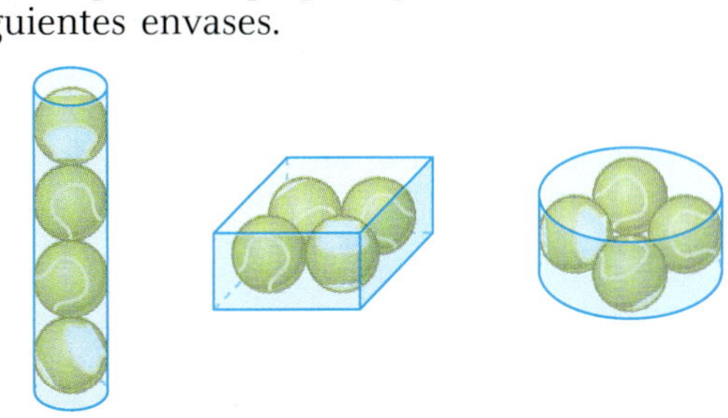

Si el radio de cada pelota es 3 centímetros, ¿qué envase deja mayor volumen sin ocupar?

83 Copia y completa la siguiente tabla con los volúmenes del cono, de la semiesfera y del cilindro.

	Volumen
Cono	
Semiesfera	
Cilindro	

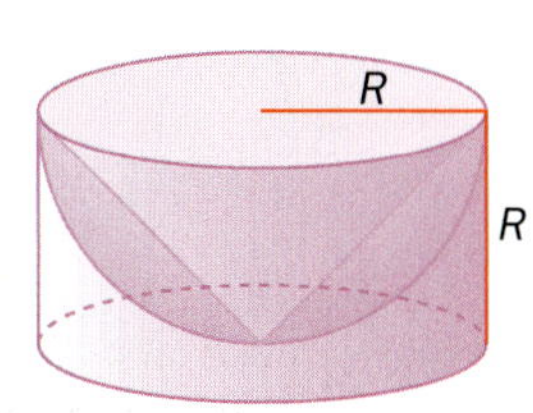

¿Qué relación existe entre ellos?

PARA INTERPRETAR Y RESOLVER

84 Mantenimiento de piscinas

El croquis de la figura representa una piscina cuyas dimensiones son de 10 × 3 metros.

La altura mínima del nivel de agua es de 1,8 metros, y la altura máxima, de 2,5.

El suelo de la piscina es horizontal en un tramo de 5 metros, a partir de los cuales comienza a descender.

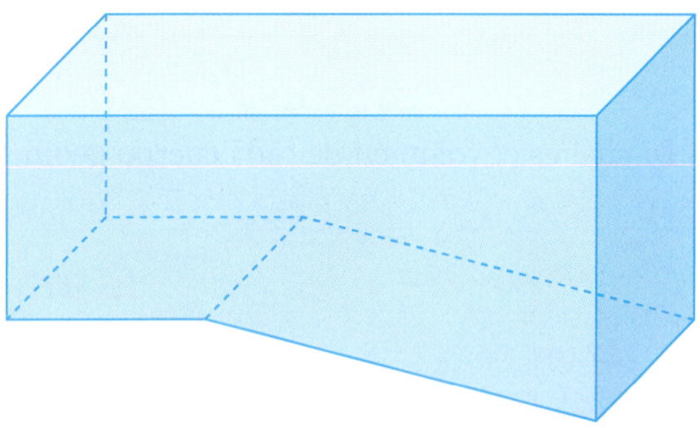

a) Calcula el volumen de agua que contiene la piscina en litros.

b) Calcula cuántos litros de agua se deben añadir para que el nivel suba 5 centímetros.

85 El salón de actos

La dirección de un centro docente ha decidido construir un pequeño salón de actos, para lo cual establece las siguientes especificaciones.

- Debe tener capacidad para 120 personas.
- Los asientos se deben colocar alineados en filas y columnas formando un rectángulo.
- El número de filas no puede ser superior a 20.
- El número de columnas no puede ser superior a 12.
- La longitud de la sala debe ser igual a la del número de butacas de cada fila más 3 metros.
- La anchura de la sala debe ser igual a la del número de butacas de cada columna más 5 metros.

a) Estudia de cuántas formas diferentes se pueden colocar los 120 asientos.

b) Calcula la disposición con menor área total.

AUTOEVALUACIÓN

1 Halla la diagonal en un ortoedro de dimensiones 15,3 × 12,6 × 7,8 centímetros.

2 La base de la pirámide de Keops, en Egipto, es cuadrada. La altura mide 146 metros, y el lado de la base, 230. Halla la apotema de una cara.

3 Un avión sobrevuela el paralelo 60° N. Halla la distancia recorrida sobre el paralelo si se mueve entre los puntos de longitudes 30° E y 60° O, respectivamente. El radio del paralelo es 3 185 kilómetros.

4 Halla el área y el volumen de los siguientes cuerpos geométricos.

a)

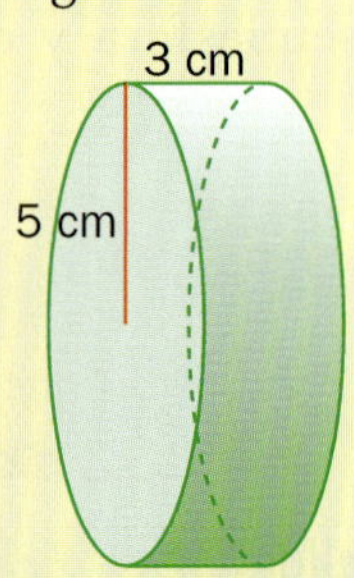

b)

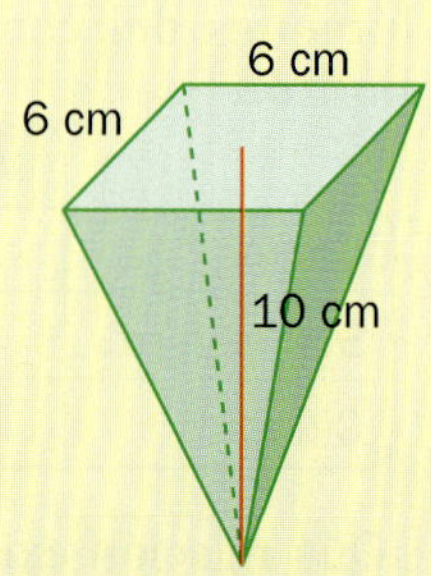

5 Calcula el área y el volumen de una pelota de diámetro 10 centímetros.

6 Los técnicos del Ayuntamiento han detectado que la piscina municipal pierde agua por una fisura. La mejor solución es pintarla con una capa de fibra de vidrio.

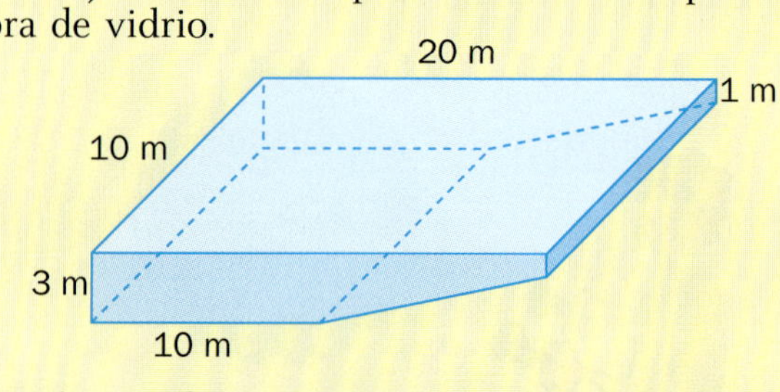

¿Qué superficie necesitan pintar?

7 Determina el área total y el volumen de los siguientes cuerpos geométricos.

a)

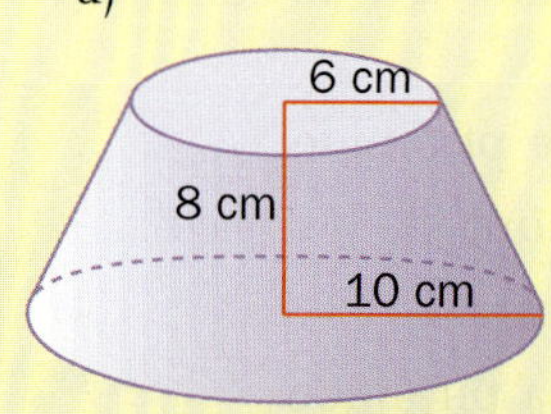

b)

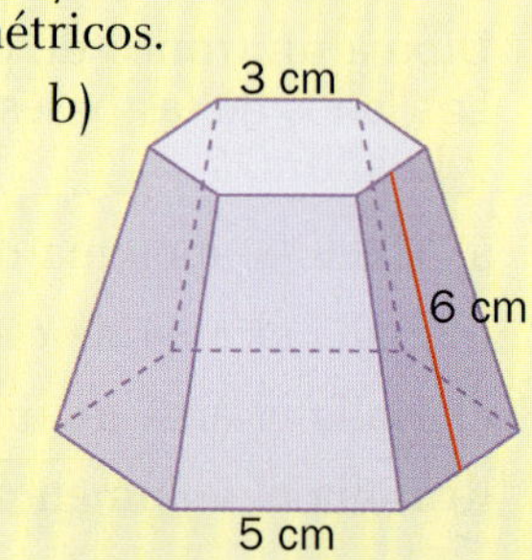

EL MATEMÁTICO... INVENTOR

Arquímedes (Siglo III a.C.)

A este griego nacido en Siracusa le debemos inventos como la polea –para subir pesos sin esfuerzo–, el tornillo sin fin y las ruedas dentadas.

Arquímedes pasó un tiempo estudiando en Egipto. Cuando regresó, inventos suyos como una máquina que lanzaba piedras a gran distancia y otra formada por espejos que incendiaba lejanos barcos enemigos sirvieron para defender su ciudad de los romanos.
En la tumba de Arquímedes solo aparece una esfera inscrita en un cilindro para recordar que él descubrió la relación entre el volumen de estos cuerpos.

... SU IDEA...

El rey de Siracusa quiso saber si una corona era realmente de oro puro y pidió a Arquímedes que lo averiguara sin fundirla ni dañarla.
Un día observó que **al entrar en una bañera llena hasta el borde, se derramaba siempre la misma cantidad de agua, y pensó que si medía el volumen del agua derramada, habría hallado el volumen de... ¡su propio cuerpo!**

... Y SU ÉPOCA

La ciudad de Alejandría, con la biblioteca más importante de toda la Antigüedad, se convirtió en el mayor centro intelectual del Mediterráneo.

ENTREtenido

SIN DERRAMAR UNA GOTA

El objetivo de este juego es conseguir medir exactamente 6 litros de agua con la única ayuda de dos recipientes: uno de 4 litros y otro de 7 litros de capacidad.

¿Cuál es el menor número de maniobras que necesitas hacer para conseguirlo?

ENTRE interrogantes

¿SE PODRÍA MOVER LA TIERRA CON LA FUERZA DE UNA PERSONA?

"Dadme un punto de apoyo y moveré el mundo", famosa frase atribuida al matemático de Siracusa.

Arquímedes sabía que con la ayuda de una palanca, una fuerza pequeña puede desplazar cualquier peso por grande que sea. Pero quizá no sospechaba que para mover la Tierra con su fuerza, necesitaba un brazo de palanca tan largo que ni en miles de millones de años galopando sobre un caballo por el Universo, habría llegado hasta su extremo.

MOVIMIENTOS EN EL PLANO CON CABRI

CABRI

Con el programa Cabri se pueden trabajar las traslaciones, los giros y las simetrías axiales o centrales, así como cualquier composición de las mismas.

Estos son los iconos del Cabri que se utilizan en el estudio de los movimientos en el plano.

Estudia diferentes movimientos en el plano a partir de una figura.

1.º Dibuja el motivo inicial (una pajarita)

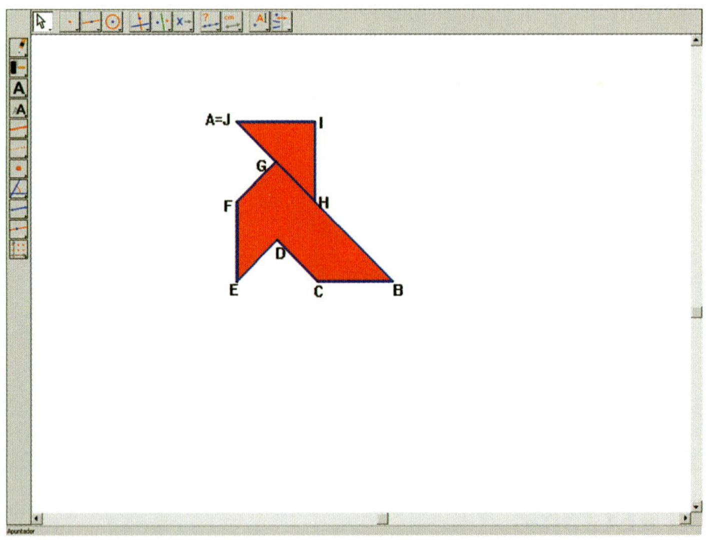

- Activa (Polígono) y haz clic en el botón del ratón, siguiendo el orden alfabético de la figura, el último punto *J* debe coincidir con el *A*.

Si haces clic en uno de los vértices y mueves el ratón, puedes modificar la figura si no te ha quedado bien.

- Activa (Semejanza) y haz clic en el polígono y, sin soltar el botón, desplaza el ratón: la figura aumenta o disminuye de tamaño.
- El icono (Color) permite cambiar el color del polígono y (Rellenar) pone un color de relleno.

2.º Traslada el motivo

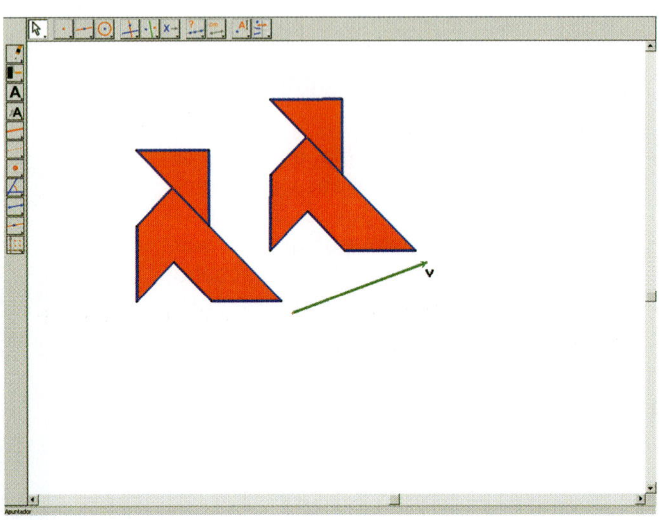

- Activa (Vector) y traza un vector haciendo clic en los extremos. Activa (Traslación) y haz clic en el polígono y en el vector, se mostrará el polígono trasladado.
- Activa (Puntero) y haz clic en el extremo del vector, arrastra el ratón para cambiar la dirección y la longitud.
- Activa (Puntero) y haz clic en un punto del polígono, arrastra el ratón hasta deformar la pajarita.

3.º Gira el motivo

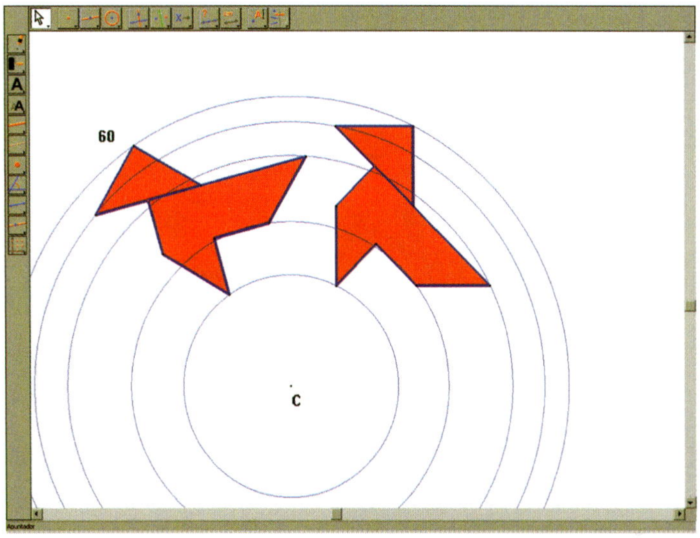

- Activa (Punto) y traza un punto. Activa (Edición numérica), haz clic en la pantalla y escribe 60; esta es la amplitud de giro.
- Para girar la pajarita, activa (Rotación) y haz clic en el polígono, en el número 60 y en el punto *C*.
- Se puede cambiar la amplitud del giro haciendo doble clic en el 60. Las flechas aumentan o disminuyen en una unidad la cifra.
- Se pueden trazar las circunferencias activando (Circunferencia) y haciendo clic en el centro *C* y en un vértice cualquiera del polígono.

4.º Busca el simétrico del motivo

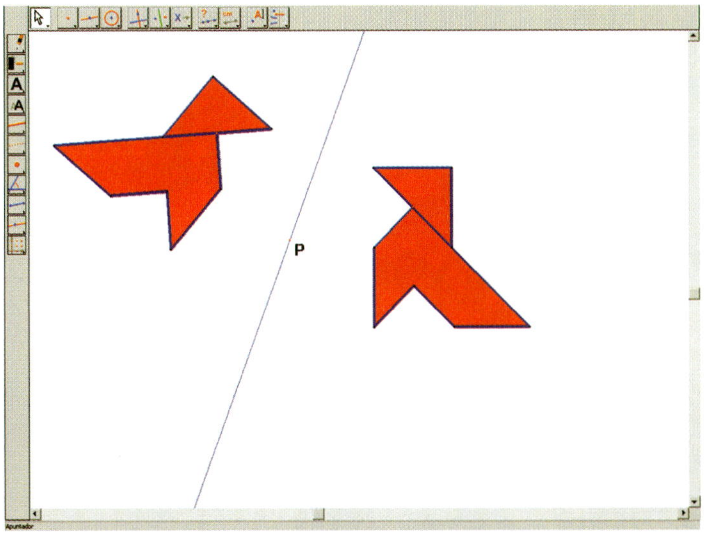

Simetría axial

- Para trazar el eje de simetría, activa (Recta) y haz dos veces clic en la pantalla. El punto *P* lo dibuja en rojo al hacer el primer clic.

Si activas (Puntero) y haces clic en el punto *P* de la recta y arrastras el ratón, la recta se desplaza.

- Para dibujar la simétrica de la pajarita respecto a la recta, activa (Simetría axial) y haz clic en el polígono y en la recta.

Simetría central

- Para dibujar la simétrica de la pajarita respecto al punto *P*, activa el icono (Simetría) y haz clic en el polígono y después en el punto *C*.

ACTIVIDADES

1. Traza unos ejes de coordenadas, *OX* y *OY*. Dibuja una pajarita en el primer cuadrante y luego aplícale de manera sucesiva las siguientes transformaciones geométricas.

a) Un giro de centro *C* y amplitud 115º.
b) Una simetría axial de eje la recta *OY*.
c) Una simetría de centro *O*.
d) Una traslación de vector $\vec{v} = (-3, 0)$.

2. Traza unos ejes de coordenadas, *OX* y *OY*. Dibuja una pajarita en el primer cuadrante y luego aplícale de manera sucesiva las siguientes transformaciones geométricas.

a) Un giro de centro *C* y amplitud 115º.
b) Una traslación de vector $\vec{v} = (0, 3)$.
c) Una simetría axial de eje la recta *OY*.
d) Una simetría de centro *O*.

12 FUNCIONES. PROPIEDADES GLOBALES

Más de 1 000 millones de personas viven en condiciones de extrema pobreza. Así, por ejemplo, en los cinco países más pobres de África –Malí, Nigeria, Sierra Leona, Burkina Faso y Burundi–, más de la mitad de la población vive con menos de un dólar diario, y la esperanza de vida al nacer ronda los 43 años, sin que los países ricos hagan gran cosa por solucionar su situación.

Es posible mostrar en un gráfico la relación entre la renta per cápita de un país y la esperanza de vida de sus habitantes. Estas relaciones y otras parecidas se expresan mediante funciones.

RECUERDA

Conjuntos numéricos

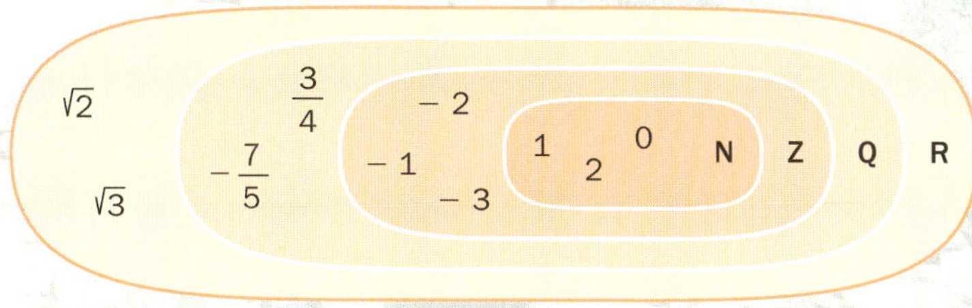

Coordenadas cartesianas de un punto

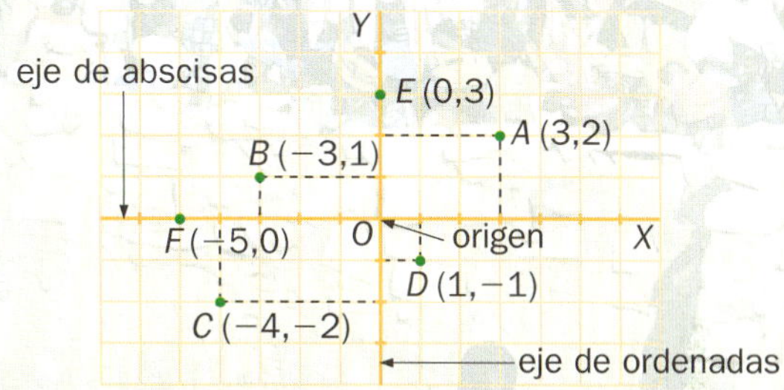

PARA EMPEZAR

1 Clasifica los siguientes números.

$$-2,\ 5,\ \sqrt{3},\ \frac{1}{5},\ -\sqrt{7},\ -\frac{4}{3},\ 6,\ 250,\ 31,\ 2\sqrt{3}$$

2 Representa los valores de la tabla siguiente en unos ejes de coordenadas.

x	−2	0	1	3	6	8
y	4	−1	2	4	−1	3

3 El gráfico adjunto muestra la renta per cápita, en dólares, y la esperanza de vida al nacer, en años, de los cinco países más pobres de África.

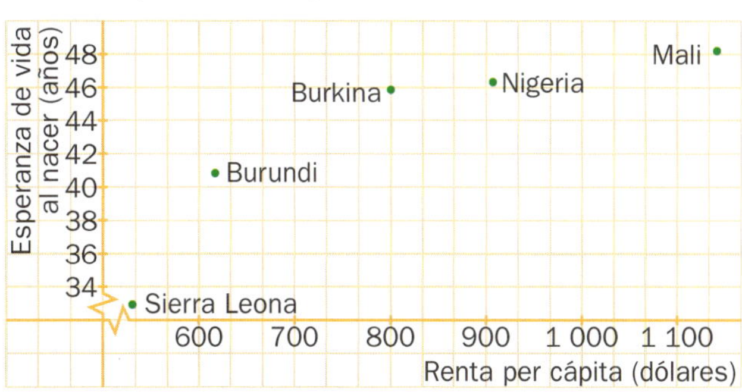

a) ¿Cuál es el país con mayor esperanza de vida?

b) ¿Cuál es el país con mayor renta per cápita?

c) Ordénalos de mayor a menor, según su renta per cápita.

Idea de función

Ejemplo. *La tabla muestra las compras de fruta realizadas por Juan y María. ¿A cada peso le corresponde el mismo precio? ¿A cada peso le corresponde siempre el mismo número de manzanas?*

Si se realizan diferentes pesadas, se obtiene la siguiente tabla:

	Compras de Juan			Compras de María		
N.º de kilos comprados	1	2	3	1	2	3
Precio de la compra (€)	1,30	2,60	3,90	1,30	2,60	3,90
N.º de manzanas	5	12	14	6	12	15

A cada peso le corresponde siempre un único precio. Este tipo de relación se llama **función**.

En cambio, a cada peso no siempre le corresponde la misma cantidad de manzanas. Por ejemplo, en un kilo pueden entrar 5 ó 6 manzanas. Esta relación no es una función.

Una **función** es una relación entre dos magnitudes, donde a cada valor de la primera le corresponde, como máximo, **un único valor** de la segunda, llamado **imagen**.

Elementos de una función. Dominio y recorrido

Las funciones actúan como "máquinas". Por un lado, se introduce un valor de una magnitud, **variable independiente**, y por otro, nos devuelve otro valor de la magnitud relacionada, **variable dependiente**.

Ejemplo. *Identifica el conjunto de posibles valores de la variable independiente y de la variable dependiente en la función* f *que relaciona el peso (*x*) en kilos y el precio (*y*) en euros que está dada por la expresión* $y = 1{,}30x$.

A esta máquina no se le puede introducir cualquier valor: no tiene sentido introducir un número negativo de kilogramos de peso.

Por tanto, los valores posibles de la variable independiente son los números reales positivos.

Tampoco puede salir cualquier valor de la máquina: el precio no puede ser un valor negativo. Por tanto, los valores de la variable dependiente son los reales positivos.

Las magnitudes que intervienen en una función son la **variable independiente** que se fija previamente y la **variable dependiente** cuyo valor se deduce del de la variable independiente.

El **dominio** de una función es el conjunto de valores posibles de la variable independiente.

El **recorrido** de una función es el conjunto de valores posibles de la variable dependiente.

PARA PRACTICAR

1 Escribe la expresión algebraica de las siguientes funciones.

a) La que hace corresponder a cada número natural su siguiente.

b) La que hace corresponder a cada número natural su triple más dos.

c) La que hace corresponder a cada número racional su opuesto.

d) La que hace corresponder a cada número natural su siguiente número par.

2 De las tablas siguientes, ¿cuál no corresponde a una función?

a)

x	y
2	5
3	7
4	11
5	13

b)

x	y
1	3
2	5
2	7
3	4

3 En las siguientes relaciones, identifica las que son funciones.

a) A cada número natural se le hace corresponder el doble.

b) A cada número real positivo se le hace corresponder su raíz cuadrada.

c) A cada número natural se le hace corresponder su divisor.

EJERCICIO RESUELTO

4 **Una función está dada por la expresión**

$$y = 2x + 1$$

Identifica:

a) Las variables independiente y dependiente.

b) El dominio.

c) El recorrido.

d) La imagen de 15.

a) La variable independiente es la x, y la variable dependiente, la y.

b) El dominio es el conjunto de los números reales, porque las operaciones indicadas se pueden realizar con cualquier número.

c) El recorrido también es el conjunto de los números reales.

d) La imagen de 15 es $y = 2 \cdot 15 + 1 = 31$

5 Una función está dada por la expresión $y = x + 5$. Calcula su dominio, su recorrido y la imagen de los números -2 y 0.

6 Una función asocia a cada número entero su triple.

a) Calcula la imagen de -2, 0 y 3.

b) ¿De qué número es imagen el 8?

c) Halla el dominio y el recorrido.

PARA APLICAR

7 La siguiente tabla muestra la velocidad de un automóvil que ha realizado un trayecto de 80 kilómetros en distintos puntos del mismo.

Distancia (km)	0	10	20	30	40	50	60	70	80
Velocidad (km/h)	0	60	70	50	60	80	40	60	20

a) ¿Es una función?

b) Identifica las variables independiente y dependiente.

c) Indica el dominio y el recorrido.

d) ¿Cuál es la imagen de 40? ¿Qué significa?

8 Los alumnos de un centro escolar han organizado una serie de actos en una fiesta. La afluencia de personas ha sido muy variada según la hora del día. La tabla adjunta muestra esta situación.

Hora del día	10	12	14	16	18	20	22
N.° de personas	150	250	150	100	250	400	300

a) ¿Es una función?

b) Señala las variables.

c) ¿Cuál es el dominio y el recorrido?

d) ¿Cuántas personas había a las 12 horas?

e) ¿A qué hora había 400 personas?

2. Gráficas, tablas y fórmulas

Ejemplo. *Un departamento de investigación sobre el medio ambiente está estudiando cómo afecta la contaminación acústica a los habitantes de una ciudad y, para ello, desea realizar una gráfica con los niveles sonoros recogidos cada dos horas a lo largo de un día.*

1 **Se identifican las variables independiente y dependiente.**
Variable independiente: hora del día.
Variable dependiente: nivel sonoro.

2 **Se elabora una tabla de valores.**

Hora	0	2	4	6	8	10	12	14	16	18	20	22
Nivel (dB)	53	45	43	49	53	50	60	52	53	56	61	60

3 **Se representan los puntos obtenidos.**
Se representan los pares de valores obtenidos en la tabla en unos ejes de coordenadas.

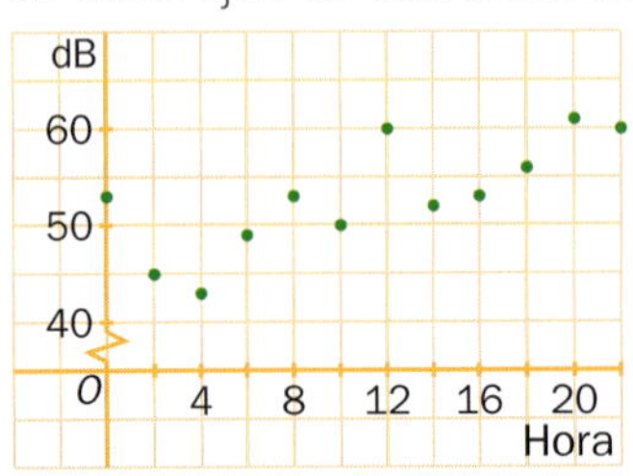

4 **Se observa si se pueden unir los puntos obtenidos.**
Se pueden unir los puntos, ya que tiene sentido hallar las imágenes de valores intermedios del tiempo.

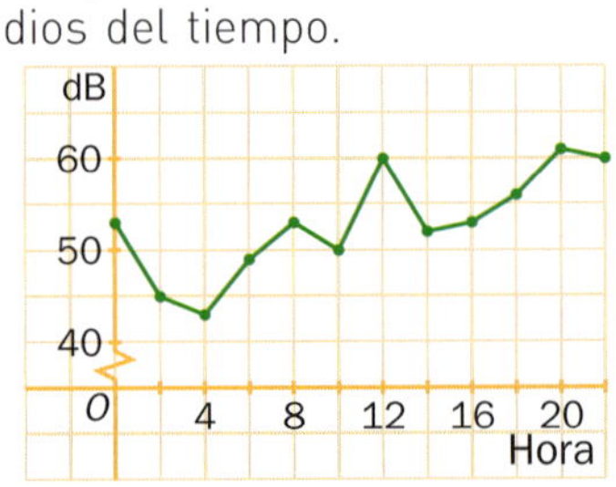

Si los puntos no se pueden unir, el resultado es una gráfica de puntos.

Funciones como enunciados

Una función se puede definir también con un enunciado, por ejemplo:

"A cada alumno de la clase le asociamos su edad".

Formas de expresar una función

Ejemplo. *Una ONG está realizando una campaña de distribución de arroz. El coste del arroz es de 500 euros por cada tonelada, y el del transporte es una cantidad fija igual a 3000 euros. Expresa la relación entre el peso del arroz y el coste final.*

A cada cantidad de arroz enviada le corresponde un **único** precio; por tanto, es una **función**. Veamos distintas formas de expresarla.

Tabla

Variable independiente — Variable dependiente

Toneladas de arroz	Precio en euros
1	3 500
4	5 000
10	8 000
20	13 000
…	…

Valor cuya imagen es 5000 — Imagen de 4

Gráfica

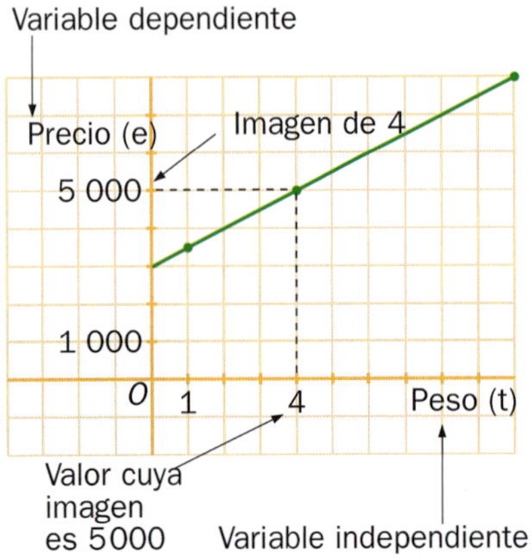

Fórmula

Variable dependiente — Variable independiente

$y = f(x) = 500x + 3\,000$

$f(x) = 500\,x + 3\,000$

$f(4) = 500 \cdot 4 + 3\,000 = 5\,000$

Valor cuya imagen es 5 000 — Imagen de 4

Las funciones se pueden expresar mediante un **enunciado,** una **gráfica**, una **tabla** o una **fórmula**.

PARA PRACTICAR

EJERCICIO RESUELTO

9 **Una función asocia a cada número natural su cuádruple.**

a) Escribe su expresión algebraica.

b) Forma una tabla de valores.

c) Representa gráficamente la función.

a) $y = 4x$

b)

x	1	2	3	4	...
y	4	8	12	16	...

c)

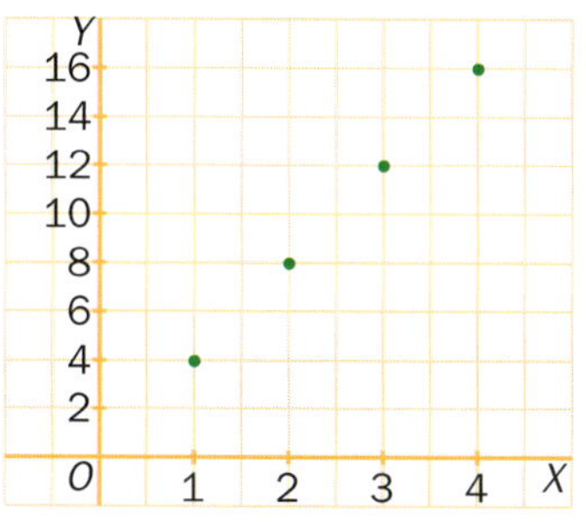

Los puntos no se pueden unir, ya que la variable independiente x es siempre un número natural.

10 Una función asocia a cada número entero su triple menos dos.

a) Escribe su expresión algebraica.

b) Forma una tabla de valores.

c) Representa gráficamente la función.

d) ¿Se pueden unir los puntos obtenidos a partir de los valores de la tabla?

11 Una función asocia a cada número real su cuadrado.

a) Escribe su expresión algebraica.

b) Forma una tabla de valores.

c) Representa gráficamente la función.

d) ¿Se pueden unir los puntos obtenidos a partir de los valores de la tabla?

12 Se define una función del siguiente modo: "A cada número real se le hace corresponder su tercera parte".

a) Escribe su expresión algebraica.

b) Forma una tabla de valores.

c) Representa gráficamente la función.

PARA APLICAR

13 Un servicio de fotografía digital cobra 3 euros por el revelado de una tarjeta de memoria más 0,25 euros por cada fotografía.

a) Forma una tabla de valores.

b) Representa gráficamente la función.

c) ¿Tiene sentido unir los puntos obtenidos a partir de los valores de la tabla?

14 El consumo de electricidad de una vivienda a distintas horas del día viene reflejado por la siguiente tabla:

Tiempo (h)	0	4	8	12	16	20
Consumo (kWh)	0,4	0,1	0,6	0,3	0,7	1

Representa la gráfica de la función asociada.

15 La evolución de una población ha sido la siguiente:

Año	1980	1985	1990	1995	2000
Población	5 450	6 750	7 000	8 750	9 250

Representa la gráfica de la función asociada.

16 Un Ayuntamiento está realizando una campaña para ahorrar agua y gracias a ella se han obtenido las siguientes reducciones de consumo en 8 meses:

Mes	1	2	3	4	5	6	7	8
Reducción del consumo en dam^3	60	70	75	77	80	82	83	85

a) Representa la función que expresa la reducción de consumo de agua en decámetros cúbicos, en función de los meses de la campaña.

b) ¿Se pueden unir los puntos obtenidos a partir de la tabla de valores?

Simetrías

Ejemplo. *Estudia la función dada por la fórmula* $y = x^2$.

Tabla de valores

x	$y = x^2$
...	...
−3	9
−2	4
−1	1
0	0
1	1
2	4
3	9
...	...

Su gráfica es simétrica respecto del eje *OY*.

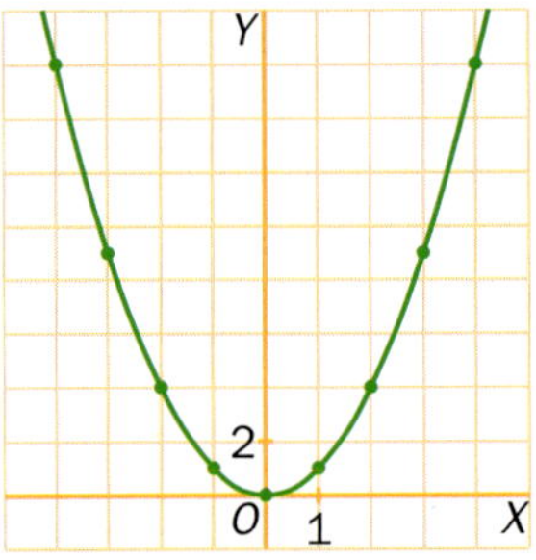

Observa que:

$f(-3) = 9 \quad f(3) = 9$

$f(-2) = 4 \quad f(2) = 4$

$f(-1) = 1 \quad f(1) = 1$

... ...

En general:

$f(-x) = f(x)$

Una **función** ***f*** es **simétrica respecto al eje *OY*** cuando cualquiera que sea el valor x de su dominio se verifica: $\mathbf{f(-x) = f(x)}$.

Ejemplo. *Estudia la función dada por la fórmula* $y = x^3$.

Tabla de valores

x	$y = x^3$
...	...
−3	−27
−2	−8
−1	−1
0	0
1	1
2	8
3	27
...	...

Su gráfica es simétrica respecto del origen.

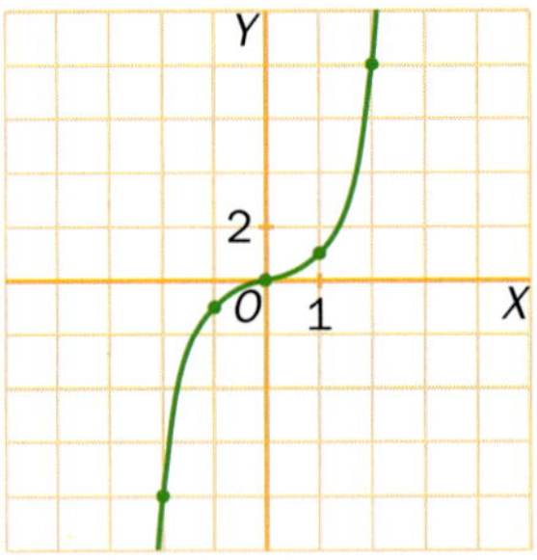

Observa que:

$f(-3) = -27 \quad -f(3) = -27$

$f(-2) = -8 \quad -f(2) = -8$

$f(-1) = -1 \quad -f(1) = -1$

... ...

En general:

$f(-x) = -f(x)$

Una **función** ***f*** es **simétrica respecto del origen** cuando cualquiera que sea el valor x de su dominio se verifica: $\mathbf{f(-x) = -f(x)}$.

Periodicidad

Observa la siguiente función dada por su gráfica.

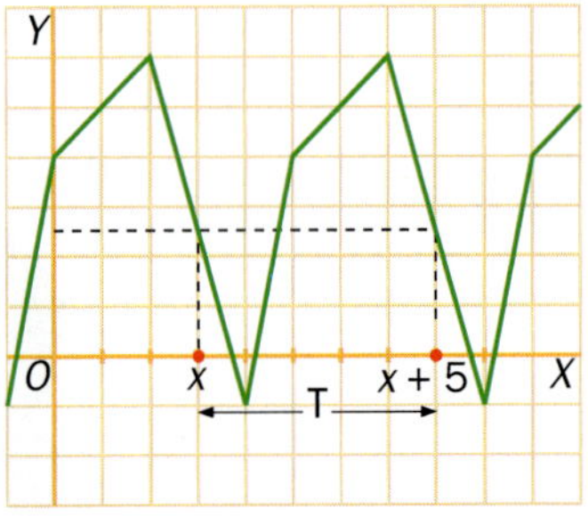

La gráfica de esta función se repite cada 5 unidades. Las funciones que tienen este comportamiento se llaman **periódicas**.

Como $f(x + 5) = f(x)$, se dice que 5 es el **período**.

Una **función** es **periódica** cuando los valores que toma se repiten cada cierto intervalo fijo, T, que se llama período: $\mathbf{f(x + T) = f(x)}$.

PARA PRACTICAR

17 Dadas las siguientes funciones mediante sus gráficas:

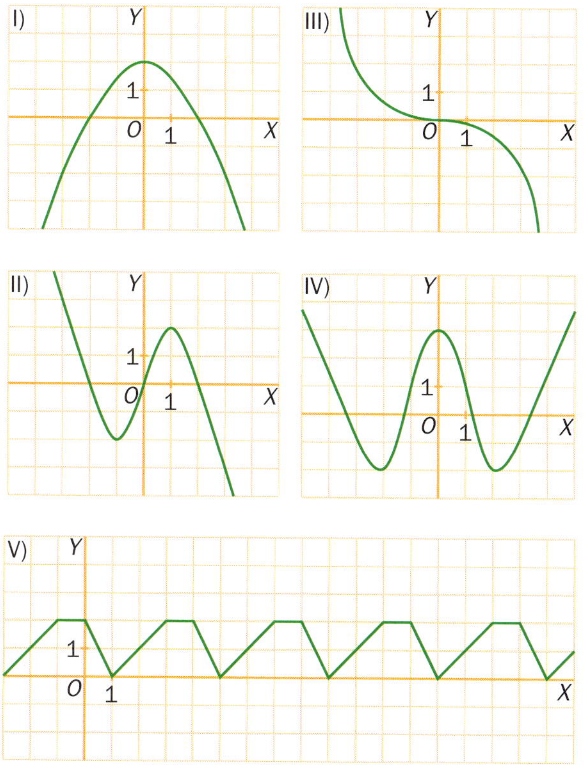

a) Indica cuáles son simétricas respecto al eje *OY*.

b) Indica cuáles son simétricas respecto del origen.

c) Indica cuáles son periódicas.

EJERCICIO RESUELTO

18 **Dadas las siguientes funciones:**

a) $y = 2x + 3$ **b)** $y = -2x^2$ **c)** $y = 4x^3$

Estudia su simetría.

a) $f(x) = 2x + 3$
$f(-x) = -2x + 3$ $\Rightarrow$ $f(x) \neq f(-x)$, $f(x) \neq -f(x)$

La función no es simétrica respecto del eje de ordenadas ni respecto del origen.

b) $f(x) = -2x^2$
$f(-x) = -2(-x)^2 = -2x^2$ $\Rightarrow$ $f(x) = f(-x)$

La función es simétrica respecto del eje de ordenadas.

c) $f(x) = 4x^3$
$f(-x) = 4(-x)^3 = -4x^3$ $\Rightarrow$ $f(x) = -f(-x)$

La función es simétrica respecto del origen.

19 Estudia la simetría de las siguientes funciones:

a) $y = 4$ b) $y = -\frac{2}{3}x^4$ c) $y = x$

20 Realiza una gráfica de una función:

a) Periódica.

b) Periódica y simétrica respecto del eje de ordenadas.

c) Periódica y simétrica respecto del origen.

PARA APLICAR

21 Considera la función que hace corresponder a cada radio el área del círculo.

a) Escribe su expresión algebraica.

b) Representa gráficamente la función.

c) ¿Es simétrica respecto del eje de ordenadas?

d) ¿Es simétrica respecto del origen?

e) ¿Es periódica?

22 Considera la función que asocia a cada arista de un cubo su volumen.

a) Forma su expresión algebraica.

b) Representa la función.

c) ¿Es simétrica respecto del origen?

23 Considera la función que asocia a cada lado de un triángulo equilátero su perímetro. ¿Es simétrica? ¿Y la función que asocia a cada lado de un triángulo equilátero su área?

24 Las mareas son ascensos y descensos cíclicos del nivel del mar, causados por la rotación de la Tierra y la atracción gravitatoria de la Luna y el Sol.

Una persona ha estado anotando la altura que alcanza el agua en el puerto todos los días a la misma hora y ha obtenido la siguiente gráfica.

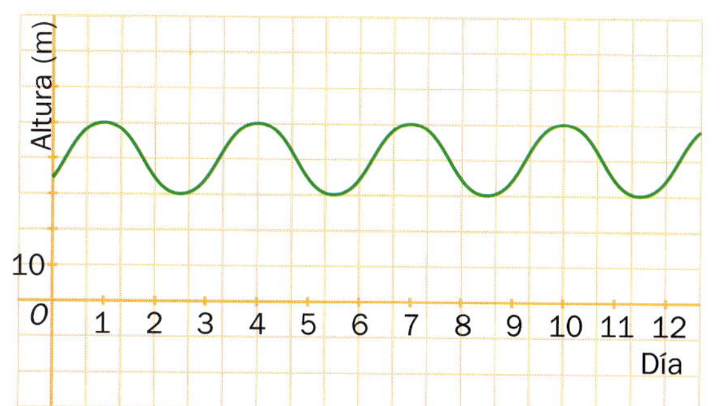

a) ¿Es esta una función periódica?

b) ¿Se pueden unir los puntos obtenidos?

Continuidad y discontinuidad

NOTACIÓN GRÁFICA

Los puntos que no pertenecen a la gráfica se marcan con ○ y los que pertenecen con ●.

Ejemplo. *La evolución de la temperatura de una ciudad a lo largo de un día está reflejada en la siguiente tabla. Dibuja la gráfica correspondiente. ¿Se puede completar con puntos intermedios?*

Tiempo (horas)	0	2	4	6	8	10	12	14	16	18	20	22	24
Temperatura (°C)	15	13	11	10	12	17	25	28	28	26	23	17	15

En cada momento siempre hay una temperatura; por tanto, es posible llenar los puntos intermedios. A pequeñas variaciones del tiempo les corresponden pequeñas variaciones de la temperatura: no se producen ni saltos ni rupturas, por eso la función es **continua**.

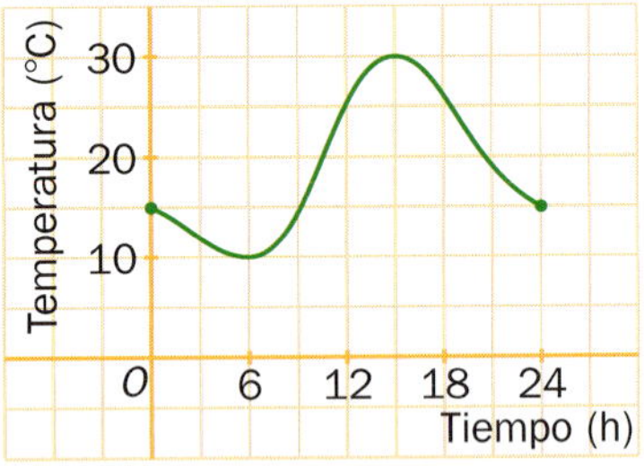

Una **función** es **continua** en un intervalo si su gráfica no presenta saltos ni interrupciones en dicho intervalo.

CRITERIO PRÁCTICO PARA LA CONTINUIDAD

Una función es continua en las zonas en las que se puede dibujar sin levantar el lápiz del papel.

Ejemplo. *Un aparcamiento cobra 1 euro por hora y cualquier fracción de hora la considera hora completa. Dibuja la gráfica de la función.*

Observa ahora que el coste es el mismo si el coche ha estado 1,5 horas que si ha estado 1,8 horas. Cuando se cumple una hora más, la gráfica de la función tiene un **salto**. En esos puntos se dice que la función es **discontinua**.

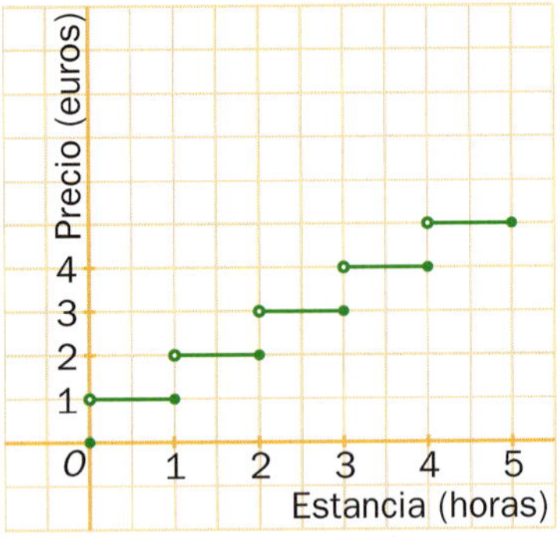

Los puntos donde la función no es continua se llaman **puntos de discontinuidad**.

Tasa de variación

Observemos con más detalle la gráfica de la función continua que muestra la evolución de la temperatura de una ciudad a lo largo de un día.

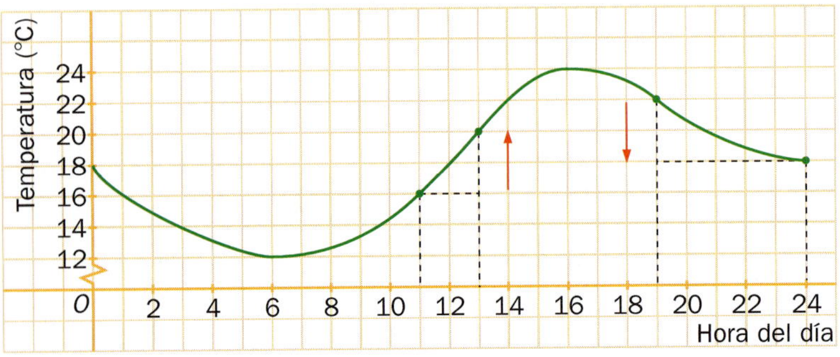

La variación de la temperatura desde las 11 hasta las 13 horas ha sido:

$f(13) - f(11) = 20° - 16° = 4$ °C $> 0 \Rightarrow$

$\Rightarrow$ aumenta la temperatura

La variación desde las 19 hasta las 24 horas ha sido:

$f(24) - f(19) = 18° - 22° = -4$ °C $< 0 \Rightarrow$

$\Rightarrow$ disminuye la temperatura

A este aumento o disminución se le denomina **tasa de variación**.

La **tasa de variación** de una función entre los valores $x = a$ y $x = b$ es el aumento o disminución que experimenta entre esos puntos: $\mathbf{f(b) - f(a)}$.

PARA PRACTICAR

EJERCICIO RESUELTO

25 **Indica cuáles de las siguientes funciones dadas por sus gráficas son continuas. En caso contrario, identifica los puntos de discontinuidad.**

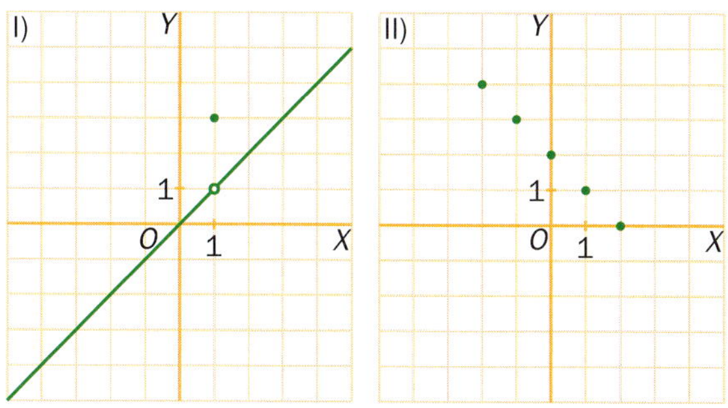

a) En este caso, la función es continua en todo el intervalo de definición (el conjunto *R* de los números reales) excepto en el punto $x = 1$.

b) La función es discontinua en todos los puntos donde está definida.

26 Estudia la continuidad de las siguientes funciones.

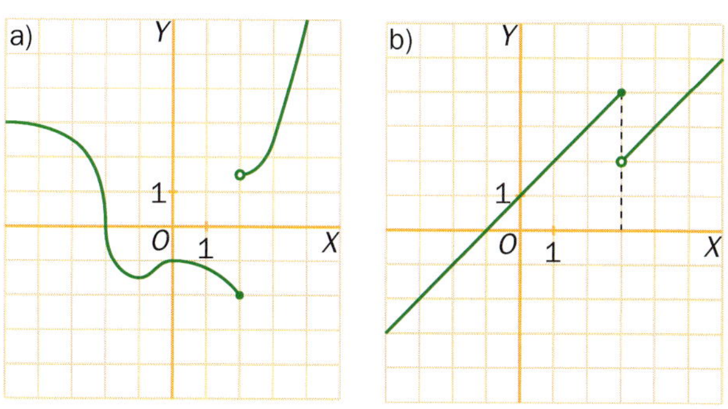

27 ¿Cuáles de las siguientes funciones dadas por sus gráficas son continuas? Indica los puntos de discontinuidad de las que no lo son.

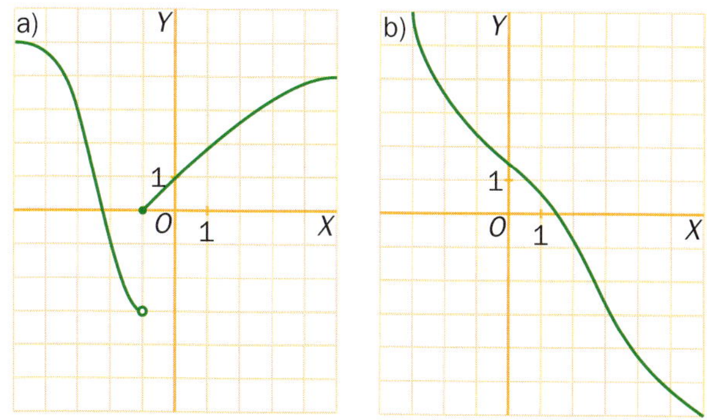

28 Halla la tasa de variación de la función

$$y = -3x^2 - 5 \text{ en el intervalo } [-2, -1]$$

29 Una función viene dada por la siguiente gráfica.

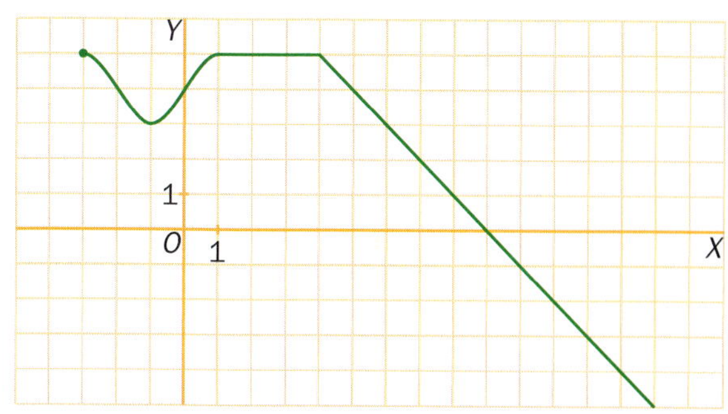

Halla su tasa de variación en los intervalos:

a) $x = -3$ y $x = -2$

b) $x = -2$ y $x = -1$

c) $x = 0$ y $x = 1$

d) $x = 2$ y $x = 3$

PARA APLICAR

30 Considera la función que asocia a cada lado de un cuadrado su perímetro.

¿Es continua o discontinua?

31 Indica si la función que hace corresponder a cada radio de una circunferencia la longitud de la misma es continua o discontinua.

32 Para la función del ejercicio anterior, halla la tasa de variación cuando el radio pasa de $r = 2$ centímetros a $r = 2{,}1$ centímetros.

33 La gráfica expresa el número de vendedores que tiene un gran almacén en las distintas horas del día.

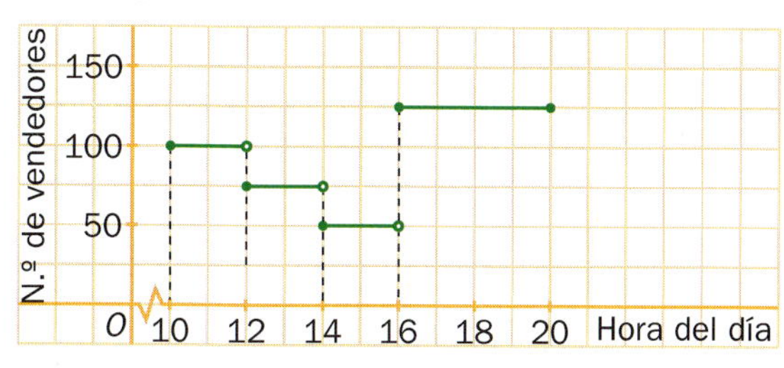

Indica si la función es continua o no, y señala en su caso los puntos de discontinuidad.

5. Crecimiento y decrecimiento. Máximos y mínimos

Crecimiento y decrecimiento de una función

Ejemplo. *La siguiente gráfica muestra el perfil de una etapa de una vuelta ciclista. Indica en qué tramos de la etapa los ciclistas van cuesta arriba y en cuáles cuesta abajo.*

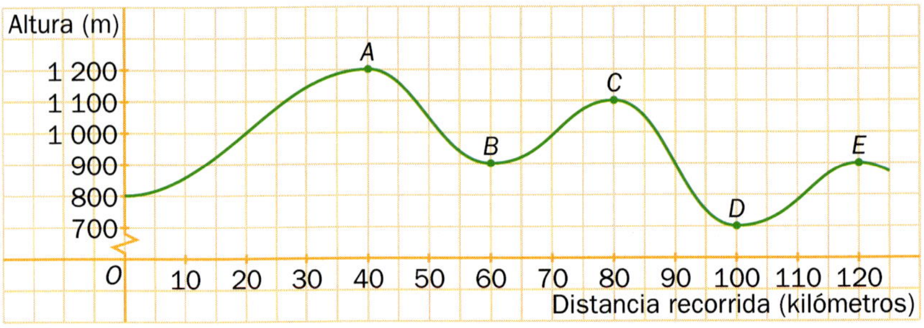

Entre los kilómetros 0 y 40, 60 y 80, y 100 y 120, los ciclistas van cuesta arriba, ya que a medida que aumentan los kilómetros recorridos (variable independiente), también aumenta la altitud en metros (variable dependiente) y la tasa de variación es **positiva**.

Por ejemplo, entre los kilómetros 0 y 40:

$$1200 - 800 = 400 > 0$$

Una **función** es **creciente** en un intervalo (a, b) si para cualquier par de puntos, x_1 y x_2, pertenecientes a ese intervalo, la tasa de variación entre ellos, $f(x_2) - f(x_1)$, es positiva.

Los ciclistas van cuesta abajo entre los kilómetros 40 y 60, 80 y 100, y 120 y 140, ya que a medida que aumentan los kilómetros recorridos (variable independiente) disminuye la altitud en metros (variable dependiente), y la tasa de variación es **negativa**.

Por ejemplo, entre los kilómetros 40 y 60:

$$900 - 1200 = -300 < 0$$

Una **función** es **decreciente** en un intervalo (a, b) si para cualquier par de puntos, x_1 y x_2, pertenecientes a ese intervalo la tasa de variación entre ellos, $f(x_2) - f(x_1)$, es negativa.

Máximos y mínimos de una función

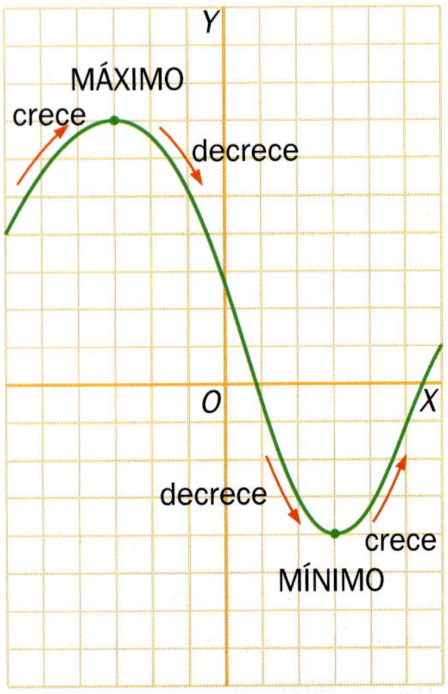

En el perfil de la etapa, la altura crece a la izquierda y decrece a la derecha de los puntos A, C y E, que representan cimas de puertos. Por eso se dice que la función alcanza **máximos relativos** en $x = 40$, $x = 80$ y $x = 120$. En $x = 40$, el máximo se llama, además, **absoluto**, ya que su ordenada es la mayor de todas.

En los puntos B y D, la altura decrece a la izquierda y crece a la derecha, por eso se dice que la función alcanza **mínimos relativos** en $x = 60$ y en $x = 100$. El mínimo en $x = 100$ se llama, además, **absoluto**, pues su ordenada es la menor de todas.

Una función continua tiene:

- Un **máximo relativo** en un punto si a la izquierda de ese punto la función crece y a la derecha de ese punto la función decrece.
- Un **mínimo relativo** en un punto si a la izquierda de ese punto la función decrece y a la derecha de ese punto la función crece.

PARA PRACTICAR

EJERCICIO RESUELTO

34 **Una función viene dada por la siguiente gráfica.**

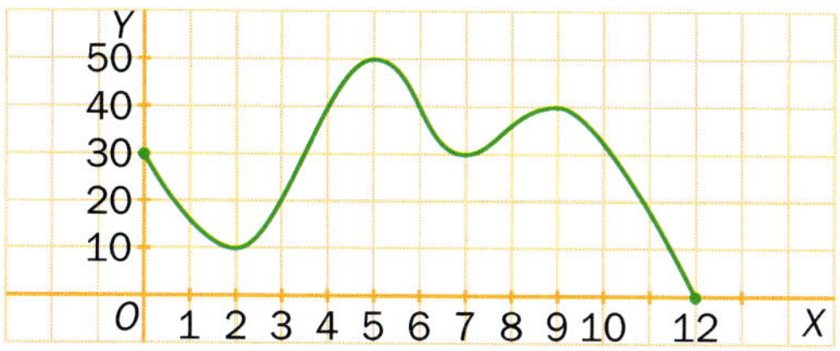

a) Halla los intervalos de crecimiento y decrecimiento.

b) Halla los máximos absolutos y relativos.

c) Halla los mínimos absolutos y relativos.

a) La función es decreciente entre $x = 0$ y $x = 2$; entre $x = 5$ y $x = 7$, y entre $x = 9$ y $x = 12$.

La función es creciente entre $x = 2$ y $x = 5$, y entre $x = 7$ y $x = 9$.

b) Tiene su máximo absoluto en $x = 5$ y un máximo relativo en $x = 9$.

c) Tiene su mínimo absoluto en $x = 12$ y dos mínimos relativos en $x = 2$ y en $x = 7$.

35 Una función viene dada por la siguiente gráfica.

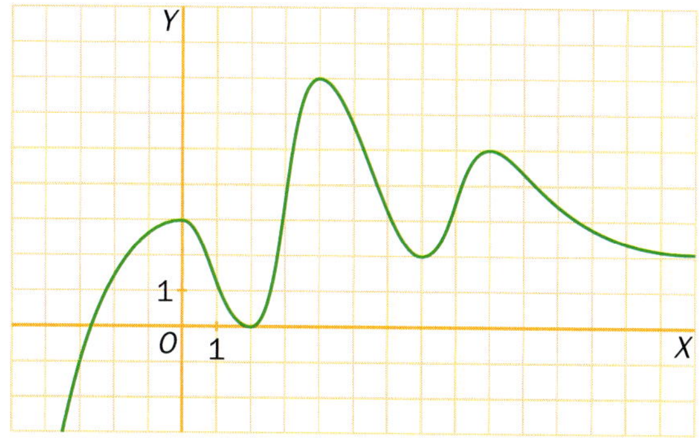

a) Halla los intervalos de crecimiento y decrecimiento.

b) Halla los máximos e indica cuál es el absoluto.

c) Halla los mínimos e indica cuál es el absoluto.

36 Representa, en cada caso, una función que tenga las siguientes características:

a) Continua y siempre creciente.

b) Continua y siempre decreciente.

37 ¿Puede una función ser continua y ni creciente ni decreciente? Pon un ejemplo.

PARA APLICAR

38 Estudia el crecimiento y decrecimiento de las siguientes funciones.

a) Función que hace corresponder a cada número su triple más 100.

b) Función que hace corresponder a cada número 100 menos el triple del número.

39 La siguiente función muestra la variación de la velocidad de un coche a lo largo de un período de tiempo.

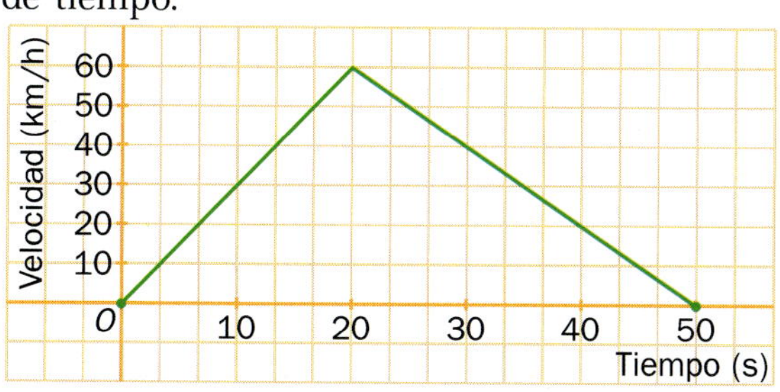

a) Estudia el crecimiento y decrecimiento de la función.

b) Indica cuando acelera (aumento de velocidad) y cuando frena (disminución de velocidad).

40 Dibuja la gráfica de una función que esté de acuerdo con los datos siguientes.

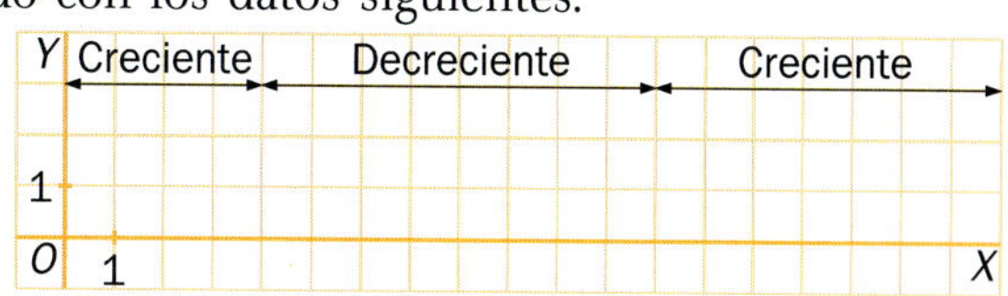

41 La siguiente gráfica muestra el número de coches que pasan por un punto kilométrico de una autopista a lo largo de un día.

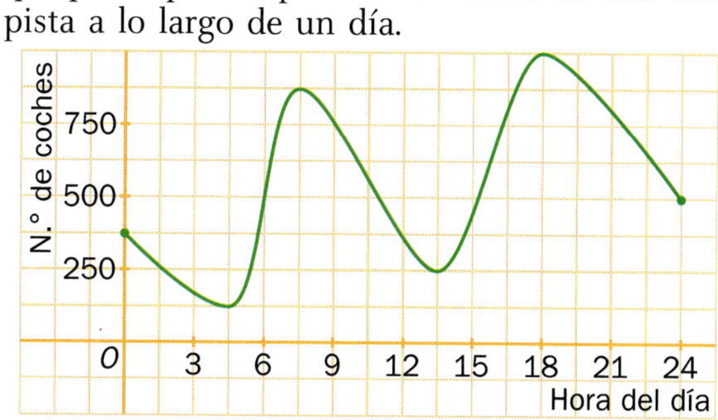

a) Estudia su crecimiento y decrecimiento.

b) Indica en qué puntos la función alcanza su máximo y su mínimo absolutos.

LAS FUNCIONES EN LA CARRETERA

Un estudio sobre las consecuencias de los accidentes de tráfico en las carreteras de la Unión Europea revela que rebajando los límites de velocidad tan solo en 5 kilómetros por hora se podrían disminuir las consecuencias de los accidentes en 11 000 muertos y 18 000 heridos.

¿DÓNDE ESTÁN LAS MATEMÁTICAS?

El exceso de velocidad es la causa más frecuente de los accidentes de tráfico. Pero ¿cómo afecta al riesgo de tener un accidente?

El estudio combinado de estas dos **funciones** nos da la respuesta a la pregunta.

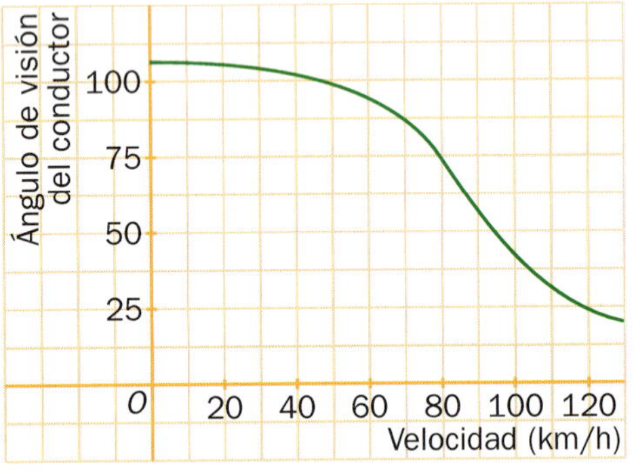

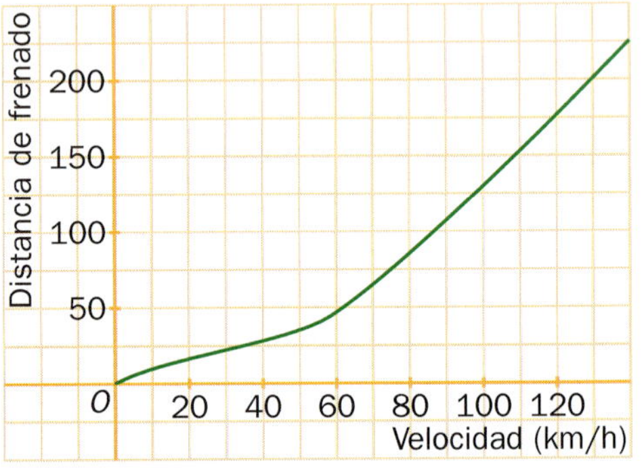

¿CÓMO SE APLICAN?

Observa cómo varía el ángulo de visión y la distancia de frenado a medida que aumenta la velocidad. Por ejemplo, si un coche circula a 120 kilómetros por hora, el campo de visión del conductor se reduce a un ángulo de unos 25°, necesitando 182 metros para detener el coche.

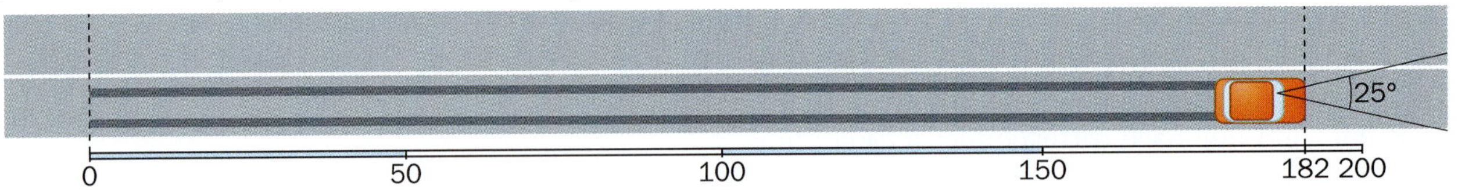

A esta velocidad, la percepción visual se limita a elementos muy cercanos a los márgenes de la carretera. Además, se necesitaría la distancia equivalente a la longitud de casi dos campos de fútbol para detenerse.

PARA APLICAR

42 Halla el ángulo de visión y la distancia de frenada de un coche para las siguientes velocidades.

a) 40 km/h b) 70 km/h c) 100 km/h d) 130 km/h

43 Halla la velocidad de un coche si su conductor tiene estos ángulos de visión.

a) 75° b) 100° c) 50° d) 30°

44 Halla la velocidad de un coche si para detenerse necesita las siguientes distancias.

a) 50 metros b) 100 metros c) 150 metros d) 200 metros

Funciones

Una **función** es una relación entre dos magnitudes que hace corresponder a cada valor de la primera, como máximo, un único valor de la segunda.

Las funciones pueden definirse mediante un enunciado, una tabla, una gráfica o una expresión algebraica.

Simetrías y periodicidad

Simetrías

Respecto del eje *OY*

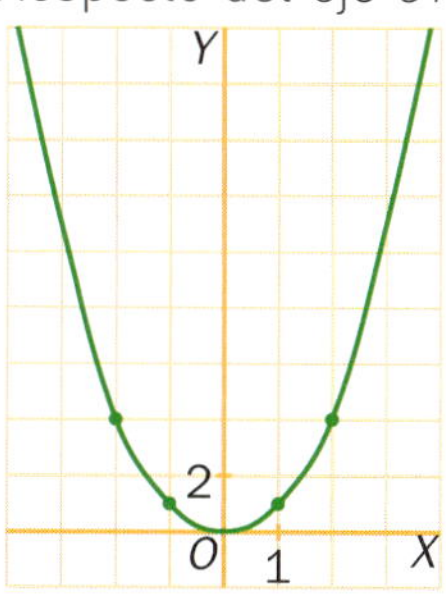

$f(-x) = f(x)$

Respecto del origen

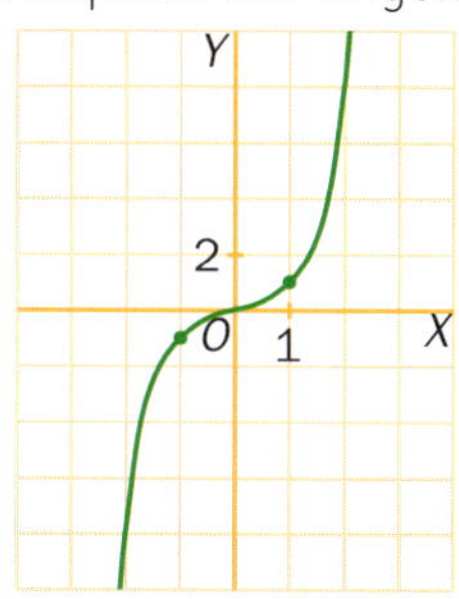

$f(-x) = -f(x)$

Periodicidad

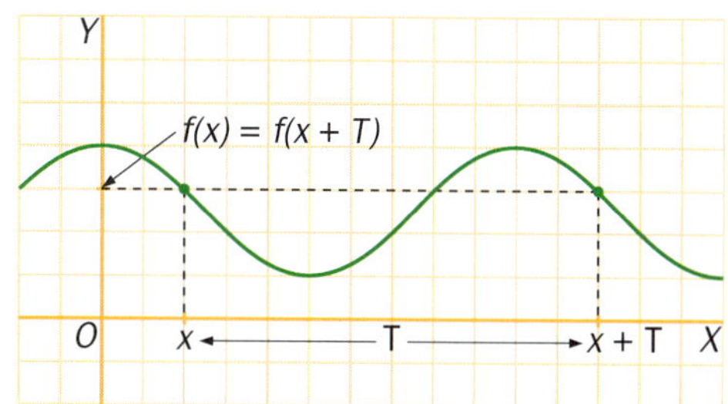

$f(x + T) = f(x)$ *T* período

Continuidad y discontinuidad. Tasa de variación

Continuidad y discontinuidad

Función continua

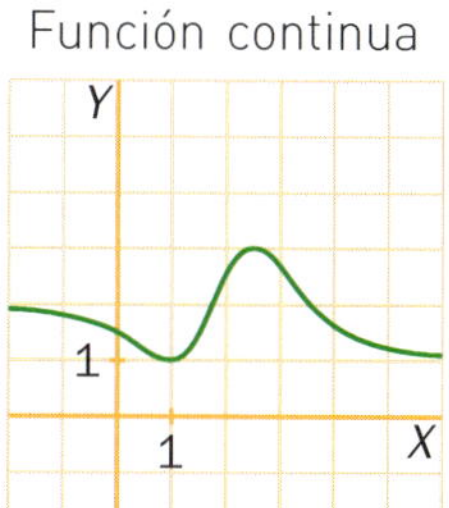

Función con discontinuidades

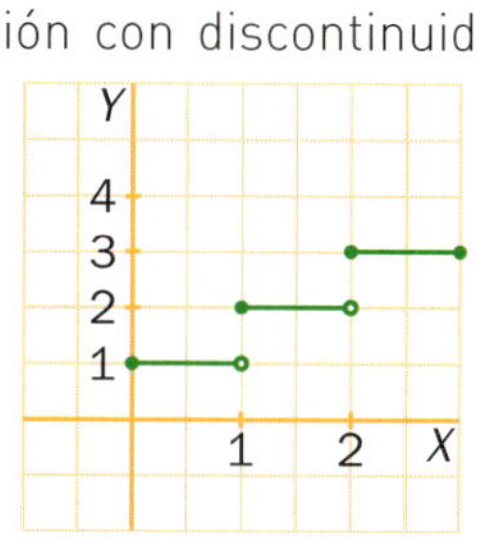

Tasa de variación

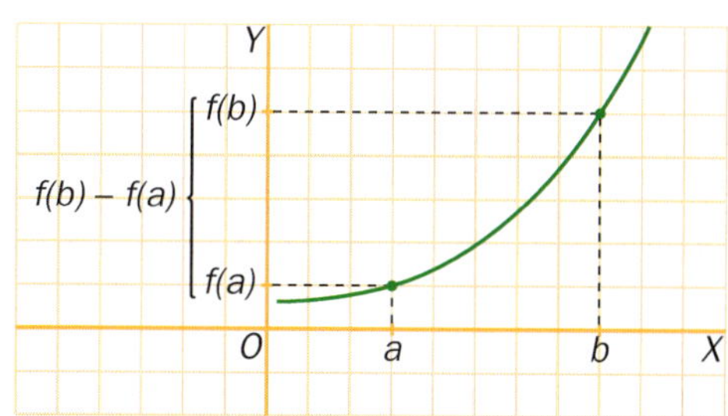

Crecimiento y decrecimiento. Máximos y mínimos

Crecimiento y decrecimiento

Función creciente

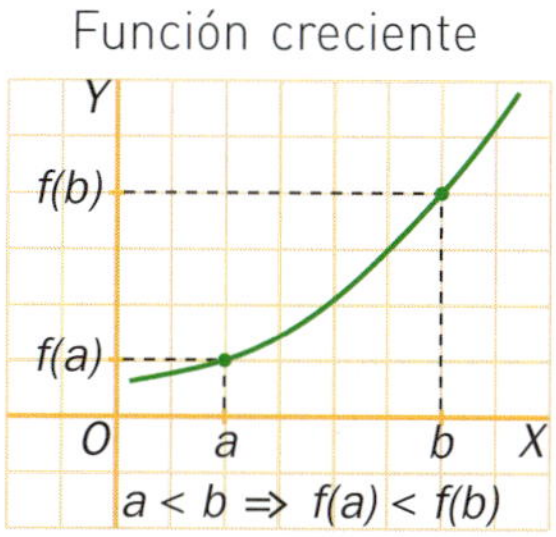

Función decreciente

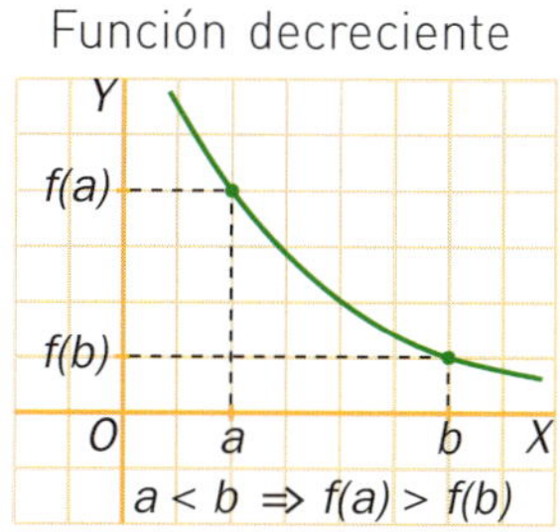

Máximos y mínimos

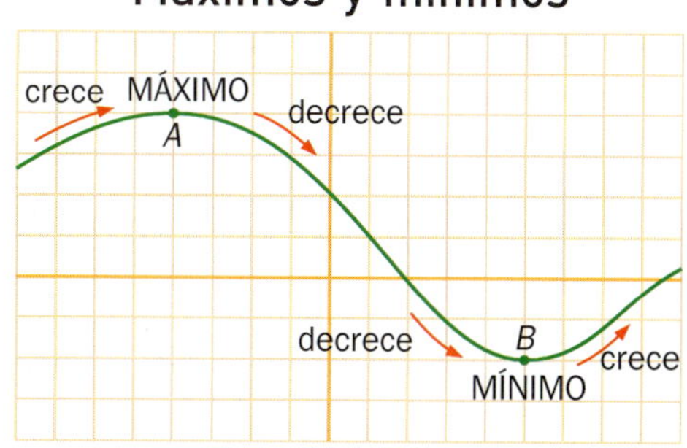

PARA PRACTICAR Y APLICAR

45 Las siguientes tablas representan la relación entre dos magnitudes.

x	y
0	0
2	5
4	3
5	4

x	y
0	3
1	1
2	4
4	5

x	y
−4	4
−1	−2
2	3
3	2

x	y
−2	−1
−1	0
1	1
3	3

Relaciona cada tabla con las siguientes gráficas.

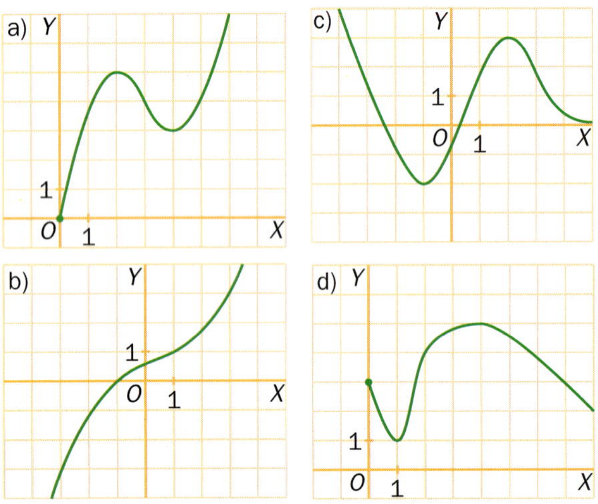

46 Estudia la simetría y la periodicidad de las siguientes funciones.

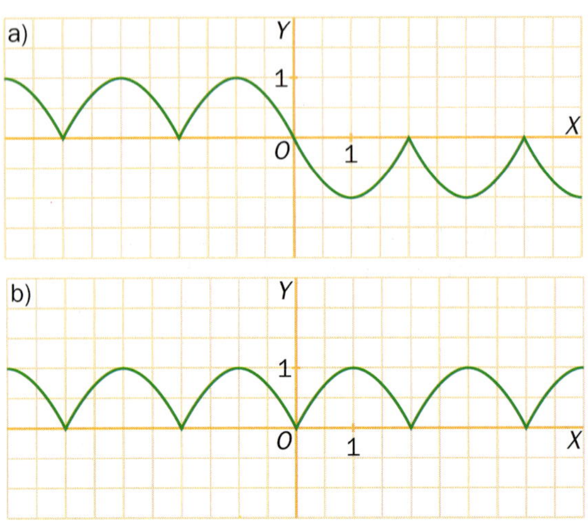

47 Completa las gráficas de las siguientes funciones para que sean simétricas respecto al origen y al eje *OY*.

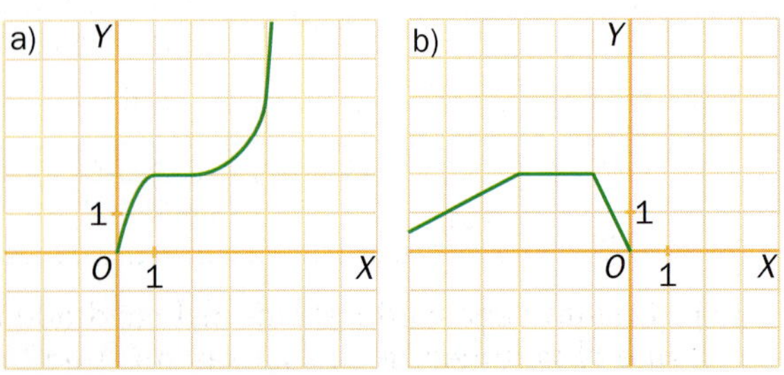

48 Cada kilo de harina cuesta 0,65 euros. Expresa la relación entre las magnitudes, número de kilos de harina y coste mediante una tabla, una gráfica y una fórmula, identificando las variables independiente y dependiente.

49 La función g asocia a cada número su doble.

a) Escribe su dominio y su recorrido.
b) Halla el valor de $g(2)$, $g(0)$, $g(-3)$ y $g(10)$.

50 La gráfica muestra el número de usuarios de una línea telefónica "a tres" a lo largo de un mes.

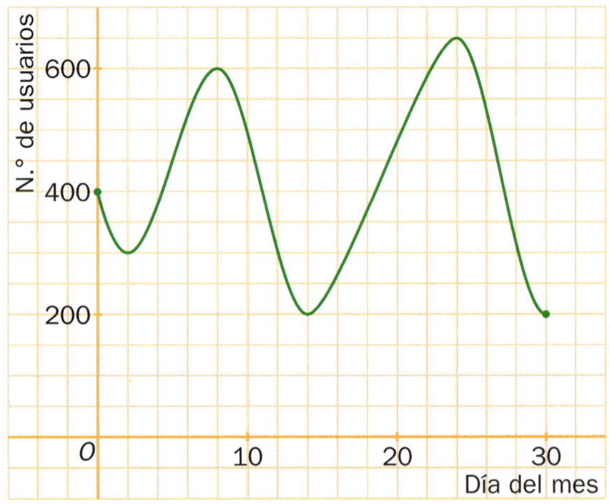

a) Estudia su crecimiento y su decrecimiento.
b) Halla sus máximos y mínimos.
c) ¿Es continua?

51 Durante la primavera, los servicios de urgencias de los hospitales tienen que estar alerta ante los posibles casos de alergia. La gráfica muestra el nivel de polen durante la última semana.

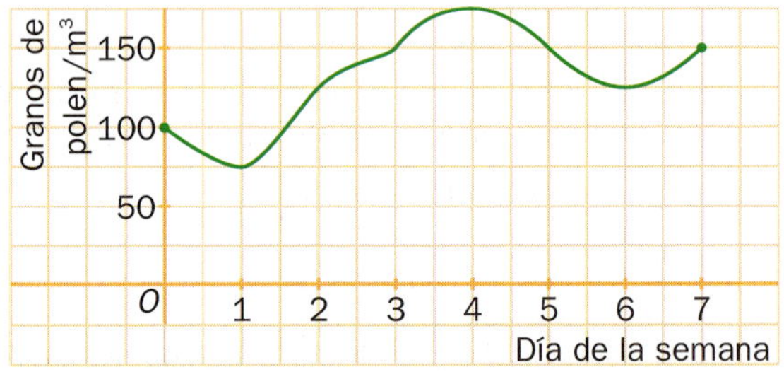

a) ¿Qué día se produjo mayor nivel de polen?
b) ¿Cómo se prevé que estarán las urgencias los primeros días de la siguiente semana?

52 El perfil de una etapa ciclista es el siguiente.

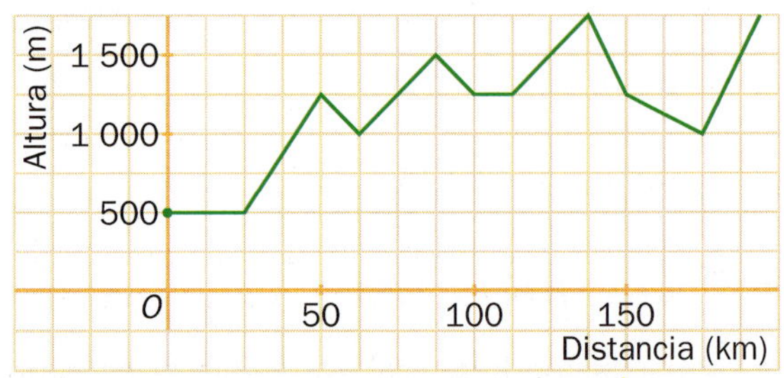

Describe detalladamente la gráfica de la función.

PARA REFORZAR

53 Indica cuál de las dos gráficas representa una función razonando tu respuesta.

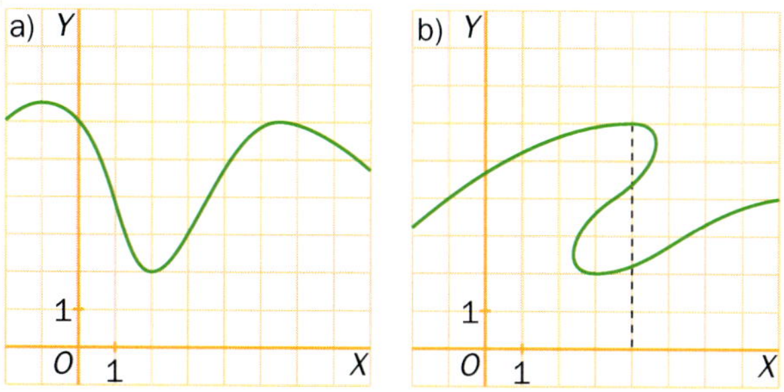

54 La siguiente gráfica representa la relación entre dos magnitudes.

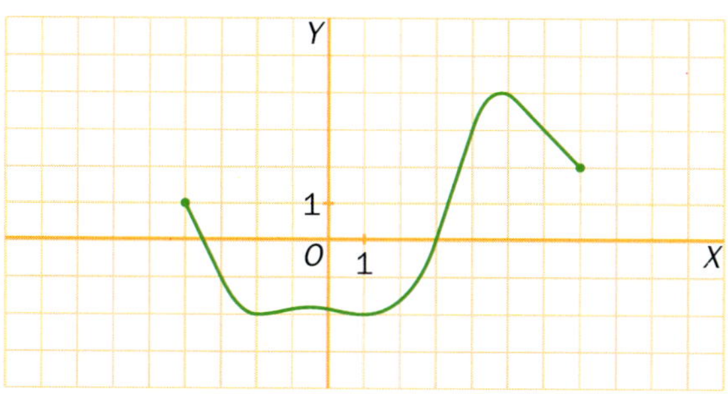

a) Halla el dominio y el recorrido.

b) ¿Es continua?

55 En cada caso, indica si la función representada es periódica, simétrica respecto al origen o simétrica respecto al eje *OY*.

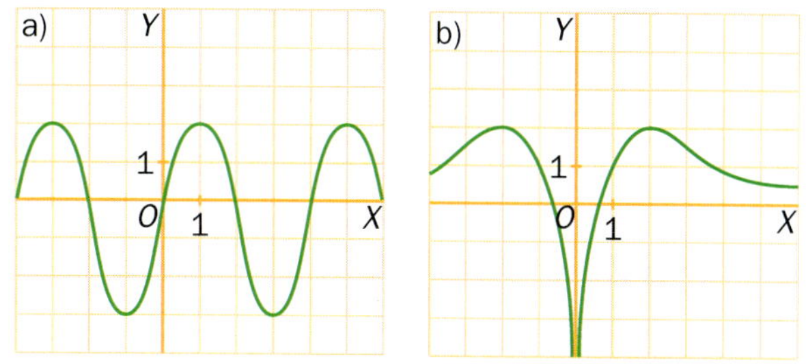

56 Una función viene dada por la siguiente gráfica.

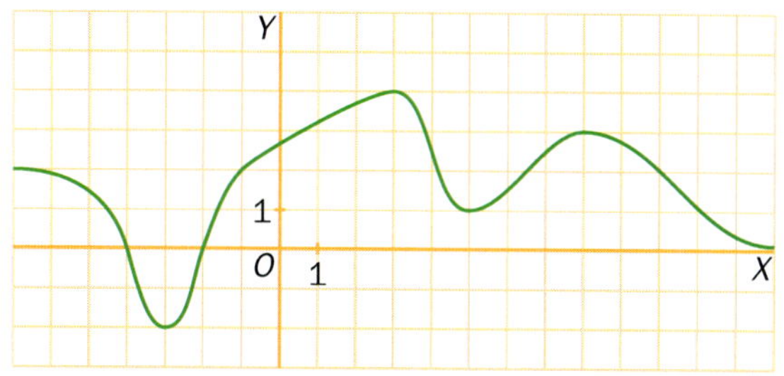

a) Halla los intervalos de crecimiento y decrecimiento.

b) Halla los máximos e indica cuál es el absoluto.

c) Halla los mínimos e indica cuál es el absoluto.

PARA AMPLIAR

57 La función $y = E[x]$ asocia a cada número real su anterior entero y se lee "parte entera de *x*".

a) Halla $E[1{,}3]$; $E[1{,}9]$; $E[2]$.

b) Representa gráficamente la función.

c) Estudia la continuidad, indicando los puntos en que la función es discontinua.

58 Se tienen 2000 metros de valla para hacer un cercado con el fin de guardar una especie protegida. El cercado ha de tener forma rectangular.

a) Escribe la función que proporciona el área del rectángulo teniendo en cuenta que su perímetro ha de tener 2000 metros.

b) Forma una tabla de valores posibles de largo y ancho que den el mismo perímetro.

c) ¿Qué medidas deberá tener el cercado para que el área sea máxima?

59 Con un folio de cartulina de dimensiones 30 por 21 centímetros se quiere construir una caja sin tapa cortando cuatro cuadrados en las esquinas y doblando como indica la figura.

a) Halla la función que expresa el volumen de la caja en función del lado del cuadrado cortado.

b) Completa la tabla de valores siguiente.

x (cm)	3	3,5	4	4,5	5
Volumen (m^3)					

c) ¿Cuánto debe medir el lado del cuadrado para que el volumen de la caja sea máximo?

PARA INTERPRETAR Y RESOLVER

60 Cultivo de bacterias

Se han preparado dos cultivos de bacterias del mismo tipo. El segundo cultivo empieza su evolución un día después de haber comenzado el primero, pero con las mismas condiciones: igual número inicial de bacterias, igual tipo de crecimiento, etcétera.

La siguiente gráfica representa el número de bacterias del primer cultivo entre los días 1 y 12 de junio.

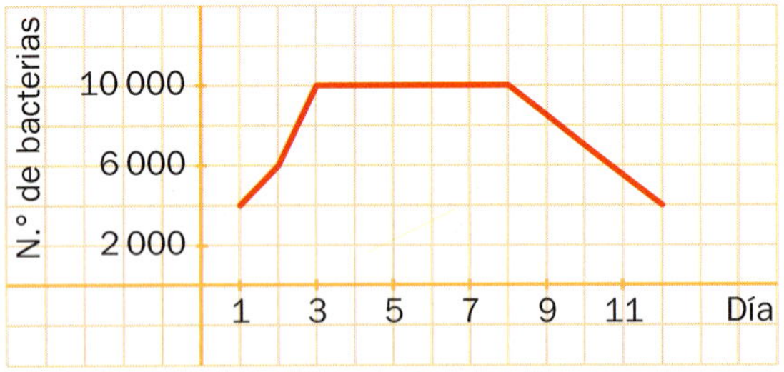

a) Describe detalladamente lo que está ocurriendo en cada tramo de la gráfica.

b) Elabora la gráfica que representa la evolución del segundo cultivo en el mismo período de tiempo.

61 El circuito

El gran premio de automovilismo de la ciudad de Speedtown se celebra en el siguiente circuito.

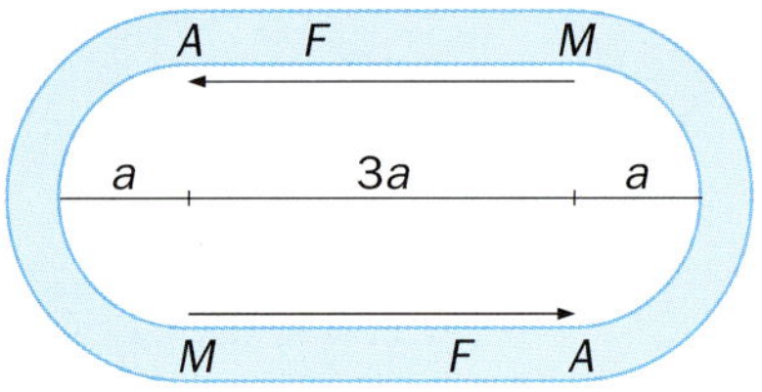

El automovilista Johnny Fast realiza las sucesivas vueltas al circuito siempre de la misma forma.

- Cuando llega a los puntos *F* frena y disminuye paulatinamente la velocidad para entrar en la curva sin peligro.
- Cuando llega a los puntos *A* acelera de forma constante para ganar velocidad.
- Cuando llega a los puntos *M* deja de acelerar para mantener la velocidad alcanzada.

Elabora una gráfica que refleje de forma cualitativa la variación de la velocidad en función de la distancia durante una vuelta, marcando los puntos principales del eje horizontal.

AUTOEVALUACIÓN

1 Estudia el dominio, el recorrido y la continuidad.

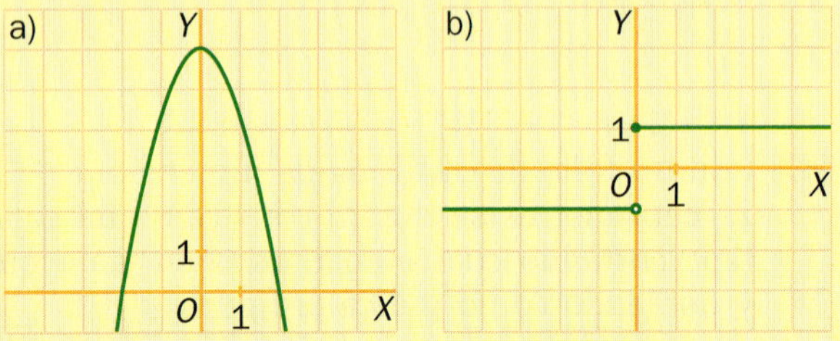

2 Dada la función $f(x) = 3x - 1$.

a) Forma una tabla de valores.

b) Represéntala gráficamente.

3 Dadas las siguientes funciones, estudia su simetría.

a) $y = 2(x-1)^2 + 4x$ c) $y = 2x$

b) $y = 5(x-1)^3$ d) $y = -7$

4 Dada la función $f(x) = 3(x-2)^2 + 1$, halla su tasa de variación entre $x = 2$ y $x = 2,3$.

5 Una tienda de discos ofrece la siguiente promoción: "Todos los discos a 9 € cada uno".

a) Representa la función que relaciona los discos comprados y su precio.

b) ¿Es continua?

6 La siguiente gráfica muestra las ganancias o pérdidas de una empresa a lo largo del último año.

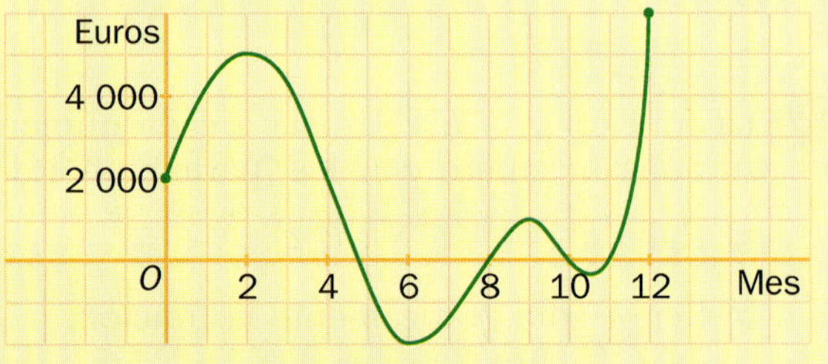

a) ¿En qué períodos se producen pérdidas?

b) ¿En qué momento se consigue el mayor beneficio? ¿Cuál es el beneficio?

7 La siguiente gráfica muestra el nivel de ozono durante una hora de un día de verano en una ciudad. Estudia el crecimiento y el decrecimiento.

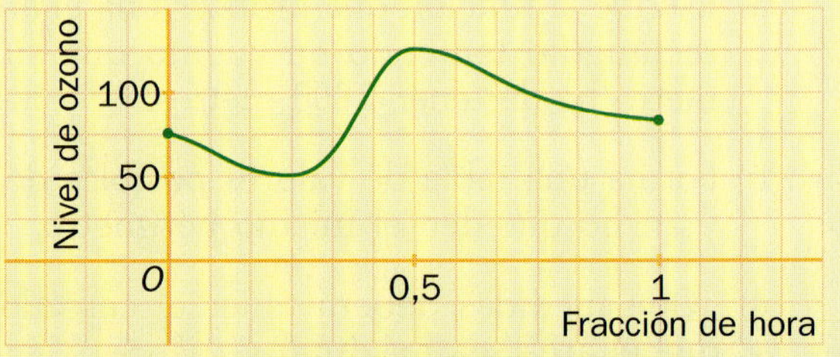

EL MATEMÁTICO... DIPLOMÁTICO

Gottfried Leibniz (1646 – 1716)

Un científico todoterreno es la definición más adecuada para el alemán Gottfried Leibniz, uno de los espíritus más profundos y polifacéticos de la historia de la humanidad: jurista, diplomático, filósofo, lingüista, lógico, matemático, físico, especialista en historia, teología... y, por si fuera poco en sus ratos libres criaba gusanos de seda.

Este genio tenía tan mala memoria que necesitaba apuntar cada una de sus ideas para no olvidarlas, por eso conocemos paso a paso todo su pensamiento.

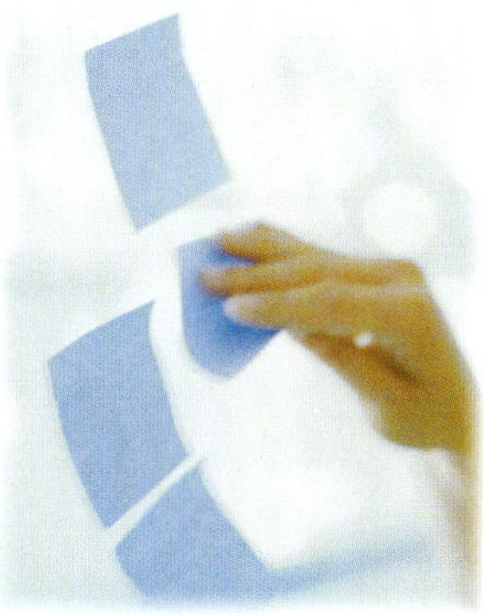

Fue el primero que utilizó el término de función y otros muy importantes como "constante, variable y parámetros".

... SU IDEA...

Leibniz captó el aspecto indeterminado e impreciso del lenguaje hablado e indicó un modo de perfeccionarlo. Pensó en construir un **lenguaje artificial y científico donde a cada símbolo correspondería un significado y solo uno**, y a cada significado, un único símbolo.

Leibniz nunca llevó a la práctica esta idea, pero un siglo y medio más tarde, George Boole comenzó a convertirla en algo concreto: **la lógica simbólica.**

... Y SU ÉPOCA

Vive Isaac Newton, fundador, junto con Leibniz, del cálculo diferencial e integral. En Europa se produce la explosión cultural del Barroco.

ENTREtenido

¿QUIÉN MIENTE?

Un chico y una chica están sentados uno junto al otro, no sabemos sus nombres, solo que uno tiene el pelo rubio y el otro es moreno.

Si sabemos que por lo menos, uno de los dos miente, ¿de qué color tiene el pelo cada uno?

ENTRE interrogantes

¿NOS ENGAÑAN NUESTROS SENTIDOS?

Nuestros sentidos son órganos que nos permiten obtener información sobre el mundo que nos rodea. Pero los sentidos son engañosos, no nos proporcionan una representación de toda la realidad, sino tan solo de parte de ella.

El lenguaje hablado es impreciso, y nuestros sentidos nos engañan... Quizá por eso Leibniz decidió tratar con métodos matemáticos todo el campo del conocimiento.

13 FUNCIONES LINEALES

A medida que un globo aerostático va ascendiendo, sus tripulantes comprueban que la temperatura desciende aproximadamente un grado centígrado por cada 200 metros de ascenso. La relación entre la altitud, en metros, y la temperatura, en grados centígrados, es una función lineal.

RECUERDA

Magnitudes directamente proporcionales

Son aquellas en las que el cociente o razón entre dos cantidades correspondientes es constante. Este valor es la constante de proporcionalidad.

Rectas del plano y sus posiciones

Dos puntos determinan una **recta**

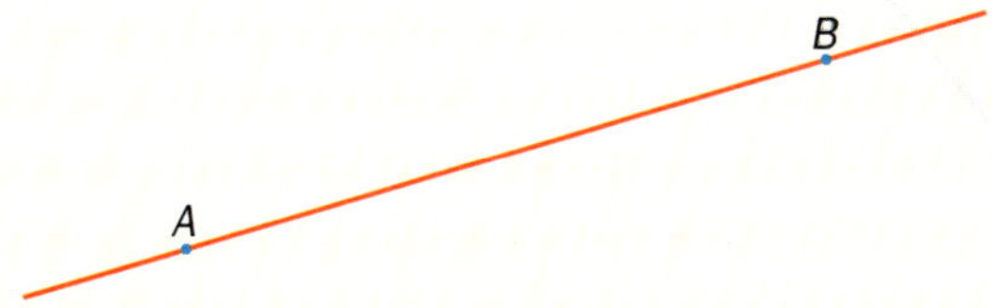

Rectas paralelas
No tienen puntos comunes

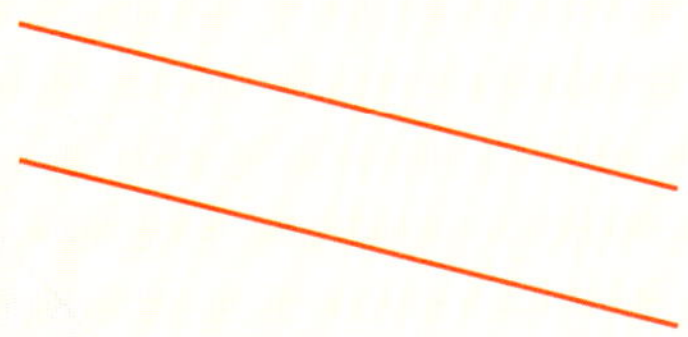

Rectas secantes
Tienen un punto común

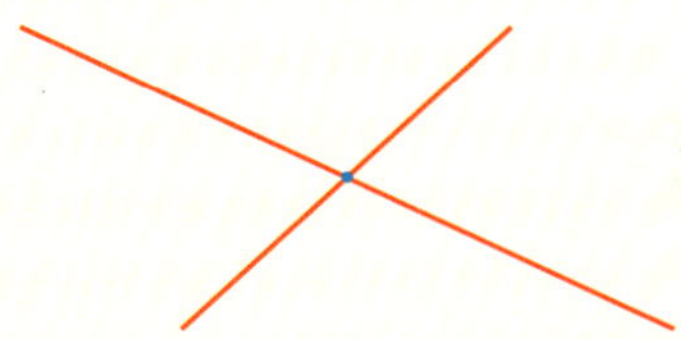

PARA EMPEZAR

1 Un trozo de queso de 300 gramos cuesta 2,40 euros.

a) ¿Son proporcionales las magnitudes peso y precio?

b) ¿Cuánto cuesta un kilogramo?

2 Copia las rectas *r* y *s* de la figura, y dibuja:

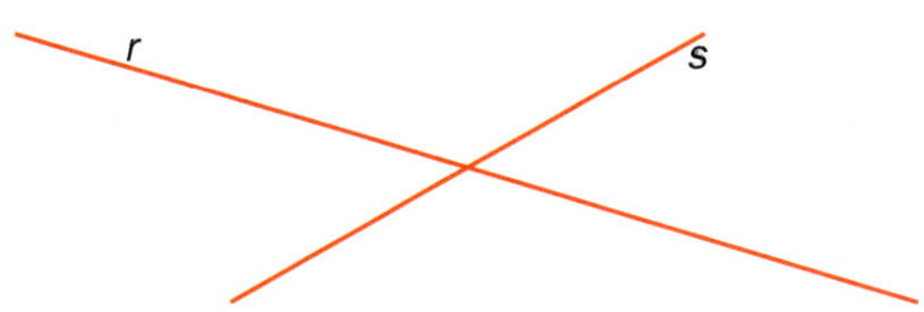

a) Una recta paralela a *r*, ¿cómo es con respecto a *s*?

b) Una recta paralela a *s*, ¿cómo es con respecto a *r*?

c) Una recta que sea secante a *r* y *s*.

3 Un día de invierno, un globo inicia su ascenso a nivel del mar, donde hay una temperatura de 0 °C. Sabiendo que cada 200 metros de ascenso la temperatura disminuye aproximadamente un grado:

a) Completa la tabla siguiente:

Altitud (m)	0	200	400
Temperatura (°C)	0		

b) ¿Son directamente proporcionales estas magnitudes?

c) ¿Cuál es la constante de proporcionalidad que permite pasar de la magnitud altitud a la magnitud temperatura?

1. Funciones de proporcionalidad directa

Funciones de la forma $y = mx$

Ejemplo. *El contenido de un depósito de agua, inicialmente vacío, depende del tiempo que está abierto un grifo.*

Tiempo (s)	1	2	4	6	...	x
N.° de litros (L)	2	4	8	12	...	y

Indica si las magnitudes tiempo (x) y número de litros de agua (y) son directamente proporcionales y represéntalas gráficamente.

La magnitud número de litros es directamente proporcional al tiempo:

$$\frac{2}{1} = \frac{4}{2} = \frac{8}{4} = \frac{12}{6} = \ldots = \frac{y}{x} = 2$$

La relación entre el tiempo y el número de litros es una función de fórmula $y = 2x$.

Los puntos están alineados y se pueden unir porque a tiempos intermedios les corresponde una cantidad de litros intermedia.

La gráfica es una recta que pasa por el origen.

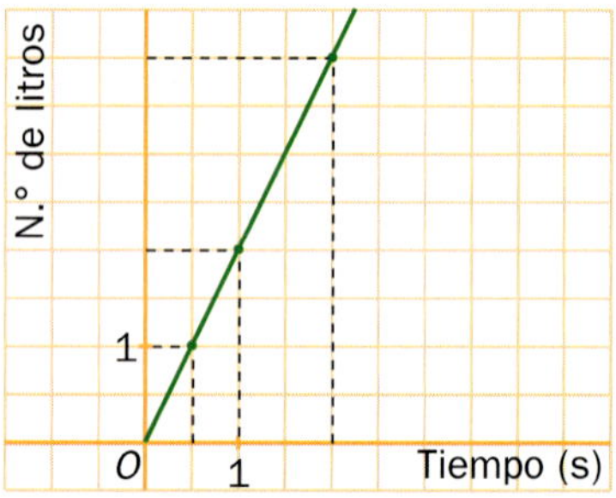

Dos magnitudes directamente proporcionales determinan una **función lineal** llamada de **proporcionalidad directa**: $y = mx$.

La **razón de proporcionalidad** es $m \neq 0$ y su gráfica es una recta que pasa por el origen.

Pendiente y crecimiento

$y = 2x \rightarrow$ pendiente: 2 $\rightarrow$
$\rightarrow$ función creciente

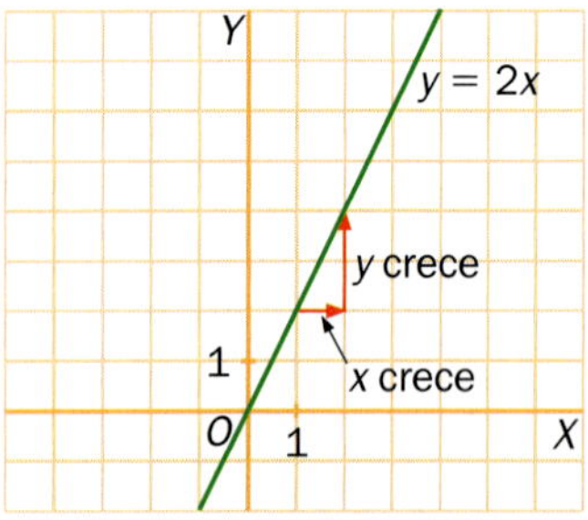

$y = -3x \rightarrow$ pendiente: -3 $\rightarrow$
$\rightarrow$ función decreciente

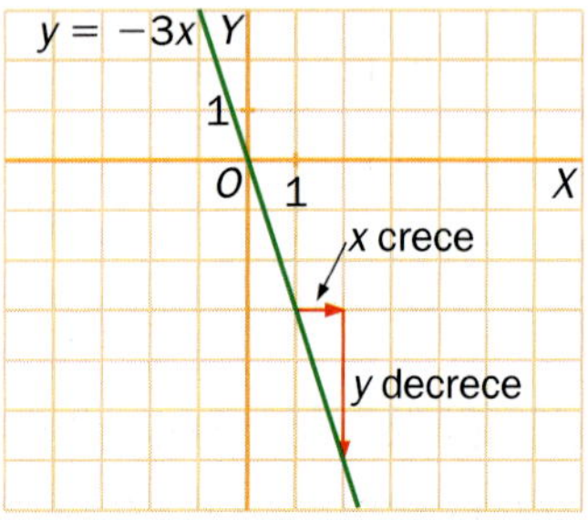

Noción de pendiente

Ejemplo. *Obtén las gráficas de las funciones* $y = 2x$, $y = 4x$ *e* $y = -3x$.

x	$y = 2x$	$y = 4x$	$y = -3x$
-3	-6	-12	9
-1	-2	-4	3
0	0	0	0
1	2	4	-3
3	6	12	-9

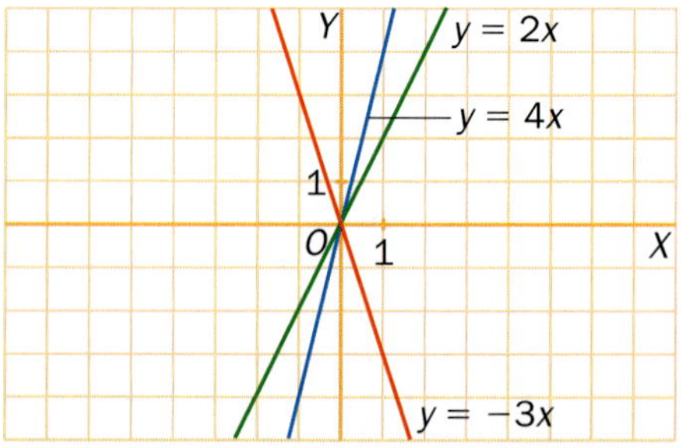

La gráfica de la función $y = 4x$ está más inclinada que la de la función $y = 2x$. Los coeficientes 2 y 4 se llaman **pendientes** de las rectas. Si las pendientes son positivas, las funciones son crecientes.

La pendiente de $y = -3x$ es negativa ($m = -3$). La función decrece.

En las funciones de forma $y = mx$, el valor m se llama **pendiente** y mide la inclinación de la recta respecto al eje OX.

- Si la pendiente es positiva, la función es creciente.
- Si la pendiente es negativa, la función es decreciente.

PARA PRACTICAR

1 Razona si las siguientes gráficas corresponden a funciones de proporcionalidad directa.

a) 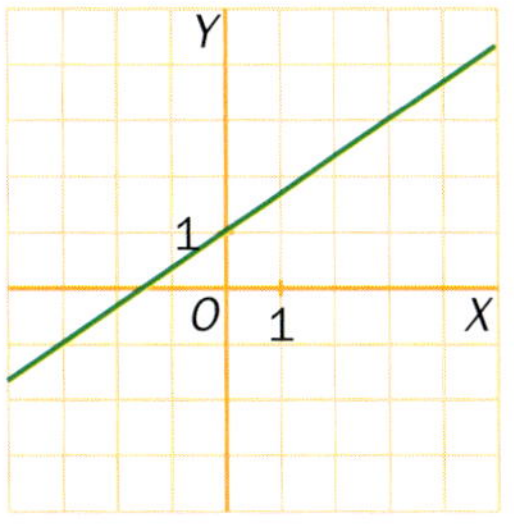

b) 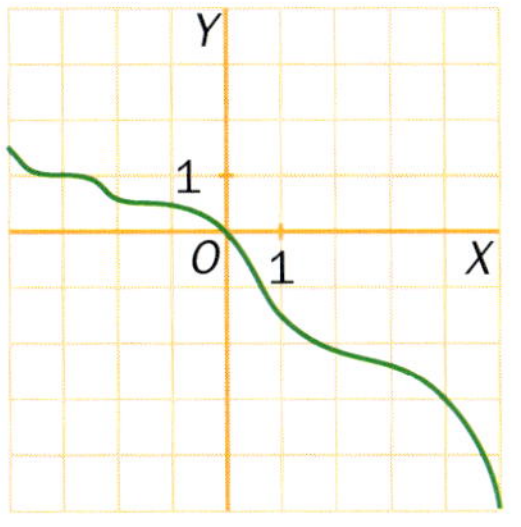

EJERCICIO RESUELTO

2 **Representa la función $y = -2x$ e indica sus características.**

Se forma una tabla de valores.

x	y
0	0
1	−2
−1	2
…	…

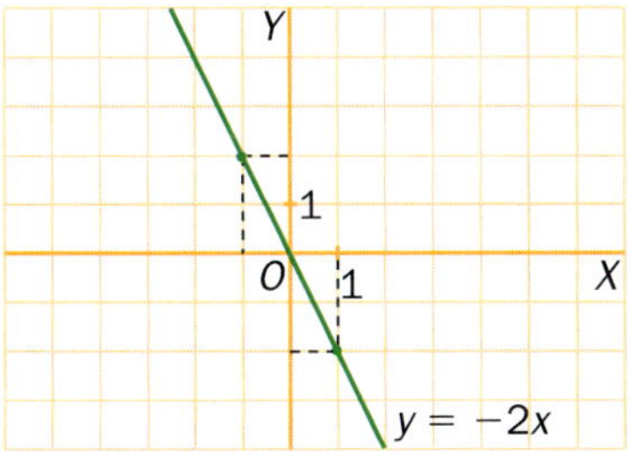

Observa que la función es decreciente y con pendiente $m = -2$.

3 Representa las siguientes funciones.

a) $y = 3{,}5x$ c) $y = \frac{1}{3}x$ e) $y = -\sqrt{2}x$

b) $y = -x$ d) $y = -\frac{1}{2}x$ f) $y = 4{,}5x$

4 Indica cuáles de las siguientes funciones son crecientes o decrecientes sin necesidad de representar su gráfica.

a) $y = -6x$ d) $y = -\frac{1}{13}x$

b) $y = \frac{5}{7}x$ e) $y = 0{,}3x$

c) $y = \sqrt{7}x$ f) $y = -15{,}4x$

5 Asocia cada gráfica de función con las siguientes pendientes.

a) $m = 4$

b) $m = 0{,}5$

c) $m = -4$

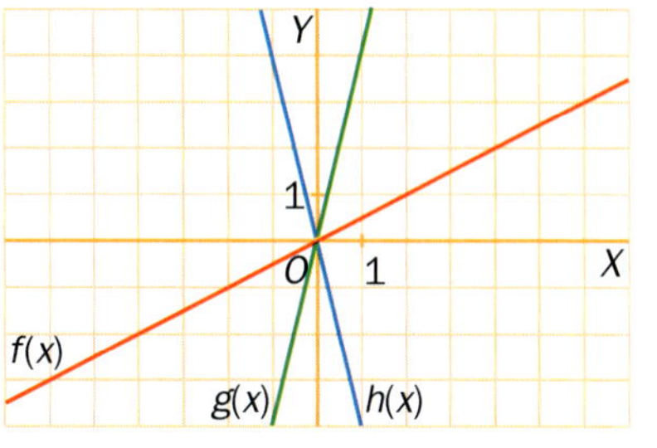

6 ¿Qué fórmulas corresponden a las siguientes funciones?

a) 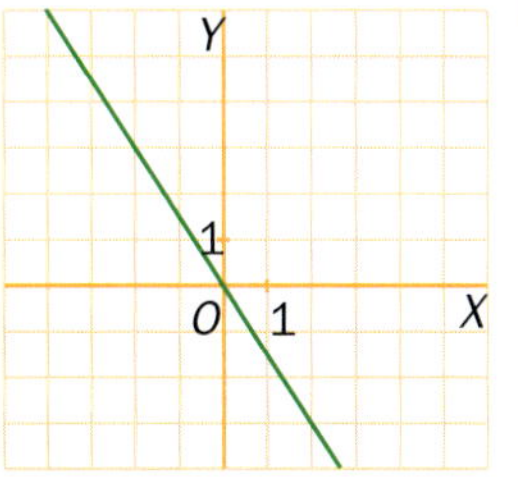

b) 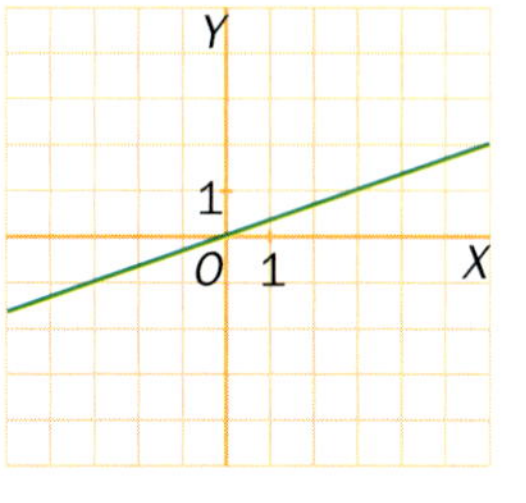

PARA APLICAR

7 Si 100 gramos de jamón cuestan 2 euros, ¿cuál es la fórmula de la función que muestra el precio, en euros, del peso del jamón en gramos? Represéntala.

8 En la tabla se indican los tiempos conseguidos en algunos puntos de una carrera de 100 metros.

Tiempo (s)	3	9	15
Recorrido (m)	20	60	100

Halla la ecuación de la función que relaciona el espacio recorrido con el tiempo transcurrido y representa la función.

9 La gráfica muestra la relación entre los litros de agua, de refresco y de zumo, y su precio.

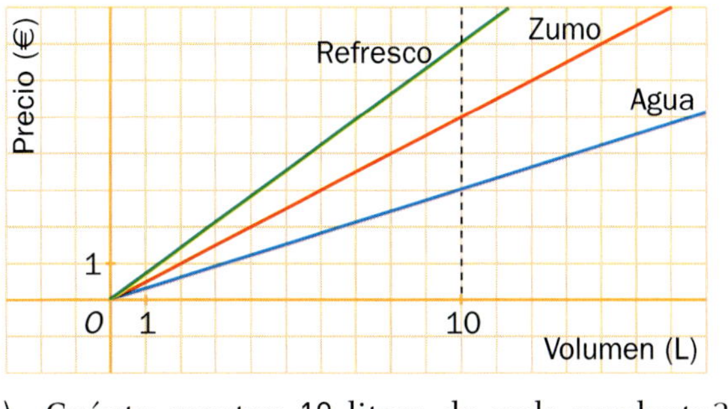

a) ¿Cuánto cuestan 10 litros de cada producto?

b) Halla la fórmula de la función que relaciona los litros de cada producto con el precio.

Ejemplo. *Un depósito de agua que contiene 50 litros se empieza a llenar con un grifo que vierte dos litros por segundo.*

¿Cuál es la relación entre el contenido del depósito y el tiempo transcurrido?

Se forma una tabla y se representan los puntos.

Tiempo (s)	Volumen (L)
0	50
1	52
5	60
10	70
...	...
x	y

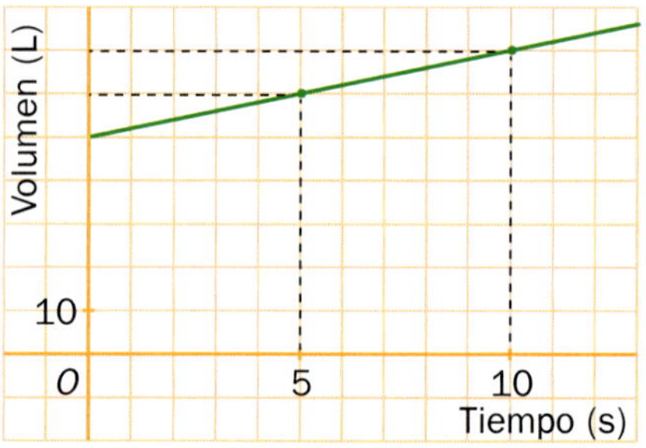

La representación gráfica es una recta que no pasa por el origen.

Cada segundo, el depósito tiene 2 litros más. Por tanto, en x segundos, la cantidad, y, de litros aumentará en $2x$ litros. A esa cantidad hay que sumarle los 50 litros que tenía inicialmente el depósito:

$$y = 2x + 50$$

Las gráficas de las **funciones lineales** de la forma $\mathbf{y = mx + n, n \neq 0}$, son rectas que **no pasan por el origen** de coordenadas.

Pendiente y ordenada en el origen

Ejemplo. *Representa en los mismos ejes de coordenadas las funciones* $y = 2x$ *e* $y = 2x + 50$.

Ambas tienen la misma pendiente, $m = 2$, pero la función $y = 2x$ pasa por el origen, y la función $y = 2x + 50$ no, ya que corta el eje OY en el punto (0, 50).

El valor $n = 50$ se denomina ordenada para $x = 0$, u **ordenada en el origen**.

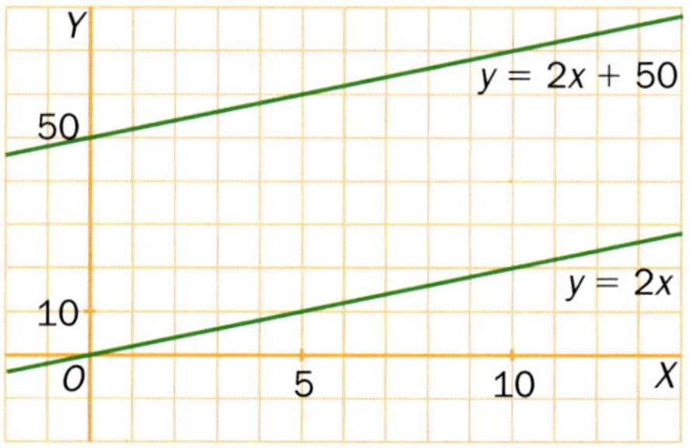

En las funciones de ecuación $\mathbf{y = mx + n}$, el valor de m es la **pendiente**, y el de n, la **ordenada en el origen**.

EJERCICIO RESUELTO

10 **Determina la ecuación de las funciones representadas en la gráfica.**

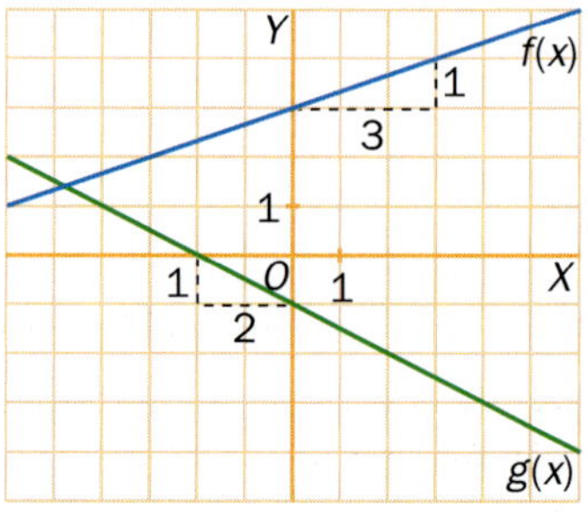

La pendiente de $f(x)$ es $m = \frac{1}{3}$, y la ordenada en el origen, $n = 3$.

$$f(x) = \frac{1}{3}x + 3$$

La pendiente de $g(x)$ es $m = -\frac{1}{2}$, y la ordenada en el origen, $n = -1$.

$$g(x) = -\frac{1}{2}x - 1$$

PARA PRACTICAR

EJERCICIO RESUELTO

11 **Representa las funciones e indica sus características.**

a) $y = 3x - 2$ b) $y = -5x + 3$

a) Se realiza una tabla de valores:

x	y
0	−2
1	1
2	4
…	…

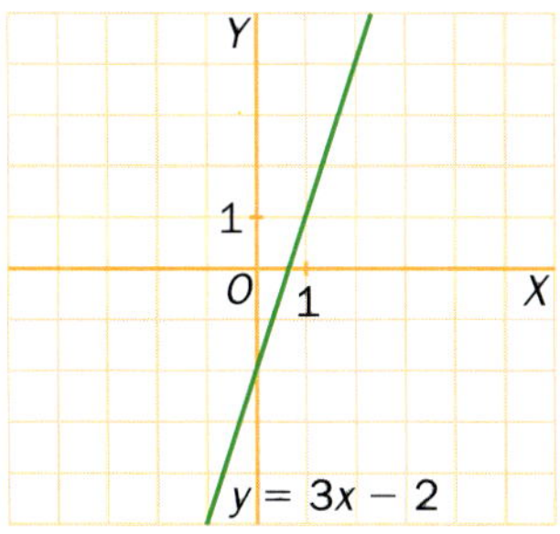

$m = 3$
$n = -2$

b) Se realiza una tabla de valores:

x	y
0	3
1	−2
−1	8
…	…

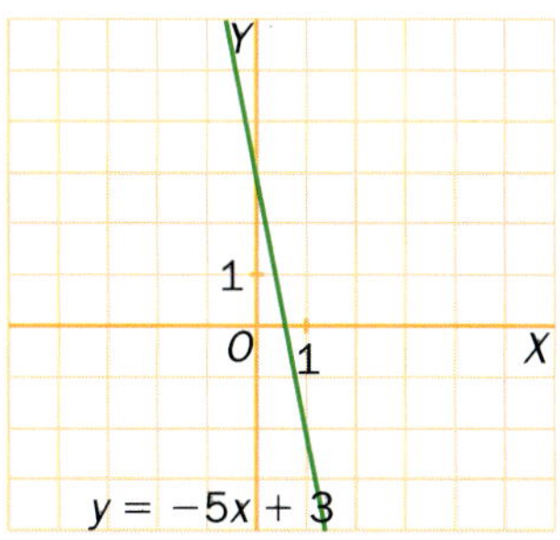

$m = -5$
$n = 3$

12 Representa las siguientes funciones.

a) $y = -x + 3$
b) $y = -x - 7$
c) $y = 2x - 5$
d) $y = \frac{1}{2}x - 8$
e) $y = \frac{1}{2}x + 4$
f) $y = -\frac{1}{3}x + 2$

EJERCICIO RESUELTO

13 **Halla la ecuación de las funciones cuyas gráficas corresponden a las rectas siguientes:**

a) Pasa por $A(3, 2)$ y tiene pendiente -4.

b) Pasa por los puntos $A(1, 2)$ y $B(5, -7)$.

a) De la ecuación $y = mx + n$ se obtiene $y = -4x + n$. Además, A es de la recta:

$2 = -4 \cdot 3 + n \Rightarrow n = 14.$

La ecuación es: $y = -4x + 14$

b) Sustituyendo los puntos en la ecuación $y = mx + n$ se obtiene el sistema.

$\begin{cases} 2 = m \cdot 1 + n \\ -7 = m \cdot 5 + n \end{cases} \Rightarrow m = -\frac{9}{4}$ y $n = \frac{17}{4}$;

La ecuación es: $y = -\frac{9}{4}x + \frac{17}{4}$

14 Halla las funciones cuyas gráficas corresponden a las rectas siguientes.

a) Pasa por el punto $A(-2, 5)$ y tiene pendiente 6.

b) Pasa por los puntos $A(-4, 5)$ y $B(3, -9)$.

15 Halla la pendiente y la ordenada en el origen de las siguientes rectas dadas por sus gráficas.

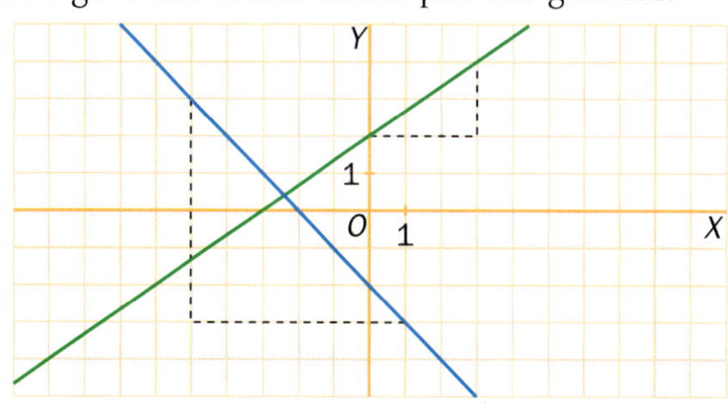

PARA APLICAR

16 El precio en euros que hay que pagar por un viaje en taxi de x kilómetros viene dado por la expresión:

$$y = 2x + 1{,}5$$

a) Forma una tabla de valores para esta función.

b) Representa la función.

17 Una empresa de sondeos cobra un fijo de 3 000 euros y además 60 euros por metro perforado.

a) Realiza una tabla de valores del coste del trabajo en función de los metros perforados.

b) Halla la fórmula de la función que relaciona el importe de los trabajos y los metros perforados.

c) Representa esta función.

18 Se ha determinado que el peso, en gramos, de una pieza de precisión está en función de su longitud, en milímetros, de acuerdo con la expresión:

$$y = 0{,}3 + 1{,}2x$$

a) Forma una tabla de valores para esta función.

b) Representa gráficamente la función.

19 Cuando un espeleólogo se adentra en una cueva, la temperatura aumenta 1 grado centígrado cada 100 metros de profundidad. Si la temperatura en la superficie es de 10 grados centígrados:

a) Realiza una tabla de valores.

b) Halla la fórmula de la función que relaciona la temperatura con la profundidad.

3. Aplicaciones de las funciones lineales

Ejemplo. *Sonia inicia una ruta en bicicleta a 10 kilómetros por hora, y Eva inicia la misma ruta media hora más tarde a 15 kilómetros por hora. ¿A qué distancia del punto de partida se encontrará cada una en función del tiempo transcurrido?*

Pasada una hora, Sonia está a 10 kilómetros del inicio de la ruta, y Eva, que lleva media hora pedaleando, a 7,5 kilómetros.

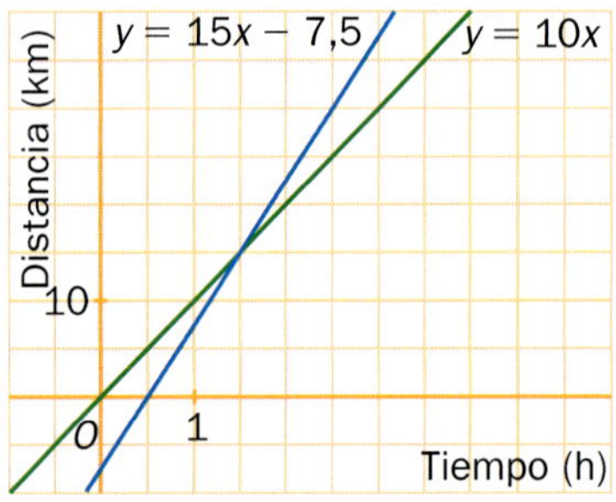

Si han pasado x horas, la distancia y en kilómetros al inicio de la ruta es:

$y = 10x$, para Sonia

$y = 15x - 7{,}5$, para Eva

Observa en la gráfica que Eva alcanza a Sonia al cabo de 1,5 horas y después la adelanta.

Ejemplo. *A partir del recibo bimensual de la luz, determina la función que relaciona el consumo de energía con su coste.*

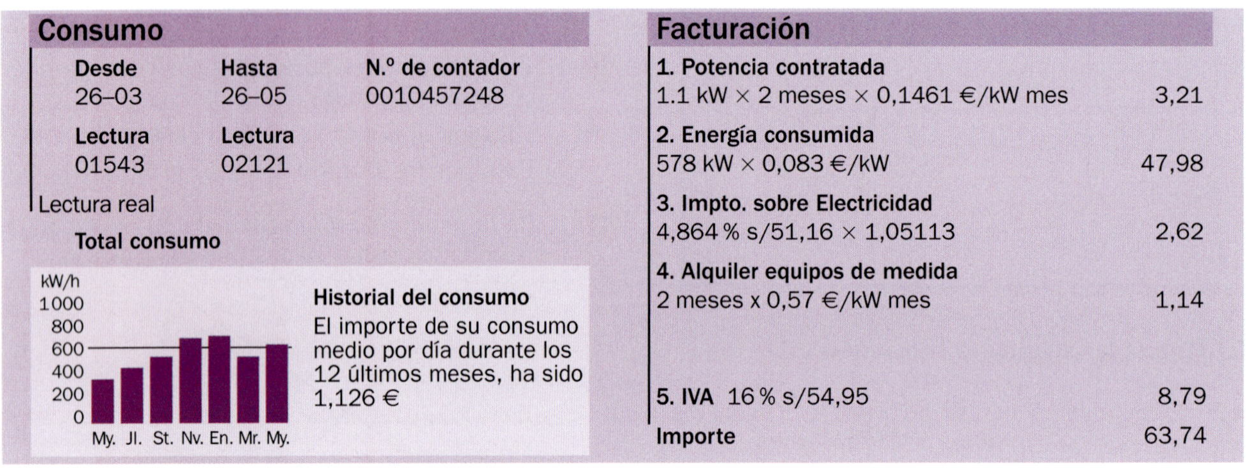

Consumo

Desde	Hasta	N.º de contador
26-03	26-05	0010457248
Lectura	**Lectura**	
01543	02121	

Lectura real

Total consumo

Historial del consumo
El importe de su consumo medio por día durante los 12 últimos meses, ha sido 1,126 €

Facturación

Concepto	Importe
1. Potencia contratada	
1.1 kW × 2 meses × 0,1461 €/kW mes	3,21
2. Energía consumida	
578 kW × 0,083 €/kW	47,98
3. Impto. sobre Electricidad	
4,864 % s/51,16 × 1,05113	2,62
4. Alquiler equipos de medida	
2 meses x 0,57 €/kW mes	1,14
5. IVA 16 % s/54,95	8,79
Importe	63,74

El recibo de la luz, al margen de los impuestos, consta de dos tipos de conceptos: uno fijo, la potencia contratada y el alquiler de los equipos de medida, y otro variable, que depende de la energía consumida.

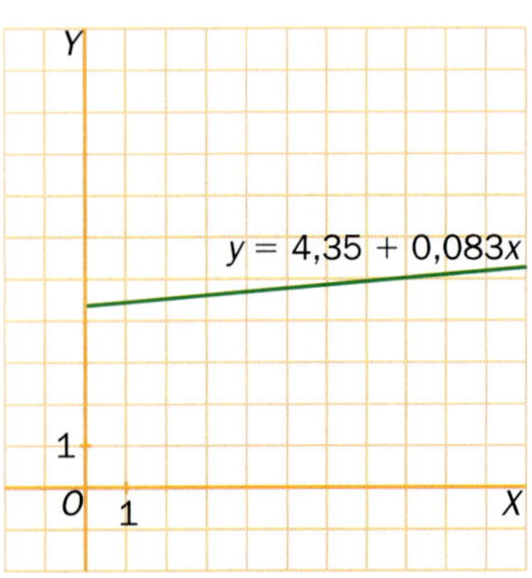

Descontados los apartados 3 y 5, que son impuestos, se observa que por la potencia contratada de 1,1 kilovatios se tiene que pagar 3,21 euros cada 2 meses.

Además, el alquiler del equipo de medida cuesta 1,14 €. Por tanto, en la facturación hay una cantidad fija de 3,21 + 1,14 = 4,35 €.

También se abona 0,083 € por cada kilovatio-hora consumido. Si representamos por x los kilovatios-hora consumidos, la función lineal asociada a esta situación será:

$$y = 4{,}35 + 0{,}083x$$

Las **funciones lineales** se aplican en muchas situaciones reales. Por ejemplo, relaciones entre pesos y precios, entre el tiempo y la distancia recorrida en un movimiento, entre el consumo de un suministro (luz, agua, gas, teléfono...) y su facturación, etc.

PARA PRACTICAR

20 ¿En qué casos la relación entre el peso de un artículo y su precio es de proporcionalidad directa?

a) 

b) 

21 Indica cuáles de las siguientes expresiones corresponden a funciones de proporcionalidad directa.

a) $y = 5x + 1$

b) $y = -3x^2$

c) $y = -\frac{1}{3}x$

d) $y = -x - 1$

22 ¿Cuáles de las siguientes relaciones corresponden a funciones lineales?

a) La relación entre la distancia recorrida por un móvil con velocidad constante y el tiempo que lleva andando.

b) La relación entre la distancia recorrida por un móvil con velocidad variable y el tiempo que lleva andando.

c) La relación entre el importe del recibo del gas y el consumo del mismo.

d) La relación entre la temperatura ambiente y la hora del día.

23 Indica cuáles de las siguientes expresiones corresponden a funciones lineales.

a) $y = x^2 + 1$

b) $y = 2x - 3$

c) $y = 2x^3$

d) $y = -\frac{5}{2}x + 2$

PARA APLICAR

PROBLEMA RESUELTO

24 **La factura del gas consta de dos conceptos: una cuota fija bimensual de 2,40 euros y 0,143 euros por cada metro cúbico consumido.**

a) Elabora una tabla de valores con metros cúbicos consumidos e importe abonado.

b) Dibuja la gráfica de la función.

c) Halla la ecuación de dicha función.

d) Si una familia consumió 116 metros cúbicos, ¿cuál es el importe de su factura?

a)

x	0	1	2	3	4	…
y	2,40	2,543	2,686	2,829	2,972	…

b) 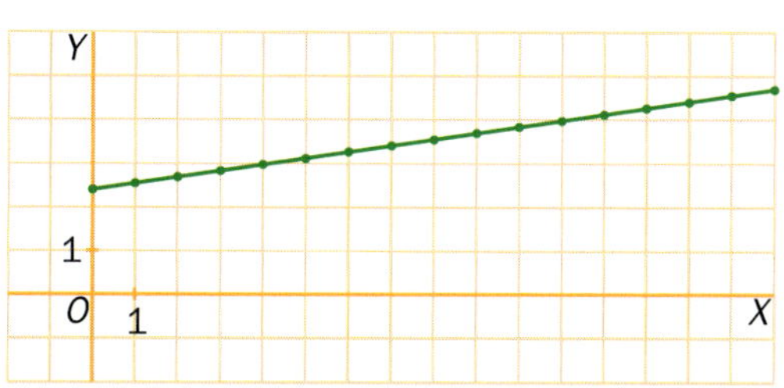

c) Si x son los metros cúbicos consumidos e y el importe en euros de la factura:

$$y = 2{,}40 + 0{,}143x$$

d) Si $x = 116\ m^3 \Rightarrow y = 2{,}40 + 0{,}143 \cdot 116 = 18{,}99$ €

25 Un taller de reparación de ordenadores cobra 20 euros por el desplazamiento y 30 euros por cada hora de trabajo.

a) Elabora una tabla que relacione los minutos de la reparación y el importe abonado.

b) Dibuja la gráfica de la función.

c) Halla la ecuación de dicha función.

d) Si la reparación ha durado 45 minutos, ¿cuál será el importe abonado?

e) Si se ha abonado 45 euros, ¿cuántos minutos duró la reparación?

26 Una empresa de alquiler de coches tiene la siguiente tarifa.

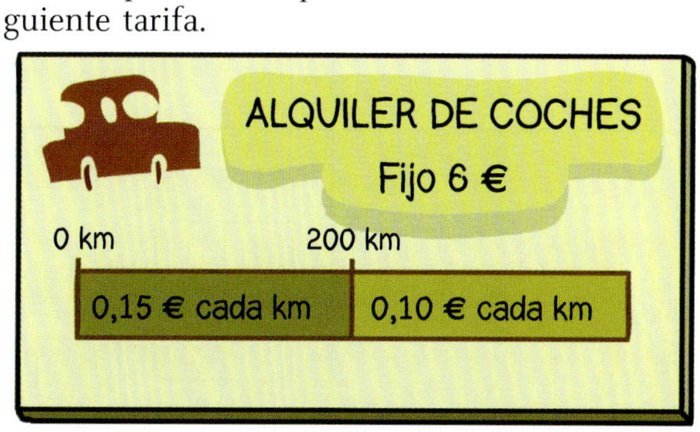

a) Si se ha realizado un viaje de 250 kilómetros, ¿cuánto hay que pagar?

b) Escribe la fórmula de la función que relaciona el número de kilómetros con el precio que hay que pagar.

c) Representa la función del apartado anterior.

4. Los ejes de coordenadas y sus paralelas

El eje *OX* y sus paralelas

Ejemplo. *Representa las funciones* $y = 0$ *e* $y = 3$.

<table>
<tr><th>Ecuación</th><th>Tabla</th><th>Gráfica</th><th>Pendiente</th><th>Ordenada en el origen</th></tr>
<tr><td>$y = 0$
Eje de abscisas</td><td><table><tr><th>x</th><th>y</th></tr><tr><td>2</td><td>0</td></tr><tr><td>1</td><td>0</td></tr><tr><td>−3</td><td>0</td></tr></table></td><td>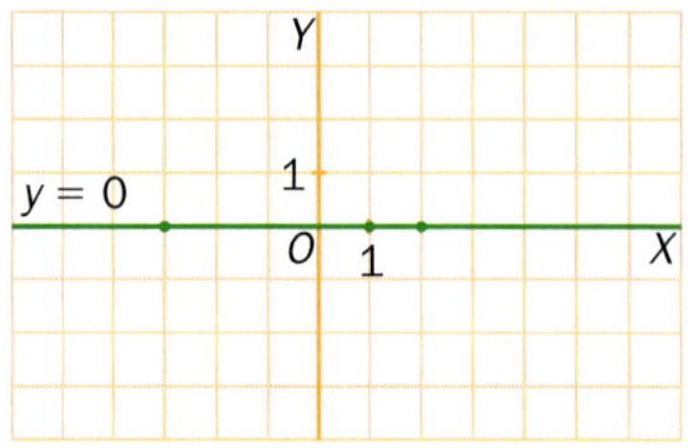
</td><td>$m = 0$</td><td>$n = 0$</td></tr>
<tr><td>$y = 3$</td><td><table><tr><th>x</th><th>y</th></tr><tr><td>2</td><td>3</td></tr><tr><td>1</td><td>3</td></tr><tr><td>−3</td><td>3</td></tr></table></td><td>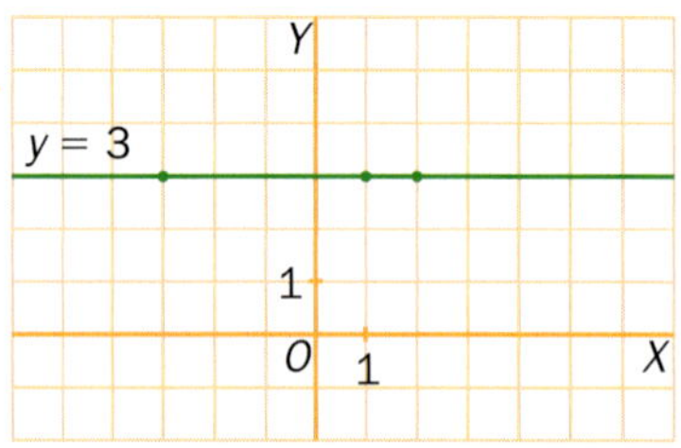
</td><td>$m = 0$</td><td>$n = 3$</td></tr>
</table>

Las gráficas de las **funciones de ecuación $y = k$** son rectas paralelas al eje de abscisas. Estas funciones se llaman funciones constantes.

El eje *OY* y sus paralelas

Ejemplo. *Representa las rectas de ecuación* $x = 0$ *y* $x = 3$.

<table>
<tr><th>Ecuación</th><th>Tabla</th><th>Gráfica</th><th>Descripción</th></tr>
<tr><td>$x = 0$
Eje de ordenadas</td><td><table><tr><th>x</th><th>y</th></tr><tr><td>0</td><td>1</td></tr><tr><td>0</td><td>2</td></tr><tr><td>0</td><td>3</td></tr></table></td><td>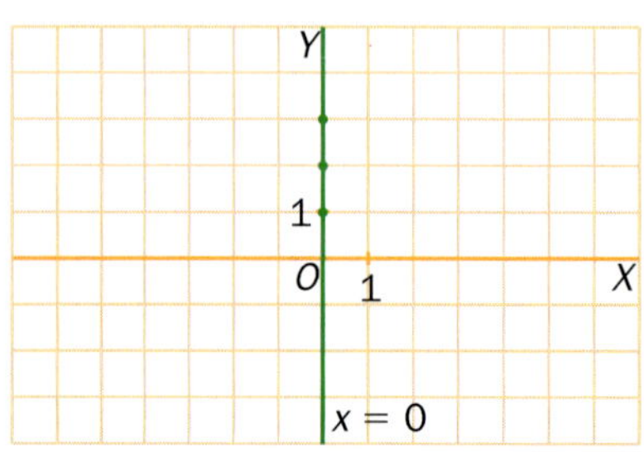
</td><td>Puntos del plano con la primera coordenada nula, es decir, con $x = 0$.</td></tr>
<tr><td>$x = 3$</td><td><table><tr><th>x</th><th>y</th></tr><tr><td>3</td><td>1</td></tr><tr><td>3</td><td>2</td></tr><tr><td>3</td><td>3</td></tr></table></td><td>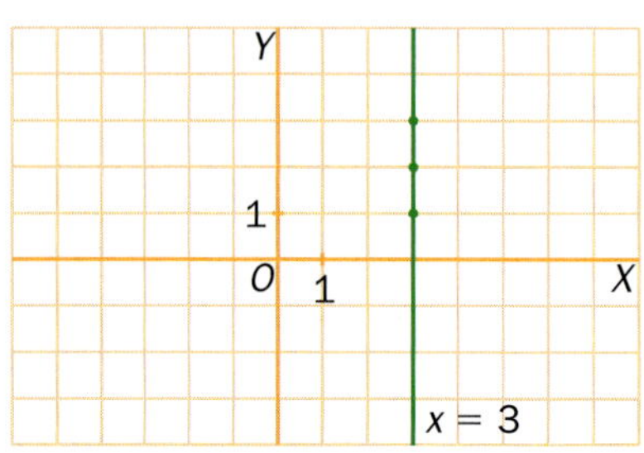
</td><td>Puntos del plano con la primera coordenada igual a 3, es decir, $x = 3$.</td></tr>
</table>

Las **rectas de ecuación $x = k$** son paralelas al eje de ordenadas. No son funciones, pues a un valor de x le corresponden múltiples valores de y.

PARA PRACTICAR

EJERCICIO RESUELTO

27 **Realiza una tabla de valores y dibuja la gráfica de cada una de las siguientes expresiones.**

a) $y = -1$ **b)** $x = 5$

a)

x	y
−2	−1
0	−1
1	−1
3	−1

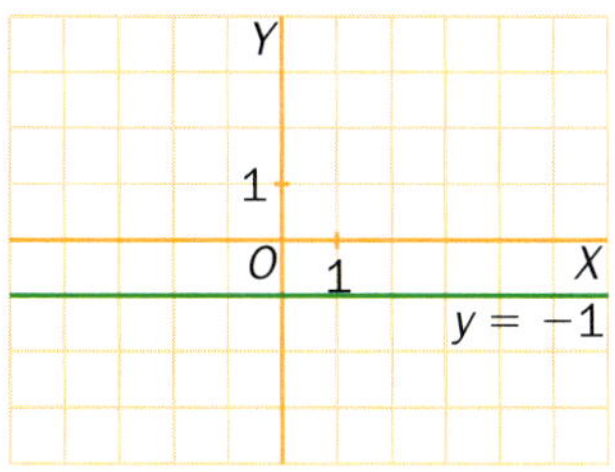

b)

x	y
5	1
5	0
5	2
5	3

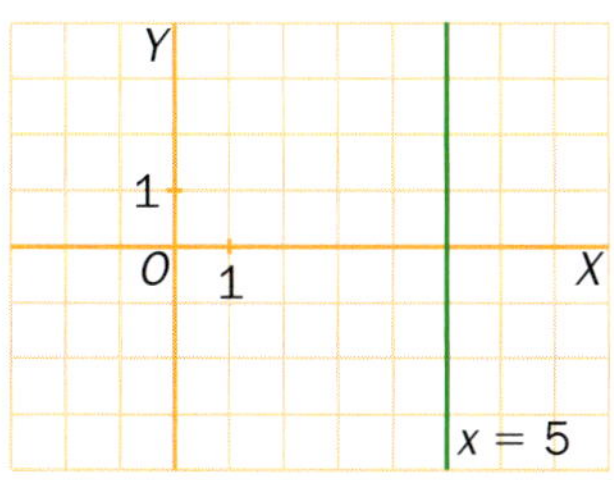

28 Representa las siguientes funciones.

a) $y = 3$ d) $y = \sqrt{3}$

b) $y = 0$ e) $y = -\frac{3}{5}$

c) $y = -2$ f) $y = \frac{3}{7}$

29 Representa las siguientes rectas.

a) $x = 3$ d) $x = \sqrt{3}$

b) $x = 0$ e) $x = -\frac{3}{5}$

c) $x = -2$ f) $x = \frac{3}{7}$

30 Dibuja la gráfica y halla la fórmula de las funciones definidas por las siguientes tablas de valores.

a)

x	1	2	3
y	1	1	1

b)

x	−2	1	2
y	2	2	2

31 Halla la fórmula de las funciones representadas.

a)

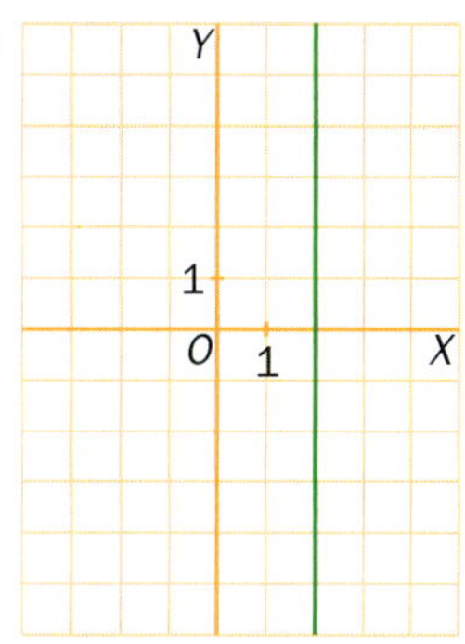

b)

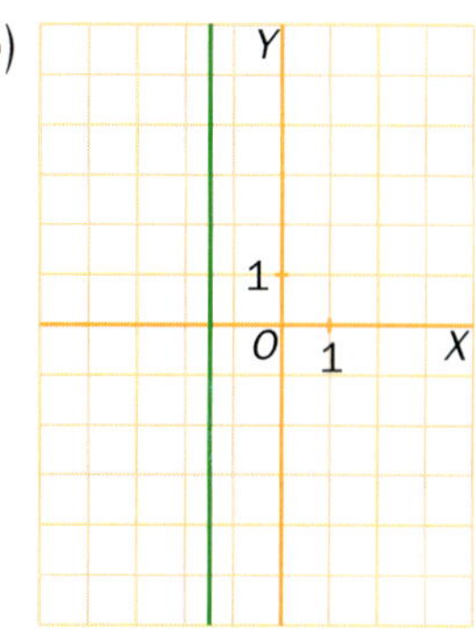

PARA APLICAR

32 Escribe cinco puntos del plano cuya primera coordenada sea −2.

a) ¿Qué expresión general tienen los puntos de abscisa −2?

b) Representa todos los puntos de abscisa −2.

33 Enma, Óscar y Ana viven a 1, 2 y 3,5 kilómetros, respectivamente, del campo de deportes. Para ir a entrenar, los tres toman el mismo autobús, que cuesta 1 euro.

a) Realiza una tabla de valores que asigne el importe en euros que se abona a diferentes distancias en kilómetros.

b) Representa gráficamente estos valores.

c) ¿Cuánto deberá abonar Julia, cuya casa dista 1,9 kilómetros del campo de deportes?

34 Escribe cinco puntos del plano cuya segunda coordenada sea 3.

a) ¿Qué expresión general tienen los puntos del plano de ordenada 3?

b) Representa esta función.

35 Sara, Roberto y Ramón cogen el metro. Cada billete cuesta 1,10 euros. En el trayecto, Sara recorre 5 estaciones; Roberto, 4, y Ramón, 7.

a) Elabora una tabla de valores que exprese el número de estaciones que recorre cada uno y el precio del billete.

b) Realiza la gráfica de la función que asocia al número de estaciones el precio del billete.

c) Escribe la fórmula de la correspondiente función.

5. Paralelismo e intersección de rectas

Paralelismo de rectas

Ejemplo. *Representa en el mismo diagrama las funciones de ecuación* $y = 3x - 1$ *e* $y = 3x + 2$.

Tabla de valores

x	$y = 3x - 1$
−1	−4
0	−1
1	2
…	…

x	$y = 3x + 2$
−1	−1
0	2
1	5
…	…

Representación gráfica

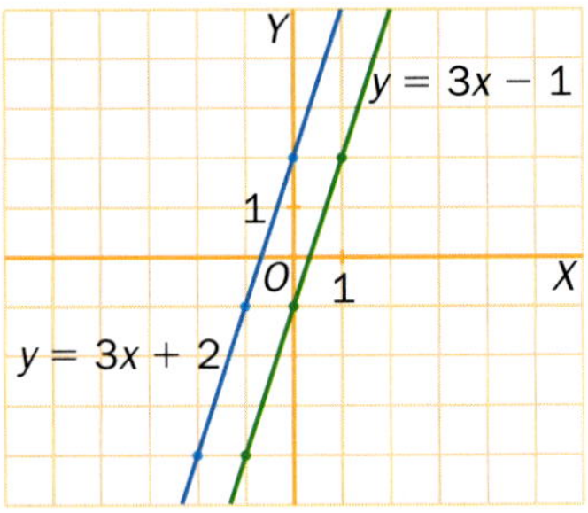

La representación gráfica muestra que las rectas son paralelas. Se observa que:

$$y = 3x + 2 = 3x - 1 + 3$$

Es decir, para cada valor de x, la ordenada de la segunda función es 3 unidades mayor que la ordenada de la primera función. Esto ocurre por tener las dos rectas la misma pendiente.

Dos rectas son **paralelas** si sus pendientes son iguales.

Intersección de rectas

Ejemplo. *Indica si las rectas* $y = \frac{3}{5}x - 1$ *e* $y = -x + 7$ *se cortan.*

Tabla de valores

x	$y = -x + 7$
−1	8
0	7
1	6
…	…

x	$y = \frac{3}{5}x - 1$
−1	$-\frac{8}{5}$
0	−1
1	$-\frac{2}{5}$
…	…

Representación gráfica

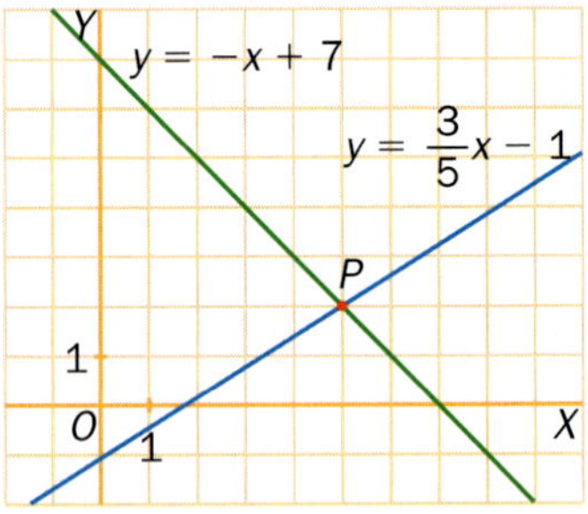

Las rectas son secantes y se cortan en el punto P.

Como el punto P pertenece a las dos rectas, verificará las dos ecuaciones; en consecuencia, las coordenadas del punto P son las soluciones del sistema formado por las dos ecuaciones:

$$\left.\begin{array}{l} y = \frac{3}{5}x - 1 \\ y = -x + 7 \end{array}\right\} \Rightarrow x = 5;\ y = 2$$

El punto de intersección entre las dos rectas es $P(5, 2)$.

Dos rectas son **secantes** si sus pendientes son distintas.

El **punto de corte** de dos rectas secantes se obtiene resolviendo el sistema formado por sus ecuaciones.

PARA PRACTICAR

36 Indica si las siguientes parejas de rectas son secantes o paralelas.

a) $y = -x + 5$ $\qquad y = -x - 2$

b) $y = 5x - 1$ $\qquad y = 3x - 1$

c) $y = \frac{2}{3}x + 7$ $\qquad y = \frac{2}{3}x - 2$

d) $y = -\sqrt{3}x$ $\qquad y = -\sqrt{3}x + 4$

EJERCICIO RESUELTO

37 **Halla la ecuación de una recta que pasa por el punto $A(-3, 5)$ y es paralela a la recta de ecuación $y = -2x + 9$.**

Por ser paralela a la recta dada, tendrá la misma pendiente:

$$m = -2$$

Por tanto, la ecuación de la recta será de la forma

$$y = -2x + n$$

Por pasar por el punto $A(-3, 5)$ se verifica que

$$5 = -2(-3) + n$$

Despejando n se obtiene $n = -1$

Entonces, la ecuación de la recta pedida es

$$y = -2x - 1$$

38 Determina la ecuación de una recta que pasa por el punto $A(2, 6)$ y es paralela a la recta:

$$y = \frac{4}{3}x - 2$$

39 Halla las ecuaciones de las rectas paralelas a los ejes de coordenadas que pasan por $A(-3, -5)$.

40 En cada caso, halla la ecuación de una recta que sea paralela a la recta de ecuación $y = 3x - 7$.

a) Que pasa por el origen de coordenadas.

b) Que pasa por el punto $A(-3, 2)$.

c) Cuya ordenada en el origen es -2.

41 Dada la recta de ecuación $y = 7x - 2$.

a) Escribe las ecuaciones de dos rectas que sean paralelas a ella y no pasen por el origen.

b) Escribe las ecuaciones de dos rectas que sean secantes a la dada.

c) Escribe las ecuaciones de dos rectas que sean secantes a la dada, pero paralelas entre sí.

d) Escribe las ecuaciones de dos rectas con la misma ordenada en el origen que la dada.

42 Halla las coordenadas del punto de intersección de las rectas de ecuaciones:

$$y = -3x + 5 \qquad y = 7x - 2$$

PARA APLICAR

43 Calcula las coordenadas del punto de corte de las diagonales del trapecio de la figura *ABCD*.

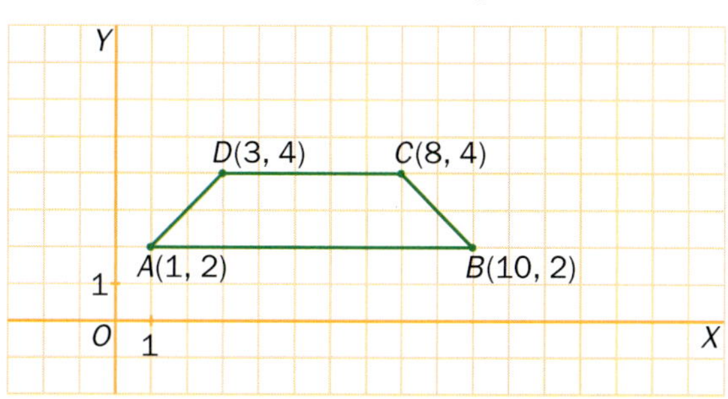

44 Del paralelogramo *ABCD* se conocen las coordenadas de los vértices $A(1, 1)$, $B(8, 3)$ y $D(2, 3)$, pero no las coordenadas del punto *C*.

a) Explica el proceso necesario para calcular las coordenadas del punto *C*.

b) Calcula las coordenadas del punto *C*.

45 Halla las ecuaciones de los lados de un triángulo de vértices $A(2, -1)$, $B(3, 4)$ y $C(7, -3)$.

46 Dado el triángulo de vértices $A(-2, 2)$, $B(4, 6)$ y $C(8, 0)$. Los puntos medios de cada lado tienen de coordenadas $M(6, 3)$, $N(1, 4)$ y $P(3, 1)$.

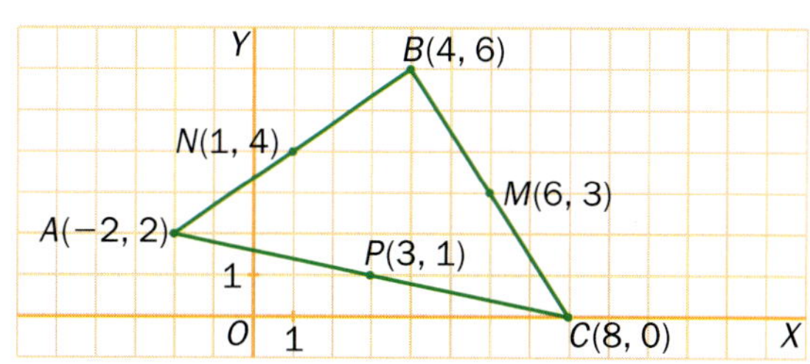

a) Halla las ecuaciones de las medianas *AM* y *BP*.

b) Halla el punto de corte de estas medianas.

c) Comprueba que la mediana *CN* pasa por él.

d) ¿Cómo se llama el punto hallado?

SUBMARINOS Y MURCIÉLAGOS

Velocidad del sonido
en el aire: 340 m/s

Velocidad del sonido
en el agua: 1 500 m/s

¿Dónde están las Matemáticas?

El sonar emite vibraciones de alta frecuencia que al chocar con un objeto rebotan y vuelven hacia el submarino que las emitió. Cronometrando el tiempo que la onda sonora tarda en volver, y utilizando las **funciones lineales**, se puede calcular la distancia a la que está el objeto.

Los murciélagos pueden "ver" con sus oídos a través de un proceso similar al sonar. Los sonidos que emite el murciélago, a muy alta frecuencia, regresan a él después de rebotar en un objeto, y así calcula a qué distancia se encuentra de ese objeto.

¿Cómo se aplican?

La función que expresa el espacio recorrido por el sonido en el agua, en función del tiempo, será:

$$f(x) = 1\,500x$$

donde x son los segundos transcurridos desde que el sonar emitió la vibración.

Como la onda sonora tiene que hacer un viaje de ida y vuelta, la distancia a la que se encuentra el objeto viene dada por la expresión:

$$d(x) = \frac{f(x)}{2} = 750x$$

Por ejemplo, si un submarino recibe una vibración a los 3 segundos de ser emitida, el objeto detectado está a:

$$d(x) = 750 \cdot 3 = 2\,250 \text{ m}$$

PARA APLICAR

47 Construye una tabla que exprese la distancia a la que se encuentra el objeto, si el tiempo transcurrido desde que el submarino emite la onda hasta que recibe su rebote es de 0,3; 1,5; 2,3 y 3,4 segundos, respectivamente.

48 Un murciélago lanza una onda sonora que choca contra una presa y es recibida por el murciélago al cabo de 0,5 segundos. Calcula la distancia a la que se encuentra la presa.

Funciones de proporcionalidad directa

Fórmula

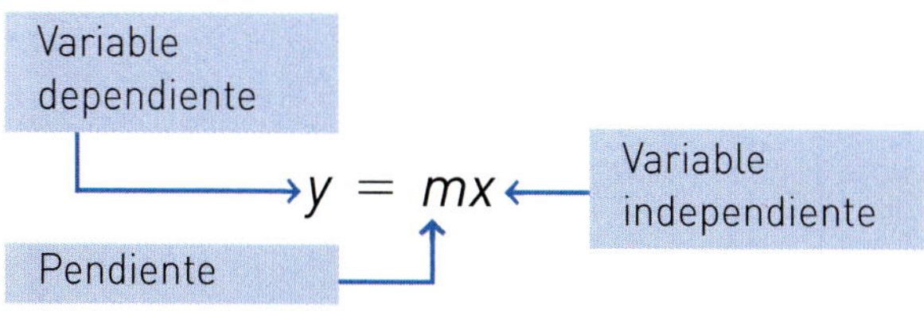

Estas funciones son **lineales**.

Gráfica

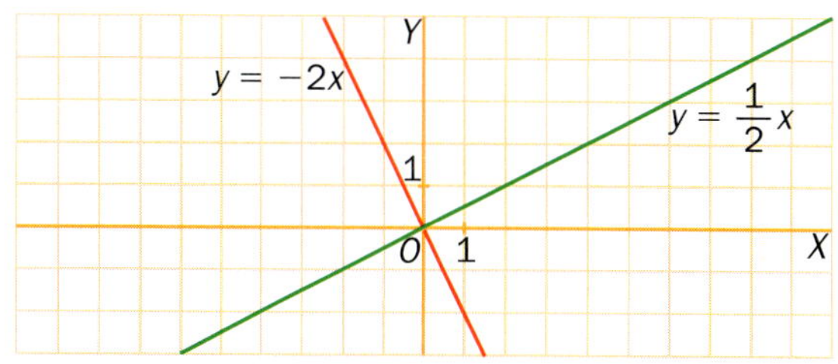

Rectas que pasan por el origen.

Funciones de la forma $y = mx + n$

Fórmula

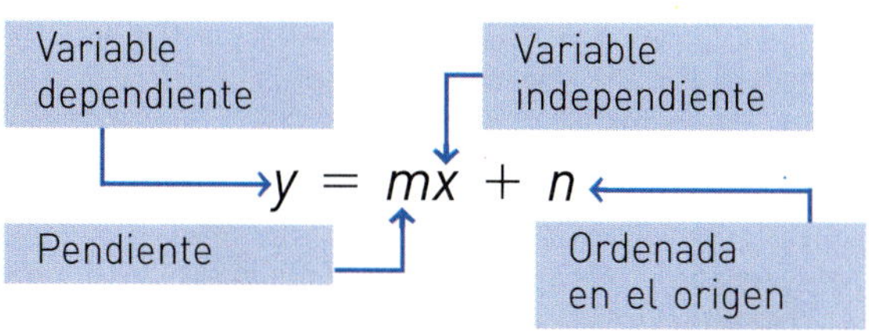

Estas funciones son **lineales**.

Gráfica

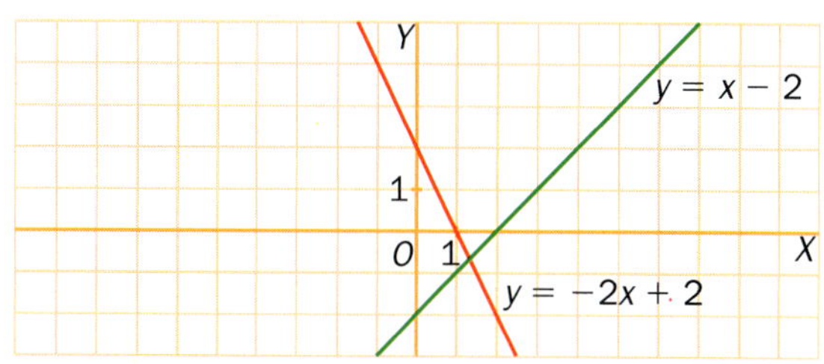

Rectas que no pasan por el origen.

Estudio de la pendiente

Pendiente e inclinación

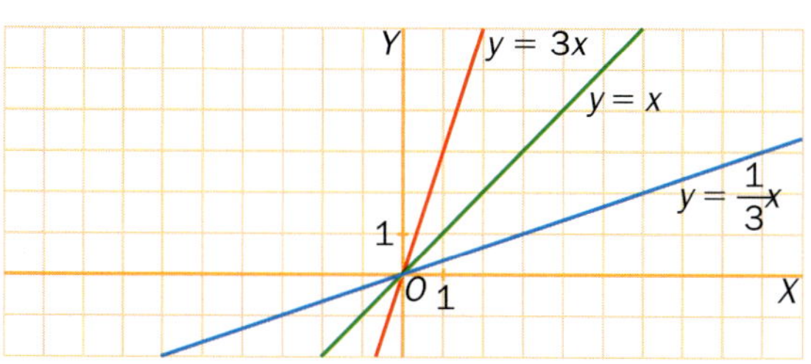

A mayor pendiente, mayor inclinación.

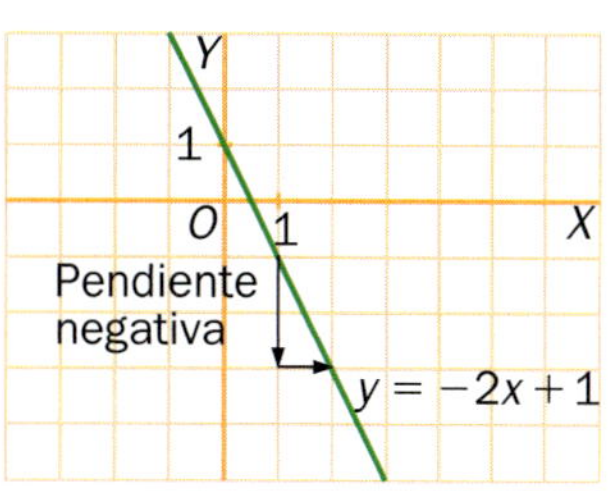

Función decreciente.

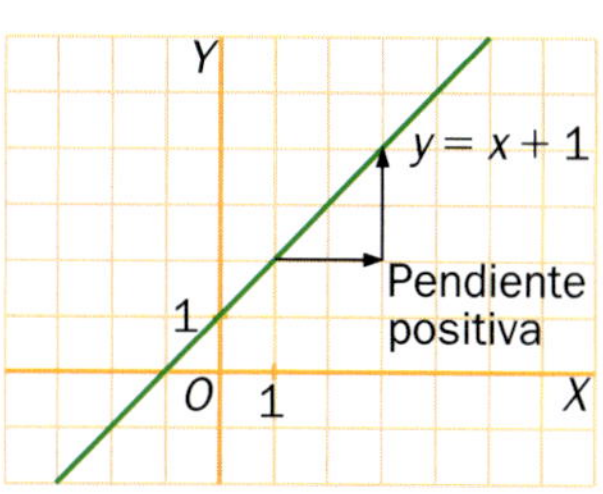

Función creciente.

Rectas paralelas y secantes

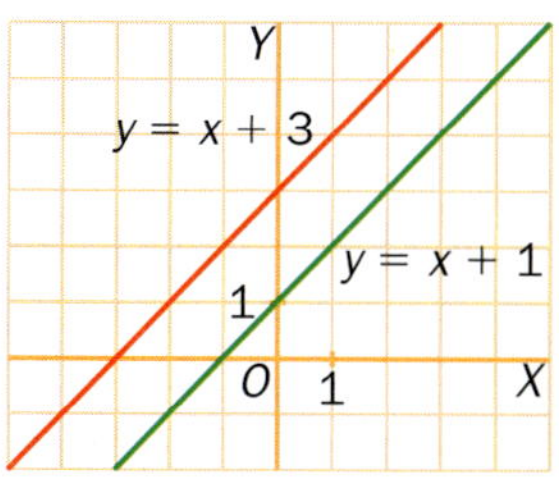

Paralelas: las pendientes son iguales.

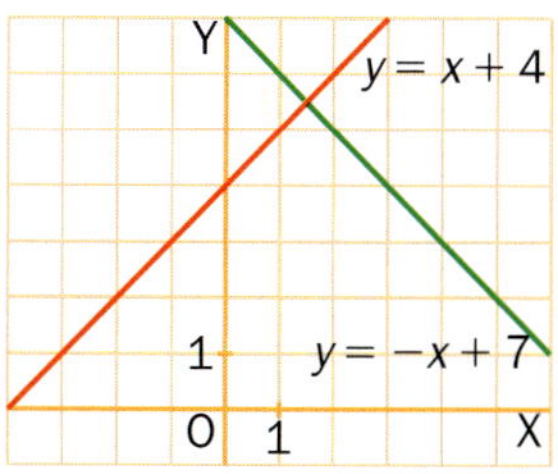

Secantes: las pendientes son distintas.

Los ejes y sus paralelas

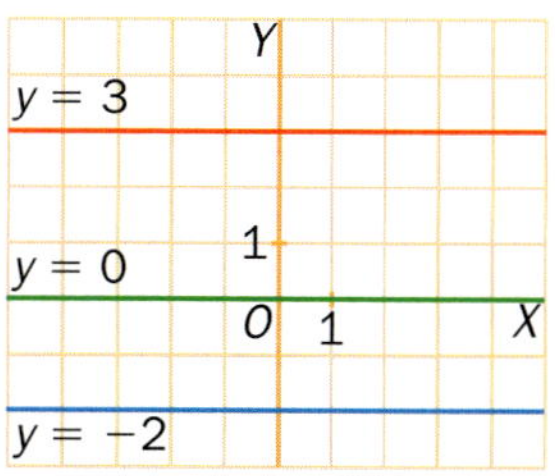

Estas rectas son funciones: $y = k$.

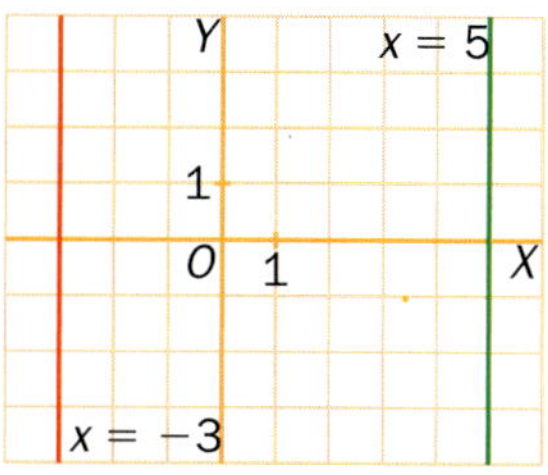

Estas rectas no son funciones: $x = k$.

PARA PRACTICAR Y APLICAR

49 Halla las fórmulas de las funciones correspondientes a las siguientes gráficas.

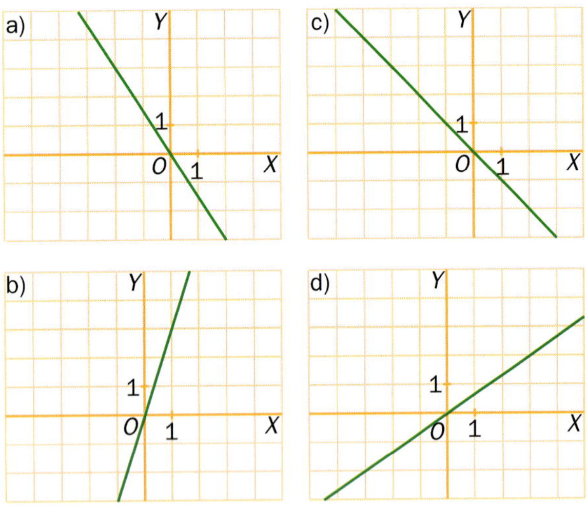

50 Asocia a cada gráfica su fórmula.

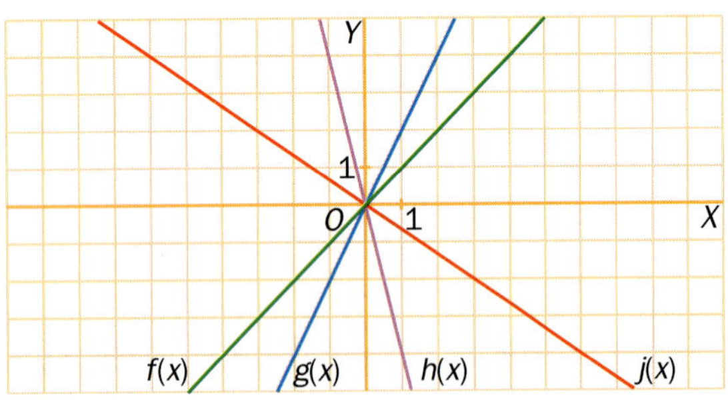

a) $y = 2x$

b) $y = -\frac{2}{3}x$

c) $y = x$

d) $y = -4x$

51 La gráfica de una función de proporcionalidad directa pasa por el punto $A(1, -4)$.

a) ¿Cuál es su ecuación?

b) ¿Pertenecen los puntos $B(3, 6)$, $C(-2, 8)$ y $D(0, 0)$ a la gráfica de la función?

52 Asocia a cada gráfica su pendiente y su ordenada en el origen.

a) $m = -1 \quad n = -2$

b) $m = 3 \quad n = 3$

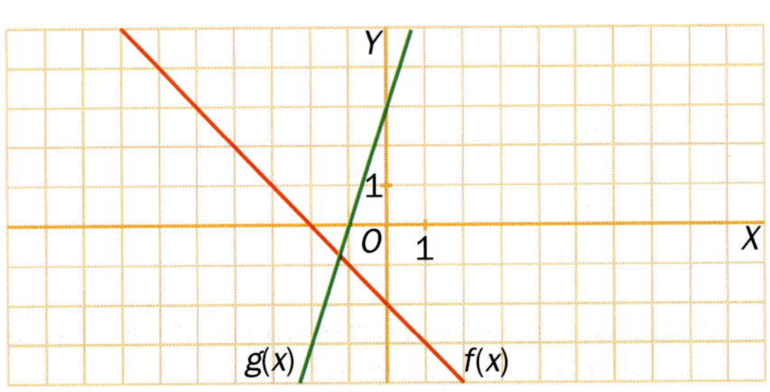

53 Halla en cada caso la fórmula de la función que cumple las siguientes condiciones.

a) Pendiente 3 y ordenada en el origen 2.

b) Pendiente 2 y pasa por $A(1, -3)$.

c) Ordenada en el origen -2 y pasa por $B(-2, 1)$.

54 Halla la fórmula de las siguientes funciones.

a) Su gráfica pasa por $(1, 1)$ y $(-1, 2)$.

b) Su gráfica pasa por los puntos $(-1, 2)$ y $(1, 8)$.

55 De las siguientes rectas dadas por sus ecuaciones, indica cuáles son paralelas.

a) $y = 2x - 3$

b) $y = -3x + 1$

c) $y = 5x + 2$

d) $y = 2x + 5$

56 A la misma hora y en el mismo lugar, se mide la altura de varios árboles y la longitud de su sombra.

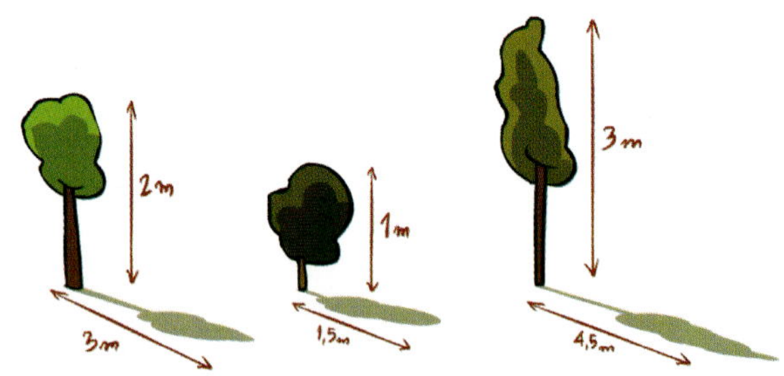

a) Completa la tabla.

Altura (m)	1	2	5	0,5	
Sombra (m)	2				18

b) Dibuja la gráfica que relaciona la altura y la sombra de cada árbol.

57 Un depósito con 5000 litros de agua tiene una rotura por la que pierde 2 litros por minuto. Escribe la fórmula y representa la función que relaciona los litros de agua que quedan en el depósito con el tiempo transcurrido.

58 Un peatón camina 3 metros en 2 segundos. Si continúa andando a esa misma velocidad constante:

a) Halla la función que relaciona el recorrido, en metros, con el tiempo empleado, en segundos.

b) Representa gráficamente esa función.

59 Dibuja la gráfica y halla la fórmula de la función que relaciona la longitud del lado de un triángulo equilátero con su perímetro. Pon en el eje OX los valores del perímetro, y en el OY, los del lado.

PARA REFORZAR

60 Representa las siguientes funciones.

a) $y = 2x - 3$

b) $y = -3$

c) $y = -5x + 2$

d) $y = \frac{1}{2}x$

e) $y = 5$

f) $y = -\frac{2}{5}$

61 Halla la fórmula de las funciones representadas.

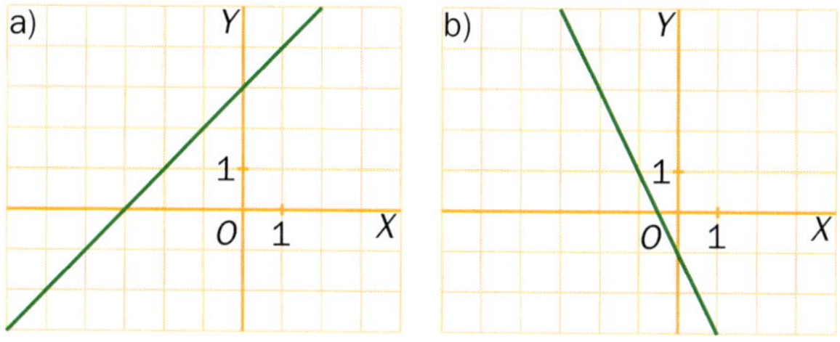

62 Halla la fórmula de las siguientes funciones lineales.

a) Tiene pendiente -1 y ordenada en el origen 2.

b) Los puntos $A(-3, 2)$ y $B(0, 4)$ pertenecen a la gráfica de la función.

c) Tiene pendiente -2 y el punto $A(2, 3)$ pertenece a la gráfica de la función.

63 Indica la pendiente y la ordenada en el origen de las siguientes funciones lineales.

a) $y = -2x + 3$

b) $y = 5x - 7$

c) $y = \frac{1}{3}x - 2$

d) $y = -\frac{5}{7}x + 6$

64 De las funciones del ejercicio anterior, indica cuáles son crecientes y cuáles decrecientes.

65 Representa en los mismos ejes cuatro funciones cuya pendiente sea 3, y cuyas ordenadas en el origen sean las siguientes.

a) $n = -4$

b) $n = 1$

c) $n = -2$

d) $n = 5$

66 Indica si las siguientes funciones son secantes o paralelas.

a) $y = -4x - 6$

b) $y = 5x + 3$

c) $y = 15 - 4x$

d) $y = -5x + 3$

67 Halla el punto de intersección de las rectas de ecuaciones:

$$y = -7x + 3 \qquad y = 6x - 2$$

PARA AMPLIAR

68 La función valor absoluto viene definida del siguiente modo:

$$y = |x| = \begin{cases} -x & \text{si} \quad x < 0 \\ x & \text{si} \quad x > 0 \end{cases}$$

Es un ejemplo de una función definida por dos trozos.

Representa gráficamente esta función.

69 Teniendo en cuenta la definición de valor absoluto vista en el ejercicio anterior, representa las siguientes funciones.

a) $y = |x + 5|$

b) $y = |3x|$

c) $y = |-2x + 4|$

d) $y = |5x - 1|$

70 Dada la recta de ecuación $y = 2x - 3$:

a) Dibuja su gráfica.

b) Dibuja una recta simétrica respecto del eje OX y determina su ecuación.

c) Dibuja una recta simétrica respecto del eje OY y determina su ecuación.

71 Dada la recta de ecuación $y = x + 1$:

a) Dibuja su gráfica.

b) Dibuja la recta trasladada mediante el vector guía $\vec{u} = (-2, 3)$.

c) Halla la ecuación de la recta trasladada.

72 Juan ha estado enfermo con gripe. En la gráfica se describe la evolución de su temperatura con el paso de las horas.

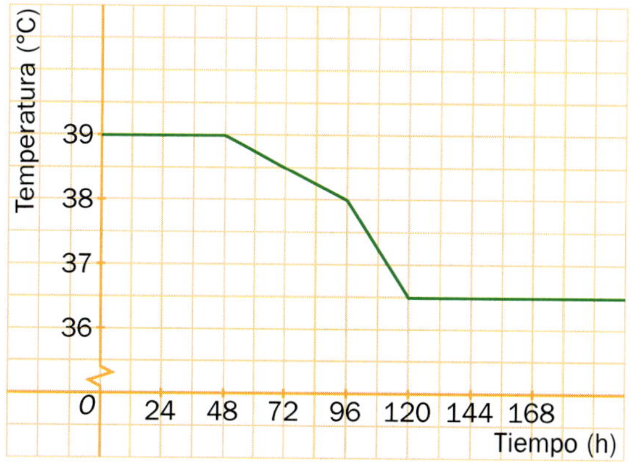

Halla la expresión correspondiente a esta función (observa que hay 4 trozos).

PARA INTERPRETAR Y RESOLVER

73 La fotocopiadora

En un centro escolar se ofrece un servicio de fotocopiadora con los precios que muestra el cartel.

a) Indica el precio que te cobrarán cuando vas a hacer 5, 15, 25 y 50 fotocopias.

b) Elabora una gráfica que represente el precio de un trabajo en función del número de fotocopias.

74 Autopistas y carreteras

Hay tres formas de ir en coche desde la localidad *A* a la *C*.

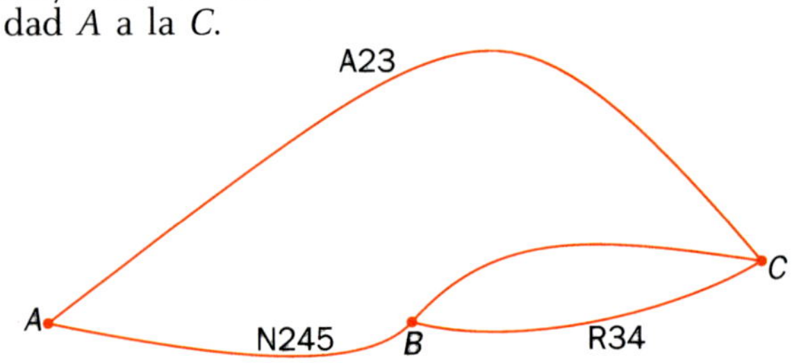

- Autopista A23. La distancia que separa a *A* de *C* por esta vía es de 45 kilómetros. No está permitido circular a más de 120 kilómetros por hora.
- Carretera nacional N245. Esta carretera pasa por la localidad *B*. Las distancias entre *A* y *B* y entre *B* y *C* son de 18 y 14 kilómetros, respectivamente. No está permitido circular a más de 100 kilómetros por hora.
- Carretera N245 de *A* a *B* y, después, la regional R34 de *B* a *C*. Este último tramo tiene 10 kilómetros y no se puede circular a más de 70 kilómetros por hora.

Indica el tiempo que se tardaría en realizar cada trayecto si consideramos que la velocidad media en cada tramo será el 85% de la máxima permitida.

AUTOEVALUACIÓN

1 Por 2,4 kilos de naranjas he pagado 2,16 euros.

a) ¿Cuál es la fórmula que relaciona el peso en kilos y el precio?

b) Realiza una tabla de valores y representa gráficamente la función.

2 Sin representarlas, indica cuáles de las siguientes funciones son crecientes y cuáles son decrecientes.

a) $y = 30x$

b) $y = -75x$

c) $y = -0{,}01x$

d) $y = 37x$

3 Halla la fórmula de cada una de las siguientes funciones.

a) Tiene pendiente 0,5 y ordenada en el origen −3.

b) Tiene pendiente −2 y el punto $A(1, 0)$ pertenece a su gráfica.

c) Los puntos $A(1, 2)$ y $B(3, 4)$ pertenecen a la gráfica de la función.

4 Halla los valores de m y n para que las rectas $y = 7x + n$ e $y = mx - 2$ sean paralelas y la primera pase por el punto $A(2, 1)$.

5 Halla el valor que debe tomar k para que la recta que pasa por los puntos $A(-3, 2)$ y $B(k, 5)$ sea paralela al eje de ordenadas.

¿Cuál es la ecuación de esa recta?

6 Realiza una tabla de valores que relacione la longitud del lado de un cuadrado (variable independiente) con su perímetro (variable dependiente).

Halla la fórmula de esta función y representa su gráfica.

7 Determina cuáles de los siguientes puntos pertenecen a la gráfica de la función de ecuación $y = -\frac{1}{2}x + \frac{3}{2}$.

$A(3, 0)$ $B(1, 1)$ $C\left(-4, -\frac{1}{2}\right)$ $D(7, -2)$

EL MATEMÁTICO... FILÓSOFO

René Descartes(1596 – 1650)

Debido a su mala salud, el francés René Descartes tuvo en el colegio una consideración especial; se le permitía levantarse cuando quería e incorporarse a las clases más tarde que sus compañeros.

Tan necesario era para Descartes levantarse tarde que murió de pulmonía a los tres meses de que la reina de Suecia se empeñara en recibir clases suyas antes del amanecer.

Descartes está considerado como el primer pensador moderno y el padre de la filosofía actual. Licenciado en derecho, estudió medicina y además trabajó en biología, psicología, óptica y astronomía. En su gran obra, *El discurso del método*, trata de dar reglas para conseguir acercarse a la verdad en todos los campos.

... SU IDEA...

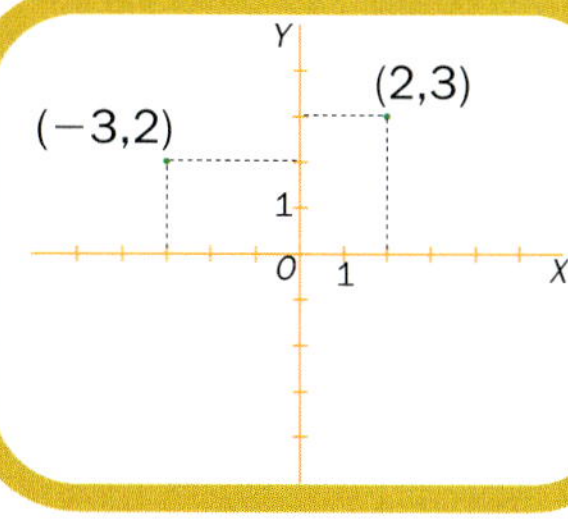

Descartes pensó que un **punto geométrico podía representarse en el plano por medio de sus distancias a dos ejes perpendiculares**; posteriormente se llamaron en su honor "**coordenadas cartesianas**".

Con esta idea logró relacionar la geometría con el álgebra, consiguiendo así estudiar objetos geométricos, como las curvas, por medio de fórmulas o ecuaciones.

... Y SU ÉPOCA

Se escribieron importantes obras literarias: el *Quijote*, de Miguel de Cervantes, y *Hamlet*, de William Shakespeare.

ENTREtenido

LOS BARQUITOS

Cada jugador coloca en el tablero los barcos en la posición que desee, sin que lo vea el adversario. El objetivo del juego es hundir la flota del contrario.

Por turno, se disparan proyectiles dando las coordenadas: (horizontal, vertical).

Hay tres posibilidades:

- El disparo cae al agua: (4, 3).
- El disparo toca parcialmente un barco: (8, 4).
- El disparo hunde un barco: (2, 2).

Gana el jugador que hunda antes la flota del contrario.

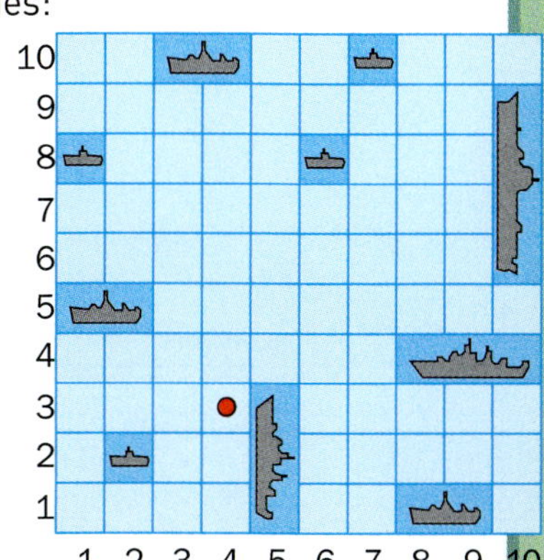

ENTRE interrogantes

¿CÓMO FUNCIONA EL GPS?

Cuando un conductor desea determinar su posición, el GPS emite una señal que es recibida como mínimo por cuatro satélites de una red de 24 que orbitan alrededor de la Tierra. Estos satélites, por medio de fórmulas matemáticas, calculan las coordenadas del vehículo y devuelven la información al GPS, que mediante un programa informático refleja la posición del automóvil en un plano... ¡con un error de menos de cuatro metros!

FUNCIONES LINEALES CON DERIVE

DERIVE

Derive es un programa de Texas Instruments para ordenadores personales que sirve para trabajar con Matemáticas usando las notaciones propias (simbólicas) de esta ciencia. Es un programa capaz de hacer cualquier tipo de operaciones matemáticas y representar curvas y funciones.

Se aprende a usar con mucha facilidad, ya que es muy accesible e intuitivo. En poco tiempo es posible experimentar con casi todas las aplicaciones del programa.

Representa diferentes funciones lineales en los mismos ejes de coordenadas.

1.º Representa la función lineal $y = x + 1$

Para representar con Derive la función lineal $y = x + 1$, sigue los siguientes pasos:

- Escribe la función en el editor de la parte inferior de la pantalla

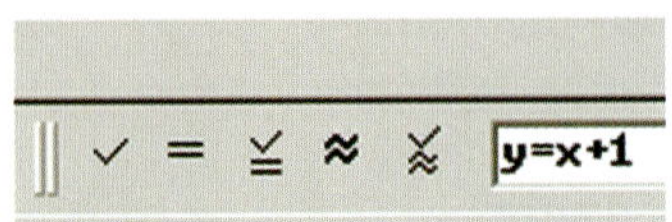

y pulsa la tecla Intro.
La función pasa a la pantalla.

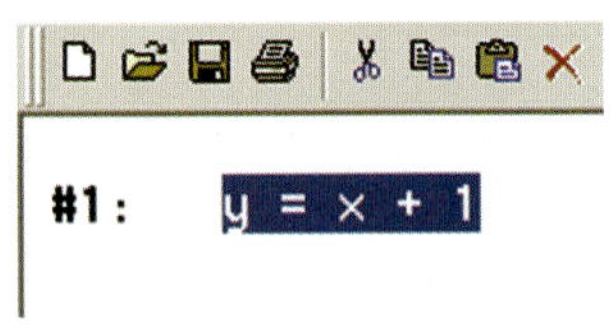

- Pulsa en el icono (Ventana 2D). Se abrirá la ventana gráfica.

- Pulsa en la ventana gráfica sobre el icono (Representar Expresión) y se representará la función $y = x + 1$.

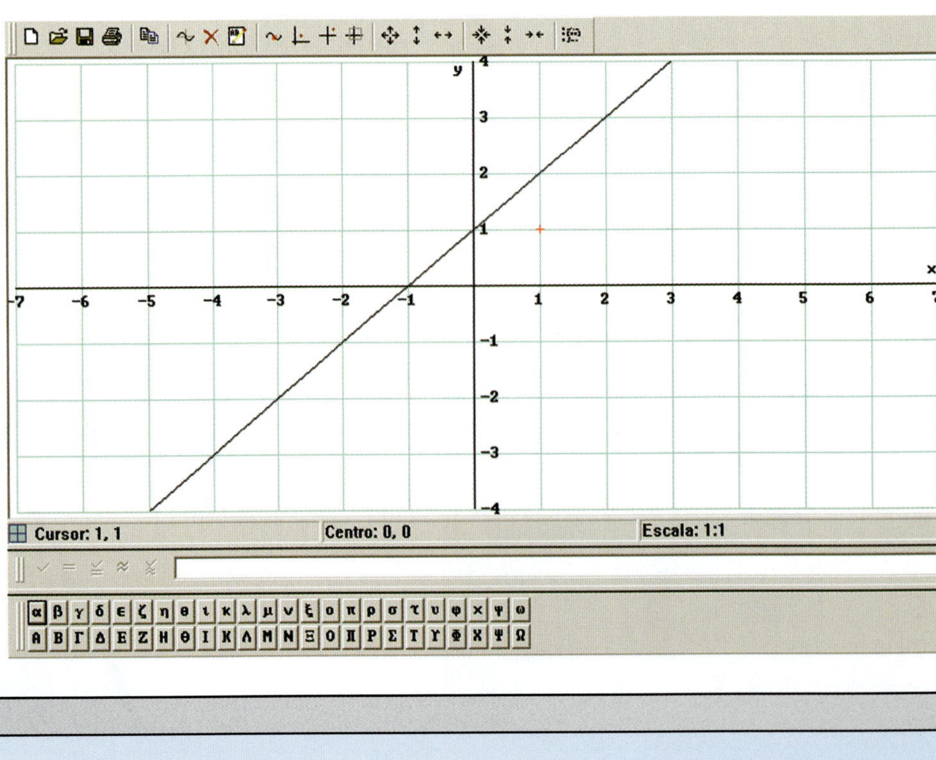

2.º Representa más funciones lineales

Si dejas abierta la ventana gráfica, puedes representar más funciones sin más que escribir las nuevas funciones en el editor de la parte inferior de la pantalla.

En la siguiente pantalla están representadas las funciones lineales: $y = x - 1$, $y = x$, e $y = x + 1$.

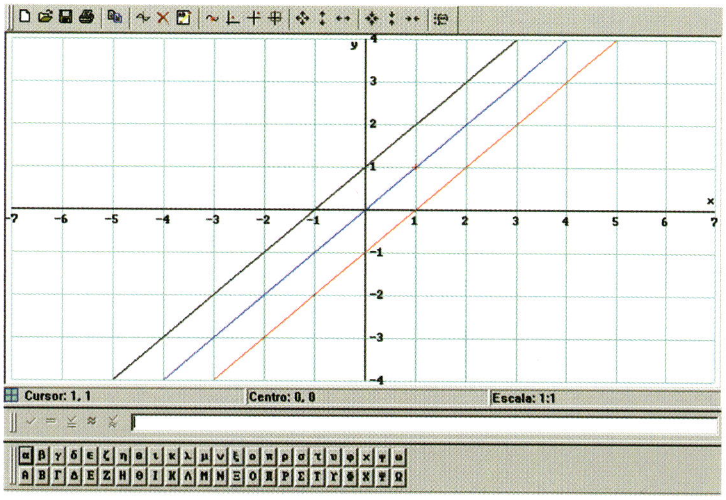

3.º Modifica el aspecto de la gráfica

- Haciendo clic en los iconos (Zoom hacia dentro) y (Zoom hacia fuera), o bien en las teclas F9 y F10, se activa el zoom, con lo que aumenta o disminuye el tamaño de la gráfica.
- Haciendo clic en el menú **Opciones** y **Pantalla**, puedes modificar el aspecto de la ventana gráfica: **Ejes**, **Cursor**, **Rejilla**, **Puntos**, **Color gráfica** y **Color del fondo**.
- Haciendo clic en **Seleccionar** y **Rango de la gráfica**, puedes fijar el dominio y el recorrido de la función.
- Haciendo clic en **Seleccionar** y **Relación de aspecto**, puedes cambiar el tamaño relativo de los ejes, es decir, de *OX* y *OY*.
- Para modificar la fórmula de la función, selecciónala haciendo clic sobre ella #1: y = x + 1, pulsa sobre el botón derecho del ratón y elige **Editar**. En la parte inferior de la pantalla aparece el cursor y puedes cambiar la función.

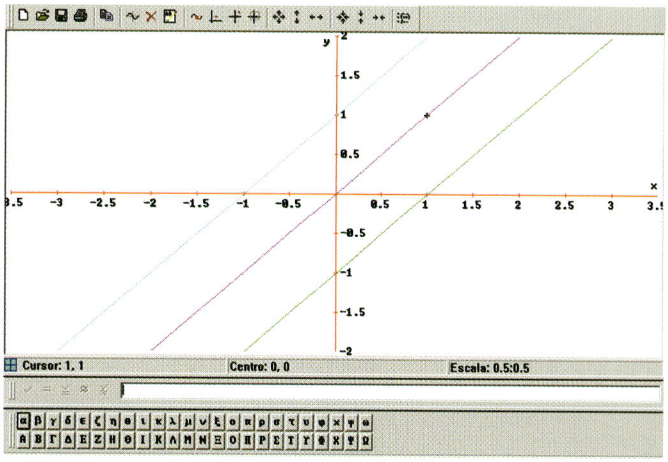

ACTIVIDADES

1. Representa las funciones lineales: $y = x$, $y = 2x$, $y = 3x$, $y = -x$, $y = -2x$, e $y = -3x$, en los mismos ejes de coordenadas.
2. Representa en la misma gráfica las funciones lineales: $y = 2x + 1$, $y = -2x + 1$, e $y = -3$.
3. Representa las funciones lineales: $y = 2x + 15$, e $y = -2x - 10$, en la misma gráfica, y modifica el aspecto de la pantalla para que se vean claramente las dos representaciones.

FUNCIONES CUADRÁTICAS CON DERIVE

DERIVE

Con el programa Derive se puede representar todo tipo funciones: lineales, cuadráticas o cualquier otra, sin importar su dificultad. Las representa dando siempre los mismos pasos que vimos en la representación de las funciones lineales.

Vamos a ver algunos ejemplos de representaciones de funciones cuadráticas y la resolución de un problema utilizando Derive.

I. Representa la función cuadrática $y = 0,3x^2 - 0,7x + 1,3$

Procedemos de forma análoga a como hemos visto anteriormente.

- Escribe la ecuación en el editor de la parte inferior de la pantalla:

  $$\mathbf{y = 0.3x\hat{}2 - 0.7x + 1.3}$$

- Pulsa en el icono (Ventana 2D). Se abrirá la ventana gráfica.
- Pulsa en la ventana gráfica sobre el icono (Representar Expresión) y se representará la función $y = 0,3x^2 - 0,7x + 1,3$.

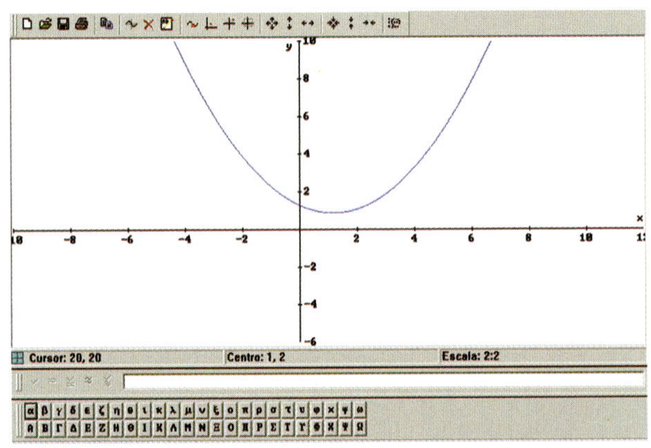

II. Representa la función cuadrática $y = 0,4x^2 - 2,5x + 1,1$

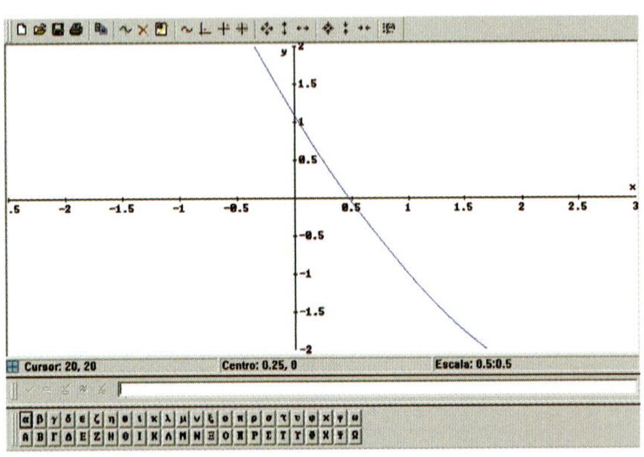

Procede como en el ejercicio anterior, pero escribiendo en el editor la ecuación:

$$\mathbf{y = 0.4x\hat{}2 - 2.5x + 1.1}$$

Si la gráfica no se ve bien, se modifican las condiciones de la pantalla hasta conseguir el aspecto deseado.

En este caso, para que la gráfica se visualice en la pantalla, conviene cambiar el rango:

- Pulsa **Seleccionar** y **Rango de la gráfica**.
- En el cuadro que aparece, introduce en **Horizontal** los valores −2, 14 y 16, y en **Vertical**, −12, 8 y 20.

La gráfica quedará reflejada en el intervalo [−2, 14] para el eje *OX*, y en [−12, 8] para el eje *OY*.

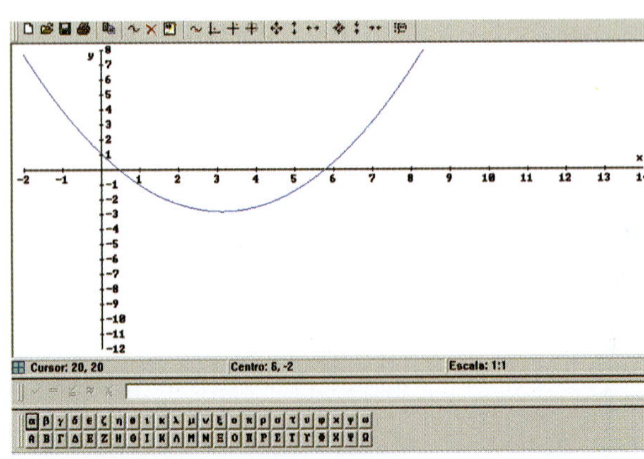

III. Con 30 metros de alambre se quiere construir una cerca rectangular. Halla las dimensiones que debe tener el rectángulo para que el área del recinto sea máxima.

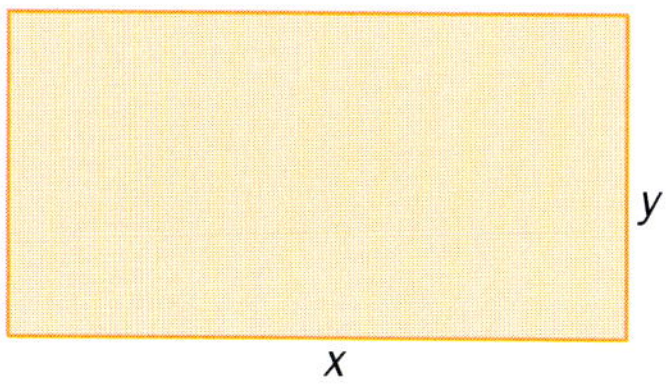

Si x e y son las dimensiones de los lados del rectángulo, su perímetro es: $2x + 2y = 30$

Por tanto: $y = 15 - x$

El área del recinto es: $S = x \cdot y = x \cdot (15 - x)$

Con Derive vamos a calcular el valor de x para el cual la superficie S toma su valor máximo.

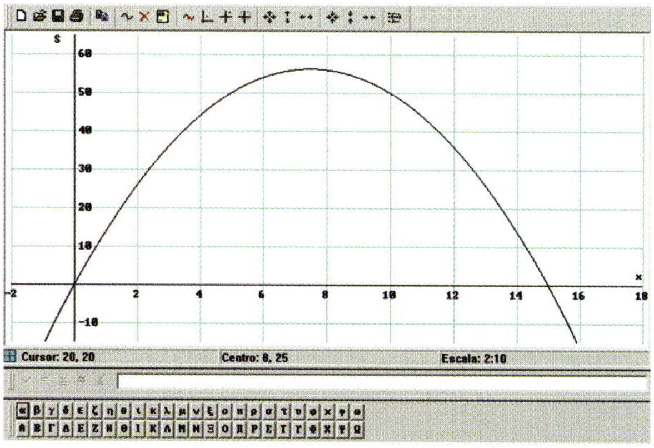

- Representa la función $S = x \cdot (15 - x)$ con el programa *Derive*.
- Para tener una perfecta visualización de la parábola, elige el rango $[-2, 18]$ para el eje OX, y $[-15, 65]$ para el eje OY.
- Para nombrar los ejes, en **Opciones** activa **Pantalla** – **Ejes** – **Títulos**, y escribe x en **Eje horizontal** y S en **Eje vertical**.
- Para ver la gráfica cuadriculada, en **Opciones** activa **Pantalla** – **Rejilla**, y selecciona un color para la cuadrícula.
- Pulsa **Opciones** – **Modo de trazado**. En la gráfica aparece el cursor con forma de cuadrado y las coordenadas de su posición en la parte inferior izquierda de la pantalla.
- Con las teclas ← → desplaza el cursor hasta conseguir la máxima altura.

  En la parte inferior izquierda de la pantalla aparece Cursor: 7.51; 56.25

  El valor máximo de la superficie S es 56,25, y se alcanza cuando $x = 7,51$.

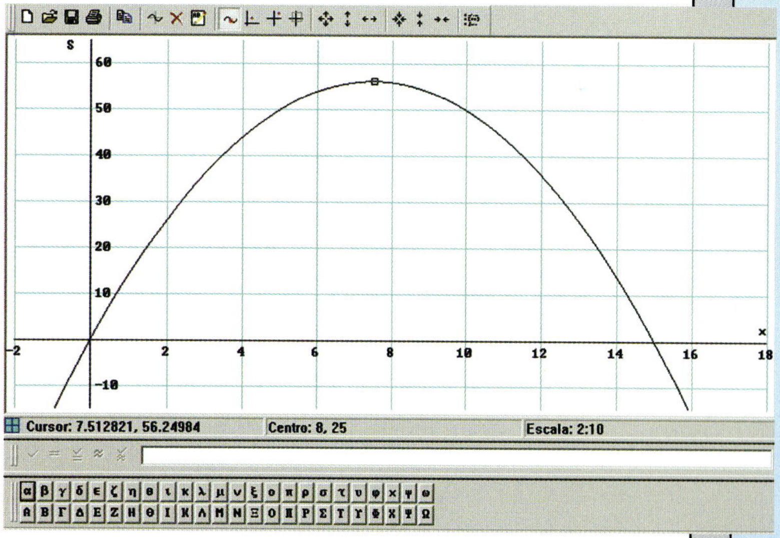

El área máxima se obtiene para $x = 7,51$. Sustituyendo en la ecuación inicial, se obtiene la altura del rectángulo, $y = 7,51$.

En consecuencia, el rectángulo de área máxima que se puede cercar con un alambre de 30 metros es un cuadrado de 7,51 centímetros de lado.

ACTIVIDADES

1. Representa con el programa Derive estas funciones.

a) $y = 0,3x^2 - 1,7$ b) $y = 2,3x^2 + 1,3x - 4,5$

2. Representa en un mismo gráfico las funciones: $y = x^2$, $y = x^2 + 5$, $y = x^2 + 12$.

3. Representa en un mismo gráfico las funciones: $y = x^2$, $y = 5x^2$, $y = 12x^2$.

14 ESTADÍSTICA

El agua es un recurso económico de primera necesidad. Todos tenemos derecho a su utilización y disfrute. Sin embargo, se trata de un bien escaso cuyo gasto hay que racionalizar, ya que la cantidad de agua disponible debe ser suficiente para cubrir las necesidades de la población.

Las decisiones que se toman para mejorar la gestión del agua disponible, se basan en estudios estadísticos sobre los hábitos de utilización del agua por parte de los ciudadanos.

RECUERDA

Frecuencia absoluta de un dato: es el número de veces que aparece dicho dato.

Diagrama de barras: es un gráfico estadístico formado por barras. La altura de cada barra es igual a la frecuencia absoluta del dato que representa.

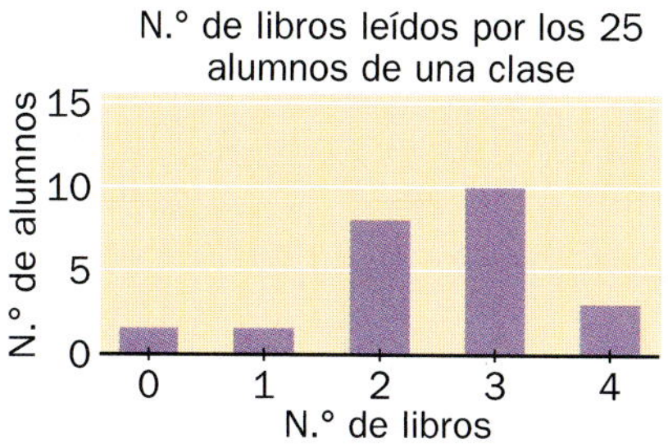

Tanto por uno de un dato: es el cociente entre la frecuencia absoluta del dato y el número total de ellos.

Porcentaje de un dato: es el producto del tanto por uno de dicho dato multiplicado por 100.

El **punto medio de un intervalo** de extremos a y b, es la suma de dichos extremos dividida entre dos.

Para calcular la **media aritmética** de un conjunto de datos numéricos, se suman dichos datos y se divide por el número de ellos.

$$\bar{x} = \frac{x_1 + x_2 + x_3 + \dots + x_n}{n}$$

PARA EMPEZAR

1 En un grupo de 30 alumnos de 3.º de ESO hay 15 que estudian Francés, 9 que estudian Cultura clásica y 6 que estudian Imagen.

a) Indica la frecuencia absoluta correspondiente a cada una de las materias.

b) Calcula el porcentaje de alumnos que cursa cada una de las materias.

c) Elabora un diagrama de barras que represente los datos.

2 Se consideran los números $A = 0{,}85$ $B = 1{,}15$ y $C = 3{,}65$

a) Calcula el punto medio M del intervalo de extremos A y C.

b) Halla el punto medio N del intervalo de extremos B y M.

c) Un intervalo tiene por extremos N y P y su punto medio es M. ¿Cuál es el valor de P?

3 Las tres viviendas del primer piso de un edificio tienen un gasto diario de agua de 1,05; 1,30 y 1,55 metros cúbicos y las tres del segundo gastan 1,25; 1,30 y 1,35 metros cúbicos.

a) ¿Cuál es la media aritmética del gasto de las tres viviendas para cada uno de los dos pisos?

b) A la vista de los datos de cada piso, ¿podrías aportar algún tipo de información que los diferencie?

1. Población y muestra

Se quiere hacer un estudio sobre los hábitos de consumo de agua de los habitantes de una gran ciudad.

Como el número de viviendas es demasiado grande y estudiar el gasto de todas sería demasiado costoso y complicado, se elige solo una parte de ellas.

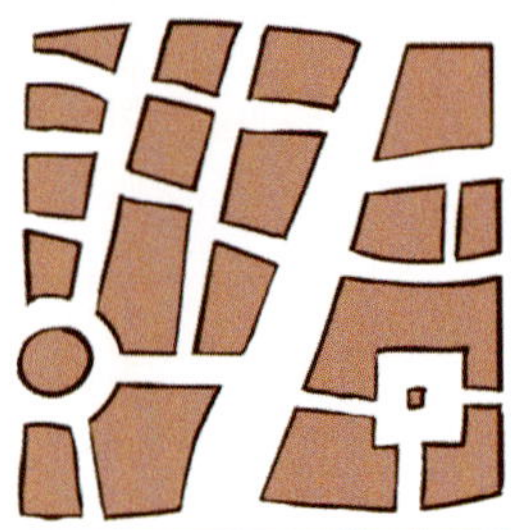

El conjunto de todas las viviendas es la población.

La parte elegida se denomina muestra.

Población es el conjunto de todos los elementos sobre los que se quiere realizar un estudio estadístico.

Una **muestra** es cualquier parte de la población.

Para que los resultados obtenidos en las viviendas elegidas sean verdaderamente representativos del conjunto de la población, es necesario que la muestra se elija con cuidado. Esta elección se denomina **muestreo**.

Si el muestreo se realiza por sorteo, se denomina **aleatorio simple**.

Si además la población está dividida en estratos que clasifican sus elementos (por ejemplo, por edad, tipo de trabajo o sexo) y se conocen sus proporciones, conviene respetar esta relación en la muestra elegida. En este caso se trata de un muestreo **aleatorio estratificado**.

Encuestas

En algunas ocasiones, para realizar estudios estadísticos es necesario realizar una encuesta previa.

Las preguntas de una encuesta deben cumplir las siguientes características:

- Tienen que ser claras y precisas.
- No deben ser muchas.
- No deben inducir a la respuesta.
- Tienen que ser sencillas de responder.

Caracteres estadísticos

Ejemplo. *Se quiere realizar un estudio estadístico sobre los alumnos de una clase de 3.º de ESO. Indica distintos aspectos que puedan interesar para este estudio y, en cada uno, sus posibles resultados y si se pueden expresar mediante números o no.*

- Deporte que practican. Sus posibles resultados son: fútbol, baloncesto, atletismo, etc. No se pueden expresar con números.
- Número de hermanos. Sus posibles resultados son valores aislados; por ejemplo: 0, 1, 2, 3 ..., que se expresan con números.
- Horas de estudio. Sus posibles resultados son valores de un intervalo; por ejemplo [0, 4] y también se expresan con números.

Un **carácter** estadístico es un aspecto de la población que se puede observar. A las diferentes variantes que puede tomar un carácter se les denomina **modalidades del carácter**.

Un carácter es **cualitativo** si sus modalidades no se pueden expresar por números y **cuantitativo** cuando sí se pueden expresar. Los caracteres cuantitativos se denominan **variables estadísticas**.

Problema resuelto

1 **Un Ayuntamiento quiere realizar un estudio estadístico sobre las preferencias deportivas de los 5 900 jóvenes de su ciudad. Si de ellos 3 050 son chicas y 2 850 chicos y se quiere tomar una muestra de 236 jóvenes, ¿cuántas chicas y cuántos chicos se deberán elegir?**

Para que se mantenga la proporción de unas y otros se deberá elegir al azar el siguiente número de chicas y de chicos.

Chicas: $\frac{3\,050}{5\,900} = \frac{x}{236} \Rightarrow x = \frac{3\,050 \cdot 236}{5\,900} = 122$ Chicos: $\frac{2\,850}{5\,900} = \frac{x}{236} \Rightarrow x = \frac{2\,850 \cdot 236}{5\,900} = 114$

PARA PRACTICAR

EJERCICIO RESUELTO

2 **En cada uno de los siguientes estudios estadísticos, indica cuál es la población, si consideras necesario elegir una muestra y el carácter estadístico y su tipo.**

a) Las horas diarias de sueño de los habitantes de una provincia.

b) Las preferencias literarias de las personas mayores de edad que viven en un edificio.

a) La población está formada por todos los habitantes de esa provincia. Al ser numerosa, se deberá elegir una muestra para realizar el estudio estadístico.

El carácter es las horas de sueño. Se trata de un carácter cuantitativo.

b) La población está formada por los mayores de edad que viven en ese edificio. Al no ser demasiado numerosa dicha población, no será necesario elegir una muestra, ya que se podrá preguntar a todos los individuos de la misma.

El carácter estadístico es la preferencia literaria. Se trata de un carácter cualitativo.

3 En cada uno de los siguientes estudios estadísticos, indica cuál es la población y si consideras necesario elegir una muestra para llevar a cabo el estudio.

a) La altura de los compañeros de tu clase.

b) La altura de todos los alumnos de una cierta comunidad autónoma que cursan 3.° de ESO.

c) La duración de las pilas de una determinada marca.

4 En los siguientes casos, indica la población, el carácter a observar y si se trata de un carácter cuantitativo o cualitativo.

a) Tiempo que tardan en nadar 50 metros un grupo de alumnos en una piscina municipal.

b) Deporte preferido por los miembros de una familia.

c) Profesiones de los padres y madres de un grupo de amigos.

d) Número de veces por mes que van al cine 50 jóvenes de 15 años.

e) Preferencias políticas ante unas elecciones.

f) Cantidad de lluvia caída durante los últimos doce meses en una localidad.

PARA APLICAR

5 En cada uno de los siguientes estudios estadísticos, indica cuál es el carácter que se quiere observar, de qué tipo es y las modalidades que puede tomar.

a) Medio de transporte utilizado por los alumnos de un centro escolar, para llegar a clase cada mañana.

b) Tiempo utilizado por los matriculados en un polideportivo para practicar deporte.

c) Aparatos de televisión que poseen las 250 familias de una pequeña localidad.

d) Días al año de vacaciones que disfrutan los trabajadores de una empresa.

e) Porcentaje de mujeres que pertenecen a cada uno de los parlamentos de las comunidades autónomas.

6 Una población está dividida en dos núcleos urbanos en los que viven 5 525 y 6 175 habitantes, respectivamente.

¿Cómo se deberá elegir una muestra de 180 personas, si se quiere guardar la proporción de los habitantes de uno y otro núcleo?

7 La siguiente tabla muestra la población de las provincias de Castilla La Mancha. Se quiere realizar un estudio estadístico sobre los hábitos de los ciudadanos en materia de reciclaje de basuras y, para ello, se va a encuestar a 1 500 personas.

Albacete	379 448
Ciudad Real	492 914
Cuenca	204 546
Guadalajara	193 913
Toledo	578 060

¿Cuántas personas de cada provincia deberán ser elegidas, si se quiere que la muestra guarde las proporciones que se dan en la población total?

8 Para realizar un estudio estadístico sobre una población de 6 000 individuos, se ha tomado una muestra formada por 20 niños, 40 adolescentes y 60 adultos.

¿Cuántos niños, adolescentes y adultos hay en la población total, si se sabe que se han guardado las proporciones al elegir la muestra?

2. Recuento y tablas de frecuencias

Ten en cuenta

Para contar los datos se debe seguir una técnica adecuada. Por ejemplo cada vez que aparece un dato se traza una barra.

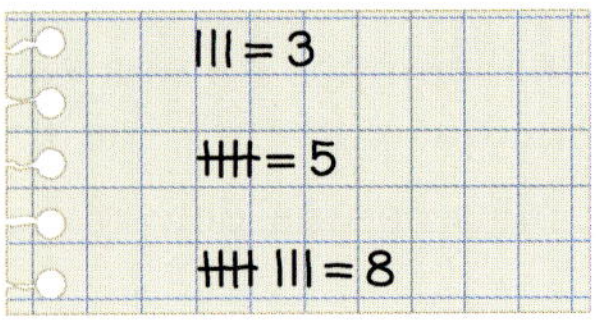

Recuento y tabla de frecuencias de datos simples

Ejemplo. *En una población, se ha elegido una muestra formada por 50 individuos y se les ha preguntado el número de veces que asisten al teatro en un mes. Los resultados que se han obtenido son estos.*

0 1 2 1 0 2 0 1 1 1 1 0 0 1 0 3 1 1 1 1 0 1 0 1 1

1 1 2 1 0 2 1 1 0 1 1 1 1 1 0 1 1 1 1 2 1 1 1 1 1

Efectúa un recuento de los datos y ordénalos en una tabla que muestre las frecuencias absolutas, los tantos por uno y los porcentajes de cada dato. ¿Cuántas personas van dos veces al teatro?, ¿qué porcentaje de personas no asisten ninguna vez?

Número de veces que asisten al teatro x_i	Frecuencia absoluta f_i	Frecuencia relativa h_i	Porcentaje
0	11	$11:50 = 0{,}22$	22 %
1	33	$33:50 = 0{,}66$	66 %
2	5	$5:50 = 0{,}10$	10 %
3	1	$1:50 = 0{,}02$	2 %
	50	1	100 %

Observando la tabla se sacan conclusiones, como que hay 5 personas que van dos veces al teatro o que el 22 % no va nunca.

Se llama **frecuencia absoluta** de un dato o modalidad al número de veces que se repite ese dato. Se representa por f_i.

Se llama **frecuencia relativa** de un dato al tanto por uno de dicho dato. Se representa por h_i.

Recuento y tabla de frecuencias de datos agrupados

Ejemplo. *Se quiere realizar un estudio sobre la longitud de una cierta clase de tornillos. Para ello, se ha elegido al azar una muestra de 32 y se han obtenido los siguientes resultados en milímetros.*

161 171 167 172 170 170 165 169 170 169 172 162 169 166 174 178

167 169 168 176 169 162 168 167 175 168 164 179 172 167 170 173

Haz un recuento de los datos agrupándolos en cuatro intervalos de 5 centímetros de amplitud. Elabora una tabla en la que se muestren los puntos medios y las frecuencias absolutas y relativas de cada intervalo.

Longitud x (mm)	Marca de clase x_i	Frecuencia absoluta f_i	Frecuencia relativa h_i
$160 \leq x < 165$	162,5	4	0,125
$165 \leq x < 170$	167,5	14	0,4375
$170 \leq x < 175$	172,5	10	0,3125
$175 \leq x < 180$	177,5	4	0,125

Conviene que el número de clases no sea excesivo y que todas tengan la misma longitud.

Si existe un número grande de valores diferentes, los datos se agrupan en **clases** o **intervalos**.

La **marca de clase** es el punto medio de dicha clase. Representa a todos los datos incluidos en ella.

PARA PRACTICAR

9 Con los siguientes datos, elabora una tabla de frecuencias absolutas y de frecuencias relativas.

0	2	4	1	0	2	3	3	1	0
4	2	3	0	1	4	2	4	1	0
5	2	1	3	0	4	2	4	3	5
1	2	3	4	0	1	2	3	2	1
3	2	0	1	4	2	3	1	2	0

10 Las posibles respuestas a una encuesta son:

MB: Muy bueno; *B*: Bueno; *R:* Regular; *M*: Malo; *MM*: Muy malo.

Las respuestas obtenidas de 50 personas encuestadas han sido las siguientes.

R	*B*	*MB*	*M*	*R*	*R*	*MM*	*MB*	*M*	*R*
R	*MM*	*R*	*B*	*R*	*MB*	*R*	*B*	*R*	*MB*
R	*M*	*R*	*B*	*R*	*MB*	*R*	*R*	*B*	*R*
MM	*R*	*R*	*B*	*R*	*R*	*M*	*R*	*B*	*R*
MM	*R*	*B*	*R*	*R*	*MB*	*M*	*R*	*MB*	*M*

a) Ordena los datos en una tabla en la que aparezcan las frecuencias absolutas y relativas.

b) ¿Cuántas personas contestan *M* o *MM*?

c) ¿Qué porcentaje de personas contestan *B* o *MB*?

EJERCICIO RESUELTO

11 **Agrupa los siguientes datos en una tabla formada por cinco clases e incluye en dicha tabla las marcas, las frecuencias absolutas y las relativas.**

10	11	16	11	15	12	12	13	14	12
11	13	10	17	13	13	19	17	14	15
14	12	12	14	16	10	17	18	16	14
16	15	18	19	18	19	11	11	16	11
18	10	11	14	13	10	16	19	17	11

Todos los datos se encuentran entre 10 y 20. Por tanto, se deberán considerar cinco clases de amplitud: $\frac{20-10}{5} = \frac{10}{5} = 2$

Clases	Marca x_i	f_i	h_i
$10 \le x < 12$	11	13	0,26
$12 \le x < 14$	13	10	0,2
$14 \le x < 16$	15	9	0,18
$16 \le x < 18$	17	10	0,2
$18 \le x < 20$	19	8	0,16
		50	1

12 La siguiente lista está formada por veinte números comprendidos entre el 1 y el 13.

1,1	3	6,2	10,3	4	12	7	4,4	5	8,3
11	6	5,4	2,5	7,5	8	8,6	3	5,7	9

Ordena y agrupa los datos en una tabla de frecuencias absolutas y relativas, con tres clases.

PARA APLICAR

13 El número de capítulos que tienen 30 novelas diferentes es:

6	8	7	9	10	10	7	10	10	8
7	8	8	10	10	7	9	8	10	10
8	6	8	7	9	8	8	8	6	7

a) Construye la tabla de frecuencias.
b) ¿Cuántas novelas tienen 8 capítulos?
c) ¿Qué porcentaje de los libros tienen 7 capítulos?
d) ¿Cuántas novelas tienen menos de 8 capítulos?
e) ¿Qué porcentaje de novelas tienen más de 7 capítulos?

14 La siguiente tabla representa la puntuación obtenida por 100 alumnos en un test que constaba de 8 preguntas.

Puntos	0	1	2	3	4	5	6	7	8
N.º de alumnos	0	2	6	9	18	22	24	12	7

a) Realiza la tabla de frecuencias.
b) ¿Cuántos alumnos obtienen 5 puntos?, ¿qué porcentaje representan?
c) ¿Cuántos alumnos tienen 6 o más puntos?, ¿qué porcentaje representan?

15 Los siguientes datos representan los tiempos, en minutos, que tardan en nadar una cierta distancia un grupo de 55 jóvenes.

29	24	24	29	29	24	27	15	23	26	20
26	22	21	27	20	29	27	33	25	27	34
29	21	27	24	29	29	21	26	19	22	24
21	26	20	29	24	16	26	21	29	26	29
29	24	27	32	24	29	27	27	24	30	29

Agrúpalos en una tabla formada por cuatro clases e incluye en dicha tabla las marcas, las frecuencias absolutas y las relativas. ¿Qué porcentaje de alumnos han tardado entre 25 y 30 segundos?

16 La siguiente tabla muestra la altura de los 30 alumnos de una clase de 3.º de ESO.

Talla (cm)	[145, 150)	[150, 155)	[155, 160)
N.º de alumnos	9	18	3

a) Elabora una tabla de frecuencias.
b) ¿Cuántos alumnos tienen una altura mayor o igual que 150 y menor que 160 centímetros?

Diagramas de sectores

Ejemplo. *La tabla muestra las preferencias deportivas de los jóvenes de una cierta localidad.*

Representa los datos mediante un gráfico estadístico.

Fútbol	Baloncesto	Natación	Atletismo
2 304	1 024	512	256

Se dibuja un círculo dividido en tantos sectores como modalidades haya. El área de cada sector debe ser proporcional a la frecuencia absoluta de la correspondiente modalidad.

	f_i	h_i	Grados
Fútbol	2 304	0,5625	202,5
Baloncesto	1 024	0,25	90
Natación	512	0,125	45
Atletismo	256	0,0625	22,5
	4 096	× 360	

Cuando los caracteres son cualitativos se representan mediante un **diagrama de sectores**.

Diagramas de barras y polígonos de frecuencias

Ejemplo. *Los datos de la tabla del margen representan el número de cigarrillos consumidos por una persona que sigue un tratamiento para dejar de fumar durante los cuatro primeros meses del año. Representa los datos gráficamente.*

Mes	N.º de cigarrillos
Enero	35
Febrero	30
Marzo	15
Abril	5

Los datos se pueden representar mediante un diagrama de barras o el polígono de frecuencias correspondiente.

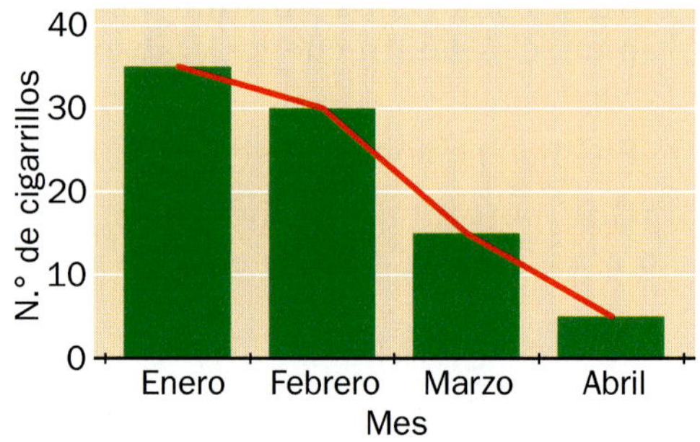

Los **diagramas de barras** son gráficos estadísticos formados por barras cuyas alturas coinciden con las frecuencias de cada valor.

Si unimos los extremos de las barras, obtenemos otro gráfico estadístico llamado **polígono de frecuencias**.

Histogramas

Ejemplo. *La tabla muestra los pesos, en gramos, de 42 pollos del mercado. Representa los datos mediante un gráfico estadístico.*

Pesos x (gramos)	N.º de pollos f_i
$1\,000 \le x < 1\,200$	3
$1\,200 \le x < 1\,400$	10
$1\,400 \le x < 1\,600$	15
$1\,600 \le x < 1\,800$	14

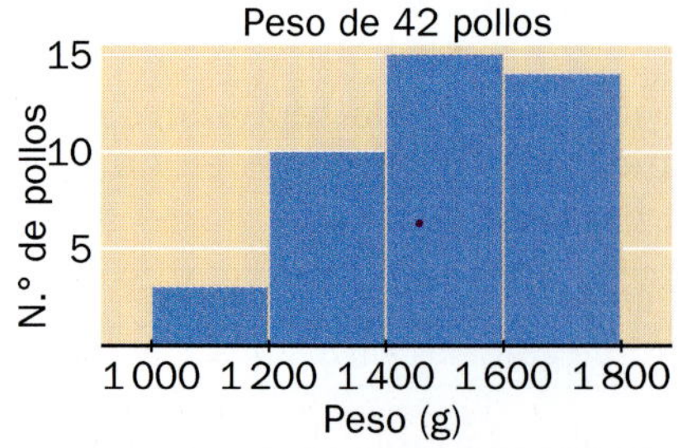

Cuando los datos están agrupados en clases, se representan mediante **histogramas**, que son gráficos formados por rectángulos cuyas áreas son proporcionales a las frecuencias absolutas.

PARA PRACTICAR

EJERCICIO RESUELTO

17 **Dos tiendas, *A* y *B*, de una ciudad han vendido en la última semana el siguiente número de televisores.**

	Lunes	Martes	Miércoles	Jueves	Viernes
A	5	2	5	4	7
B	3	4	6	2	6

Representa los datos de ventas mediante un diagrama de barras adosadas.

Se trata de combinar en un solo gráfico los diagramas de barras correspondientes a las dos series de datos.

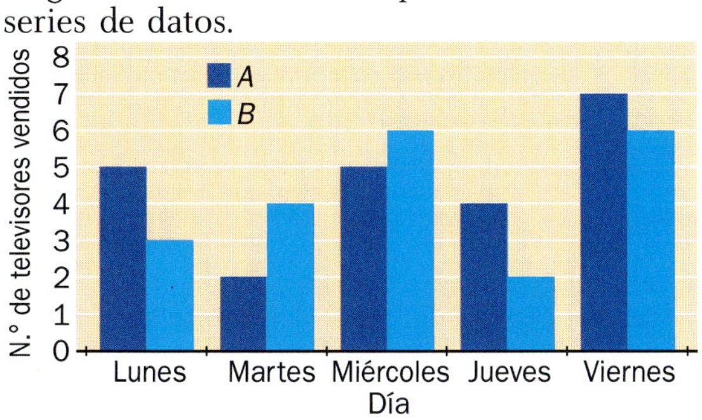

18 Dibuja el histograma correspondiente a los siguientes datos.

Intervalos	f_i
$0 \leq x < 20$	5
$20 \leq x < 40$	10
$40 \leq x < 60$	12
$60 \leq x < 80$	3

19 Representa los siguientes datos mediante un diagrama de barras adosadas.

Año	1970	1980	1990	2000
A	48	45	30	15
B	50	25	30	5

20 Representa los siguientes datos mediante un diagrama de sectores.

A	*B*	*C*	*D*
10	20	5	45

PARA APLICAR

21 Los datos siguientes muestran, en euros, el gasto telefónico de dos familias durante los cuatro trimestres del año. Represéntalos mediante un diagrama de barras adosadas.

	Ene-Mar	Abr-Jun	Jul-Sep	Oct-Dic
Familia *A*	45	65	40	80
Familia *B*	50	60	55	90

22 La siguiente tabla muestra el número de habitantes, en millones, de los cinco países más poblados del mundo. Representa los datos mediante un diagrama de sectores.

China	India	EE. UU.	Indonesia	Brasil
1 225	980	274	206	159

23 En este diagrama de sectores está representada la distribución, en porcentajes, de los 1 020 alumnos de Formación Profesional de un centro, según el ciclo formativo que están cursando. Indica cuántos alumnos hay en cada uno de los ciclos.

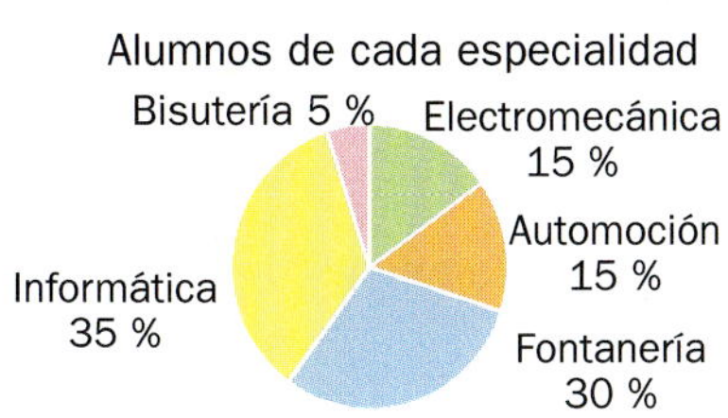

24 La siguiente tabla muestra, en porcentajes, el tiempo que han tardado 120 participantes en una carrera en recorrer una distancia de 8 kilómetros. Dibuja el correspondiente histograma e indica el número de participantes de cada intervalo.

De 60 a 70 minutos	De 70 a 80 minutos	De 80 a 90 minutos	De 90 a 100 minutos
10 %	40 %	35 %	15 %

25 El diagrama de barras muestra la distribución de las comunidades autónomas españolas, según el número de provincias que tienen.

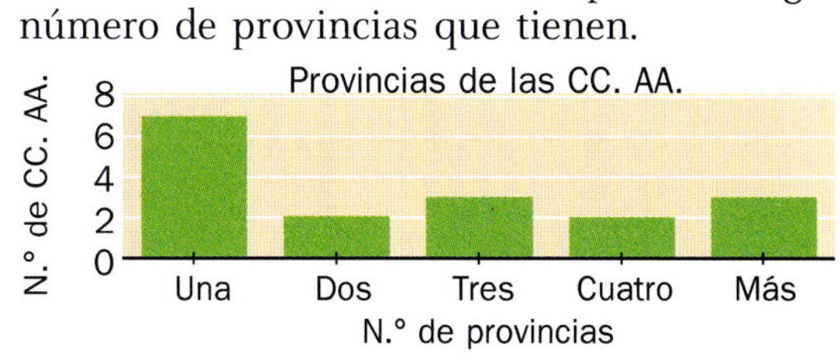

Elabora la tabla de frecuencias.

26 La frecuencia con la que acuden por semana a la biblioteca los alumnos de un centro escolar, se puede observar en esta tabla.

Frecuencia	Número de alumnos
Nunca	480
Una vez	540
Dos veces	120
Más de dos veces	60

Realiza un diagrama de barras; uno de sectores y un polígono de frecuencias.

4. Parámetros de centralización

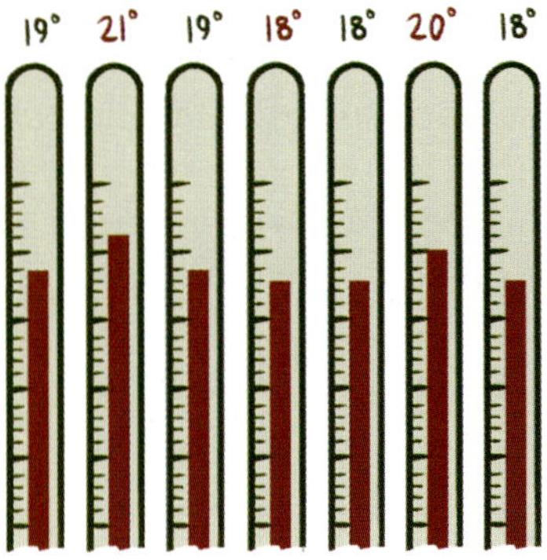

Media aritmética, moda y mediana

Ejemplo. *Javier ha anotado la temperatura máxima alcanzada durante siete días:*

19 °C 21 °C 19 °C 18 °C 18 °C 20 °C 18 °C

¿Qué valor puede ser el representativo de todas las temperaturas alcanzadas?

Como valor representativo de las temperaturas, se puede tomar la media aritmética: $\overline{x} = \frac{19 + 21 + 19 + 18 + 18 + 20 + 18}{7} = \frac{133}{7} = 19\ °C$

Además, existen otros valores representativos de todos los datos:

- El valor que más veces se repite que, en este caso, vale 18 °C.
- El valor que queda justo en la posición central, después de haber colocado los datos en orden creciente. En este caso es 19 °C.

La **moda** de un conjunto de datos es el dato que más veces se repite.

La **mediana**, M, de un conjunto de datos, es el valor del dato central cuando estos se han colocado en orden creciente. Para calcular la mediana:

1. Se ordenan los datos de menor a mayor.
2. Si el número de datos es impar, la mediana es el valor central, y si es par, la mediana es la media aritmética de los dos valores centrales.

Los parámetros de centralización son valores que representan al conjunto de datos estadísticos. Los más importantes son la **media aritmética**, la **moda** y la **mediana**.

Notación

El signo Σ indica la realización de una suma. Así:

$\Sigma x_i \cdot f_i = x_1 \cdot f_1 + x_2 \cdot f_2 + ...$

La suma se extiende a todos los sumandos existentes.

Cuartiles

Ejemplo. *Se ha anotado el número de veces que han fallado los nueve ordenadores de un aula de informática. Los resultados ordenados son:*

0 2 3 4 4 5 5 5 6

Calcula tres valores Q_1, Q_2 y Q_3 de forma que dividan el conjunto de valores observados en cuatro partes iguales.

- El valor de Q_2 coincide con la mediana, ya que deja a su izquierda y a su derecha la mitad de los datos. En este caso, como el número de datos es impar: $Q_2 = M = 4$.
- El valor de Q_1 se puede calcular hallando la mediana de los datos de la semiserie que ha dejado a su izquierda la mediana.

  En este caso será la mediana de 0 2 3 4. Es decir, $Q_1 = \frac{2 + 3}{2} = 2{,}5$.
- El valor de Q_3 se puede calcular hallando la mediana de los datos de la semiserie que ha dejado a su derecha la mediana.

  En este caso será la mediana de 5 5 5 6. Es decir, $Q_3 = \frac{5 + 5}{2} = 5$.

Los **cuartiles** de una serie estadística son tres valores $\boldsymbol{Q_1}$, $\boldsymbol{Q_2}$ y $\boldsymbol{Q_3}$ tales que:

Q_1 deja a su izquierda el 25 % de los datos.

Q_2 deja a su izquierda el 50 % de los datos. Coincide con la mediana.

Q_3 deja a su izquierda el 75 % de los datos.

PARA PRACTICAR

EJERCICIO RESUELTO

27 **Dados los siguientes datos:**

12 10 11 13 12 11 13 12 13 13 12 13
11 12 13 13 11 12 11 12 11 14 12 14
12 11 12 13 11 13.

Ordénalos en una tabla de frecuencias absolutas y calcula la media aritmética.

En la tabla de frecuencias se añade una nueva columna formada por los productos de cada dato por su frecuencia:

Minutos	Frecuencias absolutas f_i	Productos $x_i \cdot f_i$
10	1	10
11	8	88
12	10	120
13	9	117
14	2	28
	30	363

La media aritmética se obtiene mediante la fórmula:

$$\overline{x} = \frac{\sum x_i \cdot f_i}{\sum f_i} = \frac{363}{30} = 12,1$$

28 Calcula la media aritmética, la mediana, la moda y los cuartiles para las siguientes listas de datos.

a) 1 1 2 2 3 4 5 5 7 7 8 9 10

b) 0 1 3 9 4 2 6 8 3 5

29 Se ha preguntado a 21 jóvenes sobre sus preferencias deportivas y las respuestas han sido:

F BC NT F NT BC F AT F BC F
NT F BC F AT F BC F NT F

F: Fútbol *BC*: Baloncesto *NT*: Natación *AT*: Atletismo

a) Indica cuál es la moda.

b) ¿Se puede calcular el valor de la media aritmética y de la mediana? ¿Por qué?

30 Tabula los siguientes datos numéricos y, después, calcula el valor de su media aritmética.

0 1 0 0 1 3 2 2 0 0 1 2 0 2
1 0 1 1 2 0 2 0 1 1 2 3 0 1
3 2 0 1 0 2 3 1 0 0 0 0 1 0

31 Halla el valor del dato desconocido para que la media sea 7.

4 a 8 12 6

PARA APLICAR

PROBLEMA RESUELTO

32 **La siguiente tabla de datos agrupados muestra las alturas de un grupo de 125 estudiantes de 3.º de ESO.**

Calcula el valor de la media aritmética.

Alturas (cm)	Marcas x_i	f_i	$x_i \cdot f_i$
$150 \le x < 156$	153	6	918
$156 \le x < 162$	159	55	8 745
$162 \le x < 168$	165	47	7 755
$168 \le x < 174$	171	17	2 907
		125	20 325

Para calcular el valor de la media aritmética, se han tomado como valores de x_i las correspondientes marcas de clase.

$$\overline{x} = \frac{x_1 \cdot f_1 + x_2 \cdot f_2 + x_3 \cdot f_3 + x_4 \cdot f_4}{f_1 + f_2 + f_3 + f_4} = \frac{20325}{125} = 162,6$$

33 La lista representa los segundos que han tardado 40 alumnos en atornillar una pieza mecánica.

30 44 37 40 30 45 38 47 40 44
46 40 43 44 31 48 38 41 44 47
47 49 41 32 44 38 49 41 33 44
42 39 43 34 44 43 39 45 35 44

a) Agrupa los datos en cuatro clases e indica la marca de cada una de ellas.

b) Halla el valor de la media aritmética utilizando la tabla de datos agrupados.

34 Se ha anotado el número de horas que han durado 24 pilas.

13 11 12 13 12 11 9 12 13 13 9 11
10 13 12 11 12 13 10 13 12 13 11 10

Calcula la media aritmética, la mediana, la moda y los cuartiles.

35 En una clase hay 16 chicos y 14 chicas. La media obtenida por la clase ha sido de 6,5.

Calcula la media obtenida por los chicos en esta materia, si la de las chicas ha sido de 7.

36 El siguiente histograma representa las longitudes, en centímetros, de una partida de listones de madera.

Halla la media aritmética de las longitudes.

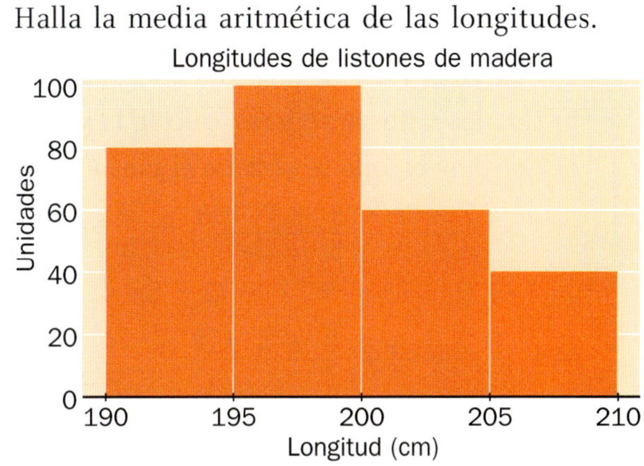

5. Parámetros de dispersión

Ejemplo. *Dos amigos se miden las pulsaciones en cinco momentos diferentes del día. Los resultados se recogen en la tabla.*

Rafa	65	70	75	85	70
Mónica	58	70	62	90	85

Calcula la media correspondiente a cada uno e indica si observas alguna diferencia entre las dos distribuciones.

Pulsaciones de Rafa

Pulsaciones de Mónica

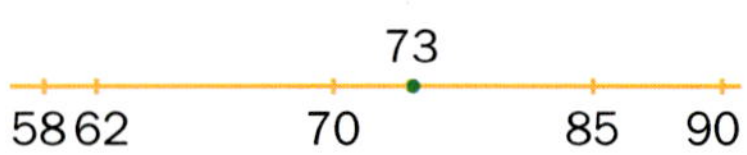

La media de las pulsaciones de ambos es la misma:

Media de Rafa: $\overline{x} = \dfrac{65 + 70 + 75 + 85 + 70}{5} = \dfrac{365}{5} = 73$ pulsaciones

Media de Mónica: $\overline{x} = \dfrac{58 + 70 + 62 + 90 + 85}{5} = \dfrac{365}{5} = 73$ pulsaciones

Sin embargo, las dos distribuciones de pulsaciones no son iguales, ya que las de Rafa están más cerca de la media que las de Mónica.

Los parámetros de centralización, por sí solos, no son suficientes para conocer la distribución de una variable. Para analizar la mayor o menor concentración de los datos se definen los **parámetros de dispersión**.

> Los parámetros de dispersión de un conjunto de datos indican su grado de aproximación.

Varianza y desviación típica

Para medir la separación de los datos de una distribución:

1. Se calcula la media aritmética $\overline{x}$.
2. Se halla la distancia que separa a cada dato de la media y se eleva al cuadrado: $(x_i - \overline{x})^2$
3. Se suman todos los valores hallados y se divide el resultado entre el número de datos.

Otra fórmula

En la práctica, la varianza se calcula mediante la fórmula:

$$V = \frac{\Sigma f_i x_i^2}{N} - \overline{x}^2$$

> La **varianza** de un conjunto de N datos es la media aritmética de los cuadrados de las desviaciones respecto de la media.
>
> $$V = \frac{\Sigma (x_i - x)^2}{N}$$
>
> La **desviación típica** de un conjunto de datos es la raíz cuadrada de la varianza.
>
> $$s = \sqrt{V}$$

EJERCICIO RESUELTO

37 **Dados los siguientes datos numéricos: 2 3 5 7 8**

a) Calcula el valor de la media aritmética y, para cada dato, el cuadrado de su diferencia con la media.

b) Con los datos anteriores, calcula la varianza y la desviación típica.

c) Comprueba que se obtiene el mismo resultado utilizando esta fórmula: $V = \dfrac{\Sigma f_i \cdot x_i^2}{n} - \overline{x}^2$

a) $\overline{x} = \dfrac{2 + 3 + 5 + 7 + 8}{5} = \dfrac{25}{5} = 5$

$2 \rightarrow (2 - 5)^2 = 9 \quad 3 \rightarrow (3 - 5)^2 = 4 \quad 5 \rightarrow (5 - 5)^2 = 0 \quad 7 \rightarrow (7 - 5)^2 = 4 \quad 8 \rightarrow (8 - 5)^2 = 9$

b) $V = \dfrac{9 + 4 + 0 + 4 + 9}{5} = \dfrac{26}{5} = 5{,}2 \qquad s = \sqrt{V} = \sqrt{5{,}2} = 2{,}28$

c) $\Sigma x_i^2 = 2^2 + 3^2 + 5^2 + 7^2 + 8^2 = 151 \qquad V = \dfrac{\Sigma x_i^2}{n} - \overline{x}^2 = \dfrac{151}{5} - 5^2 = 30{,}2 - 25 = 5{,}2$

PARA PRACTICAR

EJERCICIO RESUELTO

38 **Calcula la varianza y la desviación típica de los siguientes datos.**

x_i	f_i	$f_i \cdot x_i$	x_i^2	$f_i \cdot x_i^2$
−1	2	−2	1	2
0	5	0	0	0
2	6	12	4	24
4	3	12	16	48
Totales	16	22		74

Para hallar la varianza y la desviación típica de un conjunto de datos agrupados en una tabla, se debe ampliar dicha tabla con las siguientes columnas.

Columna de los productos $f_i \cdot x_i$ para calcular la media aritmética.

$$\bar{x} = \frac{\Sigma f_i \cdot x_i}{n} = \frac{22}{16} = 1{,}375$$

Columnas de los cuadrados x_i^2 y de los productos $f_i \cdot x_i^2$ para calcular la varianza y la desviación típica.

$$V = \frac{\Sigma f_i \cdot x_i^2}{n} - \bar{x}^2 = \frac{74}{16} - 1{,}375^2 = 2{,}73$$

$$s = \sqrt{V} = \sqrt{2{,}73} = 1{,}65$$

39 Dada la siguiente tabla de datos.

154 158 163 159 165 170 165

a) Halla la varianza de dos formas diferentes.

b) ¿Cuál es la desviación típica?

40 Calcula la desviación típica de la siguiente lista de datos.

23 23 23 25 25 24 26 26 27 27
27 26 24 23 23 23 24 23 24 24
24 23 23 23 25 25 27 23 23 23

41 La siguiente tabla muestra los datos de tres distribuciones diferentes. Calcula las medias aritméticas y las desviaciones típicas e indica cuál de ellas te parece más dispersa.

A	3	8	7	7	6	8
B	4	4	5	7	9	10
C	4	5	7	7	7	9

42 Calcula el valor del dato desconocido para que la varianza valga 5.

0 2 x 6

PARA APLICAR

43 Las calificaciones de Ricardo en las materias de Matemáticas y de Lengua han sido las siguientes.

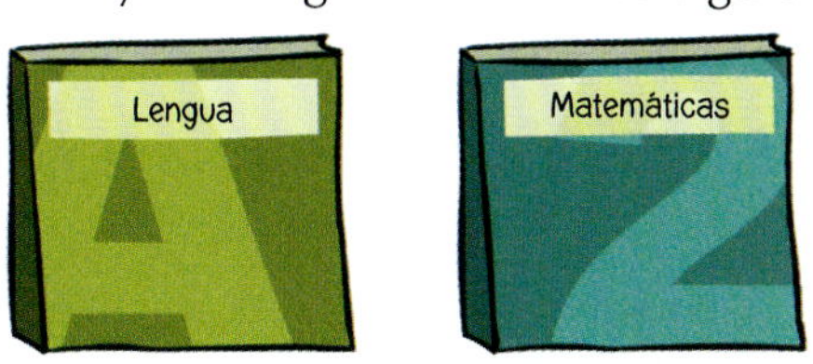

5 6 8 9 10 5 6 7

a) Calcula la media y la desviación típica correspondientes a cada una de las materias.

b) Interpreta los resultados.

44 Se ha hecho una encuesta sobre el número de horas dedicadas a las labores de la casa. Para ello se ha preguntado a 45 personas elegidas al azar de entre los habitantes de una localidad. Los resultados han sido:

2 0 1 3 0 0 1 3 0
2 3 0 3 1 1 3 2 3
2 1 0 2 3 2 0 0 2
0 3 0 2 3 0 2 0 1
3 0 2 3 1 0 2 1 0

a) Agrupa los valores en una tabla de datos simples.

b) Halla la varianza y la desviación típica.

45 La siguiente tabla de datos agrupados muestra las alturas de un grupo de 125 estudiantes de 3.° de ESO.

Altura (cm)	f_i
$150 \le x < 156$	6
$156 \le x < 162$	55
$162 \le x < 168$	47
$168 \le x < 174$	17

a) Elabora una tabla que contenga las marcas de clase.

b) Tomando como valores de las marcas de clase, calcula la varianza y la desviación típica.

46 La siguiente lista muestra los litros por metro cuadrado de lluvia caída durante los últimos 48 años en una zona.

245 254 253 241 245 250 254 250
245 255 248 249 253 249 251 253
242 258 254 240 256 243 257 241
259 245 254 246 243 249 246 251
250 247 241 252 244 247 250 254
257 250 244 247 248 252 245 253

a) Ordena los datos en una tabla con cuatro clases, en la que aparezcan las frecuencias absolutas.

b) Halla la varianza y la desviación típica.

6. Utilización conjunta de la media y la desviación típica

Agrupación de datos en torno a la media aritmética

Ejemplo. *La siguiente lista muestra la altura, en centímetros, de 20 alumnos escogidos al azar en un centro de enseñanza.*

165	*150*	*155*	*135*	*160*	*140*	*165*	*150*	*150*	*155*
155	*150*	*150*	*150*	*155*	*140*	*170*	*150*	*140*	*155*

Halla la media aritmética, la desviación típica, y calcula cuántos datos se encuentran dentro de los siguientes intervalos:

$$(\bar{x} - s, \bar{x} + s) \qquad (\bar{x} - 2s, \bar{x} + 2s) \qquad (\bar{x} - 3s, \bar{x} + 3s)$$

La media es 152 y la desviación típica es 8,7.

$(\bar{x} - s, \bar{x} + s) = (143{,}3; 160{,}7)$	$(\bar{x} - 2s, \bar{x} + 2s) = (134{,}6; 169{,}4)$	$(\bar{x} - 3s, \bar{x} + 3s) = (125{,}9; 178{,}1)$
150, 155, 160, 150, 150, 155, 155, 150, 150, 150, 155, 150, 155	165, 150, 155, 135, 160, 140, 165, 150, 150, 155, 155, 150, 150, 150, 155, 140, 150, 140, 155	165, 150, 155, 135, 160, 140, 165, 150, 150, 155, 155, 150, 150, 150, 155, 140, 170, 150, 140, 155
13 datos que son el 65 % del total.	19 datos que son el 95 % del total	20 datos que son el 100 % del total.

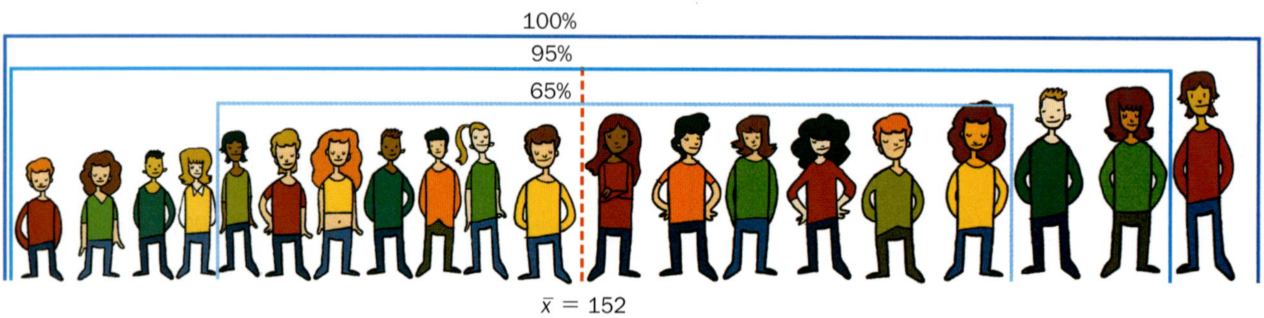

En cualquier conjunto de datos, se cumple aproximadamente que:

- Entre $\bar{x} - s$ y $\bar{x} + s$ está cerca del 68 % de los datos.
- Entre $\bar{x} - 2s$ y $\bar{x} + 2s$ está cerca del 95 % de los datos.
- Entre $\bar{x} - 3s$ y $\bar{x} + 3s$ está cerca del 99 % de los datos.

El coeficiente de variación

Ejemplo. *La tabla siguiente muestra la media y la desviación típica, en kilogramos, de los pesos de un grupo de caballos y de otro de aves. Interpreta los resultados.*

Clase	Media	Desviación típica
Caballos	400	30
Aves	2	0,5

En los caballos, el coeficiente de variación es: $CV = \frac{s}{\bar{x}} = \frac{30}{400} = 0{,}075$

En las aves, el coeficiente de variación es: $CV = \frac{s}{\bar{x}} = \frac{0{,}5}{2} = 0{,}25$

A pesar de que la desviación típica del conjunto de caballos es mayor, los componentes del conjunto de aves son más diferentes entre sí (sus valores son más dispersos), al tener mayor coeficiente de variación.

Para comparar la dispersión de dos distribuciones, se utiliza el **coeficiente de variación**, que es el cociente entre la desviación típica y la media.

PARA PRACTICAR

EJERCICIO RESUELTO

47 **Los sueldos, en euros, de 7 empleados de una empresa son los siguientes:**

1 200 1 250 1 300 1 400 1 500 1 600 3 800

a) Calcula la mediana, la media aritmética y la desviación típica considerando primero todos los datos, y después, solo los 6 primeros valores.

b) ¿Cómo influye en los parámetros el último dato, que, debido a su diferencia, puede ser considerado como atípico?

a) **Con todos los datos**
$M = 1400$
$\overline{x} = 1721,4$
$s = 858,57$

Solo los 6 primeros
$M = 1350$
$\overline{x} = 1375$
$s = 140,68$

b) Los valores atípicos tienen mayor influencia en los valores de la media aritmética y de la desviación típica que en el de la mediana.

48 De las siguientes listas, indica cuál es la más dispersa.

Lista A: 5 7 7 6 Lista B: 4 6 6 6

49 Comprueba que las siguientes listas de datos tienen la misma media aritmética y decide cuál de ellas es más dispersa y cuál menos.

a) 0 2 2 8 8
b) 1 3 3 6 7
c) 2 2 2 5 9
d) 2 3 5 5 5

50 Dada la distribución:

0 1 4 −1 2 3 2 −2 1 3

a) Calcula el porcentaje de datos comprendidos entre los valores $\overline{x} - s$ y $\overline{x} + s$.

b) Halla el porcentaje de datos comprendidos entre los valores $\overline{x} - 2s$ y $\overline{x} + 2s$.

c) Indica el porcentaje de datos comprendidos entre los valores $\overline{x} - 3s$ y $\overline{x} + 3s$.

51 Los datos de una distribución estadística verifican que el 95 % de ellos están incluidos en el intervalo de extremos 5 y 11. Sabiendo que la media aritmética es 8, calcula el valor de la desviación típica.

PARA APLICAR

52 La tabla muestra el número de terremotos registrados en dos zonas de la Tierra durante seis meses.

Meses	Jul.	Ag.	Sep.	Oct.	Nov.	Dic.
Zona 1	60	51	57	54	62	50
Zona 2	34	75	62	85	21	57

A partir del coeficiente de variación, interpreta los resultados.

53 La tabla indica el número de días con lluvia, durante las últimas ocho semanas, en dos localidades del norte de España.

Localidad A	2	2	4	4	5	5	5	5
Localidad B	0	0	3	4	5	6	7	7

Calcula la media y la desviación típica correspondiente a cada localidad.

54 Los porcentajes de mujeres en cargos dirigentes de dos empresas A y B durante los últimos cuatro años han sido:

Empresa A	15	20	35	50
Empresa B	30	35	40	40

a) Halla la media, la desviación típica y el coeficiente de variación, correspondientes a cada una de las empresas.

b) Interpreta los resultados.

55 Durante la última semana, una persona ha bebido las siguientes cantidades de agua.

Lunes	2,2 litros	Viernes	1,5 litros
Martes	2,5 litros	Sábado	2 litros
Miércoles	2,3 litros	Domingo	2,5 litros
Jueves	2,1 litros		

a) Calcula su consumo medio de agua en esa semana, la varianza y la desviación típica de los datos.

b) Indica el porcentaje de datos incluidos en el intervalo de extremos $\overline{x} - 2s$ y $\overline{x} + 2s$.

56 Los sueldos, en cientos de euros, de los 20 trabajadores del departamento de distribución de una empresa son:

170 180 150 160 170 170 150 190 160 150
150 190 170 150 150 180 150 150 150 180

a) Calcula la media y la desviación típica de los datos.

b) Dibuja el correspondiente diagrama de barras.

c) ¿Cuál es el porcentaje de datos que entran dentro de los intervalos $(\overline{x} - s, \overline{x} + s)$, $(\overline{x} - 2s, \overline{x} + 2s)$, $(\overline{x} - 3s, \overline{x} + 3s)$?

¿QUIÉN NOS REPRESENTA?

¿Cuál es la mejor capacidad para envasar el agua?

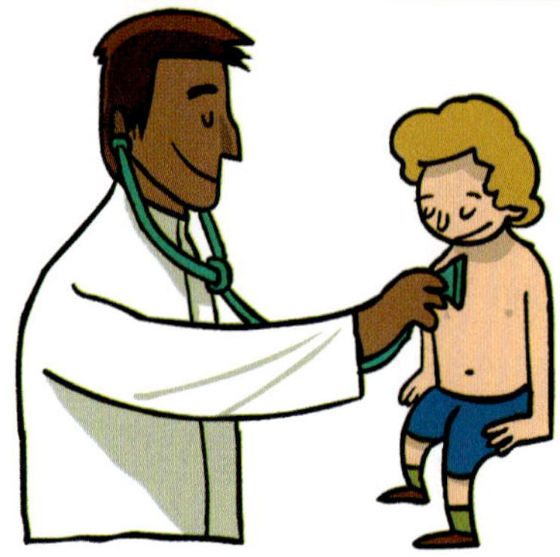

¿Cuántos médicos hay por cada 10 000 habitantes?

¿Cuál es mi nota?

¿Dónde están las Matemáticas?

Los **parámetros de centralización** miden los valores centrales de un conjunto de datos. Pero ¿es igual la **media**, la **mediana** o la **moda** cuando se está haciendo un estudio estadístico?

La respuesta es no, depende de lo que se quiera conocer. En cada uno de los tres ejemplos siguientes hay un parámetro que tiene más sentido que los otros.

¿Cómo se aplican?

Ejemplo 1. Una empresa quiere saber cuál es la mejor capacidad para envasar una nueva agua mineral. Para ello realiza una encuesta a 1 000 personas, con los siguientes resultados.

Capacidad del envase	0,33	0,5	1	1,5	2	5
Frecuencia de consumo	110	120	290	360	80	40

$\overline{x}$ = 1,28 litros
Mediana = 1 litro
Moda = 1,5 litros

En este caso, el único valor que tiene sentido es la moda. Nadie compra botellas de agua de 1,28 litros, y para la mediana no es representativo el hecho de que haya el mismo número de personas que compran envases menores de 1 litro y envases mayores de un litro.

Ejemplo 2. La siguiente tabla muestra el número de médicos por cada 100 000 personas en algunos países de Norteamérica y Centroamérica.

Belice	Canadá	EE. UU.	Honduras	Nicaragua	Panamá
47	221	245	22	82	119

$\overline{x}$ = 122,6 médicos
Mediana = 100,5 médicos

La moda no tiene sentido, ya que no hay dos países con el mismo número de médicos.

Como hay dos países que tienen bastantes más médicos que el resto, la media no representa a todos. En este caso, la mediana nos indica que hay el mismo número de países con más de 100,5 médicos que con menos de 100,5 médicos.

Ejemplo 3. Las notas en Matemáticas a lo largo de la evaluación han sido

7 8 2 2 10 4 2

$\overline{x}$ = 5
Mediana = 4
Moda = 2

Aquí sí que no hay duda, nadie quiere que el profesor ponga en el boletín ni el valor de la mediana ni el de la moda, parece mucho más justo elegir el valor de la media aritmética.

PARA APLICAR

57 Razona cuál de los parámetros de centralización te parece más representativo en los siguientes estudios estadísticos entre tus compañeros de clase.

a) Color de los ojos b) Estatura c) Paga semanal d) Número de hermanos

Conceptos generales

Población: conjunto de individuos o elementos sobre los que se realiza un estudio estadístico.

Muestra: cualquier parte de la población.

Carácter: **Cualitativo.** Las modalidades no pueden expresarse con números.
Cuantitativo. Las modalidades pueden expresarse con números.

Recuento de datos y tablas de frecuencias

Datos simples

Número de veces que asisten al teatro x_i	Frecuencia absoluta f_i	Frecuencia relativa f_r
0	11	0,22
1	33	0,66
2	5	0,10
3	1	0,02

Datos agrupados

Longitud x (mm)	Marca de clase x_i	Frecuencia absoluta f_i	Frecuencia relativa h_i
$160 \le x < 165$	162,5	4	0,125
$165 \le x < 170$	167,5	14	0,4375
$170 \le x < 175$	172,5	10	0,3125
$175 \le x < 180$	177,5	4	0,125

Frecuencia absoluta f_i. Número total de valores de un dato o modalidad.

Frecuencia relativa h_i. Cociente entre la frecuencia absoluta y el número total de datos.

Marca de clase. Punto medio de cada una de las clases cuando los datos están agrupados.

Gráficos estadísticos

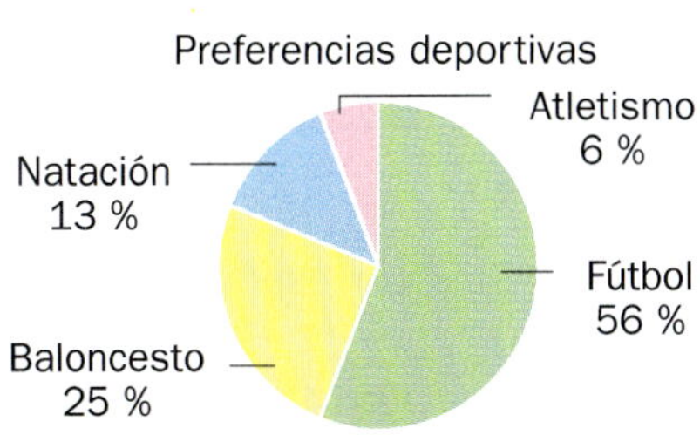

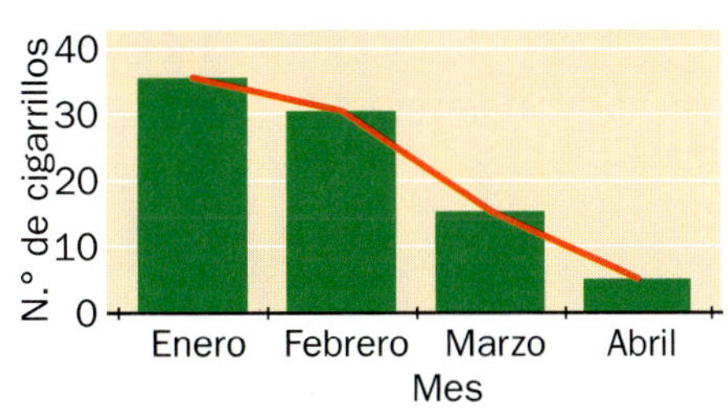

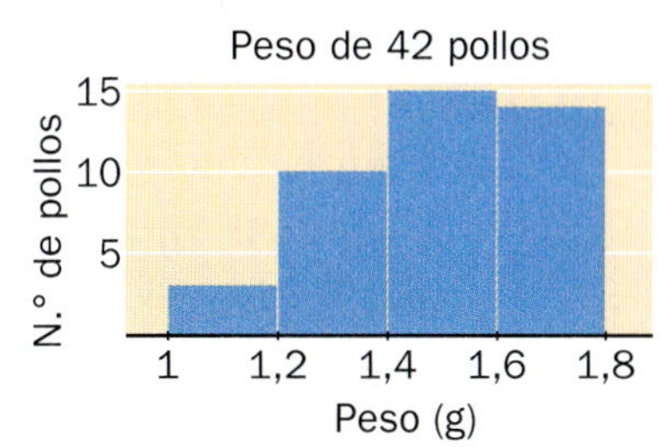

Parámetros estadísticos

Centralización

La **media aritmética** es la suma de los datos, por sus frecuencias absolutas, dividida por el número total de datos.

$$\overline{x} = \frac{\Sigma f_i \cdot x_i}{\Sigma f_i}$$

En una lista de datos ordenados, la **mediana** es el valor que deja igual número de datos menores, a su izquierda, que mayores, a su derecha.

Si el número de datos es impar, la mediana es el valor central y si es par, es la media aritmética de los dos valores centrales.

La **moda** es el dato con mayor frecuencia absoluta.

Los **cuartiles** son tres valores Q_1, Q_2 y Q_3 tales que:

Q_1 deja a su izquierda el 25% de los datos.

Q_2 deja a su izquierda el 50% de los datos. Equivale a la mediana.

Q_3 deja a su izquierda el 75% de los datos.

Dispersión

La **varianza** es la media aritmética de los cuadrados de las desviaciones respecto de la media.

$$V = \frac{\Sigma f_i x_i^2}{N} - \overline{x}^2$$

La **desviación típica** es la raíz cuadrada de la varianza.

$$s = \sqrt{V}$$

PARA PRACTICAR Y APLICAR

58 Se ha preguntado a cada uno de los 30 alumnos de una clase por el número de ordenadores que hay en su casa y las respuestas han sido estas.

0	2	1	1	1	2	1	1	1	1
2	1	3	1	1	0	2	1	1	1
1	0	3	0	1	0	2	2	1	1

a) Ordena los datos en una tabla que incluya las frecuencias absolutas y las frecuencias relativas.

b) Representa los datos mediante un diagrama de barras de frecuencias absolutas.

59 La tabla muestra las superficies, en millones de kilómetros cuadrados, de los océanos del mundo.

Pacífico	Atlántico	Índico	Ártico
165	81	73	27

Representa los datos mediante un diagrama de sectores.

60 La siguiente tabla muestra el porcentaje de donantes de sangre de 20 países.

2	1,5	2,8	3,2	3	3,2	1,9	2,7	3,5	2,9
2,9	2	3,4	2,5	2,2	3,2	3,9	3,3	3,3	2,6

a) Elabora la tabla de frecuencias absolutas y relativas, agrupando los datos en cinco clases.

b) Representa los datos en un histograma.

61 Las calificaciones de once alumnos en la materia de Matemáticas fueron las siguientes

In Nt Sf B B Sb
In B In Sf B

In: Insuficiente In: Suficiente B: Bien
Nt: Notable Sb: Sobresaliente

a) ¿Se puede calcular el valor de la media aritmética? ¿Y de la mediana?

b) ¿Cuál es la moda?

62 El histograma y el polígono de frecuencias muestra la clasificación de un conjunto de ruedas según el número de kilómetros que han durado.

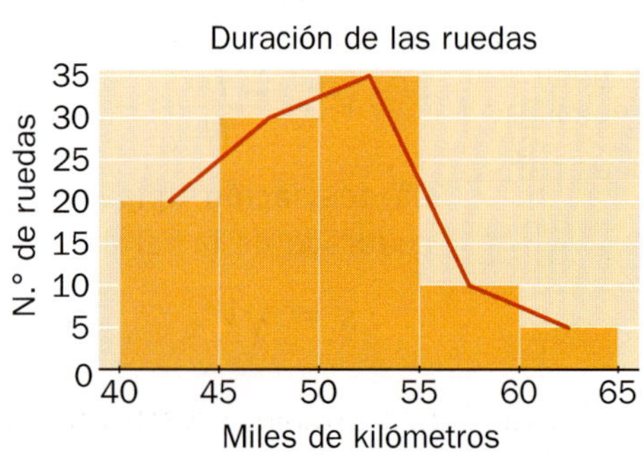

a) Elabora la tabla de frecuencias.

b) Indica el porcentaje de ruedas que duran más de 50 000 kilómetros.

63 Los 120 alumnos de 3.° de ESO han valorado las actividades extraescolares realizadas en el año con calificaciones en una escala de 1 a 10. Los resultados se reflejan en el polígono de frecuencias de la figura.

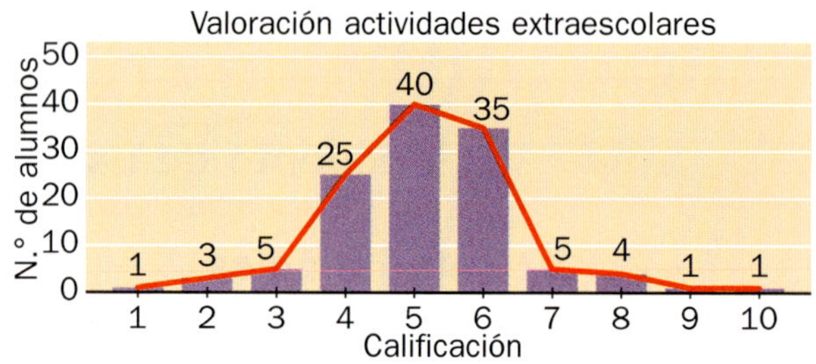

a) Calcula la media, la moda y la mediana.

b) Halla la varianza y la desviación típica.

c) ¿Cuál es el porcentaje de datos incluidos en el intervalo $(\overline{x} - s, \overline{x} + s)$?

64 La tabla muestra el porcentaje de papel, cartón y vidrio que se recicla en cinco países europeos durante dos años.

	Papel y cartón		Vidrio	
Países	1.er año	2.° año	1.er año	2.° año
España	41	42	35	37
Francia	42	41	50	52
Suecia	57	62	72	76
Portugal	39	40	42	44
Italia	31	31	53	34

Interpreta los resultados.

65 Los siguientes resultados corresponden al gasto diario de agua de 32 pueblos, en metros cúbicos.

161	171	167	172	170	170	165	169
170	169	172	162	169	166	174	178
167	169	168	176	169	162	168	167
175	168	164	179	172	167	170	173

a) Representa los valores en una tabla de datos agrupados en cuatro clases.

b) Calcula la media aritmética.

c) Ordena los datos y deduce los valores de la mediana y de la moda.

d) Halla la varianza, la desviación típica y los cuartiles.

66 Se han medido las longitudes de ocho clavos y se han obtenido los siguientes resultados, en milímetros:

22 24 24 25 25 26 26 30

a) Calcula los valores de la media aritmética y de la desviación típica.

b) Si se deben desechar los clavos cuya longitud se aleje de la media más que el valor de la desviación típica, ¿cuáles hay que desechar?

c) Calcula los cuartiles.

PARA REFORZAR

67 En cada uno de los siguientes estudios estadísticos, identifica la población, si se debe elegir o no una muestra para realizarlos y los caracteres que se quieren observar. Indica, también, si el carácter es cuantitativo o cualitativo.

a) El número de libros que leen al año los habitantes de una gran ciudad.

b) El peso de las dos mil barras de pan fabricadas en una panificadora.

c) El color preferido por los vecinos de una comunidad para pintar la fachada del edificio.

d) El tiempo de funcionamiento de una partida de mil pequeños motores eléctricos para juguetes.

e) El lugar donde viven los componentes de un grupo musical.

f) Número de calzado que utilizan los 30 alumnos de una clase.

g) Número de calzado que utilizan los 35 250 habitantes de una localidad.

h) Tiempo que tardan en fundirse un lote de 100 bombillas.

68 La siguiente lista de números representa las calificaciones obtenidas por 32 alumnos en un test.

7 5 5 3   2 5 3 6   7 5 4 3   2 6 5 7

3 5 4 6   4 7 4 5   6 4 2 3   7 5 4 5

a) Ordena los datos en una tabla de frecuencias absolutas y de frecuencias relativas.

b) Representa los datos con un diagrama de barras.

69 El siguiente diagrama de barras adosadas representa el número de alumnos que cursan cada una de las tres materias optativas de 3.º de ESO, en los tres grupos de dicho curso de un centro.

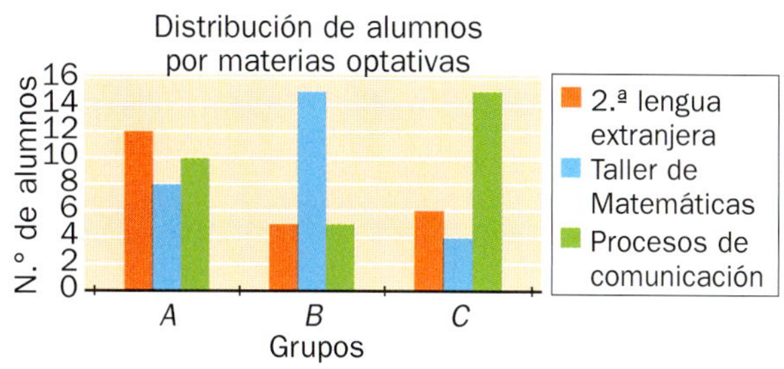

a) Indica el total de alumnos de cada grupo.

b) Elabora una tabla que muestre la distribución de alumnos según el grupo al que pertenecen y según la materia optativa que cursan.

c) ¿Cuál es la materia más cursada en cada grupo? ¿Y la menos cursada?

70 En una clase se observa que diez alumnos utilizan zapatos, quince utilizan zapatillas de deporte y otros cinco utilizan botas.

a) ¿Cuál es la moda?

b) ¿Puedes calcular la media aritmética?, ¿y la desviación típica?

71 Indica el valor de la mediana en cada caso.

a) 0 4 8 1 12 1 5 2 15 5 3 6

b) 3 4 8 0 3 4 7 6 4 2 3

c) −1 0 3 −6 7 4 −3 7 8 −2 −6 8 9 −3

PARA AMPLIAR

72 El histograma siguiente representa el tiempo, en minutos, que tardan cada mañana los 120 alumnos de 3.º de ESO de un centro en acudir a clase.

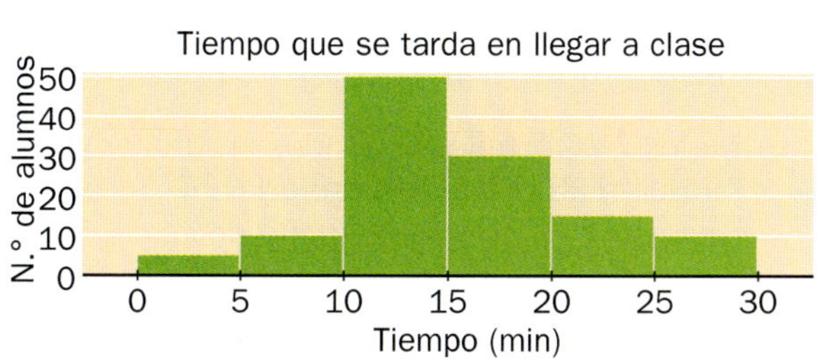

a) Calcula, $\overline{x}$, V y s.

b) Halla el porcentaje de datos incluidos en

$$(\overline{x} - s,\ \overline{x} + s)$$

73 La suma de cinco números es 75.

a) Indica el valor de su media aritmética.

b) Si a la lista se añade otro número de valor 10, ¿cuánto vale la nueva media aritmética?

74 La media de un conjunto de datos es 5. Si a cada dato se le añaden 2 unidades, ¿cuál es la media y la desviación típica de los nuevos datos?

75 La ecuación $y = \dfrac{400}{7x}$ da el alcohol en sangre de una persona que ha tomado, hace 30 minutos, un litro de cerveza, siendo x la masa en kilogramos.

a) Estima los niveles de alcohol en estas condiciones para cuatro personas de 40, 50, 70 y 80 kilogramos, respectivamente, que son tomados como muestra representativa. Redondea a una cifra decimal.

b) Calcula la media y la desviación típica de los niveles de alcohol de las cuatro personas.

c) La ley de tráfico establece fuertes multas para aquellas personas que conduzcan con un nivel superior al resultado de restarle a la media dos veces la desviación típica. Halla dicho nivel límite.

PARA INTERPRETAR Y RESOLVER

76 **Los valores que mejor representan**

Se consideran las siguientes distribuciones estadísticas.

A: Medidas aproximadas de la longitud, expresada en centímetros, de las judías verdes de una muestra de 100 recogidas al azar de una huerta.

B: Número de horas diarias dedicadas al estudio de una asignatura por 100 jóvenes de una localidad.

C: Número de veces que han practicado un determinado deporte de riesgo 100 estudiantes de una universidad.

A la vista de los gráficos de cada distribución, elige razonadamente un valor que represente de forma adecuada los datos e indica el nombre estadístico que recibe.

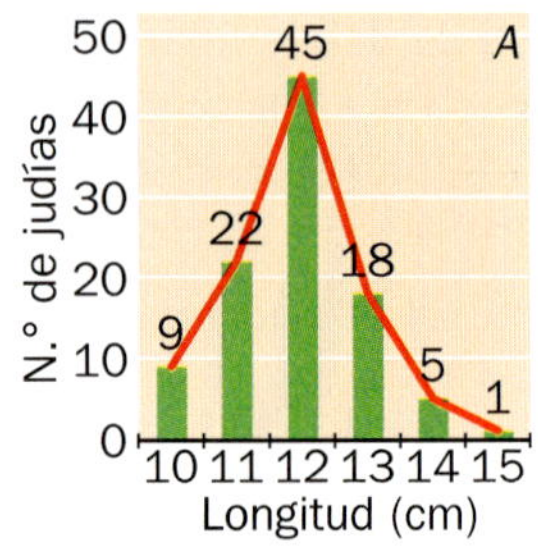

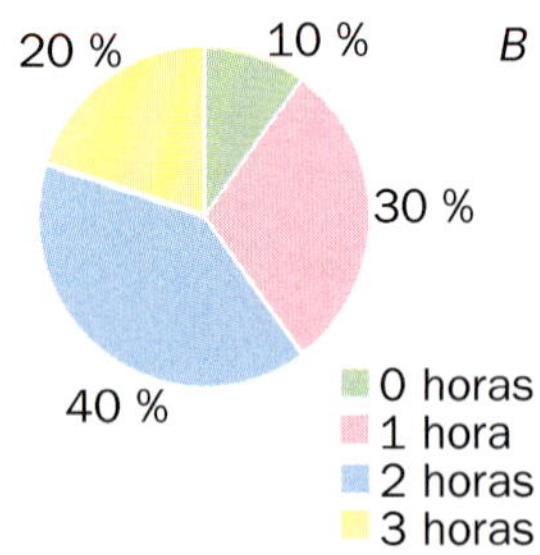

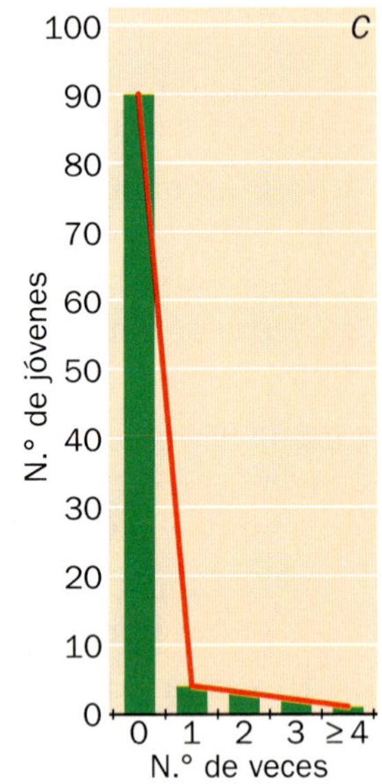

AUTOEVALUACIÓN

1 Se quiere realizar una encuesta a los alumnos de un centro, observando los siguientes aspectos.

a) Horas semanales de práctica de deportes.

b) Preferencias musicales.

c) Dinero semanal disponible para gastos.

d) Si cuentan o no, en su vivienda, con una habitación para su uso exclusivo.

En cada caso, indica el tipo de carácter estadístico y enumera las posibles modalidades o valores.

2 Se desea realizar un estudio estadístico sobre el tiempo que tardan en recorrer 10 kilómetros, en bicicleta, los jóvenes matriculados en un polideportivo municipal: 500 chicas y 480 chicos. ¿Cómo hay que elegir una muestra de 49 individuos?

3 El número de accidentes de tráfico sufridos durante los treinta días del último mes, en una peligrosa carretera provincial, fue:

0	1	2	2	1	3	0	2	1	2
3	2	0	1	2	2	3	0	1	2
0	2	0	1	2	0	2	0	2	0

a) Elabora la tabla de frecuencias. ¿Qué porcentaje de días hubo dos accidentes?

b) Representa los datos mediante un diagrama de barras y un polígono de frecuencias para las frecuencias absolutas.

c) Calcula la media, la moda y la mediana.

d) Calcula los cuartiles.

e) Halla la varianza y la desviación típica.

4 El siguiente histograma representa los pesos de 20 bebés al nacer.

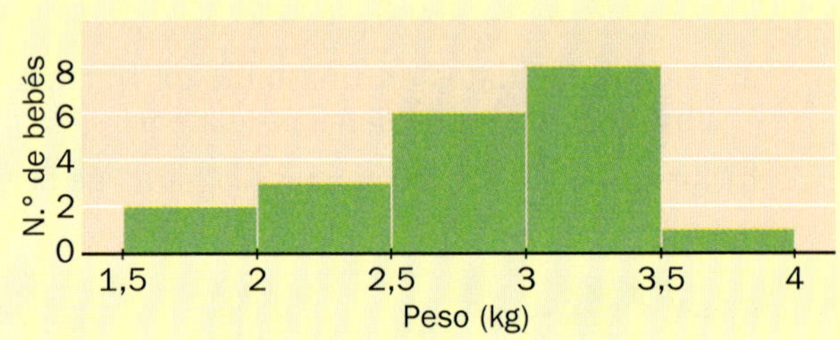

Elabora una tabla de datos agrupados en cinco clases y en la que aparezcan las marcas y las frecuencias absolutas y relativas.

a) ¿Cuál es el valor de la media aritmética?

b) Halla el valor de *V* y *s*.

5 De los 210 tornillos revisados en una empresa que fabrica materiales de ferretería, 147 resultaron correctos, 42 tenían un pequeño defecto y los 21 restantes resultaron inservibles. Representa estos datos mediante un diagrama de sectores.

6 Los datos de un estudio estadístico han sido:

0	1	2	4	1	0	1	1	2	4
3	0	2	1	3	1	3	0	3	1

a) Halla la media aritmética $\overline{x}$.

b) Calcula la desviación típica *s*.

c) Calcula el coeficiente de variación.

d) Determina el porcentaje de datos que pertenecen al intervalo $(\overline{x} - s,\ \overline{x} + s)$.

EL MATEMÁTICO... BIÓLOGO

Karl Pearson (1857 – 1936)

Karl Pearson, uno de los fundadores de la estadística moderna, fue también un personaje polifacético. Estudió derecho, física, metafísica y literatura. Escribió novelas, se dedicó a la política y fue profesor de matemáticas.

Fue el primero en utilizar el término histograma, el concepto de desviación típica y en desarrollar métodos estadísticos para investigar cuestiones relacionadas con la biología. Además, este inglés demostró ser tenaz en los trabajos que emprendía: llegó a lanzar 24 000 veces una moneda y obtuvo 12 012 caras.

... SU IDEA...

Pearson quería conocer si los caracteres hereditarios (como la estatura o el color de los ojos) se transmitían a la descendencia de forma independiente. También quería **determinar si un medicamento era más eficaz que otro**. Para ello inventó uno de los **principales test estadísticos**, que sigue utilizándose en la actualidad, el **test de la ji-cuadrado (χ^2)**, también llamado, en su honor, test de Pearson.

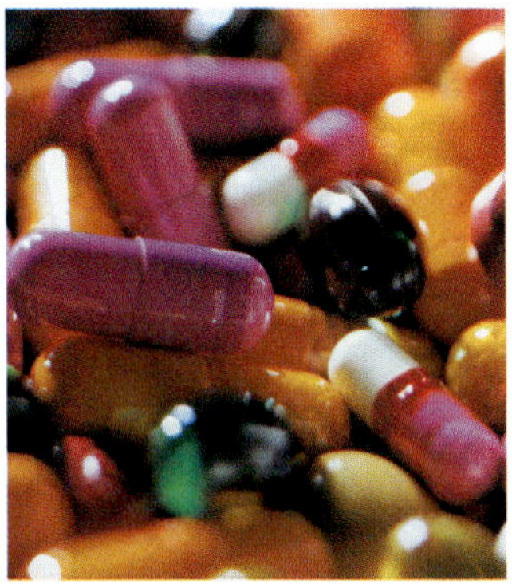

... Y SU ÉPOCA

Vivieron los escritores de las generaciones del 98 y del 27, como Antonio Machado o Federico García Lorca.

ENTREtenido

EL ÚLTIMO

Detrás de este chiste se esconde un error común del uso impropio de datos. ¿Sabrías encontrarlo?

Según recientes estadísticas, en los accidentes ferroviarios, el mayor número de víctimas se produce en el último vagón. Por eso en nuestra compañía vamos a quitarlo de todos los trenes.

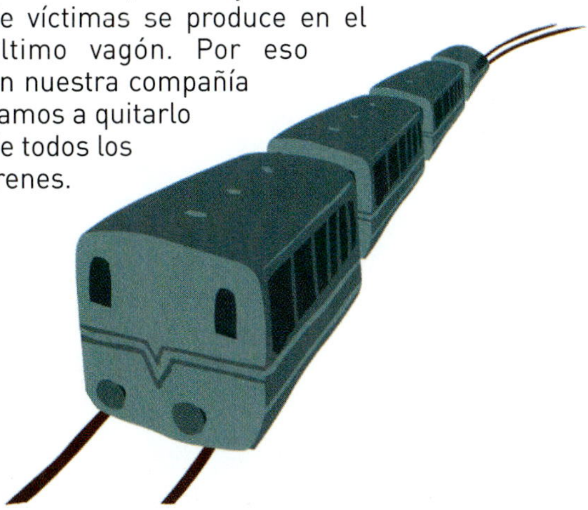

ENTRE interrogantes

¿QUÉ ES EL INE?

Las siglas INE significan Instituto Nacional de Estadística. Se creó por ley en 1945 con la misión de elaborar y perfeccionar las estadísticas demográficas.

El INE en la actualidad elabora todo tipo de estudios, tales como el IPC (índice de precios al consumo), la EPA (encuesta de población activa)...

Si quieres, puedes acceder a su página de Internet, su dirección es <www.ine.es>

15 PROBABILIDAD

Una nueva medicina contra una enfermedad solo se aplica de forma generalizada después de haber sido estudiada su eficacia en el laboratorio, en animales y, finalmente, en un grupo de humanos.

No todas las medicinas son efectivas en un 100 % de los casos. Muchas veces, los científicos se conforman con que los tratamientos tengan una alta probabilidad de curar a los enfermos.

RECUERDA

Diferentes formas de expresar una cantidad parcial respecto del total. Si en una bolsa hay cinco bolas negras, tres amarillas y dos verdes, la cantidad relativa de bolas amarillas se puede expresar como:

Una fracción	Un tanto por uno	Un porcentaje
$\frac{3}{10}$	0,3	30 %

Dos **fracciones son equivalentes** si representan la misma parte.

$$\frac{2}{3} = \frac{4}{6} = \frac{10}{30}$$

Para **comparar dos fracciones**, se expresan con el mismo **denominador** y se comparan los nuevos numeradores. Es menor la fracción con menor numerador.

La **frecuencia absoluta** de un dato es el número de veces que se repite, y la **frecuencia relativa**, el cociente entre la frecuencia absoluta y el número total de datos.

PARA EMPEZAR

1 En un cajón hay tres monedas de un euro, otras tres de dos euros y una de cincuenta céntimos. Expresa la cantidad de monedas de dos euros respecto del total de monedas de las siguientes formas.

a) Mediante una fracción

b) Mediante un tanto por uno.

c) Mediante un porcentaje.

2 Expresa en forma de fracción la cantidad de bolas negras respecto del total de cada urna.

Al extraer una bola, ¿dónde crees que es más fácil que salga una bola negra?

3 Mediante diferentes ensayos, se ha comprobado que una medicina es efectiva en el 85,25 % de los casos.

a) Expresa la efectividad de la vacuna mediante una fracción y mediante un tanto por uno.

b) Si se vacuna a un grupo de 250 personas, ¿cuántas quedarán inmunizadas?

1. Experimentos aleatorios

EXPERIMENTO NO ALEATORIO

EXPERIMENTO ALEATORIO

Ejemplo. *Intenta predecir el resultado de estos experimentos.*

a) Lanzar un dado.

b) Medir la longitud de una circunferencia de 2 metros de radio.

a) Es imposible adivinar la puntuación que se va a obtener, puede ser 1, 2, 3, 4, 5 ó 6.

b) Se puede conocer el resultado sin más que utilizar su fórmula: $L = 2\pi r = 2\pi \cdot 2 = 4\pi = 12{,}56$ cm

Un experimento es **aleatorio** cuando no se puede predecir el resultado antes de realizarlo.

Espacio muestral

Ejemplo. *Escribe los posibles resultados que se obtienen al lanzar un dado.*

Los resultados que se pueden dar al lanzar un dado son:

Todos estos resultados forman el **espacio muestral.**

También se pueden considerar otro tipo de resultados no elementales.

A = "Obtener un número par" = {2, 4, 6}
B = "Obtener un número mayor que 2" = {3, 4, 5, 6}
C = "Obtener un divisor de 6" = {1, 2, 3, 4, 6}

} **Sucesos**

El **espacio muestral** asociado a un experimento aleatorio es el conjunto de resultados elementales que se pueden obtener al realizar dicho experimento.

Un **suceso** de un experimento aleatorio es cualquier parte del espacio muestral.

Sucesos contrarios

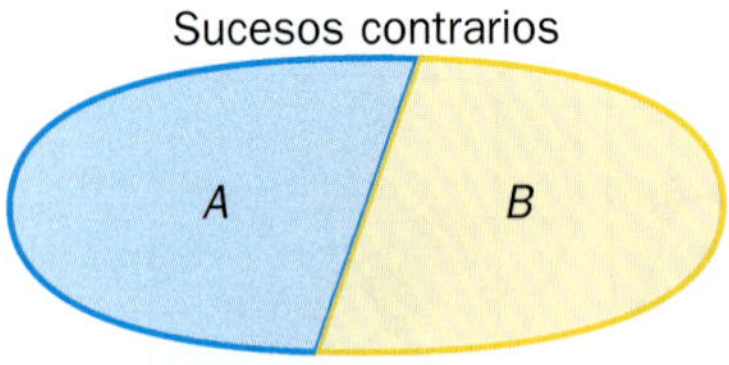

Unión

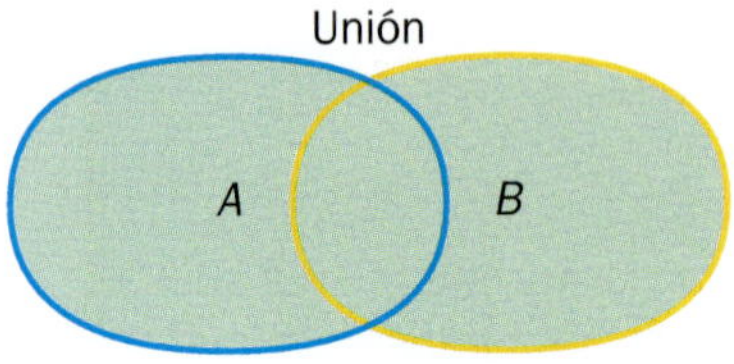

Intersección

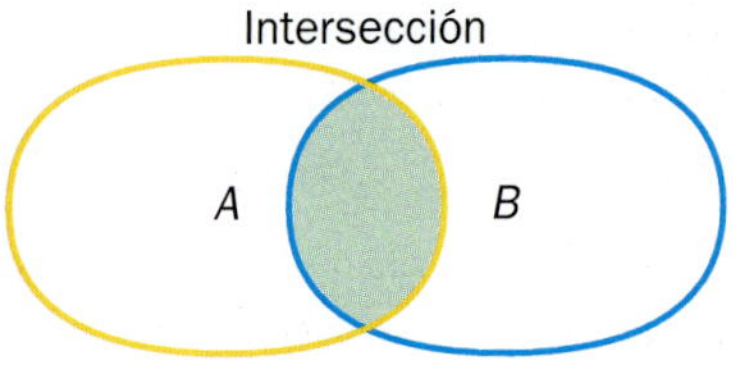

Algunos sucesos tienen un nombre especial.

Suceso seguro: es el que siempre se verifica.

Suceso imposible: es el que nunca se verifica.

Sucesos contrarios: $\overline{C}$ es el suceso contrario de C si se verifica cuando no se verifica C.

Suceso unión: se verifica A o se verifica B. Se representa por $A \cup B$.

Suceso intersección: se verifican A y B. Se representa por $A \cap B$.

Por ejemplo, en el experimento del lanzamiento de un dado se tiene:

Suceso seguro: "Obtener una puntación mayor o igual a 1"

Suceso imposible: "Obtener un múltiplo de 7"

Suceso contrario de "Obtener un número par": "Obtener un número impar"

Si A = "Obtener un múltiplo de 2" y B = "Obtener múltiplo un de 3", entonces:

$A \cup B$ = "Obtener múltiplo de 2 ó de 3"

$A \cap B$ = "Obtener múltiplo de 2 y de 3"

PARA PRACTICAR

1 Indica cuáles de los siguientes experimentos son aleatorios y cuáles no.

a) Lanzar al aire una moneda y observar si sale cara o cruz.

b) Soltar una moneda desde una altura de 10 metros y observar el tiempo que tarda en llegar al suelo.

c) Introducir una botella cerrada en un cubo lleno de agua y observar qué cantidad de agua se derrama.

d) Observar el número de días lluviosos durante un mes.

2 Cada urna contiene 10 bolas.

El experimento que consiste en sacar una bola de una urna y anotar el número, ¿es aleatorio?

3 Para cada una de las siguientes experiencias aleatorias, escribe el espacio muestral y el número de sucesos elementales que lo integran.

a) Lanzar al aire dos monedas.

b) Lanzar al aire un dado y una moneda.

c) Sacar una bola de una bolsa que contiene una bola blanca, una negra y una roja.

d) Tirar una moneda al aire tantas veces como sea necesario hasta obtener una cara.

4 Gira la aguja de cada ruleta y observa dónde para.

I)

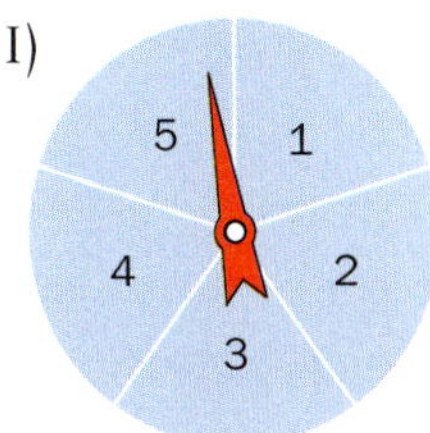

II)

En cada caso:

a) ¿Cuál es el espacio muestral?

b) Da un ejemplo de suceso seguro.

c) Da un ejemplo de suceso imposible.

PARA APLICAR

PROBLEMA RESUELTO

5 **Se lanzan dos dados sobre la mesa. Escribe el espacio muestral y los siguientes sucesos.**

A = "Obtener una pareja de números iguales".

B = "Obtener ocho puntos en total".

El espacio muestral es:

$$M = \left\{ \begin{matrix} (1\ 1), (1\ 2), (1\ 3), (1\ 4), (1\ 5), (1\ 6) \\ (2\ 1), (2\ 2), (2\ 3), (2\ 4), (2\ 5), (2\ 6) \\ (3\ 1), (3\ 2), (3\ 3), (3\ 4), (3\ 5), (3\ 6) \\ (4\ 1), (4\ 2), (4\ 3), (4\ 4), (4\ 5), (4\ 6) \\ (5\ 1), (5\ 2), (5\ 3), (5\ 4), (5\ 5), (5\ 6) \\ (6\ 1), (6\ 2), (6\ 3), (6\ 4), (6\ 5), (6\ 6) \end{matrix} \right\}$$

El suceso elemental (2 3) quiere decir que en el primer dado se ha obtenido un 2, y en el segundo, un 3.

$A = \{(1\ 1), (2\ 2), (3\ 3), (4\ 4), (5\ 5), (6\ 6)\}$

$B = \{(2\ 6), (3\ 5), (4\ 4), (5\ 3), (6\ 2)\}$

6 En un control aduanero se realiza un experimento que consiste en anotar el último número de la matrícula de los turismos que llegan a él.

a) ¿Es un experimento aleatorio?

b) Forma el espacio muestral.

7 Se lanzan dos dados, uno rojo y otro blanco. Indica cuántos sucesos elementales forma cada suceso compuesto.

a) A = "La suma de las puntuaciones es 2".

b) B = "La suma de las puntuaciones es 7".

c) C = "La puntuación del dado rojo es superior a la del dado blanco".

8 Se extrae una carta de una baraja española y se consideran estos sucesos.

A = "Obtener una carta de copas".

B = "Obtener una figura".

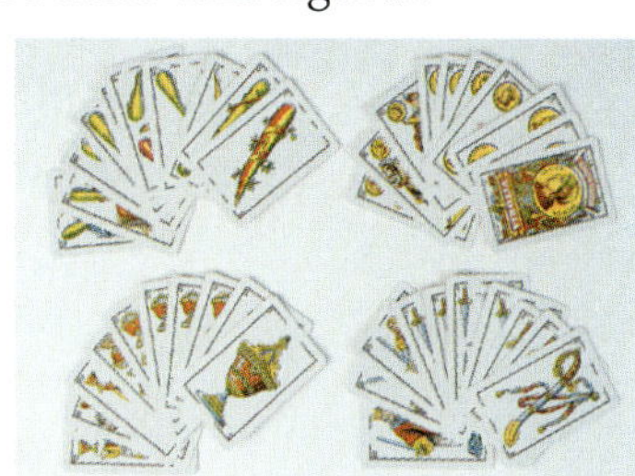

Escribe los sucesos elementales que corresponden a cada uno de los siguientes sucesos.

a) A	d) $\overline{B}$	g) $A \cup B$
b) B	e) $A \cap B$	h) $\overline{A} \cup \overline{B}$
c) $\overline{A}$	f) $\overline{A} \cap \overline{B}$	i) $\overline{A \cup B}$

2. PROBABILIDAD DE UN SUCESO

Seguro, probable, difícil, imposible

Ejemplo. *Utiliza las palabras seguro, probable, difícil o imposible, para cuantificar la mayor o menor dificultad que tiene cada uno de estos sucesos de verificarse al lanzar un dado.*

A = "Salir un número positivo" *C = "Salir un divisor de 7"*

B = "Salir un número mayor que 1" *D = "Salir un múltiplo de 7"*

A es seguro *B* es probable *C* es difícil *D* es imposible

Para precisar más el lenguaje, conviene cuantificar la dificultad o facilidad. Para esto se utiliza una escala de forma que a cada suceso se le asigna un número comprendido entre 0 y 1.

Se llama **probabilidad** de un suceso a un número comprendido entre 0 y 1, que informa sobre la menor o mayor dificultad que tiene de ocurrir.

Frecuencia y probabilidad

Ejemplo. *Lanza un dado 250 veces y calcula la frecuencia relativa del suceso "obtener un número par" cuando se han realizado 10, 20, 50, 100, 150, 200 y 250 lanzamientos.*

N.° de lanzamientos	10	20	50	100	150	200	250
Frecuencia absoluta	3	7	29	47	78	97	127
Frecuencia relativa	0,3	0,35	0,58	0,47	0,52	0,485	0,508

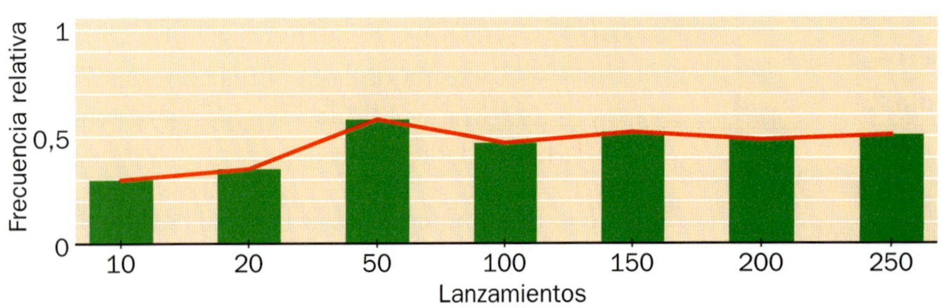

Se representa el diagrama de barras de frecuencias relativas. Si unimos los puntos medios de las barras obtenemos el polígono de frecuencias.

Conforme aumenta el número de lanzamientos, la frecuencia relativa del suceso "obtener un número par" se acerca cada vez más a $0{,}5 = \frac{1}{2}$.

La probabilidad de obtener un número par es $\frac{1}{2}$. Se escribe $P(A) = \frac{1}{2}$.

La **probabilidad de un suceso** es el número al que se acerca la frecuencia relativa cuando el experimento se repite muchas veces.

La probabilidad de un suceso cumple las siguientes propiedades.

- La suma de las probabilidades de los sucesos elementales es 1.
- La suma de las probabilidades de un suceso y de su contrario es 1.

PARA PRACTICAR

9 Se ha realizado 200 veces el experimento aleatorio que consiste en lanzar tres monedas al aire y contar el número de caras obtenidas. La tabla muestra el número de veces que se han obtenido exactamente dos caras cuando se llevan realizados algunos lanzamientos.

Número de lanzamientos	Frecuencias absolutas	Frecuencias relativas
25	8	0,32
50	20	0,40
75	30	0,40
100	37	0,37
150	57	0,38
200	75	0,375

a) Dibuja el polígono de frecuencias relativas.

b) ¿A qué número tiende la probabilidad del suceso "obtener dos caras y una cruz"?

EJERCICIO RESUELTO

10 **El espacio muestral de cierto experimento está formado por tres sucesos elementales *A*, *B* y *C*.**

Se sabe que $P(A) = \frac{1}{2}$ y que $P(B) = \frac{2}{5}$.

Calcula $P(C)$ y $P(\overline{C})$.

$P(A) + P(B) + P(C) = 1$

$P(C) = 1 - P(A) - P(B) = 1 - \frac{1}{2} - \frac{2}{5} = \frac{1}{10}$

$P(\overline{C}) = 1 - P(C) = 1 - \frac{1}{10} = \frac{9}{10}$

11 El espacio muestral de una experiencia es $M = \{A_1, A_2, A_3\}$. Si se tiene que:

$P(A_1) = P(A_2) = \frac{1}{5}$

a) Calcula $P(A_3)$.

b) Calcula $P(\overline{A_3})$.

PARA APLICAR

12 Una nueva vacuna contra una enfermedad ha sido probada en 100, 200, 300, 400, 500, 800 y 1 000 voluntarios. Los resultados se han anotado en una tabla de frecuencias absolutas del número de voluntarios en los que aparece inmunidad.

N.º de voluntarios	Frecuencias absolutas
100	95
200	170
300	270
400	356
500	437
800	711
1 000	882

a) Dibuja el polígono de frecuencias relativas.

b) ¿Qué probabilidad asignarías a la efectividad de la vacuna?

13 El gráfico muestra el polígono de frecuencias del suceso "salir cara" y del suceso "salir cruz".

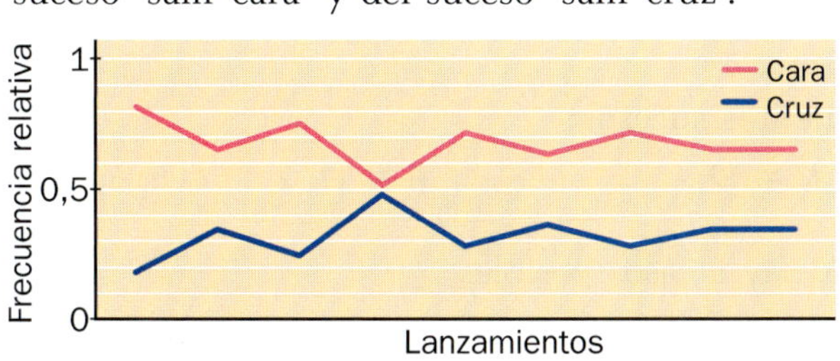

¿Se puede afirmar que la moneda está trucada? Justifica la respuesta.

14 La probabilidad de que al elegir el delegado de la clase salga un chico, es de $\frac{3}{7}$.

¿Cuál es la probabilidad de que salga elegida una chica?

15 De una urna con bolas blancas y negras, Juan nos dice que la probabilidad de sacar una bola blanca es de $\frac{2}{7}$, y Andrés, que la probabilidad de sacar bola negra es de $\frac{16}{21}$.

a) ¿Pueden ser correctas las dos afirmaciones?

b) Si la afirmación de Juan es correcta, ¿cuál sería el valor de la probabilidad de sacar bola negra?

16 La ruleta del dibujo ha sido trucada de forma que la probabilidad de obtener 3 es el doble que la del resto de los números.

Halla la probabilidad de cada uno de los sucesos elementales del experimento que consiste en girar la ruleta y anotar el resultado.

3. Regla de Laplace

Espacio de sucesos equiprobables

Para establecer el espacio muestral del experimento aleatorio "lanzar dos monedas al aire" se pueden tomar dos opciones diferentes.

Monedas iguales

3 sucesos elementales

Monedas distintas

4 sucesos elementales

La diferencia entre los espacios muestrales es que en el segundo todos los sucesos tienen la misma probabilidad de verificarse, mientras que en el primero es más fácil sacar una cara y una cruz que dos caras.

Si todos los sucesos elementales tienen la misma probabilidad de verificarse, el espacio muestral de una experiencia aleatoria es un **espacio de sucesos equiprobables**.

Regla de Laplace

Ejemplo. *En una rifa se han vendido 1 000 papeletas numeradas del 1 al 1 000. ¿Cuál es la probabilidad de que me toque si he comprado 1 papeleta? ¿Y si he comprado 7 papeletas?*

Todas las papeletas tienen la misma probabilidad de ser elegidas.

Si se compra una papeleta, se tiene una oportunidad entre 1 000 de ganar el premio. La probabilidad de ganar es de $\frac{1}{1\,000}$.

Si se compran 7 papeletas, hay siete oportunidades entre 1 000 de ganar. Por tanto, la probabilidad de ganar es de $\frac{7}{1\,000}$.

Las papeletas que se compran son los **casos favorables**

$\frac{1}{1\,000}$ $\frac{7}{1\,000}$

Las 1 000 papeletas que entran en la rifa son los **casos posibles**

Regla de Laplace. Si todos los resultados elementales de un experimento aleatorio son equiprobables, la probabilidad de que se verifique un suceso A es:

$$P(A) = \frac{\text{Número de casos favorables}}{\text{Número de casos posibles}}$$

EJERCICIO RESUELTO

17 **Se lanza un dado. Halla la probabilidad de los siguientes sucesos:**

$A = \{2, 4, 6\}$ $B = \{3, 4\}$ $C = \{2\}$ $E = \{1, 2, 3, 4, 5, 6\}$

El espacio muestral es $E = \{1, 2, 3, 4, 5, 6\}$; por tanto, hay 6 casos posibles.

Se trata de un espacio de sucesos elementales equiprobables y se puede aplicar la regla de Laplace:

$P(A) = \frac{3}{6} = \frac{1}{2}$ $P(B) = \frac{2}{6} = \frac{1}{3}$ $P(C) = \frac{1}{6}$ $P(E) = \frac{6}{6} = 1$

PARA PRACTICAR

EJERCICIO RESUELTO

18 **Una bolsa contiene una bola blanca y cien bolas negras. Se saca una bola al azar.**

a) Si B es el suceso "sacar bola blanca" y N el suceso "sacar bola negra", ¿el espacio muestral $M = \{B\ N\}$ es un espacio de sucesos equiprobables?

b) Escribe un espacio muestral correspondiente a esta experiencia aleatoria que esté formado por sucesos elementales equiprobables. ¿Cuántos elementos tiene?

a) Sacar una bola negra es más fácil que sacar una blanca. Por tanto, los sucesos B y N no son equiprobables.

b) Se puede considerar el espacio:

$$M = \{B\ N_1\ N_2\ N_3\ \dots\ N_{100}\}$$

donde los 101 sucesos que lo forman sí son equiprobables.

19 Se lanzan tres monedas al aire.

a) El espacio muestral M = {tres caras, dos caras y una cruz, una cara y dos cruces, tres cruces}, ¿es un espacio de sucesos equiprobables?

b) Escribe un espacio muestral correspondiente a esta experiencia aleatoria que esté formado por sucesos elementales equiprobables. ¿Cuántos elementos tiene?

20 Indica si en cada situación se puede aplicar o no la regla de Laplace y, en caso positivo, escribe el espacio muestral que se puede considerar.

a) Tirar una chincheta sobre la mesa y observar si cae con la punta hacia arriba o apoyada en la punta y en la cabeza.

b) Extraer dos bolas consecutivas de una bolsa que contiene dos blancas y una negra.

21 Se elige al azar una carta de una baraja española. ¿Se puede utilizar el espacio muestral M = {oros, copas, bastos, espadas} para calcular la probabilidad de obtener un oro aplicando la regla de Laplace?

22 Se elige al azar una carta de una baraja española. ¿Se puede utilizar el espacio muestral M = {figura, no figura} para calcular la probabilidad de obtener una figura aplicando la regla de Laplace?

Recuerda que las figuras de la baraja son las sotas, los caballos y los reyes.

23 Escribe espacios muestrales de sucesos elementales equiprobables para las siguientes experiencias.

a) Lanzar un dado y una moneda.

b) Sacar simultáneamente dos bolas de una bolsa que contiene dos blancas y dos negras.

c) De los números 1, 2, 3 y 4, elegir tres diferentes.

PARA APLICAR

24 ¿Cuál es la probabilidad de sacar una bola blanca al extraer una bola de cada una de estas urnas?

25 El Ayuntamiento de una ciudad realiza un sorteo de viviendas de protección oficial para jóvenes. El sorteo consta de 125 pisos de 1 habitación y 200 de 2 habitaciones. Si se presentan 1 523 solicitudes:

a) ¿Cuál es la probabilidad de que a una persona le toque un piso de 1 habitación?

b) ¿Cuál es la probabilidad de que a una persona le toque un piso?

26 Un videoclub automático se ha estropeado y da las películas al azar. Si su videoteca está repartida de la siguiente forma:

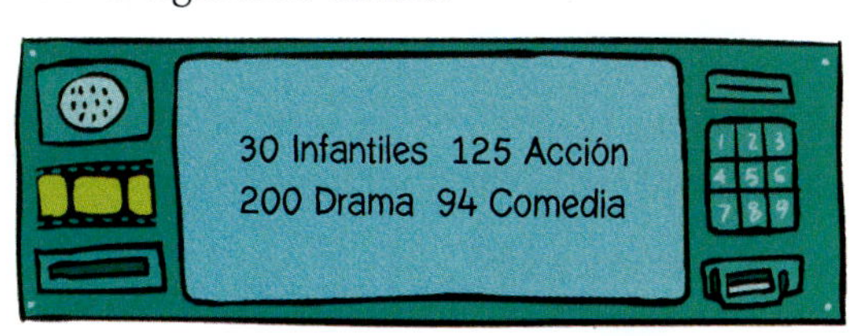

¿Cuál es la probabilidad de que la película sea comedia? ¿Y de que no sea drama?

27 Calcula la probabilidad de que al sacar dos bolas consecutivas de la caja y formar un número con dos cifras, se obtenga un número múltiplo de 3.

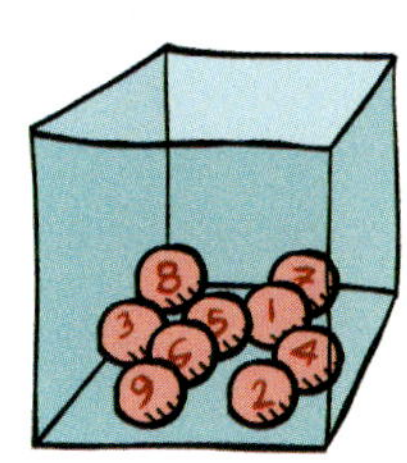

4. PROBABILIDAD EXPERIMENTAL. SIMULACIÓN

Probabilidad experimental

Al dejar caer las chinchetas de una caja sobre una mesa se pueden dar las siguientes opciones.

A = "Caer con la punta hacia arriba"

B = "Caer con la punta hacia abajo"

Para asignar las probabilidades de los sucesos A y B no se puede aplicar la regla de Laplace, ya que no son equiprobables.

En casos como este, para poder hallar la probabilidad es necesario utilizar la **experimentación**.

Por ejemplo, si dejamos caer 100 chinchetas:

$$P(A) = \frac{72}{100} = 0{,}72$$

$$P(B) = \frac{28}{100} = 0{,}28$$

Número total de chinchetas

La **probabilidad experimental** es la probabilidad asignada a un suceso mediante el cálculo de la frecuencia relativa obtenida al repetir el experimento muchas veces.

Simulación. Números aleatorios

En las calculadoras existe una función de azar que se activa con la tecla Rand#. Cada vez que se pulsa dicha tecla, se obtiene un número con tres cifras decimales comprendido entre 0 y 1.

Ejemplo. *Dos amigos quieren jugar al parchís y no tienen ningún dado. ¿Cómo podrían simular el lanzamiento del dado con una calculadora?*

Se necesita encontrar un procedimiento para que la calculadora, con ayuda de la tecla Rand#, nos proporcione un número aleatorio entero entre 1 y 6.

1. **Se pulsa la tecla Rand#.** 0.009
2. **Se multiplica el resultado por 6.** 0.054
3. **Se suma 1** 1.054

La parte entera del número así obtenido es un número aleatorio comprendido entre 1 y 6.

Si no se tiene calculadora, existen otras formas de simular el experimento. Por ejemplo:

- Escribir en seis papeles los números del 1 al 6, introducirlos en un sobre y elegir uno de ellos al azar.
- Elegir un lugar inicial en una tabla de números aleatorios y leer, a partir de ella, números aleatorios comprendidos entre 1 y 6. Cuando un número no cumple las condiciones exigidas, se desecha y se pasa al siguiente.

EN LA CALCULADORA

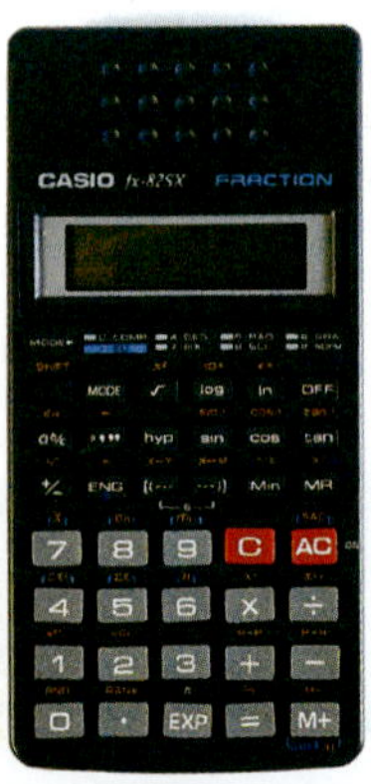

La tecla  en las calculadoras suele ser segunda función; para activarla, se pulsa la tecla .

PARA PRACTICAR

28 En cada situación, indica si se puede asignar probabilidades mediante la regla de Laplace o si conviene asignar probabilidades experimentales.

a) Lanzar una moneda al aire.

b) En un equipo de fútbol, que un jugador meta un gol de penalti.

c) En un laboratorio farmacéutico, que un medicamento cure una enfermedad.

d) En una bolsa con 3 bolas rojas y 2 blancas, sacar una bola y mirar el color.

29 Una caja contiene 100 bolas de dos colores, blancas y negras. Se sacan 10 bolas de la caja y resulta que 8 son blancas.

Asigna experimentalmente probabilidades a los sucesos extraer bola blanca y extraer bola negra.

30 Una bolsa contiene un número indeterminado, pero muy grande, de fichas grabadas con un número. Si se extrae al azar una ficha, ¿cómo se puede determinar la probabilidad de que tenga grabado un número par?

EJERCICIO RESUELTO

31 **Con ayuda de la calculadora, halla un número aleatorio entero comprendido entre 12 y 28.**

1.° Se pulsa la tecla Rand# de la calculadora y se obtiene un número decimal comprendido entre 0 y 1.

2.° Se multiplica por 28 − 12 + 1, con lo que se obtiene un número decimal entre 0 y 17, sin alcanzar este último valor.

3.° Se desprecia la parte decimal, con lo que se obtiene un número entero entre 0 y 16, ambos inclusive.

4.° Se le suma 12, con lo que se obtiene un número aleatorio entero entre 12 y 28.

32 Con ayuda de la calculadora, obtén una lista de cinco números aleatorios comprendidos entre:

a) 1 y 12 b) 25 y 50

33 Con ayuda de la calculadora, simula estos experimentos.

a) Lanzamiento de una moneda 10 veces.

b) Lanzamiento de un dado 10 veces.

PARA APLICAR

34 Se ha observado que en 2 000 accidentes de tráfico con impacto frontal, cuyos conductores no llevaban el cinturón de seguridad, 300 individuos quedaron con secuelas.

¿Qué probabilidad se asignaría a sufrir un impacto frontal y tener secuelas?

35 Una fábrica de bombillas ha seleccionado 100 bombillas de su producción diaria y ha comprobado que hay 1 defectuosa. ¿Qué probabilidad se puede asignar al suceso "bombilla defectuosa"?

36 Para hallar la probabilidad experimental de un determinado suceso, Juan ha realizado 10 pruebas, y Pablo, 100.

¿Cuál de los dos obtendrá una probabilidad experimental más próxima al valor teórico de la probabilidad?

37 Se quieren sacar 10 premios de una rifa en la que se han vendido 1 000 papeletas.

¿Cómo se podría proceder si solo se dispone de una calculadora?

38 Javier y Elena inventan un juego en el que se lanzan dos monedas al aire. Establecen las siguientes reglas.

- Si salen dos caras, Elena gana dos puntos.
- Si salen una cara y una cruz, Javier gana un punto.
- Si salen dos cruces, nadie gana puntos.

Elena, al contrario que Javier, piensa que el juego es justo. ¿Cómo puede demostrar esta conjetura?

CONTANDO CARPAS EN UN LAGO

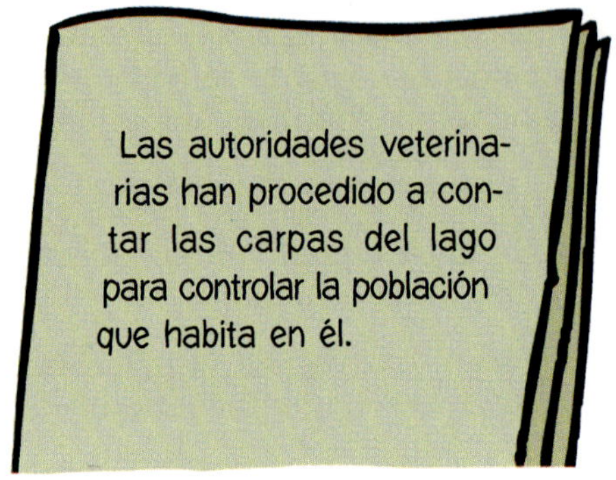

¿DÓNDE ESTÁN LAS MATEMÁTICAS?

Muchas veces aparecen en los medios de comunicación noticias relacionadas con el número de animales existentes en un determinado lugar, pero es difícil pensar que alguien se haya puesto a contar uno a uno los animales hasta llegar a dar esas cifras.

Para contar las carpas de un lago, se captura una **muestra**, por ejemplo de 30 carpas, se les pone una anilla para identificarlas y se dejan en libertad. A los pocos días se vuelven a capturar más ejemplares y se cuentan los que llevan anilla; por ejemplo, de 50 carpas hay 4 con anilla.

El valor de la **frecuencia relativa** de capturar una carpa que tenga anilla se puede identificar con la **probabilidad** y, a partir de esta probabilidad, se puede calcular el número de carpas del lago.

¿CÓMO SE APLICAN?

$\frac{4}{50}$ frecuencia relativa de que una carpa tenga anilla

↓

0,08 probabilidad de capturar una carpa con anilla

En cualquier muestra que se tome, se supone que la probabilidad de obtener una carpa con anilla es la misma. Luego si se llama x al número aproximado de carpas, se tiene la proporción:

N.º de carpas con anilla que hay en el lago → 30

N.º total de carpas que hay en el lago → x

Probabilidad de capturar una carpa con anilla → $0{,}08$

$$\frac{30}{x} = 0{,}08 \Rightarrow x = \frac{30}{0{,}08} = 375$$

Se despeja x

Luego en el lago hay unas 375 carpas.

PARA APLICAR

39 Se quiere saber el número de conejos que hay en un parque natural. Se capturan 40 conejos, a los que se vuelve a soltar después de identificarlos con una marca en la oreja. Pasada una semana, en varios puntos, se atrapan 90 conejos de los que solo hay 3 ejemplares con la marca en la oreja.

¿Cuántos conejos aproximadamente viven en el parque natural?

40 Muchas especies de aves migratorias viajan durante el invierno desde regiones frías a otras más cálidas. Se ha vigilado una colonia de aves, en la que 50 tienen una anilla identificativa. Después de su emigración invernal, de 30 aves que se observan, solo 2 de ellas portan la anilla.

¿Cuál es aproximadamente la población que emigró?

Experimentos aleatorios

Experimento aleatorio

Aquel cuyo resultado no puede predecirse.

Espacio muestral: conjunto de todos los resultados posibles.

Sucesos

Definición: cualquier parte del espacio muestral.

Suceso imposible: nunca se verifica.

Suceso seguro: Se verifica siempre.

Relación entre sucesos

Unión

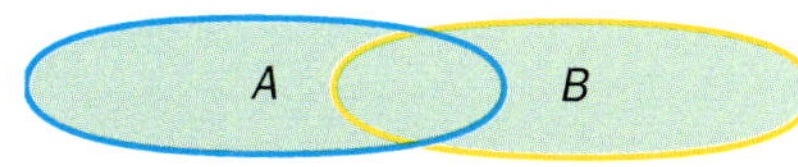

Intersección

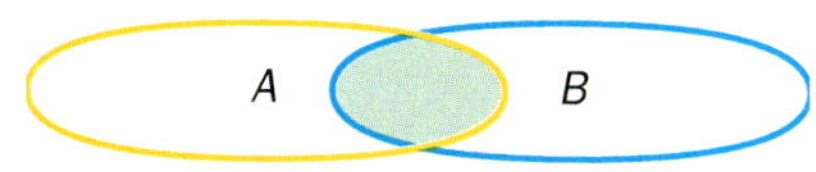

Contrario

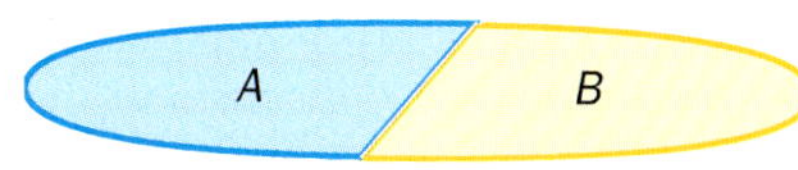

Probabilidad

La **probabilidad** de un suceso es un número entre 0 y 1 que informa sobre la mayor o menor dificultad que tiene de ocurrir.

Propiedades de la probabilidad

- La suma de las probabilidades de los sucesos elementales de un espacio muestral es 1.
- La suma de la probabilidad de un suceso y su complementario es 1.

Regla de Laplace

Si todos los sucesos elementales de un experimento son equiprobables, se verifica que:

$$P(A) = \frac{\textit{Número de casos favorables a } A}{\textit{Número de casos posibles}}$$

Probabilidad experimental

Es la probabilidad que se asigna a un suceso a partir de la frecuencia relativa obtenida cuando el experimento se ha realizado muchas veces.

Simulación de experimentos

Con la tecla Rand# de la calculadora se pueden obtener números aleatorios.

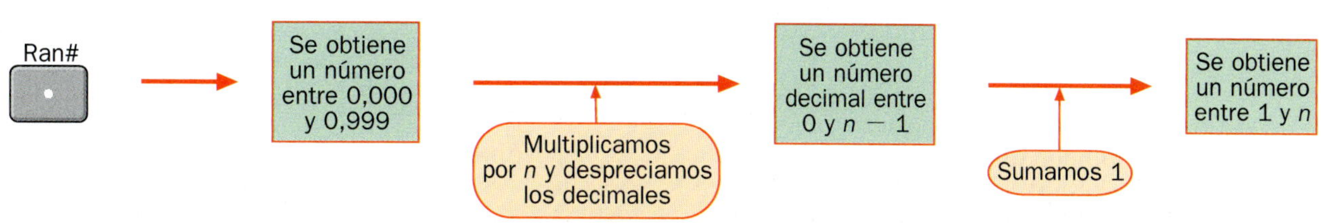

PARA PRACTICAR Y APLICAR

41 Se hace girar la perindola de la figura y se espera que se asiente sobre uno de los lados correspondiente a uno de los ocho números.

a) Escribe el espacio muestral e indica si los sucesos elementales son o no equiprobables.

b) Da un ejemplo de suceso seguro y otro de suceso imposible.

c) Si se consideran los sucesos

A = "Obtener múltiplo de 2"

B = "Obtener múltiplo de 3"

Escribe los sucesos elementales que corresponden a $A \cup B$, $A \cap B$, $\overline{A} \cup B$ y $A \cap \overline{B}$.

42 Ordena de mayor a menor las siguientes ruletas según la dificultad de obtener color rojo.

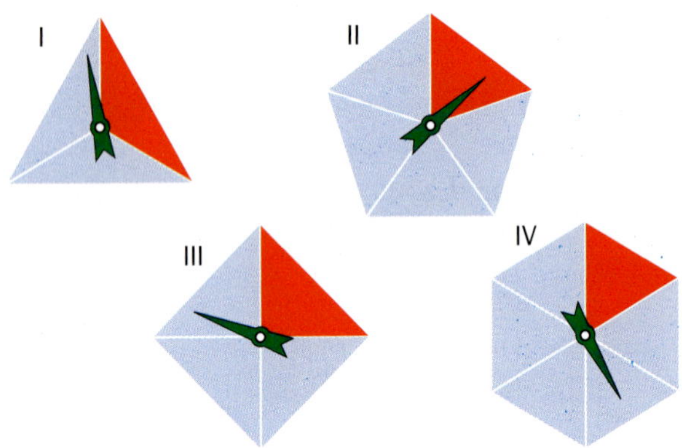

43 Un conductor ha tenido un accidente grave. La probabilidad de que haya bebido alcohol recientemente es nueve veces la probabilidad de que no lo haya hecho.

a) Halla la probabilidad de que haya bebido alcohol recientemente.

b) Halla la probabilidad de que no haya bebido.

44 Un espacio muestral está formado por tres sucesos elementales A, B y C. Calcula $P(C)$ sabiendo que $P(A) = 0{,}375$ y $P(B) = 0{,}125$.

45 Un dado ha sido construido de forma que la probabilidad de obtener una cierta cara es proporcional al número que tiene marcado en ella.

Si el espacio muestral del experimento de lanzar ese dado es $M = \{1, 2, 3, 4, 5, 6\}$, calcula las probabilidades de los seis sucesos elementales.

46 Con las cartas de la figura, calcula la probabilidad de que, al extraer una de ellas:

a) Salga número par.

b) Salga número impar.

c) Salga número mayor que 5.

d) Salga número múltiplo de 5.

e) Salga un número negativo.

f) Salga un número menor que 1000.

g) No salga un múltiplo de 4.

h) No salga un múltiplo de 5 ni divisor de 12.

47 Un experimento consiste en extraer una bola de cada urna.

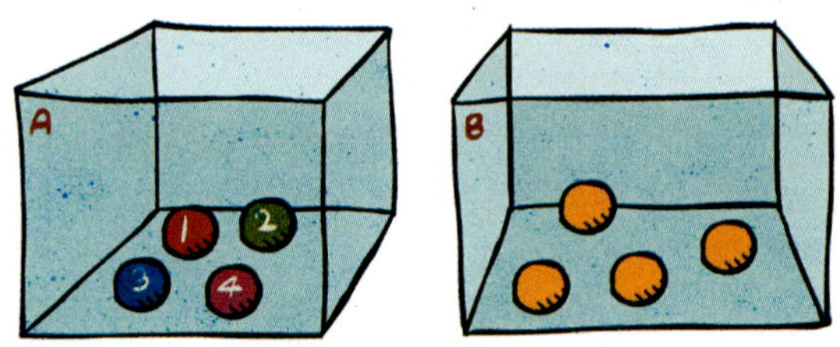

Escribe el espacio muestral y calcula la probabilidad de cada caso.

48 En un estanque hay muchos peces de color rojo, negro y plata. Con una red se han realizado 80 capturas, sacándose 25 rojos, 12 negros y el resto plateados.

a) ¿Qué probabilidad experimental asignarás al suceso "extraer un pez rojo"?

b) ¿Y al suceso "extraer un pez negro"?

c) ¿Y al suceso "extraer un pez plateado"?

d) ¿Y al suceso "extraer un pez que no sea plateado o que no sea rojo"?

49 Utilizando una calculadora, explica cómo puedes obtener:

a) Números aleatorios del 1 al 10.

b) Números aleatorios del 1 al 100.

c) Números aleatorios del 7 al 25.

50 Se elige un número entero positivo menor que 50. ¿Cuál es la probabilidad de que solo tenga dos divisores?

PARA REFORZAR

51 De los siguientes experimentos, indica cuáles son aleatorios.

a) Abrir un libro y anotar el último número de la página de la derecha.

b) Medir el perímetro de un cuadrado de 7 metros de lado.

c) Escribir cada uno de los nombres de los alumnos de una clase en un papel, doblarlos e introducirlos en un recipiente. A continuación, extraer sin mirar un papel.

d) Se tiene una bolsa con 250 bolas rojas y 1 negra. Se extrae una bola y se anota el color.

52 En una urna hay nueve bolas numeradas del 1 al 9. Se extrae una bola al azar. Determina la probabilidad de cada suceso.

a) A = "Sacar número par".

b) B = "Sacar número inferior a 15".

c) C = "Sacar número negativo".

53 Un grupo de alumnos ha realizado 10 ejercicios para calcular probabilidades y los resultados han sido:

$P_1 = 0{,}34$ $P_2 = 0{,}9$ $P_3 = 0{,}03$ $P_4 = -1{,}23$ $P_5 = 0{,}17$

$P_6 = 0{,}52$ $P_7 = 2{,}3$ $P_8 = 0{,}68$ $P_9 = 0{,}06$ $P_{10} = 157{,}3$

Al mostrárselo al profesor, este dice:

"Sin necesidad de mirarlos con detalle, estoy seguro de que tres ejercicios están mal".

¿Cuáles son los ejercicios que están mal?

54 La probabilidad de que un turista pierda el avión de regreso a su país es de 0,015.

Halla la probabilidad de que no lo pierda.

55 En un centro de Secundaria hay matriculados 250 alumnos de 1.º de ESO, 225 de 2.º de ESO, 200 de 3.º de ESO y 190 de 4.º de ESO.

Elegido un alumno al azar, halla las siguientes probabilidades.

a) Que sea de 3.º de ESO.

b) Que no sea de 1.º de ESO.

c) Que sea de 3.º o de 4.º de ESO.

56 Luis tiene guardadas en un cajón 62 canicas, de las que 30 son azules, 22, verdes, y el resto, amarillas. Si extrae una canica al azar, calcula la probabilidad de los siguientes sucesos.

a) Que sea azul.

b) Que sea amarilla.

c) Que no sea ni azul ni verde.

57 Se quiere saber cuántos automóviles de los que circulan regularmente por una localidad no han pasado la revisión obligatoria de la ITV. Para ello, se solicita la acreditación a 50 conductores elegidos al azar y se observa que tres de ellos no han cumplido con la revisión.

a) ¿Qué probabilidad asignarías al suceso "no haber pasado la ITV"?

b) Si se sabe que en el municipio hay inscritos 1 000 automóviles, ¿cuántos de ellos se espera que no hayan pasado la ITV?

PARA AMPLIAR

58 Se lanzan tres dados sobre la mesa.

a) ¿Cuántos sucesos elementales equiprobables tendrá el espacio muestral?

b) Calcula la probabilidad de que la suma de las puntuaciones obtenidas sea 4.

59 Se supone que la probabilidad de que el dardo se clave en cualquiera de los puntos de la diana de la figura es la misma.

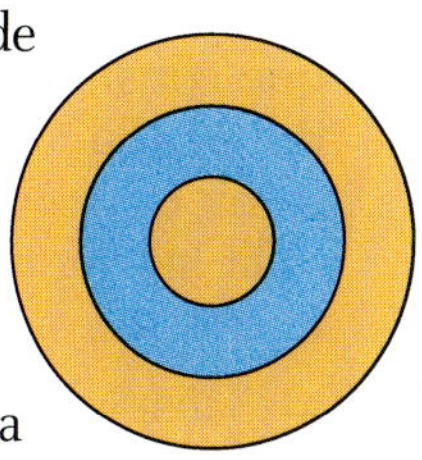

Calcula la probabilidad de que el dardo se clave en alguno de los puntos de la zona azul.

60 Se elige al azar un número de cuatro cifras. Calcula la probabilidad de que:

a) Sea múltiplo de 6. b) Sea múltiplo de 17.

61 Calcula la probabilidad de que al elegir un punto cualquiera del interior del cuadrado resulte ser uno de los que pertenecen a la zona blanca.

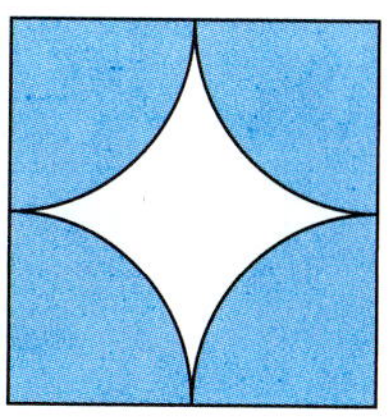

62 Se lanzan cuatro monedas al aire.

a) Escribe el espacio muestral correspondiente a la experiencia aleatoria en el que todos los sucesos elementales tengan la misma probabilidad de verificarse.

b) Calcula la probabilidad de no obtener ninguna cara.

c) Calcula la probabilidad de obtener exactamente una cara.

d) Calcula la probabilidad de obtener más de una cara.

PARA INTERPRETAR Y RESOLVER

63 El ratón, el gato y el queso

Juan observa que un ratón que va en busca de un queso por el circuito de la figura, cuando llega a un cruce de caminos, elige uno de ellos al azar. Por ejemplo, cuando llega al primer cruce debe elegir entre los caminos *A*, *B* o *C*.

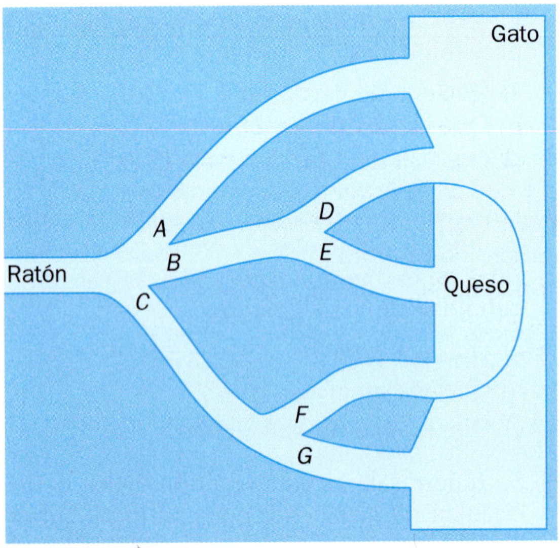

Juan piensa que al haber cinco llegadas y dos de ellas favorecer al ratón, la probabilidad de que este obtenga el queso es de $\frac{2}{5}$.

¿Crees que tiene razón? Explica la respuesta.

64 Llegada puntual

Un tren sale todas las mañanas de *A* a las 10.00 y llega a *B* entre las 10.55 y las 10.59, siendo igual la probabilidad de que el tren llegue en cualquier hora de dicho intervalo.

El gráfico representa las horas de llegada del tren en dos días consecutivos. Así, el punto señalado con *X* indica que el primer día el tren llegó a las 10.57, y el segundo, a las 10.58.

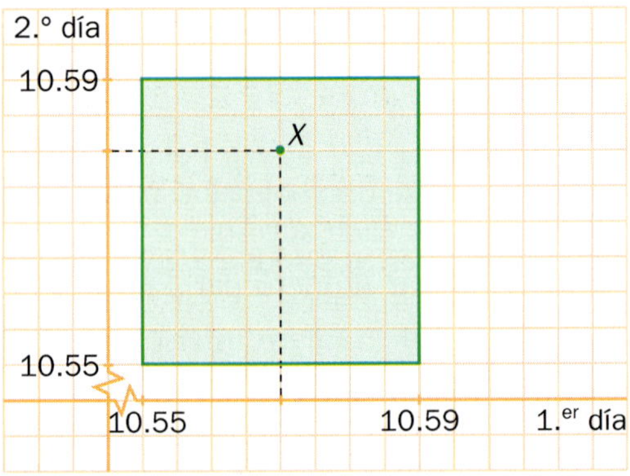

a) Copia el gráfico y señala en él la zona de posibles horas de llegada del tren si los dos días llega después de las 10.58.

b) Cálcula la probabilidad de que en dos días consecutivos el tren llegue después de las 10.58.

AUTOEVALUACIÓN

1 Escribe los espacios muestrales correspondientes a las siguientes experiencias aleatorias e indica si los sucesos elementales que los integran son o no equiprobables.

a) Sacar dos bolas consecutivas de una bolsa que contiene una bola negra, una verde y una azul.

b) Sacar dos bolas de la bolsa anterior, pero introduciendo en la bolsa la primera bola extraída antes de sacar la segunda.

c) Lanzar dos dados tetraédricos con las caras numeradas del 1 al 4.

2 En una urna hay un número indeterminado de bolas azules y verdes. Con el fin de poder asignar una probabilidad experimental al suceso "extraer bola verde", Rocío ha extraído al azar 10 bolas, de las cuales 3 son verdes, y Ana ha extraído 25, de las cuales 8 son verdes.

a) ¿Cuál será la probabilidad experimental que asignarán Rocío y Ana al suceso "extraer bola verde"?

b) ¿Cuál de las dos probabilidades crees que es más correcta?

3 Se quiere sortear 10 entradas para asistir a un concierto de rock entre los 632 alumnos de un centro escolar.

¿Cómo se deberá proceder utilizando la tecla Rand de la calculadora?

4 Calcula la probabilidad de que al sacar dos bolas de una vez de una bolsa que contiene dos verdes y una roja, resulten ser de diferente color.

5 Se considera el experimento que consiste en lanzar un dado dodecaédrico con las caras numeradas del 1 al 12. Calcula las siguientes probabilidades.

a) Sacar un 3.

b) Sacar múltiplo de 3.

c) No sacar múltiplo de 3.

d) Sacar un número negativo.

e) Sacar un número menor que 20.

EL MATEMÁTICO... RELIGIOSO

Blaise Pascal (1623 – 1662)

El pequeño Blaise Pascal estudiaba matemáticas a escondidas. Su padre, aficionado a esta ciencia, había decidido que no las conocería hasta cumplir los 15 años. Cuando le descubrió y vio que su hijo era un prodigio de la geometría, le proporcionó una excelente formación matemática.

Un jugador de dados escribió a Pascal planteándole algunas dudas. Pascal pidió consejo a Fermat, y de la interesante correspondencia entre estos dos matemáticos sobre el juego de los dados nació el cálculo de probabilidades. Pascal no se conformó con ser un extraordinario matemático, también fue un físico destacado. En honor de sus descubrimientos sobre la presión atmosférica y el vacío, la unidad de presión en el sistema internacional lleva su nombre.

... SU IDEA...

El padre de Pascal era recaudador de impuestos y se pasaba el día haciendo pesados cálculos. Para ayudarle, Pascal diseñó y **construyó una máquina capaz de sumar y restar usando un sistema de engranajes interconectados**.

Así apareció la **primera calculadora** de la historia: la Pascalina, tatarabuela de las calculadoras actuales.

... Y SU ÉPOCA

El pintor español Velázquez realiza el famoso cuadro de *Las meninas*.

ENTREtenido

MAGIA POTAGIA

Ana toma entre sus dedos 3 dados cúbicos con las caras numeradas del 1 al 6, y pregunta a Laura: "¿A que no sabes cuánto suman las seis caras que están ocultas? Dos de ellas las tapo con mis dedos, y las otras cuatro están ocultas al estar juntos los dados". Laura piensa un poco y dice: "21".

Ana cambia de posición los 3 dados y vuelve a preguntar lo mismo. Laura responde de nuevo que las 6 caras ocultas suman 21. ¿Tiene razón? ¿Por qué?

ENTRE interrogantes

¿DESDE CUÁNDO SE JUEGA A LOS DADOS?

En la Edad de Piedra, los hombres ya jugaban con unos dados muy particulares: unos huesecillos llamados tabas o astrágalos. También se han encontrado restos de dados cúbicos en tumbas egipcias de hace más de 4 000 años. Se dice que los soldados griegos ya jugaban hace 3 000 años, durante la guerra de Troya. También los romanos usaban dos tipos de dados: unos cúbicos (*tesserae*) y otros con forma de prisma rectangular (*tali*).

ESTADÍSTICA DISCRETA CON EXCEL

HOJAS DE CÁLCULO

Las hojas de cálculo permiten tratar de forma automática, y a gran velocidad, la enorme cantidad de datos que se manejan en Estadística. Los resultados se pueden guardar, junto con los datos, para revisarlos y actualizarlos cuando sea necesario, y, además, estos programas realizan la representación gráfica de los datos de forma inmediata.

Vamos a utilizar la hoja de cálculo Excel para obtener las medidas de centralización (media, moda y mediana) y las medidas de dispersión (rango, varianza y desviación típica) de una distribución estadística de variable discreta. Además, crearemos los gráficos que mejor representen la distribución.

Las notas en Matemáticas de 35 alumnos son las siguientes:

4, 4, 5, 6, 7, 5, 2, 7, 6, 8, 7, 4, 8, 7, 5, 3, 8, 4, 9, 3, 5, 6, 5, 6, 8, 6, 4, 10, 5, 7, 1, 7, 5, 5, 8

Calcula la media, la moda, la mediana, el rango, la varianza y la desviación típica.

1.º Introduce los datos

En el rango de celdas A1:G5 de la hoja de cálculo, introduce las notas de los 35 alumnos.

	A	B	C	D	E	F	G	H
1	4	4	5	6	7	5	2	
2	7	6	8	7	4	8	7	
3	5	3	8	4	9	3	5	
4	6	5	6	8	6	4	10	
5	5	7	1	7	5	5	8	
6								

2.º Realiza los cálculos

- En las celdas A7:A12, escribe el nombre de los parámetros que quieres calcular.
- En las celdas B7:B12, inserta las funciones de los parámetros que interesa calcular. Para ello, utiliza las librerías de funciones que *Excel* proporciona a través del botón fx (Insertar función), selecciona la categoría **Estadísticas** y elige las funciones que necesites: Promedio, Moda, etc.

7	Media=	=PROMEDIO(A1:G5)	5,71
8	Moda=	=MODA(A1:G5)	5,00
9	Mediana=	=MEDIANA(A1:G5)	6,00
10	Varianza=	=VARP(A1:G5)	3,86
11	Desv. típica=	=DESVESTP(A1:G5)	1,96
12	Rango=	=MAX(A1:G5)-MIN(A1:G5)	9,00

Así, para obtener la media:

- Sitúa el cursor en la celda B7.
- Pulsa fx (Insertar función).
- En **Categoría de función** marca **Estadísticas**, y en **Nombre de función** elige **Promedio**.
- Selecciona las celdas A1:G5 y pulsa **Aceptar**.

En la celda B7 aparece el valor de la media de la distribución: 5,71.

De forma similar, puedes obtener el resto de los parámetros.

3.º Haz una tabla de frecuencias

Para representar gráficamente la distribución, se agrupan los datos en una tabla donde aparezcan las notas x_i y las frecuencias absolutas f_i.

Para ello:

- En la celda A14, escribe x_i, y en la B14, f_i.
- En las celdas A15:A24, escribe las diferentes notas x_i.
- En las celdas B15:B24, introduce las frecuencias absolutas f_i, a mano o bien seleccionando el rango B15:B24 e insertando la función **Frecuencia** que busca en el rango A1:G5, donde están los datos, las diferentes notas de la columna A15:A24. Al final, pulsa Control + mayúsculas + Intro para que *Excel* reconozca que la fórmula se aplica a toda la selección.

	x_i	f_i
14		
15	1	1
16	2	1
17	3	2
18	4	5
19	5	8
20	6	5
21	7	6
22	8	5
23	9	1
24	10	1
25		35

	x_i	f_i
14		
15	1	=FRECUENCIA(A1:G5;A15:A24)

- En la celda B25, obtén la suma de frecuencias; para ello, selecciona el rango B15:B24 y pulsa el icono Σ (Autosuma).

25		=SUMA(B15:B24)

4.º Crea el gráfico

- Para crear el gráfico de frecuencias, selecciona el rango B15:B24 y pulsa la opción **Gráfico** del menú **Insertar**, o el icono (Asistente para gráficos).

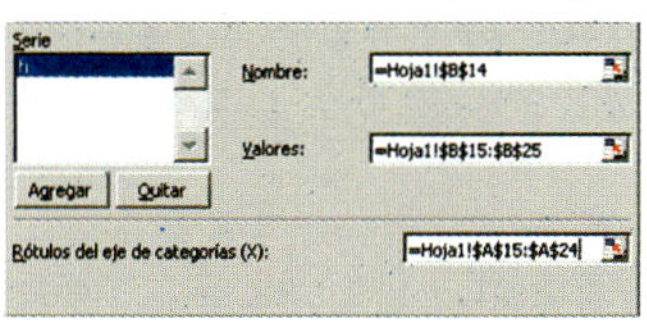

- En la ventana de diálogo que aparece, elige un tipo de gráfico, pulsa **Siguiente** y, en la nueva ventana, en la solapa **Serie**, introduce el Nombre, seleccionando la celda B14 o escribiendo el texto que desees, y como **Rótulos** del eje de categorías selecciona el rango A15:A24.

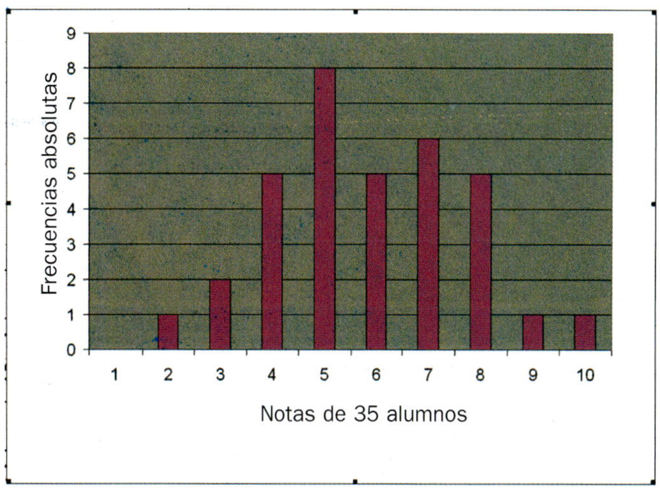

ACTIVIDADES

1. Las horas que ven la televisión, semanalmente, 30 alumnos de una clase son:

7, 12, 17, 5, 11, 6, 14, 12, 8, 12, 9, 10, 11, 12, 8, 7, 11, 12, 16,
10, 13, 15, 13, 13, 12, 15, 12, 18, 12, 14

Halla la media, la moda, la mediana, el rango, la varianza y la desviación típica de la distribución.

ESTADÍSTICA CONTINUA CON EXCEL

HOJAS DE CÁLCULO

Vamos a utilizar la hoja de cálculo Excel para obtener las medidas de centralización y las medidas de dispersión de una distribución estadística de variable continua. Además, crearemos los gráficos que mejor representen la distribución.

La tabla muestra la altura, en centímetros, de 100 estudiantes, agrupados los datos en intervalos de clase de extremos x_a, x_b de amplitud 5.

Calcula la media, la moda, la mediana, la varianza y la desviación típica.

x_a	x_b	f_i
150	155	1
155	160	6
160	165	14
165	170	20
170	175	24
175	180	18
180	185	10
185	190	5
190	195	2

1.º Introduce los datos y calcula las marcas de clase

- En la hoja de cálculo, introduce los valores de los extremos de los intervalos de clase, en el rango de celdas A2:B10.
- Calcula, en la columna C, las marcas de clase como promedio de los extremos, insertando en la casilla C2 la fórmula de la media.

=PROMEDIO(A2:B2)

	A	B	C
1	x_a	x_b	x_i
2	150	155	=PROMEDIO(A2:B2)

- Una vez presionado **Intro**, selecciona la celda C2 y cópiala con la opción **Copiar** del menú **Edición**. Selecciona el rango C3:C10, y presiona la opción **Pegar** del menú **Edición**.

2.º Elabora una tabla estadística

- En la columna D, introduce los valores de la frecuencia y efectúa los cálculos necesarios que permitan hallar los parámetros estadísticos en las siguientes columnas.

C	D	E	F
x_i	f_i	x_if_i	$x_i^{2}f_i$
152,5	1	=C2*D2	=C2^2*D2

- En la columna G, calcula la frecuencia acumulada del siguiente modo:
  - En la celda G2, introduce =D2, y en la G3, =G2+D3.
  - Copia la fórmula anterior y pégala en el rango G4:G10.

G
f_i+
1
=G2+D3

Si en las celdas D11, E11, F11, hallas las sumas de las columnas, obtienes la siguiente tabla:

	A	B	C	D	E	F	G
1	x_a	x_b	x_i	f_i	x_if_i	$x_i^{2}f_i$	f_i+
2	150	155	152,5	1	152,50	23256,25	1
3	155	160	157,5	6	945,00	148837,50	7
4	160	165	162,5	14	2275,00	369687,50	21
5	165	170	167,5	20	3350,00	561125,00	41
6	170	175	172,5	24	4140,00	714150,00	65
7	175	180	177,5	18	3195,00	567112,50	83
8	180	185	182,5	10	1825,00	333062,50	93
9	185	190	187,5	5	937,50	175781,25	98
10	190	195	192,5	2	385,00	74112,50	100
11				100	17205,00	2967125,00	

3.º Calcula los parámetros estadísticos

Para calcular los parámetros estadísticos, introduce las correspondientes fórmulas en las celdas C12:C18.

12	Máxima frecuencia=	=MAX(D2:D10)
13	Mitad de n.º datos=	=D11/2
14	Media=	=E11/D11
15	Moda=	=C6
16	Mediana=	=C6
17	Varianza=	=F11/D11-C14^2
18	Desv. típica=	=RAIZ(C17)

- **Moda**

  La celda C12 =MAX(D2:D10) nos devuelve el valor 24, correspondiente a la casilla D6; buscamos, a continuación, la marca de clase en la columna C, en la fila 6.

- **Mediana**

  La mitad de los datos, N/2, es 50, y la primera frecuencia mayor o igual que ese valor se encuentra en G6; por consiguiente, la mediana es la marca de clase correspondiente a la fila 6.

- **Varianza y desviación típica**

  Para calcular la varianza, se utiliza el valor de la media hallado en C14.

  La desviación típica se obtiene como raíz cuadrada de la varianza.

12	Máxima frecuencia=	24
13	Mitad de n.º datos=	50
14	Media=	172,05
15	Moda=	172,50
16	Mediana=	172,50
17	Varianza=	70,05
18	Desv. típica=	8,37

4.º Crea el gráfico

El histograma de frecuencias lo obtienes seleccionando el rango D2:D10 y pulsando la opción **Gráfico** del menú **Insertar**; como **Rótulos** del eje de categorías selecciona el rango C2:C10.

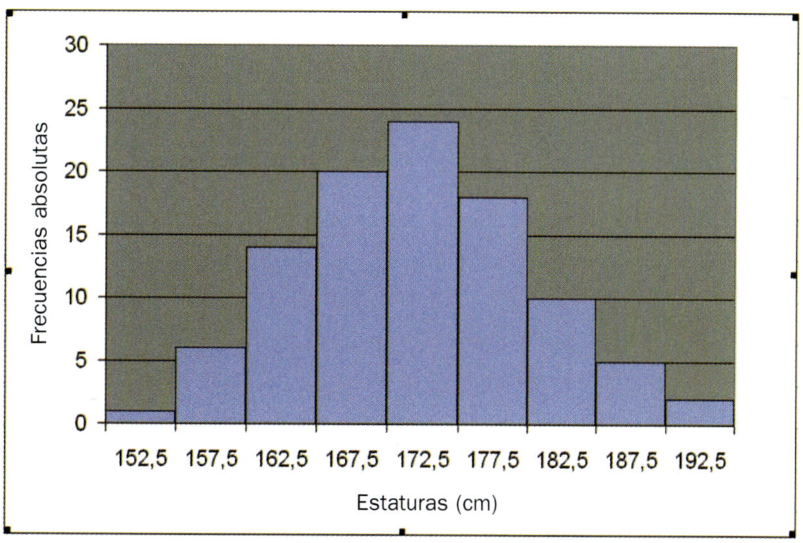

ACTIVIDADES

1. Los pesos, en kilogramos, de 100 personas son los siguientes:

Pesos	[50,55)	[55,60)	[60,65)	[65,70)	[70,75)	[75,80)	[80,85)	[85,90)	[90,95)	[95,100)
Frecuencias	3	5	12	23	17	18	12	6	3	1

Halla la media, la moda, la mediana, el rango, la varianza y la desviación típica de la distribución de los pesos.

Unidad 1

1. a) 21 b) 78
2. 15 30 30
3. a) $\frac{16}{24}, \frac{20}{24}, \frac{22}{24}$ b) $\frac{32}{48}, \frac{40}{48}, \frac{44}{48}$ c) $\frac{8}{12}, \frac{10}{12}, \frac{11}{12}$
4. a) 100 kg b) 280 kg
5. a) $\frac{4}{9}$ b) 2 c) $\frac{6}{5}$ d) $-\frac{1}{5}$
6. a) $-\frac{1}{3}$ b) $\frac{107}{60}$ c) $\frac{13}{12}$ d) $\frac{19}{5}$
7. a) $-\frac{1}{2}$ b) $\frac{1}{12}$
8. a) $-\frac{35}{12}$ b) $-\frac{487}{120}$

Unidad 2

1. a) 0,166... b) 0,3
2. a) $\frac{3}{4}$ b) $\frac{25}{33}$ c) $\frac{55}{9}$ d) $\frac{121}{90}$
3. a) $\frac{4}{7}$ b) $\sqrt{13}$ 4. 0,0088...
5. a) Intervalo abierto por la derecha c) Semirrecta abierta positiva

b) Intervalo abierto d) Semirrecta cerrada negativa

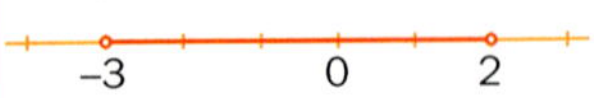

6.

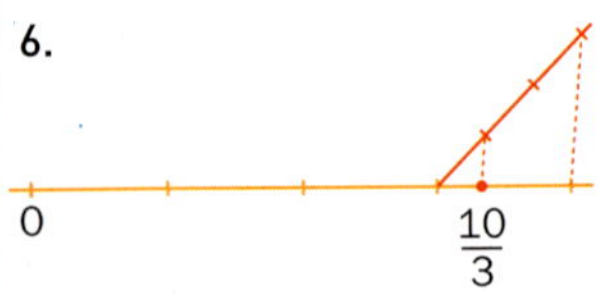

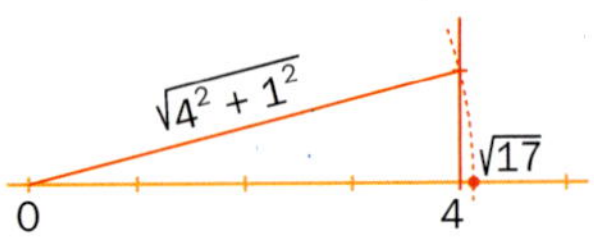

7. a) [1, 2) b) (2, 7] c) (−6, −1] d) [−3, 3]

Unidad 3

1. $2^5 \cdot \left(\frac{3}{5}\right)^3$
2. a) $6{,}8 \cdot 10^{12}$ b) $5{,}6 \cdot 10^{-7}$
3. a) 230 000 000 b) 0,000 000 002 345
4. a) $\sqrt{75}$ b) $\sqrt{1\,280}$ c) $\sqrt{1\,458}$
5. a) 15^3 b) 9^7 c) 8^5 d) 11^4
6. a) 3^4 b) 3^2 c) $8^{\frac{5}{4}}$ d) 7^2
7. $\sqrt[3]{11} = \sqrt[6]{11^2} = \sqrt[12]{11^4}$
8. $3^{\frac{1}{2}} = 3^{\frac{2}{4}} = 3^{\frac{4}{8}}$
9. a) $3 \cdot 3^{\frac{2}{15}}$ b) $20^{\frac{3}{7}}$ c) $6^{\frac{5}{12}}$ d) $12^{\frac{3}{10}}$
10. $12^{\frac{1}{2}} < 13^{\frac{1}{2}} < 17^{\frac{1}{2}}$ 11. $17^{\frac{3}{4}}$
12. a) 8 b) 3 c) 9 d) 1 155
13. a) $2\sqrt{2}$ b) $\sqrt[3]{2}$

Unidad 4

1. a) $3x - 5$ b) $2x - 1$ c) $15x$
2. a) 6 b) 4 c) 2 d) 5
3. $3x^5$ y $5x^5$
4. a) Por ejemplo, $7xyz$. c) Por ejemplo, $-5x^4y^3$.
   b) Por ejemplo, $2x^4y^2$. d) Por ejemplo, $-9x^7z^3$.
5. a) 1 101 b) −10 100 c) 19 899 d) 999 000
6. a) $2x^3 - 5x^2 + 11x - 1$ b) $5x^4 + 8x^2 - 4$
7. a) $6x^4 - 2x^3 - 5x^2 + 3x - 6$
   b) $15x^5 - 10x^4 - 6x^3 + x^2 + 11x - 6$
8. No son equivalentes.
9. a) $9x^2 - 12x + 4$ b) $x^4 + 4x^2 + 4$
10. a) $(x + 7)(x - 7)$ b) $(2x + 5)(2x - 5)$
11. a) $\frac{7x^2 - 10x - 22}{2x^2 + x - 15}$ b) $\frac{6x^3 - 4x}{3x^2 - 16x + 5}$

Unidad 5

1. a) $x = -\frac{5}{4}$ b) $x = 6$
2. $x = 3$
3. a) $x = 0$ b) $x = 0, x = 2$ c) $x = 0, x = 4$ d) $x = 5, x = -6$
4. $x = 7, x = \frac{1}{3}$
5. a) No b) No c) No d) Sí
6. $m =, \frac{9}{4}$, tiene 1 solución.
   $m = -2$, 2 soluciones, $m = 1$, 2 soluciones, $m = 3$, sin solución.
7. Base: 7 m Altura: 14 m
8. Deben transcurrir 10 años.
9. Los catetos miden 24 y 10 centímetros.
10. Tenía 50 kilogramos.

Unidad 6

1. a) $x = 3, y = 2$ b) $x = -4, y = -3$
2. a) Tiene infinitas soluciones. b) No tiene solución.
3. a) $x = 3, y = 1$ b) $x = -2, y = -\frac{3}{2}$
4. a) $x = 1, y = 8$ b) $x = 3, y = 1$
5. $x = 1, y = 1$
6. a) $x = -\frac{5}{22}, y = -\frac{1}{11}$ b) $x = -\frac{15}{7}, y = \frac{66}{7}$
7. Carlos tiene 42 años, y su hijo, 14.
8. Tienen 6 mesas de tres plazas y 24 de cuatro plazas.
9. Ha acertado 12 preguntas y ha fallado 16.

Unidad 7

1. a) 8 b) 12
2. 50 g
3. 92 alumnos.
4. a) 60 € b) 120 €
5. 36°, 72°, 108° y 144°.
6. 254,40 €
7. Tardarán 27 días.
8. 90
9. Intereses, 100 €; capital, 2 100 €.
10. 20, 10 y 8 libros.

Unidad 8

1. a) $a = 2$. Se repiten sucesivamente los términos 1, 2, 3.
   b) $a = 27$. Los términos son las potencias de 3.
   c) $a = 4$. Los términos son las potencias de 2.
   d) $a = 8$. Cada término se obtiene sumando 3 al anterior.
2. 605
3. a) 5, 9, 13, 17, 21 b) 4 c) 101 d) 1 325
4. −3, 8, 228, 157 088
5. a) Sí, $d = 0$ b) Sí, $r = 1$
6. $\frac{12}{25}, \frac{12}{5}$, 12, 60, 300, 1 500
7. a) $a_1 = \frac{2}{9}$ b) $a_n = 2 \cdot 3^{n-3}$ c) $s_{10} = \frac{6\,560}{9}$
8. 30°, 60° y 90°.

Unidad 9

1. Base: 3 cm. Altura: 1,75 cm
2.

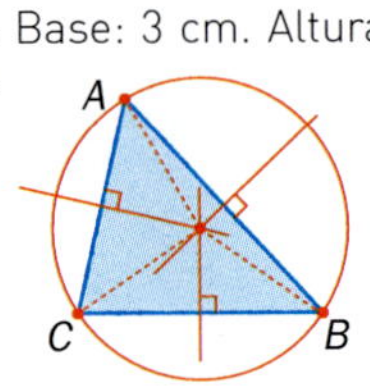

3.

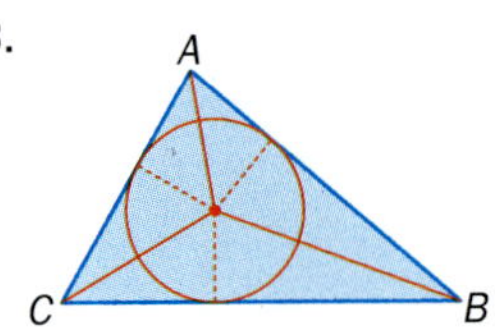

4. 103,92 cm
5. 83,14 cm
6. 6,67 cm
7. 102,4 cm
8. Recta paralela a ambas que equidista 3 km.

Unidad 10

1. a)

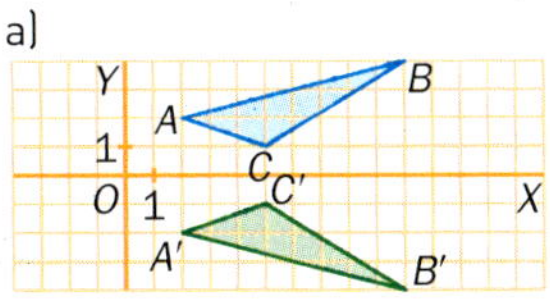

c)

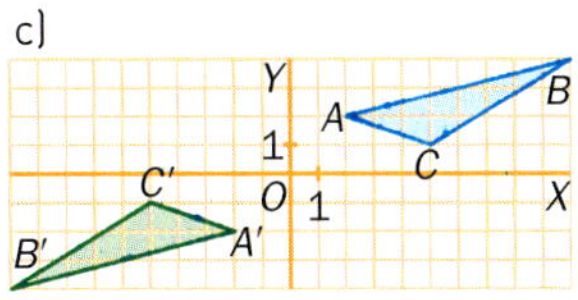

b)

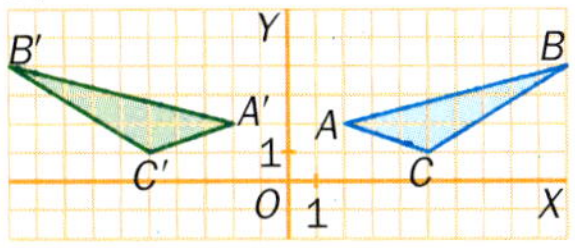

d)

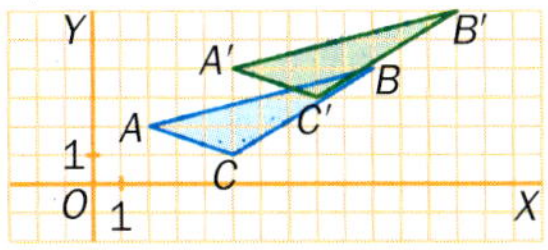

2. a)

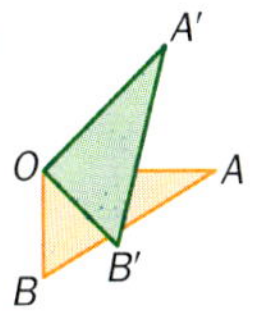

b)

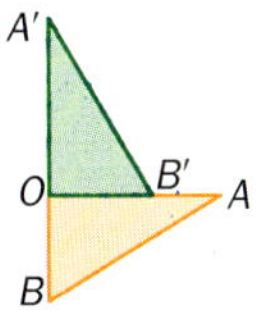

c)

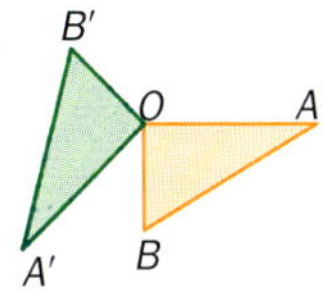

3. A'' (−2, −1), B'' (−5, −4)

4. A'' (−2, 0), B'' (−5, 1), C'' (−4, −2)

5. El camino más corto es *PMNQ*. $M = PP' \cap r$ $N = QQ' \cap c$

Unidad 11

1. 21,3 cm

2. 185,85 cm

3. 5 000,45 km

4. a) $A_L = 94{,}25$ cm^2 $A_T = 251{,}33$ cm^2 $V = 235{,}62$ cm^3
 b) $A_L = 125{,}28$ cm^2 $A_T = 161{,}28$ cm^2 $V = 120$ cm^3

5. $A = 314{,}16$ cm^2 $V = 523{,}6$ cm^3

6. Necesitan pintar 342 metros cuadrados.

7. a) $A_L = 449{,}37$ cm^2 $A_T = 876{,}63$ cm^2 $V = 1\,642{,}01$ cm^3
 b) $A_L = 144$ cm^2 $A_T = 232{,}35$ cm^2 $V = 244{,}15$ cm^3

Unidad 12

1. a) Dominio: R Recorrido: (−∞, 6] Continua.
 b) Dominio: R Recorrido: {−1, 1} Continua excepto en $x = 0$.

2. a)

X	−1	0	1
f(x)	−4	−1	2

b)

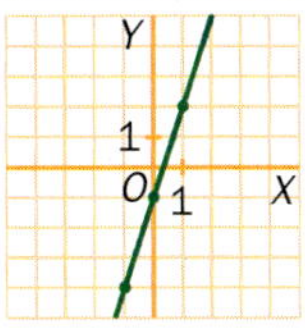

3. a) Simétrica respecto del eje *OY*.
 b) No es simétrica respecto al origen o el eje *OY*.
 c) Simétrica respecto del origen.
 d) Constante.

4. 0,27

5. a)

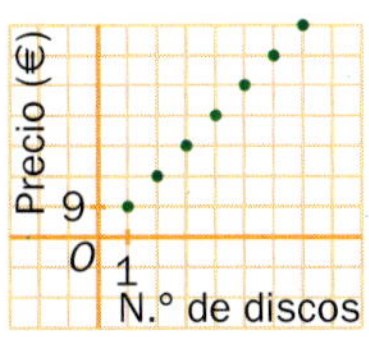

b) No es continua.

6. a) Pérdidas entre finales del 4° mes y el 8°, y entre el 10 y el 11.
 b) En el 12.° mes, el beneficio es de 6 000 €.

7. Decrece entre $x = 0$ y $x = 0{,}25$, y entre $x = 0{,}5$ y $x = 1$. Crece en el segundo cuarto de hora.

Unidad 13

1. a) $y = 0{,}90x$
 b)

x	f(x)
0	0
1	0,90
2	1,80
3	2,70

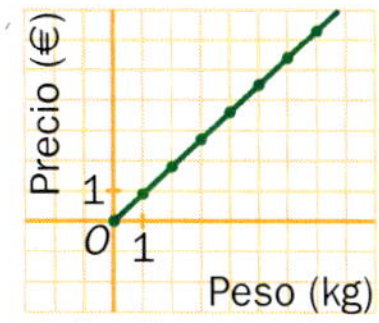

2. Crecientes: *a* y *d* Decrecientes: *b* y *c*

3. a) $y = 0{,}5x - 3$
 b) $y = -2x + 2$
 c) $y = x + 1$

4. $m = 7$, $n = -13$

5. $x = -3$

6. $y = 4x$

7. Pertenecen a la gráfica *A*, *B* y *D*.

Unidad 14

1. a) Cuantitativo. Valores: 0, 1, 2... horas.
 b) Cualitativo. Modalidades: pop, rock, clásica...
 c) Cuantitativo. Valores: de 0 a 25 euros.
 d) Cualitativo. Modalidades: sí, no, a veces.

2. Hay que elegir una muestra de 25 chicas y 24 chicos.

3. a) El 40 % de los días.
 b)

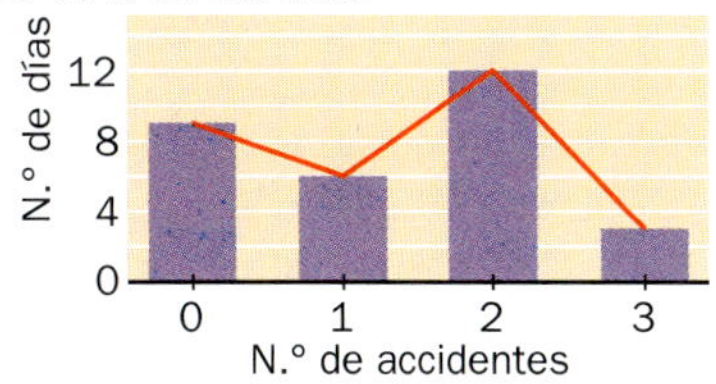

 c) $\bar{x} = 1{,}3$, $Mo = 2$, $M = 1{,}5$
 d) $Q_1 = 0$, $Q_2 = 1{,}5$, $Q_3 = 2$
 e) $V = 1{,}01$, $s = 1{,}005$

4. a)

Peso (kg)	x_i	f_i	h_i
$1{,}5 \le x < 2$	1,75	2	0,1
$2 \le x < 2{,}5$	2,25	3	0,15
$2{,}5 \le x < 3$	2,75	6	0,3
$3 \le x < 3{,}5$	3,25	8	0,4
$3{,}5 \le x < 4$	3,75	1	0,05

 b) $\bar{x} = 2{,}83$
 c) $V = 0{,}281$ $s = 0{,}53$

5.

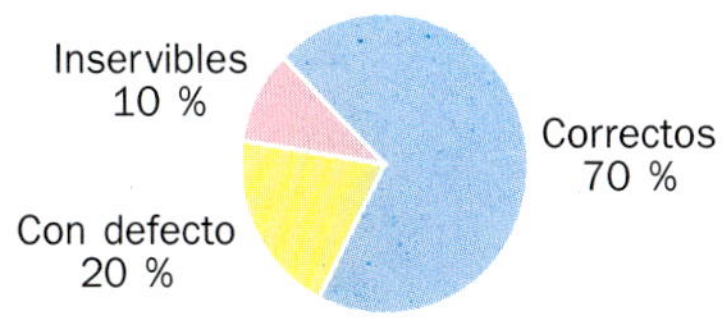

6. a) $\bar{x} = 1{,}65$ b) $s = 1{,}28$ c) $CV = 0{,}78$ d) El 50 %.

Unidad 15

1. a) M = {*NV*, *VN*, *NA*, *AN*, *VA*, *AV*} Son equiprobables.
 b) M = {*NN*, *NV*, *VN*, *NA*, *VV*, *AN*, *VA*, *AV*, *AA*} Son equiprobables.
 c) M = {(1 1), (1 2), (1 3), (1 4), (2 1), (2 2), (2 3), (2 4), (3 1), (3 2), (3 3), (3 4), (4 1), (4 2), (4 3), (4 4)} Son equiprobables.

2. a) $P_{Rocío}(V) = 0{,}3$ $P_{Ana}(V) = 0{,}32$
 b) La probabilidad asignada por Ana.

3. Se realiza 10 veces este proceso: se pulsa la tecla Rand# y se obtiene un número entre 0 y 1, se multiplica por 632, se desprecia la parte decimal y se obtiene un número entero entre 0 y 631 (ambos inclusive); por último, se le suma 1.

4. P ("ser de diferente color") = 0,667

5. a) 0,08 b) 0,33 c) 0,67 d) 0 e) 1

PROYECTO EDITORIAL

Equipo de Educación Secundaria de Ediciones SM

AUTORES

José Ramón Vizmanos
Máximo Anzola
Fernando Alcaide
Javier Peralta

Manuel Bellón (Sección "Matemáticas aplicadas")
Elsa Santaolalla (Sección "Entre matemáticos")

COORDINACIÓN EDITORIAL

Javier Muñoz

EDICIÓN

Juan Alberto Torresano
Josefina Arévalo
Pedro Machín
Laura Sánchez

ILUSTRACIÓN

José Santos
Puño

FOTOGRAFÍAS

Javier Calbet, María Pía Hidalgo, J. M. Navia, Yolanda Álvarez / Ediciones SM; AGE FOTOSTOCK; GETTY IMAGES; CORBIS - COVER; STOCK PHOTOS; CMCD; Almudena Esteban; FIRO FOTO; FOTOTECA 9x12; Montse Fontich; Olivier Boé; John Foxx; David Buffington; Andrew Ward; CD GALLERY; Greg Kuchik; STOCKTREK; PRISMA; Luis Castelo; CORDON PRESS

DISEÑO

Alfonso Ruano
Julio Sánchez

MAQUETACIÓN

Grafilia S. L.

DIRECCIÓN EDITORIAL

Violeta Calvo

ISBN: 978-84-675-0951-9 / Impreso en España - *Printed in Spain*

Depósito legal: M-6019-2007 / Ruan, SA - Francisco Gervás, 12 - 28108 Alcobendas (Madrid)